煤炭科学研究总院建院60周年 技术丛书

宁 宇／主编

第二卷

矿井建设技术

刘志强 等／编著

U0303855

科学出版社

北 京

内 容 简 介

本书为"煤炭科学研究总院建院 60 周年技术丛书"第二卷《矿井建设技术》，全书共分五篇 17 章，主要介绍了煤炭科学研究总院在矿井建设技术领域，包括冻结、注浆、钻井以及普通凿井和巷道掘进与加固等方面的大量科研成果，具有较强的理论和实用价值。

本书可供煤矿及其他井工矿山等从事矿井建设、施工与设计，地下交通隧道、市政等地下工程建设领域技术人员，以及从事相关专业教学、科研人员参考使用。

图书在版编目(CIP)数据

矿井建设技术 / 刘志强等编著. —北京：科学出版社，2018
（煤炭科学研究总院建院60周年技术丛书·第二卷）

ISBN 978-7-03-058117-4

I. ①矿⋯ II. ①刘⋯ III. ①矿井建设–研究 IV. ①TD214

中国版本图书馆 CIP 数据核字（2018）第134688号

责任编辑：李 雪 / 责任校对：王 瑞 樊雅琼
责任印制：徐晓晨 / 封面设计：黄华斌

科学出版社 出版
北京东黄城根北街 16 号
邮政编码：100717
http://www.sciencep.com

北京中石油彩色印刷有限责任公司 印刷
科学出版社发行　各地新华书店经销
*

2018 年 1 月第　一　版　　开本：787×1092 1/16
2019 年 9 月第二次印刷　　印张：35 1/2
字数：758 000
定价：355.00元
（如有印装质量问题，我社负责调换）

"煤炭科学研究总院建院 60 周年技术丛书"编委会

顾　　问：卢鉴章　刘修源

主　　编：宁　宇

副 主 编：王　虹　申宝宏　赵学社　康立军　梁金刚　陈金杰

编　　委：张　群　刘志强　康红普　文光才　王步康　曲思建

　　　　　李学来

执行主编：申宝宏

《矿井建设技术》编委会

顾　　问：洪伯潜　宁　宇　卢鉴章　刘修源　李俊良　张　文　王长生

　　　　　郭孝先　马玉龙

主　　编：刘志强

副 主 编：周　立　周华群　李方政　高岗荣　谭　杰

编　　委：（按姓氏笔画排序）

　　　　　王建平　付文俊　冯旭海　龙志阳　李　志　李　昆　张云利

　　　　　李功洲　杨春满　范世平　高晓耕　崔　灏　韩圣铭　程守业

执行主编：谭　杰

煤炭科学研究总院是我国煤炭行业唯一的综合性科学研究和技术开发机构，从事煤炭建设、生产和利用重大关键技术及相关应用基础理论研究。

煤炭科学研究总院于 1954 年 9 月筹建，1957 年 5 月 17 日正式建院，先后隶属于燃料工业部、煤炭工业部、燃料化学工业部、中国统配煤矿总公司、国家煤炭工业局、中央大型企业工作委员会、国务院国有资产监督管理委员会和中国煤炭科工集团有限公司。建院 60 年来，在煤炭地质勘查、矿山测量、矿井建设、煤炭开采、采掘机械与自动化、煤矿信息化、煤矿安全、洁净煤技术、煤矿环境保护、煤炭经济研究等各个研究领域开展了大量研究工作，取得了丰硕的科技成果。在新中国煤炭行业发展的各个阶段都实时地向煤矿提供新技术、新装备，促进了煤炭行业的技术进步。煤炭科学研究总院还承担了非煤矿山、隧道工程、基础设施和城市地铁等地下工程的特殊施工技术服务和工程承包，将煤炭行业的工程技术服务于其他行业。

在 60 年的发展历程中，煤炭科学研究总院在煤炭地质勘查领域，主持了我国第一次煤田预测工作，牵头完成了第三次全国煤田预测成果汇总，基本厘清了我国煤炭资源的数量和时空分布规律，研究并提出了我国煤层气的资源储量，煤与煤层气综合勘查技术，为煤与煤层气资源开发提供了支撑；研究并制定了中国煤炭分类等一批重要的国家和行业技术标准，开发了基于煤岩学的炼焦配煤技术，查明了煤炭液化用煤资源分布，并提出液化用煤方案；在地球物理勘探技术方面，开发了井下直流电法、无线电坑道透视、地质雷达、槽波地震、瑞利波等多种物探技术与装备，超前探测距离达到 200m；在钻探技术方面，研制了地面车载钻机、井下水平定向钻机、井下智能控制钻进装备等各类钻探装备，井下钻机水平定向钻孔深度达 1881m，在有煤与瓦斯突出危险的区域实现无人自动化钻孔施工。

在矿井建设领域，煤炭科学研究总院开发了冻结、注浆和钻井为主的特殊凿井技术，为我国矿井施工技术奠定了基础；发展了冻结、注浆和凿井平行作业技术，形成了表土层钻井与基岩段注浆的平行作业工艺；研制了钻井直径 13m 的竖井钻机、钻井直径 5m 的反井钻机等钻进技术与装备；为我国煤矿井筒一次凿井深度达到 1342m，最大井筒净直径 10.5m，最大掘砌荒径 14.6m，最大冻结深度 950m，冻结表土层厚度 754m，最大钻井深度 660m，钻井成井最大直径 8.3m，最大注浆深度为 1078m，反井钻井直径 5.5m、深度 560m 等高难度工程提供了技术支撑。

在煤炭开采领域，煤炭科学研究总院的研究成果支撑了我国煤矿从炮采、普通机械化开采、高档普采到综合机械化开采的数次跨越与发展；实现了从缓倾斜到急倾斜煤层采煤方法的变革，建设了我国第一个水力化采煤工作面；引领了采煤工作面支护从摩擦式金属支柱和铰接顶梁取代传统的木支柱开始到单体液压支柱逐步取代摩擦式金属支柱，发展为液压支架的四个不同发展阶段的支护技术与装备的变革；开发了厚及特厚煤层大采高综采和综放开采工艺，使采煤工作面年产量达 1000 万 t。针对我国各矿区煤层的特殊埋藏条件，煤炭科学研究总院研究了各类水体下、建（构）筑下、铁路下、承压水体上和主要井巷下压覆煤炭资源的开采方法和采动覆岩移动等基础科学问题和规律，形成了具有中国特色的"三下一上"特殊采煤技术体系。在巷道支护技术方面，煤炭科学研究总院从初期研究钢筋混凝土支架、型钢棚式支架取代支护，适应大变形的松软破碎围岩的 U 型钢支架的研制，到提出高预应力锚杆一次支护理论，开发了巷道围岩地质力学测试技术、高强度锚杆（索）支护技术、注浆加固支护技术、定向水力压裂技术、支护工程质量检测等技术与装备，引领了不同阶段巷道围岩控制技术的变革，支撑了从被动支护到主动支护再到多种技术协同控制支护技术的跨越与发展，在千米（1300m）深井巷道、大断面全煤巷道、强动压影响巷道和冲击地压巷道等支护困难的巷道工程中成功得到应用，解决了复杂困难条件下巷道的支护难题。

在综掘装备领域，煤炭科学研究总院的研究工作引领和支撑了悬臂式掘进机由小型到大型、从单一到多样化、由简单到智能化的数次发展跨越，已经具备了截割功率 30～450kW，机重为 5～154t 系列悬臂式掘进机的开发能力；根据煤矿生产实现安全高效的需求，研制成功国内首台可实现掘进、支护一体化带轨道式锚杆钻臂系统的大断面煤巷掘进机，在神东矿区创造了月进尺 3080m 的世界单巷进尺新纪录；为适应回收煤柱及不规则块段煤炭开采，成功研制国内首套以连续采煤机为龙头的短壁机械成套装备，该装备也可用于煤巷掘进施工。

在综采工作面装备领域，为适应各类不同条件煤矿的需要，煤炭科学研究总院开发了 0.8～1.3m 薄煤层综采装备、年产 1000 万 t 大采高综采成套装备、适应 20m 特厚煤层综采放顶煤工作面的成套装备；成功开发了满足厚度 0.8～8.0m、倾角 0°～55°煤层一次采全高需要的采煤装备；采煤机总装机功率突破 3000kW，刮板输送机装机功率达到 2×1200kW，液压支架最大支护高度达 8m，带式输送机的最大功率达到 3780kW、单机长度 6200m、运量达到 3500t/h。与液压支架配套的电液控制系统、智能集成供液系统、综采自动化控制系统和乳化液泵站的创新发展也促进了综采工作面成套技术变革，煤炭科学研究总院将煤矿综采工作面成套装备与矿井生产综合自动化技术相结合，成功开发了我国首套综采工作面成套装备智能控制系统，实现了在采煤工作面顺槽监控中心和地面调度中心对综采工作面设备"一键"启停，构建了工作面"有人巡视、无人操作"的自动化采煤新模式。

在煤矿安全技术领域，煤炭科学研究总院针对我国煤矿五大自然灾害的特点，开发了有针对性的系列防治技术和装备，为提高煤矿安全生产保障能力提供了强有力的支撑；针对瓦斯灾害防治，研发了适应煤炭生产发展所需要的本煤层瓦斯抽采、邻近层卸压瓦斯抽采、综合抽采、采动区井上下联合抽采瓦斯等多种抽采工艺与装备；在研究煤与瓦斯突出发生机理的基础上，研发了多种保护层开采技术，发明了水力冲孔防突技术，突出预警系统、深孔煤层瓦斯含量测定技术；提出了两个"四位一体"综合防突技术体系，为国家制定《防治煤与瓦斯突出规定》奠定了技术基础。在研究煤自然发火机理的基础上，建立了煤自然发火倾向性色谱吸氧鉴定方法，开发了基于变压吸附和膜分离原理的制氮机组及氮气防灭火技术，研发了井下红外光谱束管监测系统；揭示了冲击地压"三因素"发生机理，开发成功微震/地音监测系统、应力在线监测系统和基于地震波CT探测的冲击地压危险性原位探测技术。研制了智能式顶板监测系统，实现了顶板灾害在线监测和实时报警。研发了煤层注水防尘技术、喷雾降尘技术、通风除尘技术及配套装备，以及针对防止煤尘爆炸的自动抑爆技术和被动式隔爆水棚、岩粉棚技术。随着采掘机械化程度的不断提高、产尘强度增大的实际情况，研发了采煤机含尘气流控制及喷雾降尘技术、采煤机尘源跟踪高压喷雾降尘技术，机掘工作面通风除尘系统，还研发了免维护感应式粉尘浓度传感器，实现了作业场所粉尘浓度的实时连续监测。煤炭科学研究总院的研究成果引领和支撑了安全监控技术的四个发展阶段，促进了安全监控系统的升级换代，使安全监控系统向功能多样化、集成化、智能化及监控预警一体化方向发展，研发成功红外光谱吸收式甲烷传感器、光谱吸收式光纤气体传感器、红外激光气体传感器、超声涡街风速传感器、风向传感器、一氧化碳传感器、氧气传感器等各类测定井下环境参数的传感器，使安全监控系统的监控功能更加完备；安全监控系统在通信协议、传输、数据库、抗电磁干扰能力、可靠性等各个环节实现了升级换代，研发出KJ95N、KJ90N、KJ83N（A）、KJF2000N等功能更完善的安全监控系统；针对安全生产监管的要求，研发了KJ69J、KJ236（A）、KJ251、KJ405T等人员定位管理系统，为煤矿提高安全保障能力提供了重要的技术支撑。

在煤炭清洁利用领域，煤炭科学研究总院对涵盖选煤全过程的分选工艺、技术装备及选煤厂自动化控制技术进行了全方位的研究，建成了我国第一个重介质选煤车间，研发了双供介无压给料三产品重介质旋流器、振荡浮选技术与装备、复合式干法分选机等高效煤炭洗选装备；开发了卧式振动离心机、香蕉筛、跳汰机、加压过滤机、机械搅拌式浮选机、分级破碎机、磁选机等煤炭洗选设备，使我国年处理能力400万t的选煤成套设备实现了国产化，基本满足了不同特性和不同用途的原煤洗选生产的需要。

在煤炭转化领域，煤炭科学研究总院研制了 $\phi1.6m$ 的水煤气两段炉，适合特殊煤种的移动床液态连续排渣气化炉；完成了云南先锋、黑龙江依兰、神东上湾不同煤种的三个煤炭直接液化工艺的可行性研究；成功开发了煤炭直接液化纳米级高分散铁基催化剂，已应用于神华108万t/a煤炭直接液化示范工程。开发了煤焦油加氢技术、煤油共炼技术和新一代煤炭直接液化技术及其催化剂；还开发了新型40kg试验焦炉、煤岩自动测试系统，焦炭反应性及反应后强度测定仪等装置，并在国内外、焦化行业得到推广应用。成功开发了4～35t/h的系列高效煤粉工业锅炉，平均热效率达92%以上，已经在11个省（市）共计建成200余套高效煤粉工业锅炉。开发了三代高浓度水煤浆技术，煤浆浓度达到68%～71%，为煤炭清洁利用提供了重要的技术途径。

在矿区及煤化工过程水处理与利用领域，煤炭科学研究总院开发了矿井水净化处理、矿井水深度处理、矿井水井下处理、煤矿生活污水处理、煤化工废水脱酚处理、煤化工废水生物强化脱氮、高盐废水处理和水处理自动控制等技术和成套装备；实现了矿区废水处理与利用，变废水为资源，为矿区节能减排、发展循环经济提供技术支撑。

在矿山开采沉陷区土地复垦与生态修复领域，煤炭科学研究总院开发了采煤沉陷区复垦土壤剖面构建技术、农业景观与湿地生态构建技术、湿地水资源保护与维系技术、湿地生境与植被景观构建技术，初步形成完整的矿山生态修复技术体系。

在煤矿用产品质量和安全性检测检验领域，煤炭科学研究总院在开展科学研究的同时，高度重视实验能力的建设，建成了30000kN、高度7m的液压支架试验台，5000kW机械传动试验台，直径3.4m、长度8m的防爆试验槽，断面7.2m²、长度700m（带斜卷）的地下大型瓦斯煤尘爆炸试验巷道，工作断面1m²的低速风洞、摩擦火花大型试验装置，1.2m×0.8m×0.8m、瓦斯压力6MPa的煤与瓦斯突出模拟实验系统，10kV煤矿供电设备检测试验系统，10m法半电波暗室与5m法全电波暗室、矿用电气设备电磁兼容实验室等服务于煤炭各领域的实验研究。

为了充分发挥这些实验室的潜力，国家质量监督检验检疫总局批准在煤炭科学研究总院系统内建立了7个国家级产品质量监督检验中心和1个国家矿山安全计量站，承担对煤炭行业矿用产品质量进行检测检验和甲烷浓度、风速和粉尘浓度的量值传递工作。煤炭工业部也在此基础上建立了11个行业产品质量监督检验中心，承担行业对煤矿用产品质量进行监督检测检验。经国家安全生产监督管理总局批准，利用这些检测检验能力成立10个国家安全生产甲级检测检验中心，承担对煤矿用产品安全性能进行的监督检测检验。在煤炭科学研究总院系统内已形成了从井下地质勘探、采掘、安全到煤质、煤炭加工利用整个产业链中主要环节的矿用设备的质量和煤炭质量的测试技术体系，以及矿用设备安全性能测试技术系统，成为国家和行业检测检验的重要力量和依托。

经过60年的积累，煤炭科学研究总院已经形成了涵盖煤炭行业所有专业技术领域的科技创新体系，针对我国煤炭开发利用的科技难题和前沿技术，努力拼搏，奋勇攻关，引领了煤炭工业的屡次技术革命。截至2016年底，煤炭科学研究总院共取得科技成果6500余项；获得国家和省部级科技进步奖、发明奖1500余项，其中获国家级奖236项，占煤炭行业获奖的60%左右；获得各种专利2443项；承担了煤炭行业70%的国家科技计划项目。

光阴荏苒，岁月匆匆，2017年迎来了煤炭科学研究总院60周年华诞。为全面、系统地总结煤炭科学研究总院在科技研发、成果转化等方面取得的成绩，展示煤炭科学研究总院在促进行业科技创新、推动行业科技进步中的作用，2016年3月启动了"煤炭科学研究总院建院60周年技术丛书"（以下简称"技术丛书"）编制工作。煤炭科学研究总院所属17家二级单位、300多人共同参与，按照"定位明确、特色突出、重在实用"的编写原则，收集汇总了煤炭科学研究总院在各专业领域取得的新技术、新工艺、新装备，经历了多次专家论证和修改，历时一年多完成"技术丛书"的整理编著工作。

"技术丛书"共七卷，分别为《煤田地质勘探与矿井地质保障技术》《矿井建设技术》《煤矿开采技术》《煤矿安全技术》《煤矿掘采运支装备》《煤炭清洁利用与环境保护技术》

《矿用产品与煤炭质量测试技术与装备》。

第一卷《煤田地质勘探与矿井地质保障技术》由煤炭科学研究总院西安研究院张群研究员牵头,从地质勘查、地球物理勘探、钻探、煤层气勘探与资源评价等方面系统总结了煤炭科学研究总院在煤田地质勘探与矿井地质保障技术方面的科技成果。

第二卷《矿井建设技术》由煤炭科学研究总院建井分院刘志强研究员牵头,系统阐述了煤炭科学研究总院在煤矿建井过程中的冻结技术、注浆技术、钻井技术、立井掘进技术、巷道掘进与加固技术和建井安全等方面的科技成果。

第三卷《煤矿开采技术》由煤炭科学研究总院开采分院康红普院士牵头,从井工开采、巷道掘进与支护、特殊开采、露天开采等方面系统总结开采技术成果。

第四卷《煤矿安全技术》由煤炭科学研究总院重庆研究院文光才研究员牵头,系统总结了在煤矿生产中矿井通风、瓦斯灾害、火灾、水害、冲击地压、顶板灾害、粉尘等防治、应急救援、热害防治、监测监控技术等方面的科技成果。

第五卷《煤矿掘采运支装备》由煤炭科学研究总院太原研究院王步康研究员牵头,整理总结了煤炭科学研究总院在综合机械化掘进、矿井主运输与提升、短壁开采、无轨辅助运输、综采工作面智能控制、数字矿山与信息化等方面的科技成果。

第六卷《煤炭清洁利用与环境保护技术》由煤炭科学研究总院煤化工分院曲思建研究员牵头,系统总结了煤炭科学研究总院在煤炭洗选、煤炭清洁转化、煤炭清洁高效燃烧、现代煤质评价、煤基炭材料、煤矿区煤层气利用、煤化工废水处理、采煤沉陷区土地复垦生态修复等方面的技术成果。

第七卷《矿用产品与煤炭质量测试技术与装备》由中国煤炭科工集团科技发展部李学来研究员牵头,全面介绍了煤炭科学研究总院在矿用产品及煤炭质量分析测试技术与测试装备开发方面的最新技术成果。

"技术丛书"是煤炭科学研究总院历代科技工作者长期艰苦探索、潜心钻研、无私奉献的心血和智慧的结晶,力争科学、系统、实用地展示煤炭科学研究总院各个历史阶段所取得的技术成果。通过系统总结,鞭策我们更加务实、努力拼搏,在创新驱动发展中为煤炭行业做出更大贡献。相关单位的领导、院士、专家学者为此丛书的编写与审稿付出了大量的心血,在此,向他们表示崇高的敬意和衷心的感谢!

由于"技术丛书"涉及众多研究领域,限于编者水平,书中难免存在疏漏、偏颇之处,敬请有关专家和广大读者批评指正。

2017 年 5 月 18 日

我国煤炭赋存状况决定了我国大部分矿区适合井工开采。从地表进入煤层并为煤层开采创造基本条件的工程称为矿井建设工程，所需的技术称为矿井建设技术。

我国煤炭资源分布范围广阔，矿井建设工程的地质和水文地质条件不同，所需的矿井建设技术也不同。20世纪70~90年代，煤炭开发的重点区域是两淮、邯邢、开滦、兖州以及河南等煤炭基地，建设年产4.0Mt左右的大型矿井，采用立井开拓方式，尝试采用注浆法、沉井法、帷幕法、降水法等多种方法穿过含水的冲积层，均存在各种问题。经过多年研究和实践，逐渐形成了以冻结法、钻井法为核心的特殊凿井方法，并逐渐发展成熟。从90年代开始，为了深部基岩打干井的需要，以黏土浆为基础材料的地面预注浆技术得到快速发展，解决了井筒含水及不稳定基岩地层的堵水和预加固问题。以伞钻、整体金属模板、抓岩机等装备为基础，以冲积层冻结和基岩注浆为前提，形成的短段掘砌混合凿井工艺，推动了普通凿井速度的提高，岩巷凿岩作业线的形成提高了巷道掘进速度，改进了巷道布置方式，以煤巷代替岩巷，减小了岩巷掘进率，部分断面掘进机的应用解决了煤及半煤岩巷掘进快速施工问题。大型矿井建设速度缩短到3~4年。

20世纪末到21世纪初，为了适应西部地区上部风积沙松散不稳定，下部白垩系、侏罗系岩石成岩时间短、胶结不紧密、孔隙含水丰富，开挖后易风化、遇水软化、坍塌，普通凿井法难以维持井帮稳定的特点，以及东部地区穿过深厚不稳定冲积层矿井的开发，对以冻结、注浆为主的地层改性技术进行了研究和完善，开发了适应大直径、深井快速施工的普通法凿井工艺、技术及大型装备，研制了钻井直径可达13m的竖井钻机、钻井直径5m的反井钻机、钻井直径5.8m的竖井掘进机，发展了冻结、注浆和凿井平行作业技术，创新形成了表土层钻井与基岩段注浆的平行作业工艺。目前，我国煤矿井筒一次凿井深度达到1342m，最大井筒净直径10.5m，最大掘砌荒径14.6m，最大冻结深度950m，冻结表土层厚度754m，最大钻井深度660m，钻井成井直径8.3m，最大注浆深度为1078m，反井钻井直径5.5m，建井技术有了飞速发展。

煤炭科学研究总院建井研究分院（简称建井分院，包括原北京建井研究所）在普通凿井方面，突破了千米深井快速掘砌关键技术及装备，完善了短段掘砌综合凿井工艺，以深孔控制爆破技术为核心，整体金属模板砌壁为重点，以大型凿井装备为手段，以冲积层冻结、地面预注浆，综合治理井下涌水为保障，实现了打干井，保证了正规循环掘砌作业，满足千米凿井需要。凿井装备实现了大型化，新型凿井井架、大直径提升绞车、大吨位稳车、大直径伞钻、大容量吊桶、重型吊盘、模板等装备获得广泛应用。为减少悬吊设施及悬吊重量，研制出迈步式整体模板和吊盘，利用井壁梁窝及液压油缸，实现井筒内凿井装备的无绳悬吊、迈步自调平及液压脱模。通过多年的努力及多方合作，这些技术应用范围正从矿山竖井工程，发展到斜井、隧道、盾构、顶管、盾构进出洞、联络通道、隧道建设、建筑物基坑、地下穿越、地下对接、事故处理、地下管线、基础加固、边坡加固等工程。

在冻结技术方面，建井分院进一步推进了常压表土层下及超高围压下土层的常规和冻结物理力学特性、深厚表土层冻结壁设计理论，深厚表土层冻结工艺，冻结施工综合监控及信息化施工，深厚表土层井壁结构设计及高性能混凝土等相关研究深度，实现了深度700m以上深厚冲积层冻结井筒的安全建设。在对白垩系及侏罗系岩层的物理、力学特性及水文地质条件研究的基础上，形成千米深井控制冻结技术，在建成的核桃峪煤矿副立井一次冻结深度达到950m，采用控制冻结技术保证已建成的472m井壁安全稳定，实现了下部含水地层井筒的安全、快速掘砌，为冻结深度世界第一的立井井筒。提出了斜井沿轴线冻结工艺，开展了有关倾斜冻结孔布置理论、斜井冻结壁发展规律、斜井冻结交圈判据、磁导向倾斜冻结孔定向钻进、冻结工艺及施工安全等方面的研究，为今后长斜井冻结工程工业性应用打下基础。

在注浆技术方面，建井分院研究形成适合不同地层条件的注浆技术。注浆材料方面，研制出塑性早强注浆材料、低黏度水玻璃类化学注浆材料、钻井废弃泥浆作为注浆材料；在地面预注浆装备方面，研制出50MPa变频调速高压注浆泵、35MPa变频调速高压化学注浆泵、深井耐压止浆机具、注浆参数自动监测和高效制浆系统。注浆技术不但为普通凿井提供技术保障，同时也为机械破岩凿井提供有利条件，注浆后的地层更适合反井钻井以及竖井掘进机等机械凿井方法。

在钻井技术方面，建井分院研究了深厚表土层钻井法凿井关键技术，形成了深厚表土层钻井工艺，在巨野矿区龙固矿井钻成双主井和风井三个井筒，穿过了厚度为546.48m的深厚表土层，钻井深度达到582.75m，创新形成了"一钻成井"和"一扩成井"快速钻井新工艺，研发了与钻井工艺相应的新型超前和扩孔钻头、新型破岩滚刀，提高了破岩能力和排渣效率，研发了泥浆无害化处理和泥浆复用为注浆材料等新技术，实现钻井泥浆零排放，大幅提高钻井法成井速度、有效减少环境污染，并在袁店二矿、朱集西矿、信湖煤矿等矿井井筒得到成功应用。以坚硬岩石、深井、大直径井筒为目标，通过岩石钻井理论、全系列反井钻机、钻孔轨迹控制技术、高效破岩滚刀等研究，形成了反井钻井新工艺，研制出BMC系列反井钻机，钻孔直径达到5.3m，钻井深度达到600m，在煤矿、电站、铁路隧道等不同的地质条件中，钻成直径3.5m、5.0m、5.3m数十条井筒。南京科工煤炭科学研究有限公司（原煤炭研究总院南京研究所，简称南京煤研所）研制的ZFYD系列低矮型反井钻机也得到广泛应用。成功研制以反井钻机钻孔作为导、破岩机械化、控制自动化、掘进支护一体化、具有安全防护的矿山竖井掘进机装备，攻克大直径高效钻头破岩滚刀合理布置、滚刀与多种岩石的匹配适应、协调迈步式推进方式、掘进方向智能控制等技术难题，为我国矿山竖井非爆破凿井的机械化、自动化、智能化奠定基础。

建井分院以高精度定向孔钻进为基础，根据地面条件布置钻机，钻孔在岩体内形成空间结构形状，注浆段钻孔落点靶域在指定范围，满足注浆要求，形成了冻注和钻注等新型凿井工艺，立井上部第四系松散层和风化带（包括部分软弱的新近系地层）的冻结或钻井，和立井掘进与下部基岩含水层地面预注浆施工平行进行，形成冻—注—凿平行作业和钻—注平行作业凿井，达到冻结、钻井、注浆相互不干扰，时间、空间得到综合利用。

巷道和硐室是矿井建设的主要工程，所研究的主要技术包括巷道施工工艺、巷道掘进机械化、巷道硐室的支护加固、受力变形监测、建井安全控制、避难系统建设、建井粉尘及防护、二氧化碳物理爆破技术等，为煤矿安全快速建设提供了保障。

本书共分 5 篇，共计 17 章，第 1 篇地层冻结技术，王建平统稿；第 2 篇注浆技术，高岗荣统稿；第 3 篇钻井技术，谭杰统稿；第 4 篇立井凿井技术，龙志阳统稿；第 5 篇岩石巷道掘进与加固技术，杨春满、范世平统稿。由于参与编写人员较多，在每一章的后面附有主要执笔人，如有疏漏，希望得到各方的谅解。

感谢建井分院、南京煤研所和中煤科工集团淮北爆破技术研究院有限公司（简称淮北爆破院）全体员工为建井技术发展及本书的撰写做出的努力，感谢中国煤炭科工集团和煤炭科学研究总院的支持和帮助，感谢申宝宏研究员等给予的指导，感谢煤炭科学研究总院出版传媒集团给予的大力协助。对在编写过程中提供资料以及给予各种指导帮助的同志，在此一并感谢。

由于编写时间仓促、编者水平所限及对技术发展过程了解的局限性，书中不足之处，恳请读者批评指正。

2017 年 6 月 22 日

Contents **目 录**

第二篇　注　浆　技　术

第三篇　钻　井　技　术

第四篇　立井凿井技术

第五篇　岩巷掘进与加固技术

第一篇 地层冻结技术

冻结法凿井是采用人工制冷方式将井筒周围含水不稳定地层暂时冻结，形成帷幕隔绝地下水后，再进行开挖和支护的特殊凿井方法，也是我国含水不稳定地层中采用最多的工法。1883 年德国首先采用冻结法凿井获得成功之后，在波兰、英国、苏联、加拿大、比利时等国家推广应用，20 世纪 70 年代初，英国博尔比钾盐矿冻结深达 930m，是当时世界上冻结最深的井筒。20 世纪 50 年代初，我国东部地区井筒建设穿过深度 50m 左右冲积层，采用过大开挖、板桩、沉井、帷幕等方法，多数井筒施工遇到困难，导致淹井停工。1955 年，开滦林西煤矿风井引进波兰技术，并承担冻结法施工，完成冻深 105m 井筒建设，为我国第一例冻结井。在苏联专家的指导下，1956 年国内自行设计并采用国产设备进行了深度 60m 的开滦唐家庄风井冻结并获得成功。这两个井筒的成功应用，为我国井筒通过不稳定含水地层开辟了新技术途径。冻结法开始主要在我国东中部地区应用，20 世纪末扩展至西部地区，成为我国特殊凿井的主要方法，并拓展到市政和其他地下工程领域。据不完全统计，从 1955 年至 2016 年，建成立井井筒约 1100 个，累计长度约 295km，穿过冲积层厚度达 754.96m。2014 年建成的甘肃核桃峪矿副井，井筒净径 9.0m，含水弱胶结岩层冻结深度达 950m，是目前世界上冻结最深的井筒。

表 1955~2010 年我国冻结法凿井深度及施工规模统计

参数		1955~2010年	其中					2000~2010年（"十一五"）
			1955~1959年	1960~1969年	1970~1979年	1980~1989年	1990~1999年	
数量/个		968	18	50	112	128	166	494（254）
冻结深度/m	<100	171	11	25	26	34	32	43（22）
	>100	299	7	18	44	50	71	109（66）
	>200	212		6	32	26	28	120（61）
	>300	132		1	9	16	30	76（39）
	>400	54			1	2	5	46（19）
	>500	56				冻结深度变化线		56（35）
	>600	29						29（24）

年份	1955～ 2010 年	其中					
		1955～1959 年	1960～1969 年	1970～1979 年	1980～1989 年	1990～1999 年	2000～2010 年（"十一五"）
冻结深度 /m >700	11						11（7）
>800	4						4（4）
最大冻深 /m	850	162.0	330.0	415.0	435.0	400.0	850

注：表中括号内数字为 2006～2010 年（"十一五"）时期的井筒数。

冻结井筒，根据开拓方式，分为竖井冻结和斜井冻结；根据冻结地层，分为冲积层冻结和基岩冻结；根据冻结应用范围，分为矿山冻结和市政冻结。当冻结深度由浅入深，冻结法凿井理论、冻结工艺和相应的装备也需要随之更新。建井分院建成冻土物理力学性能试验室，开展了冻土瞬时无侧压抗压强度、三轴强度及冻土蠕变特征的试验研究，基本上掌握了煤矿人工冻土物理力学性能，为冻结壁设计提供依据，编制了煤炭行业人工冻结试验规范；对深厚冲积层井筒冻结提出了选择两个控制层计算冻结壁厚度的方法并将井筒冻结期分为积极、强化、维护冻结三个阶段，在深厚黏土层中的井帮温度控制在 -10℃ 左右，井帮位移控制在 50mm 以内；采用有限元等数值计算方法模拟冻结壁的发展、交圈时间，分析冻结壁变形；在砂性土层采用无限长弹塑性体厚壁圆筒，在深厚黏土层按有限长黏塑性体强度条件，计算冻结壁厚度，基本上解决了东部地区 600m 以内冲积层冻结壁设计问题；研究发现西部地区含水软弱地层冻结强度高，冻胀量小，永久地压主要是静水压力，土压较小，冻结壁厚度计算按无限长弹塑性体厚壁圆筒来计算。

东中部地区通过"600m 深厚冲积层冻结凿井技术"等多项课题研究，采用单排冻结孔布置，盐水温度 -30℃ 的条件下，难以形成厚 7.0m 以上的冻结壁，单圈孔不适合深厚冲积层，因此，将单圈孔布置改为双排孔、三排孔或多排布置，形成更厚、平均温度更低的冻结壁，以满足深厚冲积层冻结。西部地区通过多项含水弱胶结岩屋深井冻结课题研究开发，实现了近千米深井单圈孔冻结技术，井筒顺利穿过深部白垩纪、侏罗纪含水软弱地层，并采用包括大圈径、大流量、外保温、同轴供液管控温孔等成果的控制冻结技术，达到了保护既有井壁的目的，为西部地区深井冻结提供技术手段。

冻结孔作为冻结施工的关键得到重视，研究冻结孔钻进设备和控制手段尤为重要。在冻结孔广泛应用于 DZJ-500/1000 型冻、注专用钻机的基础上，又研制了 TD-2000/600 型全液压顶驱钻机，更适合用于深冻结孔钻进和钻孔轨迹控制。研制的冻结孔专用陀螺测斜仪 JDT-Ⅱ型、JDT-6 型陀螺测斜仪以及深孔测量的 JDT-6A 型陀螺测斜仪，测量深度达 2000m，测量精度提高。在冻结孔钻进方面，随钻测量系统配合井下动力钻具，实现不提钻杆测斜和定向纠偏，无线随钻测量系统成为冻结孔钻进的发展方向。冻结孔泥浆置换工艺和置换材料充填技术，在西部地区多个井筒应用成功，消除了冻结孔导水的隐患。冻结施工监测技术是地层冻结技术的重要组成部分，研制应用了基于互联网的新型一线总线冻结实时监测系统并获成功，该系统具有监测全面、及时，数据分析、整理简便等优点，大大减少了冻结温度监测及数据处理的人工工作量，还实现了所有数据的异地传输，提高了管理效率。

针对大型矿井对斜井的需要，以垂直孔的方式冻结斜井技术开始应用。20世纪80年代，内蒙古榆树林子矿主斜井，垂深15.2～62.0m，斜长114.8m，采用直孔多排分段分期冻结方案获得成功。建井分院研究的采用步进式斜井冻结技术获得成功。在"十二五"期间，对斜井沿轴线冻结技术进行研究，特别是在斜井专用钻机、以磁导向为核心的群孔方向控制、斜井冻结器的安装等方面取得一定突破。

随着市政建设的开展，冻结法逐步进入市政地铁建设，主要在北京、上海、广州等地进行。建井分院开发出近水平冻结技术应用于上海地铁旁通道建设，已成为上海地铁旁通道的标准工法，并推广至杭州、苏州等类似地层地区的地铁建设中。广州地铁2号线隧道全断面冻结工程的成功完成，将我国的水平冻结技术推向新的高度。新建地铁隧道穿越既有运营车站越来越多，由于既有车站底板下方障碍物多，采用盾构法难以通过，只能采用隧道水平冻结法加固并以矿山法构筑，简称"穿越冻结"。以上海轨道交通4号线隧道穿越1号线上体场站（施工和当时文件中称"上体场站"，此处沿用施工时名称，具体位置即为现在的上海体育馆站）隧道冻结工程为案例，研究了冻胀与结构相互作用规律并提出工程对策，创新长距离夯管施工技术，提出了分台阶开挖支护方案和"多点、均匀、少量、多次"的融沉治理方法，成功完成了世界首例轨道立体交叉零距离穿越工程。除采用常规低温盐水冻结外，在地铁盾构隧道地基加固、地下工程修复和应急抢险等工程中还应用液氮快速冻结技术。液氮冻结具有冻结系统简单、冻结速度快（常规盐水冻结速度的5～10倍）和冻土强度高的特点，但液氮冻结壁形成的均匀性较差，冻结费用高。通过实验与理论分析，研发了新型液氮冻结器，揭示了液氮冻结壁形成规律。冻结法广泛应用于盾构进出洞软土地基加固，但通常采用低碳钢管作为冻结管，冻结完成后，需要拔出盾构推进范围内的冻结管，而拔管存在断管、涌水等施工风险。建井分院通过理论分析与试验研究首次开发了创新的PVC（聚氯乙烯）管作为冻结管的成套冻结技术工艺，实现了盾构进出洞无障碍推进。

本篇重点介绍建井分院在冻结技术方面具有代表性的科技成果，主要包括在矿山立井与斜井冻结技术、市政冻结技术以及冻结施工中的监测技术。

第 *1* 章
矿山冻结技术

冻结法凿井技术按矿井开拓方式分为立井冻结技术与斜井冻结技术两大类。本章主要介绍了深厚冲积层、含水弱胶结岩层立井冻结理论和工艺技术，包括人工冻土力学、冻结壁设计、冻结孔布置、孔造孔技术、井壁结构形式及材料、井筒冻结掘砌工艺及斜井步进式冻结等内容。

1.1 立井冻结

1.1.1 技术原理

1. 冻结壁设计

1）深厚冲积层冻结壁设计原理

由于赋存条件差异，深厚冲积层中岩土的常规及冻结物理力学性质与浅层土存在一定差异。超高围压下静止土压力系数并非为定值，而是随压力增加而变化，且随压力增加有趋近于1的趋势。因此，在深厚冲积层中设计冻结壁时，侧压系数的计算要根据所处地层深度和土层性质加以取舍，不能取定值。

冻结黏土高围压三轴蠕变试验表明：在一定的时间范围内强化效应占主导地位，使冻结黏土表现出以黏塑性变形为主的衰减蠕变和稳定蠕变。由于深厚冲积层中冻土表现出极强的蠕变性，因此在考虑冻结壁承载力时必须考虑时间因素。这与浅部地层不同，时间因素是影响深厚冲积层中冻结壁强度与刚度的主要因素之一。冻结壁承载过程是深部土体的卸载引起的，即处于初始地应力状态下的冻结壁由于井筒内土体被挖去造成三维应力状态转变为二维应力状态，从而使冻结壁承载。

深厚冲积层冻结壁厚度设计时，除选择底部含水层作为控制层外，还应选择深部黏土层作为控制层进行冻结壁厚度验算。

2）含水软弱地层冻结壁设计原理

针对含水软弱地层特点，冻结壁厚度设计急需进行相关研究提出新的理论指导。由于工程实践的发展远远走在了理论研究的前面，当含水软岩进行冻结施工时，面临的第一个难题便是冻结壁厚度设计，对此的研究起初出现了百花齐放、百家争鸣的现象，但是同样的地质条件、类似的井筒冻结壁厚度，设计却大相径庭。经过近几年的科研攻关与工程实践，目前已基本解决这个理论问题。

对于白垩系及侏罗系含水弱胶结岩层地层冻结壁厚度设计，根据其扰动前具有一定的强度（白垩系基本在 10MPa 左右，侏罗系基本在 20MPa 左右）、扰动后急剧软化、遇水泥化、见空气风化的特点，将其类比为冲积层是较为合适的。而侏罗系地层扰动前具有一定的自稳性，虽无法与二叠系基岩相比，但比冲积层稳定性好得多。在白垩系及侏罗系含水软岩地层中进行冻结施工时，在考虑冻结壁承载力计算时，冻结壁厚度设计控制层应选在白垩系底部，冻结壁的力学模型应选无限长弹塑性厚壁圆筒计算。

2. 冻结孔布置

1）一般冻结孔布置原则

在冻结壁主要起封水作用辅以一定强度的时候，一般冻结孔设计为单圈孔（或增加防片帮孔），例如冲积层深度在 200m 左右的冻结井筒、具有一定强度的含水软岩地层中冻结壁。

2）深厚冲积层中的冻结孔布置

深厚冲积层冻结深度应根据地层埋藏条件确定，并深入稳定不透水基岩 10m 以上。紧换冲积层基岩的涌水量不小于 30m³/h 时，经论证后，应延长冻结深度至含水层底部 10m 以上。

深厚冲积层中冻结壁所承受的水平地压一般在 5MPa 以上，而冻土强度是一定的，只能增加冻结壁厚度，以保证冻结壁有足够的整体强度来抵抗外部的冲积层地压。当冻结壁厚度超过 7m 时，采用单圈孔冻结形成冻结壁将不再经济，宜采用两圈及两圈以上冻结孔来形成冻结壁。因此，在特厚冲积层中冻结法凿井工程中，为缩短冻结时间和降低冻结壁的平均温度，冻结孔布置一般以两圈外孔（含主孔）＋内圈孔（含防片孔）＋（插花布置）辅助孔为主要形式，实际施工时按条件具体布置（图 1-1）。

深厚冲积层冻结孔偏斜控制是冻结孔施工的一个重点，通常采用偏斜率控制和靶域半径控制，冲积层、基岩段的冻结孔允许偏斜率分别为 0.3% 和 0.5%。

3. 冻结孔环形空间串水

冻结孔环形空间串水是冻结法在白垩系与侏罗系软岩或类似含水地层进行施工后出现的新问题。首先，该种地层中全为含水层，没有传统意义上的隔水层（例如泥岩、砂质泥岩等）；其次，由于该地层已经成岩，在冻结施工完成后地层无法依靠自身力量恢复原状，封堵冻结孔环形空间。这两点是造成冻结施工结束后冻结孔串水的主要原因。

因此，为消除冻结孔环形空间串水，必须阻断导水通道。目前常用的方法有钻孔泥浆置换、射孔（割管）注浆、井筒底部开槽封堵冻结管等。这几种方法均有成功的案例，也有失败的教训，其中最为安全可靠的应是钻孔泥浆置换。该技术已在红庆梁矿主井、大海

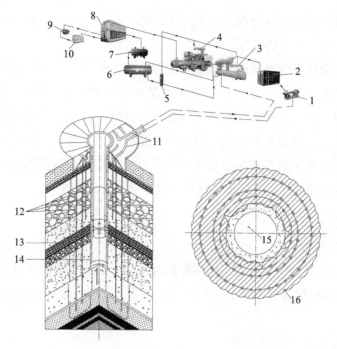

图 1-1　冷冻站及多圈冻结孔示意图

1. 盐水泵；2. 盐水箱；3. 热虹吸蒸发器；4. 冷冻机；5. 集油器；6. 储氨器；7. 虹吸罐；8. 冷凝器；
9. 清水泵；10. 清水箱；11. 集配液圈；12. 冻结管；13. 冻结壁；14. 井壁；15. 水文孔；16. 测温孔

则矿副井、塔什店矿风井等近十个冻结井筒成功应用，效果良好。

4. 强化冻结

强化冻结是建井分院基于深厚冲积层冻结技术提出的新概念。在传统的冻结技术中将冻结制冷期分为积极冻结与维护冻结两个时段，分别对应于冻结壁达到开挖条件与井筒开挖后的两个时段。当时对冻结壁控制层的关注不是非常重视，也没有引起特别大的问题。但在深厚冲积层冻结技术中，冻结制冷分为三段：积极冻结、强化冻结与维护冻结。强化冻结是指冻结壁达到开挖条件后继续维持低温盐水进行冻结，直至井筒掘过冻结壁的控制层以保证冻结壁控制层的安全，甚至为了提高冻结壁冻土的强度将掘到控制层时冻结盐水温度设计为整个冻结期的最低盐水温度。因此，强化冻结技术中的维护冻结概念与传统冻结技术中的概念不同，它是指掘进过了冻结壁控制层以后到停机前的冻结制冷期。

5. 冻结井壁

在深厚冲积层地质条件下，冻结压力与内壁设计压力取值及井壁结构形式等是冻结井壁设计的关键技术之一。冻结压力的大小与土层性质、深度、冻结温度、冻结壁厚度、施工工艺、外层井壁结构形式等因素有关。对于冲积层厚度大于 400m 的井筒，在目前井壁结构设计中，其冻结压力宜根据层位特性、埋深、层厚等因素以及工程经验和地区特点在（0.011～0.012）H（单位为 MPa）范围内取值，其中 H 为深度（单位为 m）。深厚冲积层中井壁结构一般选用双层现浇钢筋混凝土，配之以 PVC 夹层、泡沫压缩板（深厚黏土层）等材料组成的井壁结构，井壁漏水量控制在规范允许范围内。井壁设计目前仍沿用传统的允许应力法用无限长弹性厚壁筒理论进行设计。冻结井壁材料可选高性能混凝土（CF80）。

随着井筒净径与井筒深度的增大，按现行规范设计的冻结井壁越来越厚，内外层井壁之和可达 3m 以上。根据在西部某煤矿井筒进行的初步研究，白垩系及侏罗系含水软岩地层中井壁受到的冻结压力远小冲积层中同深度井筒的冻结压力（如 380m 深处的最大冻结压力为 1.5MPa），而现场监测显示，在进行内外层井壁间注浆时，外层井壁环向钢筋的应力迅速减小（166m 层位几乎为零），而内层井壁环向钢筋的应力迅速增大，一般在 2～5 倍（166m 层位最大为 6 倍），这个现象说明壁间注浆可以引起应力在内外壁之间重新分布，减小外壁应力增加内壁应力。

深厚冲积层冻结技术适用于穿越 400～800m 深厚冲积层的冻结井筒。

1.1.2　技术工艺

1. 冻结孔造孔

冻结孔布置可归纳为以下几种：主圈孔＋（插花布置）辅助孔、主圈孔＋辅助孔＋防片孔、外圈孔＋主圈孔＋内圈孔、外圈孔＋中圈孔＋内圈孔＋防片孔。

根据实验研究与工程经验，深厚冲积层中冻结管断裂的主要原因是冻结壁变形过大带动冻结管变形发生的，且大多数断裂发生在管子的接头部位。因此，深厚冲积层中的冻结应采用低温下变形能力好的 20 号低碳钢无缝管，同时采用变形能力强的内接箍对焊接头。在多圈孔布置中需要保温处理的冻结管可采用同轴或差异供回液管实现局部冻结，以节约不必要的冷量损失。

白垩及侏罗系岩性主要为粗砂岩、中砂岩、细砂岩、粉砂岩、砂砾岩，其次为砂质泥岩、煤层、炭质泥岩等。大部分岩石为泥质胶结，抗压强度较低，抗剪强度则更低。砂质泥岩吸水后，抗压强度明显降低，有些岩石遇水后软化变形，甚至崩解破坏，大部分岩石软化系数小于 0.75，为软化岩石。由于地层复杂，致使冻结造孔困难。施工过程中出现冻结孔漏浆严重、成孔后地层塌孔缩颈、冻结管下放困难等问题，不同于冲积层中造孔的普通泥浆，需要用化学泥浆进行钻孔护壁。

2. 缓凝水泥浆置换

白垩及侏罗系地层冻结孔环形空间串水是冻结法在该种地层施工中最大的隐患。为了实现冻结管与地层紧密胶结，阻断地层中不同含水层沟通。建井分院研制了不同密度、不同延时长度的系列缓凝水泥浆置换材料与成套置换工艺，基本解决了冻结孔环形空间串水的难题。该项目技术在西部多个煤矿井筒进行了应用，不但取得了良好经济效益，还获得了可观的社会效益。除保证了井筒的安全，还保护了地下水资源免受污染。尤其是冻结管需要穿过马头门或相关硐室时，必须采取专用措施进行处理。一般是在冻结管化冻前，将冻结管中盐水放净，割断管后用带有两根注浆管的钢板将冻结管焊死封堵并进行注浆保护。

3. 冻结站安装与运转

按照施工组织设计中的制冷设计与系统安装图安装冻结站制冷系统。制冷系统安装必须符合国家、行业以及企业制定的各项技术规范、规程及其他相关技术手册等要求。深厚冲积层冻结由于要求的冻结壁厚度大、强度高，特别是对通过冻结壁控制层时要求严，因此，深厚冲积层冻结施工按积极冻结、强化冻结及维护冻结三个阶段进行。

与深厚冲积层冻结不同，含水软弱地层冻结具有明显不同的特点。针对软弱含水地层的不同强度指标与含水性，设计制冷的冻结盐水温度一般控制在 $-30 \sim -25℃$，不同于黏土层冻结时盐水温度要控制在 $-30℃$ 以下。同时，整个冻结制冷期间分为两个阶段：积极冻结与维护冻结。积极冻结的目的是要冻结壁交圈并在相应的时间内控制层达到设计强度；维护冻结的目的是要保证冻结壁在开挖期间满足设计的强度与刚度要求，其温度控制可随冻结目的而变化。

4. 井筒冻结段掘砌

井筒开挖的条件：①井筒所设的所有水文孔应有规律地上升并冒水后溢出管口 7 天，且经计算溢出管口的水量与冻胀水量相符；②根据测温孔计算的冻土发展半径和扩展速度符合规律，所有冻结孔的进回路盐水温差符合类似井筒的经验；③当井筒未设水文孔时，井筒内水位上涨规律应符合冻结壁交圈后产生的冻胀水的规律，并应进行灌水实验验证；④对于深厚黏土层冻结井筒，还应满足井筒按设计开挖到黏土控制层时冻结壁能够达到设计要求，否则不能开挖。

冻结井筒试挖阶段段高一般控制在 2m 以内，正式开挖后段高的确定分为两大类。①在埋深小于 200m 的冲积层中，掘进段高一般不大于 3.6m；在埋深大于 200m 的厚黏土层中，段高一般应控制在 2.5m 以内，井帮温度应符合设计要求，冻结壁的位移不得大于 50mm。②软弱岩层中掘进段高一般小于 4.0m，而稳定岩层若采用大段高施工应进行临时支护，段高不宜超过 50m。冻结井筒掘进一般采用人工掘进与钻眼爆破。钻眼爆破除应满足一般的钻爆法中的规定外，还应符合以下规定：周边眼与冻结孔距离应大于 1.2m 且其自身间距不得大于 0.45m。正式开挖阶段，冻结段掘砌段高应根据地层性质、冻结壁强度、井帮稳定性、井壁结构、施工工艺、掘砌速度等因素分析确定，应控制段高在 3.8m 左右，循环作业时间不大于 30h，冻结壁径向位移不大于 50mm。基岩段的掘砌段高不宜大于 4m，否则应进行临时支护。

套壁方式：首选外层井壁短段掘砌、内层井壁一次套壁的施工工艺。条件不允许时可采用分段套内壁的施工方案，分段时内壁接茬缝必须位于隔水层内。在冲积层施工过程中，若发现冻结管断裂和外层井壁压坏等现象并危及井筒安全施工时，应暂停掘进提前进行套壁，以控制事故的扩大。

冻结段的掘进方法：①冲积层外壁施工采用短段掘砌混合作业方式，使用小型挖掘机挖掘，高效风铲修边，挖掘机或抓岩机装罐，适时组织快速施工。深厚黏土层采用强化冻结、缩小掘砌段高、提高外壁砼抗冻胀能力、在砼井壁与井帮之间铺设泡沫塑料板等综合治理措施，确保安全通过。②基岩段施工采用钻爆法进行施工，具体为采用伞钻、凿岩机钻眼，选用防冻水胶炸药，采用电磁雷管、反向装药、磁环大串联的连线方式，由引爆电磁雷管的专用高频发爆器起爆，实现全断面一次爆破。

1.1.3 主要装备

1. 钻机

由于钻孔深度大，地质条件复杂，钻孔施工难度较大。为保证钻孔质量达到设计要求，目前一般均选用 TSJ-1000、TSJ-2000（图 1-2）、TSJ-2000A 水井钻机配 TBW850/50 型泥浆泵、24m 或 27m 钻塔。其中 TSJ-2000 型转盘钻机优点是结构简单、市场保有量大、维修便利、成本低廉。由于其采

图 1-2　TSJ-2000 型转盘钻机

用主动钻杆传递转矩，钻机转盘本身不能控制给进，只能进行不足 10m 的单根钻进，接换钻杆频繁，钻机台月效率仅能够达到 1800～2000m，施工效率低。由于不接方钻杆就无法进行钻井液循环和钻具旋转，所以在遇到卡钻事故以及下钻过程中遇到缩径和塌孔地段时，转盘钻机处理手段受到很大限制。由于转盘钻机基本采用人工操作，自动化程度低，工人劳动强度大。

随着冻结造孔深度的增加，转盘钻机定向纠偏一次至少需要 6h 以上，严重制约冻结造孔的工期，建井分院根据石油系统钻机技术，研发了 TD2000/600 型全液压顶驱钻机（图 1-3）。该钻机在钻进的过程中可以采用复合钻进和滑动钻进相结合的方式，提高了钻机的效率。一旦在起钻或下

图 1-3　TD2000/600 型全液压顶驱钻机

钻过程中遇到塌孔卡钻、埋钻事故时，能快速循环钻井液进行钻具旋转，节省处理事故的时间和降低事故发生的几率，钻进时加尺时间短，节省钻具在钻孔内不旋转的停留时间，同时单次加尺量大，如立根（18.6m）加尺。在500m地层冻结造孔中日均进尺能够达到100m以上。

2. 质量检测设备

目前，冻结孔（管）测斜主要使用的是经纬仪与陀螺仪。钻孔较浅时（深度≤80m）使用经纬仪灯光法测斜；其他深度则采用陀螺测斜仪连续测量。通常每钻进30m左右测斜一次，施工中根据钻孔偏斜情况灵活调整测点，以便及时掌握钻孔发展趋势。终孔测斜时严格将钻机回复到设计孔位后进行，以获取准确的终孔偏斜成果。目前国内陀螺测斜仪可测深度达2000m。

冻结施工中的温度检测：2000年以后逐渐推广应用DS18B20的一线总线检测技术及无线传输技术，取得良好效果。随着技术发展，目前电磁流量计已经能够满足冻结施工中的盐水总流量检测的精度，已大面积推广应用。

3. 冷冻辅助设备

推广应用标准制冷量大于4185MJ/h的单机双级撬块式螺杆制冷机组和开启式螺杆盐水机组，制冷效率高，安全性好，运转维护人员少，盐水温度可达到-35℃以下，占地面积小。冷凝器：全面推广应用高效蒸发式冷凝器，冷却水补给量降至冷却水总量的2.5%以内。低温管路隔热：在采用聚苯乙烯泡沫板隔热材料的基础上，冷冻沟槽内集配液圈及其与冻结器的连接管采用软质聚氨酯材料隔热，使低温管路的冷量损失降到15%以内。

4. 冻结制冷设备

随着科技的进步，冻结制冷设备也逐渐由单机双级、活塞式制冷机组逐步提升至双机双级螺杆机组，提升了制冷效率。双机双级螺杆式制冷压缩机组（图1-4）由一台低压级螺杆压缩机、一台高压级螺杆压缩机、两台电动机、一个卧式油分离器、一套供油系统和油泵、一套微电脑控制系统、一台中间冷却器等部件组成。双机双级螺杆式制冷压缩机组具备结构紧凑，占地面积小、傻瓜式操作、系统简单、制冷效率高等特点。机组制冷循环为改进的两级压缩一级节流中间不完全冷却循环，采用两级过冷，容积比配置灵活，制冷效率高比单机双级压缩机组提高约13%。全微机触摸屏控制，全部配可编程序逻辑控制器（PLC）实现机组的自动控制，每台双级压缩机组配一套PLC系统，实现整个双级压缩机组的全自动控制，并可实现与手动控制的无扰动切换，操作简单方便。机组是一个较完整的系统，独立性强，可单台独立使用，也可多台并联使用，与单机双级压缩机组相比，双机双级螺杆式制冷压缩机具有以下优点：①循环方式的优势。双机双级压缩机组采用改进的两级压缩一级节流中间不完全冷却循环，两级过冷，系统运行更经济。②系统裂纹张开位移（COP）值更高。除循环方式对COP值的提高以外，由于采用全压差供油，完全节省油泵电机功率，故系统

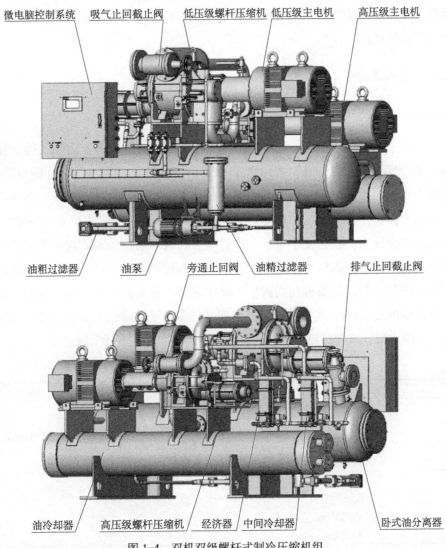

微电脑控制系统　吸气止回截止阀　低压级螺杆压缩机　低压级主电机　高压级主电机

油粗过滤器　　油泵　　旁通止回阀　油精过滤器　　排气止回截止阀

油冷却器　高压级螺杆压缩机　经济器　中间冷却器　　卧式油分离器

图 1-4　双机双级螺杆式制冷压缩机组

COP 值得到了进一步的提高。③容积比配置的灵活性高。双机双级压缩机组的高、低压级压缩机采用普通的开启式螺杆压缩机，有多种组合方式，可根据不同的工况、不同的制冷剂选择最佳排量的压缩机和最佳的容积比；而单机双级压缩机组的高、低压级压缩机的排气量相对固定，选择范围较小，当蒸发温度在 −35℃ 以下时难以达到最佳效果。④单机双级压缩机只有能量调节而无内容积比调节，经济性差。⑤启动过程的节能。单机双级在系统运行初期就是双级压缩，由于蒸发温度高，又不可能满载运行，故初期效率极低，降温速度慢；而双机双级在初期只有高压级运行，且可以满载运行，当蒸发温度下降到某一温度时才启动低压级，降温速度快，运行十分经济。⑥启动平稳。由于双机双级螺杆式制冷压缩机组采用两台压缩机及电机，分别启动，所以启动时对电网的冲击小。同时，由于一台电机变成了两台电机，所以，大多数情况下可采用 380V 低压电机，降低成本及价格。⑦维护费用低廉。双机双级螺杆式制冷压缩机组可采用技术成熟的螺杆Ⅲ压缩机，其维护费用、备品备件费用较经济。

1.1.4 工程案例

1. 深厚冲积层冻结

张集煤矿位于山东菏泽单县，设计生产能力每年 1.20Mt，服务年限 51.2 年，副井井筒净径 6.5m，最大开挖直径 10.5m，冻结深度 619m。从 281～450m 有 169m 的单层黏土层，地层条件极为复杂，国内外罕见，为目前国内单层黏土层最厚的冻结井筒。在其邻近矿区同期施工的几个类似井筒冻结施工都发生了严重的断管事故，给张集副井冻结敲响了警钟，也带来很大的安全压力。依据安全可靠、质量至上和成本最优的原则对张集煤矿冻结设计进行了多次优化，同时在冻结施工过程中开展针对冻结施工的科研项目，不但保证了冻结施工的安全、顺利进行，还取得相当数量的技术成果。张集副井按理论计算与工程类比设计控制层冻结壁厚度 8.5m，根据地质条件与冻结技术水平将冻结孔布置三圈，其中外圈孔差异冻结，单圈中圈孔齐深冻结，防片孔插花布置，具体布置见表 1-1。

表 1-1　张集煤矿副井冻结设计技术参数汇总表

冻结孔类型及参数		副井布置参数	备注
外圈孔	圈径 /m	23.5	差异冻结
	孔数 / 个	58	
	开孔间距 /m	1.272	
	深度 /m	615/454	
中圈孔	圈径 /m	17.5	
	孔数 / 个	33	
	开孔间距 /m	1.663	
	深度 /m	454	
防片孔	圈径 /m	13.9/10.9	插花布置
	孔数 / 个	16/16	
	开孔间距 /m	2.711/2.126	
	深度 /m	447/132	

张集煤矿副井打钻时布置 6 台 TSJ-2000 钻机，2009 年 9 月 19 日开工，2010 年 2 月 7 日造孔施工结束，实际工期 142 天（预计工期 155 天），共完成冻结孔 123 个、水文孔 2 个、测温孔 4 个，实际完成钻孔工程量 57448m。工效 2011.5m/（月·台）。①钻孔偏斜率：设计要求钻孔偏斜率不大于 2.5‰（规范要求冲积层不大于 3.0‰、基岩段不大于 5.0‰），通过对 129 个钻孔的数据统计，实际施工所有钻孔偏斜率冲积层不大于 2.14‰、基岩段不大于 2.50‰；②相邻孔最大孔间距：设计要求冲积层外圈主冻结孔不大于 2500mm、中圈冻结孔不大于 3000mm、内圈深防片孔不大于 3600mm、内圈浅防片孔不大于 2500mm，基岩

段不大于 4500mm。

张集煤矿副井冻结站（图 1-5）于 2010 年 5 月 20 日正式开机，开机后，两水文孔内水位在日变化 1m 范围内波动。开冻后 48 天（7 月 6 日）浅孔 S2（-114.10～-120.35m）水文孔水位上涨 7.68m 冒水；开冻后 60 天（7 月 18 日）深孔 S1（-271.9～-282.45m）水文孔水位上涨 34.72m 冒水，标志两个观测层位冻结壁已经交圈，比设计交圈时间（73 天）提前 13 天。

图 1-5　张集煤矿副井冻结站运转

冻结初期，盐水温度一直维持在 -32℃ 左右。张集副井开挖过程中，四次调整系统：①开挖通过浅防片孔时逐渐调小至关闭浅防片孔流量，并加大深防片孔及中圈孔流量加强深部深厚黏土层冻结；②掘砌中途套壁时，减小深防片孔流量，同时增大中圈孔流量和深主冻结孔的流量；③开挖通过冲积层时冻结 315 天（即 2011 年 3 月 30 日）掘砌穿过冲积层，关闭内侧盐水系统及浅主冻结孔，加大深主冻结孔单孔盐水流量为 15m³/h；④冻结 375 天（即 2011 年 5 月 28 日）井筒冻结段掘砌到底，盐水温度逐渐调整为 -24℃ 左右，之后一直维持此状态。冻结 427 天即到 2011 年 7 月 19 日停机。

从井筒掘砌施工冻土揭露情况来看，-300m 以下的深厚黏土层，井帮温度为 -18～-8℃，满足了冻结设计 -7℃ 以下的要求。但是从井帮收敛位移来看，收敛位移偏大，几乎达到规范要求，甚至部分段高收敛位移已超出规范。因此，在通过深厚黏土层过程中一直没有调整冻结运站负荷，以加强深厚黏土层的冻结。在掘砌深厚黏土层时，冻土进荒径最大处约 2m。

张集副井井筒冻结工程从 2009 年 9 月开始钻孔施工到 2011 年 8 月井筒套壁施工完毕，历时 2 年时间，采用超厚黏土层冻结技术，顺利通过厚达 169m 的单层黏土层，取得了冻结井筒过超厚黏土层时冻结管变形量很小的良好效果（所有冻结管中的供液管无阻碍的顺利拔出，这在其他深厚黏土层冻结施工中很少见，说明冻冻结管的变形很小，从而说明冻结壁变形也很小），整个冻结施工过程无断管，冻结段综合成井速度 49.9m/月，使我国超厚黏土层冻结技术上了一个新的台阶。

2. 含水基岩冻结

红庆梁井田位于内蒙古自治区鄂尔多斯市达拉特旗境内，行政区划隶属昭君镇管辖。井田在达拉特旗政府所在地的西南方向约 65km。矿井设计生产能力为每年 6.0Mt。井筒地表全部被第四系松散沉积物所覆盖，局部基岩出露。地层具有以下特点：①第四系地层很薄（在 0.9m 左右），白亚垩系地层也不厚（仅 78m），其他均为侏罗系地层。井筒穿过地层的砂岩和含砾砂岩分别占总层位的 75.81% 和 7.5%。②地层中砾岩和含砾砂岩较多，成孔较难。特别是浅部连续 50 多米厚的砾石层对开孔偏斜影响较大，底部 20 多米厚的砾石层粒径大，打钻过程易划钻，影响偏斜质量。③除煤层外，所有岩石软化系数均小于 0.75 为软化岩石（软化系数最小的仅有 0.06），不采取措施钻孔很难施工。

针对以上地层特点，冻结设计主要参数见表 1-2，在冻结孔布置设计时主要考虑井筒掘进放炮时的安全距离，冻结孔距井帮 2m 以上。由于 90% 以上地层的干燥抗压强度在 10MPa 以上，因此设计冻结壁交圈后盐水温度 -25℃（实际施工时温度控制的更高）。冻结孔环形空间进行了泥浆置换工作，封堵串水通道，效果良好。缓凝水泥浆微观结构见图 1-6。

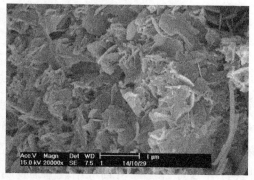

(a) 2000倍　　　　　　　　　　　　　　　　(b) 20000倍

图 1-6　采用显微镜下缓凝水泥浆

红庆梁煤矿冻结工程主要经验有：①在西部软岩地层冻结孔施工中采用聚晶金钢石复合片（PDC）钻头取得良好效果。红庆梁风井冻结孔施工中参照具体地层岩石硬度、结合 PDC 钻头特点，在钻进参数上进行合理优化，提高 PDC 钻头的施工效率，多次出现单台钻机日进尺 200m 以上，单月钻机平均台月效率 2045m，单台钻机最大台月效率 2360m，保证了施工工期，经济效益显著。②西部软岩全深冻结泥浆置换技术获得成功。在井筒转入巷道掘进后，开凿马头门时需将冻结管割除封堵，割除过程中，可以看到，缓凝水泥浆与冻结管结合紧密，与地层基本能够成为一个整体，冻结停机一年以上马头门处未出现淋水现象，泥浆置换达到了封水的效果。③针对西部软岩性质与工程特点进行间歇控制冻结。

西部软岩冻结有其自身特点，软岩导热系数大，冻土发展速度比东部冲积层发展速度快，冻结温度场变化快。在红庆梁回风立井施工过程中，结合停机后温度场发展规律及井筒施工掘砌速度，对冻结系统的调整进行了及时有效地调整，采用了间歇控制冻结技术。在保证了红庆梁回风立井井筒掘砌的安全情况下，为掘砌施工单位创造了良好的施工条件，掘砌过程中井帮温度控制在 $-6\sim-4$℃，同时也在延长冻结工期 243 天情况下，比预计电费节约 247 万元。间歇控制冻结技术在红庆梁回风立井冻结工程的成功实施，为西部软岩类似井筒提供了借鉴。④适当的壁间注浆时间。红庆梁煤矿冻结井筒壁间注浆时机：通过对风井壁间温度监测，在套壁结束后 20 天范围内整个井筒壁间均能达到 4℃以上，此时下部井壁已浇筑至少 28 天以上，井壁结构强度能够达到设计强度满足注浆压力要求，套壁结束后转入壁间注浆是较佳的时机。

表 1-2　回风井冻结设计技术参数汇总表

序号	项目名称		单位	参数
1		冲积层厚度	m	0.9
2		冻结深度	m	477
3		井筒净直径	m	7.2
4		最大开挖直径	m	9.7
5		冻结壁设计厚度	m	3.6
6		盐水温度（积极／套壁）	℃	$-32\sim-30/-25\sim-22$
7		冻结壁设计平均温度	℃	-8
8	冻结钻孔	冻结孔圈径	m	13.8
		孔数	个	34
		冻结孔开孔间距	m	1.273
		冻结管规格	mm	300m 以上 $\phi140\times5$ 300m 以下 $\phi140\times6$
		供液管规格	mm	$\phi75\times6$
		水文孔数／深度／管径	个／米	1/125, 1/300, $\phi108\times5$
		测温孔个数／深度／管径	个／米	2/477, 1/150, $\phi108\times5$
9	偏斜控制	冻结孔向内偏	m	<0.2
		0～330m 冻结孔靶域半径	m	0.55
		330～477m 冻结孔靶域半径	m	0.83
		偏斜率	‰	1.8
10	壁后封堵	钻孔工程量	m	17747
11		钻孔环形空间封堵段高度	m	120
		钻孔环形空间封堵工程量	m	4320
12		最大需冷量	kJ/h	5317.9
13		冻结站制冷能力（标准）	kJ/h	23011.1
14		冻结孔总盐水流量	m³/h	510
15		最大用电负荷	kV·A	1884.9

续表

序号	项目名称		单位	参数
16	工期	造孔时间	d	69
		沟槽和集配液圈	d	7
		试挖前冻结期	d	65
		开钻至试挖时间	d	141
16	工期	开挖冻结期	d	163
		开孔至停机工期	d	304

3. 核桃峪煤矿副井千米深井冻结技术

核桃峪矿区位于甘肃庆阳正宁县南部，行政区划属正宁县周家乡管辖。井田东距正宁县城约 35km，矿区东西长约 15.429km，南北宽约 12.399km，面积 191.30km²，煤炭资源量 2116.09Mt，矿井建设规模为 8.0Mt/a。井田的开拓方式为主斜井-副（风）立井综合开拓方式，副立井和回风立井井口及工业场地位于塬上周家乡葛家村，副立井井口标高为 +1195m。副井井筒设计参数见表 1-3。由于井筒的地质资料不准确，该井筒最初设计采用普通法进行凿井。但在井筒施工进行白垩系洛河组砂岩后，由于工作面出水太大无法施工，采取工作面注浆的方法施工了近一年时间，平均月进尺小于 5m，严重影响工程进度与质量。施工到垂深 472m 处时，由于井筒工作面出水量实在太大，无法再继续施工，经专家会论证将施工方法由普通法改为冻结法。但由于井筒穿过地层没有规范所描述的稳定隔水层，原定冻结深度超过井筒底部的煤层，后为防止将地层中的水导入煤层，将冻结深度确定在煤层顶板。在施工第一个冻结孔时进行取芯确认煤层顶板深度，最终确定冻结深度为 950m，目前是世界上冻结最深的井筒。

表 1-3　核桃峪副井井筒设计参数表

序号	名称	单位	副井
1	井口设计标高	m	+1195.00
2	井筒直径（净）	m	$\phi9.0$
3	井深	m	1005

井田区域地质构造位于鄂尔多斯盆地庆阳单斜南部，南邻彬县-黄陵拗陷带。具体构造位置属雅店背斜的北翼，罗川隐伏断层的西盘。区内基本构造形态为向北西倾斜的舒缓起伏的单斜，地层倾角 1°～8°。井田范围内构造不发育，井筒附近未发现断裂构造，岩层中节理、裂隙也不发育。井筒围岩为松散岩与碎屑岩沉积岩层。根据井筒井检孔揭露情况，地层自上而下均为：第四系黄土层、白垩系（下统环河华池组、洛河组、宜君组）、侏罗系（中统安定组、直罗组、延安组）、三叠系（上统延长群）。区内含水层类型分为黄土层潜水及基岩孔隙、隙裂承压含水层两大类，总体分为三个含水层。黄土层孔隙潜水含水层：属水文地质条件划分简单类型；下白垩统志丹群孔隙、裂隙承压含水层：属中等富水性含水

层；侏罗系、三叠系孔隙、裂隙复合承压含水层：属极弱富水性含水层。井筒检查孔对各含水层做了抽水试验，白垩系地层是主要含水层，属中等富水性含水层。

根据地质资料与施工情况，副井冻结面临以下特点与难点：①井筒冻结深度大，为世界之最。②井筒上部 472m 已经由普通法施工完成，其井壁是按普通法施工设计的。在冻结施工时如何对以普通法施工完成的井壁进行保护是工程的另一个难点。③由于井筒工作面与所冻结的含水层相通，施工中无法设置水文孔，给冻结壁交圈判断带来很大困难。④冻结地层主要为砂岩与砾岩，占总层位的 84.45%，不利于钻孔偏斜的控制，对成孔质量和工期有很大影响。⑤白垩系洛河组含水层厚度大（403.02m），没有隔水层不能分层、分段交圈提前开挖。针对以上工程特点与难点，采取三大（大圈径、大管径、大开孔间距）一小（终孔间距）结合千米深井冻结测温技术与实时、异地监测的控制冻结技术进行施工。

在核桃峪副井冻结钻孔施工中采用 6 台 TSJ-2000 型钻机进行冻结孔施工。冲积层采用三牙轮钻头或三翼刮刀钻头钻进，钻头直径 ϕ215 mm。基岩用牙轮钻头钻进，钻头直径 ϕ215 mm。钻具配置为：ϕ89mm 钻杆 + ϕ168mm 钻铤（不少于 3 根）+ 钻头。冻结孔孔位根据施工基准点，按冻结孔施工图布置冻结孔。孔位偏差不大于 20mm、不向井心方向偏斜。设计钻孔偏斜指标：井筒冻结孔偏斜率不大于 2.5‰。400m 以上按偏斜率不大于 2.5‰控制，400m 以下按靶域 1.6m 控制，856m 以上终孔间距最大不大于 3.5m，856～955m 最大孔间距不大于 5.0m。其中温控孔偏斜率不大于 2.5‰、内偏要求小于 0.3m。冻结孔钻进深度和冻结管下放深度：冻结孔钻进深度应该考虑泥浆沉淀影响，要求冻结管能下到设计深度。冻结管下放深度不小于设计深度，不超过设计深度 0.5m。冻结管采用差异方式布置，深孔 955m，共 22 个；浅孔 856m，共 22 个。温控管为 127mm×6mm 的优质 20 号低碳钢无缝钢管，其余冻结管采用 168mm×6mm（500m 以上）、168mm×7mm（500m 以下）的优质 20 号低碳钢无缝钢管。供液管为 75mm×6mm 增强塑料管，回液管为 130mm×8mm 增强塑料管，供、回液管材应符合低温使用要求。冻结管耐压：冻结管耐压不小于 6.5MPa。实际施工时采用 JDT-5 型陀螺测斜仪测斜、螺杆纠偏。钻机台效达到 1800 米/月。钻孔完成后实测最大孔间距 3.5m。满足设计要求。在核桃峪副井冻结工程的设计及实施过程中，成功解决了冻结造孔速度缓慢的问题，革新了钻进工艺，钻机台效由之前的 700 米/月，提高到 1800 米/月，冻结站设备见表 1-4，开机后第 17 天盐水温度降到 -20℃，第 52 天降到 -30℃。干管盐水进、回水温度见图 1-7，盐水流量见图 1-8。

表 1-4　冻结站主要设备表

序号	设备名称	规格型号	数量	参数
1	冷冻机（高压）	JZLG20	10	580kW；制冷量 302.64kJ/h 组
	冷冻机（低压）	JZLG20	30	
2	冷凝器	PMC-360E	5	18.7kW
		ZFLA-1500	8	盘管容积 1500 升/台

续表

序号	设备名称	规格型号	数量	参数
3	空气分离器	KFA50	1	50
4	集油器	JY-300	3	325
5	储氨器	ZA-3.5/4.9	6	容积 3.5m³/4.9m³
6	虹吸罐	UZ2.5	4	容积 2.5m³
7	蒸发器	LZL-180	20	蒸发面积 180m²/台
8	电磁流量计		1	$\phi 426$
9	盐水泵	12SH-6A	2	$P=260\text{kW}$，$H=78\text{m}$ $Q=756\text{m}^3/\text{h}$
10	清水泵	10SH-6A	1	$P=110\text{kW}$，$H=54\text{m}$ $Q=486\text{m}^3/\text{h}$
11	测温系统	自制	1	1500m
12	真空泵	2XZ	1	11kW
13	变压器	ZXB-10(6)/0.4	4	1600kV·A

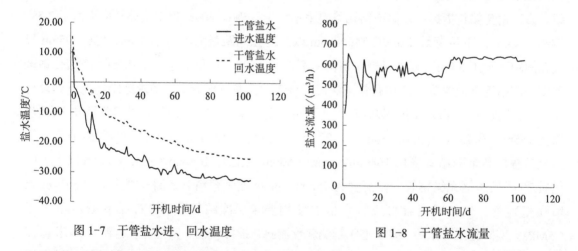

图 1-7　干管盐水进、回水温度　　　　图 1-8　干管盐水流量

　　根据冻结站盐水去回路温度以及井筒的测温孔数据，初步判定冻结壁在正常条件下应该已经交圈。但由于井筒上部已经开挖，工作面与所冻结的含水层连通，没有水文孔来判定冻结壁的交圈情况。为此，只能将整个井筒看成一个大水文孔，加强井筒水位观测，判断井筒水位变化是否符合冻胀水产生的规律，在确认冻结壁交圈的前提下，采用向井内灌水的方法，最终确定冻结壁的强度满足凿井施工要求，可以同意开挖。冻结施工期间井筒内水位变化及灌水后井筒内水位变化见图 1-9。

　　副井井筒于 2012 年 7 月 25 日开始排水、试挖，开挖期间井帮温度见图 1-10。在内外壁之间采用两层厚度为 1mm 的聚乙烯塑料薄板。塑料薄板极好地起到了内外壁之间的隔离缓冲效果。

　　普通法施工的井壁保护方面：①采用大圈径（如果不考虑井壁保护，冻结孔圈直径会

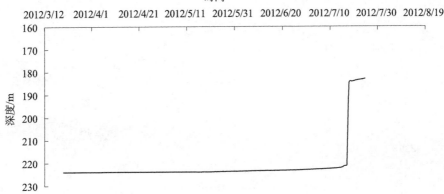

图 1-9　井筒内水位变化图

缩小 3m 左右）单排孔布置冻结孔形式，延长冻结锋面到达井筒荒径的时间，冻结孔布置系数达到传统布置系数（冻结孔到井筒荒径的距离与井筒荒半径之比）的两倍。同时，大圈径冻结管布置为冻结基岩的钻爆施工提供了安全保证，有利于井筒的快速掘进。②采用低散热同轴供回液管冻结器，控制井筒上部冻结孔的散热量，保护上部井筒用普通法施工井壁不受冻结施工的影响，确保它的安全。③双供液方式温控孔运转：温控孔是控制冻结锋面的发展重要手段。根据计算在井筒周围适当地方布置一圈温控孔。温控孔采用两种供热水方式进行控制：在冷凝器中冷却水够用的情况下，仅用冷却水进行温控孔循环；在冷凝器中冷却水不够用的情况下采用锅炉加热补充热源。

工期保证措施：①采用大管径冻结管（ϕ168mm），加大散热面积实现快速冻结，满足井筒尽快开挖的要求。②增加大单孔盐水流量，这样可缩短开挖前的冻结时间。③采用分段式控制冻结孔间距技术，在确保了冻结壁快速交圈的同时，还减少了总造孔工程量。④采用千米深井分段式靶域外偏控制冻结孔成孔技术进行钻孔偏斜控制，保证冻结壁的按时交圈与安全性。

按前述方法设计计算出冻结孔的布置方案：设计冻结圈径 19.4m，冻结孔共布置 44 个，冻结孔单号深 950m，双号深 856m，见图 1-11 和图 1-12。

按前述方法设计计算出冻结孔的布置方案：温控

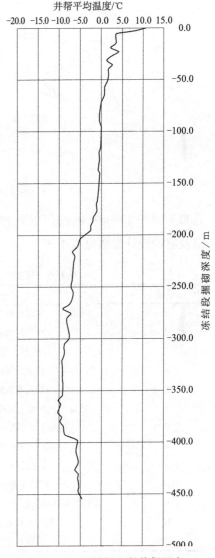

图 1-10　冻结掘砌段井帮温度

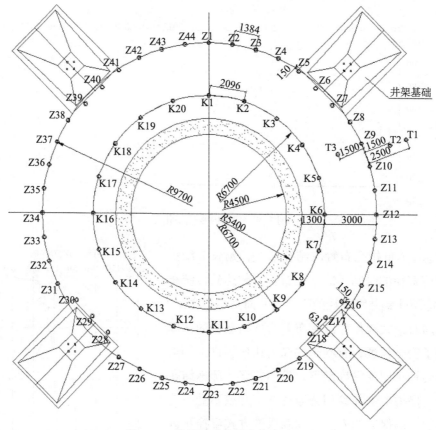

图 1-11　核桃峪副井钻孔布置平面图

孔布置圈径 13.4m；温控孔布置 20 个，温控孔开孔间距 2.096m，见图 1-11 和图 1-12。冻结及温控设计参数见表 1-5。

表 1-5　核桃峪副井冻结及温控设计技术参数汇总表

序号	项目名称	单位	参数
1	井筒净直径	m	9
2	冲积层深度	m	214.6
3	开挖荒径	m	10.4～13.4
4	已成井深度	m	472
5	冻结孔布置圈径	m	19.4
6	冻结孔深度（深孔/浅孔）	m	950/856
7	冻结孔（深孔/浅孔）	个	22/22
8	冻结孔开孔间距	m	1.385
9	冻结管规格	mm	$\phi168$
10	冻结孔偏斜率	‰	2.5
11	冻结孔最大孔间距（856m 以上/下）	m	3.5/5.0
12	温控孔布置圈径	m	13.4
13	温控孔深度	m	472

续表

序号	项目名称	单位	参数
14	温控孔	个	20
15	温控孔开孔间距	m	2.096
16	温控管直径	mm	127
17	外测温孔深度（2个）	m	950
18	内测温孔	m	592
19	冻结壁设计厚度	m	4
20	冻结壁平均温度	℃	-8
21	盐水温度	℃	-30
22	冻结孔单孔盐水流量	m³/h	12
23	需冷量（低温工况）	MJ/h	1.95
24	设计装机台数	套	10
25	钻孔工程量	m	51664

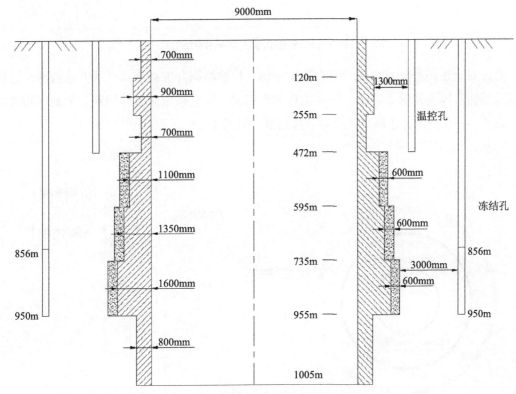

图 1-12　核桃峪副井钻孔布置剖面图

温控孔运转是控制冻结技术中的重要一环，它的系统设计与运转方式直接影响到控制冻结技术应用的成败。因此，对于温控孔的运转一定要进行深入的研究：①冻结开始前，在温控管内布置温度监测传感器，待温控管内盐水温度接近0℃开启温控孔，同时观测内侧测温管内地层温度，实时调节温控管内盐水温度，控制冻结壁向内扩展。②设备安装位置示意图如图 1-13 所示。

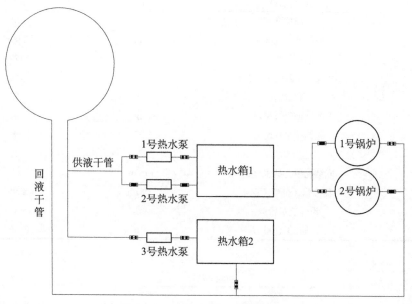

图 1-13　温控孔系统设备示意图

通过对上述四种保温方法的综合比较分析，核桃峪副井冻结上部已成井壁段冻结管保温拟采用盐水隔离式保温方式。根据工程实际情况，研究采用同轴供回液管的新型布置形式，设计一种新型的盐水隔离式保温式冻结器，见图 1-14。

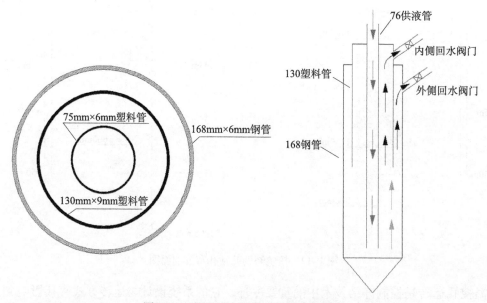

图 1-14　新型盐水隔离式保温式冻结器

通过采用上述井壁保护方案，上部井壁始终处于正温状态，保护完好，整个过程中温控孔内循环水温度始终保持在为 5℃ 以上，见图 1-15，下部未开挖段冻结效果良好。

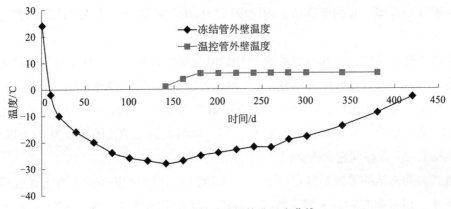

图 1-15 冻结孔及温控孔温度曲线

核桃峪煤矿副井冻结工程采用控制冻结技术，在保证冻结壁承载能力与实现千米深井冻结凿井快速掘进的同时保护了井筒已成井壁没有受到冻结施工的影响，做到了安全、可靠、快速掘进井筒。整个核桃峪副井冻结工程打钻用时 358 天，积极冻结 120 天，维护冻结 296 天（其中井筒掘进 162 天，壁座施工及套内壁 134 天）。整个冻结段完成套壁后，副井井筒总成井涌水量小于 4m³/h，目前副井、风井井筒已经贯通，施工生产正常。在千米深井施工中，没有出现断管、片帮等事故，确保了世界上最深的冻结井筒核桃峪副井矿井建设的安全，实现了快速、优质施工，获得了显著的经济与社会效益，为我国事故井筒二次冻结施工及深大井筒冻结施工提供了成功的经验，将对我国的冻结法凿井技术的发展起到积极的推动作用。冻结施工结束后，副井井筒总成井涌水量小于 4m³/h，井壁质量优良。目前副井、风井井筒已经贯通，施工生产正常。

1.2 斜井冻结

斜井开拓在技术上和经济上要比立井具有投资少、速度快、成本低、产量控制灵活等优点，在我国西部有很大影响力。近年来，随着斜井通过地层日益复杂，普通法施工已经无法满足斜井建设的需要。但在目前技术条件（垂直孔冻结斜井）下斜井冻结无效冻结部分占比过大，造成冷量损失严重，施工成本高昂。

1.2.1 技术原理

步进式斜井冻结是在传统的分段分期式投入冻结的基础上进行的改进。步进式斜井冻结就是在除第一段投入冻结一段时间后并开始凿井时，在后续的斜井冻结不再分段进行而是按冻土发展速度及掘进速度计算出相匹配的速度，循序渐进地逐排将冻结器投入积极冻结，而不是按冻结设计时所分的段长，一次性全部投入积极冻结。这样的斜井冻结方式，增加了各斜井冻结器积极冻结的灵活性，实现了冻结壁的动态控制与调整，减小了冻结站内盐水温度波动范围，有利于冻结站内制冷压缩机的维护运转，实现了冻结与掘进的动态配合。

斜井垂直孔冻结的冻结孔布置见图 1-16。沿与斜井轴线垂直方向上布置 5 排孔，分列于斜井轴线两侧，冻结孔的排编号为 A、B、C、D、E。每排沿井筒开挖方向成列布置冻结孔，第一排第一列冻结孔的编号为 $A1$，第一排第二列冻结孔的编号为 $A2$，其他冻结孔编号以此类推。第二排第一列冻结孔编号为 $B1$，第二排第二列冻结孔的编号为 $B2$，以此类推。其他冻结孔编号采取相同定义方式。

步进式斜井冻结的关键是确定一个安全的冻结段以保护掘进安全。在冻结孔投入积极冻结过程中，可根据实际掘进施工情况、掘进速度及实测井帮温度，及时调整投入时间，使步进式冻结工法更加科学合理，实现冻结与掘进的密切配合，为快速掘砌施工创造有利条件。步进式冻结投入法可用如下方法进行简单控制：假设掘进单位月掘进速度为 v（单位为米/月），根据第一冻结段内测温孔数据推测出斜井冻结控制层的冻土发展速度，设为 p（单位为 m/d），根据冻结孔测斜数据计算出各冻结段内相邻两排冻结孔最大终间距，设为 q（单位为 m），则该相邻两排冻结交圈时间即为 $q/(2p)$（单位为天），掘进进尺为 N（单位为 m）时应开始投入 $N+vq/(30p)$ 处的冻结孔，为了保证冻结安全，对 $N+vq/(30p)$ 向下取整的位置进行投入冻结，根据上述步骤就可实现步进式冻结。

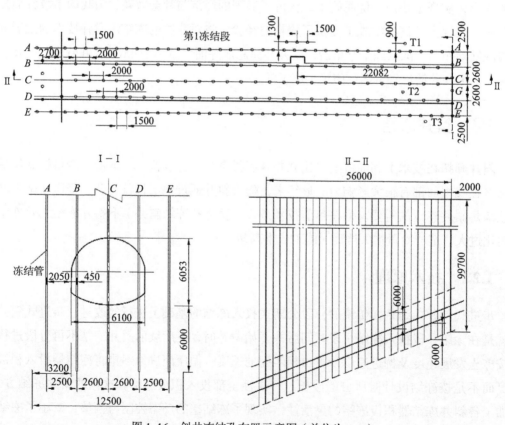

图 1-16　斜井冻结孔布置示意图（单位为 mm）

1.2.2 技术工艺

1. 冻结范围确定

斜井冻结能否顺利通过富含水软弱地层，主要取决于冻结范围确定是否合理。冻结范围的上部起始点位置应保证井筒开挖的底板下有足够厚的隔水层，冻结范围的下部终止点位置应确保井筒开挖的顶板上有足够厚的隔水层，以保证井筒开挖施工中顶板和底板的稳定。

2. 冻结首段长度

斜井冻结首段的冻结长度以尽早实现凿井开工为原则。随后按步进式原则做好冻结施工与掘砌施工的配合，保证斜井连续施工且各区段的需冷量均衡，使穿越富含水软弱地层的施工工期最短。

3. 冻结壁设计

冻结壁设计是整个冻结设计的核心任务，冻结壁的质量直接影响冻结效果，决定着冻结能否取得成功，目前冻结壁的设计主要有两种极限状态设计：一是冻结壁的极限承载能力；一种是冻结壁极限允许变形状态。前者对砂层较合适，因为砂层冻结壁冻砂具有脆性断裂的特性，所以其承载能力必须得到满足，否则可能出水冒砂。后者适用于深厚黏土层，因为对于黏土层最终决定冻结壁厚度的是必须满足变形条件，在隔水黏土层中不会涌砂冒水，但过大的变形会导致冻结管断裂，从而影响冻结壁安全。

4. 冻结孔布置

冻结孔的布置方式和技术参数直接影响冻结壁的强度和厚度，冻结孔布置原则要考虑冻结孔的允许偏斜影响。斜井冻结孔沿井筒开挖方向成排布置，排内冻结孔按平行于开挖平面直线布置，方便开挖、冻结管切割等操作。根据设计的冻结壁厚度并考虑开挖尺寸，本着方便施工、节省投资为原则进行冻结孔布置。

5. 斜井冻结壁平均温度

斜井冻结壁温度场平均温度计算由于冻结孔布置过于复杂，目前尚无简单的解析解公式，可借助数值分析与综合作图法计算。

6. 斜井冻结壁交圈与掘砌

判断斜井冻结壁交圈主要依靠温度监测分析，设有水文观测孔的斜井冻结工程可根据水位观测孔情况进一步判断冻结壁交圈状况。斜井冻结开挖前应进行冻结壁交圈分析，并提出预测分析报告，试开挖要根据测温孔实测温度预测冻结壁厚度、强度及平均温度，保证冻结壁所有参数满足施工组织设计要求。

冻结斜井开挖时应将正在开挖处之前 3m 左右位置穿过开挖区域的冻结管内盐水抽排干净，待开挖时再将穿越井筒的冻结管全部割除，并在巷道内对冻结管进行封堵。施工过程中应充分考虑斜井底板位置冻结壁空帮时间，如果时间过长，为了保证井筒冻结壁安全，应及时恢复井筒底部冻结器运转。

1.2.3　工程案例

宁夏李家坝煤矿隶属于国网能源宁夏煤电有限公司，位于宁夏回族自治区银川市东南约 120km 处，行政区划属盐池县管辖，设计生产能力为 90 万 t/a。矿井采用斜井开拓方式，布置主、副、风三条斜井。李家坝煤矿的主、副斜井及回风斜井穿越第四系表土层、古近系地层和侏罗系延安组地层等。斜井井筒穿越地层存在三个主要含水层组，特别是古近系地层主要是黏土与砂层互层，而砂层若含水则极易形成流沙层。在井筒掘进过程中若遇到较厚的含水砂层（流沙层）时，若处理不当将难以控制斜井井筒围岩，极易出现冒顶、涌水、冒砂等严重事故。

李家坝煤矿主副风斜井均采用垂直孔全封闭冻结壁结构形式，分区、分段局部冻结施工方案，上部非有效冻结部分均采用冻结管聚氨酯保温技术。

施工过程中副斜井与回风斜井同时造孔施工，回风斜井冻结造孔施工完成后立即进行主斜井冻结造孔施工，副斜井冻结施工完成后在进行主斜积极冻结。李家坝煤矿主副斜井设计技术参数见表 1-6。

表 1-6　李家坝煤矿主副风斜井冻结设计技术参数

项目名称		主斜井（步进式）	副斜井
坡度 /（°）		20	20
开挖尺寸	宽度 /m	6.8	5.8
	高度 /m	5.85	5.85
冻结壁厚度	顶板 /m	6	6
	侧墙 /m	3.5	3
	底板 /m	6	6
冻结壁平均温度 /℃		−10	−10
冻结斜长 /m		163.2	167.2
冻结垂深 /m		55.8	57.2
冻结水平长度 /m		153.3	157.2
冻结分段		4	4
冻结孔排数		6	5
边排排间距 /m		2	2.3
内排排间距 /m		2.6	2.5
第一段	斜长 /m	60	60
	水平长 /m	56.4	56.4
	边排孔间距 /m	1.6	1.6
	内排孔间距 /m	2	2
第二段	斜长 /m	40	40
	水平长 /m	37.6	37.6

续表

项目名称		主斜井（步进式）	副斜井
第二段	边排孔间距 /m	2	2
	内排孔间距 /m	2.7	2.7
第三段	斜长 /m	35	35
	水平长 /m	32.9	32.9
	边排孔间距 /m	2	2
	内排孔间距 /m	2.7	2.7
第四段	斜长 /m	28.2	32.2
	水平长 /m	26.2	30.3
	边排孔间距 /m	1.8	2
	内排孔间距 /m	2.2	2.7
冻结孔个数 / 个		455	390
测温孔个数 / 加强孔个数		12/17	12/17
造孔总延 / 有效冻结长度 /m		59800/7700	52212/6960

　　斜井垂直孔分段局部冻结，即整个冻结斜长范围根据现有技术条件与掘进速度，人为分成若干段，然后分段进行造孔、分段冻结。

　　第一冻结段造孔施工要求尽早完成，使得第一冻结段能尽快开始积极冻结，其余各冻结段造孔施工与第一冻结段积极平行作业。然后各冻结段分别按各自的设计时间一次性全部投入积极冻结，即各冻结段一次性全部投入。

　　李家坝煤矿副斜井于 2012 年 4 月 4 日正式开始分段造孔施工，5 月 19 日正式开始积极冻结，冻结期间的盐水温度曲线见图 1-17。

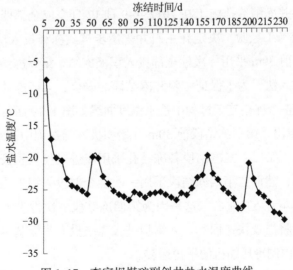

图 1-17　李家坝煤矿副斜井盐水温度曲线

　　从图 1-17 可以看出，第一冻结段开始积极冻结过程中盐水温度下降趋势正常，但在其余各冻结段一次性全部投入积极冻结时盐水温度出现了波动，这是因为后续投入积极冻结的地层换热量大，导致盐水温度将出现快速回升现象。盐水温度的回升波动对冻结站内制冷压缩机的平稳运转造成压力，并且使原本已经正在积极冻结的前一冻结段因盐水温度的回升（相当于提高盐水温度）导致冻结效果降低。

2012 年 7 月 31 日副斜井第一冻结段满足设计要求，符合开挖条件，正式开始冻结段的掘进，掘进过程中井帮温度曲线见图 1-18。

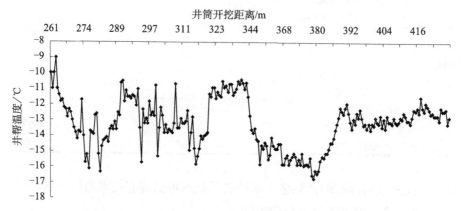

图 1-18　李家坝煤矿副斜井掘进过程中井帮温度曲线

从图 1-18 可以看出，第一冻结段段首处的井帮温度相对较高，达到了设计要求。随着第一冻结段井筒掘进，井帮温度也在逐渐降低，引起井帮温度降低的主要原因是各处的冻结时间比段首要长，低的井帮温度提高了冻结的安全性，同时也给掘进施工带来困难。每个冻结段的段尾的井帮温度基本上都较段首的要低 3℃左右，整个冻结区间的井帮平均温度在 -13.2℃。

李家坝煤矿主斜井冻结造孔施工在 2012 年 9 月 17 日完成全部四段冻结造孔，根据副斜井、回风斜井冻结施工经验，决定在主斜井采用步进式冻结投入法。2013 年 2 月 19 日将主斜井第一冻结段前 30m 采用一次性全部投入积极冻结，第一冻结段后 30m，第二、三冻结段采用步进式投入法，为了保证主斜井冻结段的安全，第四冻结段仍然采用了一次性全部投入冻结法。在整个冻结施工过程中盐水温度曲线如图 1-19 所示。

从图 1-19 可以看出，第一冻结段前 30m 开始积极冻结过程中盐水温度下降趋势正常，在第一冻结段后 30m，第二、三冻结段各冻结孔采用步进式投入积极冻结时盐水温度并没有出现较大范围波动，然而在第四冻结段采用一次性全部投入积极冻结的方式时，盐水温度出现回升现象，基本在 5℃左右，这是因为第四冻结段一次性投入积极冻结时地层换热量大，导致盐水温度将出现快速回升。采用步进式冻结投入法能基本保证盐水温度不产生波动，有利于冻结站内制冷压缩机的平稳运转。

2013 年 5 月 3 日主斜井第一冻结段前 30m 满足冻结设计要求，符合开挖条件，正式开始冻结段掘进，掘进过程中井帮温度曲线见图 1-20。

从图 1-20 可以看出，第一冻结段段首处的井帮温度为 -10℃，达到设计要求，随着

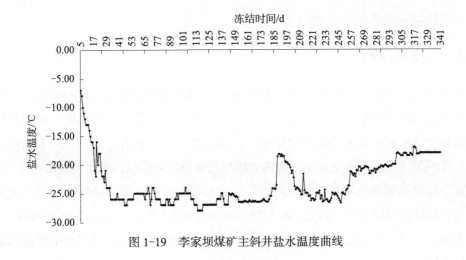

图 1-19 李家坝煤矿主斜井盐水温度曲线

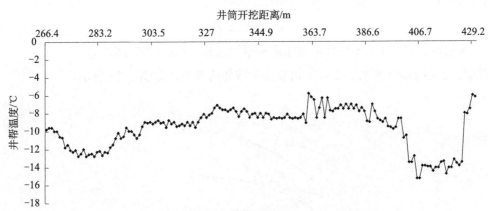

图 1-20 李家坝煤矿主斜井掘进过程中井帮温度曲线

第一冻结段井筒掘进，井帮温度也在逐渐降低，但从第一冻结段后 30m 开始采用步进式冻结投入方式，井帮温度没有继续下降，而是出现小幅度的回升，其余第二、三冻结段的井帮温度基本保持稳定，而在第四冻结段采用了一次性全部冻结投入方式，造成冻结时间相对较长，井帮温度出现了较大的下降，在采用步进式冻结投入方式下，井帮温度平均在 -9.2℃左右，比副斜井井帮温度高出 4℃，减少了不必要的能量损失，也降低了井筒掘进难度。李家坝煤矿副斜井采用各冻结段一次性全部投入冻结方式，而主斜井采用步进式冻结投入方式，在开挖过程中均没有出片帮、底鼓等质量问题，但主井的井帮温度较副斜井的高出 4℃左右，降低了开挖难度，同时节省了能量，证明了步进式冻结投入法的可行性。

1.3 控制冻结技术

除了立井与斜井冻结技术，在矿山冻结工程中还有一类比较特殊的冻结技术，专门用于一些非常规的矿山井筒冻结案例：普通法施工井筒施工遇到困难后改用冻结法施工，损坏井筒的修复工程和其他原因造成淹井后进行冻结等。在处理这些特殊工程案例中，建井分院提出了控制冻结技术。

1.3.1 技术原理

控制冻结技术是指以冻结设计为基础对冻结孔的冷量按工程需要进行控制，并在实际施工过程中对冻结锋面的发展进行人为的干预，使其符合工程设计的思路。控制冻结技术是近年来传统冻结施工技术中发展出来的一种新技术，它的核心思想是采用不同技术手段分时、分段控制冻结孔（或控温孔）的热交换与冻结壁发展形状以满足不同的施工目的。

因此，冻结壁的形成与状态是控制冻结的主要研究对象。而冻结壁的物理性质变化的基础都与冻结壁的温度有关，因此，冻结壁温度场便成为控制冻结技术的研究基础。

温度场是指某一时刻空间所有点温度的总称。一般地说，它是时间和空间的函数，对直角坐标系即：

$$t=f(x, y, z, \tau) \tag{1-1}$$

式中，t 为温度，℃；x, y, z 为直角坐标系的空间坐标，m；τ 为时间，s。

温度梯度用 grad t 表示，正向是朝着温度增加的方向，如图 1-21 所示。

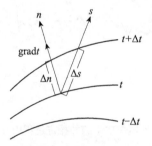

图 1-21　温度梯度示意图

$$\mathrm{grad}\ t=\frac{\partial t}{\partial n}n \tag{1-2}$$

傅里叶定律

$$q=-\lambda \mathrm{grad}\ t \tag{1-3}$$

式中，λ 为比例系数，又称为导热系数，W/(m·K)。

$$\rho c\frac{\partial t}{\partial \tau}=\frac{1}{r}\frac{\partial}{\partial r}\left(\lambda r\frac{\partial t}{\partial r}\right)+\frac{1}{r^2}\frac{\partial}{\partial \phi}\left(\lambda \frac{\partial t}{\partial \phi}\right)+\frac{\partial}{\partial z}\left(\lambda \frac{\partial t}{\partial z}\right)+q_{\mathrm{v}} \tag{1-4}$$

式（1-4）即为柱坐标系下的导热微分方程式。

当热物性参数 λ、ρ 和 c 均为常数时，式（1-4）可以简化为

$$\frac{\partial t}{\partial \tau}=\frac{a}{r}\frac{\partial}{\partial r}\left(r\frac{\partial t}{\partial r}\right)+\frac{a}{r^2}\frac{\partial^2 t}{\partial \phi^2}+a\frac{\partial^2 t}{\partial z^2}+q_{\mathrm{v}} \tag{1-5}$$

式中，$a=\dfrac{\lambda}{\rho c}$，称为热扩散率，单位是 m²/s，表征物体被加热或冷却时，物体内各部分温度

趋向均匀一致的能力。

当热物性参数为常数且无热源时，式（1-4）可写作

$$\frac{\partial t}{\partial \tau}=\frac{a}{r}\frac{\partial}{\partial r}\left(r\frac{\partial t}{\partial r}\right)+\frac{a}{r^2}\frac{\partial^2 t}{\partial \phi^2}+a\frac{\partial^2 t}{\partial z^2} \tag{1-6}$$

对于稳态温度场 $\frac{\partial t}{\partial \tau}=0$，式（1-4）可写作

$$\frac{1}{r}\frac{\partial}{\partial r}\left(r\frac{\partial t}{\partial r}\right)+\frac{1}{r^2}\frac{\partial^2 t}{\partial \phi^2}+\frac{\partial^2 t}{\partial z^2}+\frac{q_v}{\lambda}=0 \tag{1-7}$$

常见的边界条件的表达方式可以分为三类：

（1）第一类边界条件是已知任何时刻物体边界面上的温度值，即

$$t|_s=t_w \tag{1-8}$$

对于二维或三维稳态温度场，边界面超过两个，这时应逐个按边界面给定温度值。

（2）第二类边界条件是已知任何时刻物体边界面上热流密度值。

$$q|_s=q_w \tag{1-9}$$

（3）第三类边界条件是已知边界面周围流体温度 t_f 和边界面与流体之间的表面传热系数 h。根据牛顿冷却定律，物体边界面 s 与流体间的对流换热量可以写为

$$q=-\lambda\frac{\partial t}{\partial n}|_s=h(t|_s-t_f) \tag{1-10}$$

研究单管冻结温度场时，做出如下假设：

（1）同一层位土体为连续体，土质均匀；

（2）冻结管内外壁之间不存在温差，冻结管壁温度为盐水即时温度；

（3）冻结管外壁与土体之间、保温层外层与土体之间仅为导热；

（4）冻结管的影响只能到有限远处；

（5）温度场为二维，不存在垂直方向的导热。

在实际情况下，排除如上假设条件后，冻结管周围土体温度分布受时间和空间分布的影响，而且由于冻结管内盐水温度随着开机冻结运转时间逐渐下降，因此冻结管周围地层温度分布可视为盐水温度、时间和空间的函数，即

$$T=F(t_{ys}, \tau, L) \tag{1-11}$$

式中，T 为地层某位置的温度，℃；t_{ys} 为盐水温度，℃；L 为该点距冻结管距离，m。

在冻结制冷系统中开机台数、压缩机荷载、盐水比重、盐水流量等参数不发生变化时，盐水温度可看做开机运行时间 τ 的一维函数，即

$$t_{ys}=f(\tau)$$

式中，τ 为开机运行时间，d。

立井冻结温度场是一个有相变的、移动边界的、有内热源的和边界条件复杂的不稳定

导热问题。由于冻结壁在竖直方向的尺寸较水平方向大得多，且岩土层在竖直方向的热传导相对弱得多，故立井冻结温度场可简化为平面导热问题。

1.3.2 技术工艺

要使温度场的发展变化能够满足人工控制的需要，还存在以下具体技术难点：①从钻孔布置上，为实现冷量有效控制，必须进行创新。不能按传统的冻结孔圈径、冻结孔深度布置方法进行设计，必须有的新思路进行设计。②为实现控制冻结的效果，必须对钻孔的精度与实际成孔位置采用全新的理念进行控制，以达到设计理念所预想效果与结果。③作为冻结法中的关键的部件——冻结器是控制冻结中发展核心作用的部分。对冻结器的研究是控制冻结中的重中之重。④温控孔技术是控制冻结中另一个关键问题，温控孔的布置圈径、布置方式以及温控孔热量的来源都是温控孔技术研究中的难点。控制冻结技术主要围绕上述难点展开技术研究。

1. 钻孔偏斜

早期深井冻结孔的质量控制标准大多采用 20 世纪一直沿用的钻孔偏斜率（图 1-22（a））加终孔间距的方法。从空间几何的角度看，这种控制方法是把钻孔轨迹控制在一个圆锥体内，冻结孔钻进时，钻头的轨迹要控制在这圆锥体内，冻结制冷施工时就是要这些圆锥体全部闭合。从图 1-22 上可看出，施工钻孔时由于浅部精度高，施工很难，冻结效率也低。

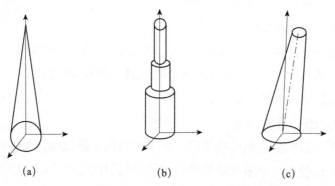

图 1-22　目前施工中常用的冻结孔偏斜控制方式

而目前深井冻结主要以分段的钻孔靶域（图 1-22（b））进行控制和不同孔间距的标准进行控制，冻结孔轨迹是控制在分段的圆柱体空间内，未来形成的冻结壁是多个不同直径的圆柱体相互交接形成的，这样降低了钻孔施工难度，同时还提高了冻结壁的均匀性。但最理想的冻结孔成孔方式应该是放射形布置（图 1-22（c）），特别是在深井单圈孔冻结时能发挥这种技术的优点，它既有利于节约钻孔工程量，同时还有利冻结冷量消耗与凿井单位的掘进。但由于成孔技术较难，冻结器安装也有一定的技术难度，目前仍然在探索阶段。建议采用第二种方法对冻结孔的钻进进行控制，在此基础上，提出防内偏指标进行控制。

2. 冻结孔布置

冻结孔布置首先要考虑冻结壁的发展与已成型井壁之间的关系；其次，要保证井筒未挖段的施工安全与质量；第三，提供一个良好掘砌环境，以利于井筒的快速掘进。

①要认识普通法施工的立井井壁受冻而被破坏（最典型的例子是塔然高勒煤矿主、副、风三个井筒）的机理，才能找到治理的办法。从理论上说，普通法施工的井壁是弱防水的，因为用普通法施工的井筒穿过的地层基本上不含水。②普通法凿井所砌井壁结构没有考虑防冻设计。③受施工工艺、条件所限，一般用普通法施工的井壁都是漏水的，因此，已成型井壁中是有裂缝与孔隙的，是含少量水的。从以上分析可看出：已成型井壁被冻坏的直接原因是由于冻结壁的发展锋面进入已成型井壁内（由于在处理事故井时没有采取控制冻结的手段），造成井壁内含的水冻结、膨胀，导致井壁混凝土结构破坏。因此，控制冻结的主要任务是防止冻结锋面进入已成型井壁，保证井壁处于正温状态，同时保证已成型所受所地层的外载荷不增加。

根据以上分析结合数值模拟，冻结孔圈径进行如下设计：①根据施工经验与数值模拟结果，首先选定一个冻结孔布置圈径进行试算，得到相关技术数据后，设计温控孔布置圈径，再由温控孔圈径反算冻结孔圈径，直到符合设计要求。②确定好圈径后进行冻结孔间距的设计计算，同样先按经验与数值模拟结果设计一个冻结孔间距，再进行相关计算，直到计算能满足已成型井壁保护的条件与井筒快速掘砌条件为止。

3. 温控孔布置

温控孔主要作用是循环正温介质，阻止冻结锋面向内扩张。另一方面由于温控孔内的正温介质保证了温控管与温控孔之间形成环形空间的正温，可以起到及时泄除地层中由于形成冻结壁产生的水压。目前关于温控管加热设计没有规范及计算公式可参考。温控孔圈径设计以近井帮为原则，在目前施工技术水平能达到的前提下，设计温控孔圈径。然后进行相关的热量控制计算，用逼近法逐步试算，找到满意结果为止。以核桃峪副井冻结工程中温控孔的设计为例，设计中考虑以下三方面因素：①温控孔初步设计主要考虑深度为472m，偏斜率不大于为0.25%，则472m最大偏斜为1.18m，因此温控孔开孔位置距离井壁不小于1.2m，保证温控孔钻进过程中不破坏已成井壁。②上部已成井壁段地层在井筒掘进过程中已经发生扰动，温控孔布置时要离开已成井壁一段距离，否则温控孔钻进过程中易出现漏浆、跑偏等问题。③温控孔距离上部已成井壁也不能过大，若温控管距离上部已成井壁间距过大，则冻结孔的布置圈径势必增大，会增加冻结孔的造孔工程量及冻结制冷量，增加工程造价。综合考虑以上三点因素，温控孔的布置初步设计为距离上部已成井壁段最大间距为1.3m，布置圈径为13.4m，共布置20个，开孔间距2.096m。

4. 冻结器

传统的控制冻结器冷量分配的方式有以下几种，如图1-23所示。

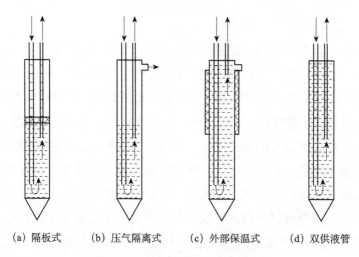

(a) 隔板式　　(b) 压气隔离式　　(c) 外部保温式　　(d) 双供液管

图 1-23　几种冻结管保温方法示意图

1) 隔板式

进、回液管伸入冻结管下部，非冻结段部位与冻结区之间采用隔板隔离，见图 1-23 (a)，只对下部区域进行冻结。这种方法由于上部非冻结段没有盐水进入，利用空气隔热，节省冷量效果比较明显。但是这种方法施工复杂，操作困难；隔板上方的进、回液管必须有很强的耐内压能力，常用金属管或高压胶管，造价较高；管接头多，可能的渗漏点多；一旦进、回液管或冻结管出现问题，难以进行处理。

2) 压气隔离式

上部非冻结段由高压空气隔热，高压空气通过侧边压气孔压入 (图 1-23 (b))。此法隔热效果好，施工简便，而且可以通过控制所压入气体的压力来控制液面的变化，根据现场的施工情况及时调整液位，可以对不同深度进行局部冻结施工。此法的缺点是：为防止气体泄漏后进、回液管不至于破裂，进、回液管必须有很强的耐内压能力，常用金属管或高压胶管，故造价较高；管接头多，故可能的渗漏点多；需要一套气压监测与稳压系统，以确保管内气压稳定。

3) 外部保温式

在非冻结段冻结管外侧加套管，在套管与冻结管间设隔热层，保温层有两种：空气和泡沫材料，见图 1-23 (c)。这种方法的优点是可以通过控制隔热层的厚度来控制冷量损失，冷量损失小，可靠性强；缺点是由于加套管后冻结管外径变粗，冻结孔施工费用增加，投资大，管路制作较复杂。

4) 双供液管

利用非冻结段充满的不流动盐水来隔热，通过调整回液管的高度来实现对不同层位的冻结，见图 1-23 (d)。它的优点是施工工艺简单、造价低，缺点是冷量损失较上述三种方法稍大，但在目前的技术条件下可行，同时可以进行适当改进。

1.4　冻结井筒掘砌

1.4.1　冻结井筒开挖

1. 冻结段开挖条件

冻结法施工的井筒应在满足冻结壁交圈并达到一定强度时才能进行开挖。冻结段试挖的条件包括以下（但不限于）几个方面：①水文观测孔内冻胀水有规律上升并产生足够的高差，且延续 7 日水量稳定与计算的冻结胀水量相符，表明所报道的冻结壁含水层已交圈并具备一定的强度。②根据测温孔各水平所测温度，计算冻土冻结壁厚度、平均温度、井帮温度均已达到设计要求。③所有冻结器盐水去回路温差逐渐减小，且稳定。④井筒内如有积水时，其水位应有规律地上升。井筒试挖段深度一般在 20m 左右，以满足凿井的三盘吊挂为准。在井筒试挖以后，应进行井帮温度的检测，当所有实测井帮温度与设计一致时，便可进行正式开挖。试挖前应编写试挖申请报告，得到建设与冻结单位认可后方可试挖。

2. 非爆破开挖

冻结冲积层由于强度低，采用非爆破开挖方式，主要采用挖掘机和人工风镐挖掘，抓岩机和铁锨配合装罐。冲积层冻结要做好冻结工程和掘砌工程的配合，既不能为方便开挖、过度"吃溏心"，造成片帮、冻结壁不稳定等问题，也不要过度冻结，给开挖带来过大的难度。对于深厚冲积层结工程，要注意冻结壁的发展速度与掘砌速度的配合，保证深部冻结壁的强度与刚度满足冻结设计要求。

3. 爆破开挖

对含水软弱地层冻结工程主要是封闭围岩出水辅以地层加固。冻结壁保护下的软岩，因强度较高，采用挖掘机和人工风镐挖掘困难，需采用钻爆法施工，挖掘机刷帮为主，风镐、铁锨刷帮为辅，挖掘机和中心回转抓岩机装罐，采用伞钻打眼，光面光底爆破。为保证爆破效果，宜选用抗低温水胶炸药。冻结软岩段钻爆掘进时应注意：①施工前，向冻结单位联系索要冻结管布置图、偏斜图，周边眼布置时应对照冻结孔孔距分布图、偏斜图，对向井筒内偏斜的冻结管在掘进工作面要作明显标记，根据冻结管位置情况，及时调整周边眼位置，保证周边炮孔距冻结管不小于 1.2m。②控制总装药量，周边眼装药长度不应超过孔深 1/2。③放炮前要关闭全部冻结管的阀门，并暂停盐水循环；放炮后应先检查盐水箱的水位以及井帮有无漏盐水现象，特别要查明靠近井帮的冻结管情况，当确认无损坏时，方可恢复盐水循环。④加强风动工具的防冻：一是在井口安设离心式压风脱水器，利用离心原理将压风里的水分脱出，净化压风；二是使压风管经过冻结沟槽，让压风预冷之后放掉冷凝的水分；三是配齐配足风动工具，出现上冻后及时更换；四是加强风动工具的维修保养，随时检修，确保正常运行。必要时安装暖风装置，防止井下温度过低。在钻爆作业中，爆破效果的好坏，不但直接影响掘进速度和井筒成型，而且决定了破碎岩块的块度及均匀程度，并且影响抓岩效率，欠挖或超挖都直接影响着支护工作的速度和材料消耗等指标，因此要严格按爆破设计要求施工，保证钻眼、装药、连线、放炮工作的质量，确保光爆成型，并根据岩层的实际情况，不断改善爆破图表以提高爆破效果。

1.4.2　冻结井筒掘砌

1. 外壁砌筑

冻结段井筒外层井壁一般为现浇钢筋混凝土支护，井壁厚度根据设计图纸确定。外壁施工采用短段掘砌方式，掘进段高根据围岩岩性和井帮温度、冻结壁强度确定，当岩性较好、冻结壁稳定时，可适当放大掘进段高；当遇到厚黏土层段或破碎带，或井帮温度高、冻结壁强度难以满足设计要求时，掘进段高应适当减小。同时要控制好井帮暴露时间，冲积层每个段高循环作业时间控制在24h以内，以控制冻结壁的塑性变形。外壁采用液压伸缩移动式整体金属模板砌壁，模板分直模和刃脚两部分，直模段高度根据掘砌段高确定。冲积层冻结，井筒外壁与冻结壁之间铺设聚苯乙烯泡沫塑料板。井壁混凝土采用底卸式吊桶输送，浅部可采用混凝土输送管输送，并做好安全措施。混凝土入模前，应再行搅拌，入模温度不低于15℃。

2. 整体浇筑段及内壁砌筑

整体浇注段为冻结段井壁壁座，是内层井壁浇筑的基底。当外壁砌筑到整体浇注段上部位置时，拆除整体活动金属模板升井，按设计要求掘出内外壁整体浇注段，掘进过程中增设锚网喷临时支护。当井筒掘进到整体浇注段下部位置时，停止掘进，按设计要求绑扎好钢筋，组装好模板，进行混凝土浇筑。冻结段整体浇注段施工完毕后，进行内壁套筑。采用平行作业方式施工，钉塑料板、钢筋绑扎、浇筑混凝土、拆模平行作业。在吊盘中层盘上钉塑料板、绑钢筋，下层盘上浇筑混凝土；在底部附加的拆模辅助盘上进行拆除模板和洒水养护工作。套砌内壁期间辅助拆模盘是利用钢丝绳悬吊在吊盘固定盘的最下面，辅助盘的安装、拆卸、使用要制定专项安全技术措施。

模板组立完成操平找正并固定牢靠后即可进行混凝土浇筑施工，混凝土浇注时要对称均匀下灰，每浇注一定高度后，接长钢筋，绑扎环筋，接着组立模板。内壁模板宜采用组合模板，井壁厚度较薄、混凝土强度等级较低时，也可选用滑升模板。内层井壁施工的工艺流程包括钉塑料板、绑扎钢筋、组立模板、支撑、校正、紧固模板、提盘、浇注、振捣、绑扎钢筋、脱模、立模。如此循环上升，直至套壁施工完成。

外层钢筋在中层吊盘绑扎，内层钢筋在下层吊盘绑扎。竖筋采用直螺纹钢套连接，环筋采用绑扎搭接方式，搭接长度应符合设计要求；在下层拆模盘逐段拆除模板，提至下层吊盘后按照设计要求组装，专人测量校正并打好支撑，保证模板在浇筑混凝土过程中不变形，确保井壁内尺寸符合设计要求；下放至吊盘的混凝土，二次搅拌后，通过分灰器及埋线胶管均匀分层对称入模，混凝土分层浇筑厚度不超过300mm，入模后的混凝土加强振捣，振捣分布间距一般为300~400mm，不得有漏振和震动棒碰撞钢筋的情况。

1.4.3 壁间注浆

目前冻结法凿井井壁大多采用双层钢筋混凝土夹塑料板井壁结构，外层井壁从上而下短段砌筑，内层井壁自下往上一次性套壁，内、外壁间常铺设塑料板夹层，形成复合井壁结构。因此，冻结井壁必须进行壁间注浆。即使部分冻结井壁使用的是单纯双层井壁结构，由于施工工艺问题，也必须进行壁间注浆，以保证冻结井筒在冻结壁化冻之后不会内外壁间串水，防止内壁漏水。

为了确保壁间的注浆效果，应合理确定壁间注浆时机。当冻结深度不大、井壁厚度较薄、混凝土强度等级较低时，内层井壁套壁结束后，壁间受冻结壁的影响在负温状态，壁间注浆宜在整个内层井壁强度满足注浆要求且还未漏水前进行；当井壁厚度较大、混凝土强度等级较高时，内层井壁套壁结束后，壁间受内壁水化热的影响在正温状态，壁间注浆应在内壁强度满足要求后求进行，等冻结壁完全融化后，视内层井壁的漏水情况进行复注，保证井壁的密实度。壁间注浆宜采用分段上行注浆方式，每一分段采用由上向下注浆，保证每一分段的注浆密实度。注浆浆液宜采用单液水泥浆，最大注浆压力必须小于井壁的承载能力。

1.4.4 工程案例

1. 井筒工程条件

核桃峪副立井井筒全深1005m，净直径9.0m，井筒穿过的地层主要有：第四系、白垩系、侏罗系和三叠系。其中第四系地层厚度约215m，主要由黄土和粉砂质黏土组成；白垩系地层厚度约603m，由粉砂质泥岩、洛河组细砂岩和宜君组粗砾岩组成，其中细砂岩和粗砾岩的厚度分别为403m和12m。由于井筒检查孔报告中提供的涌水量较小，原设计采用普通法施工。当井筒施工至洛河组细砂岩时，掘进工作面涌水量不断加大，由于侏罗系含水层为孔隙水含水层，采用工作面注浆法效果较差，施工至井深472m时，改用冻结法施工，冻结深度为950m，950m以下采用普通法施工，冻结段井筒支护方式采用双层钢筋混凝土塑料夹层复合井壁，下部基岩段采用单层井壁。井筒主要技术特征见表1-7。

表1-7 井筒技术特征表（副立井）

序号	井筒技术参数		单位	数值
1	井口坐标	纬距（X）	m	3907600
		经距（Y）	m	36500500
		井口标高（Z）	m	±0.000（+1195.000）
2	井筒倾角		（°）	90

续表

序号	井筒特征		单位	数值
3	井底标高（水窝上平面）		m	＋190
4	井筒深度		m	1005
5	冻结长度（＋732～＋240）		m	492
6	井筒直径	净直径	mm	9000
		掘进直径 （不含已施工段）	mm	12400/12900/13400/11700/10600
7	冻结段支护结构			双层钢筋砼塑料夹层复合井壁
8	支护厚度	外壁	mm	600（C60）
		内壁	mm	1100、1350、1600、2200（C60、C70、C80）
		下部普通法施工段	mm	1350、800（C60）连接处及水窝部位待定
9	断面	净断面	m²	63.585
		掘进断面	m²	120.702、130.632、140.955、107.459、88.203

2. 施工方案

根据井筒设计技术特征、工程地质条件，确定井筒施工方案，在准备期内完成地面临时设施、凿井措施工程施工，安装两盘，吊挂管线。接到正式排水、试挖通知后，进行井筒排水，然后再进行井筒的正式掘砌施工。井筒外壁掘砌施工采用立井综合机械化配套作业线方式，短段掘砌混合作业方法施工。三台提升机提升出矸，一台八臂伞钻打眼。冻结段外壁和下部基岩单层井壁段采用4.5m深孔光面光底爆破，两台中心回转抓岩机装岩，4.2m高敞口式液压伸缩整体下移式金属模板砌壁，一掘一砌。内壁砌筑采用1m高金属装配式模板，施工完成壁座后，自下而上一次砌筑完成。冻结段套壁完成后，采用普通法施工下部井筒，与井筒相连接的硐室开口部分在井筒施工时，开口部位3m和井筒同时施工，剩余工程量待井筒到底后再施工。

3. 凿井装备

核桃峪煤矿井深超过千米，为达到快速掘进的目的，采用大型装备组合，主要装备配置见表1-8。凿井井架采用Ⅵ型临时井架。为满足伞钻悬吊高度，井架基础加高1.5m，天轮平台布置在临时井架的＋28.578m平台，在＋13.500m翻矸平台上布置三个矸石溜槽，配备座钩式自动翻矸装置，矸石落地后铲车装运配合翻矸汽车排矸，矸石排到建设单位指定位置。封口盘采用钢结构制作，盘面用δ8mm网纹钢板铺设，各悬吊管线通过口，设专用铁盖门，并用胶皮封堵严密。在封口盘上预留2个回风口，其形式为ϕ1200mm，引风设施高度1000～1200mm。吊盘采用钢结构三层吊盘，吊盘直径ϕ8.7m盘间距为4m，采用四根立柱连接。井筒外壁施工时，根据外壁净直径周边增安20号槽钢做圈梁与原设计吊盘相连，上铺钢板。上层盘为保护盘放置水箱，中层盘放置卧泵和分灰装置，下层为工作盘并悬吊中心回转抓岩机。为保证吊盘的稳定性，在上、下层盘各设三套稳盘装置。吊盘采用

4 台 JZM-40/1350 型凿井绞车悬吊。吊盘稳绳采用 4 台 JZ-16/1000 型凿井绞车悬吊，为保护稳绳，稳绳滑套采用尼龙结构，减轻滑套对钢丝绳的磨损。

表 1-8　井筒施工主要机械设备表

序号	机械或设备名称	型号规格	数量	额定功率/kW	备注
一、提升及悬吊设备					
1	主提升机	JKZ-4.0×3/17E	1	2500	
2	副提升机 1	JK-3.2/18.6	1	1250	
3	副提升机 2	JK-3.2/18.6	1	1250	
4	凿井绞车	JZA-5/1000	1	22	
5	凿井绞车	JZ-16/1000	6	36	
6	凿井绞车	JZ-25/1300	4	45	
7	凿井绞车	2JZ-16/1000	1	55	
8	凿井绞车	2JZ-25/1300	2	75	
9	凿井绞车	JZM-40/1350	4	80	
10	吊桶	4.0m³	3		
11	吊桶	5.0m³	4		备用一个
12	钩头	13t	3		
13	底卸式吊桶	3.0m³	3		
14	天轮	MZS-1.1-3.0	2		
15	天轮	MZS-1.1-3.5	1		
16	天轮	MZS2.1-0-1×0.65	2		
17	天轮	MZS2.1-0-1×0.8	12		
18	天轮	MZS2.1-0-1×1.05	8		
19	天轮	MZS2.2-0-2×0.8	2		
20	天轮	MZS2.2-0-2×1.05	4		
21	天轮	MZS2.1-0-1×1.25	8		
22	井架	Ⅵ型	1		基础加高 1.5m
二、排矸、装矸设备					
1	抓岩机	HZ-0.6	2		
2	抓头	0.6m³	4		备用 2 个
3	调度绞车	JD-11.4	7	11.4	
4	自卸汽车	10t	2		
5	装载机	ZL-50A	1		
6	小型挖掘机	CX55B 型	1		
7	小型挖掘机	CX75B 型	1		
三、凿井设备					
1	风钻	YT28	20		
2	伞钻	XFJD8.12	1		
四、通风、排水、压风系统					
1	通风机	对旋式	4	2×45	
2	卧泵	DC50-90×12	2	315	备用一台
3	压风机	20m³(Atlas)	1	132	

续表

序号	机械或设备名称	型号规格	数量	额定功率 /kW	备注
	四、通风、排水、压风系统				
4	压风机	40m³(Atlas)	2	250	
5	压风机	60m³(Atlas)	1	355	
	五、混凝土搅拌及计量系统				
1	搅拌机	JS-1000	2	75	
2	自动计量器	PLY-1600	1		
	六、供电设备				
1	高压开关柜	KBSY	1		
2	低压开关柜	KBSY	1		
3	电力变压器	S_{11}-1000 /6 6/0.4kV	2		
4	矿用变压器	KBSG-630 6/0.69kV	1		供泵用
5	矿用变压器	KBSG-315 6/0.69kV	1		井口井下动力
6	矿用变压器	KBSG-315 6/0.69kV	1		风机专用
7	防爆开关	BKD19-400 Ⅱ	4		
8	高爆开关	BGP9L-6（10）	3		
	七、其他设备				
1	砼喷射机	转子Ⅵ型	1	7.5	
2	砼振捣器	ZN-70型行星式高频振捣器	10		
3	潜孔钻机	SGZ-28150	1		
4	注浆泵	2TGZ-60/120	1	37	
5	水泥浆搅拌机	TL-200	1	2.2	
6	普通车床	C620B	1	7.5	
7	钻床	Z32K	1	3	
8	电焊机	BX3-550	3	30.5	
9	电视监视系统		1		

4. 凿岩爆破

根据核桃峪矿井的地质条件，采用钻爆法破岩。利用 XFJD-8.12 伞钻打眼，光面光底爆破，炮眼深度 4.5m，B25mm 中空六角钢成品钎杆（软岩凿岩施工采用 ϕ32mm 螺旋钻杆、羊角钻头配备 52mm 扩孔器），配合 ϕ52mm 十字形钻头，炸药选用乳化炸药，乳化炸药可以防冻，提高炮孔利用率，爆破岩石块适中等效果，以保证井筒成形取得光爆效果和减小对冻结管的震动。药卷规格为 ϕ45mm×500mm，周边眼选用 ϕ35mm×500mm，穿煤层时，改用 T320 型安全型水胶炸药。雷管选用 6m 长脚线毫秒延期电雷管，段号为 1、2、3、5、7，放炮基线用 10 号铁线，380V 交流电源大爆破。揭煤或有瓦斯时使用 1、2、3、4、5 段毫秒延期电雷管，专用高频起爆器井上放炮。

根据井筒所穿过岩性按软岩 f=4～6 考虑，根据井筒断面编制了两套爆破图表，施工中根据岩石硬度或断面发生变化时，现场根据实际情况进行调整，以达到最优爆破效果。模

板高度定为 4.2m，确定炮眼深度 4.5m。采用直眼掏槽法，炮眼布置断面 *a-a*，布置掏槽眼
8 个、辅助眼 130 个、周边眼 65 个，炮眼共计 203 个。*c-c* 断面包括掏槽眼 8 个、辅助眼
129 个、周边眼 70 个，共计 207 个。炮眼布置参数见图 1-24 和图 1-25。

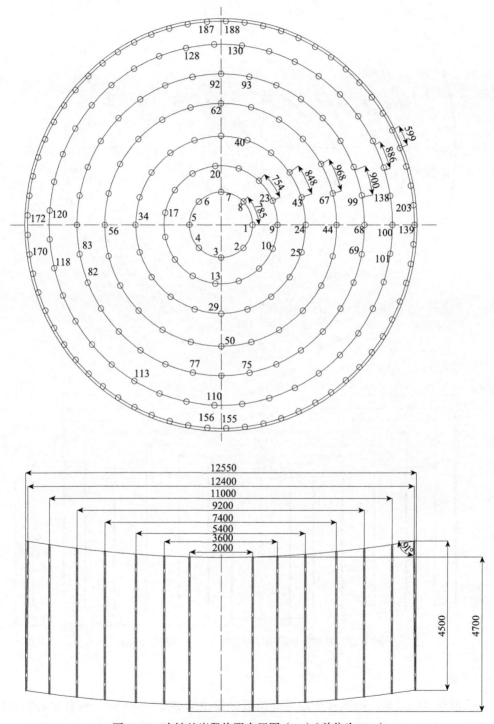

图 1-24　冻结基岩段炮眼布置图（一）（单位为 mm）

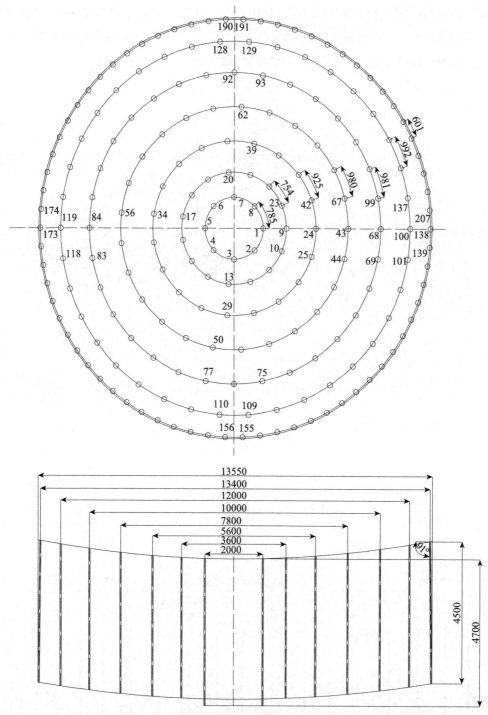

图 1-25　冻结基岩段炮眼布置图（二）（单位为 mm）

5. 排渣

按照预想爆破效果，每次爆破后井筒松散矸石量为 800~1000m³，两台中心回转装岩机装岩能力为 100~120m³/h，满足快速施工要求。抓岩顺序为抓出水窝、抓出罐窝、抓取边缘矸石、抓井筒中间岩石。

6. 砌壁

冻结段外壁和基岩单层井壁段为钢筋砼结构，壁厚分别为 600mm、1350mm、800mm，采用 4.2m 高单缝液压伸缩移动式整体金属模板砌壁，一掘一砌。模板分直模和刃脚两部分，刃脚上按钢筋设计位置留出搭接插孔，竖筋采用机械连接，环筋采用绑扎。混凝土采用溜灰管输送。井筒的壁座（内外壁一体）在外壁施工时掘完，采用锚网喷临时支护，在内壁套筑时一并砌筑。支护工艺流程：出矸至一个模板段高－绑扎钢筋－脱模－立模找正－浇筑混凝土－边浇边振捣－模板上沿封口。

冻结段内层井壁浇筑前，要把外层井壁的霜冻杂物清理干净，按要求铺设 1.5mm 厚的塑料薄板，塑料薄板采取错茬铺设，搭接采用自动爬焊机热焊接。内壁套筑施工采用 1.0m 高组合模板。在井筒外壁全部施工完毕后，进行内壁套筑。采用平行作业方式施工，钢筋绑扎、浇灌砼平行作业。在吊盘中层盘绑钢筋，下层盘浇灌砼，吊盘下部悬吊的临时盘作为井壁洒水养护和拆模的工作盘，内壁支护结构为钢筋砼，砼强度等级分别为 C60、C70、C80。模板组立完成操平找正并固定牢靠后，即可进行混凝土浇筑施工，混凝土采用底卸式吊桶、经分灰器直接浇筑入模，分层浇筑、振捣，由下向上连续浇筑。混凝土浇注时要对称均匀下灰，每浇注一定高度后，接长钢筋，绑扎环筋，接着组立模板。为增加冻结段内层井壁的防水性能，冻结段内壁掺加混凝土防裂密实剂。如此循环上升，直至套壁施工完成。内壁支护工艺流程：绑扎钢筋－组立模板－支撑、校正、紧固模板－提盘－浇注、振捣－绑扎钢筋－脱模、立模。

核桃峪副井冻结工程于 2012 年 7 月 25 日井筒正式开始排水，8 月 8 日破底试挖，至 2013 年 1 月 17 日掘进至底，开始浇筑壁座，3 月 31 日套壁结束。掘进施工中，通过对井筒掘进参数进行优化，掘进段高设置为 4.2m，掘进过程中无断管片帮现象，冻结段开挖深度为 472～950m，井筒净直径 9m，最大开挖荒径为 13.3m，平均掘进速度为 91.2 米 / 月，最快掘进速度达到 110.4 米 / 月。施工过程中，通过控制冻结设计、冻结壁形成特性的工程预测预报及调控、大断面冻结井筒快速掘进的安全快速施工方法的研究与应用，确保了核桃峪副井矿井建设的安全，实现了快速、优质施工，获得了显著的经济与社会效益，为我国事故井筒二次冻结施工及深大井筒冻结施工提供了成功的经验，将对我国的冻结法凿井技术的发展起到积极的推动作用。

（本章主要执笔人：崔灏，李宁，高伟，刘晓敏，赵玉明，叶玉西）

第 2 章

市政工程冻结技术

市政工程冻结技术是人工地层冻结技术的主要分支之一。自 20 世纪 90 年代末建井分院在国内开发水平冻结技术并成功应用于北京、上海、广州、深圳等一线大城市的地铁建设工程后，目前已经应用到全国 19 个大中城市，又开发了穿越冻结、浅覆土冻结、液氮冻结及 PVC 免拔管冻结等技术，在城市地铁建设中配合盾构法施工起到了越来越重要的作用。

2.1 水平冻结

2.1.1 技术原理

从人工地层冻结技术本质上来看，水平冻结与垂直冻结并无区别：都是采用人工制冷的方式形成冻结壁，并使之与稳定地层相结合，形成一个可以保护地下结构安全施工的封闭圈。但由于水平冻结钻孔方向与地层形成顺序和地球重力方向垂直等方面的原因，使得水平冻结技术产生了诸多特殊性。水平冻结孔方位角测量由陀螺承担，限于目前所用陀螺技术水平，它的测量精度大大低于垂直孔方位角的测量精度，也制约了水平冻结技术的发展。

由于环境对市政工程冻结技术的要求非常严格，因此，在矿山冻结工程中不太重要的冻胀与融沉等因素成为市政冻结关心的主要因素，也导致产生了一系列的技术理论的变化。由于市政冻结结构不同于传统的垂直孔冻结结构主要受压而是受拉，因此，人工冻土的抗弯性能是水平冻结中考虑的重要因素，建井分院在煤炭系统内首次开展了相关实验，并取得了针对上海地区土层的实验数据，在实际施工中进行了成功的应用。为解决天津地铁建设中的问题，对天津地区含盐土进行人工冻土物理、力学性能实验，解决了天津含盐土冻结的难题。水平冻结技术中大多冻结孔布置都是非圆形分布，且冻结孔间距也远小于垂直孔冻结。因此，水平冻结中的冻结壁发展速度明显快于垂直孔冻结中的冻结壁发展速度，一般在两倍以上。同时，多圈、非圆形布置冻结孔的温度场分布规律比矿山圆形布置的垂直孔布置温度场要复杂得多，几乎无法用解析的方法进行分析。目前主要还是靠实测与数据模拟进行研究。人们一直非常关注水平冻结技术中的冻胀与融沉会对工程造成危害，而在实际施工中地层的隆起与沉降是一个由多因素引起的复杂问题，并非只有冻结施工会造成地层隆起与沉降。市政工程影响地层隆起与沉降的因素除了冻结施工造成的冻胀与融沉外，地层加固注浆、地下结构开挖、盾构的推进等也都是地层隆起与沉降的主要因素，有时甚至比冻结造成的影响更大。因此，在解决冻胀与融沉问题的同时，也要重视其他因素造成地层变化。

水平冻结为形成有效的冻结壁保护需要开挖的地层，设置的冻结孔包括水平孔、上仰孔、下俯孔，这使得水平冻结中下放供液管、排出冻结管盐水中的空气的与矿山垂直冻结都不一样，需要采用新技术进行处理。为适应市政建设不占用地层的要求，需将冷冻站设备小型化、轻量化、模块化，便于组装运输和搬运，放入隧道或端头井内进行施工。而一般地铁旁通道均采用"隧道内水平冻结加固土体，隧道内暗挖构筑"的全隧道内施工方案，即在隧道内采用冻结法加固地层，使联络通道外围土体冻结，形成强度高、封闭性好的冻土帷幕，然后在冻土帷幕中采用矿山法进行通道或泵房的开挖构筑施工。用这种方法的突出优点是：冻土帷幕均匀性好且与隧道管片结合严密，加固与封水效果良好，施工安全可靠且不占用地面空间，尤其适合于特殊情况，如江河、建筑下面，地面交通无法封闭等。为了控制土层产生融沉引起的地层变形，需要在冻结加固区融冻过程中进行跟踪注浆。

2.1.2 技术工艺

水平孔中的冻结器无法像垂直孔那样利用地球的重力进行冻结器布设，要依靠水平动力进行推送，当钻孔达到一定长度就非常困难；其次，水平钻孔中泥浆护壁的难度无法与垂直孔相比。因此，目前绝大多数水平冻结器只能用跟管钻方式进行（目前上海地区大部分是用夯管锤施工），这就要求水平冻结孔钻进与冻结管铺设只能一次完成，如遇到有地下连续墙等特殊情况还需要先取心、下套管再进行二次钻进。因此，水平冻结钻孔在用钻机钻进时钻头部位一定要安装特制的逆止阀与堵水装置以适用水平冻结技术的特殊工艺。市政冻结工程中主要关心的问题之一是冻胀与融沉问题，虽然只有黏性土的地层才具备冻胀与融沉的性质（砂性地层很少冻胀与融沉）。水平冻结技术中控制冻胀的措施主要有：①泄压孔。冻结钻孔施工时在冻结壁围护结构内部设置带有压力表、花管和泄压阀的专用泄压孔，在冻结压力达到设计泄压值时进行泄压，以保证冻胀不会造成不良影响。②间隔式冻结。全断面水平隧道长距离冻结时为保证冻结壁质量，冻结孔间距一般设计不大于800mm，在冻结施工能够满足隧道安全施工时可以间隔的减小冻结孔冷量供应（直至完全关闭），这会大大减小由于冻结产生的冻胀。③局部缓（停）冻。带有集水井的地铁联络通道冻结施工时，由于工艺要求集水井部位冻结孔远远多于其他部位的冻结孔，除了造成集水井大量的冻结挖掘量外就是它造成的冻胀量很大，因此在保证安全的前提下，可以缓（停）冻部分底部的冻结管以减少冻胀量。冻结施工的地铁联络通道掘砌采用新奥法原理的施工工艺，初次支护采用木背板＋钢拱架的结构形式作为临时支护，二次现浇钢筋砼结构为地下构筑物的永久支护。开挖时采用短段掘砌，随掘随支，形成初次支护，当断面较大时，应采用分段分层逐步推进的掘砌方案进行。全断面水平隧道冻结施工时隧道初支采用挂网喷射砼，然后砌筑内壁作为隧道的永久结构。

2.1.3 主要装备

水平冻结施工冻结孔的钻孔设备最早大多使用 MK-4 水平钻机，后为减少钻孔导致的地层变形，改用 H190 夯管锤布设冻结管取得良好效果。但在一些不适合用夯管锤的地方还需要水平钻机，近年来选用了性能更合适的水平钻机 MD-80A 型钻机。

水平冻结施工的冷冻站设备分为两大类：①地面上，为标准制冷量在 550kW 以上的螺杆冷冻机组，主要应用于冻结工程量较大的场合。②端头井或隧道内，受限于场地空间，主要采用标准制冷量在 270kW 左右的螺杆冷冻机组。大多采用带有经济器的氟利昂机组。

2.1.4 典型案例

为适市政地铁建设的需要，建井分院在 20 世纪 90 年代末开发出水平冻结技术，并于 1998 年在北京地铁 1 号线国贸站的一条隧道拱顶粉细砂层中成功应用了水平该技术，其水平长度为 45m。随后在上海地铁 2 号线的 3 个旁通道采用地层水平冻结和暗挖施工相结合的技术进行工业性实验，并最终成功解决了我国第一个江底下地铁旁通道（陆家嘴 - 河南中路）暗挖施工的技术难题。2001 年建井分院再次应用水平冻结技术对广州地铁纪越区间地铁隧道进行全断面冻结加固使之顺利通过断层带，水平冻结长度达 61m。

1. 上海市轨道交通 17 号线中国博览会北站—虹桥火车站区间 2 号联络通道及泵房

联络通道处隧道中心线间距 19.024m，为上海地铁 17 号线最长联络通道。联络通道所在位置的隧道中心线埋深为 28.45m。联络通道处土层自上而下依次为：⑤1 灰色黏土层；⑥暗绿色粉质黏土层；⑦1 草黄—灰色砂质粉土层、⑦1t 草黄—灰色粉质黏土夹粉土层，泵站处于⑦1 砂质粉土承压水层。开挖风险较大。联络通道东临新角浦河，西邻嘉闵高架。距离运营的地铁 2 号线隧道不足 100m，距离沪杭高铁 180m 左右，处于虹桥商务中心区。该联络通道地面周边环境较复杂，对施工要求较高。

联络通道初期支护采用 150mm×150mm H 型钢加木背板挂网湿喷技术，初期支护厚度为 200mm，二衬厚度侧墙为 550mm，拱顶为 450mm，为现浇 C40P10 混凝土。

联络通道正面共布设 60 个冻结孔，4 个测温孔，2 个泄压孔，其中上部冻结孔为 3 排，共计 19 个；侧墙为双排梅花布设，共计 26 个；下部冻结孔为 2 排，共计 15 个。辅面共布设 39 个冻结孔，10 个测温孔，2 个泄压孔，其中上部冻结孔为 1 排，共计 7 个；下部冻结孔为 2 排，共计 13 个；侧墙冻结孔为双排梅花形布设，与正面侧墙冻结孔交叉分布，为加强孔，在冻结交圈后开启，共计 16 个，集水井处设置 3 个加强孔。具体见图 2-1 和图 2-2。

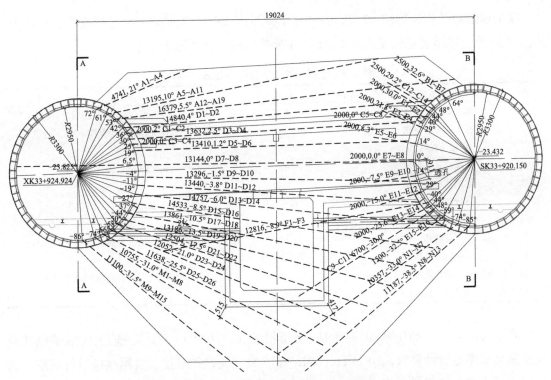

图 2-1 联络通道冻结孔透视图（单位为 mm）

冻结站一侧隧道冻结孔开孔位置图

冻结站对侧隧道冻结孔开孔位置图

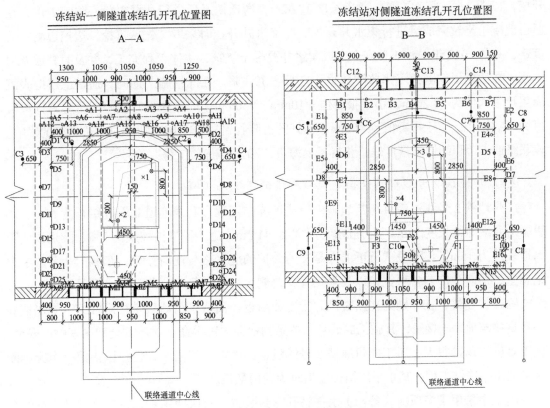

图 2-2 联络通道冻结孔开孔图（单位为 mm）

联络通道设计积极冻结 45 天，设计冻结壁厚度 2.4m，喇叭口处侧墙厚度为 2.1m，注浆孔为 55 个，冻结管总长度为 981.35m。主要冻结施工参数见表 2-1。

表 2-1 主要冻结施工参数一览表

序号	参数名称	单位	数值	备注
1	冻土墙设计厚度	m	2.4/2.1	通道厚度 2.4m, 喇叭口处侧墙 2.1m
2	冻土墙平均温度	℃	-10	冻结壁与管片交界面平均温度不高于 -5℃
3	积极冻结时间	天	45	
4	冻结孔个数	个	99	φ89mm×8mm 低碳无缝钢管
5	冻结孔允许偏斜	mm	150	
6	最低盐水温度	℃	-30~-28	冻结 7 天盐水温度达 -18℃ 以下
7	单孔盐水流量	m³/h	5~8	
9	测温孔	个	14	φ89mm×8mm 低碳无缝钢管
10	泄压孔个数	个	4	
14	注浆孔	个	55	用于壁后充填和融沉注浆
15	冻结管总长度	m	981.35	

联络通道工程于 2016 年 10 月 1 日开始钻孔施工，历时 18 天钻孔施工结束，冻结孔成孔质量良好满足设计要求，10 月 20 日冻结站安装完成，并对整个管路系统进行试压，试压完成后水位没有下降，于 10 月 21 日化盐开始积极冻结。2016 年 12 月 6 日旁通道正式开挖，12 月 16 日通道挖通，通道长度 12.42m，通道挖通后进行挂网喷浆，防水工作，在通道混凝土浇筑完成后进行集水井开挖。在集水井开挖时采取"先探再挖，边挖边测"的策略，并与 2017 年 1 月 5 日安全完成集水井混凝土浇筑，主体工程完工，并及时完成充填注浆，在后期根据隧道沉降监测数据，进行融沉注浆。在冻结施工期间，通道上部地表沉降累计最大值为 -7.2mm，小于报警值 +10mm、-30mm；周边地下管线竖向位移累计最大值为 -4.71mm，小于报警值 ±10mm。良好的沉降控制减少了施工活动对周边环境的影响。该联络通道工程结构质量良好，获得了上海市"2016 年优质工程"称号。

2. 广州地铁 2 号线过清泉街断裂破碎带隧道冻结工程

广州地铁 2 号线过清泉街断裂破碎带隧道冻结工程，右线隧道北端冻结长度 61m、左线隧道北端冻结长度 53m。两条隧道间中心距 11.2m，施工段隧道坡度为 3‰，隧道顶面距离地表约为 15m。该两段隧道正上方是交通繁忙的应元路与连新路口，东侧为著名的中山纪念堂，西侧为广东省科技馆以及粤王井，北侧为三元宫等，这些建筑分别是国家级、省级文物保护建筑，且分别处在断裂破碎带上或附近。而清泉街断裂带稳定性差、导水性好并且直接与地表土接触，其施工成败直接关系到地面居民生命、财产安全和国家财产安全，施工难度与风险很大，属于广州地铁 2 号线隧道的咽喉工程之一，也是国内第一个穿越断裂带的水平冻结工程，其水平冻结长度当时为国内最长。

施工中采用了多项新装备：①水平钻孔密封装置。首次使用钻孔密封装置防止冻结孔钻进时地层向孔外涌水，特别是当钻孔穿过地层是有承压水时，这套装置发挥了非常大的作用。并且在应用中不断改进，现在这套经过不断改进的装置已能够做到既控制钻孔涌水量大小，同时保证冻结钻孔的正常钻进。②水平测斜仪。由于本次水平冻结孔施工是国内最长的冻结孔施工（长68m），为保证钻孔质量和工程的可靠性，建井分院研制了一套水平测斜仪，并且首次在工程施工中使用，根据用水准仪校对的结果，证明水平测斜仪的精度完全能够满足冻结孔的测量需要。③冻结器密封检测装置。由于市政施工的特殊要求，对冻结器的可靠性要求比较严，为保证工程的安全可靠，施工时首次在每一个冻结器上均安装了冻结器密封检测装置。而在隧道掘进爆破造成冻结管渗漏后，由于安装了这些装置将检测时间缩短到了原来的十分之一。④冻结监测系统。为提高冻结系统的自动化程度，建井分院研制了一套全数字式冻结运转的监测系统，其中包括几乎所有的冻结参数：清水及盐水的温度和压力、盐水箱内的水位、测温孔内温度、各种机器设备（冷冻机、盐水泵、冷却塔）开启与关闭状态，所有这些参数都由计算机直接处理，并由动画演示冻结系统的运转；还有一套摄像系统进行实时监控，使操作人员在控制室内就能看到冷冻机的运转状态（图2-3和图2-4）。

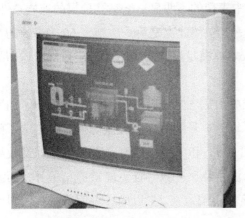

图2-3　冻结站实时监控系统　　　　图2-4　冻结系统实时控制的动画表示

为保证工程成功在施工中还采用了多项技术措施：①间隔式冻结。为处理好冻结壁的安全与掘进的关系，在冻结设计时我们已经改进了冻结孔布置方式，采用了放射形的冻结孔布置，但由于为适应市政建设工期紧的要求，冻结孔的开孔间距取的比较小，其次在冻结壁形成以后进行隧道开挖时，由于隧道开挖进度与设计时不可能完全一致，在具体施工时应根据开挖隧道的测温情况，在适当时候，将冻结器间隔的关闭，使整个冻结壁的冷源减少，达到控制冻结壁的均匀发展。②钻孔中灌浆。钻23号孔时，大约在17m时钻孔不返浆，再往前钻进时钻孔卡钻严重，在钻到43m左右时已无法钻进，起钻后进行处理，这期间约耗水泥、优质膨润土18t，估计该钻孔遇到了断层中的土洞或类似的空穴，该钻孔施工时间为单孔施工时间最长，共用了72h。③冻结孔偏斜测量。考虑本次施工的特点与测斜重点，选用了两种测斜方法：灯光测斜和水平陀螺测斜。根据冻结工程需要，钻进过程中测斜工艺是不同的。根据施工经验与地层的地质条件，确定 9 号钻孔为第一个钻孔，进行试钻孔工作，结合水平陀螺测斜仪的特点，在前 20m 钻孔中决定每 5m 设一个测点；而后 40m 钻孔中采用每 20m 一个测点进行测量，在沿右线北侧隧道的前 3 个钻孔的测斜工作均按此原则进行，而在钻进第 4 个钻孔及以后的钻孔时，则根据情况将测斜间距控制在 20~30m 一个测点，直至钻完全深后再测斜。

左线隧道冻结施工由 8 月 18 日开始钻孔，10 月 3 日进行冻结，11 月 3 日开挖，并于 12 月 2 日隧道挖通，在 12 月 11 日冻结站停止冻结。地面监测部门进行冻结监测，2001 年 9 月 10 日起至 12 月 13 日止，主要对中山纪念堂、三元宫和科学馆进行监测；这期间从 10 月 23 日起对左线隧道进行地面隆沉监测。从本次测量中看出，只有部分测点测出地面隆起，但其量值很小，在 1mm 左右。可以判定中山堂附近地层应属不冻胀或弱冻胀地层。另外，在 12 月 6 日至 12 月 10 日期间地表突然下沉（平均有 3mm 左右），是由于隧道开挖过程中 11 月 30 日（上台阶工作面在 48.9m）由于放炮将冻结管炸漏 3 根，致使冻结站停冻检修。通过对以上数据的分析：①水平钻孔由于在钻孔的工艺本质上与垂直钻孔不一样，对于垂直钻孔中普遍遵循的右旋法则，在水平钻孔中表现的不明显；②钻孔地层的地质条件，特别是断层的走向，对钻孔的偏斜方向影响较大；③虽然此次是第一次施工 60 多米长的水平放射孔，除了两个测温孔之外，29 个冻结孔较好地满足设计要求沿地铁隧道周边均布的要求，终孔偏斜图如图 2-5 所示。

长距离水平冻结施工技术对广州地铁 2 号线中山纪念堂段破碎层含水地段进行了加固和封水，保证了隧道的正常掘进和支护，解决了地铁 2 号线的一大施工障碍，也创造了国内最长距离水平冻结纪录。从隧道开挖情况（图 2-6）和冻结壁的测温数据看，冻结效果非常理想，实测的冻结壁温度与所设计的冻结壁温度几乎一致。详见隧道冻结壁开挖面温度（表 2-2），从数据中可知隧道周边温度测量值大小偏差在 2℃ 以内，说明冻结孔偏斜满足施工要求。

表 2-2　隧道冻结壁开挖面温度

种类	距隧道开挖端距离 /m	冻结壁开挖面所测温度 /℃		
		拱顶	左腰	右腰
右线隧道	5.8	-2.8	-1.4	-2.0
	10.5	-1.6	-3.5	-5.3
	19.0	-1.4	-3.4	-3
	30.3	-1.9	-4.8	-5.7
	58.5	-1.2	-3.6	-3.8
左线隧道	1.5	-1.2	-2.3	-2.4
	10.5	-4.0	-5.1	-5.6
	16.5	-1.1	-3.4	-4.7
	40.3	-3.0	-4.2	-3.8

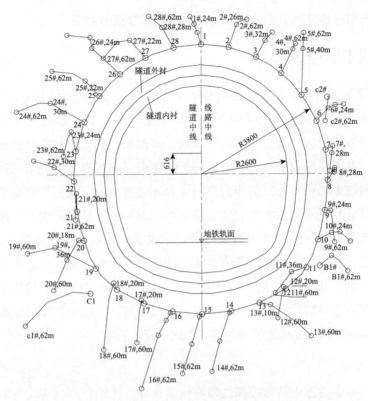

图 2-5 冻结孔终孔偏斜图

图 2-6 隧道开挖刷帮时的冻土掘进

2.2 穿越冻结

随着城市轨道交通的快速发展，地铁线路已呈网络化、立体化，新建地铁穿越既有运营车站（隧道）的情况越来越多，它已成为地下工程界所面临的重要技术难题。穿越冻结技术就是在这样的情况下产生的，通过在上海地铁 4 号线上体场站穿越段工程中应用本技术，实现了在饱和粉砂地层中两地铁车站零距离交叉穿越的创举。

2.2.1 技术原理

新建车站行车层的顶板直接穿越既有车站（隧道）底板的设计最有利于未来的交通。但既有车站底板下方有围护结构（地下连续墙或钻孔灌注桩）或型钢混凝土抗浮桩等障碍物，盾构法难以实施，只能采用冻结法加固、矿山法开挖，穿越冻结技术是将冻结凿井技术经过创新、发展应用到市政建设中处理新建隧道穿越现有营运隧道的技术。它的基本原理：按照所需施工隧道和外部结构的空间位置和几何特征，在开挖隧道的四周或隧道与既有结构共同形成具有可靠封水和合适承载能力的冻结壁，然后采取矿山法开挖并施工初期支护，初期支护完成后施工永久衬砌或盾构推进拼装预制结构。其具有以下技术特点：①冻结壁不但能有效隔绝地下水，还能与既有结构有效密封搭接，阻止来自既有结构和地下连续墙的地下水；②穿越冻结技术适应性强，几乎不受地面场地、地层条件（低含水量地层除外）和地下障碍物的限制；③环境影响小，穿越冻结技术产生的冻胀和融沉对既有结构的扰动能精准控制，穿越施工与上部列车运营互不影响。

1. 冻结壁设计

穿越冻结技术中的冻土结构按弹性理论模型计算，冻结壁假设为均匀的受力结构，并将力学模型分为隧道开挖阶段和完成型钢支架支护两个阶段进行冻结壁结构受力计算。

1）隧道开挖阶段

隧道开挖阶段冻结壁结构计算模型如图 2-7 所示。

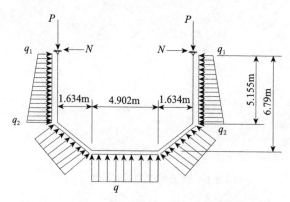

图 2-7 隧道开挖阶段冻结壁结构计算模型

2）完成型钢支架支护阶段

完成型钢支架支护阶段：冻结壁计算，如图 2-8 和图 2-9 所示。

冻土开挖后，工作面立即进行型钢支架支承，支架间距为 0.6～0.8m，因此取开挖纵向方向单位宽度冻结壁作为计算模型，型钢支架作为冻结壁的支承，计算模型为多跨连续梁计算。

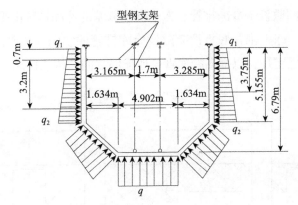

图 2-8　完成型钢支架支护阶段冻结壁计算模型

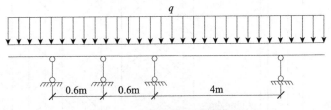

图 2-9　冻结壁纵向计算模型

冻结壁载荷分为：①水平侧压力，冻结壁结构上作用的侧向土压力计算采用静止土压力并考虑地面超载。设计采用在地面均布超载作用下的静止土压力。②冻结壁底板反力，冻结壁底板反力主要受底板静水压力和穿越段开挖时因底板向上变形，下部土体的作用力。计算方法为

$$
\begin{aligned}
q &= \gamma_{\mathrm{w}} H + \left(1.3H - 1.0H\right)\tan^2\left(45° - \frac{\varphi}{2}\right) \\
&= \gamma_{\mathrm{w}} H + 0.3H\tan^2\left(45° - \frac{\varphi}{2}\right)
\end{aligned}
\tag{2-1}
$$

式中，γ_{w} 为水的密度，取 $1.0\mathrm{t/m^3}$；H 为计算深度，取 21.06m。取 $\tan^2\left(45° - \dfrac{\varphi}{2}\right) = 0.7$。

依据冻土力学试验结果和工程经验，设计冻结壁平均温度为 $-10℃$，淤泥质黏土冻土的力学指标为：单轴瞬时抗压强度为 3.4 MPa，冻土弯拉强度为 2.1 MPa，剪切强度为 1.5MPa。

2. 冻结壁与结构界面的保温

穿越冻结与传统冻结的环境完全不同，它的冻结壁温度边界条件非常差，需要对冻结壁采取多种措施进行保护才能使冻结壁达到设计的要求。为了提高冻土帷幕与地连墙的冻结强度，在冻土帷幕两端与和地连墙交接处地连墙表面敷设了保温层。保温层材料采用现场喷涂的发泡聚氨酯，要求保温范围超出冻土帷幕边缘不小于 2m。此外，沿隧道开挖断面

外围的主冻结孔布置圈敷设了冷冻排管。冻土帷幕侧墙的冷冻排管由平行的三根钢管组成，钢管间距为 0.5～1m。冻土帷幕底板没有敷设冷冻排管的空间，故改用一根无缝钢管。冷冻管尽量与地连墙表面密贴，以提高冷冻管与地连墙之间的传热性能，见图 2-10。

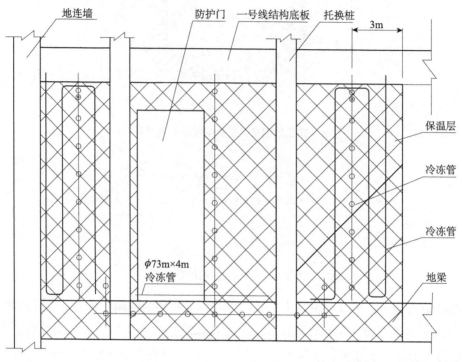

图 2-10　冻土帷幕两端地连墙保温与冷冻管敷设示意图

开挖后冻土帷幕成开放的"U"字形，冻土帷幕侧墙与 1 号线地连墙交接面受（剪切）力很大。特别是由于冻结孔难以布置得离 1 号线车站底板很近，加上 1 号线车站底板混凝土散热性很好，保证冻土帷幕与 1 号线车站底板界面的冻结强度是本工程的技术关键。为了解决这一难题，采取了以下措施：①尽量缩小冻土帷幕主侧墙顶冻结孔与 1 号线车站底板的距离，施工中墙顶冻结孔基本上碰到了 1 号线车站底板的素混凝土垫层；②将在冻土帷幕两侧墙顶部布置的加热孔改为冻结孔，有利于降低冻土帷幕与 1 号线车站底板界面的冻结温度和冻结范围，从而提高冻土帷幕与 1 号线车站底板界面的冻结强度；③在冻土帷幕上方 1 号线车站底板表面采用现场喷涂的发泡聚氨酯敷设保温层，并在保温层表面涂布防火涂料，保温范围为冻土帷幕侧墙冻结管中心线以外 3m。

3. 冻胀控制

上海体育场穿越段冻结工程控制冻胀综合技术及国际地下工程冻结采用的控制冻胀主要措施见表 2-3。上海体育场穿越冻结施工采取了以连续控温冻结为主，结合选用合理冻结顺序（和确定冻土体积最低限等综合控制冻胀技术）。同时，还制定了倘若冻胀量超过警戒值（1 号线轨道隆起大于 3mm）达到 5mm 后的启动预案。这些预案主要包括吸收变形减压孔技术和热水孔控制冻土边界技术,以确保地铁 1 号线安全运营。

表 2-3　上体场控制冻胀综合技术

序号	减小冻胀措施	上体场冻结应用情况	应用工程及效果
1	冻土帷幕体积减小至需要的最低限	冻结帷幕设计在保证一定安全系数下取最小冻土厚度	东京地铁 10 号线和 11 号线冻结工程
2	合理冻结顺序	合理安排冻结顺序,冻结帷幕上部与 1 号线底板交接处冻结孔最后冻结	日本京都地铁隧道间排水泵房碉室施工
3	吸收变形减压孔(冻胀变形对策)	①在上下行隧道的冻结孔布置中,预留有吸收变形减压孔作为预案,如果 1 号线轨道变形大于 5mm,拔除预留管;②上下行隧道冻土帷幕内各设 4 个卸压孔冻结过程放水卸压	①东京湾隧道川绮人工岛盾构出洞冻结工程,吸收冻胀变形 60%~90%;②东京环七线盾构出洞冻结工程
4	热水孔控制冻土边界	控制冻结预案	①东京地铁 10 号线和 11 号线冻结;②我国九江湖口大桥东塔桥墩桩基水下施工
5	连续控温冻结	改变连续冻结模式为连续控温冻结模式;冷端盐水温度变化过程决定了土体内温度场,水分场的变化,从而控制土体冻结冻胀的整个过程	

4. 开挖与临时支护

由于冻结壁具有显著的蠕变效应,将冻结壁当作蠕变材料,隧道内土体及上部结构当作弹性介质,与冻结壁外围及结构其他部分相作用的土体当作土弹簧处理,运用大型通用 MARC 有限元程序,对隧道冻结帷幕开挖与支护的时间效应进行了详细地分析,得出缩短冻结帷幕暴露时间和采用分台阶开挖方式有利于提高车站底板、冻结帷幕和支护结构稳定性的结论。因此,采用上下台阶的方式开挖并进行初期支护。先开挖并临时支护上台阶,待上台阶施工至对面地下连续墙,再返回开挖施工下台阶。临时支护的形式:临时支护采用型钢支架＋木背板＋钢板及喷射混凝土(或浇筑混凝土)的组合方式。临时支护层次见图 2-11;南、北侧通道临时支护钢支撑结构见图 2-12。支护时间为一个单位开挖步完成后,即时施工。即在正常段每开挖 600mm,轨道底部每开挖 400mm 的步距后,立即施工临时支护。

为了增加临时支护结构与车站底板结构连接的整体性,提高临时支架与结构底板接触面的水平抗剪能力,在每架支架的上端部安装 4 根 ϕ20mm 化学锚栓,每根锚栓的抗拔力大于 5t。锚栓安装通过连接板上预留的锚栓孔进行钻孔,钻孔至要求深度后,清孔安装。若预留孔位处有底板钢筋不适合钻孔,可在原孔位附近割出新孔位,再钻孔或在连接板边缘钻孔安装锚栓,再将锚栓与连接板焊接牢固。预应力顶丝安装:下台阶开挖时,为了防止上台阶支架卸载,在下台阶支架的底梁安装预应力顶丝 16 根,每根顶丝顶紧力不小于 2t。顶丝的安装有效地保证了车站底板的稳定。顶丝的位置及尺寸见图 2-13。

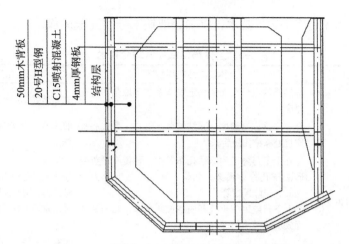

图 2-11 通道临时支护组成与结构关系示意图

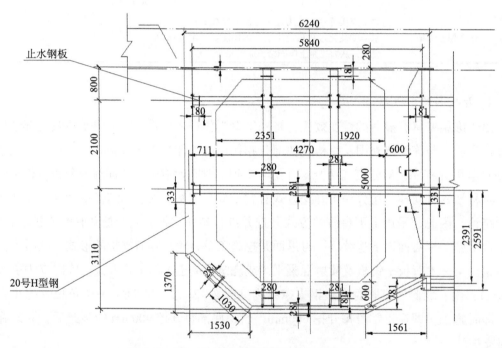

图 2-12 南、北侧通道钢支撑结构（单位为 mm）

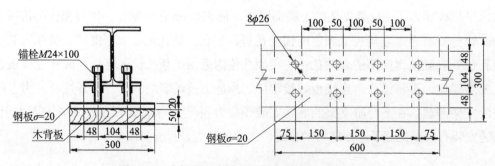

图 2-13 支架预应力顶丝安装示意图（单位为 mm）

2.2.2　技术工艺

1. 水平钻孔与夯管

由于冻结施工地层为砂性土且含水丰富、水压大，冻结孔为深度较长的水平孔，且需穿透两道地下墙，有部分冻结孔需紧贴 1 号线上海体育馆站底板布置，冻结孔施工中必须要保证少出泥和成孔精度，尤其是施工中必须严格控制施工对地层的扰动。此外，有部分冻结孔要穿透对侧地连墙，用夯管法无法施工。经研究，先用夯管法施工一个比冻结管稍大的套管，然后在套管中用给水钻进法钻透对侧地连墙，再在套管中下入封闭的冻结管。

冻结孔施工按以下步骤进行：①按冻结孔设计方位要求固定夯管机导轨，调整夯管方向。夯管机导轨安装在专用升降架上，参见图 2-14。②在孔口管中插入前端密封的第一节管材并用紧绳器与夯管锤连接，参见图 2-15，压紧孔口密封装置，打开孔口阀门，开始夯进。③为了保证夯管（或钻进）精度，开孔段是关键。夯进头部时，反复校核冻结管方向，调整夯管机位置，用精密罗盘或经纬仪检测偏斜无问题后继续夯进。夯管机离孔口应远一些为宜。根据施工场地大小，每截管材长度应适当。④冻结管下入孔内前先配管，保证冻结管同心度。夯好冻结管后，用经纬仪进行灯光测斜，然后复测冻结孔深度，并进行打压试漏。冻结孔试漏压力控制在 0.7～1.0MPa，稳定 30min 压力无变化者为试压合格。

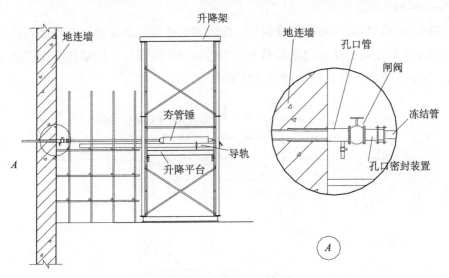

图 2-14　夯管施工示意图

2. 冻胀控制

为保障冻结壁强度、刚度、均匀性并减小冻结施工对既有地铁站的冻胀、融沉影响，在对原位土层的冻胀特性进行试验研究后结合工程特点，建立冻土冻胀与结构相互作用的理论模型，采用分区冻结与温控冻结相结合的地层冻胀控制技术对冻结施工中产生的冻胀进行控制；分析地层融沉可能引起的既有车站底板变形，相应地采取了地下水平衡法和补

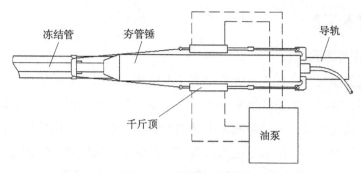

图 2-15 张紧器示意图

偿注浆法相结合的融沉控制技术减小冻结工程的融沉影响：①提出复杂地层与边界条件下的冻结壁形成质量控制技术。研究复杂边界条件下的冻结孔布置工艺和冻结壁边界保温技术，制订冻结壁出现安全质量问题时的应急预案。研究冻结壁强度与冻胀的制约关系，优化冻结运转参数。制订了全面、可靠的冻结壁质量检测方案与安全评价方法。②提出了基于冻结壁蠕变时空效应的开挖与支护工艺技术。基于冻土开挖与既有结构的时空作用规律分析，提出合理的掘进与支护工艺。即缩短冻结帷幕暴露时间和采用分台阶开挖方式有利于提高既有结构、冻结壁和支护结构的稳定性。

3. 融沉控制

为控制融沉在结构施工时预留注浆管。侧墙和底板注水泥浆液，孔深度到达初衬（临时支护）与冻土墙之间；在通道横断面上外层各有 5 个注浆孔，注浆孔沿通道轴线方向间距为 2m。注浆管位置如图 2-16 和图 2-17 所示。

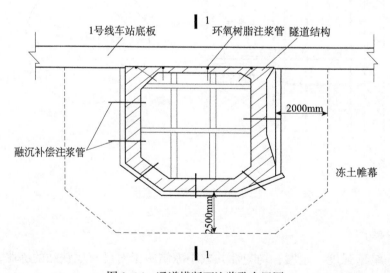

图 2-16　通道横断面注浆孔布置图

在隧道结构外围浅层化冻区域注入惰性浆液，使结构受力均匀：①注浆材料及配比：浆液为惰性浆液，重量配比为水泥:粉煤灰:膨润土:水＝0.1:0.4:0.5:1。②注浆顺序：注浆

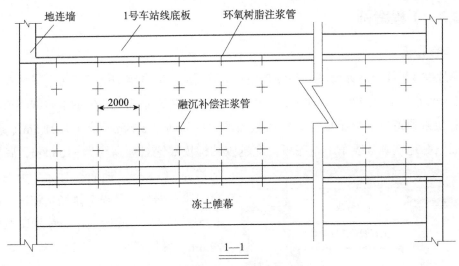

图 2-17 通道纵断面注浆孔布置图

的顺序是先底板后侧墙。底板注浆时,先从通道中部的注浆孔开始注浆,然后依次向两端的注浆孔灌注。根据车站变形情况,适时进行反复注浆。直至车站变形基本稳定在 1mm 以内。③注浆原则及方法:注浆以少量多次为原则。单孔一次注浆量为 0.5m³,最大不超过 1m³。注浆压力按设计要求为静水压力的 2 倍,压力小于 0.3MPa。具体要根据底板变形监测情况做适当调整。注浆前,将待注浆的注浆管和其相邻的注浆管阀门全部打开,注浆过程中,当相邻孔连续出浆时关闭邻孔阀门,定量压入惰性浆后即可停止本孔注浆,关闭阀门,然后接着对邻孔注浆。遇到注浆管内窜浆固结而引起堵管时,需用加长冲击钻头通管。

浅层化冻区域注入惰性浆液后,若车站变形连续 3～5 天日变化量大于 0.5mm,车站总沉降量达到 2mm,对隧道结构外层化冻区域进行水泥-水玻璃双液注浆:①注浆范围及顺序:对冻结范围内的土层进行地基加固。具体是结构外壁向外 4m 厚的土层范围。注浆顺序为先注底板,后注侧墙。底板中部的注浆孔先注,两侧墙后注。②注浆材料及配比:双液注浆材料为水泥与水玻璃双组分混合料。配合比为水泥浆:水玻璃溶液=1:1。水泥浆的配比为水:水泥=1:1。③注浆量和注浆压力:单孔注浆量为 2m³,注浆压力不超过 0.5MPa。④注浆原则及方法:先注深层,后注浅层。注浆芯管下到设定的注浆深度后,开泵注 10min,注浆量为 80L,注浆管向上提 200mm,再注浆 80L,注浆管继续向上提并注浆。注浆管每提 1m 高,注浆量为 500L。单孔注浆量约为 2m³。施工时注浆参数要视车站的监测变形数据,进行适当调整。单循环(单次)双液注浆量为 100L,单孔双液注浆结束后,用惰性浆液封孔,以便复用。控制 1 号线底板的沉降变形是注浆的目的。因此,化冻过程中,要加强 1 号线底板变形监测、冻土温度监测、冻结壁后水土压力监测。另外,注浆施工过程中,浆液的压力可以通过在相邻注浆孔安装压力表来反映。以上综合监测数据作为注浆参数调整的依据。融沉注浆结束以 1 号线车站底板的变形稳定为依据。若车站底板沉降日变化量连续 3 个月保持在 0.3mm 以内,总沉降量小于 1mm,则融沉注浆结束。

2.2.3 工程案例

1. 工程背景

上海地铁4号线上海体育场车站穿越地铁1号线上海体育馆站施工段（下简称穿越段），与地铁1号线斜交成约77°，方向大致为由东向西。穿越段结构由相邻的上行线隧道和下行线隧道和换乘通道三部分组成，结构横截面尺寸约为两个5.74m（高）×21.5m（宽），穿越段顶面紧贴地铁1号线车站站底板，穿越段结构顶部绝对标高约为-10.08m，底板底标高约为-15.82m，地面绝对标高为+4.19m。穿越段东端与4号线上体场站相连，西端为4号线区间隧道盾构工作。穿越段总长度约22.6m。参见图2-18和图2-19。

穿越段上方地面为内环线漕溪路高架立交桥，周边约50m范围内有五星级酒店华亭宾馆、高级商住公寓宝通大厦等重要公共建筑和多幢14层居民住宅。其中两幢居民住宅离相距穿越段只有约10m。穿越段结构上部为地铁1号线车站，漕溪路高架立交基

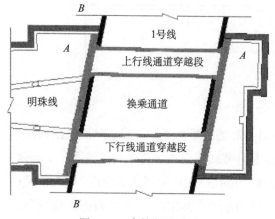

图 2-18 穿越段平面图

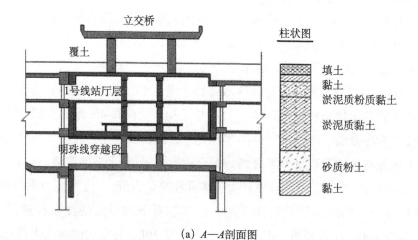

(a) A—A剖面图

图 2-19 穿越段剖面图

础直接坐落在 1 号线车站顶板上，参见图 2-20。

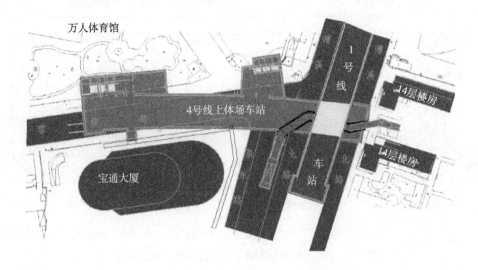

图 2-20　上海体育场穿越段位置示意图

2. 冻结设计

冻结壁和冻结孔设计参数见表 2-4 和表 2-5，冻结孔布置见图 2-21。

表 2-4　冻结壁厚度、平均温度和冻结工期

序号	参数名称	单位	主侧墙	底板	中间竖隔墙	中间横隔墙	防坍冻土锚
1	冻结长度	m	22.6	22.6	21.8	21.8	21.8
2	冻土帷幕设计厚度	m	2.0	2.5	1.5	1.3	1.5
3	冻土帷幕与老结构冻结界面宽度	m	1.0	1.0	—	—	—
4	冻土帷幕平均温度	℃	−10～−9	−12	−8	−7	—
5	冻土帷幕与老结构冻结界面温度	℃	−5	−5	—	—	—
6	积极冻结时间	d	45	75	25	20	—

表 2-5　冻结孔布置参数

序号	参数名称	单位	主侧墙	底板	中间竖隔墙	中间横隔墙	防坍冻土锚
1	冻结孔个数	个	18	11	8	4	2
2	冻结孔间距	m	0.817	0.817	0.817	1.362	
3	设计最低盐水温度	℃	−30～−28	冻结 7 天盐水温度达到 −20℃ 以下			
4	维护冻结盐水温度	℃	≤20				
5	单孔盐水流量	m³/h	5～7				
6	冻结孔总长度	m	958/1045	南线隧道/北线隧道			
7	总需冷量	MJ/h	403.5/439.5	南线隧道/北线隧道			
8	装机容量	MJ/h	703.2	冷却水温度 28℃，盐水温度 −29℃，一条隧道			

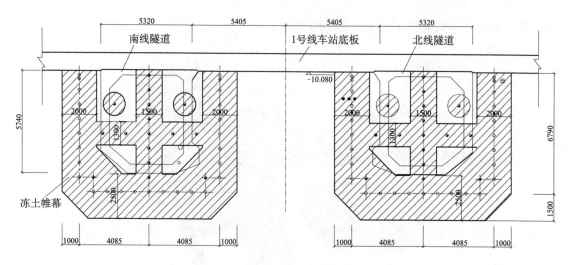

○ 主冻结孔 ● 辅冻结孔 ◎ 加热孔(兼作冻结孔)

图 2-21　冻土帷幕与冻结孔布置设计图（单位为 mm）

3. 施工监测

图 2-22 所示为南线通道冻结孔施工期间，1 号线车站底板的实测沉降曲线。结果显示，冻结孔施工对 1 号线车站底板影响极小，1 号线车站底板的沉降幅度在 1mm 以内。北线隧道冻结孔施工时，由于受南线隧道冻结影响，1 号线车站底板总体上是抬升的，未发现有因冻结孔施工引起车站底板明显变形的问题（图 2-23）。

图 2-24 所示为北线隧道开挖前的盐水温度变化曲线。北线隧道从 2004 年 3 月 10 开冻，3 月 27 日盐水温度降至 -22.6℃，然后提高盐水温度至 -15～-10℃，进行控温冻结，到 5 月初逐步恢复积极冻结。图 2-25 所示为北线隧道上方 1 号线车站底板电水平测点的沉降曲线。

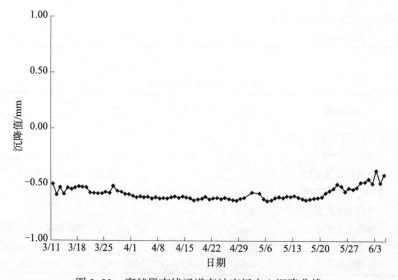

图 2-22　穿越段南线通道车站底板中心沉降曲线

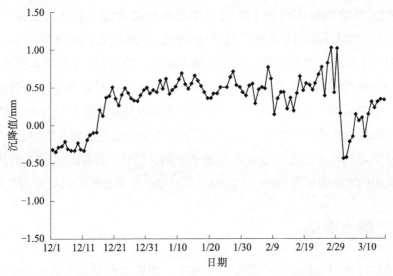

图 2-23　穿越段北线通道车站底板中心沉降曲线

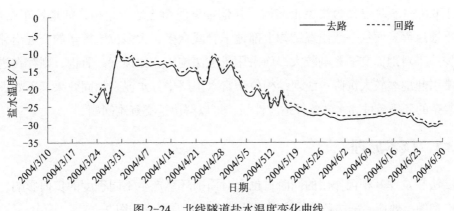

图 2-24　北线隧道盐水温度变化曲线

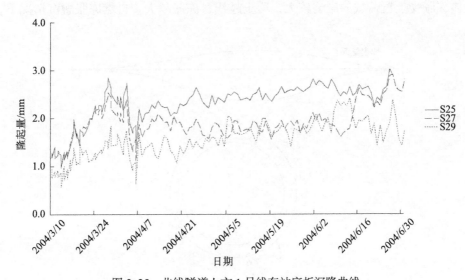

图 2-25　北线隧道上方 1 号线车站底板沉降曲线

曲线表明，开始积极冻结时 1 号线车站底板快速隆起，到 3 月底最大隆起量达到 2.8mm，扣除因南线隧道冻结引起的隆起量约 1mm，北线隧道积极冻结 17 天引起的 1 号线车站底板隆起达 1.8mm。北线隧道采取缓冻和间隙冻结措施后，1 号线车站底板不再隆起，并且有所减小。北线隧道从 5 月初逐步恢复积极冻结后，1 号线车站底板隆起速度相对开冻时明显降低，一直到 7 月初开挖前，1 号线车站底板累计隆起量也没有超过 3mm。由此可见，缓冻和间隙冻结措施对控制 1 号线车站底板冻胀隆起是极为有效的。

通过 1 号线地铁轨道的施工全过程电水平监测，钻孔、冻结、开挖与融沉注浆的各个阶段，地铁轨道的竖向变形为 -0.5～2.8mm，完全处于运营地铁的沉降控制范围内。

2.3 浅覆土冻结

浅覆土结构即浅埋结构是在一定围岩环境下，覆跨比小于某个数值的结构，例如市政地铁覆跨比 H/D（H 为覆盖层厚度，D 为洞径）小于 0.6 时定义为超浅覆土结构，覆跨比 H/D 介于 0.6～1.5 时定义为浅覆土结构。其他常见浅覆土地下结构，如地铁车站出入口、过街地下通道等。而且一般浅埋结构上部地下管线众多，大多位于繁华的交通道路下，若采用明挖施工对地面交通影响较大，而采用机械法施工，如顶管、盾构，则存在进出洞问题，经常引起地表较大沉降；浅埋结构位于富水土层中，水泥系加固效果又不好。唯有冻结法对复杂的环境条件和水文条件适应性强，可以解决这类疑难问题。

2.3.1 技术原理

冻结法在发挥其积极作用的同时，也会对周围环境产生不同程度的负面影响，即土体冻胀效应和融沉效应。冻结环境效应引起的地表隆起及沉降如图 2-26 示。

土体冻胀受上覆荷载的影响较大，覆土越浅，冻胀越大。自然冻胀融沉情况下，根据

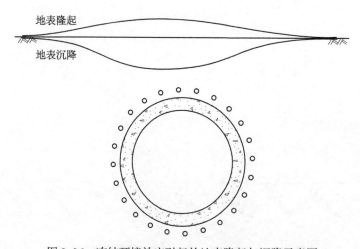

图 2-26 冻结环境效应引起的地表隆起与沉降示意图

以前的施工经验，在浅覆土冻结时，地表会产生 100mm 以上的冻胀，而解冻后，又会产生大于 100mm 的地表沉降，从而在冻结和化冻时，施工都会对地表和地下管线的变形产生很大的影响。

浅覆土冻结技术原理在于利用各种技术和工艺尽量减少冻结时引起的冻胀和融沉（冻土帷幕的主要功能是封水而非承载；利用钢管管棚承担荷载），将冻胀量和沉降量控制在市政工程允许的范围内。具体措施一般有以下几种：①严格控制冻土体量，在满足冻结壁使用功能的条件下，尽量减少冻土体量，把冻胀融沉控制在一定范围内。②引起土体冻胀的主要原因在于水分迁移，迁移量越大，冻胀量越大，融沉量越大，其危害也越大。实施快速冻结，有效抑制水分迁移，从而减小冻胀和融沉。③根据相关试验研究，间歇冻结模式在冻深尚未进入稳定状态、温度场尚未达到平衡时就开始了对试样的热边界扰动，使冻结锋面附近的拟稳定状态不断被打破，分凝冻胀难以形成，冻胀量仅为连续冻结模式的19.8%。④增加约束荷载，也可以有效的抑制冻胀变形。⑤砂土相对于淤泥质黏土和粉质黏土属于非冻胀融沉敏感土，可以采用换填砂土的办法来减小地层的冻胀和融沉。⑥控制融沉方法一般为强制解冻加速冻土墙融化速度后进行融沉注浆方法和自然解冻后跟踪注浆方法，其中后一种方法应用较普遍。

2.3.2　技术工艺

1. 冻胀控制

浅覆土冻结过程中，如果不采取措施控制冻胀便无法达到施工要求，因此，采取以下措施。

1）减少冻土体积

通道顶部的 14 根冻结管形成管棚，有效承担部分上部荷载，将顶部冻土墙厚度减少为1.6m，从而减少了冻土体量，有效抑制冻胀和融沉。

2）差异化开机与快速冻结相结合

调整好冷冻机组的状态，加快冻结速度。顶部采用快速冻结，冻结孔间距调整为600mm。同时上部冻结管比其他冻结管晚开始冻结 5 日，缩短冻结天数，减少冻胀的效果。

3）控温与控压相结合

主要措施有：①在主要管线（污雨水管、上水管和煤气管）的下部地层中设置温控区，包含卸压孔、测温孔、解冻孔三部分，如图 2-27 所示。②在工作井侧结构层外侧布设卸压孔 25 个，采用钢管制作成花管形式；并在卸压孔正下方布设解冻孔 10 个，两者采取梅花式布孔。解冻孔下方布设测温孔 7 个。③根据地面变形监测，如地面出现隆起＋5mm 或有隆起趋势时，立刻打开卸压孔阀门，使用清水冲洗卸压孔，加强卸压，卸压时，要利用电子自动采集系统适时采集地面变形情况，卸压后，地面下沉不得大于 5mm。④温控区卸压孔下方设置测温孔及解冻孔，确保卸压孔周边土体不被冻结，保证卸压孔有效性。通过对测温孔的观测，一旦测温孔温度降至 0℃ 以下，通过解冻孔进行人工强制解冻。卸压孔形式及使用见图 2-28。加热方法：在盐水箱中安装总功率为 120kW 电热管，用电热管加热盐水，保持盐水出口温度 70℃ 左右，加热装置见图 2-29。

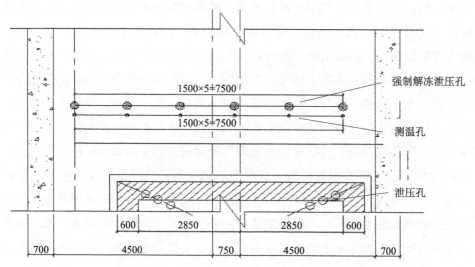

图 2-27　温控区示意图（单位为 mm）

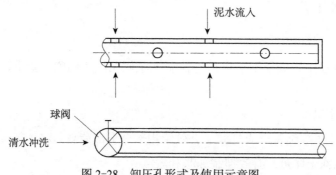

图 2-28　卸压孔形式及使用示意图

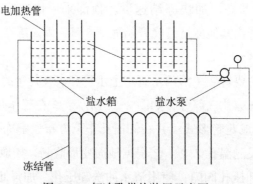

图 2-29　解冻孔供热装置示意图

在解冻孔中下套管作为加热循环管，每 2 个孔一组，用高压胶管连接。用 45kW 的盐水泵在热循环管中循环热盐水，快速提高周围土体的温度。

解冻顺序：强制解冻将 10 个孔间隔式同时进行，加热时以观测冻土帷幕上边界的测点温度达到 1℃为止。根据计算及经验，冻结壁在积极冻结 22 日左右交圈，估计积极冻结 29 日时就需要开始采用强制解冻工序控制向上的冻结壁厚度。

2. 充填注浆与融沉控制

为控制冻结施工带来的融沉，注浆过程中采用多点、少量、多次、均匀的循序渐进原则，并根据地面、管线以及建筑物的沉降和解冻温度场的监测，适时调整注浆量和注浆时间间隔，确保沉降稳定。注浆分充填注浆和融沉注浆，充填注浆管主要预埋在木背板与冻土之间以及在拱顶部的支护层与结构层之间，以充填顶部的空隙。融沉注浆利用预埋在木背板与冻土之间的注浆管和上部冻结区的卸压孔，根据监测数据和冻土融化情况随时进行注浆。

注浆利用 KBY-120/100 型注浆泵，采用单液水泥浆和 C-S 双液浆，单液浆水泥等级强度为 P.0.425 级，水灰比为 1；双液浆水泥等级强度为 P.0.425 级，水玻璃为 35～40° Be，可根据地层适当调整，将配好的水泥浆液和水玻璃浆液按照 1:1 混合注入。车站出口冻结工程的通道内布置 98 根注浆管。在临时支护时，预埋 1.5 寸[①]注浆管，深度至木背板后，做永久结构时，接长至结构表面，注浆管中间部位焊接止水钢板，端部留管箍接头，并用丝堵堵死。模板拆除后，凿出注浆管，接上阀门即可注浆。另外，为了有效控制上部区域的融沉，注浆过程中可将工作井侧结构面上部 25 根卸压孔作为注浆孔加以利用对上部融沉现象进行有效的控制。具体注浆孔布置如图 2-30 所示。

充填注浆一般在停止冻结后 3～7 日开始，此时结构混凝土强度应达到设计强度 60%。充填注入单液水泥浆，注浆压力不大于静水压力。注浆方式为自下而上。以 Ⅱ-Ⅱ 断面（图 2-27）为例，先打开所有阀门，进行底层注浆，待上一层注浆孔返浓浆时，停止本层注浆，进行上一层的注浆，以此类推。顶部的注浆孔在最后完成。第一次充填注浆完成一段时间后，从顶部注浆孔开始到底部注浆孔结束，和第一次注浆倒着的顺序再进行一次充填注浆。

融沉注浆是停止冷冻后根据测温情况及沉降监测情况选择注浆时机。此后，根据变形及温度场监测确定是否继续注浆。注浆之前先用钻机进行开孔，每次开孔的深度要比上一次钻进的深度至少多 20cm，直至向里钻进深度达到 4m 为止，然后在预留注浆孔内插入 $\phi32mm$ 注浆花管，插入深度以刚好穿透冻结壁为宜，孔口装上防返浆装置，分层注浆。注浆过程中不拔管，下次注浆时花管内拔。在每孔注浆结束后，注入一定量的水玻璃浆液，注入量以略大于预留注浆管体积为宜，以便复注。融沉注入双液浆，注浆压力为 0.3～0.5MPa，不高于结构设计要求允许值。注浆施工流程见图 2-31。

---

① 1 寸≈3.33cm。

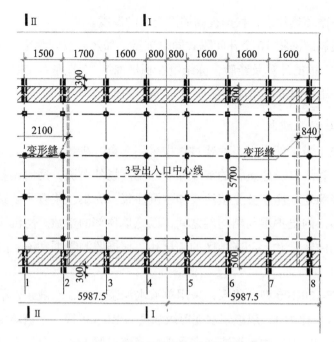

图 2-30　注浆孔布置图（单位为 mm）

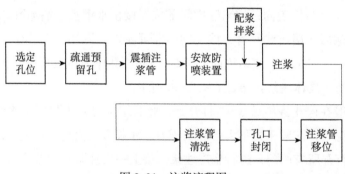

图 2-31　注浆流程图

　　注浆时应严格控制注浆压力和注浆量，不得超过设计范围，结合监测数据，按照少注多次的原则，逐步控制地层沉降趋于稳定。注浆管端部的接头丝扣应检查完好无损，阀门密封可靠，在出现孔口喷泥水时能及时关闭。并准备一些木楔，在丝扣失灵或阀门关闭不严时能堵塞孔口。

2.3.3　工程案例

1. 工程背景

　　以上海轨道交通 13 号线某车站出口冻结工程为例。该出入口长度 11975mm，净宽5700mm，净高 3250mm，为矩形钢筋砼结构。出入口结构尺寸见图 2-32 所示。该出入口结构底板标高为 -5.795m，地面标高为 +4.01m。结构覆跨比 H/D 小于 1.5，为浅覆土结构。

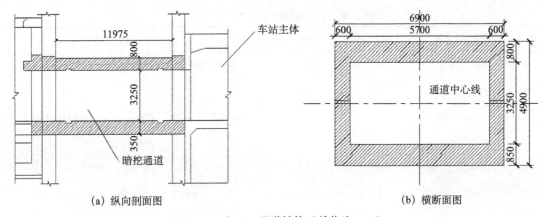

(a) 纵向剖面图　　　　　　　　　(b) 横断面图

图 2-32　出入口通道结构（单位为 mm）

该出入口上方地面为上海市区主干道，车流量较大，地面标高＋4.01m。出入口上方管线较多，主要管线有 ϕ300mm 上水管（管底埋深 1.2m），ϕ500mm 煤气管道（管底埋深 1.7m），ϕ800mm 雨水污水管道（管底埋深 3.6m），该污水管下部距离冻结壁上边界仅 445mm。出入口所处土层为②1 砂质粉土、②3-1 灰色砂质粉土、④淤泥质黏土及⑤1-1 黏土层。根据地质资料，灰色砂质粉土具高含水量、高压缩性、高灵敏度、低强度。

2. 冻结方案

本工程采用水平冻结方案。在工作井和车站两侧均布置水平冻结孔。工作井一侧冻结孔布置以及地面沉降测点布置图如图 2-33 所示，主要冻结参数见表 2-6。

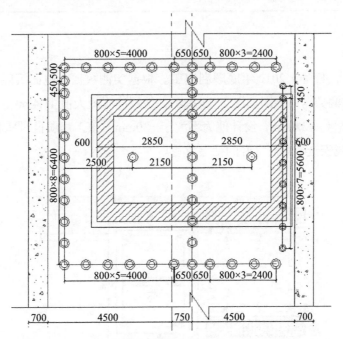

图 2-33　工作井一侧冻结孔布置平面位置图（单位为 mm）

表 2-6 主要冻结施工参数一览表

序号	参数名称	单位	数值	备注
1	冻土墙设计厚度	m	1.6/1.8	通道顶部冻土墙厚度 1.6m,侧墙及底板厚 1.8m
2	冻土墙平均温度	℃	-10	
3	积极冻结时间	天	42	为了控制上部冻结壁厚度,上部冻结区域晚开机 5 天
4	冻结孔个数	个	91	含透孔两个
5	冻结孔允许偏斜	%	≤1	
6	最低盐水温度	℃	-30～-28	冻结 7 天盐水温度达 -18℃ 以下
7	单孔盐水流量	m³/h	3～5	
8	冻结管规格	mm	$\phi108mm×8mm/$ $\phi89mm×8mm$	低碳钢无缝钢管,Dp1～Dp14 孔采用 $\phi108mm×8mm$ 无缝钢管;其余采用 $\phi89mm×8mm$ 无缝钢管
9	测温孔	个	19	$\phi89mm×8mm$ 低碳无缝钢管
10	泄压孔个数	个	12	$\phi89mm×8mm$ 低碳无缝钢管
11	泄压孔个数	个	25	$\phi108mm×8mm$ 低碳无缝钢管
12	斜角泄压孔	个	12	$\phi108mm×8mm$ 低碳无缝钢管
13	解冻孔	个	10	$\phi89mm×8mm$ 低碳无缝钢管
14	预注浆孔	个	20	用于土层改良
15	冻结管总长度	m	871.4	

3. 工程效果

该出入口冻结工程于 2012 年底顺利完工。根据实测数据,地面沉降监测测点布置如图 2-34 所示,监测数据曲线图如图 2-35 所示,地层冻胀最大值 11.4mm,设计值为不大于 50mm;最大沉降量 -12.4mm,设计值为不大于 -30mm。该工程项目对冻胀融沉控制较好,有效地保证了环境安全,具有良好的社会效益。

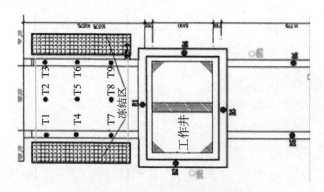

图 2-34 地面沉降监测测点布置图

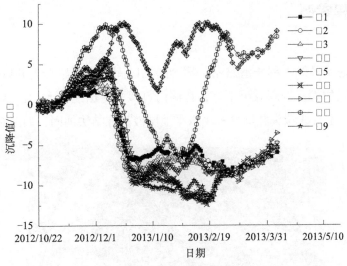

图 2-35　地面沉降监测曲线图

2.4　液氮快速冻结

液氮快速冻结技术具有系统简单，直接汽化不用冷媒，使用设备少；冻结速度快、温度低、冻土强度高，冻胀、融沉远远小于盐水冻结等优点，在市政工程中的运营地铁隧道泵站修复、盾构隧道端头井进出洞加固、隧道结构等修复工程中，取得了广泛的应用。

2.4.1　技术原理

液氮快速冻结技术是将液态氮作为冷媒直接送入冻结器进行汽化吸收地层热量达到冻结地层的目的。它具有冻结系统简单、低温（常压下为 -195.8℃）、冻结速度快（一般比常规氨 - 盐水冻结速度快 10 倍）和冻土强度高的特点。液氮冻结的理论模型是冻结器内液氮气化相变热流耦合瞬态温度场数学模型和水热耦合条件下冻结帷幕瞬态温度场数学模型。液氮冻结的冻土符合人工冻土抛物线形屈服面黏弹塑本构关系，采用热力耦合条件下液氮冻结帷幕施工力学数值计算方法进行液氮冻结工程设计。液氮冻结器表面平均温度符合幂函数规律。

2.4.2　技术工艺

建井分院开发的一系列实用新型地层液氮冻结器（详见 2.4.3 节），提高了冻结帷幕延冻结器长度方向发展的均匀性，采用液氮进、回轮换供液冻结模式，促进了串联条件下冻结帷幕厚度方向的均衡发展，显著降低了液氮冻结成本，与同类盐水冻结成本相近，极大地提高了其经济性，推广应用前景广阔。

2.4.3 工程案例

1. 盾构进洞

上海轨道交通 7 号线工程长清路站—耀华路站区间耀华路站端头井盾构上行线进行过常规搅拌桩加旋喷加固，加固效果不好，在洞门打探孔时出现较大的涌砂喷水现象，为了盾构进洞安全，对上行线端头井部分采用水平地层液氮冻结法加固，如图 2-36 所示。

图 2-36　盾构进洞液氮冻结加固示意图

盾构进洞水平加固冻结孔布置图及冻结孔、测温孔相应参数见图 2-37 及表 2-7 所示。

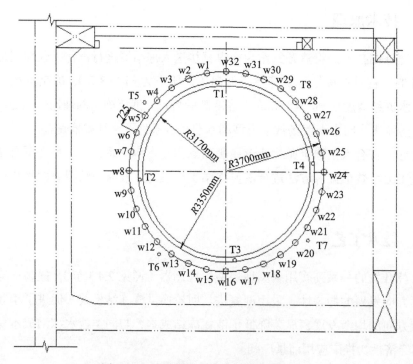

图 2-37　地层液氮冻结孔及测温孔布置图

表 2-7 盾构进洞水平地层液氮冻结加固冻结主要参数

序号	参数名称	单位	数量	备注
1	单根冻结管长度	m	2.8	
2	冻结壁设计有效厚度	m	1.2	
3	冻结壁设计平均温度	℃	≤-5	
4	积极冻结时间	天	5～6	
5	维护冻结时间	天	5	开洞门3天、盾构进洞2天
6	洞圈上测温孔温度	℃	-5～-3	
7	冻结孔个数/深度	个/m	32/2.8	
8	测温孔个数/深度	个/m	8/2.8	
9	冻结孔开孔间距	mm	728	
10	冻结孔布置圈径	mm	7400	内圈
11	水平冻结孔最大倾斜值	mm	≤100	
12	排气管液氮出口温度	℃	-80～-60	
13	冻结干管	mm	66.7	不锈钢管
14	冻结管规格	mm	$\phi 89 \times 8$	无缝钢管
15	供液管规格	mm	$\phi 25.4 \times 4.5$	无缝钢管
16	测温管规格	mm	$\phi 48 \times 4.5$	无缝钢管
17	冻结管总长度	m	89.6	
18	测温孔总长度	m	16.8	
19	预计冻土发展速度	mm/d	100	
20	积极冻结需液氮量	t	106.6	
21	维护冻结需液氮量	t	53.3	

2008年9月30日进场，10月3日开始钻孔施工，至10月11日晚钻孔施工结束。共钻进冻结孔32个，测温孔8个。从10月14日16：50开始通气态氮气进行冻结系统预冷，当晚20：00开始液态氮预冷，10月15日凌晨4：00正式开始地层液氮冻结。至10月23日上午累计积极冻结时间8日。排气口最高温度-57.6℃。

冻结器使用$\phi 89$mm低碳无缝钢管，连接方式为丝扣加对焊连接。供液管使用$\phi 25.4$mm低碳无缝钢管，钢管的连接使用不锈钢焊条焊接。为保证冻结的均匀性，供液管采用花管形式，底端压扁，不封死，留少许空隙，底端1m范围内钻孔，设置成花管形式。供液管上端焊接丝头和供液不锈钢软管连接，如图2-38所示。

排气管使用$\phi 25.4$mm无缝钢管，钢管的连接使用不锈钢焊条焊接。排气管钢管出闷板后，弯起3000mm后接PVC管材，接至高出地面1800mm，端部安装弯头，防止雨水等杂物进入。露出地面的冻结器、排气管接出闷板部分以及闷板与冻结管的焊接处，严格做好保温，防止冻结过程中液氮的泄漏，造成人员的冻伤。

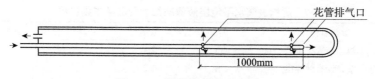

图 2-38　供液器结构示意图

　　每 2 个冻结器连成一个冻结系统，每一组由一根供液不锈钢软管供液，在末冻结器上设置排气管，冻结器之间用 1 寸不锈钢软管连接。32 根冻结管共分成 16 组，液氮的进路和出路尽量间隔分布，保证冻结帷幕均匀，如图 2-39 所示。不锈钢软管和供液器上端及配液圈上低温阀门用丝扣连接。

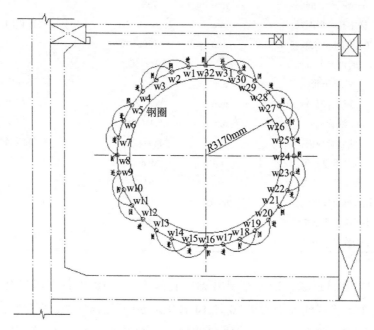

图 2-39　管路连接图

　　配液圈使用 ϕ50mm 的不锈钢管，在两头分别安装压力表和放空阀，保证每一循环支路流量稳定均匀。在配液圈焊接丝头，每一丝头安装一个低温阀门，以便对每一组冷量进行调节，如图 2-40 所示。

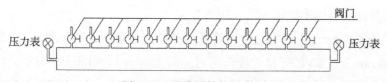

图 2-40　配液圈结构示意图

　　供液干管使用 ϕ50mm 的不锈钢管，在供液干管上端焊接法兰，把带有快速接头的法兰与焊接法兰对接，快速接头可直接接在液氮槽车上。在槽车液氮输出口供液器上安装低温阀门，停止供液时将阀门关闭，如图 2-41 所示。

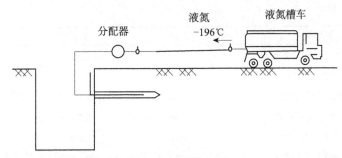

图 2-41 冻结系统连接示意图

施工中共布置 8 个测温孔，4 个布置在冻结壁的内侧，4 个布置在冻结壁的外侧。每个冻结孔内部布设 2 个测温点，1 个埋设在地连墙壁后，即孔深 1600mm 处，另 1 测点布设在设计冻结深度处，即孔深 2800mm 处。各测温孔温度随时间变化如图 2-42 所示。

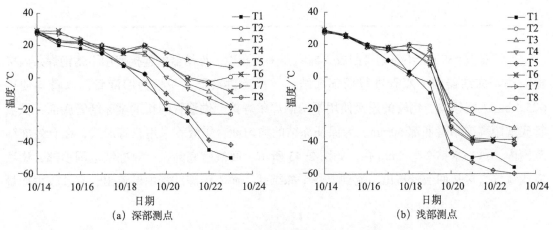

图 2-42 各测温孔温度随时间变化曲线图

液氮冻结温度下降快。冻土最大发展速度为 150mm/d，最小发展速度为 91mm/d。以最小发展速度计算到 10 月 23 日，冻土发展半径 728mm，冻结帷幕厚度最薄为 1262mm。因此，冻结壁厚度达到了 1.2m 的设计要求。

2. 杭州地铁武林广场北端头井

杭州地铁 1 号线武林广场北端头井液氮垂直冻结加固工程于 2010 年 9 月 24 日开始钻孔施工，到 10 月 7 日钻孔施工结束；10 月 9 日开始积极冻结，到 10 月 15 日（历时 7 日）冻土温度已达到设计要求，经盾构出洞验收，2010 年 10 月 16 日开始凿洞门，2010 年 10 月 25 日，盾构顺利出洞。盾构进洞水平地层液氮冻结加固冻结主要参数表，见表 2-8。

表 2-8 盾构进洞液氮竖直冻结加固主要参数

序号	参数名称	单位	数量	备注
1	单根冻结管长度	m	27.996	
2	冻结壁设计有效厚度	m	1.8	

序号	参数名称	单位	数值	备注
3	冻结壁设计平均温度	℃	≤−15	
4	积极冻结时间	天	7	
5	冻结孔个数/深度	个/m	23/27.996	
6	测温孔个数/深度	个/m	4/27.996	
7	冻结孔开孔间距	mm	800	
8	排气管液氮出口温度	℃	−80～−60	
9	冻结管规格	mm	$\phi89\times5$	不锈钢管
10	供液器规格	mm	$\phi25.4\times4$	无缝钢管
11	测温管规格	mm	$\phi48\times3.5$	PVC管
12	测温孔总长度	m	111.984	
13	预计冻土发展速度	mm/d	80	
14	冻结需液氮量	t	700	

冻结器由 $\phi89$mm 不锈钢管制成，冻结器垂直布设。冻结器的连接使用不锈钢焊条内接箍对焊。冻结器内下双管进行局部冻结，一根为供液器，一根为回液管，双管均使用 $\phi25.4$mm 无缝钢管，钢管的连接使用不锈钢焊条焊接。供液管的长度至冻结管底部，供液管底端距离冻结管底部 50mm。为保证冻结的均匀性，供液管采用花管形式，在有效冻结范围内，每一米钻 2 个 5mm 孔，如图 2-43 所示。回液管底部在有效冻结范围顶部，让液氮或氮气直接从回液管流出，流到下一个冻结孔，而不沿冻结管内壁流出，有效较少冷量

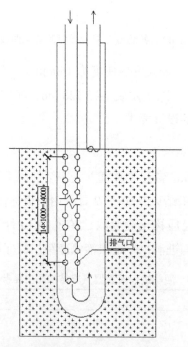

图 2-43 供液器形式示意图（单位为 mm）

损失。供液器和回液管上端焊接丝头，以便和供液不锈钢软管连接。排气管使用 φ25.4mm 无缝钢管，钢管的连接使用不锈钢焊条焊接。排气管钢管出闷板后，接至高出地面 1.8m 以上，端部安装弯头，防止雨水等杂物进入，同时使用保温材料进行保温，防止冻伤操作人员。露出冻结地层的冻结器以及冻结器的焊接处，特别是闷板与冻结管的焊接处，也做了保温，防止冻结过程中液氮的泄漏，造成人员的冻伤。

每 2 个冻结器连成一组，每一组由 1 根不锈钢软管供液，在末冻结器的排气管上排气，冻结管之间用 1 寸不锈钢软管连接。23 根冻结管共分成 12 组，由于液氮首先进入的冻结管液氮冷量供应较充足，而本工程主要冻结的目的是密封好冻结体和地连墙之间缝隙，因此将靠近地连墙一侧冻结管作为进路冻结管，将远离地连墙排冻结管作为回路冻结管。不锈钢软管和供液器上端及配液圈上低温阀门用丝扣连接。配液圈使用 φ50mm 的不锈钢管，在两头分别安装压力表和放空阀，以保证每一循环支路流量稳定均匀。在配液圈焊接 15 个丝头，每一丝头安装一个低温阀门，以便对每一组冷量进行调节。液氮循环干管选用 2 寸不锈钢管，配备低温液氮不锈钢阀门。由液氮槽车直接给循环干管供液氮。

由于液氮冻结施工中液氮的冷量从进到出逐步衰减，一组冻结器中的进液冻结器和出气冻结器的温度是逐步升高的，每一组 1 根冻结管是最理想的连接方式，但从经济等方面综合考虑，有时 2～3 根一组也是可靠的，可以通过调换液氮进出冻结管位置来提高冻结帷幕形成的均匀性。本案例中在正常冻结 2 天后，将冻结器进液与回气方向每天一轮换，即原来的出气冻结器通过调换后，变成进液冻结器，这样弥补了回气管部分冻结帷幕发展速度慢的难题，取得良好的冻结效果。

在冻结范围内设置 4 个测温孔 T1～T4，每个测温孔内布设 3 个测点，深度分别为 16m、21.5m、28m，均匀分布在加固范围内，如图 2-44 所示。

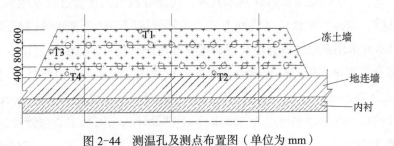

图 2-44　测温孔及测点布置图（单位为 mm）

各测温孔温度随时间变化如图 2-45 所示。

由图 2-45 可知，液氮冻结时测温孔温度下降迅速，冻结壁发展速度快。到 2010 年 10 月 15 日，内排测温孔温度达 -10℃以下，冻结壁已与地连墙贴合，根据外排冻结孔温度推算，冻土发展半径 1100mm，冻结帷幕厚度最薄为 2200mm。因此，冻结壁厚度达到了 1.8m 的设计要求。

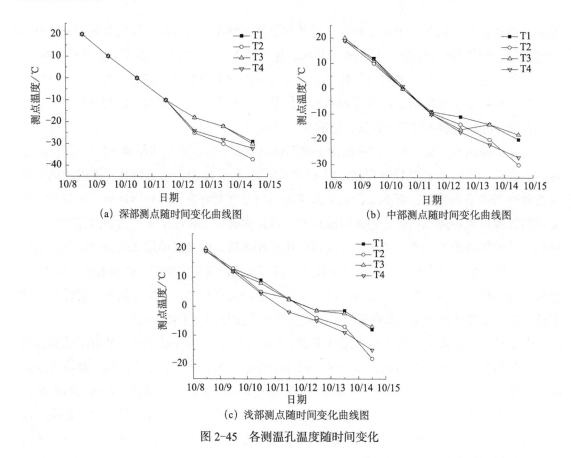

(a) 深部测点随时间变化曲线图 (b) 中部测点随时间变化曲线图

(c) 浅部测点随时间变化曲线图

图 2-45　各测温孔温度随时间变化

3. 运营地铁隧道排水管修复

由于上海地铁 4 号线和 1 号线部分区间的泵房原泵房排水管均采用 DN200 铸铁管制成，铸铁管与隧道钢管片连接处未做特殊封水处理，可能在以后的运营过程发生漏水涌砂险情。为提高其耐久性，决定对地铁 4 号线和 1 号线的部分区间旁通道排水管进行改造，即对旁通道原泵房排水管采用在原铸铁管内套不锈钢管并注环氧胶封水重新修复排水管的方案。

排水管修复工程排水管下口与隧道交界面处较薄弱，排水口下沿与隧道管片的交界面冻结帷幕长度为 700mm，排水口上沿与隧道管片的交界面冻结帷幕长度为 500mm；排水口下沿处设计的最小冻结帷幕厚度为 500mm，下部设计的冻结孔中心与管片的最大距离为 260mm，上部为 297mm。下部设计的冻结帷幕厚度最小为 560mm，上部稍大为 597mm。设计形成的冻土帷幕平面总宽度为 1100mm。考虑一定的安全储备，每侧冻土体积约为 2m³。

冻结器使用 φ89mm 不锈钢无缝钢管，冻结器的连接使用不锈钢焊条焊接。供液管使用 φ12mm 铜管。供液管底端距离冻结管底部 100mm。排气管的深度至隔板后 100mm。为了增加地层液氮冻结的均匀程度，供液管采用五分十字花结构。即每隔 300mm 处钻直径为 5mm 的十字花孔，如图 2-46 所示。排气管使用 φ12mm 铜管，铜管出闸板后，弯起

1000mm 后，接入排气干管。供液器和排气管使用铜管焊接连接。

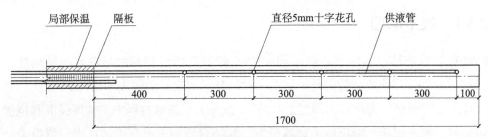

图 2-46 供液器结构示意图（单位为 mm）

冻结器连接方式为两侧 2 根冻结管采用串联方式连接，在每根冻结管氮气去、回路出口处设测温装置，控制进出口处氮气温度约 -80℃。输入和输出口安装 DN25 低温截止阀，用来控制液氮的流量，如图 2-47 所示。

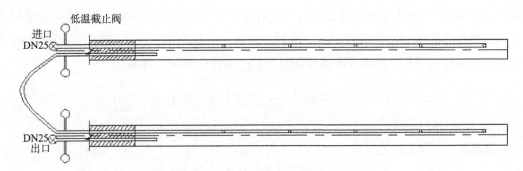

图 2-47 冻结管连接示意图

地层液氮冻结系统由液氮循环干管（去、回路干管）、液氮分配器、冻结器等组成。冻结时，采用容积为 170L 的小液氮罐，液氮通过输送干管送到工作面，通过液氮分配器后进入冻结器，最后通过回路干管将氮气排入隧道内通过风流排出隧道，做上行线时，液氮排气口从下行线隧道顺风流排出。

整个管路连接完成，对露出泵房通道底板的冻结管部分、液氮循环干管、供液器、排气管、回路干管、隧道底部阴井 1.5m 周边范围内钢（混凝土）管片等采用聚乙烯材料进行保温。

2.5 PVC 免拔管冻结

盾构法建造隧道或各种地下管道是目前国内外通用的做法，但盾构进出洞前，需要对洞口附近地层进行加固以保证盾构进出洞的安全。冻结法因其具有良好的止水性能与加固地层的作用被广泛应用，但盾构无法切削 20 号低碳无缝钢管，只能在盾构推进前用工拔除冻结管，这就给施工带来了极大的不便与风险。因此，研究采用非金属材料 PVC 管在盐水冻结设计中作为冻结管，冻结完成后盾构可以直接切削冻土和 PVC 冻结管，这样大大提高盾构进出洞的安全性与经济性。

2.5.1 技术原理

PVC 免拔管冻结技术的核心就是利用 PVC 塑料管的可切割性与较好的导热性，替代 20 号低碳无缝钢管用作冻结管进行冻结的一种新技术。它需要解决如何使 PVC 塑料管成为冻结管时所遇的问题，为此：①通过 PVC 管（接头）在冻结过程中的抗弯强度和挠度、拉伸剪切强度、水密耐压、温度应力试验研究，并结合盾构进出洞冻结加固数值模拟分析和现场试验，验证了 PVC 管满足盾构进出洞盐水冻结加固工程中冻结管的强度、变形、水密性和可切割性的要求。②根据 PVC 管盐水冻结的温度场模型试验，可知同一深度处，PVC 管冻结的冻土帷幕平均发展速度约为钢管冻结发展速度的 0.8 倍。利用单管冻结温度场解析计算的超越方程可得 PVC 冻结管冻结锋面和半径的平方根关系为 $\zeta=0.12\sqrt{r}$。③模拟试验得出 PVC 管作为冻结管温度场试验的无量纲温度和时间的关系曲线，将试验所得结果进行平均，得拟合曲线，可知温度和时间成对数关系。开始时温度下降较快，以近似线性关系变化，随着时间增长，温度下降逐渐稳定。试验拟合的曲线方程为

$$y = 7.088 - 8.068\left(1 - e^{-x/7.422}\right) - 8.101\left(1 - e^{-x/7.312}\right) \qquad (2-2)$$

2.5.2 技术工艺

以上海某盾构出洞为例进行介绍。推进区域内垂直冻结管使用 ϕ110mm 的 PVC 塑料管，冻结管外管箍黏接。盾构推进区域外垂直冻结管使用 ϕ108mm 的低碳无缝钢管，冻结管外管箍焊接。供液管使用 ϕ48mm 钢管以及 ϕ58mm 聚乙烯软管，钢管和聚乙烯软管之间采用扎结。供液管的长度至冻结管底部 50mm。露出冻结地面的冻结管使用保温材料保温，保温厚度超过 50mm，以减少冷量的损耗。

图 2-48　管路连接图

每 3 个冻结管连成一组，每一组由 1 根供液不锈钢软管供液，在末冻结管上设置排气管，冻结管之间用 1 寸不锈钢软管连接。39 根垂直冻结管共分成 13 组，每一组的进路和出路采用间隔分布，保证冻结帷幕均匀，如图 2-48 所示。

配液圈使用 ϕ48mm×4mm 的钢管，在两头分别安装压力表和放空阀，保证每一循环支路流量稳定均匀。在配液圈焊接 11 个丝头，每一丝头安装

一个低温阀门，以便对每一组冷量进行调节，如图 2-49 所示。

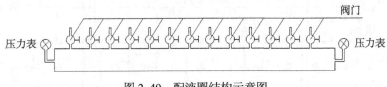

图 2-49　配液圈结构示意图

2.5.3　工程案例

1. 垂直免拔管

上海市轨道交通 17 号线工程漕盈路站—青浦新城站区间采用盾构法施工。洞门圈直径 ϕ7.1m，地面标高约为 +4.020m，中心标高为 -8.766m。盾构出洞加固区主要涉及土层：⑥1 黏土、⑥2-1 砂质粉土、⑥4 粉质黏土。其中⑥2-1 砂质粉土为承压水层。

盾构出洞垂直加固冻结孔布置图及冻结孔、测温孔相应参数见图 2-50 及表 2-9。

表 2-9　漕盈路盾构出洞工程主要冻结参数

序号	参数名称	单位	数值	备注
1	冻土墙设计厚度	m	1.9	
2	冻土墙平均温度	℃	≤-8	
3	积极冻结时间	天	40~45	
4	冻结孔个数	个	44	垂直 39 个，水平 5 个
5	冻结孔开孔间距	mm	800	排内
6	冻结孔成孔控制间距	m	0.8	
7	冻结孔与井壁间距	m	≤0.45	在进洞口附近
8	冻结孔允许偏斜	%	1	
9	设计最低盐水温度	℃	-30~-28	
10	冻结管一规格	mm	ϕ110×7	PVC 塑料管
11	冻结管二规格	mm	ϕ108×4.5	无缝钢管
12	冻结管三规格	mm	ϕ89×8	无缝钢管
13	测温孔深度个数 / 深度	个 /m	8/19.3	
14	垂直冻结孔个数 / 长度	个 /m	39/19.3	
15	冻结需冷量	MJ	200.9	工况条件

2016 年 1 月 20 日开始钻孔施工，于 2 月 1 日钻孔施工结束。共计施工垂直冻结孔 39 个（其中 6 个布置钢冻结管，33 个布置 PVC 冻结管），施工水平加强孔 5 个，测温孔 8 个（其中垂直孔 6 个，水平孔 2 个）。于 2 月 5 日开始积极冻结，到 2 月 11 日（历时 7 日）盐水温度达到 -26℃（低于设计 -18℃），至 3 月 29 日积极冻结 53 日。盐水总去路温度 -28℃，总回路温度 -27℃，去回路盐水温差小于 2℃。

为全方位监测冻结壁发展状况，共布置 8 个测温孔，2 个水平测温孔，6 个垂直测温孔。

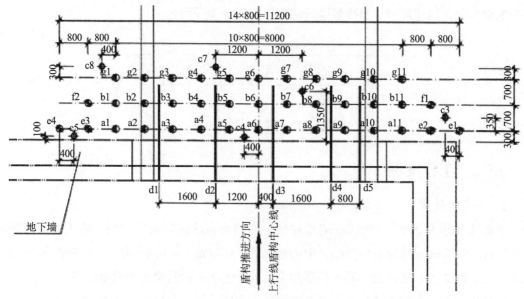

（a）冻结孔布置平面位置图

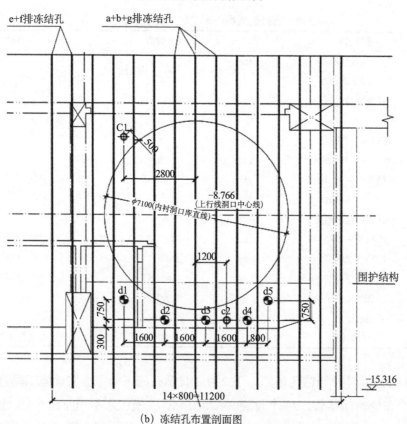

（b）冻结孔布置剖面图

图 2-50　冻结孔布置图（单位为 mm）

垂直测温孔 3 个布置在冻结壁的内侧，3 个布置在冻结壁的外侧。水平测温孔布置 2 个测点，垂直测温孔内布设 5 个测温点。部分测温孔温度随时间变化如图 2-51 所示。

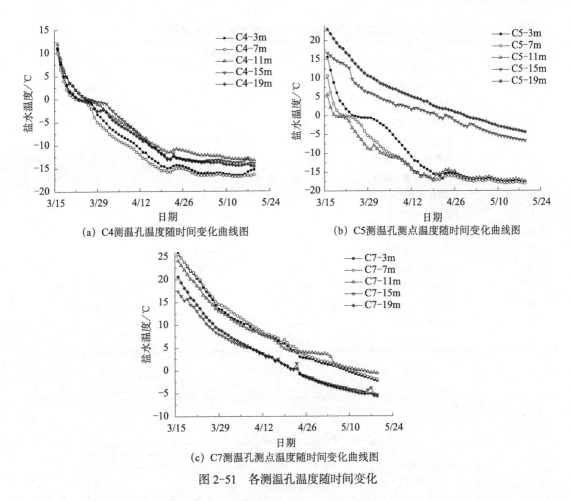

(a) C4测温孔温度随时间变化曲线图　　　　(b) C5测温孔测点温度随时间变化曲线图

(c) C7测温孔测点温度随时间变化曲线图

图 2-51　各测温孔温度随时间变化

　　PVC 免拔管冻结冻结壁发展速度较为理想，冻结 15 日时，地墙和土层交界面位置降为 0℃，C6 测温孔在冻结 25 日时，各测点的温度均降至 -10℃以下，C7 测温孔位于外排冻结管外侧 300mm，冻结 40 日时各测点的温度均降至 -10℃以下。因此，冻结壁厚度达到了 1.9m 的设计要求。PVC 管盐水冻结，浅部和深部测点温度较接近，冻结壁发展均匀。

2. 水平免拔管冻结

　　上海市轨道交通 17 号线西段盾构工作井—淀山湖大道站—漕盈路站区间采用盾构法施工，盾构将在淀山湖大道站西端头井下行线完成进洞，在淀山湖大道站其他 3 个洞门完成出洞。洞门圈直径 ϕ7.1m，西端头井地面标高约为 +4.73m，中心标高为 -9.458m；东端头井地面标高约为 +4.15m，洞口中心标高为 -8.308m。盾构出洞影响范围内土层主要为：③黏土、⑥1-1 黏土、⑥1-2 粉质黏土、⑥3 粉质黏土、⑥3t 黏质粉土，其中⑥3t 黏质粉土为承压水层。

　　盾构进（出）洞垂直加固冻结孔布置图及冻结孔、测温孔相应参数见图 2-52 及表 2-10。

表 2-10　盾构进（出）洞水平冻结加固冻结主要参数表

序号	参数名称	单位	数值	备注
1	单根冻结管长度	m	6.4（5.4）/3.3	括号里为出洞
2	冻结壁设计有效厚度	m	5（4）/2.5	括号里为出洞
3	冻结壁设计平均温度	℃	<-8	
4	冻结壁交圈时间	天	25～30	
5	积极冻结时间	天	40～45	
6	外圈冻结孔个数/深度	个/m	31/5.4	
7	内圈冻结孔个数/深度	个/m	32/2.3	
8	测温孔个数	个/m	10	
9	冻结孔开孔间距	m	0.7～1.17	
10	冻结孔最大偏斜值	mm	≤150	
11	设计最低盐水温度	℃	-30～-28	
12	单孔盐水流量	m³	5～8	
13	外圈冻结管规格	mm	ϕ89	低碳无缝钢管
14	内圈冻结管规格	mm	ϕ90	PVC 管
15	PVC测温管规格	mm	ϕ50	
16	工况需冷量	MJ	172.0	

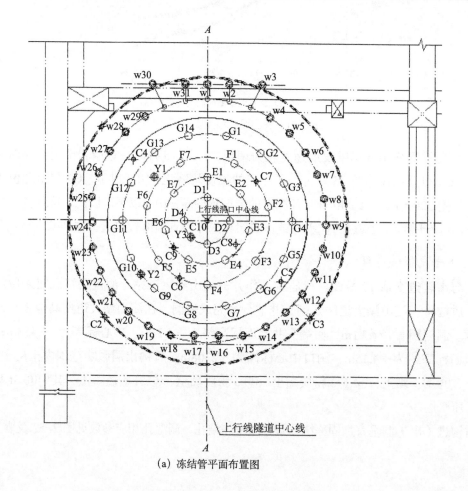

（a）冻结管平面布置图

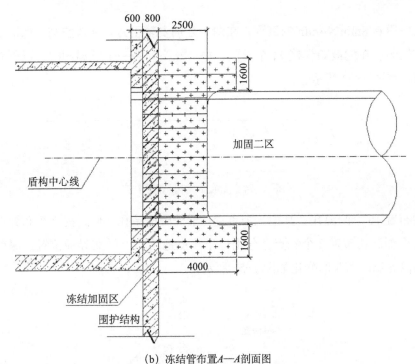

（b）冻结管布置A—A剖面图

图 2-52　冻结孔布置图（单位为 mm）

2015 年 12 月 15 日开始钻孔施工，到 2015 年 12 月 30 日钻孔施工结束。共计施工水平冻结孔 63 个（其中盾构推进区域内 32 冻结孔，推进区域外 31 个冻结管），测温孔 10 个（其中盾构推进区域内 7 个，推进区域外 3 个）。2016 年 2 月 1 日开始积极冻结，到 2016 年 2 月 6 日（历时 6 日）盐水温度达到 -25℃（低于设计 -18℃），至 3 月 15 日积极冻结 44 天。盐水总去路温度 -29℃，总回路温度 -28℃，去回路盐水温差小于 2℃。盾构推进区域内垂直冻结管使用 ϕ90mm 的 PVC 塑料管，冻结管外管箍黏接。盾构推进区域外垂直冻结管使用 ϕ89mm 的低碳无缝钢管。露出冻结地面的冻结管使用保温材料保温。每 8 个冻结管连成一个冻结组，每一组由 1 根供液不锈钢软管供液，冻结管之间用胶皮管连接。63 根水平冻结管共分成 8 组，每一组的进路和出路采用间隔分布，保证冻结帷幕均匀，如图 2-53 所示。

图 2-53　管路连接图

配液圈使用 φ48mm×4mm 的钢管，在两头分别安装压力表和放空阀，保证每一循环支路流量稳定均匀。在配液圈焊接 11 个丝头，每一丝头安装一个低温阀门，以便对每一组冷量进行调节，如图 2-54 所示。

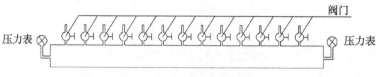

图 2-54　配液圈结构示意图

施工共布置 10 个测温孔。其中 3 个布置在最外圈冻结孔外侧，另 7 个布置在内圈冻结孔之间。每个测温孔布置 2 个测点，分别位于浅点地墙和土层交界面位置，深点测温孔端部。部分测温孔温度随时间变化如图 2-55 所示。

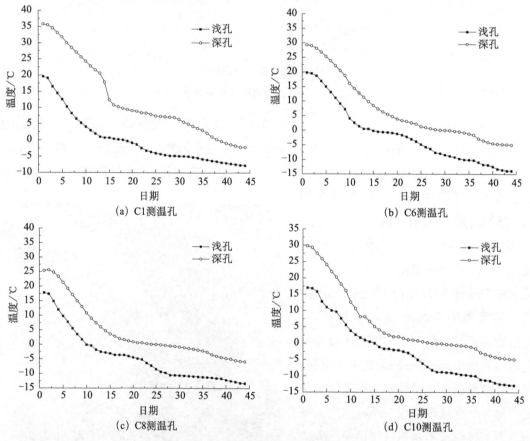

图 2-55　测温孔温度随时间变化曲线图

从上面各图可看出 PVC 管免拔管冻结壁发展速度较为理想，冻结 15 天时，地墙和土层交界面位置降为 0℃，C6 测温孔在冻结 25 天时，各测点的温度均降至 -10℃ 以下，C7 测温孔位于外排冻结管外侧 300mm，冻结 40 天时各测点的温度均降至 -10℃ 以下。因此，冻结壁厚度达到了 1.9m 的设计要求。PVC 管盐水冻结，浅部和深部测点温度较接近，冻结壁发展均匀。实践表明，整个冻结过程未出现盐水渗漏现象，满足工程的需求。PVC 冻结管打压和盐水水位监测见图 2-56。

图 2-56　冻结管打压测试和盐水水位监测

冻结壁满足设计要求，盾构机推进切削土体时，PVC 冻结管和形成的冻结壁一起被盾构刀盘切削进入土仓，通过螺旋机出土，随盾构出土一起排出，如图 2-57 所示。由于 PVC 冻结管强度较低，经现场观察，经过刀盘和螺旋机的双重破坏，其破碎效果可以满足盾构出土的要求，不会对盾构的施工造成影响。

图 2-57　PVC 冻结管碎片伴着泥土运出

从冻结管破碎效果看，盾构推进可以将 PVC 冻结管破碎的尺寸控制在 100mm 左右，容易直接被螺旋推进出土，不会影响盾构的推进和螺旋机的出土施工。冻结设计时，根据 PVC 管导热特性采用合理的孔间距布置，可以保证冻结 40~45 天时冻结壁满足设计要求，应用实例表明，PVC 管的低温下的渗漏性、可切割性和导热性可满足盾构进出洞冻结工程的要求。

（本章主要执笔人：李方政，韩圣铭，韩玉福，陈红蕾，崔兵兵，张基伟，付财）

第 *3* 章

地层冻结监测技术

地层冻结监测技术在冻结技术中占有非常重要的位置。它所监测的数据主要有冻结壁温度、冻结器进回水温度与盐水流量、制冷过程中氨气的蒸发压力（温度）与冷凝压力（温度）等几十种参数。本章介绍了建井分院在地层冻结监测技术研究方面所取得成果与应用。

3.1 冻结纵向测温

冻结纵向测温技术是在冻结井筒事故处理中使用的一种监测技术，它主要包含冻结器纵向测温与水文孔纵向测温技术。它依据传统的传热学理论结合地层的地质条件通过对现场获得的纵向测温数据进行整理、分析，判定冻结器附近一定范围内的冻结壁冻结状态，从而推断出整个冻结壁的冻结状态，是目前唯一可以对冻结壁进行全面检查的监测方法，是传统冻结壁状态监测方法的有效补充。

3.1.1 基础理论

通过温度观测孔和水文观测孔监测冻结壁发展的技术已经相当成熟，现行的《煤矿井巷工程施工规范》规定冻结井的测温孔数量一般不应少于 3 个，水文孔一般设置 1～2 个报道不同层位含水层冻结壁交圈情况，其优点是施工简单、快捷，是目前所有冻结施工单位采用的常规监测方式（图 3-1）。从图中可看出：测温孔主要用来监测（预测的）冻结壁最薄弱部位的发展速度，水文孔监测冻结壁的交圈情况与冻结壁的强度，可以保证冻结壁交圈后的质量安全。正常情况下这种设置没有问题，但当地下水出现未知的纵向或横向流动，或在处理事故井等极端情况（如无法布置水文孔等）下，这种布置的弱点就暴露出来了。因为按传统监测方法，无法知道整个冻结壁是否正常，没有局部薄弱环节，而冻结器纵向测温恰恰可以了解整个冻结壁的冻结状态。

冻结器纵向测温技术的理论基础是它以全方位的视角对冻结壁内所有冻结器的工作状态进行检查、验证，而不像测温孔是以点代面对冻结壁冻结状态进行描述。这样就保证了纵向测温技术判断冻结壁冻结状态的唯一性。它的理论基础是传热学与地质学等学科。

图 3-1 显示我国西部某煤矿井筒采用单圈孔冻结，测温孔和水文孔的布置数量和方位

均符合规范与施工要求，但通过纵向测温显示该冻结壁在某深度的地层中由于水流过大而存在两个未闭合部位（图 3-2），且形成地下导水通道，最终通过纵向测温判定了未闭合部位的方位、大小及数量并进行针对性处理措施，从而保证井筒顺利掘进。

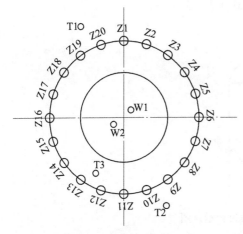 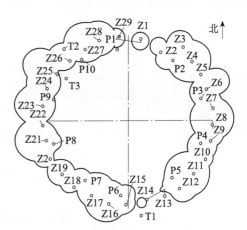

图 3-1　测温孔、水文孔与冻结孔的相对位置　　　　图 3-2　冻结壁未闭合示意图
T1，T2.测温孔；W1，W2.水文孔；Z.冻结孔

　　纵向测温以传热学为基础，根据冻结器内实测盐水温度结合不同地层的热物理特性参数计算得出冻结管外不同距离处地层温度，从而判定冻结壁交圈情况。

　　传热学是研究热量传递规律的一门科学，凡有温度差，就有热量自发的从高温物体传到低温物体，传热的基本方式包括导热、对流换热和热辐射三种。

　　（1）导热是指温度不同的物体各部分或温度不同的两物体之间直接接触而发生的热传递现象，其计算依据为傅里叶定律。根据导热物体形状的不同，导热可分为平壁导热（单层平壁、复合平壁）、圆筒壁导热（单层圆筒壁、多层圆筒壁）、肋壁导热及其他形式的接触面导热问题；根据物体温度与时间变化关系，导热问题可以分为稳态导热和非稳态导热。

　　（2）对流换热是指流体与固体壁直接接触时所发生的热量传递过程，其计算依据为牛顿冷却公式。根据流体流动原因，对流换热可分为自然对流和受迫对流；根据流体流动状态，对流换热可分为层流换热和紊流换热；根据流体形态变化，对流换热还存在凝结换热和沸腾换热等相变换热形式等。

　　（3）热辐射是指由于自身温度或热运动的原因而激发产生的电磁波传播，其计算依据为普朗克定律和斯蒂芬 - 玻尔兹曼定律。热辐射并不依赖物体的直接接触而进行热量的传递，同时伴随着能量形式的转化，所有温度大于 0K 的物体都会不断的发射热射线，最终达到相对的动态平衡状态。

　　严格来讲，冻结管内盐水冷量向周围地层的传播过程应为一个包含了非稳态复合圆筒壁导热、紊流受迫对流换热和热辐射的传热过程。但实际冻结工程中关注的是解决问题，因此对一些次要因素、较复杂却影响不大的因素进行适当简化以方便问题的解决。如认为流体温度为冻结管外壁外侧温度，地下水不存在流动，忽略对流换热因素；忽略热辐射；认为流体温度恒定为设计盐水温度，地层物理特性参数不随温度变化而变化等，从而冻结壁传热过程可以简化为一个单层圆筒壁的稳态导热过程。根据能量守恒定律和傅里叶定律，土体的导热过程与柱坐标导热微分方程如图 3-3、式（3-1）所示。

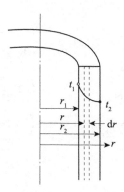

图 3-3 冻土柱内导热过程示意图

$$\rho c \frac{\partial t}{\partial \tau} = \frac{1}{r} \frac{\partial}{\partial r}\left(\lambda r \frac{\partial t}{\partial r}\right) + \frac{1}{r^2} \frac{\partial}{\partial \phi}\left(\lambda \frac{\partial t}{\partial \phi}\right) + \frac{\partial}{\partial z}\left(\lambda \frac{\partial t}{\partial z}\right) + q_v \qquad (3-1)$$

式中，ρ 为密度，g/m^3；c 为比热容，$J/(g \cdot ℃)$；t 为温度，$℃$；τ 为时间，s；r 为半径，m；ϕ 为角度，$(°)$；z 为柱体高度，m；q_v 为柱单元自身发热量，kW/m^3。

对于冻结工程，冻结管长度（即圆柱冻土体）远大于冻结壁厚度，沿轴向的温度变化可以不计，冻土柱壁内温度仅沿坐标发生变化，式（3-1）可以进行简化：

$$\frac{d}{dr}\left(r \frac{dt}{dr}\right) = 0 \qquad (3-2)$$

根据第一类边界条件：

$$r = r_1, \quad t = t_{w1}$$

$$r = r_2, \quad t = t_{w2}$$

通过积分求解，可以得到冻结管外零度线边界半径计算表达式（3-3）：

$$r = r_1 \left(\frac{r_2}{r_1}\right)^{\frac{t_{w1}}{t_{w1} - t_{w2}}} \qquad (3-3)$$

式中，r_1 为冻结管半径，m；r_2 为测温孔到冻结孔中心距离，m；t_{w1} 为纵向测温温度，$℃$；t_{w2} 为测温孔温度，$℃$。

3.1.2 技术原理

冻结器纵向测温技术是主要运用传热学原理，根据不同地层、不同地下水的流动状态等因素影响在冻结器内温度测量所表现出来的不同热学现象，来进行冻结壁的冻结状态的判断，以确定冻结壁是否存在"开窗"。虽然这项技术已有 30 年历史，在处理冻结壁"开窗"事故中起着至关重要的作用，但要靠它准确地判定冻结壁"开窗"大小或是冻结壁厚度还是一件非常困难的事。正常冻结施工时，冻结壁的形成是靠冻结壁中每一个冻结器吸热，将地层降到设计的负温并使之达到设计厚度。但在实际施工时，由于种种原因（如地质条件的不准确、施工中没有按照设计去做或设计不合理等）冻结壁在实际形成的过程中没有按设计完成，而形成了通常所说的"窗口"。而依据目前的常规检测技术，想深入地层内部去观察冻结壁"开窗"的大小与位置几乎不可能。因此，应在冻结器内不同深度测量盐水温度并利用传热学理论与不同地层性质对冻结壁的放热速度进行理论分析与工程类比，分析出正常冻结壁与"开窗"冻结壁间的区别，从而找出冻结壁的"开窗"位置，为事故处理提供准确的信息。

3.1.3 技术手段

冻结法凿井温度监测最早采用热电偶温度计和电阻温度计进行测温，以及利用铜－康铜热电偶或铂电阻实现。该方式由于电缆耗用量大，接线、安装十分复杂，自动测量成本高，目前已经基本淘汰。2001 年建井分院首次在广州地铁隧道冻结工程中引进了"一线总线"技术进行温度测量，取得了良好效果，随后在上海地铁诸多冻结工程及煤矿井筒冻结工程中推广开来，目前已成为纵向测量的主要技术手段，并从最早的单点仪发展到现在多点（乃至一次测量几十个点）测量仪器。

"一线总线"测温技术是美国 DALLAS 半导体公司创立的，即仅用一根信号线在总线管理单元与诸多符合一线总线协议的传感器之间进行信息传递，具有传感器的多重搭接及器件的唯一性特点，实现了一条数据线进行双向数据传输，最大限度地节省了通信线的数量，使检测系统布线、维护更加方便，布线成本更低，可靠性更高。一线总线式监测网络的基本结构如图 3-4 所示。

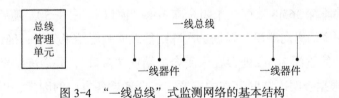

图 3-4 "一线总线"式监测网络的基本结构

3.1.4 适用条件

早在 1986 年，为解决河南焦作位村煤矿副井和开滦东欢坨矿二号井冻结井筒冻结壁长期不交圈的难题，建井分院提出了在冻结器内进行纵向测温判断冻结壁是否交圈的方法获得成功后，但凡遇到无法判断冻结壁冻结状态时都会应用冻结器（或水文观测孔）纵向测温技术对冻结壁的冻结状态进行检测并根据检测数据进行分析判定。因此，目前冻结器纵向测温技术已经成为处理冻结壁不交圈事故的主要检测手段，同时也是检测整个冻结器工作是否正常的唯一手段，它在冻结施工中占有非常重要的地位。

与任何技术一样，冻结器纵向测温作为一种技术并非万能：首先，在进行冻结器纵向测温时，必须要打开冻结盐水循环系统，中断所测量冻结器中盐水的流动，测量完后还要恢复冻结盐水系统，给施工现场操作人员增加很多工程量与不安全的风险因素；其次，冻结器纵向温度测量前需要停止冻结器的工作一段时间（3～6h）以保证测量的可靠性，这样会影响正常施工中的冻结壁质量；最后，冻结器纵向测温是个专业性很强的工作，需要参加人员具有一定的工件经验或需要进行培训。

3.1.5　工程案例

1. 工程背景

新疆塔什店煤矿副井井筒净直径为 6.5m，井筒深度为 687.5m，由于地质资料认为地层没有含水层，井筒原设计用普通法施工。但当井筒施工至 345.8m 深时井底瞬时涌水量达 430m³/h，导致淹井且井底未能浇筑止浆垫。最终改用冻结法施工，设计冻结孔 35 个，深度 492m；温控孔 14 个，深度 346m；测温孔 3 个，深度分别为 492m、492m 和 351m。由于原始地层受过扰动，副井冻结孔施工时 23% 的钻孔发生过泥浆漏失，漏失的地层涵盖几乎井筒穿过的所有地层，说明井筒周围的地层密实性差。副井冻结站于 2015 年 5 月 7 日正式开机运转，积极冻结 89 天后，3 个测温孔数据正常，初步判断冻结壁已按设计交圈，遂采用常规的抽水验证方法对冻结壁交圈判断进行验证。经分批多次排水监测后发现，工作面底板处出现多个细小出水点，加上井壁淋水，总出水量为 5.42m³/h，温度为 17.1℃。由于工作面上增加的水量远远在于理论上的冻胀水量，初步判断冻结壁存在"窗口"。

2. 纵向测温数据及分析

首先，冻结单位对所有冻结器在可疑地层部分进行了纵向测温，发现 Z22 孔～Z23 孔处的冻结壁在井筒垂深 365m 处存在未闭合冻结壁"窗口"（图 3-5）。随后进行了整个井筒所有冻结器所有深度的纵向测温，根据二次冻结器纵向测温结果分析，确认除 Z22 孔～Z23 孔处的冻结壁在井筒垂深 365m 处存在未闭合冻结壁"窗口"，井筒冻结壁的其他部位没有问题（图 3-6）。根据查明冻结壁存在的问题，综合考虑各方面的因素，以安全、可靠、简单、有效、低成本为指导原则，采取了在工作面施工止浆垫、进行工作面下与已成井壁后注浆、重新分配整个冻结井筒冷量（根据理论计算与工程经验，减少正常冻结壁处冻结器的冷量，增大开窗部位冻结器的冷量）、向井筒内灌水至静水位等一系列果断措施，并将止浆垫预留的孔口管与井筒输水管路连接作为观测出水层位地层冻结壁交圈的水文观测孔来判断冻结壁修复情况。

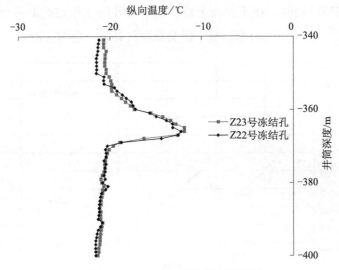

图 3-5　Z22、Z23 号孔纵向测温图

图 3-6　塔什店煤矿副井井筒 365m 处冻结壁交圈图

　　由于冻结期间所有测温孔数据均显示正常（除了冻结底部 492m 岩帽部位为正温外，其余层位各测点温度均处于 -6℃ 以下），而在井筒工作面出水及修复期间，与开窗点距离较近的 T3 测温孔 360m 层位测点温度有回升现象，其余测点均未受到影响，温度持续下降。这也显示了依靠测温孔数据正常与否来判断冻结壁交圈是非常不合理的。T3 测温孔 360m 测点温度从工作而出水后一直在上升，直到 9 月 16 日工作面上止浆垫各阀门关闭以后才开始稳定下降。到 11 月 23 日该测点温度从 0.38℃ 降为 -11.31℃，超过出水前最低温度（8 月 25 日 -8.63℃），表明修复后此处水扰动较小，冻结壁快速修复。T3 测温孔 360m 测点的温

度变化曲线见图 3-7。同时，在工作面上设置的水文孔的水位在此期间也不断上涨，最终涨出井口（图 3-8）。证明了此时冻结壁不但交圈而且具备一定的强度。

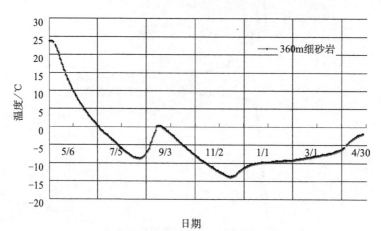

图 3-7 副井 T3 测温孔 360m 测点温度变化曲线图

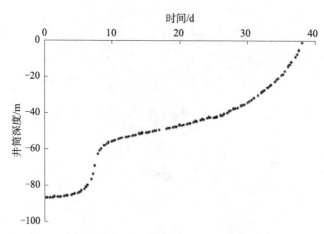

图 3-8 水文孔水位随时间变化规律图

从 2015 年 8 月 22 日到 11 月 15 日井筒冻结壁检查修复期间，冻结单位对冻结孔先后进行了 4 次纵向测温，第一次和第四次的测温结果曲线如图 3-9 和图 3-10 所示。

从图 3-9 中可以看出，Z22 和 Z23 两个测温孔在 366m 深处与同层位的其他冻结孔（以 Z35 为例）相比，温度显出明显差异，比平均水平升高 7～8℃，而且两侧的 Z21 和 Z24 号孔也出现了温度偏高的情况。因此初步判定副井冻结壁存在薄弱环节之处正处于 Z22 和 Z23 号孔之间 365m 深度处，也间接验证了冻结造孔期间该处漏浆量偏大的情况，同时冻结壁不存在其他未闭合部位。

冻结器纵向测温作为冻结法施工中监测手段具有重要意义与地位。目前在冻结器纵向测温是冻结法施工中唯一可以检测冻结壁开窗位置与大小的检测方法，虽然它不是直接检测"窗口"大小，还必须依靠传热学等基础理论进行计算与推理才能得出人们想得到的结果。在目前仍不具备直接检测出冻结壁开"窗口"的技术时，它仍将是人们监测冻结壁开"窗口"的最有效的手段。

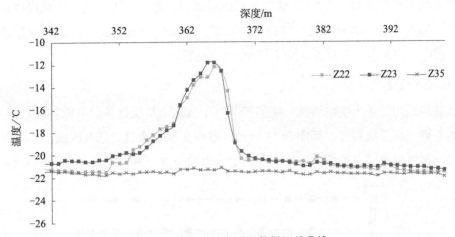

图 3-9　第一次纵向测温数据汇总曲线

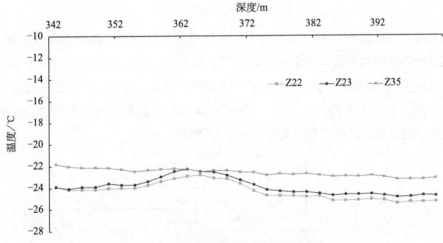

图 3-10　第四次纵向测温数据汇总曲线

3.2　地层冻结一线总线监测

地层冻结一线总线（1-Wire Bus）监测技术是建井分院在 2000 年左右于广州地铁长距离隧道水平冻结工程中首次引入的冻结监测技术。

3.2.1　技术原理

1. 技术原理

一线总线是一种在微处理器与一线总线器件之间的低功耗数据总线。一线总线系统主要由三部分组成，构成一个主从式通讯网络。第一，总线主机或总线管理者，它通过软件程序控制总线通信的进行；第二，用于连接总线网络的连接导线，因其只需一根数据线和一根参考地线，故称其为"一线"，通常用双绞线即可；第三，为服从一线总线协议的一线总线器件，即为从机。随着一线总线技术的发展，已涌现出越来越丰富的一线器件，如一线温度、湿度、CO_2 等，本章节仅限于讨论一线温度传感器。

2. 一线总线适用条件

一线总线适用于单个主机系统，能够控制一个或多个从机设备。主机往往是微控制器，从机即是各种一线总线器件，如图 3-11 所示，数据交换只通过一条数据线。当只有一个从机设备时系统可按单节点系统操作；当有多个从机设备时，则系统按多节点系统操作。

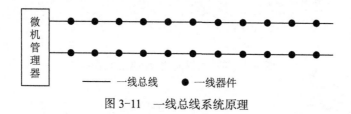

图 3-11　一线总线系统原理

顾名思义，一线总线只有一根数据线，系统中的数据交换、控制都在这根线上完成。一线总线器件的接口均被设计为漏极开路形式，设备（主机或从机）通过一个漏极开路门或三态端口连至该数据总线，因此众多的一线器件可以以"线与"的方式挂接在一线总线上，它们由同一个上拉电阻接至电源（＋5V）。这样允许设备不发送数据时释放总线，以便其他设备使用总线，其内部等效电路如图 3-12 所示。

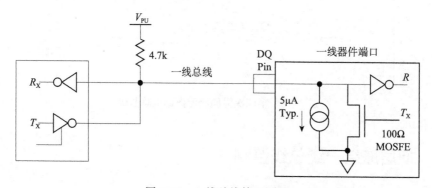

图 3-12　一线总线接口原理

一线总线构建了边沿自定时规则，仅利用一根数据线即实现了数字温度传感器（当然是符合一线总线准则的数字温度传感器）的接口访问。在无外接电源的情况下，这种一线温度传感器可以通过"窃电"的方式保证传感器的工作。实质上只需两根线缆：数据线＋参考地线，便可以保证总线的工作，使总线测温技术简化到极致。

3.2.2 技术内容

1. 一线总线器件 DS18B20

将挂在一线总线上的器件称为一线总线器件，其器件内具有控制、收/发、储存等电路。为了区分不同的一线总线器件，厂家生产一线总线器件时要刻录一个 64 位的二进制 ROM 代码，标志着一线总线器件的 ID 号。目前，一线总线器件的主要有数字温度传感器（如 DS18B20），A/D 转换器（如 DS2450），门禁身份识别器（如 DS1990A），一线总线控制器（如 DSIWM）等。

DS18B20 是美国 DALLS 公司继 DS1820 之后推出的增强型一线总线数字温度传感器。它在测温精度、转换时间、传输距离、分辨率等方面较 DS1820 有了很大的改进，给用户带来更方便的使用和更令人满意的效果。

DS18B20 的性能特点如下：①可用数据线供电，电压范围为 3.0～5.5V。②测温范围为 −55～＋125℃，在 −10～＋85℃时精度为 ±0.5℃。③可编程的分辨率为 9～12 位，对应的可分辨温度分别为 0.5℃、0.25℃、0.125℃ 和 0.0625℃。④ 12 位分辨率时最多在 750ms 内把温度值转换为数字。⑤负压特性为电源极性接反时，温度计不会因发热而烧毁，但不能正常工作。DS18B20 的温度测量原理如下：DS1820 测量温度时使用特有的温度测量技术，其测量电路框图如图 3-13 所示。内部计数器对一个受温度影响的振荡器的脉冲计数，低温时振荡器的脉冲可以通过门电路，而当到达某一设置高温时，振荡器的脉冲无法通过门电路。计数器设置为 −55℃时的值，如果计数器到达 0 之前，门电路未关闭，则温度寄存器的值将增加，这表示当前温度高于 −55℃。同时，计数器复位在当前温度值上，电路对振荡器的温度系数进行补偿，计数器重新开始计数直到回零。如果门电路仍然未关闭，则重复以上过程。温度表示值为 9～12bit，高位为符号位。

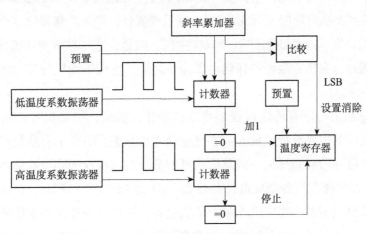

图 3-13　DS18B20 的测温原理

2. 一线总线基本通信协议

所有的一线总线器件要求采用严格的通信协议，以保证数据的完整性。该协议定义了几种信号类型：复位脉冲、应答脉冲、写0、写1、读0和读1。所有这些信号，除了应答脉冲以外，均由主机发出同步信号。并且发送所有的命令和数据都是字节的低位在前，这一点与多数串行通信格式不同（多数为字节的高位在前）。

复位与应答脉冲（reset and presence pulses）：一线总线上的所有通信都是以初始化序列开始，包括主机发出的复位脉冲及从机的应答脉冲，如图3-14所示。当从机发出响应主机的应答脉冲时，即向主机表明它处于总线上，且工作准备就绪。在主机初始化过程，主机通过拉低一线总线至少480ms，以产生复位脉冲（Tx）。接着，主机释放总线，并进入接收模式（Rx）。当总线被释放后，5k上拉电阻将一线总线拉高。在一线总线器件检测到上升沿后，延时15~60ms，接着通过拉低总线60~240μs，以产生应答脉冲。

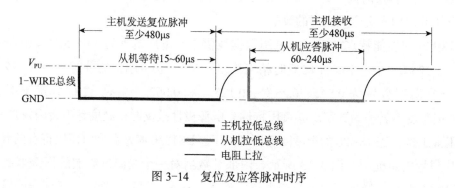

图3-14　复位及应答脉冲时序

3. 一线总线命令

一线总线的基本实现了一线总线的位操作有一线器件存在与否的判断。而对一线器件的功能操作则是建立在基本信令基础上的总线ROM命令与功能命令。典型的一线总线命令序列如下：第一步：初始化；第二步：ROM命令（跟随需要交换的数据）；第三步：功能命令（跟随需要交换的数据）。每次访问一线总线器件，必须严格遵守这个命令序列，如果出现序列混乱，则一线总线器件不会响应主机。但是，这个准则对于搜索ROM命令和报警搜索命令例外，在执行两者中任何一条命令之后，主机不能执行其后的功能命令，必须返回至第一步。

基于一线总线上的所有传输过程都是以初始化开始的，初始化过程由主机发出的复位脉冲和从机响应的应答脉冲组成。应答脉冲使主机知道，总线上有从机设备，且准备就绪。复位和应答脉冲的时间详见一线总线信号部分。在主机检测到应答脉冲后，就可以发出ROM命令。这些命令与各个从机设备的唯一64位ROM代码相关，允许主机在一线总线上连接多个从机设备时，指定操作某个从机设备。这些命令还允许主机能够检测到总线上有多少个从机设备以及其设备类型，或者有没有设备处于报警状态。从机设备可能支持5种ROM命令（实际情况与具体型号有关），每种命令长度为8位。主机在发出功能命令之前，必须送出合适的ROM命令。

4. 一线总线驱动分析

一线总线通信总是起始于主机驱动将一线总线由逻辑 1 拉至逻辑 0，这个 1 至 0 的转换是所有一线总线通信的同步边沿。适当情况下，一线器件将持有这一 0 信号，在主机与从机释放一线总线后，上拉电阻将把一线总线恢复至电源电压。在用于识别总线器件的 ROM 搜索命令中，一线通信中最为关键的是读时隙，特别是在读 1 时。

按一般情况考虑，假设在一线总线上任意分布着若干个一线器件。由于位置的不同，由主动者产生的下降沿到达每个一线器件的时间会有细微的差别，而每个一线器件对主动者的响应在时间上也是分散的。由于通信信号需要在电缆的整个长度上传输一个来回，一线总线的长度必须小于一个数据位槽时间间隔的一半对应的电气距离，超出这一范围的器件将不会被主动者识别。

5. 测温模块的原理结构

根据监测模块预实现的功能，监测模块的原理框图设计如图 3-15 所示。

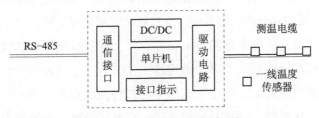

图 3-15　监测模块的原理框图

监测模块为一个以单片机为核心的电子装置。在单片机的监控下，通过驱动电路实现对一线总线负载的监测，通过通信接口电路将监测模块接至 RS485 标准的通信网络，监测模块本身还设有模式开关、运行指示灯等，以便于设置、指示监测模块的运行状态。

3.2.3　工程案例

1. 核桃峪煤矿副井、张集矿副井冻结工程

在冻结工程监测中，一线总线式监测模块主要用于冻结井筒测温孔各土层温度的监测以及众多冻结器回水温度的监测。对于超过 200m 深的冻结井筒测温孔，常规的一线总线式监测模块已难以可靠、稳定地工作。为此，建井分院经过长期研究、不断实验，研制成功了增强型一线总线测温模块，虽然使用方法与常规的一线总线式监测模块完全一样。但是在模块内部对软件及电路进行大量改造，使得 18B20 的测温距离可达 1000m 以上（图 3-16），此举彻底解决了目前以及以后国内所面临的千米冻结深井监测的难题。即使是在短距离的监测应用中，增强型一线总线测温模块也体现出其超强驱动的优越性能。在工程实践中，在点数不致超过设定容量的情况下，可以承受多个测温电缆的并联连接，简化了系统的模块配置。

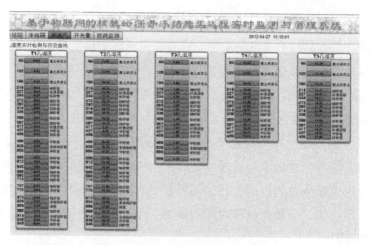

图 3-16 近千米深孔测温监测截屏图

对于冻结器回水温度的监测，虽然制成的测温电缆长度有限，但搭接在总线电缆上的测温点分支线是个困难，国内其他厂家的模块只能保证短于 200mm 的分支线，这给电缆的安装、布置带来困难，经实际应用，增强型一线总线测温模块可支持长达 15000mm 的分支。

经过甘肃核桃峪副井、山东张集煤矿副井等多个深井冻结工程的实践检验，建井院所研制的增强型测温模块能够长期可靠、稳定地工作，为上位机监控软件生成的监控画面提供了持续、生动、实时的数据，依此生成的历史趋势曲线形象、直观、生动地显现了冻结过程中井壁温度的变化规律，对指导冻结施工、预测冻结壁发展形成及计算冻结壁强度起到了至关重要的作用。

2. 冻结监测系统的构成

一线总线冻结监测系统及其构建分别如图 3-17 和图 3-18 所示。

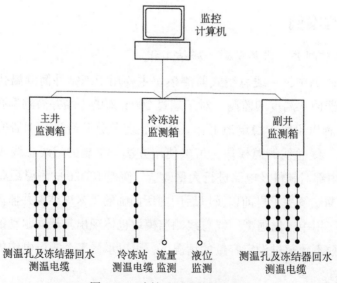

图 3-17 冻结监测系统示意图

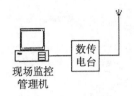

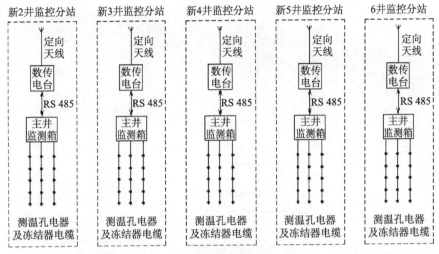

图 3-18　地层冻结监测系统的构建

3. 系统监测内容

随着矿井建设形势的发展，多圈冻结将普遍应用，地层冻结监测内容大幅增加。监测系统仍是温度场为主，但已包含了除温度以外更广泛的内容，如压力、流量、运行状况等。由此可见，深井冻结对地层冻结监测系统提出了更高的要求，这从另一方面也凸现了冻结监测系统的难度与必要性。冻结监测系统的核心内容是冻结温度场与冻结站的工作状况。

测温孔内纵向地层的温度监测是：判断地层冻结现状、发展速度、冻结壁强度的主要依据，也是地层冻结监测中的核心内容。由于冻结深度的增加，所需监测的地层也相应增加，每个测温孔的监测容量会达到 50 点以上。冻结器回水的温度监测通过比较各冻结器的进、回水温度，从而推断具体冻结器周边的地层冻结状态。多圈冻结的实施，使回水测温点的数量成倍增长。盐水干管的温度监测用于判断整个冻结系统的制冷与冷量消耗情况。冷凝器的温度监测用于判断冷冻机的工作状况与制冷效率。在冻结监测中，除了大量的温度信号外，还有一些其他模拟信号。盐水干管流量，包括进水与回水流量，用于判断整个冻结系统的制冷与冷量消耗、盐水消耗情况，通常采用电磁流量计测量，流量计输出 4~20mA 的模拟信号。盐水干管压力用于监测盐水回路的工作状况，异常时报警，通常采用二线制的压力传感器，输出 4~20mA 的模拟信号。冷冻机的运行状态监测冷冻机的运行与否，它利用冷冻机控制柜上的主接触器的辅助触点引出运行状态信号（图 3-19）。

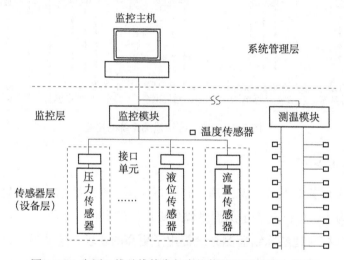

图 3-19 应用一线总线技术与常规信号监测的混合形式

4. 非数字信号处理及系统合成

对于地层冻结监测中少量的流量、压力等模拟信号以及表征设备运行状态的开关信号，通过这种监测模块，可将其纳入到一线总线网络中。从而保证了整个系统的一致性，并使系统的构成得以简化，保持了一线总线监测方式的优越性。

上位机与下属的众多监测模块按照主从结构构成了一线总结监测网络，地层冻结监测信息的观察与管理通过上位机实现（图 3-19）。现场实践中，上位机的安装位置与监测终端间的空间距离或近或远，因此主从之间的通信联系也相应采用有线或无线的方式，而所开发的监测模块与上位机软件能够适应不同方式的通讯。

新型地层监测系统已经在甘肃核桃峪、山东赵官煤矿、张集矿井冻结井筒、上海市政旁通道等多个项目上应用，从应用效果来看，测试系统能基本满足施工要求。图 3-16、图 3-20 和图 3-21 为在使用过程中的截屏图。

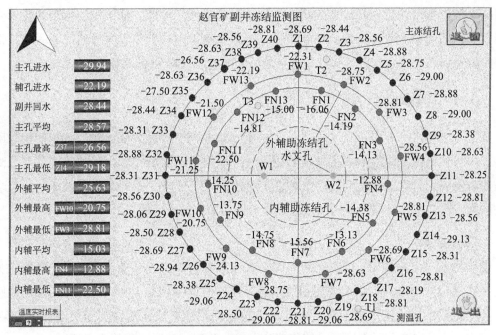

图 3-20　冻结器回水的截屏图

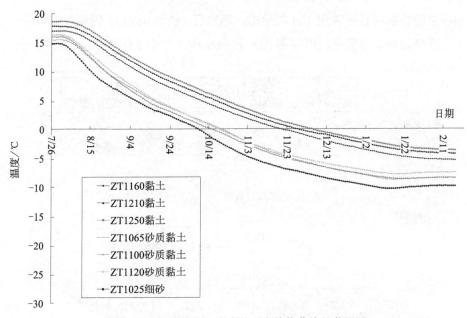

图 3-21　监测数据所形成的历史趋势曲线的截屏图

3.3　地层冻结物联网

新建煤矿选址一般都会避开城市与人口聚集区，虽然这有利于减小采矿给人类带来的不利影响，但给施工中信息传递带来很大麻烦，特别是给总部管理带来诸多不便。因此，人们一直梦想着可以坐在办公室实时监测到现场施工技术参数。地层冻结物联网技术就是将最新的物联网技术应用到地层冻结中去，将冻结施工中的参数实时地通过互联网从偏远的煤矿传播到需要的地方，只要管理人员能够上网就可以看到施工中的实时参数。

3.3.1　基础理论、技术原理

数据监测技术一直是冻结法施工技术的重要组成部分。随着 20 世纪 90 年初物联网概念的提出，将地层冻结技术中的监测数据通过互联网进行实时传输以提高管理效率、降低管理成本便成为工程技术人员的一个梦想。经过 20 多年的努力，地层冻结技术中施工参数的物联网传输技术已经取得了初步成果，有力推动了冻结技术的发展。

1. 基础理论

物联网（internet of things）是新一代信息技术的重要组成部分。国际电信联盟认为物联网是实现物到物、人到物（人使用传感器等器件与物体相连）和人到人（人使用传感系统而不是电脑实现人与人的互连）的互联。物联网用途广泛，遍及智能交通、环境保护、政府工作、公共安全、平安家居、智能消防、工业监测、环境监测等多个领域。

1）地层冻结物联网体系结构

地层冻结的物联网系统采用了 3 层架构：感知层（感知识别）、网络层（传输互联）和应用层（计算机处理）与富互联网应用 RIA 的 Flex 网络技术（图 3-22）。

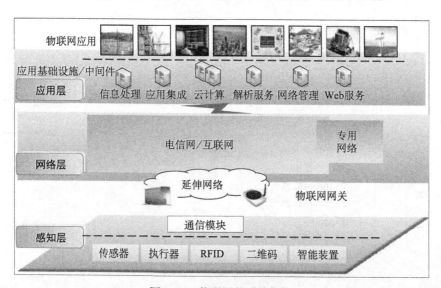

图 3-22　物联网的系统架构

感知层是解决地层冻结中的物理量获取问题。感知层位于三层架构的最底层，是物联网发展和应用的基础，是物联网感知的核心能力。

感知层一般包括两个部分，分别为数据采集和数据短距离传输，数据采集指的是通过传感器、摄像头等设备采集外部物理世界的信息；数据短距离传输指的是通过 ZigBee 等短距离有线或无线传输技术传递数据到网关设备。

网络层是在现有网络的基础上建立起来的，它与目前主流的移动通信网、国际互联网、企业内部网、各类专网等网络一样，主要承担着数据传输的功能。从传输的途径来看，网络层主要是以利用现有的通信网络和互联网为主，对于特定的对象也可以进行专门的局域型网络的建设。在物联网中，要求网络层能够把感知层感知到的数据无障碍、高可靠性、高安全性地进行传送，它解决的是感知层所获得的数据在一定范围内，尤其是远距离地传输问题。同时，物联网网络层将承担比现有网络更大的数据量和面临更高的服务质量要求，所以现有网络尚不能满足物联网的需求，这就意味着物联网需要对现有网络进行融合和扩展，利用新技术以实现更加广泛和高效的互联功能。

应用层是要把感知和传输过来的信息得到充分的应用，物联网发展的驱动和目的就是应用。应用层的主要功能可以概括为分析和处理感知和传输过来的信息，通过分析和处理信息作出正确的决策和控制，实现管理、应用和服务的智能化。这一层解决的是信息处理和人机界面的问题。

为此，针对冻结施工实时监测的应用，研究出一种合理、有效的物联网架构，用于施工现场内网中的嵌入式监测系统将实时监测的各种工业数据，通过内网和 Internet 网上传至云中作为数据中心的物联网中间服务器，进行接收解析并存入数据库，供 Web 应用服务器使用，其详细的架构如图 3-23 所示。

2）物联网的关键技术

物联网涉及的新技术很多，其中的关键技术主要有 RFID（射频识别）标签技术、传感器技术、网络通信技术和嵌入式系统技术等：① RFID 标签技术是融合了无线射频技术和嵌入式技术为一体的综合技术，RFID 在自动识别、物品物流管理有着广阔的应用前景。②传感器技术是计算机应用中的关键技术。众所周知，到目前为止绝大部分计算机处理的都是数字信号。自从有计算机以来就需要传感器把模拟信号转换成数字信号计算机才能处理。作为摄取信息的关键器件，传感器是现代信息系统和各种装备不可缺少的信息采集手段。③传感器的网络通信技术分为两类：近距离通信技术和广域网络通信技术。在广域网路通信方面，互联网、2G/3G 移动通信、卫星通信技术等实现了信息的远程传输，特别是以 IPv6 为核心的下一代互联网的发展，将为每个传感器分配 IP 地址创造可能，也为物联网的发展创造了良好的网络基础条件。④嵌入式系统技术是综合了计算机软硬件、传感器技术、集成电路技术、电子应用技术为一体的复杂技术。经过几十年的演变，以嵌入式系统为特征的智能终端产品随处可见；小到人们身边的 MP3，大到航天航空的卫星系统。嵌入式系统正在改变着人们的生活，推动着工业生产以及国防工业的发展。如果把物联网用人体做一个简单比喻，传感器相当于人的眼睛、鼻子、皮肤等感官，网络就是神经系统用来传递信息，嵌入式系统则是人的大脑，在接收到信息后要进行分类处理。这个例子形象

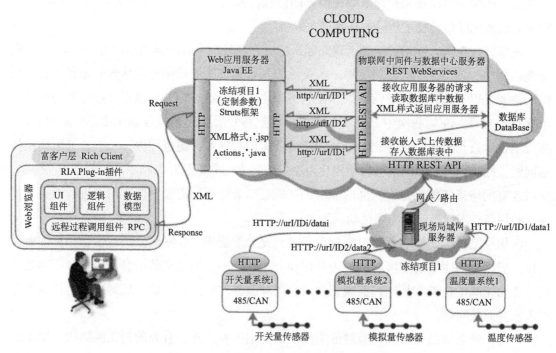

图 3-23　冻结技术实时监测系统物联网架构

地描述了传感器、嵌入式系统在物联网中的位置与作用。

2. 技术原理

将物联网技术应用于冻结法施工，其原理是利用"智能驱动—总线"通信方式连接各数字温度传感器 18B20，再由移植了 TCP/IP 通信协议的嵌入式系统通过该"智能驱动—总线"分别读取其上挂接的所有 18B20 的温度值（对于现场的模拟量和开关量，也采用类似的方式进行读取），再按照一定的格式和顺序建立相应的数据包，并通过嵌入式系统内建的 TCP/IP 协议和施工现场的局域网上传至位于云中的"物联网中间件"服务器，并将接收的数据进行解析并存入相应的数据库，作为现场实时物理参数的数据服务中心；另一方面，下载于应用服务器而运行于客户端浏览器的富互联网应用程序，不断定时请求应用服务器中的 Web 应用程序查询"物联网中间件"服务器中的数据库的记录，如果发现有新数据到库就读取出并以 XML 的格式回送至客户端进行数据更新和用户界面的刷新，并可显示、管理和打印相应的统计数据报表，从而最终通过 Internet 对冻结施工进行远程实时监测与管理。

3.3.2　技术内容

地层冻结技术中的物联网技术主要通过硬件系统、软件系统、数据库与互联网实现。

1. 冻结硬件系统

硬件系统主要实现冻结法施工过程中各种参数的实时监测与控制，主要检测如下重要工况参数。

1）温度场信号

地层冻结监测主要针对冻结温度场与冻结站的工作状况监测，是冻结监测系统的核心内容。具体采用所提出的"智能驱动—总线"通信方式研发的温度模块，检测"一总线"上连接各数字温度传感器 18B20 的温度。

2）测温孔内纵向地层的温度

测温孔内纵向地层的温度是用于判断地层冻结现状、发展速度、冻结壁强度的主要依据，也是地层冻结监测中的核心内容。由于冻结深度的增加，所需监测的地层也相应增加，每个测温孔的监测容量会达到 50 点以上。

3）冻结器回水的温度

通过比较各冻结器的进、回水温度，可推断具体冻结器周边的地层冻结状态。多圈冻结的实施，使回水测温点的数量成倍增长。

4）盐水干管的温度

盐水干管的温度用于判断整个冻结系统的制冷与冷量消耗情况。

5）冷凝器的温度

冷凝器的温度用于判断冷冻机的工作状况与制冷效率。

6）其他模拟信号

在冻结监测中，除了大量的温度信号外，还有一些其他模拟信号：①盐水干管流量，包括进水与回水流量，用于判断整个冻结系统的制冷与冷量消耗、盐水消耗情况，通常采用电磁流量计测量，流量计输出 4~20mA 的模拟信号；②盐水干管压力，用于测盐水回路的工作状况，异常时报警，通常采用二线制的压力传感器，输出 4~20mA 的模拟信号；③开关信号，主要包括高低压冷冻机的运行状态，用于监测冷冻机的运行与否，它利用冷冻机控制柜上的主接触器的辅助触点引出运行状态信号。

2. 冻结软件系统

为满足深井冻结施工综合监测系统及信息化施工的需要，在客户端采用了富互联网 Flex 技术开发人－机用户界面；在服务器端，分别采用 Struts、Spring 和 Hibernate 框架实现业务逻辑、数据处理和数据的持久化。深井冻结施工综合监测系统所具有的功能如图 3-24 所示，其具体的含义解释如下：①登录：通过在 Internet 网上的网站访问"冻结井施工监测系统"，需要首先输入用户名和密码，以屏蔽不合法用户；②冻结站温度监测：实时监测与刷新冻结站的温度及其数据统计表和历史曲线；③测温孔温度监测：实时监测与刷新测温孔的温度及其数据统计表和历史曲线；④盐水箱温度监测：实时监测与刷新盐水箱的温度及其数据统计表和历史曲线；⑤盐水干管温度监测：实时监测与刷新盐水干管的温度及其数据统计表和历史曲线；⑥冻结器回水温度监测：实时监测与刷新冻结器回水的温度及其数据统计表和历史曲线；⑦冷凝器温度监测：实时监测与刷新冷凝器的温度及其数据统计表和历史曲线；⑧任意时间点和任意传感器的温度；⑨开关量监测：实时监测与显示重要设备的运行状态；⑩模拟量监测：实时监测与显示其他非温度物理量，如流量和压力及其数据统计表和历史曲线；⑪数据统计与管理：能统计每隔任意天数的、同一时间点的各传感器的数值，并以数据表格和曲线的方式进行展示，还能够以 Excel 电子表格的方式进行远程下载。

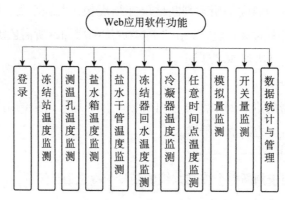

图 3-24　深井冻结施工 Web 应用软件的功能模块

3. 冻结监测系统海量实时数据 Web 传送

由于冻结施工现场产生海量的实时数据，需要将其传送至异地的数据中心，这涉及现场海量数据的获取、检索功能；现场对海量实时数据读取和传送；异地数据中心（服务端）接收储存数据；管理员访问数据中的监测实施数据的传输。系统功能框架图如图 3-25 所示。

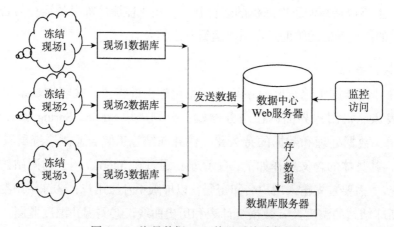

图 3-25　海量数据 Web 传送系统功能框架

3.3.3　工程案例

目前，该技术已经成功应用于千米冻结深井核桃峪副井冻结工程与新疆伊犁副井冻结等工程。核桃峪副井冻结工程现场有互联网接入，实现了冻结施工的远程监测与管理。

为解决世界上最深的冻结工程——核桃峪副井冻结工程中的技术难题与提高冻结施工信息管理技术水平，在该工程中开展了近千米深冻结一线总线测温技术与地层冻结物联网技术研究，成功开发出"基于物联网与富互联网技术的深井冻结施工远程实时监测与管理系统"的软硬件系统，实现了在有互联网的地方可以实时看到冻结现场所有的监测参数与分析报表，在应用中不断进行改进与优化。

1. 应用工程

1）核桃峪副井冻结工程

图 3-26 和图 3-27 为核桃峪副井冻结施工远程实时监测与管理系统软件通过 Internet 访问时运行的截图。

图 3-28 和图 3-29 为核桃峪矿冻结站内设备与干管上的温度实时监测数据。

图 3-30 为核桃峪矿副井所有冻结器回水温度实时监测数据，图 3-31 为核桃峪矿副井冻结器回水温度实时监测数据与单个冻结器回水温度的历史数据曲线图，图 3-32 为核桃峪矿副井测温孔温度实时监测数据，图 3-33 为核桃峪矿副井单个测温孔实时监测数据与不同层位温度的历史数据曲线图，图 3-34 为核桃峪煤矿副井冻结站内设备运转状态自动监测图。

2）伊犁副井冻结

在核桃峪冻结工程的应用中发现了软、硬件系统存在一些不足，随后在伊利一矿建立的系统中进行了优化。图 3-35 为伊利一矿实时监测的测温孔数据，图 3-36 为冻结站设备与管路的温度数据监测图，图 3-37 为冻结器回水温度及历史数据监测图，图 3-38 为测温

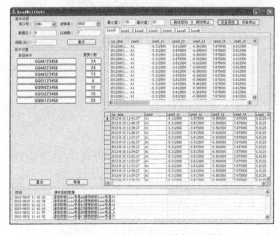

图 3-26　温度实时监测桌面系统

图 3-27　深井冻结施工实时检测与管理系统的 Web 主界面

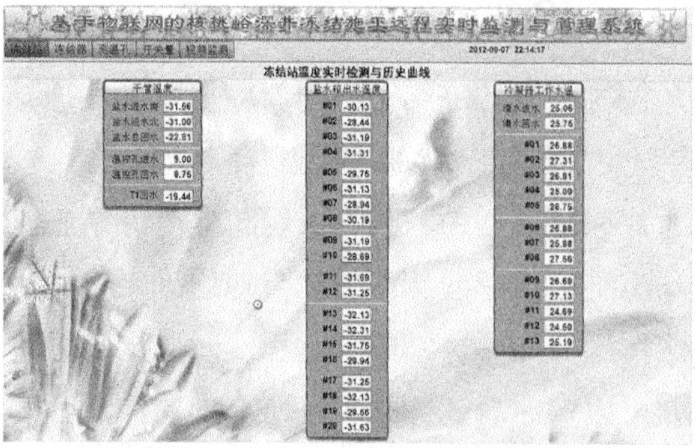

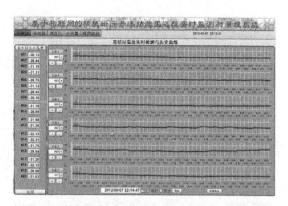

图 3-28 核桃峪矿冻结站温度实时监测

图 3-29 核桃峪矿冻结站温度实时监测与历史曲线

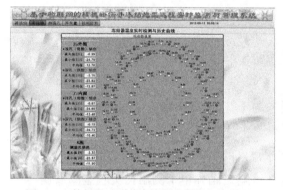

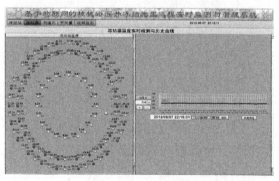

图 3-30 核桃峪矿副井冻结器回水温度实时监测

图 3-31 核桃峪矿副井冻结器回水温度实时监测

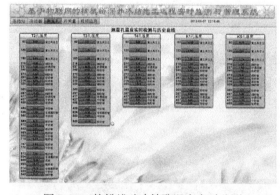

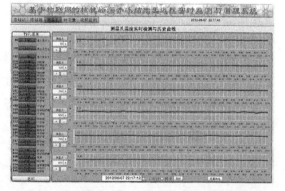

图 3-32 核桃峪矿冻结孔温度实时监测

图 3-33 核桃峪矿冻结孔温度实时监测与历史曲线

孔数据实时监测图，图 3-39 为盐水箱数据实时监测图，图 3-40 为冻结站数据管理的页面。

2. 应用效果

通过将研发的"基于物联网与富互联网深井冻结施工远程实时监测与管理系统"应用于冻结工程实践，表明该系统的硬件部分通过"智能驱动—总线"技术使 18B20 的温度数据传输距离超越了千米大关，较好地实时监测到千米深井冻结壁中各点的温度、其他模拟量和开关量，并将这些数据存储在服务器内进行统一管理。通过 Internet 可以在国内外任何

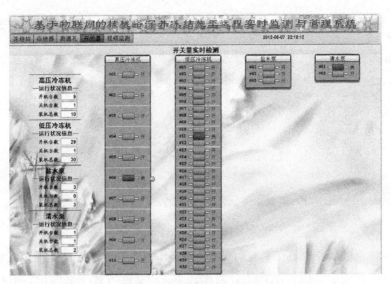

图 3-34 核桃峪矿冻结设备运行状态的实时监测

图 3-35 伊犁一矿冻结孔温度实时监测

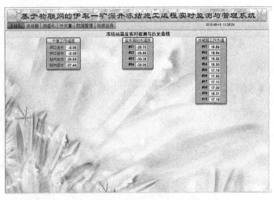

图 3-36 伊犁一矿冻结站温度实时监测

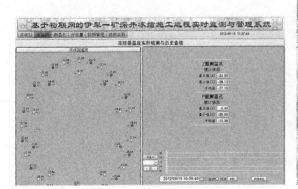

图 3-37 伊犁一矿冻结器温度实时监测与历史曲线

图 3-38 伊犁一矿冻结孔数据统计与管理

地方，任何时间访问"远程实时监测与管理系统"Web 应用网站了解冻结井筒现场的实时或历史工作数据。运行于客户端 Web 浏览器中的富互联网 Flex 软件，能有效地实现友好的

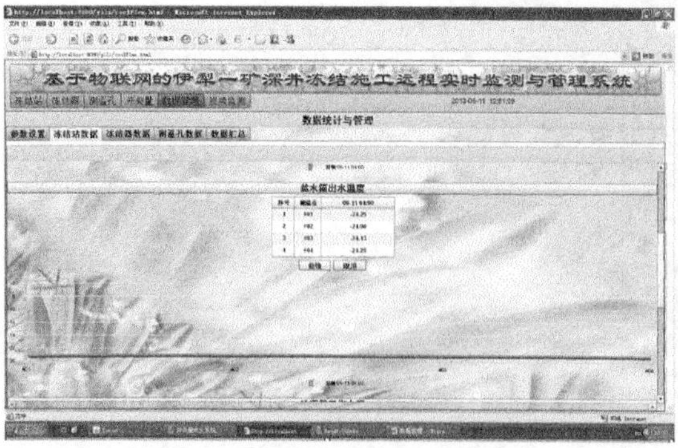

图 3-39　伊犁一矿盐水箱温度

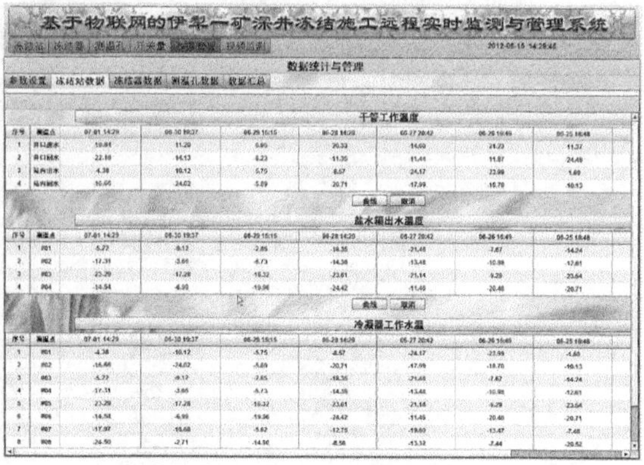

图 3-40　伊犁一矿冻结站数据统计与管理

人机交互，实时获取服务器端的数据，进行实时刷新、图表和曲线可视化显示、对数据进行日、周和月统计报表，以及能将统计数据以 Excel 文件方式下载输出。运行于服务器端的 Web 应用软件，能有效地接收富客户层 Flex 的请求，实现数据"增删查改"和相应的数据处理，并将压缩的数据返回给富客户端 Flex 进行刷新展示。

　　总之，"基于物联网与富互联网的深井冻结施工远程实时监测与管理系统"的软硬件系统，运行较稳定、可靠较高、使用方便、界面友好、交互性强、数据可视化高以及较完备的功能，满足了冻结施工 Internet 远程实时检测和历史数据统计分析的需要，能够有效地指导深井冻结施工的全过程，完成了预期的研究与设计目标。

　　　　　　　（本章主要执笔人：王建平，许舒荣，郭垒，宁方波，王桓，石红伟）

第二篇 注浆技术

注浆技术是矿井建设中治理水害、加固软弱地层、充填采空区的一种重要手段。我国煤炭行业自20世纪50年代初开始研究和应用注浆技术，研发出注浆工艺和专用注浆设备，开发出了适合不同地层条件的有机、无机等多种类型注浆材料，解决了煤矿建设中急需解决的水害治理问题。

我国1952年开始采用井壁注浆，1955年开始应用工作面预注浆，1958年首次在峰峰薛村主副井进行井筒地面预注浆试验取得成功。煤矿注浆刚刚起步时，理论研究少，技术落后，浆液材料以水泥、石膏、膨润土等为主，缺乏专业的注浆设备和仪器，注浆效果不理想。组建专业的研究机构－煤炭科学研究院建井所以后，以生产急需为导向，从机理、材料、工艺、设备等方面开展大量研究，特别是20世纪60年代以丙烯酰胺（MG-646）、水泥－水玻璃（C-S）、水溶性聚氨酯（WPU）、脲醛树脂等为代表的化学材料的研制成功，解决了井壁、流沙层等水泥注浆解决不了的难题，开始了煤矿化学注浆的发展历程，使治理矿井水害有了比较多的手段。

20世纪70~80年代，建井分院完善配套了各种注浆专用设备、机具和仪器，工作面预注浆、地面预注浆工艺技术得到广泛推广应用。研究出为化学注浆工艺配套的2MJ-3/40型隔膜计量注浆泵、NJY-1型胶凝时间测定仪，为地面预注浆工艺配套的YSB-250/120和YSB-300/20型液力调速注浆专用泵、DZJ500-1000型冻结注浆钻机、ZGS-1型水力膨胀式单管止浆塞、KWS型卡瓦式止浆塞、CL-2型超声波流量计和ZSJ-300型搅拌机组等注浆机具设备。采用止浆垫和岩帽的工作面注浆技术、分段止浆的地面预注浆技术逐渐成熟并大量应用于工程实践，井筒地面预注浆钻孔减少到6~8个，并开发了多种以水泥为主的系列注浆材料，预注浆逐渐成为煤矿井巷工程堵水加固的常规技术手段。

20世纪90年代，注浆技术进一步发展完善，在井筒地面预注浆方面，为解决水泥注浆技术存在的注浆工期长、成本高、效果不好的问题，建井分院自主开发了以黏土水泥浆为核心的综合注浆法技术，改变了煤矿地面预注浆以水泥浆为主的局面，开始了黏土水泥浆注浆的大量应用，注浆质量得到保证、工期缩短、成本降低，为加快立井井筒建设速度提供了很好的保证。深井注浆技术不断突破，注浆深度由 600 多米增到 1100 多米。进入 21 世纪后的煤炭建设黄金 10 年，随着煤矿建设向深部发展，建设速度要求提高，对水害治理、围岩加固等技术提出新的要求，建井分院以此为契机，结合国家"八五"到"十二五"科技支撑计划等各层次的科研课题支持，以千米深井注浆为核心，研究了"冻-注-凿"三同时凿井技术、"钻-注"平行作业技术、深井 L 形钻孔地面预注浆技术、井筒过采空区地面预注浆加固技术。同时研制出配套的深井注浆装备，包括煤矿顶驱定向钻孔专用钻机、DX 系列斜井钻机、JDT 系列高精度小直径陀螺测斜定向仪、YSB-350 型液力调速高压注浆泵、BQ 系列和 ZBBJ 系列煤矿地面注浆专用高压注浆泵、KWS 系列卡瓦式止浆塞和水力坐封式钻孔止浆塞、智能浆液配置监控系统等。各种特殊性能和用途的注浆材料，包括黏土水泥浆、钻井废弃泥浆注浆材料、速凝早强水泥浆液、单液水泥基复合加固浆液、高掺量粉煤灰水泥浆液、水泥粉煤灰水玻璃双液速凝浆液、改性尿醛树脂和乙酸酯水玻璃化学浆液等，很好地解决了煤矿千米深井建设中存在的水害问题，在保证施工安全的同时加快了煤矿建井速度。据不完全统计，我国有超过 200 个煤矿立井井筒采用了地面预注浆技术进行堵水加固。

在市政工程软土地基注浆加固方面，从 20 世纪 70 年代开始，为解决流沙层中静压注浆效果难以保证的问题，建井分院与铁道科学研究院、冶金建筑研究院等单位协作研究开发了单管高压喷射注浆技术，主持研究了 76 型震动旋喷钻机，高压喷射技术开始应用于流沙层中煤矿立井井筒帷幕施工。80 年代末，根据煤矿井筒注浆需求，又持续研究开发了可提高旋喷桩直径的双重管、三重管高压旋喷注浆技术，以及定喷和摆喷工艺，旋喷桩径从单管旋喷的 0.4～0.6m 提高到 1.0～1.2m，高喷技术应用于上海地铁旁通道、端头井软土注浆加固、西沙群岛军用机场蓄水池封底帷幕和闽江防洪堤防渗帷幕工程中。21 世纪初，为改进三重管高喷水泥消耗大、桩体强度低的问题，同时进一步提高旋喷桩的桩径，建井分院又通过自主开发研究，从提高水泥浆射流压力入手，开发了双高压高喷注浆技术，旋喷桩直径进一步提高到 2.0m 左右。90 年代，在上海地铁淤泥质软土注浆施工中，开发了振冲分层注浆加固技术，可实现钻杆止浆、分层注浆、速凝浆液快速加固，设备小移动方便，在地铁车站软土地基加固、建筑物地基跟踪注浆施工中得到大范围应用，取得了较好的效果。

本篇重点介绍建井分院在煤矿注浆技术方面具有代表性的科技成果，主要包括注浆材料、注浆装备、矿山注浆工艺、市政注浆工艺等。

第 4 章

注浆材料

注浆材料是注浆技术中不可缺少的一个组成部分。一种具有优良性能的新的注浆材料的出现，能够带动和促进注浆新设备和新工艺的发展，在注浆技术发展过程中起着举足轻重的作用。

20 世纪 90 年代以来，建井分院在注浆材料方面的研究取得了丰硕成果。在地面预注浆方面，"八五"期间，自主研发出了符合我国国情的黏土水泥浆注浆材料，取代传统的水泥注浆浆液，在煤矿井筒地面预注浆和煤层底板含水层注浆改造方面得到大量应用。"十一五"期间，在钻-注平行作业技术研究中，为了对大量的钻井废弃泥浆加以利用，研究出用钻井废弃泥浆配制的地面预注浆材料-钻井废弃泥浆黏土水泥浆（简称 MTG 型黏土水泥浆）。在地面深孔注浆加固过程中，以单液水泥浆为基础，研究出适用于破碎带加固的低析水率塑性早强浆液。"十二五"期间，在进行地面 L 形钻孔注浆加固技术研究过程中，研究出用于适于长距离水平钻孔输送、加固软弱围岩的水泥基复合注浆加固浆液。在采空区充填注浆方面，研究应用强度适度、低成本的高掺量粉煤灰水泥浆液。在土层注浆加固方面，研究出用于软土压密注浆的双液速凝浆液。在化学注浆材料方面，研究出用于孔隙性岩层地面预注浆的改性脲醛树脂浆液和多种水玻璃类浆液。这些注浆材料的研制成功很好地解决了工程实践中遇到的一些特殊问题，丰富了注浆材料种类。

本章主要介绍了黏土水泥浆、水泥粉煤灰浆、两种水泥基改性浆液和两种化学注浆材料的构成、性能以及适用条件。

4.1 黏土水泥浆液

黏土水泥浆（CL-C 型黏土水泥浆）是建井分院研究的综合注浆法技术的核心技术之一。以黏土为主要成分，水泥和水玻璃为添加剂，对裂隙地层的可注性、抗渗性能、堵水效果大大优于传统的单液水泥浆液，并且施工工艺简单、工期短、成本低，很快取代了传统的单液水泥浆液，成为煤矿井筒地面预注浆的主要注浆材料。

4.1.1 CL–C 型黏土水泥浆液

CL-C 型黏土水泥浆是以黏土浆为主要组分，掺加少量的水泥和水玻璃配制而成的多相悬浮液。黏土水泥浆中各种成分的体积百分比为：黏土浆 90%～96%、水泥 3%～6%，水玻璃 1.5%～3%。

1. CL-C 型黏土水泥浆组分

（1）黏土：多取自当地耕植土下的黏土。主要是含高岭石、伊利石和蒙脱石的黏土矿物，其塑性指数不宜小于 10，黏粒（粒径小于 0.005mm）含量不宜低于 25%，含砂量不宜大于 5%，有机物含量不宜大于 3%。

（2）水泥：强度等级不应低于 P.O 42.5，水泥细度应符合 GB/T 1345 的规定，通过 80μm 方孔筛的筛余量不宜大于 5%。不得使用受潮结块的水泥。

（3）水：满足混凝土用水要求。

（4）水玻璃：选用以碳酸钠为原料生产的水玻璃，模数 2.6～3.4，密度 $1.368 \times 10^3 \sim 1.465 \times 10^3 kg/m^3$。

2. CL-C 型黏土水泥浆的主要特点

相对于单液水泥浆，黏土水泥浆的主要特点有：

（1）浆液稳定性好，在泵送及扩散过程中浆液不离析、不沉淀，凝固过程中析水少，结石率高，抗渗性能好；

（2）黏土颗粒较细，浆液流动性好，易于渗透到岩层裂隙中；

（3）浆液塑性强度可调范围大，浆液凝结固化时间可以调节控制，适用于不同地层条件下的基岩裂隙注浆；

（4）黏土水泥浆的矿物成分具有良好的化学惰性，对地下水的抗侵蚀能力强，结石体的耐久性好。

3. CL-C 型黏土水泥浆的配制

1）黏土浆的制备

黏土水泥浆的制备与水泥浆制备有所不同。水泥浆遇水搅拌后即开始水化反应，需要随配随用。黏土水泥浆由于其主要原料——黏土，需要粉碎、水浸分散和筛除砂砾杂质等过程，一般先要制备一定量、浓度较高的纯黏土浆备用，使用时再加水稀释、添加水泥和水玻璃等添加剂，制成可用的黏土水泥浆。

黏土浆可以通过专用黏土制浆机或者利用高压水喷射进行制备。初步配制的黏土浆需要经过除砂，必要时需要加水调整黏土浆的密度，经除砂后存放在储浆池中，供注浆使用。黏土浆的配制流程如图 4-1 所示。

2）CL-C 型黏土水泥浆的配制流程

黏土浆→一次搅拌（加水泥）→二次搅拌（加水玻璃）→黏土水泥浆→注浆泵输送

3）CL-C 型黏土水泥浆配比

CL-C 型黏土水泥浆的配比，以 $1m^3$ 浆液中各组分的含量表示，不以水泥浆浆液的水灰比来表示，组分参数范围如下：

黏土浆密度：$1.15×10^3～1.24×10^3kg/m^3$

水泥加入量：$100～200kg/m^3$

水玻璃加入量：$10～30L/m^3$

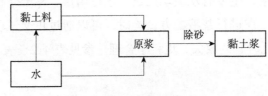

图 4-1　黏土浆的配制流程

4. CL-C 型黏土水泥浆的主要性能

1）密度

密度与浆液中固体物含量有关，悬浊液中物料体积及其质量具有相加性，即水泥、黏土浆、水玻璃体积之和为黏土水泥浆体积。黏土水泥浆的密度符合如下关系式（4-1）

$$\rho = \left[\rho_n\left(1-\frac{W_c}{\rho_c}-V_s\right)+\rho_s V_s + W_c\right]/V \qquad （4-1）$$

式中，ρ 为 CL-C 浆密度，t/m^3；ρ_n 为黏土浆密度，t/m^3；W_c 为水泥质量，t；ρ_c 为水泥的密度，t/m^3；V_s 为水玻璃体积，t/m^3；ρ_s 为水玻璃密度，t/m^3；V 为 CL-C 浆体积，m^3。现场计算时因 V_s 值较小，可以忽略不计。

2）稳定性

CL-C 浆是一种悬浊液，黏土颗粒较小，具有较高的分散度，加上水玻璃与水泥的水化作用，悬浊液中的细粒占较大比例，使黏土水泥浆的稳定性明显优于单液水泥浆，表现为析水率低、析水速率小，黏土水泥浆的 24h 析水率一般小于 3%。参见表 4-1。

表 4-1　黏土水泥浆的析水率

黏土水泥浆密度 /(g/cm³)	水泥加入量 /(kg/m³)	水玻璃加入量 /(L/m³)	析水率 /%
1.15	150	20	3.0
1.18	150	20	2.0
1.20	150	20	1.5
1.23	100	20	1.0
1.23	150	20	1.0
1.23	200	20	1.0
1.25	150	10	2.0
1.25	150	20	1.0
1.25	150	30	1.0
1.25	150	40	1.0

3）塑性强度

黏土水泥浆与水泥浆的堵水机理不同，其主要力学参数不是抗压强度，而是塑性强度。

研究塑性强度变化规律，可以间接了解浆液的流变性能。在注浆施工中，由于 CL-C 型黏土水泥浆固化速度不同，所以常常通过塑性强度的测定，以了解 CL-C 型黏土水泥浆的流变性能，并根据注浆压力、流量、岩层情况等因素，选择不同配比的浆液。

影响塑性强度的因素，主要有水玻璃用量、水泥用量、黏土浆比重及环境温度等，一般以水玻璃的影响最大。在进行浆液配方试验时，可以通过正交试验，分析各个因素的影响情况，在调整浆液配比时有的放矢，更科学合理。参见表 4-2～表 4-5 及图 4-2。

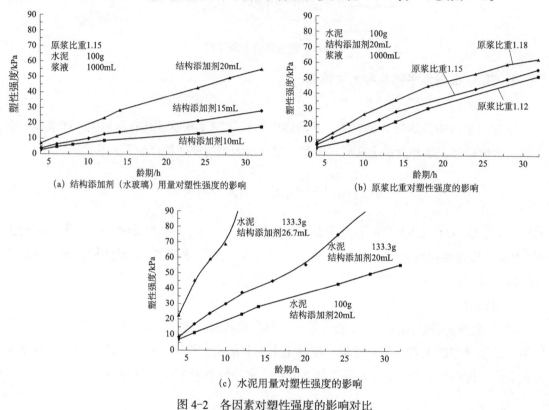

图 4-2　各因素对塑性强度的影响对比

表 4-2　黏度水泥浆塑性强度的影响因素

因素	影响情况
浆液密度	黏土密度越大，塑性强度越高， 在前期（1～3d）强度及后期强度稳定值亦大
水泥用量	水泥用量越大，塑性强度越高， 在前期（1～3d）强度及后期强度稳定值亦大
水玻璃掺量	水玻璃掺量越大，塑性强度越高， 在前期（1～3d）强度亦大
黏土性能	黏度越大，塑性强度越大
水泥品种和标号	普通水泥高于矿渣水泥，水泥标号高，塑像强度大
温度	温度越高，塑性强度增长越快
搅拌时间	配置黏土水泥浆时搅拌时间应控制在 30min， 超过将会使塑性强度降低

表 4-3　水泥掺量对黏土水泥浆塑性强度的影响

原浆密度/(g/cm³)	水玻璃掺量/(L/m³)	水泥掺量/(kg/m³)	塑性强度/kPa											
			2h	4h	6h	8h	10h	12h	1d	2d	7d	12d	20d	30d
1.13	30	100	0.83	3.67	5.68	13.68	26.92	42.06	94.64	107.68	204.47	242.28	348.88	348.88
		125	0.91	5.68	14.16	28.76	35.84	44.50	107.68	178.00	348.88	412.19	450.52	450.52
		200	1.25	8.18	19.78	38.76	72.08	107.68	178.00	450.52	754.50	969.11		969.11
1.15	20	100	0.57	1.92	5.10	10.25	15.78		47.16	83.83	123.61	188.62	348.88	348.88
		125	0.95	4.60	10.89	18.02	34.07		87.22	159.28	412.19	545.12	545.12	
		200	1.00	5.10	13.68	18.40	37.56		94.64	178.00	545.12	969.11		969.11

注：黏土为付村村西风井耕土下黏土，塑性指数 36.5。

表 4-4　黏土浆密度对黏土水泥浆塑性强度的影响

黏土浆密度/(g/cm³)	塑性强度/kPa											
	2h	4h	6h	8h	10h	1d	2d	3d	7d	10d	12d	20d
1.13	0.74	2.52	6.37	14.12	24.89	60.57	94.64	107.68	159.18	178.00	242.28	242.28
1.15	1.42	6.37	26.92	30.18	42.06	98.71	136.28	178.00	242.28	242.28	242.28	
1.18	1.80	7.56	30.18	37.56	47.16	107.68	136.28	178.00	242.28	299.11	348.83	412.19
1.22	3.80	9.39	37.56	60.57	136.28	204.47		242.28	412.19	545.12		545.12

注：1. 黏土为付村村西风井耕土下黏土，塑性指数 36.5；
2. 水泥掺量为 1m³ 浆 100kg，水玻璃掺量为 1m³ 浆 25L。

表 4-5　水玻璃掺量对黏土水泥浆塑性强度的影响

原浆密度 /(g/cm³)	水泥掺量 /(kg/m³)	水玻璃掺量 /(L/m³)	塑性强度 /kPa											
			2h	4h	6h	8h	10h	12h	1d	2d	7d	12d	20d	30d
1.13	100	10	0.48	1.21	2.05	4.60	5.12		15.14		74.78	136.30	178.00	178.00
		15	0.55	1.42	2.05	5.10	7.76		26.92	44.50	91.82	136.30	242.28	242.28
		20	0.68	1.92	4.60	8.18	13.96		51.61	60.57	103.05	178.00	242.28	242.28
		25	0.74	2.52	6.37	14.12	24.89		60.57	94.64	159.18	242.28	242.28	242.28
		30	0.83	3.67	5.68	13.68	26.92		94.64	107.68	204.47	242.28	348.88	348.77
1.15	125	15	0.63	2.00	5.68	10.89	16.38	19.73	44.50	87.22	259.27	545.12		
		20	0.95	4.60	10.89	18.02	34.07	44.50	87.22	159.28	412.19	545.12	545.12	
		25	1.59	8.18	26.92	44.50	60.57	72.08	136.28	242.28		754.50	754.50	
		30	2.52	12.78	34.07	64.82	107.68	136.28	348.89		604.01	673.00	969.11	969.11

注：黏土为付村西风井耕土下黏土，塑性指数 36.5。

4）黏度

黏土水泥浆中的黏土、水泥和结构添加剂水玻璃搅拌混合后开始发生化学反应，浆液的黏度随着时间延长逐渐变大，一般测量初始黏度，黏度的大小影响浆液扩散距离。黏土水泥浆的黏度用漏斗黏度计测量。

某种黏土浆及配成的黏土水泥浆的黏度见表4-6。

表4-6　黏土水泥浆密度、黏度测定结果表

编号	黏土浆密度 /（g/cm³）	黏土浆黏度 /s	水泥量 /（g/m³）	水玻璃量 /（L/m³）	黏土水泥浆密度 /（g/cm³）	黏土水泥浆黏度
1	1.18	17.76	100	10	1.24	26.53/s
2	1.18	17.76	150	20	1.27	35.60/s
3	1.18	17.76	200	30	1.30	50.18/s
4	1.21	18.10	100	20	1.27	38.00/s
5	1.21	18.10	150	30	1.30	61.32/s
6	1.21	18.10	200	10	1.33	42.00/s
7	1.24	18.34	100	30	1.30	90s后滴流
8	1.24	18.34	150	10	1.33	46.84/s
9	1.24	18.34	200	20	1.36	89s后滴流

5）结石率

注浆是压力作用下通过浆液在岩体空隙中的流动渗透、胶凝反应和压力脱水，完成对岩体过水通道的封堵，达到堵水目的。在大气压下，黏土水泥浆固结过程中的析水率较小，但在注浆过程中浆液在较注浆大压力下会发生一定的脱水作用，这在室内试验和现场试样检测中已经证明。浆液的脱水对裂隙的充填和结石体的强度是有好处的。表4-7是对朱集西煤矿地面预注浆结石体取芯试样的密度测试分析结果。

表4-7　朱集西煤矿地面预注浆结石体密度测试分析表

编号	质量/g	体积/cm³	密度/（g/cm³）	平均密度/（g/cm³）
	0.989	0.571	1.732	
a	2.006	1.139	1.761	1.742
	0.975	0.563	1.732	
	2.985	1.819	1.641	
b	1.411	0.872	1.618	1.646
	0.821	0.489	1.679	
	3.591	2.021	1.777	
c	0.939	0.534	1.758	1.765
	4.507	2.562	1.759	
	7.122	4.39	1.622	
d	1.783	1.044	1.708	1.673
	3.331	1.971	1.690	

用注浆材料配比计算的黏土水泥浆的密度为 $1.343g/cm^3$（黏土水泥浆配比为黏土浆密

度 1.22g/cm³、水泥量 200g/L、水玻璃量 30mL/L），常压状态下结石率按 95% 计算，结石体密度应为 1.414g/cm³，但由表可以看出，地下实际结石体的密度最高达 1.765g/cm³，最低为 1.646g/cm³，明显高于常压状态下的密度，实际结石率为 76%～82%，黏土水泥浆在地下固结过程中存在明显的脱水密实现象。

4.1.2　MTG 型黏土水泥浆液

钻井法凿井会产生大量泥浆，将钻井法凿井产生的废弃泥浆，用于地面预注浆（Mud to Grout，MTG），既能节约黏土造浆成本，又能解决钻井泥浆排放处理难的问题。

钻井护壁泥浆主要成分是以蒙脱石为主的黏土（膨润土），与注浆黏土浆的主要成分相同，都是黏土矿物。表 4-8 是钻井泥浆和注浆用黏土浆的主要性能比较。钻井泥浆的密度和黏度大，析水率和含砂量低，因此浆液稳定性更好。

表 4-8　钻井泥浆和注浆用黏土浆的性能比较

泥浆类别	密度 /（g/cm³）	黏度 /s	24h 析水率 /%	含砂量 /%
黏土浆	1.13～1.20	16～18	≥15	≤5
钻井泥浆	1.18～1.25	20～23	<1	≤1.5

1. MTG 型黏土水泥浆组分

MTG 型黏土水泥浆是利用钻井泥浆代替黏土浆，加入水泥和水玻璃配制的注浆浆液，还包括为改善浆液性能加入的添加剂：

（1）钻井泥浆：钻井泥浆基本组成包括黏土、水、泥浆处理剂以及岩屑。钻井泥浆原浆主要是粒径 0.1～40μm 的悬浮体和粒径 1～100μm 的溶胶混合物，其黏土主要由很细的高岭石、伊利石和蒙脱石等黏土矿物颗粒组成。泥浆处理剂的主要作用是提高泥浆黏土矿物的分散性，使黏土与水形成稳定性好的泥浆体系，常用的有纯碱（Na_2CO_3）、羧甲基纤维素（CMC）、三聚磷酸钠（$Na_5P_3O_{10}$）及两性离子聚合物 FA367。

（2）水泥：为普通硅酸盐水泥，强度等级不应低于 42.5，水泥细度应符合 GB/T 1345 的规定，通过 80μm 方孔筛的筛余量不宜大于 5%。不得使用受潮结块的水泥。

（3）水：满足混凝土用水要求。

（4）水玻璃（硅酸钠）：模数 2.6～3.4，密度 1.368×10^3～$1.465 \times 10^3 kg/m^3$。

2. MTG 型黏土水泥浆的特点

（1）泥浆处理剂的掺入，使钻井泥浆比黏土浆具有更高的稳定性，从而使 MTG 型黏土水泥浆的稳定性更好；同时会引起浆液黏度增大，用于注浆需要考虑采取降黏措施。

（2）黏土颗粒较细，浆液流动性好，易于渗透到岩层的小裂隙中，同时由于结石率高，形成结石体密封性好，渗透系数小。

（3）浆液塑性强度可调范围大，浆液凝结固化时间可以调节控制，适用于不同地层条件下的基岩裂隙注浆。

（4）黏土水泥浆的矿物成分具有良好的化学惰性，对地下水的抗侵蚀能力强，结石体的耐久性好。

（5）钻井泥浆的注浆利用，在节省注浆造浆成本，降低泥浆处理成本的同时，环保意义重大。

3. MTG 型黏土水泥浆液配制

钻井泥浆用于注浆，一般需要先进行除砂处理，加水稀释，降低密度、黏度。钻井泥浆稀释以后，配制成为注浆浆液的程序与 CL-C 型黏土水泥浆浆液配制相似。

将液配制流程：钻井泥浆→一次搅拌（加水泥）→二次搅拌（加水玻璃）→降黏剂（必要时）→MTG 型黏土水泥浆→注浆泵输送。

4. MTG 型黏土水泥浆的主要性能

MTG 型黏土水泥浆与 CL-C 型黏土水泥浆的性能相似，性能参数的测试方法也类似。

5. 凝结固化机理

当水泥颗粒均匀地分散到钻井泥浆中后，因钻井泥浆的悬浮作用，水泥颗粒处于相对稳定的状态。加入水玻璃后，水玻璃与氢氧化钙反应，生成一定强度的产物。宏观现象也证实了这个过程，即钻井泥浆中加入水泥后黏度增大不明显，加入水玻璃后黏度增加幅度大。

1）黏性状态

黏土颗粒、水泥粒子、水玻璃间发生了上述反应后，有明显的胶凝现象，黏度增大，但因水泥水化速度慢，只有很少一部分粒子水化，浆液还不具备抵抗外力的能力，具有良好的流动性和稳定性。

2）塑性状态

随着水泥水化的进行，生成大量以物理力相互连接的胶体颗粒，形成一种网状结构并包围黏土颗粒，浆液表现出塑性。在外力的作用下网状结构被破坏，释放出束缚的水，颗粒分散，外力解除后网状结构可以恢复，浆液表现出塑性，具有塑性强度。

3）弹性状态

生成大量水泥水化粒子后，在液相中形成以化学力相连接的新固相，具有不可逆性，抵抗外力的能力较强。同时水泥水化产物氢氧化钙与黏土发生粒子交换，黏土颗粒凝聚。

硅酸盐水泥中硅酸三钙和硅酸二钙的含量在 70% 以上，水化形成的水化硅酸钙相在浆体中占有 50%～60% 的固体体积，它具有 1000000～7000000cm^2/g 的表面积，而水泥颗粒的比表面积约为 3000cm^2/g。水泥水化后比表面积的增加，必然导致水泥浆的结硬，同时水化硅酸钙的巨大表面能作用将表面能小的 $Ca(OH)_2$、水化硫铝酸钙、未水化的熟料颗粒、黏土颗粒胶结在一起，使水泥石产生强度。

因此黏土水泥浆结石体强度、密实性与水泥含量有直接关系。浆液脱水后结石体抗压强度实测值为 2MPa 左右。

6. 结石体实测

实际上，注入基岩裂隙中的浆液，在注浆泵压的作用下，在裂隙中的扩散过程同时也是脱水密实的过程。表 4-9 是凿井开挖后钻井泥浆配制浆液结石体的密度测定，图 4-3 是对应结石体的实测图片。

表 4-9　浆液结石体密度测定

编号	A	B	C	D	E	F
质量 /g	1.323	2.152	3.012	4.453	3.547	1.711
体积 /cm³	0.758	1.287	1.706	2.717	2.070	0.922
密度 / (g/ cm³)	1.747	1.672	1.766	1.639	1.714	1.856

(a)　　　　　　　　　　(b)

(c)　　　　　　　　　　(d)

(e)　　　　　　　　　　(f)

图 4-3　MTG 浆液代表性结石体

从凿井开挖出的浆液结石体及其在基岩中的凝结硬化图片可以看出，钻井泥浆配制浆液的扩散及凝结固化过程与黏土水泥浆的相似，利用钻井泥浆配制的注浆浆液与黏土水泥浆具有相似的堵水性能。

4.2 水泥粉煤灰浆液

水泥粉煤灰浆液是将粉煤灰、水泥、水与外加剂按照一定比例配制而成的浆液。粉煤灰是从燃煤粉的电厂锅炉烟气中收集到的细粉末，化学成分以 SiO_2 和 Al_2O_3 为主，并含有少量的 Fe_2O_3、CaO、Na_2O、K_2O 及 SO_3 等物质，在特种激发剂的作用下具有一定的火山灰活性，是我国当前排量较大的工业废渣之一。在不影响使用要求的条件下，应用粉煤灰作为矿物掺和料来取代部分水泥，可赋予水泥基注浆材料优异的技术经济性能，代表了绿色注浆材料的发展方向。

建井分院研究开发的高掺量粉煤灰注浆材料（粉煤灰替代水泥40%以上），成本低廉，除初期强度较低外，其后期强度适中，耐腐蚀性优于纯水泥浆，满足地面钻孔老空区大注浆量充填加固的需求。由水泥、粉煤灰及水玻璃组成的双液速凝浆液，满足软土加固、充填注浆时的快速凝结、控制扩散距离的需求，其性能和成本优于普通的水泥-水玻璃双液浆。

4.2.1 水泥粉煤灰单液浆

1. 水泥粉煤灰单液浆性能

1）水泥粉煤灰单液浆密度

水泥粉煤灰浆液密度见表4-10。

表4-10 不同粉煤灰掺量的浆液密度（水固比1:1）

序号	水泥含量 /%	粉煤灰含量 /%	密度 /（g/mL）
1	60	40	1.46
2	50	50	1.44
3	40	60	1.44
4	30	70	1.42

注：水泥：P.O32.5，北京门头沟新港水泥制造有限公司；粉煤灰：华能北京热电厂京环粉煤灰有限公司。

2）水泥粉煤灰单液浆稳定性

单液水泥浆容易析水沉降，由于粉煤灰的密度小于水泥的密度，当粉煤灰掺入到水泥浆时，可以降低水泥浆的析水率，但同时也使浆液的黏度有所增加。图4-4和图4-5是在水灰比为1:1（灰的重量包括水泥与粉煤灰的重量）的浆液中，粉煤灰掺量对浆液析水率、黏度的影响情况，水灰比越小，浆液黏度小；粉煤灰用量越大，浆液黏度越大。

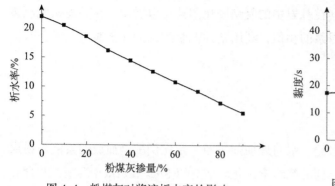

图4-4 粉煤灰对浆液析水率的影响

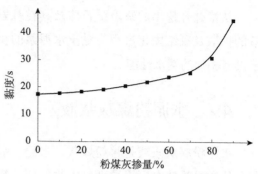

图4-5 粉煤灰对浆液黏度的影响

3）水泥粉煤灰单液浆凝结时间

粉煤灰掺量对水泥浆体的凝结时间有明显的延缓作用，并且其延长程度随粉煤灰掺量的增加而增大，见图4-6。不同产地、等级的粉煤灰细度对凝结时间的影响不显著，但粉煤灰磨细后，由于活性点增多，会使凝结时间略有缩短。

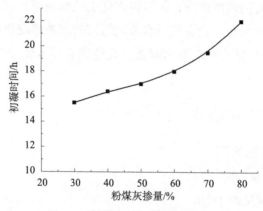

图4-6 粉煤灰对初凝时间的影响

4）水泥粉煤灰单液浆抗压强度

随着粉煤灰掺量的增大，一方面水泥的用量减少，另一方面浆液的析水率降低，即结石体中包裹着的自由水增多，导致结石体的抗压强度降低。图4-7是粉煤灰对结石体28d抗压强度的影响，其中浆液水灰比分别为1:1和0.75:1。

5）水泥粉煤灰单液浆抗腐蚀性

质量损失率和强度损失率为负值表示质量和强度变化为增加。从表4-11和表4-12可以看出，纯水泥的一个月强度是增加的，但3个月和6个月的数值是减少的。而掺入粉煤灰的试样12号，模拟喷入土中的试样13号和14号，质量是增加的，强度是不断提高的。因此可以说50%的粉煤灰和50%的水泥混合物抗腐蚀性要高于纯水泥的抗腐蚀性。

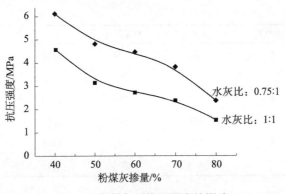

图 4-7 粉煤灰对抗压强度的影响

表 4-11 试验配比

编号	水泥	粉煤灰	土	水胶比
11	100%	—	—	0.28
12	50%	50%	—	0.28
13	15%	15%	70%	0.28
14	30%	30%	40%	0.28

表 4-12 耐腐蚀试验数据 （单位：%）

腐蚀龄期	编号 11		编号 12		编号 13		编号 14	
	质量损失率	强度损失率	质量损失率	强度损失率	质量损失率	强度损失率	质量损失率	强度损失率
1 个月	0.3	-14.7	-0.2	-11.8	0.2	-28.0	0.1	-36.8
3 个月	0	10.3	-0.1	-20.4	-0.1	-30.0	0.1	-16.4
6 个月	-0.4	3.6	-0.4	-70.4	-0.4	-64.3	0	-53.1

2. 水泥粉煤灰单液浆的添加剂

在各种充填注浆工程中，为缩短浆液的凝固时间，控制浆液的扩散距离，避免浆液浪费，加快施工进度，一般需在水泥粉煤灰浆液中加入速凝剂，建井分院试验研究的速凝剂有"三乙醇胺＋氯化钠"和水玻璃，工程中以使用水玻璃为主。

添加水玻璃速凝剂的单液水泥粉煤灰浆液性能参数见表 4-13 和表 4-14。

表 4-13 水泥－粉煤灰注浆配合比

编号	水固比	固相比	水泥 /g	粉煤灰 /g	水 /g	水玻璃 /g	备注
1	1:1	4:6	857	1294	2151	—	
2	1:1.1	4:6	857	1294	1955	—	
3	1:1.2	4:6	857	1294	1792	—	
4	1:1	3:7	646	1505	2151	—	
5	1:1.1	3:7	646	1505	1955	—	
6	1:1.2	3:7	646	1505	1792	—	

续表

编号	水固比	固相比	水泥 /g	粉煤灰 /g	水 /g	水玻璃 /g	备注
7	1:1	4:6	857	1294	2151	17.1	
8	1:1.1	4:6	857	1294	1955	17.1	
9	1:1.2	4:6	857	1294	1792	17.1	水玻璃占水泥用量2%
10	1:1	3:7	646	1505	2151	12.9	
11	1:1.1	3:7	646	1505	1955	12.9	
12	1:1.2	3:7	646	1505	1792	12.9	

注：1. 水泥：P.O42.5，冀东海德堡（扶风）水泥有限公司；
　　2. 粉煤灰：F 类Ⅱ级粉煤灰，大唐彬长发电有限责任公司。

表 4-14　水泥－粉煤灰注浆测试结果

编号	凝结时间 /（h:min）		流动度	析水率 /%	结石率 /%	抗压强度 /MPa		
	初凝	终凝				7d	14d	28d
1	15:20	24:40	9'00	36	65	2.6	5.2	8.9
2	15:50	25:16	9'55	28	69	2.9	5.4	9.5
3	15:05	24:12	10'06	24	76	2.9	6.3	10.7
4	17:20	27:49	10'28	35	66	2.3	3.1	6.5
5	17:10	27:25	9'38	31	70	2.2	3.7	7.0
6	16:45	27:05	10'60	26	73	2.8	4.2	8.0
7	16:48	19:48	9'63	22	80	1.2	1.9	3.8
8	16:38	18:34	9'88	20	83	1.4	2.5	4.1
9	17:17	19:08	10'12	15	88	1.5	2.6	4.2
10	18:04	19:55	9'75	26	77	1.1	1.8	3.1
11	17:11	19:23	9'06	22	81	1.2	2.0	3.3
12	17:20	19:34	9'96	18	86	1.3	2.1	3.5

注：表中析水率为浆料加水搅拌 2h 时的测定值，结石率为同一配合比浆料 7d 龄期测定强度时的测定值。

4.2.2　水泥－粉煤灰水玻璃速凝浆液

　　水泥－粉煤灰水玻璃速凝浆液是在水泥－水玻璃双液浆的基础上，使用粉煤灰替代部分水泥，并将粉煤灰加入水玻璃溶液中而发展起来的，双组分浆液，甲液组分为水泥、水，乙液组分为粉煤灰、水玻璃，既有水泥水玻璃浆液的速凝性能，又能减少水泥、水玻璃的用量，降低成本，提高固相含量，减少含水量，提高固结体后期强度。表 4-15 为 30%、50% 替代率下，各种水固比的浆液配比，表中的用量为配制 1m³ 浆液的计算量。

表 4-15 水泥-粉煤灰水玻璃浆液配比（1m³）

替代率/%	水固比 （水/（水泥＋粉煤灰））	水泥/kg	水/L	粉煤灰/kg	水玻璃/L
30	0.8	302	345	130	489
	1	258	368	110	491
	1.2	225	385	96	492
	1.5	183	419	79	480
50	0.8	213	340	213	482
	1	182	364	182	485
	1.2	159	381	159	487
	1.5	128	426	128	468

1. 胶凝时间

（1）粉煤灰掺量对胶凝时间的影响：粉煤灰掺量是指粉煤灰替代水泥的质量分数。粉煤灰掺量对胶凝时间的影响如图 4-8（a）所示，浆液配比中乙液、甲液的体积比为 1：1，水玻璃浓度为 37°Bé。随着粉煤灰掺量的增加，浆液的胶凝时间逐渐增大，而且粉煤灰掺量越大，对胶凝时间的影响越显著。

（2）水玻璃浓度对胶凝时间的影响：试验研究了水固比为 1:1，粉煤灰掺量分别为 10%、30%、50% 条件下，水玻璃浓度对胶凝时间的影响，如图 4-8（b）所示，各种粉煤灰掺量下水玻璃浓度越大，浆液胶凝时间越长。而在水玻璃浓度一定条件下，粉煤灰掺量越大，浆液胶凝时间越长。考虑到经济性及施工中易操作性，可对水玻璃浓度进行适当的调整。

（3）乙液与甲液体积比对胶凝时间的影响：在双液注浆施工中，常采用等体积比的注浆方式，但是乙液与甲液的体积比对胶凝时间还是有较大影响，如图 4-8（c）所示，随着乙液体积的增大，浆液的胶凝时间增加；粉煤灰的掺入，延缓了浆液的胶凝时间。

综上所述，在其他条件相同的条件下，随着粉煤灰掺量的增大，浆液的胶凝时间均有所增加。传统水泥水玻璃浆液胶凝时间一般在几十秒至 1min，而掺入粉煤灰之后，可以在一定程度上缓解浆液胶凝速度。

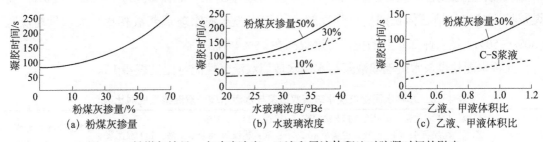

图 4-8 粉煤灰掺量、水玻璃浓度、乙液和甲液体积比对胶凝时间的影响

2. 结石体抗压强度影响因素分析

（1）粉煤灰掺量对结石体 28d 后抗压强度的影响：在水灰比为 1、水玻璃 30°Bé 条件

下，粉煤灰掺量对结石体 28d 后抗压强度的影响，如图 4-9 所示，随着粉煤灰掺量的增加，结石体 28d 后抗压强度逐渐下降，在掺入 30%～50% 的粉煤灰后，抗压强度下降速度趋于缓慢。

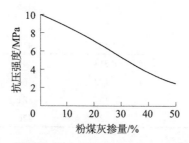

图 4-9　粉煤灰掺量对结石体 28 d 抗压强度影响

（2）粉煤灰掺量对结石体长期抗压强度的影响：结石体的长期抗压强度是指龄期为 1 年及以上的抗压强度，期间结石体一直在恒温水养箱中养护，养护水温为（20±2）℃。粉煤灰掺量对 2 年后结石体的抗压强度的影响如图 4-10 所示，其中以传统水泥水玻璃浆液 28 d 后的抗压强度为基准，对比了粉煤灰掺量分别为 30%、50% 时 2 年后结石体的抗压强度增长情况。

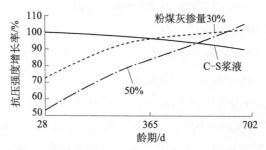

图 4-10　粉煤灰掺量对结石体长期抗压强度的影响

由图 4-10 可知，传统水泥水玻璃浆液的抗压强度随着龄期的增长逐渐下降，而掺入粉煤灰后随着龄期的增长结石体的抗压强度均缓慢增长；粉煤灰掺量为 30%～50%，粉煤灰掺入越多，结石体长期抗压强度越大；与传统水泥水玻璃浆液相比，大掺量粉煤灰（30%～50%）结石体 2 年后的抗压强度提高在 15% 以上。

几种水泥粉煤灰水玻璃双液浆与水泥水玻璃双液浆性能对比见表 4-16。

表 4-16　几种水泥粉煤灰水玻璃双液浆与水泥水玻璃双液浆性能对比表

性能	甲液：1:1 水泥浆 乙液：粉煤灰 43.6% 水玻璃 20.05% 水 36.35% 甲液:乙液 1:1	甲液：1:1 水泥浆 乙液：粉煤灰 46.2% 水玻璃 26.94% 水 36.86% 甲液:乙液 1:1	甲液：1:1 水泥浆 乙液：粉煤灰 48.8% 水玻璃 13.9% 水 37.3% 甲液:乙液 1:1	甲液：1:1 水泥浆 乙液：水玻璃 100% 甲液:乙液 1:0.6	甲液：1:1 水泥浆 乙液：水玻璃 100% 甲液:乙液 1:1 （水玻璃浓度 26° Bé）
结实率 /%	100	100	100	100	100
胶凝时间 /s	36	82	124	32	68

续表

性能		甲液：1:1水泥浆 乙液：粉煤灰43.6% 水玻璃20.05% 水36.35% 甲液：乙液1:1	甲液：1:1水泥浆 乙液：粉煤灰46.2% 水玻璃26.94% 水36.86% 甲液：乙液1:1	甲液：1:1水泥浆 乙液：粉煤灰48.8% 水玻璃13.9% 水37.3% 甲液：乙液1:1	甲液：1:1水泥浆 乙液：水玻璃100% 甲液：乙液1:0.6	甲液：1:1水泥浆 乙液：水玻璃100% 甲液：乙液1:1 （水玻璃浓度26°Bé）
抗压强度/MPa	1h	0.29	0.15		1.07	0.29
	3h	1.14	0.37	0.13	2.88	1.51
	6h	1.55	0.52	0.15	6.94	2.59
	12h	2.17	0.75	0.27	7.81	3.96
	1d	2.85	1.27	0.58	9.01	3.97
	3d	3.2	2.4	2.08	9.20	4.65
	7d	4.92	3.91	3.38	7.41	5.1
	28d	9.07	7.4	7.04	5.40	6.42

注：未说明的水玻璃原液浓度40°Bé，甲乙液比例为体积比。

4.3 水泥基改性浆液

水泥基改性浆液是指以水泥为主，添加一定量的各种添加剂，用水配制成的具有某种特定性能的单液浆。煤炭系统常用的是单液水泥浆，即在纯水泥浆的基础上添加氯化钠和三乙醇胺配制的注浆材料。单液水泥浆具有来源丰富，成本较低，浆液结石体强度高，抗渗性能好，无毒性，由于采用单液方式注入，工艺及设备简单，操作方便等优点。但单液水泥浆也存在初凝、终凝时间长，不能准确控制、容易流失、浆液凝固后早期强度低、强度增长率慢、易沉淀析水等缺点。

随着煤矿井筒注浆深度已超过千米，在注浆过程中常常遇到断层破碎带等构造裂隙发育地层，一般采用单液水泥浆进行加固，由于断层带软弱破碎，裂隙发育，连通性好，单液水泥浆凝结时间长、扩散距离不可控，即存在大量"跑浆"问题，一般采用"控量注浆"等注浆工艺保证注浆质量，但注浆效率低下，费工费时，深孔注浆应用水泥-水玻璃双液浆又有困难，因此，断层带注浆一直是地面预注浆工程中的难点之一。为解决该问题，建井分院在单液水泥浆的基础上，通过添加速凝早强剂-硅酸钠等外加剂研制了塑性早强浆液，该浆液具备黏度增长较快，早期塑性强度高的特征，采用单液注入，在千米深井断层带注浆加固工程中，有良好的注浆效果。

在利用地面L形钻孔对井下巷道软弱围岩进行注浆加固时，需要强度高、稳定性好、凝结时间较长的浆液，在对巷道围岩起到加固作用的同时，便于深孔钻具的上下钻操作，浆液在长距离水平钻孔中输送时不离析沉淀。为此，建井分院在单液水泥浆的基础上，选择合适的增强、悬浮、缓凝等添加剂，研究开发了具有上述特性的水泥基复合注浆加固浆液。

4.3.1　塑性早强浆液

1. 塑性早强浆液的组成

塑性早强浆液以单液水泥浆为基础，添加水泥重量5%的硅酸钠、氯化钠、三乙醇胺等多种添加剂，加快水泥浆的水化历程，减少析水率，增大早期黏度，提高早期塑性强度和抗压强度，使其具有塑性流动特征的浆液。

2. 塑性早强浆液的性能

塑性早强浆液性能试验结果见表4-17和表4-18。从表中可以看出，塑性早强浆液2h析水率小于5%，为稳定型浆液；漏斗黏度56s，黏度增长快。塑性早强浆液与单液浆水化热和塑性强度对比见图4-11，对比可知塑性早强浆液早期结石体抗压强度显著提高（6h可达到0.1MPa），塑性强度增长快（4h可达到3kPa）。

表4-17　不同配比塑性早强浆液测试试验结果

试验号	析水率 /%	漏斗黏度 /s	初凝时间 /h	终凝时间 /h	抗压强度 /MPa		
					1d	3d	28d
1	7	47.02	6.07	7.33	2.74	5.56	14.9
2	7	32.67	6.25	7.67	1.97	4.57	12.6
3	11	25.81	7.18	8.38	1.31	3.88	8.61
4	1.5	83.23	5.35	6.83	5.32	6.36	15.18
5	4	46.31	6.2	7.42	1.42	3.63	9.22
6	7	31.10	7.30	8.25	0.89	2.48	5.31
7	1	109.19	5.15	6.33	4.25	6.77	10.99
8	3	53.18	6	7.3	1.64	2.92	7.65
9	7	36.39	6.35	8	0.63	2.11	6.06

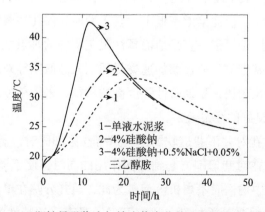

图4-11　塑性早强浆液与单液浆水化热和塑性强度对比图

表 4-18　塑性早强浆液性能试验结果表

漏斗黏度 /s	初凝时间 /h	终凝时间 /h	析水率（2h）/%	抗压强度 /MPa					
				6h	12h	1d	3d	7d	28d
56.9	6.17	7	2	0.10	0.65	1.83	3.92	5.38	9.47

1）浆液流型

使用 NXS-11 型旋转黏度计测试了 1:1 单液水泥浆和塑性早强水泥浆的流型，测试曲线如图 4-12 所示。塑性早强浆液流型的基本特征为在低剪切速率下其流变曲线偏离直线，形成曲线变化，当剪切速率增加至层流段时才成直线变化，为黏塑性流体。黏塑性流体可用宾汉姆方程（4-2）来表示，拟合结果见表 4-19。

$$\tau = \tau_d + \eta_p \gamma \qquad (4-2)$$

式中，τ 为剪切力，Pa；τ_d 为动切力，Pa；η_p 为剪切力，Pa；γ 为动切力，Pa。

表 4-19　试验结果拟合结果表

样品号	计算流变参数		流变方程	相关系数
	动切力 /Pa	塑性黏度 /（mPa·s）		
1 号	6.74	12.1	$\tau = 6.74 + 0.0121\gamma$	0.97669
2 号	10.26	28	$\tau = 10.26 + 0.028\gamma$	0.96291

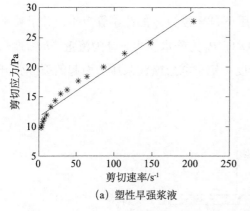
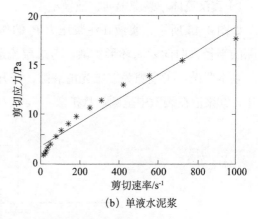

（a）塑性早强浆液　　　　　　　　（b）单液水泥浆

图 4-12　塑性早强浆液与单液水泥浆典型流型图

2）黏度时变性

塑性早强浆液和单液水泥浆的黏度时变性曲线分别如图 4-13 所示。由图可知，塑性早强浆液黏度的增长速率为单液水泥浆的 25 倍以上。通过数据拟合确定参数结果见表 4-20，黏度时变性方程可用指数函数式（4-3）表示

$$\eta(t) = \eta_{p0} \exp(kt) \qquad (4-3)$$

式中，$\eta(t)$ 为黏度，mPa·s；η_{p0} 为系数；k 为系数，Pa；t 为时间，s。

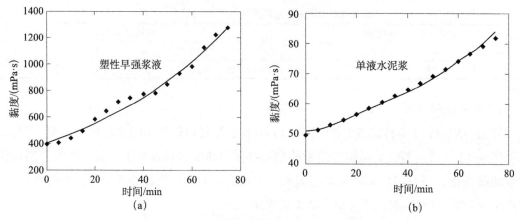

图 4-13　塑性早强浆液与单液浆黏度时变性方程

表 4-20　试验结果拟合结果表

样品号	拟合方程	相关系数
1 号	$y=49.409e^{0.0067t}$	0.99716
2 号	$y_1=402.74e^{0.0154t}$	0.99031

3. 浆液扩散规律

1）宾汉流体单裂隙辐向扩散模型

如图 4-14 所示，浆液在注浆压力 P_c 的作用下自半径为 r_c 的注浆管流出，并沿着平面裂隙的半径方向向四周环形扩散。考虑层流运动，P_0 为静水压力，Q 为流量，b 为裂隙开度。基本假设：①裂隙为二维光滑裂隙，张开度一定；②忽略注浆压力引起的裂隙张开度变化；③浆液在裂隙中呈圆盘状扩散。

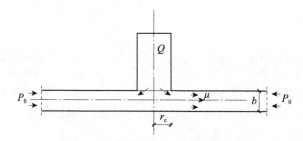

图 4-14　单裂隙注浆辐向扩散剖面图

为了研究浆液扩散规律，根据宾汉流体在单裂隙辐向扩散过程中注浆压力的衰减规律，并考虑黏度变化。根据非牛顿流体在直角坐标系中的基本方程组，考虑沿平面裂隙半径方向的均匀扩散，则运动方程在 $z\text{-}r$ 柱面坐标系的运动微分方程可简化为

$$\frac{\mathrm{d}p}{\mathrm{d}r}=\frac{\mathrm{d}\tau}{\mathrm{d}z}(\tau=\tau_{zr})$$

（4-4）

$$\tau = \tau_0 + \eta_p(t)\frac{dv}{dz} \tag{4-5}$$

可以得出断面平均流速 $\bar{\mu}$

$$\bar{\mu} = -\frac{b^2}{12\eta_p(t)}\frac{dp}{dr}\left[1 - 3\frac{b_0}{b} + 4\left(\frac{b_0}{b}\right)^3\right] \tag{4-6}$$

在平面径向流动中，浆液单位时间流量 q 为

$$q = 2\pi r\int_{\frac{b}{2}}^{\frac{b}{2}}\bar{\mu}dz = -\frac{\pi rb^3}{6\eta_p(t)}\frac{dp}{dr}\left[1 - 3\frac{b_0}{b} + 4\left(\frac{b_0}{b}\right)^3\right] \tag{4-7}$$

上式可化为

$$\frac{dp}{dr} = \frac{6\eta_p(t)q}{\pi rb^3\left[3\dfrac{b_0}{b} - 4\left(\dfrac{b_0}{b}\right)^3 - 1\right]} = \frac{6\eta_p(t)q}{\pi r\left(3b_0 b^2 - 4b_0^3 - b^3\right)} \tag{4-8}$$

对上式积分，并利用边界条件：$P|_{r=r_c}=P_c$，得出在扩散半径为 r 处的注浆压力衰减值 ΔP 为

$$\Delta P = P_c - P = \frac{6\eta_P(t)q\ln\dfrac{r_c}{r}}{\pi\left(3b_0 b^2 - 4b_0^3 - b^3\right)} \tag{4-9}$$

2）流变特征对扩散能力的影响分析

式（4-6）中 ΔP 代表注浆压力的损耗，ΔP 是由流变参数 b_0、$\eta_p(t)$ 共同决定的，假设浆液流程中裂隙内各截面处的 b_0 值相等时，可将 dP/dr 用平均压力梯度 $(P_0-P_c)/(R-r_c)$ 代替，则有

$$b_0 = \frac{\tau_0(R-r_c)}{P_0 - P_c} \tag{4-10}$$

即 b_0 由宾汉流体的初始屈服强度 τ_0 决定，则 ΔP 是 τ_0 和 $\eta_p(t)$ 的增函数，即浆液初始流变参数 τ_0 和 η_0 值越大，黏度增长越快，同一条件下，浆液压力损耗越大。

塑性早强浆液的屈服强度为 10Pa，而单液水泥浆（水灰比 1:1）屈服强度为 3.96Pa；塑性早强浆液初始塑性黏度为 87mPa·s，单液水泥浆仅为 2.7mPa·s；且通过黏度时变性方程可知，塑性早强浆液的塑性黏度增长速率为单液水泥浆的 25 倍。因此，塑性早强浆液与单液水泥浆相比，其在围岩裂隙扩散过程中压力损耗大，有益于控制浆液扩散半径。

4.3.2　水泥基复合注浆加固浆液

深井地面 L 形钻孔注浆技术是将成熟的井筒地面预注浆技术与先进的定向钻进技术相结合，利用水平钻孔止浆机具实现对目的层水平巷道围岩注浆加固。较传统井筒地面预注

浆技术，L形钻孔注浆对注浆材料有以下特殊要求：

（1）在L形钻孔内解封止浆机具、上下钻具操作时间长，要求浆液初凝时间长；

（2）注浆时浆液要在水平段内流动，要求浆液稳定性好，不离析沉淀，保证全段的注浆效果；

（3）要保证加固效果，浆液结石体需具有较高的强度。

根据以上要求，在单液水泥浆的基础上，选择适当的稳定剂、增强剂和缓凝剂，研发了能满足地面深L型钻孔注浆加固需求的水泥基复合浆液。

1. 浆液性能对比

表4-21为水泥基复合注浆加固材料在水灰比0.6:1和1:1时与单液水泥浆性能对比。

表4-21　浆液性能对比表

序号	指标		水泥浆	水泥基复合浆液	水泥浆	水泥基复合浆液
1	水灰比		0.6:1	0.6:1	1:1	1:1
2	密度 /g/cm³		1.56	1.61	1.49	1.42
3	2h 析水率 /%		4	0	26	4.5
4	漏斗黏度 /s		97	—	17.5	27.4
5	初凝时间		—	—	10h55min	28h55min
6	抗压强度 /MPa	3d	9.2	10.6	2.51	1.13
		7d	18.6	24.1	4.33	3.91
		28d	26.5	42.3	15.78	16.24
7	拉伸黏结强度 /MPa	14d	0.8	0.9	—	1.1
		28d	1.1	1.3	—	1.5
8	剪切强度 /MPa	28d	18.22	20.45	—	13.33

2. 微观结构分析

图4-15为水泥基复合注浆加固材料结石体（左图）和单液水泥浆结石体（右图）SEM照片。自上而下分别为不同放大倍数（200倍、500倍、1000倍、2000倍、5000倍、10000倍、20000倍）。

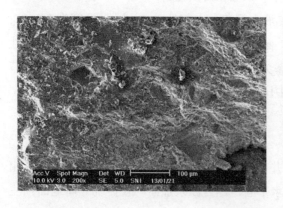
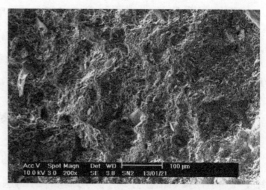

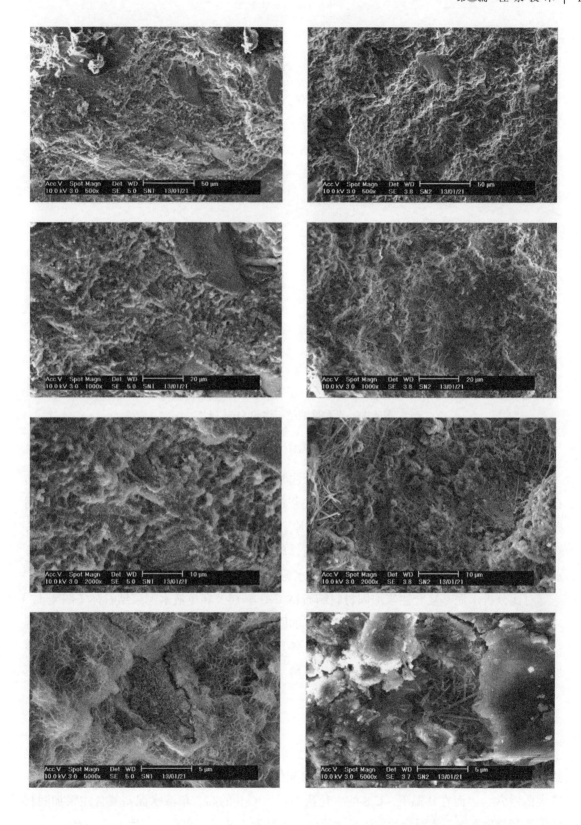

图 4-15　两种浆液结石体的 SEM 照片
左图为不同放大倍数水泥基复合注浆加固材料 SEM 照片；
右图为单液水泥浆材料 SEM 照片

　　对比分析不同放大倍数单液水泥基复合注浆加固材料结石体（左图）和单液水泥浆结石体（右图）SEM 照片，发现水泥基复合注浆加固材料结石体与单液水泥浆结石体结构明显不同：水泥基复合注浆加固材料为致密晶片聚集结构，单液水泥浆材料为条带聚集结构，微观结构方面水泥基复合注浆加固材料结石体较单液水泥浆更为致密。图 4-16 和 4-17 分别为水泥基复合注浆加固材料结石体和单液水泥浆结石体 X 射线能谱分析。

　　对比分析水泥基复合注浆加固材料结石体（图 4-16）和单液水泥浆结石体（图 4-17）X 射线能谱分析结果，发现水泥基复合注浆加固材料结石体与单液水泥浆结石体虽然微观结构明显不同，但元素组成基本相同，只是各元素相对含量数据有差别，水泥基复合注浆加固材料 Si 元素含量明显高于单液水泥浆材料。

3. 固化机理

1）水泥的水化反应

　　C_3S 和 C_2S 是硅酸盐水泥的主要矿物成分，均是常温下存在的高温型矿物，其结构是热力学不稳定的，在 C_3S 结构中，钙离子的配位数是 6，比正常的配位数低，结构中存在较大的空穴，因而在常温下，C_3S 的水化活性远比 C_2S 的高。单液水泥基复合注浆加固材料中胶凝物质水泥与水混合后发生水化反应，主要为 C_3S 迅速水化，产生大量 $Ca(OH)_2$。

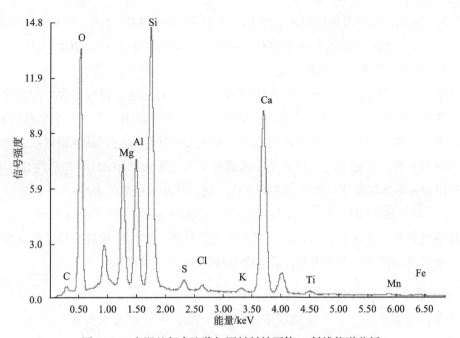

图 4-16 水泥基复合注浆加固材料结石体 X 射线能谱分析

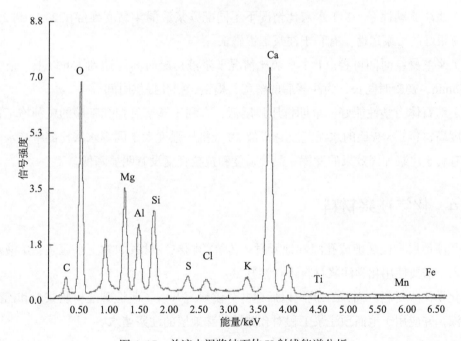

图 4-17 单液水泥浆结石体 X 射线能谱分析

$$2（3CaO \cdot SiO_2）+ 6H_2O \longrightarrow 3CaO \cdot SiO_2 \cdot 3H_2O + 3Ca(OH)_2$$

C_3S 和 C_2S 的水化速率不同，各种熟料矿物中 C_2S 早期水化最慢，其水化速率约为 C_3S 的 1/20 左右，但 28 天后，强度增长率增大，一年后可超过 C_3S 的强度。C_3S 和 C_2S 的水化产物为水化硅酸钙和氢氧化钙，但生成量不同，C_3S 完全水化后形成 61% 的 C-S-H 和 39%

的 $Ca(OH)_2$；而 C_2S 完全水化后形成 82% 的 C-S-H 和 18% 的 $Ca(OH)_2$。C_2S 水化反应

$$2（2CaO \cdot SiO_2）+ 4H_2O \longrightarrow 3CaO \cdot SiO_2 \cdot 3H_2O + Ca(OH)_2$$

2）微硅粉的活性激发（二次反应）

微硅粉，也称为硅灰，系在冶炼金属硅或硅铁合金时，通过特殊的收尘装置收集下来的粉尘。微硅粉中绝大部分成分是 SiO_2，通常含量在 90% 以上，在水泥水化碱性环境里，活性得以激发。微硅粉的火山灰反应是在水泥析出 $Ca(OH)_2$ 吸附到微硅粉颗粒表面时开始的。在水泥基复合注浆加固材料体系中，水泥首先水化生成 $Ca(OH)_2$，与活性 SiO_2 颗粒产生火山灰反应，形成以水化硅酸钙为主的水化产物，其反应可如下表示：

$$xCa(OH)_2 + xSiO_2 + nH_2O \longrightarrow xCaO \cdot SiO_2 \cdot (n+x)H_2O$$

该反应过程称二次水化反应，所生成的水化硅酸钙为次生水化硅酸盐，具有良好的胶凝作用，使水泥基复合注浆加固材料后期物理力学强度得到增强。

4. 水泥基复合注浆加固浆液特点

（1）浆液稳定性好。水灰比情况下不同配方浆液 2h 析水率维持在 3.5% 到 5% 之间，析水率低，利于浆液长距离输送和在地层内扩散。

（2）浆液流动性好。1:1 水灰比情况下不同配方浆液漏斗黏度维持在 23.1s 到 29.5s 之间，具有很好的可泵送性，有利于注浆工程施工。

（3）浆液凝结时间可控。1:1 水灰比情况下浆液初凝时间可达到 15h 以上，最长可达到 32h15min，初凝时间长，为注浆后的解塞、提钻、扫孔提供时间。

（4）结石体力学性能好。早期抗压强度低，有利于解塞后扫孔工序的顺利施工；后期抗压强度高，1:1 水灰比的水泥基复合浆液 28 天抗压强度大于同等水灰比的单液水泥浆的强度，有利于注浆加固效果的发挥。黏接强度和抗拉轻度没有明显降低。

4.4　化学注浆材料

当受注地层为微裂隙或孔隙性地层时，传统的颗粒性材料如黏土水泥浆、单液水泥浆无法注入，需要使用化学注浆材料进行注浆。

在化学注浆材料方面，21 世纪以后建井分院研究开发了改性脲醛树脂浆液和乙酸酯水玻璃浆液，并应用于地面预注浆工程对孔隙性特殊地层的注浆堵水。

4.4.1　改性脲醛树脂浆液

针对孔隙性含水岩层的注浆需求，建井分院开发了新型改性脲醛树脂浆液。脲醛树脂在聚合反应过程中，脲醛树脂释放出小分子的水，浆液固化后虽强度高，但质脆易碎、抗渗性差，伴有体积收缩现象；而丙烯酰胺聚合反应后形成网状的不溶体，具有较高的弹性。在胶凝体系中，两类聚合物互补后，改性后的固化体既抗渗性能好，强度高，可以满足微

裂隙及孔隙性地层地面预注化学浆的要求。

1. 反应原理

研究的新型化学浆液胶凝体系中，含有脲醛树脂的聚合反应和丙烯酰胺的聚合反应，其机理如下。

1）脲醛树脂的聚合反应机理

脲醛树脂浆液是水溶性的一羟甲脲与二羟甲脲组成的溶液，在酸性催化剂存在下，缩合成不溶于水的网状聚合物。

在微酸性介质中，尿素与甲醛在发生加成反应的同时，一羟甲脲、二羟甲脲与尿素可缩合生成次甲基脲：

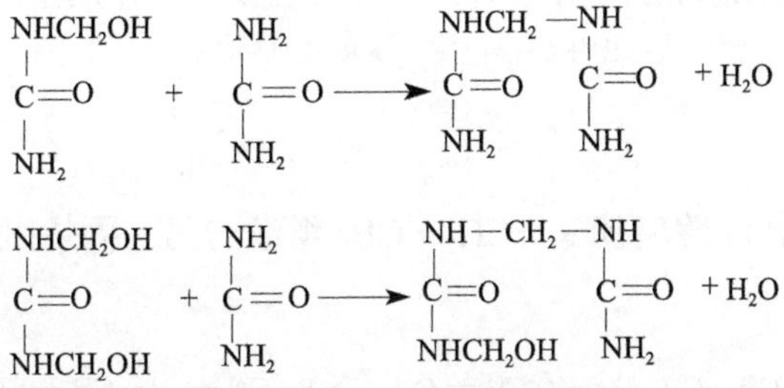

缩合反应继续进行，最后可得到含有羟甲基的缩聚物，即脲醛树脂：

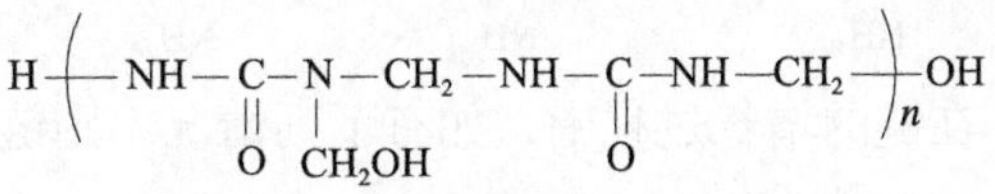

在酸性催化剂的作用下，缩聚反应进一步进行，发生分子间的交联作用生成网状体型结构的高聚物：

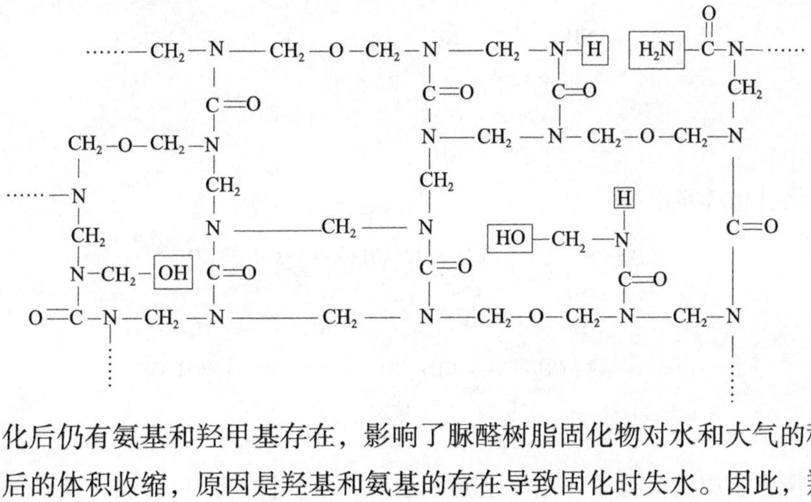

由于固化后仍有氨基和羟甲基存在，影响了脲醛树脂固化物对水和大气的稳定性。脲醛树脂凝固后的体积收缩，原因是羟基和氨基的存在导致固化时失水。因此，羟基和氨基越多，则固化时失水越多，固结体体积收缩越大。

2）丙烯酰胺的聚合反应机理

丙烯酰胺类浆液以丙烯酰胺为主剂，和其他交联剂、促进剂和引发剂等材料所组成。

丙烯酰胺浆液之所以容易聚合，主要是由于浆液中主剂丙烯酰胺的分子结构中含有一个双键，它在引发剂的作用下能被打开（引发剂过硫酸铵在还原剂的作用下，能发生氧化还原反应而产生游离基 NH_4SO_4，它与丙烯酰胺单体作用，按连锁反应历程生成聚合体）。以过硫酸铵与三乙醇胺为例，生成游离基的反应为：

$$4(NH_4)_2S_2O_8 + 4N(CH_2CH_2OH)_3 + 2H_2O \longrightarrow [N(CH_2CH_2OH)_3OH]_2SO_4 + [N(CH_2CH_2OH)_3H]_2SO_4$$
$$+ 2(NH_4)_2SO_4 + 4NH_4SO_4$$

丙烯酰胺的聚合反应历程为：

（1）链引发过程：引发剂游离基（$R^·$）与丙烯酰胺单体作用生成新的游离基：

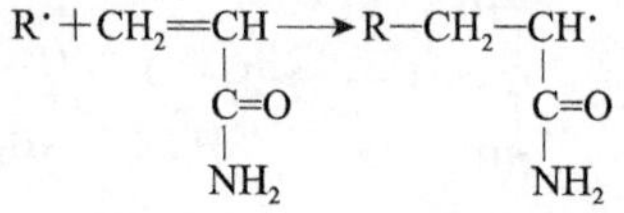

（2）链增长过程：新的游离基 $R-CH_2-CH^·$ 继续与另一丙烯酰胺单体按连锁反应生成大分子游离基：

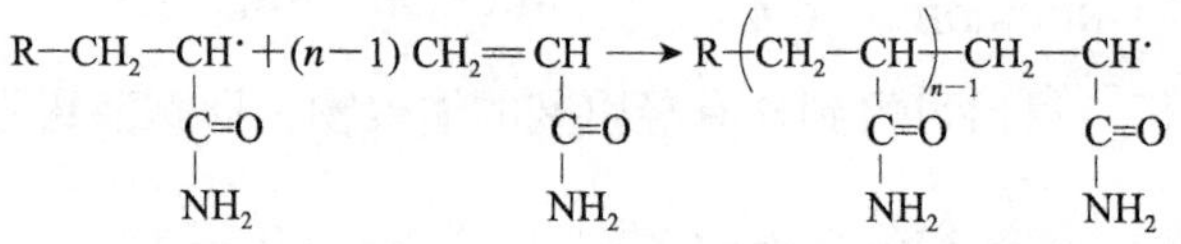

（3）链的终止过程：在链的增长过程中，如有下列情况，则链终止。

当两个大分子游离基之间发生作用，形成双基结合使链终止：

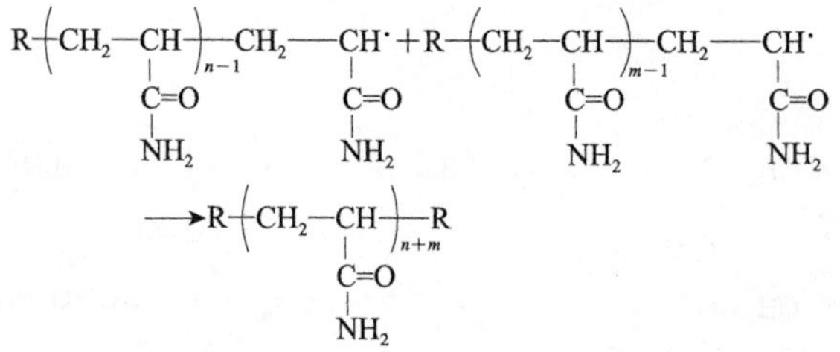

双基岐化引起链终止：

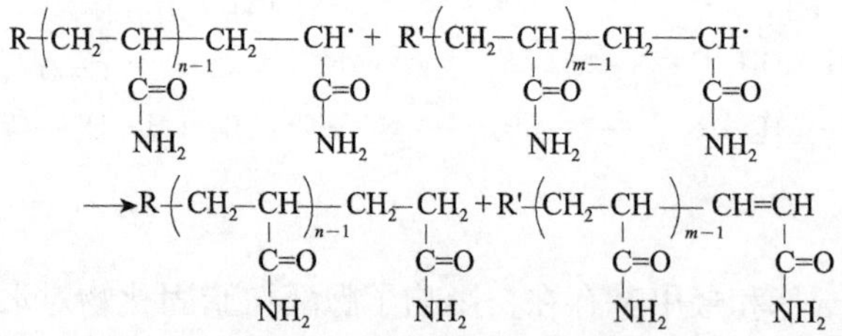

按上述情况生成的高分子，基本上是线型的，水溶性的，只有加入交联剂后，在形成长链分子的过程中产生交联反应，才能生成不溶于水，且富有弹性的含水胶凝体：

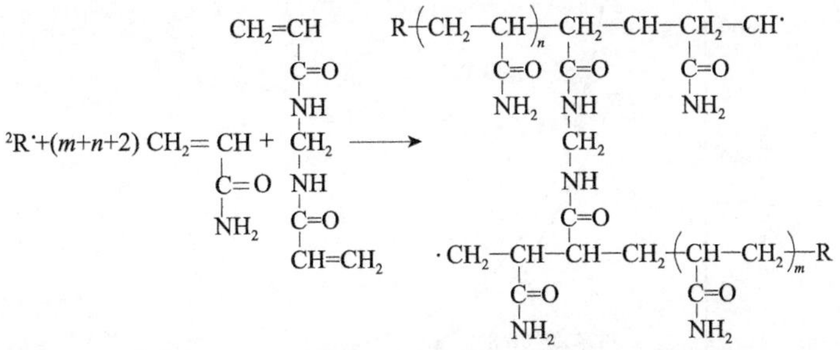

$$2R'+(m+n+2) CH_2=CH + CH_2 \longrightarrow$$

丙烯酰胺本身的聚合体是溶于水的。交联剂双丙烯酰胺含有两个双键，交联作用就是其中一个双键打开，插入丙烯酰胺的一个大分子中；另一个双键也打开，插入到另一个丙烯酰胺的大分子中，这样就把两个线型的大分子中间经过几个"桥"连接起来，得到了所谓的网状高分子，使原来的液体变成了不溶的固体。

2. 浆材组成及性能

本浆材主要脲醛树脂、丙烯酰胺、亚甲基双丙烯酰胺、草酸、过硫酸铵等组成。为降低对设备的腐蚀，用腐蚀性较小的草酸替代原脲醛树脂浆液配方中的硫酸。浆液的基本性能见表4-22。

表 4-22　浆液主要性能

项目	指标
浆液黏度	2～15mPa·s
胶凝时间	10～60min
固砂体强度	0.5～3.2MPa
毒理性能	浆液固结体无毒

浆液的胶凝时间是影响地面预注浆堵水成功与否的关键，需对浆液的胶凝时间进行研究。

1）过硫酸铵对胶凝时间的影响

过硫酸铵在丙烯酰胺浆液体系中起引发剂作用，图4-18为过硫酸铵含量对浆液胶凝时间的影响。

由图4-17可以看出，当浆液中草酸的含量在1.0%以下时，随着过硫酸铵含量的增大，浆液的胶凝时间缩短；当草酸的含量在1.0%以上时，过硫酸铵对浆液胶凝时间的影响不明显。

2）丙烯酰胺及双丙烯酰胺对胶凝时间的影响

双丙烯酰胺在浆液中作为交联剂，加入量的多少影响着交联程度的高低：交联程度低，则胶凝体发软；交联程度高，则胶凝体发脆。而对胶凝时间影响不大。实验研究了浆液中丙烯酰胺：双丙烯酰胺配比与胶凝时间的影响，如图4-19所示。

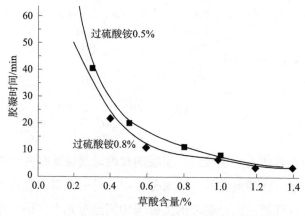

图 4-18　过硫酸铵对浆液胶凝时间的影响趋势图

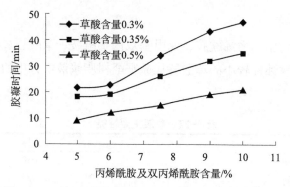

图 4-19　丙烯酰胺及双丙烯酰胺对浆液胶凝时间的影响

从图 4-19 可以看出，随着丙烯酰胺和双丙烯酰胺含量的增加，浆液的胶凝时间逐渐增大；随着草酸含量的增加，浆液的胶凝时间也逐渐增大。在试验条件下，丙烯酰胺及双丙烯酰胺的含量为 7.5%，草酸的含量由 0.3% 依次增加为 0.35%、0.5% 时，浆液的胶凝时间由 34min 缩短为 26min、15min；而当丙烯酰胺及双丙烯酰胺的含量为 10% 时，浆液的胶凝时间由 47min 缩短为 35min 和 21min。

3）草酸对浆液胶凝时间的影响

草酸在浆液中对脲醛树脂起固化作用，图 4-20 为草酸含量对浆液胶凝时间的影响。

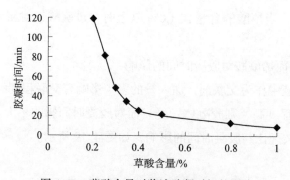

图 4-20　草酸含量对浆液胶凝时间的影响

图 4-20 反映了草酸含量对浆液胶凝时间的影响趋势。当草酸的含量低于 0.3% 时，浆液的胶凝时间较长，草酸对胶凝时间的影响曲线较陡；当草酸含量高于 0.5% 时，浆液的胶凝时间较短，草酸对胶凝时间的影响曲线较缓；当草酸的含量 0.3%～0.6% 时，浆液的胶凝时间在 20min 至 49min 可以调节，且草酸与浆液胶凝时间的对应关系比较明显。

4）温度对胶凝时间的影响

对于化学浆液，温度对浆液的胶凝时间有着极大的影响。

温度对浆液胶凝时间的影响如图 4-21 所示，当温度升高时，浆液的胶凝时间缩短；温度越低，浆液的胶凝时间越长。在一定的温度下，当草酸含量增大时，浆液的胶凝时间缩短。

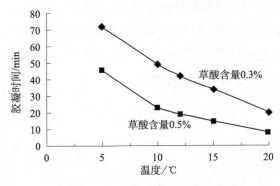

图 4-21　温度对浆液胶凝时间的影响

4.4.2　乙酸酯水玻璃浆液

针对千米级深井深部基岩的微裂隙和孔隙性地层，天地科技建井分院研制了乙酸酯水玻璃浆液。

该水玻璃浆液黏度小于 5.6mPa·s，胶凝时间 5～50min 可调，浆液结石体可抵抗 12MPa 裂隙水压力。

1. 反应原理

首先是乙二醇二乙酸酯在水溶液中水解生成乙二醇和乙酸，并达成一个动态平衡。然后水玻璃溶液的加入使得反应平衡被打破，反应向右边移动，反应生成的乙酸与水玻璃溶液反应，进而胶凝：

$$CH_3COOCH_2CH_2OOCCH_3 + H_2O \longleftrightarrow HOCH_2CH_2OH + 2CH_3COOH$$
$$Na_2O \cdot nSiO_2 + 2CH_3COOH \longleftrightarrow nSiO_2 \downarrow + 2CH_3COONa + H_2O$$

2. 浆液性能

本浆液主要由水玻璃、乙二醇二乙酸酯、添加剂 M 组成。浆液的主要性能参数见表 4-23。

表 4-23　浆液主要性状

项目	指标
浆液浓度	40%～60%
浆液黏度	<5.6 mPa·s
胶凝时间	5～50min
固砂体强度	1～3MPa
抗裂隙水压力	12MPa
毒理性能	浆液及结石体均为实际无毒物质

1）水玻璃浓度对浆液相关性能的影响

浆液中水玻璃的浓度对浆液的性能有着较大的影响。

图 4-22 为水玻璃浓度对浆液固砂体抗压强度的影响。由图得知，在其他条件一定的情况下，浆液固砂体的抗压强度随水玻璃的浓度的增加而增加。当水玻璃的浓度从 30% 增加到 70% 时，浆液固砂体的抗压强度能够从 0.5MPa 左右增加到 5MPa 左右。水玻璃浓度为 60% 左右时，固砂体的抗压强度上升趋势明显。

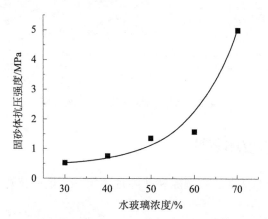

图 4-22　水玻璃浓度对浆液固砂体抗压强度的影响

表 4-24 为水玻璃浓度对浆液胶凝时间的影响。由表得知，在其他条件一定的情况下，水玻璃的浓度对浆液的胶凝时间影响不是很大，因此，在对浆液低黏度无要求的前提下，提高水玻璃的浓度能够有效地增加被注介质的强度而不会显著影响浆液的胶凝时间。

表 4-24　水玻璃浓度对浆液胶凝时间的影响

水玻璃浓度 /%	30	40	50	60	70
A 浆液胶凝时间 /min	9.6	7.8	7.1	6.8	6.5
B 浆液胶凝时间 /min	4.9	4.3	3.9	5.1	5.8

表 4-25 为水玻璃浓度对水玻璃 / 乙二醇二乙酸酯体系黏度的影响。由表得知，当水玻璃的浓度从 30% 增加到 70% 时，浆液的黏度从 4mPa·s 左右增加到 11mPa·s 左右。当水玻璃的浓度从 60% 增加到 70% 时，浆液的黏度迅速增加。当水玻璃的浓度小于或等于 50%

时，浆液的黏度能满足要求。

表 4-25　水玻璃浓度对浆液体系黏度的影响（20℃）

水玻璃 /%	乙二醇二乙酸酯 /%	水 /%	黏度 /（mPa·s）
30	4	66	3.56
40	4	56	4.73
50	4	46	5.84
60	4	36	6.92
70	4	26	10.84

2）乙二醇二乙酸酯对浆液相关性能的影响

乙二醇二乙酸酯作为水玻璃的胶凝剂，其浓度变化直接影响着浆液的各项性能。

图 4-23 为乙二醇二乙酸酯浓度对浆液固砂体抗压强度的影响。由图得知，当其他条件一定时，浆液固砂体的抗压强度随乙二醇二乙酸酯浓度的增加整体呈先升后降趋势。固砂体的抗压强度在酯浓度在 9% 时达到最大值，当酯浓度再增加时，强度有所下降。

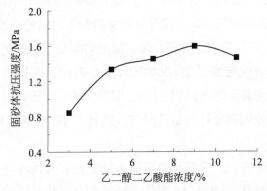

图 4-23　乙二醇二乙酸酯浓度对浆液固砂体抗压强度的影响

表 4-26 为乙二醇二乙酸酯浓度对浆液胶凝时间的影响。由表得知，当其他条件一定时，随乙二醇二乙酸酯浓度的增加，浆液的胶凝时间呈缩短趋势。水玻璃体积浓度为 50%时，随乙二醇二乙酸酯浓度从 3% 增加到 11% 时，浆液的胶凝时间从 44min 左右减少到 4min 左右。

表 4-26　乙二醇二乙酸酯浓度对浆液胶凝时间的影响

乙二醇二乙酸酯浓度 /%	3	5	7	9	11
胶凝时间① /min	43.9	7.1	5.6	4.9	4.3
胶凝时间② /min	32.1	6.5	5.7	4.3	4.2

（本章主要执笔人：刘书杰，田乐，陈振国，袁东锋，贺文，吴莹）

第 5 章

注浆装备

注浆装备主要有钻机、定向钻具、测斜定向仪器、注浆泵、止浆塞、浆液搅拌设备、监测计量仪器等。

建井分院从 20 世纪 60 年代开始对注浆专用仪器设备进行研制，冻注钻机、YSB 注浆泵、水力膨胀式和卡瓦式止浆塞、钻孔陀螺测斜仪、多普勒超声波密度计、自动搅拌机组等注浆专用设备，陆续填补国内注浆设备领域的空白，满足了煤矿注浆施工需求，为煤矿注浆技术的不断发展提供了保障。近 20 年来，随着煤矿注浆向深部发展，新的注浆工艺和注浆材料对注浆设备提出来新的要求，建井分院又研制了大量的注浆专业装备。

在钻机方面，"十一五"期间，为满足煤矿深定向钻孔（包括地面水平钻孔）和复杂地层安全钻进需求，建井分院研制了 TD-2000/600 型全液压顶驱钻机，钻井深度 2000m，以期替代常用的 TSJ2000 型磨盘钻机。"十二五"期间，结合长距离斜井冻结钻孔、岩石中大角度倾斜注浆钻孔和反井倾斜导孔的钻进需求，研制了 TDX-50 型和 TDX-150 型全液压斜井钻机。

在钻孔测斜定向仪器方面，为满足注浆和冻结钻孔有套管环境下的小顶角、高精度测斜和定向需求，建井分院从 20 世纪 60 年代开始研究小直径钻孔陀螺测斜与定向仪器，从最初的 JDT-1 型到"十五"期间的 JDT-6 型，在煤矿注浆和冻结钻孔工程中应用最广泛的是 JDT-5 型 JDT-6 型陀螺测斜定向仪。

在注浆泵方面，"十五"初期的 2002 年，根据新集刘庄煤矿 850m 深立井井筒地面预注浆的需求，联合兰州盛达石油机械有限公司研制了 BQ-500 型和 BQ-350 型三柱塞机械变速高压注浆泵，替代之前的 H300 型和 YSB-300/200 型活塞式注浆泵（最高压力 20MPa），最高压力分别达到 50MPa 和 35MPa，密封性能和寿命显著提高，基本满足 1000m 深度地面预注浆的需求，BQ-350 型注浆泵成为井筒地面预注浆施工的首选泵型，被广泛使用。"十一五"期间，为满足地面快速抢险时双液和野外注浆需求，采用 BQ-350 型柱塞泵的泵头，重新设计了可调式液力变矩器，配套电机和柴油可选动力，研制了 YSB-350 型注浆泵。为配合千米深井地面化学预注浆工艺需求，研制了 HZBBJ-300/35-H 型变频调速高压化学注浆泵和 ZBBJ-380/35 型变频调速高压注浆泵。

钻孔止浆塞是实现分段注浆的重要机具，根据地层条件实施分段注浆，才能充分保证注浆质量。建井院从 20 世纪 60 年代开始，为改变孔口加大盖的注浆方式，实现分段注浆，首先研制了三爪式和异径式单管止浆塞；"五五"期间研制了 ZGS-l 型水力膨胀式单管止浆塞；"六五"研制了 KWS 型卡瓦式止浆塞，"七五"期间对卡瓦式止浆塞进行了系列化。在"十一五"期间又对卡瓦式止浆塞胶筒进行了耐用型改进；"十二五"期间针对地面水平钻孔预注浆需求，研制了水力坐封止浆塞。

在注浆液搅拌设备方面，常用的是人工拆代送料的机械式低速搅拌机。"六五"期间，为适应煤矿抢险注浆连续大搅拌量需求，研制了 ZSJ-300 型搅拌机组。在"十一五"期间，为改变地面预注浆人工拆代搅拌的落后状况，研制了水泥浆和黏土水泥浆自动上料搅拌和计量监控系统，减轻了工人劳动强度，提高了浆液配比精度，以在煤矿预注浆工程中普遍应用。

本章主要介绍了 TD2000/600 型全液压顶驱钻机、TDX-50 型和 TDX-150 型斜井钻机和 JDT 系列小直径高精度陀螺测斜定向仪等钻进设备，BQ 系列机械调速高压柱塞泵、YSB-350 型液力变矩调速高压注浆泵和 HZBBJ 变频高压注浆泵，KWS 系列止浆塞和水力坐封式止浆塞，以及自动浆液搅拌监控系统等新研制的注浆专用装备。

5.1 钻进设备

针对煤矿井筒地面预注浆、深部矿井围岩治理、煤层底板水害区域治理等定向钻孔施工需求，建井分院陆续研发了多种新的钻进装备和仪器，包括：TD2000/600 型全液压顶驱钻机、TDX-50 型和 TDX-150 型斜井钻机、JDT 系列小直径高精度陀螺测斜定向仪等，解决和满足了注浆工程急需的装备问题。

5.1.1 全液压顶驱钻机

根据煤矿施工 L 形注浆孔和煤层气开采用水平钻孔的施工需求，研制了 TD2000/600 型全液压顶驱钻机，解决了煤炭及相关行业高难钻孔的高效施工及深部煤田地质勘探没有合适的顶驱钻机的难题。参见图 5-1 和图 5-2。

1. 技术特征

TD2000/600 型全液压顶驱钻机主要技术参数见表 5-1。

表 5-1　TD2000/600 型全液压顶驱钻机主要技术参数

项目	规格参数
额定钻井深度 / m	2200（ϕ89mm 钻杆、钻探口径 ϕ152mm）
最大钻井扭矩 /（kN·m）	18
主轴转速 /（r/min）	0～180（无级调速）
最大卸扣扭矩 /（kN·m）	35

项目	规格参数
绞车最大单绳钩载 / kN	100
可使用钻杆直径 / mm	$\phi73\sim114$
最大加尺长度 / m	18.6
井架高度 / m	27（K 型快速拼装、自起井架）
吊臂倾斜、旋转	前倾 60°，后倾 30°；旋转 120°
底盘尺寸 / m	7.0×6.0

（a）钻机外观　　　　　　　（b）钻机结构示意图

图 5-1　TD2000/600 型顶部驱动钻机

1. 操作控制系统；2. 井架；3. 液压顶驱装置；4. 液压系统；5. 液压绞车

图 5-2　顶部驱动装置

2. 结构及特点

TD2000/600 型液压顶驱式钻机（具有顶部驱动装置的钻机简称）由液压顶驱装置（动力头）、液压绞车系统、井架及底座系统、操作控制系统、液压泵站系统 5 个模块式结构组成，可满足快速拼装，便于野外道路运输，适合野外工作环境。液压顶部驱动装置部分由减速箱、水龙头总成、背钳总成、回转体总成部分、滑车总成等组成。在钻进时，提升力通过主轴和保护接头将扭矩传递给钻柱。

相比煤炭系统常用的转盘钻机，该钻机采用顶部驱动结构，将钻机动力部分由下边的转盘移动到钻机上部的水龙头处，可以实现在井架内部上部空间直接连接钻杆，直接旋转钻柱，并沿专用导轨向下送钻，完成以立根为单元的旋转钻进、循环钻井液、进行倒划眼等操作。在井架内沿着轨道的任何位置，动力头可以连接钻杆，可以及时接通泥浆管路进行泥浆循环。具有处理事故能力强、立根（18m）钻进、加尺方便、扭矩和转速易于调节、定向钻进精度更易控制的特点。相比石油系统的大型顶驱钻机，其结构简单、重量轻、安装使用方便、价格经济。

该钻机的主要特点如下：

（1）无主动钻杆，采用动力头自动接、卸钻杆，节省钻杆连接时间。沿专用导轨上下钻具，可以完成以立根为单元的旋转钻进、循环钻井液提下钻、倒划眼等，能最大限度地减少钻井事故。

（2）动力头上安装有摆臂吊环和背钳，可以实现钻杆的主动抓取和自动上卸扣；动力头部设置有有线随钻导线的穿入装置，保证有线和无线随钻的使用。

（3）液压系统采用无级变量液压泵和无级变量液压马达，实现主轴转速和扭矩的无级调节及最优匹配，实现液压油的由需定供，避免液压油的多余供给，减少系统的发热，提高液压系统的可靠性，增加液压油的使用寿命。可满足不同钻进工况。所有动作全部由液压传动来完成。

（4）配有液压盘刹装置，液压绞车制动采用液压盘刹系统，安全、可靠，自动化程度高，与 PLC 关联可以实现自动送钻。

（5）动力头部设置有液压刹车装置，具有定向施工时锁定主轴功能，特别适用于钻进定向孔和水平孔。

（6）节省定向钻进的时间，提高定向钻进的速度。定向钻进施工中，由于可以实现立根钻进、泥浆循环，减少了重复测量的次数，并且容易控制井底马达的造斜方位，提高定向钻进速度。

（7）采用单导轨结构；采用 K 型快速拼装、自起井架，安装简捷，对场地条件要求低。

3. 适用范围

该钻机可适用于煤矿底板治理、页岩气、煤层气等水平钻孔施工、快速救援抢险大直径钻孔施工、立井井筒地面预注浆钻孔施工、立井井筒冻结钻孔施工、地面反井导孔钻孔施工、地质勘探钻孔施工等。

5.1.2　井下斜井钻机

为解决反井斜井导孔、斜向工程钻孔等斜孔钻进问题，研制了 TDX-50 型井下斜井钻机，外形图见图 5-3。TDX-50 型斜井钻机是一种在井巷内施工 0°～90° 孔的钻机，它和井下动力钻具及无线随钻仪器配合，可进行定向孔施工。

图 5-3　TDX-50 型斜井定向钻机设备外形图

1. 技术特征

TDX-50 型斜井钻机具体技术参数见表 5-2。

表 5-2　TDX-50 型斜井钻机主要技术参数

项目	规格参数
钻孔直径 /mm	190（ϕ89 钻杆）
钻机功率 /kW	90
回转扭矩 /（kN·m）	16
主轴转速 /（r/min）	0～80（无级调速）
最大推力 /kN	500
钻孔倾斜角度（与水平方向夹角）/（°）	0～90
钻杆直径 /mm	89
一次推进行程 /mm	4500
适用钻杆长度 /mm	4500
钻机行走速度 /（km/h）	2
钻机爬坡能力 /（°）	20
辅助液压绞车提升力 /kN	15
液压夹持器 /mm	上开式，宽 181
运输尺寸（长×高×宽）/m	8.8×2.2×2.9

2. 结构及特点

TDX-50 型钻机由钻杆上卸扣装置、行走机构、导轨、动力头、钻孔倾角调整机构及液压系统、控制系统等部分组成。钻机所有部件（包括液压系统泵站、动力头、钻架、导轨架等）均安装在钢制履带底盘上。其中，动力头负责钻具回转工作，采用钻杆上卸扣装置实现机械拧卸钻具，钻孔倾角调整机构、倾角锁紧机构控制钻孔角度。钻机操纵台、钻机行走操纵台、电路开关及泥浆阀门均集中置于钻机机架一侧。参见图 5-3 和图 5-4。

该钻机的主要特点如下：

（1）钻机的动力机为电机，电机通过联轴器及分动箱，驱动两组三联泵工作；适宜于巷道内施工。

（2）钻机的给进提升系统为马达–链条增力机构，具有较强提升能力。

（3）钻机的动力头为三马达驱动，满足定向施工工况要求。

（4）全液压控制系统，维护操作便捷。

（5）钻机的行走为履带结构，具备自行走功能。

（6）钻机的桅杆可在 0～90° 内调整，可调节入孔角度。

（7）钻机配有机载液动泥浆泵，施工便利。

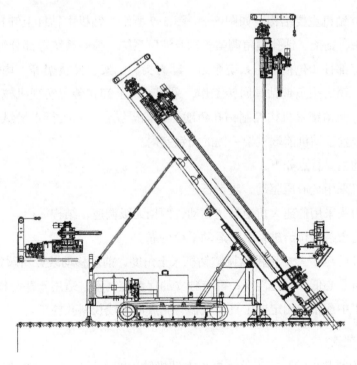

图 5-4 斜井钻机导孔施工示意图

3. 适用范围

该钻机适用于水电工程、金属矿山和煤矿的井下巷道内 0～90° 倾角的注浆钻孔、反井导孔和其他工程定向钻孔的施工。

5.1.3 地面斜井钻机

为解决斜井冻结孔、注浆孔长斜孔钻进难题，建井分院研制出了 TDX-150 型斜井钻机。

1. 技术特征

TDX-150 型斜井钻机主要参数见表 5-3。

表 5-3 主要技术参数

项目	规格参数
钻孔倾斜角度（与水平方向夹角）/（°）	<25
偏斜控制 /%	0.4
钻孔斜长 /m	500
动力头转速 /（r/min）	0～180
钻井最大扭矩 /（kN·m）	20
最大进给、提升力 /kN	1500
运输尺寸 /m	长 18× 高 3.5× 宽 2.2

2. 结构及特点

TDX-150 钻机主要结构，如图 5-5～图 5-7 所示。钻机由钻杆上卸扣装置、行走机构、导轨、动力头、钻架、钻孔倾角调整机构及液压系统、控制系统等部分组成。

钻机所有部件（包括液压系统泵站、动力头、钻架、导轨架等）均安装在钢制履带底盘上。其中，动力头负责钻具回转工作，采用钻杆上卸扣装置实现机械拧卸钻具，钻孔倾角调整机构、倾角锁紧机构控制钻孔角度。钻机操纵台、钻机行走操纵台、电路开关及泥浆阀门均集中置于钻机前端机架一侧的司钻室内。

该钻机的主要特点如下：

（1）钻机采用全液压驱动，履带行走。

（2）动力头采用低速大扭矩马达驱动，两档无级调速，结构简捷。

（3）齿轮齿条推拉给进系统，运动平稳可靠。

（4）桅杆可在 0～25° 范围内调整钻机入土角度，前后移动装置新颖独特。

（5）整机重心低，稳定性好；配有独立的保温控制室，适用于寒冷作业区域。

（6）施工中配备专用定向工具及仪器，完成沿轴线长斜孔施工。

3. 适用范围

除应用于斜井冻结孔施工外，根据本钻机钻进能力强、易于进行偏斜控制的特点，可推广到地铁隧道建筑物下水平注浆加固、市政非开挖施工等领域。

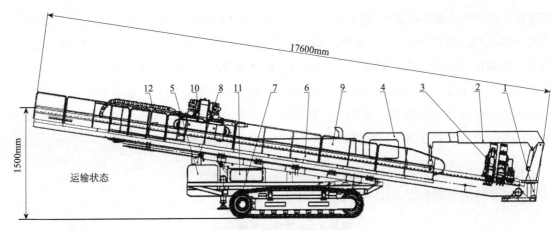

图 5-5　斜井钻机示意图

1.锚固座；2.吊车；3.夹持器；4.驾驶室；5.动力系统；6.钻架；7.底盘；8.钻孔倾角调整机构；
9.柴油箱；10.动力头及推拉装置；11.液压油箱；12.拖链和液压管路

图 5-6　TDX-150 钻机

图 5-7　TDX-150 钻机施工现场

5.1.4　陀螺测斜定向仪

为解决高精度 S 形注浆钻孔和冻结钻孔的测斜及定向问题，"七五"和"八五"期间在 JDT-3 型和 JDT-4 型陀螺测斜定向仪的基础上陆续研发了拥有自主知识产权的 JDT-5 型和 JDT-6 型陀螺测斜定向仪，以满足对钻孔轨迹有精确要求的工程需要。应用最多的是 JDT-5 型和 JDT-6 型陀螺测斜仪。

JDT-5 型陀螺测斜仪采用半捷联式结构和石英挠性加速度计，同时大幅度减小定向陀螺的负载，并具有 360° 测量机构和导向靴，不仅可测量钻孔的顶角和方位角，也可测量工具面角，不仅具有测斜功能，也实现了定向功能，可用于钻孔定向钻进，主要用于对垂直度要求很高的冻结孔测斜。JDT-6 型陀螺测斜仪也采用半捷联式结构和石英挠性加速度计，用石英加速度计测量顶角，顶角测量精度高，可达到 ±3′，利用陀螺和高精度侧向传感器测量方位角，不受井下磁性环境干扰，可在钻杆和套管中进行测量，适合煤矿冻结和注浆等小顶角高精度钻孔的测斜及定向；且数据输出直观，可直接显示钻孔轨迹图，是煤炭系统应用最广泛的测斜仪器。该型仪器采用点测方式，无连续测斜功能。

1. 技术特征

JDT 系列陀螺测斜定向仪技术参数见表 5-4。

表 5-4　主要技术参数

型号	JDT-5	JDT-6
外径 /mm	54	48
长度 /mm	1400	1400
顶角测量范围 /（°）	-40～40	-60～60
顶角测量精度 /（′）	±4	±4
方位/定向角测量范围 /（°）	360	360
方位/定向测量精度 /（°）	±2.5	±2.5
主要功能及应用范围	用于工程孔或冻结孔测斜及定向，适用于 ϕ89mm 钻杆，可连续测量	用于各种钻孔测斜及定向，适用于 ϕ73mm 钻杆

2. 结构及特点

以常用的 JDT-6 型陀螺测斜定向仪结构为例。其整体结构主要由井下探管和地面仪器及便携计算机组成。地面仪器向探管供三相电压，井下探管的单片机系统将采集到传感器信号转换为 FSK 调制信号。经电缆传输到地面，井上地面仪器将 FSK 信号调节，其单片机系统接收解调后的信号并根据公式计算出井轴心轨迹的倾斜角、方位角等参数，生成测试文件供打印和分析用。

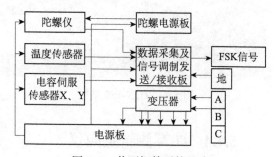

图 5-8　井下探管系统组成

井下探管由陀螺仪、两路电容伺服加速度计、温度传感器、变压器电源板、陀螺电源板和数据采集及信号调制发送组成，见图 5-8。

地面仪器由陀螺三相电源、电源、单片机系统及串口组成。

该系列仪器主要特点是：能定点测量，数字化显示和记录，抗电磁干扰，定向速度快，测量精度高，直径小，测斜和定向探管一体式结构安装简洁。

5.2　注浆泵

注浆泵是输送浆液的动力设备，是使浆液进入地层裂隙或孔隙的动力源，是注浆设备中最关键的设备之一。20 世纪 70 ～ 80 年代，建井分院相继研发了 YSB-250/120 型液力调速注浆泵、YSB-300/200 型液力调速注浆泵和 2MJ-3/40 型隔膜计量注浆泵等专用的注浆泵。2000 年以后，随着注浆深度的加大，原有的注浆泵已不能满足注浆压力、流量等要求，建井分院又研制了地面注浆用的 BQ 机械调速系列、YSB 液力变矩器系列和 ZBBJ 系列变频调速系列等三个系列的高压柱塞注浆泵。

5.2.1　机械调速高压注浆泵

机械调速注浆泵，其调速的基本原理是通过变换机械变速箱的档位（传动比）来实现泵流量的变化，具有结构简单紧凑，性能可靠，手动换挡操作也相对简单等特点。"十五"和"十一五"期间，为满足深井地面预注浆高压注浆的需求，建井分院与相关单位联合研制了 BQ 型系列注浆泵。常用型号有 BQ-350 型和 BQ-500 型。BQ-350 型注浆泵外形见图 5-9。

图 5-9　BQ-350 型注浆泵

1. 技术特征

BQ 型系列注浆泵技术参数见表 5-5。

表 5-5   BQ 型系列注浆泵主要技术参数

型号		压力/MPa	流量/（L/min）	柱塞直径/mm	行程/mm	冲次/（次/min）	电机功率/kW	质量/kg	外形尺寸/mm
BQ-350	I	35	99	100	160	26	132	5100	5100×2100×1500
	II	35	132			35			
	III	33.6	181			48			
	IV	24.8	245			64.8			
	V	18.3	332			88			
	VI	13.4	453			120			
	VII	10	607			161			
BQ-500	I	50	204	90	120	89	215	5200	5500×2200×1500
	II	40	250			109			
	III	24.5	417			182			
	IV	19.8	513			224			

2. 结构及特点

BQ-350 型注浆泵系卧式三缸单作用柱塞泵。以撬架为安装基座，主要由电动机、离合器、变速箱（7 档）和泵缸头组成，如图 5-10 所示。电动机输出通过离合器传至变速箱，再经万向轴带动三缸泵。

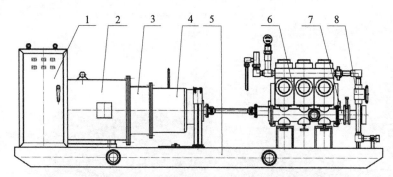

图 5-10   BQ-350 型注浆泵结构示意图
1. 电控柜；2. 电动机；3. 连接盘；4. 变速箱；5. 撬座；
6. 三缸泵；7. 吸入管系；8. 排出管系

BQ-500 型注浆泵结构与 BQ-350 型注浆泵类似，变速箱为 4 档，无离合器，如图 5-11 所示。

BQ 系列三缸柱塞泵特点：

（1）结构形式：卧式三缸单作用柱塞泵。

（2）泵缸余隙容积小，效率高。

（3）密封采用橡胶、夹布橡胶和聚四氟乙烯塑料密封圈交替安装的方式，耐高压、使用寿命长。

（4）缸盖采用了快速装卸的梯形螺栓。

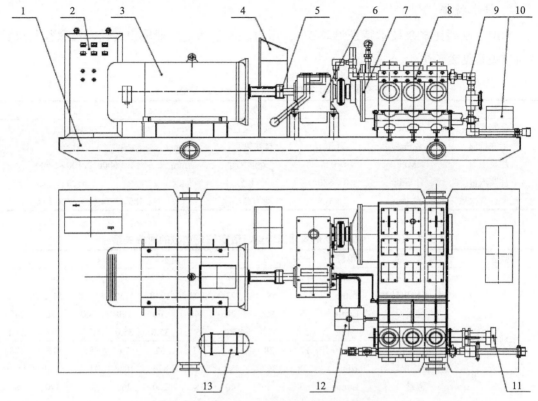

图 5-11　BQ-500 型注浆泵结构示意图

1.撬座；2.电控柜；3.电动机；4.操作系统；5.弹性柱销联轴器；6.变速箱；
7.减速器；8.三缸泵；9.排出管系；10.备件及专用工具箱；
11.吸入管系；12.润滑系统；13.气路系统

（5）柱塞与十字头采用拆装方便的弹性杆连接。

（6）为了减少十字头比压，采用曲轴中心线比十字头中心下降 1/4 冲程的结构。

（7）连杆轴承采用滑动轴承，结构紧凑，体积小，重量轻。

（8）为了改善操作者的劳动条件，操纵换挡基于气控来实现。

3. 适用范围

BQ 型系列注浆泵属三柱塞式机械变速高压注浆泵，主要用于地面预注浆，输送单液水泥浆、黏土水泥浆、水泥 - 水玻璃双液浆等浆液，也可用于泥浆泵、作业泵、管道试压泵等。

5.2.2　液力变矩式注浆泵

液力调速注浆泵的调速系统采用了可调式液力变矩器为调速传动装置，由于可调式液力变矩器功率可调且具有相对稳定的恒功率运转特性，使该系列注浆泵具备当压力稳定时可无级变速调量和压力增高流量自动降低的特性。为满足千米深井压力需求，在 YSB-250/120、YSB-300/200 型液力调速注浆泵基础上，研制了 YSB-350 型液力变矩式注浆泵。

1. 技术特征

YSB-350 型注浆泵技术特征见表 5-6，压力、流量和变矩器输出转速、活塞往复次数的对应关系见表 5-7。

表 5-6   YSB-350 型注浆泵主要技术参数

参数名称	单位	参数值	参数名称	单位	参数值
活塞直径	mm	100	吸浆管直径	mm	102
活塞行程	mm	150	排浆管直径	mm	51
注浆压力	MPa	0～35	外形尺寸	mm	6000×2100×2600
注浆流量	L/min	0～380	重量	kg	6500
活塞往复次数	次/min	0～108	动力源功率	kW	185（电动机）、206（柴油机）

表 5-7   压力、流量和变矩器输出转速、活塞往复次数的对应关系

型号	技术参数	单位	技术数据								
YSB-350	活塞往复次数	次/min	17	25	34	40	45	51	57	62	68
	变矩器输出转数	r/min	386	580	773	902	1030	1159	1288	1417	1546
	流量	L/min	60	90	120	140	160	180	200	220	240
	压力	MPa	35.0	35.0	35.0	35.0	35.0	35.0	32.7	29.3	26.4
	活塞往复次数	次/min	17	28	40	51	62	74	85	96	108
	变矩器输出转数	r/min	238	397	556	715	874	1033	1192	1351	1510
	流量	L/min	60	100	140	180	220	260	300	340	380
	压力	MPa	35.0	35.0	35.0	33.4	29.1	25.2	21.9	19.1	16.8

（型号列 I 对应上四行，II 对应下四行）

2. 结构及特点

YSB-350 型注浆泵系卧式三缸单作用柱塞泵，主要由电机（柴油发动机）、可调式液力变矩器、机械变速箱和泵缸头组成，如图 5-12 和图 5-13 所示，具有如下特点：

（1）由于变矩器具有减振和抗冲击作用，可以延长注浆泵的使用寿命。

（2）具有良好的爬坡性能和过载保护作用。

（3）能配备柴油发动机以实现矿井无电情况下水害抢险的快速、及时。

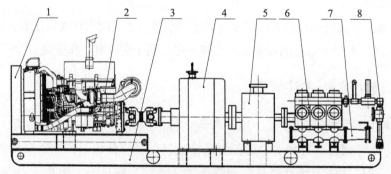

图 5-12   YSB-350 型注浆泵（柴油机为动力）结构示意图
1.冷却器；2.柴油机；3.撬座；4.可调式液力变矩器；
5.变速箱；6.三缸泵；7.吸入管系；8.排出管系

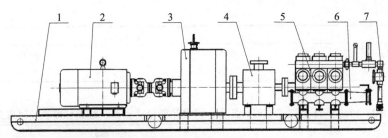

图 5-13　YSB-350 型注浆泵（电动机为动力）结构示意图
1. 撬座；2. 电动机；3. 可调式液力变矩器；4. 变速箱；
5. 三缸泵；6. 吸入管系；7. 排出管系

3. 适用范围

YSB-350 型注浆泵采用独特的可调液力变矩器调速，能实现无级调速，可配备电动机和柴油发动机动力，主要用于地面预注浆，输送单液水泥浆、黏土水泥浆、水泥 - 水玻璃双液浆等腐蚀性不强的浆液，也可作为矿井水害快速的抢险注浆泵。

5.2.3　调频式注浆泵

调频式注浆泵，通过调节变频调速电动机输入频率以实现注浆量的无级变量。该类型注浆泵的流量可控范围较大，控制精度较高，大大提高了低速运行性能，并具有较佳节能效果、大幅度减小了对电网的冲击。

ZBBJ 型系列变频调速注浆泵，采用三缸单作用柱塞式泵缸头（与 BQ-350 型注浆泵相同），调频电机调节转速，可实现输出流量的无级调节，满足高压注浆泵的双液和单液注浆的流量调节需求。

1. 技术特征

ZBBJ 系列注浆泵技术特征见表 5-8。ZBBJ-300/35-H 型注浆泵设计压力、排量和变频器频率、柱塞往复次数的对应关系见表 5-9。ZBBJ-380/50 型注浆泵设计压力、排量和变频器频率、柱塞往复次数的对应关系见表 5-10。

表 5-8　ZBBJ 系列注浆泵技术特征参数

项目	规格参数	
型号	ZBBJ-300/35-H	ZBBJ-380/35
柱塞直径 /mm	90	90
柱塞行程 /mm	150	200
注浆压力 /MPa	0～35	0～50
注浆流量 /（L/min）	0～300	0～380
活塞往复次数 /（次 /min）	0～104.8	0～99.6
吸浆管直径 /mm	102	102
排浆管直径 /mm	51	51
外形尺寸 /mm	4100×2200×2600	4500×2200×2600

续表

项目	规格参数	
质量 /kg	4500	5100
动力源功率 /kW	160	220

表 5-9　ZBBJ-300/35-H 型注浆泵设计压力、排量和变频器频率、柱塞往复次数对应关系

项目	规格参数						
频率 /Hz	10	20	30	40	50	60	70
柱塞往复次数 / (次 /min)	16.4	32.8	49.2	65.6	82	98.5	114.9
电机功率 /kW	32	64	97	129	160	160	160
泵排量 / (L/min)	47	94	141	188	234	282	329
压力 /MPa	35	35	35	35	35	29	24.5

表 5-10　ZBBJ-380/50 型注浆泵设计压力、排量和变频器频率、柱塞往复次数对应关系

项目	规格参数						
频率 /Hz	20	30	40	50	60	70	80	90
柱塞往复次数 / (次 /min)	23.8	35.7	47.6	59.5	71.4	83.3	95.2	107.1
电机功率 /kW	87	132	175	220	220	220	220	220
泵排量 / (L/min)	90.8	136	181	227	227	318	363	408
压力 /MPa	50	50	50	50	42	36	31.5	28

2. 结构及工作原理

ZBBJ 系列注浆泵主要由变频器、电动机、减速箱、三缸泵、吸入管系、排出管系及撬座等组成，如图 5-14 所示。电动机经万向轴带动减速箱，减速后经三缸泵主动轴传动，带动曲柄连杆机构，使柱塞作往复运动，实现注浆泵吸、排浆液的功能。通过调节变频器的频率，改变电动机的输出转速，可以实现注浆泵输出流量的无级调节。

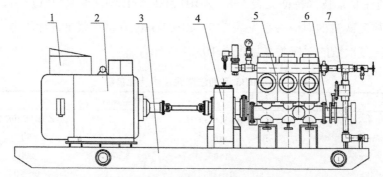

图 5-14　ZBBJ 系列注浆泵结构示意图

1. 变频器；2. 电动机；3. 撬座；4. 减速箱；5. 三缸泵；6. 吸入管系；7. 排出管系

3. ZBBJ 系列注浆泵特点

（1）采用调频电机调速，可实现泵量的无级调节，适应性强。

（2）可用于双液注浆，实现甲、乙两种浆液的任意配比注浆。

（3）可实现固定转速（泵量）运转，限压自动停机保护。

（4）ZBBJ-300/35-H 型注浆泵柱塞、泵腔、高低压阀等部件经过特殊耐腐处理，可用于有一定腐蚀性化学材料注浆。

（5）泵输出压力较高。

（6）采用调频电机，节省电力。

4. 适用范围

主要用于煤矿地面预注浆工程。其中 ZBBJ-380/35 型主要用于输送单液水泥浆、黏土水泥浆、水泥 - 水玻璃双液浆等浆液，ZBBJ-300/35-H 型注浆泵可输送腐蚀性的化学浆液。也可应用于水电、公路、铁路等的注浆工程中。

5.3　止浆塞

止浆塞是在注浆钻孔中实现分段注浆、防止钻孔返浆、合理使用注浆压力和控制注浆范围、确保注浆质量的重要装备，特别是几百米甚至上千米深的地面预注浆钻孔中，止浆塞的作用尤其重要。其工作原理为在轴向压缩或其他方式的外力作用下，使封隔件（一般为胶筒）产生径向膨胀，与钻孔或套管内壁挤紧，从而封隔注浆段浆液，实现分段注浆。

在我国煤炭注浆系统的发展中，止浆塞随着注浆技术的发展出现了各种各样的形式。在止浆塞的发展初期，有异径式、三爪式止浆塞，后来出现水力膨胀式止浆塞。20 世纪 80 年代末建井研究分院研制出了 KWS 卡瓦式止浆塞，在"十一五"期间，又进行了承压改进，使之更加耐用，因其结构简单、止浆性能稳定，在煤矿井筒地面预注浆工程中应用非常广泛。

"十一五"期间，在研究地面 L 形水平定向钻进注浆技术过程中，为了解决近水平钻孔的止浆问题，建井分院研制了水力坐封止浆塞，该水力坐封式止浆塞可用于顶角较大的斜孔和水平定向钻进注浆技术，也可用于井下水平孔注浆技术。

5.3.1　卡瓦式止浆塞

卡瓦式止浆塞坐封工作时，由卡瓦与孔壁以及胶筒与孔壁间的正压力所提供的摩擦力来平衡坐封力及注浆时高压浆液对止浆塞向上的作用力，正压力越大，所能提供的摩擦力也就越大，止浆塞所能承受的注浆压力也就越大，所以卡瓦式止浆塞能够承受较高的注浆压力。卡瓦式止浆塞需要坐封在强度相对较高的岩层中。随着深井注浆压力要求越来越高，又对卡瓦式止浆塞的止浆胶筒进行了研究改进，研发了纤维加强胶筒，代替了过去的纯胶和夹线式胶筒，使止浆压力达到 25MPa。卡瓦式止浆塞参数见表 5-11。

表 5-11　卡瓦式止浆塞参数

项目	规格参数
胶筒外径 D/mm	110，115，120，125，130，146，168，180
胶筒内径 /mm	50
胶筒全长 /mm	700
卡瓦直径伸缩范围 /mm	$D\pm12$
坐封力 /t	4～5
承受注浆压力 /MPa	25
整机全长 /mm	2600～2800

1. 结构组成

卡瓦式止浆塞的结构组成如图 5-15 所示，根据各零部件的作用将其分为四部分，即密封部分、固定部分、提升部分和连接部分。

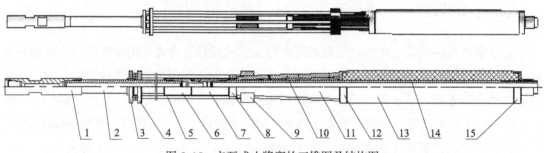

图 5-15　卡瓦式止浆塞的三维图及结构图

1.钻杆接头；2.上中心管；3.压盘；4.滑动法兰；5.拉杆；6.上反接头；7.下反接头；8.上挡块；
9.卡瓦；10.导向键；11.锥体；12.上托盘；13.胶筒；14.下中心管；15.下托盘

（1）密封部分是实现密封注浆的重要部件，包括上托盘、胶筒、下托盘。上托盘与锥体由丝扣相连，下托盘与下中心管由丝扣相连，胶筒位于上下托盘之间；坐封时，上托盘锥体受卡瓦的限制静止不动，在中心管的作用下，下托盘向上移动，迫使胶筒轴向压缩，径向膨胀，封隔钻孔或套管。

（2）固定部分由锥体、卡瓦、导向键、卡瓦上挡块组成。锥体为上大下小的零件，卡瓦可沿锥体自由向下移动，卡瓦处于锥体上部时，为收拢状态，使卡瓦不与钻孔内壁接触；卡瓦处于锥体下部时，卡瓦被撑开，与钻孔内壁挤紧，坐封和注浆工作时，限制止浆塞的上移。

（3）提升部分是注浆完毕解封后取出止浆塞的主要部件，由滑动法兰、拉杆以及压盘组成，解封时，止浆塞的正反接头处断开，分成上下两部分，上部分带动滑动法兰，再由滑动法兰带动拉杆，拉杆带着卡瓦向上移动，迫使卡瓦处于收拢状态，再由卡瓦带着下半部分提出钻孔。

（4）连接部分通过上下接头将止浆塞连接为一个整体，并形成注浆的通道。其由钻杆接头、上中心管、上反接头、下反接头以及下中心管组成。滑动法兰装在上中心管上，能在上中心管上自由上下移动。下中心管上套有锥体，锥体也能沿中心管上下移动。同样，胶筒也是套在下中心管上的，可上下移动。

2. 工作原理

卡瓦式止浆塞的工作原理为：止浆塞随钻杆沿钻孔下放过程中，卡瓦和胶筒处于自由状态，直径小于钻孔，当下放到设计的止浆位置，钻杆向上提拉，三块卡瓦在自重作用下沿锥体向下滑动，直径增大，卡瓦与孔壁接触、直至与孔壁楔紧，形成支点，是胶筒上托盘不再向上移动，这时胶筒底部的托盘继续随钻杆向上移动，压缩胶筒产生横向膨胀，与孔壁贴紧，即可实现坐封，起到止浆作用。注浆过程中，卡瓦与孔壁的作用力以及胶筒与孔壁的摩擦力共同承受钻杆向上的拉力和浆液向上的推力。解卡时，先转动钻杆解开止浆塞内部的反丝，钻杆再向下加压推动椎体向下移动，向中心拉动卡瓦，缩小卡瓦直径，卡瓦与孔壁脱离接触，胶筒两端失去压力，在自身弹性作用下恢复原有直径，实现解封，然后可将止浆塞提出孔外。

3. 工作过程

在注浆的整个过程中，可将止浆塞的工作分为四个过程，即下塞、坐封、解封和提塞，如图 5-16 所示。

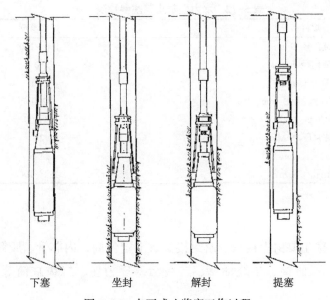

| 下塞 | 坐封 | 解封 | 提塞 |

图 5-16 卡瓦式止浆塞工作过程

（1）下塞：如图 5-16 所示，止浆塞下入孔内时，卡瓦受重力作用与孔壁接触，由于锥体向下运动，当卡瓦一碰着孔壁而受阻时，就会与锥体产生相对位移，使卡瓦沿径向收拢到小于其规格直径，以避免卡瓦卡死，出现事故。

（2）坐封：坐封时注浆管给中心管一个轴向拉力，卡瓦楔紧圆锥体形成固定支点，限制胶筒上端的移动，下托盘在中心管的带动下仍会上移，从而使胶筒纵向压缩，横向膨胀与孔壁挤紧，将钻孔封隔。

（3）解封：解封时注浆管给中心管的轴向拉力，将胶筒膨胀充塞封隔空间，约束下中心管转动，再旋转注浆管使连接上、下中心管的反丝扣接头卸开，然后提注浆管，通过上中心管带动滑动法兰，经拉杆抽出卡瓦。

（4）提塞：提塞时卡瓦沿导向键滑动到圆锥体上死点，受卡瓦上挡块的控制抱住圆锥体，带着下中心管使止浆塞全部随注浆管提出孔外。

4. 使用范围

卡瓦式止浆塞可应用于各类垂直或大角度倾斜角的地面岩石钻孔注浆工程中，止浆位置岩石要求完整坚硬，不适用于在第四系或软弱破碎带地层内止浆。

5.3.2　水力坐封止浆塞

水力坐封止浆塞依靠双级液压缸的作用压缩胶筒实现密封，同时不需要支点，密封性能良好，密封件防破损能力强，能实现可靠的坐封、解封，并同时能承受较高的注浆压力，可以满足深井水平和垂直裸孔止浆的要求。其参数见表 5-12。

表 5-12　水力坐封止浆塞参数表

项目	规格参数
胶筒外径 D/m	110～170
胶筒内径 /mm	50
胶筒全长 /mm	700
液压缸活塞总行程 /mm	200
胶筒坐封力 /kN	0～200
承受注浆压力 /MPa	25
整机全长 /mm	2175
适用钻孔孔径 /mm	118～190

1. 结构组成

水力坐封止浆塞主要由上接头、解封接头、上定位筒、内芯管、胶筒、一级活塞、一级活塞反力座、一级缸筒、二级活塞、二级活塞反力座、二级缸筒等组成，如图 5-17 所示。

2. 工作原理

水力坐封止浆塞的工作原理是在内部油缸作用下，胶筒受轴向压缩，产生径向膨胀，与钻孔孔壁挤紧，形成密封，起止浆作用。通过钻杆内孔向止浆塞注入压力水，压力水进入内芯管内腔，通过止浆塞一级活塞反力座、二级活塞反力座上的单向阀进入一级液压缸、二级液压缸；在压力水的作用下止浆塞的一级活塞将向上移动进而轴向挤压胶筒，二级活

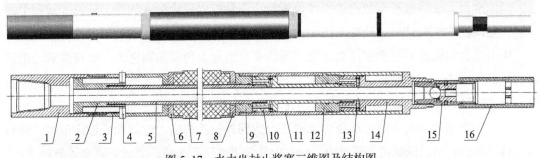

图 5-17 水力坐封止浆塞三维图及结构图

1.上接头；2.解封接头；3.上定位筒；4.承力销；5.内芯管；6.上托盘；7.胶筒；8.下托盘；9.一级活塞；
10.一级活塞反力座；11.一级缸筒；12.二级活塞；13.二级缸筒；14.二级活塞反力座；15.外控接头；16.尾管

塞通过一级缸筒给一级活塞增加坐封力；胶筒受轴向压力而径向膨胀与钻孔孔壁挤紧，实现对钻孔的密封；上接头带动上定位筒顺时针旋转，上定位筒上的承力销剪断解封接头上的解封螺钉，进入解封接头上的解封槽内；上托盘受胶筒轴向压力的作用而上移，胶筒上部也随之上移，胶筒逐渐收缩，实现解封，便可将止浆塞提出孔。

3. 工作过程

在整个注浆的过程中，止浆塞的工作可分为四个过程，即下塞、坐封、解封和提塞，如图 5-18 所示。

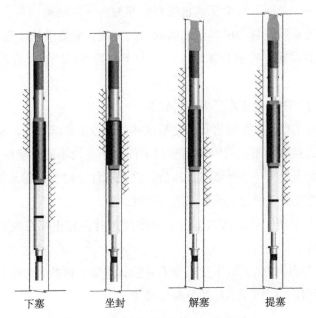

下塞　　　坐封　　　解塞　　　提塞

图 5-18 水力坐封止浆塞工作过程

（1）下塞：止浆塞通过钻杆的下放将其送至钻孔下部预定的工作位置。一级、二级液压缸上的单向阀预设开启压力，避免了止浆塞在下放的过程中遇阻需开泵循环，受泥浆压力作用或受地下水的静压力作用而发生止浆塞提前坐封的可能。

（2）坐封：止浆塞送至预定的工作位置后，向钻杆内孔中投入钢球，钻杆上端接上注浆器；利用注浆泵向钻杆内孔注入压力水，由于水力坐封止浆塞内通道下部被外控接头封堵，压力水只能通过一级活塞反力座和二级活塞反力座上的单向阀进入一级活塞和二级活塞的下部；在压力水的作用下，一级活塞、二级活塞将上移，进而推动下托盘上移压缩胶筒，胶筒将径向膨胀与钻孔孔壁挤紧，与孔壁形成密封，实现对钻孔的密封。

当达到设定的坐封力时，即压力水的压力达到外控接头坐封螺钉承压设定值时，坐封螺钉被剪断，盲堵、钢球进入尾管内，钻杆内孔与下部钻孔连通，完成止浆塞的坐封。

（3）解封：注浆完成后，通过顺时针旋转钻杆，钻杆带动水力坐封止浆塞的上接头、上定位筒顺时针旋转；上定位筒带动承力销顺时针旋转并剪断解封螺钉，承力销进入解封接头上的解封槽内，承力销瞬间失去轴向限位；受胶筒轴向压力的作用，承力销将沿解封槽上移，上托盘推动上定位筒上移，胶筒将释放坐封时的压缩量，实现水力坐封止浆塞的解封。

（4）提塞：解封完成后，上提钻杆，钻杆带着上接头、上定位筒上移。上定位筒带着承力销上移，承力销带着解封接头上移；解封接头带着内芯管、一级活塞反力座，进而带着胶筒，二级活塞反力座等一并上移，便可将止浆塞提出孔外。

4. 结构特点

（1）密封件（胶筒）长且是一个整体，密封性能好，防破损能力强。胶筒作为止浆塞中最重要的元件之一，采用了与卡瓦式止浆塞相同的密封件结构。而应用也较多的水力膨胀止浆塞密封结构是采用胶囊与内芯管之间的环腔充液，胶囊受压膨胀与孔壁挤压形成密封的方式。胶囊相对较薄，特别是在高压水作用下胶囊变形严重，在深井裸孔中注浆时，胶囊容易破损。

（2）不依靠重力作用，适应水平等各种钻孔。

（3）不需要孔内支点，对孔壁岩石的完整性和坚硬程度要求不高，在任意位置能坐封。

（4）坐封力大，且可调整。可以根据坐封力的大小选用不同数量的坐封螺钉，另外还可以根据坐封力的大小采用一级至多级液压缸。在浅孔注浆时，只需采用一级液压缸就行，不但缩短了止浆塞长度而且增加了止浆塞的可靠性。

（5）能抗凝固型浆液注浆。水力坐封止浆塞解封时，其止浆塞胶筒下部不需要串动，能抗凝固型浆液注浆。

（6）在注浆的过程中，钻具既不受压也不受拉，避免了钻具的弯曲变形等。

（7）可以成组使用，能用于地层的分段压裂等。

5. 使用范围

水力坐封止浆塞可适用于地面垂直、倾斜和水平等角度的岩石钻孔，除了能适用于立井井筒地面预注浆外，在煤矿井下巷道地面预注浆加固，煤层顶板或底板地面预注浆防水治理，以及煤层气和页岩气压裂等工程施工中都可使用。

5.4 自动浆液配制监控系统

多年来大型地面注浆站的浆液配置一直是人工上料、人工检测和人工记录，工人劳动强度大，工作环境差，效率低，浆液配合比不准确。浆液配制的自动化是提高浆液质量和实现高效注浆的关键环节之一，为实现浆液配置和记录的自动化，建井分院在"十一五"期间自主研制了自动浆液配制监控系统，由自动浆液搅拌系统和自动控制记录系统组成。使单液水泥浆及黏土水泥浆的上料、配料、搅拌、放浆和记录监控实现完全自动化，并在工程中得到广泛应用。

5.4.1 自动浆液搅拌系统

1. 水泥浆自动搅拌系统

1）水泥浆注浆站配置

水泥浆注浆站（包括水泥粉煤灰浆）是集浆液制备和注浆施工于一体的综合化生产车间，其广泛应用于矿井建设和采空区充填等大型施工项目中，它由储料设备、卸料设备、称量设备、搅拌设备、注浆设备、控制设备及辅助配套设备组成。注浆站平面布置如图5-19所示。

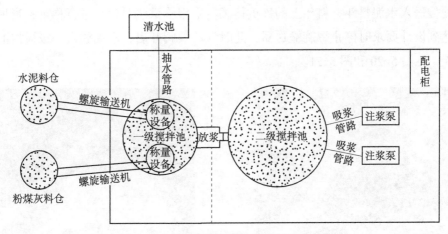

图 5-19 水泥粉煤灰浆注浆站平面布置图

（1）储料设备由储料斗及其他附属设备构成，从外形上分，常见的储料斗有方形和圆形，储料设备在生产中起仓库的作用。

（2）卸料设备在生产过程中起材料运输的作用，它由卸料阀门、螺旋输送机构成，其构造简单，卸料能力大，气动阀门控制储料斗卸料口的开启和关闭，螺旋输送机能快速、均匀地将阀门放出的材料输送到电子秤。

（3）称量设备是注浆站生产过程中的一项重要工艺设备，它通过电子秤控制材料用量和配比，称量设备的精度对浆液结石体的质量有着很大的影响。因此，精确而高效的称量设备不仅能提高生产率，而且是浆液质量合格的重要保证。

（4）搅拌设备将配置好的材料与水按固定比例混合均匀，保证所制出浆液的比重符合要求。根据搅拌站的大小及制浆能力的不同要求，搅拌机的功率大小也不一样。

（5）注浆设备将配置好的浆液输送到制定施工地点，注浆设备要与工程需求及浆液制备能力相匹配，即要保证注浆泵能及时抽出搅拌池内已配置好的浆液。

（6）辅助配套设备、设施主要包括空压机、抽水泵和清水池。空压机的作用是为气动卸料蝶阀提供动力，抽水泵的作用是将储存在清水池中的水抽入一级搅拌池与原材料混合。

2）水泥浆自动配比原理

水泥浆自动配比的关键是水、骨料的自动输送、自动称重和自动搅拌与放浆，根据水泥浆的搅拌流程，系统依据各流程的触发条件自动开启或停止设备的运行，以达到自动配比的目的。

搅拌用水的输送和计量由水泵和流量计或称重水箱实现，计量原理为流量法和称重法，流量法即通过计算单位时间内经过流量计的水以实现搅拌用水的定量添加，称重法即采用一定容积的水箱，根据水的密度可知当水箱内水的重量达到设定重量时表明已储存了足够量的搅拌用水。

水泥等粉状骨料由螺旋输送器和称重料斗实现自动上料和放料。螺旋输送器将水泥仓中的水泥传送入水泥料斗，料斗上的称重传感器采用称重法对料斗进行称重，当加入的水泥重量达到设计要求时停止螺旋输送器，此时气动蝶阀开启，水泥放入一级搅拌池与清水进行搅拌，见图 5-20 和图 5-21。

图 5-20　螺旋输送器与水泥仓连接部分

图 5-21　水泥称重料斗

水泥浆的搅拌时间由程序控制，当一级搅拌池中的浆液搅拌完成后，电动放浆阀门打开，水泥浆放入二级搅拌池进行再次搅拌。

制浆工艺流程如图 5-22 所示。

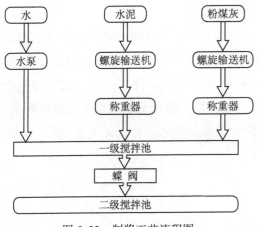

图 5-22 制浆工艺流程图

2. 黏土水泥浆自动搅拌系统

1）黏土水泥浆注浆站配置

黏土水泥浆注浆站在水泥浆注浆站的基础上，增加了黏土浆自动配比和水玻璃自动添加设施。黏土水泥浆注浆站平面布置如图 5-23 所示。

2）黏土浆的自动配比原理

黏土浆制备时采用专用黏土粉碎制浆机或高压水射流冲刷黏土制成较浓的黏土原浆，储存在储浆池中，使用时根据需要的比重加水进行稀释。

黏土浆采用定容料斗按重量计算密度调节浆液浓度。黏土浆稀释时先将部分浆液由输浆管注入黏土浆定容称重料斗，在料斗内称重，计算浆液的原始密度，根据此密度和浆液稀释目标密度计算出剩余黏土原浆加入量和清水加入量，然后由程序控制浆泵和水泵加入相应的黏土原浆和清水，从而得到需要的黏土浆密度。

3）黏土水泥浆的自动配比原理

黏土水泥浆自动配比包括黏土浆中水泥的自动添加、水玻璃的自动添加以及逻辑控制。其中水泥的自动添加原理和方法跟单液水泥浆的相同。水玻璃的定量添加也采用定量称量

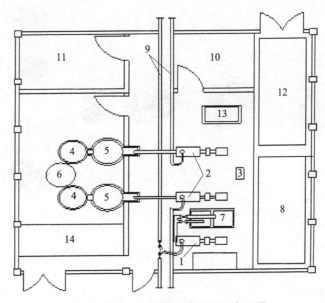

图 5-23 黏土水泥浆注浆站平面布置图

1. 水玻璃泵；2. 水泥浆泵；3. 集中控制台；4. 水泥浆一次搅拌机；5. 水泥浆二次搅拌机（计量池）；6. 水箱；7. 水玻璃计量池；8. 水玻璃储存池；9. 输浆管；10. 配电室；11. 化验室；12. 清水池；13. 工作台；14—水泥库

料斗配合电控阀门的方式实现，上料使用液位计控制。

黏土水泥浆配置时先由泥浆泵将黏土原浆泵至称量料斗，自动稀释到设计密度后自动放入一级搅拌池，同时水泥上料系统开启，由螺旋输送器输送水泥到水泥称量料斗中，至设计的水泥添加量，程序在黏土浆放入一级搅拌池后自动控制水泥放料，在一级搅拌池中与黏土浆进行规定时间的搅拌，然后电动放浆阀自动开启，黏土水泥浆进入二级搅拌池，同时开启的水玻璃称量系统在一次搅拌池放浆的同时，添加定量的水玻璃到二次搅拌池内，进行再次混合，制成满足注浆要求的黏土水泥浆。

5.4.2 注浆自动控制记录系统

水泥浆和黏土水泥浆自动配料由注浆自动化控制记录系统控制，该控制系统基于"工控机＋PLC＋易控组态软件"的软、硬件平台打造，可实现上料、配比、搅拌、注浆过程的全自动化，并能实时监控生产系统运行状态并记录相关运行数据。

1. 控制原理

在控制方式上，系统由上位机和下位机组成，上位机是发出控制指令的设备，相当于大脑，起到决策的作用，下位机是执行控制指令的设备。在系统中，工控机和易控组态软件作为上位机，PLC作为下位机，上位机发出的命令通过数据线传递给下位机，下位机根据控制命令，按照预先设定的程序将命令转化为控制信号控制相应的设备。

系统控制示意图如图5-24所示。

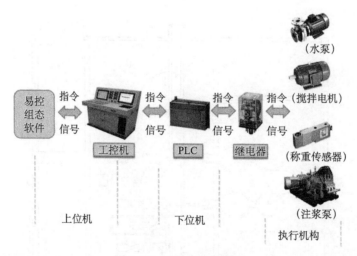

图5-24 系统控制示意图

2. 控制模式及功能

在控制模式上，智能自动化注浆系统共有3种控制模式，即原始手动控制模式、远程手动控制模式和全自动化控制模式。原始手动模式即通过人工在设备旁操作具有不同功能的按钮，实现生产设备的启动和运转；远程手动控制模式即通过鼠标在手动操作界面上点按相关按钮，实现远程控制设备的启停；全自动模式即人工设定好相关注浆参数后，系统根据设定的参数自动运行生产。

自动化注浆控制系统具有可靠性高、功能强大、扩展容易等特性。所具有的主要功能如下：

（1）系统可以实现注浆工艺流程的全自动化及制、注浆系统的动态协调；

（2）系统具有良好的人机界面交互功能，方便操作人员操控，并可在主界面实时观察浆液制备和材料使用情况；

（3）系统能够对设备发出的模拟信号进行数据采集，并保证信号在传输过程中的可靠性、及时性和准确性；

（4）系统可对注浆站内生产过程和设备运行状况进行实时监控并具有超限报警功能；

（5）系统能够记录并存储生产周期内的生产数据和材料使用量，可以按日期查询并生成报表。

3．技术参数

自动化注浆控制系统技术参数见表 5-13。

表 5-13　智能自动化注浆控制系统技术参数表

项目	技术参数
配料误差	$<2\%$
最大制浆能力 /（m³/h）	25
生产数据保存时限 / 年	3

（本章主要执笔人：袁辉，邓昀，杨明，蒲朝阳，安许良，梁敏，贺宏伟）

第 *6* 章

矿山注浆工艺

煤矿立井井筒穿过厚度较大或多层基岩含水层时，为保证立井安全和快速掘进，最常用的处理方法是地面预注浆。我国煤矿立井地面预注浆技术可分为两个主要发展阶段：第一个阶段是 20 世纪 50 年代至 1991 年之前，采用的是以水泥浆为主的常规立井地面预注浆技术；第二个阶段是 1992 年以后，采用以黏土水泥浆为主要材料的综合注浆法技术。煤矿采用地面预注浆处理的立井井筒已超过 200 个，其中采用黏土水泥浆综合注浆技术的占到 2/3，在煤矿快速安全建设过程中发挥了重要的作用。

我国华东、华北、华中和东北的各大煤田，上部覆盖几十米到上千米的含水松软、不稳定的冲积层，下部赋存着裂隙、岩溶发育、含水丰富的基岩，井筒深度超过千米，有时还会遇到破碎带和断层等复杂的地质构造，井下软岩巷道支护困难，这些都给建井增加了特殊困难，使深立井井筒施工工期占比越来越大，需要新的工艺技术缩短施工时间。为适应上述特殊困难条件下深井快速安全建井的需求，建井分院不断发展地面预注浆技术，在"十一五"期间陆续研究了立井冻‐注‐凿平行预注浆技术、钻‐注平行预注浆技术和井下软岩巷道地面 L 形钻孔定向钻进注浆加固技术等。

在我国晋蒙地区诸多煤田赋存状况均是双系赋存，可采煤层数量多达十几层，浅部煤炭资源开发后使矿区内遍布着不同规模、不同形态的多层采空区，开采下层煤的井筒建设施工时必然要穿越这些采空区，施工时采空区存在着的大量冒落体、积水以及 CO、CH_4 有害气体等极易形成重大施工隐患，严重影响矿井建设安全。"十一五"期间，建井分院研究了井筒过采空区预注浆技术，在井筒穿越采空区之前，通过探测和预注浆加固封闭采空区，避免上述事故的发生，保住井筒安全穿越采空区。

本章主要介绍了黏土水泥浆注浆工艺、冻‐注‐凿平行作业预注浆工艺、钻‐注平行作业预注浆工艺、穿采空区井筒预注浆工艺、地面 L 型钻孔预注浆工艺等。

6.1 黏土水泥浆注浆工艺

在 20 世纪 90 年代初，根据我国煤矿井筒地面预注浆普遍采用的水泥浆注浆技术存在的主要问题：①工期长。由于单液水泥浆自身的特点，采用小段高分段下行多次复注，下塞、压水、注浆、提塞、扫孔、复注、养护等工序多次重复，耗费大量工期。②水泥用量大，成本高。③缺乏可靠的水文地质调查和检测手段，凭借设计和施工人员的经验判断，注浆效果难以保证等，建井分院结合我国国情，通过对黏土水泥浆新材料、造浆工艺、注浆工艺和流量测井技术的自主研发，形成了我国的黏土水泥浆注浆技术（或称综合注浆法）。

黏土水泥浆注浆工艺的核心是：①黏土水泥浆注浆材料；②注浆钻孔的流体动力学分析；③特殊的注浆工艺。黏土水泥浆注浆与传统的水泥注浆技术相比，可节约水泥80%，缩短钻注工期55%，大幅度降低注浆费用，显著提高注浆质量。该技术与是我国井筒注浆划时代的技术。在成果推广后，很快取代旧的水泥注浆技术，成为我国煤矿地面预注浆的主流技术。

6.1.1 黏土水泥浆注浆技术原理

黏土水泥浆以黏土浆为主要成分，占浆液体积的90%，与常规的单液水泥浆无论在成分、性能、制备搅拌和注浆工艺上，还是在堵水机理上，都是截然不同的两种注浆材料。

在堵水机理上，单液水泥浆注入后产生水泥水化反应，经过初凝终凝，由流体变为固体，形成较高强度的结石体（可达10MPa以上），充塞地层裂隙，起到堵水作用。黏土水泥浆的主要成分是黏土，添加少量水泥和水玻璃，随着浆液中水泥自身的水化反应、与水玻璃的水化反应以及与黏土颗粒的离子置换，黏土水泥浆具有连续演变的黏性、塑性到弹性的固体状态。黏土水泥浆在黏性状态下具有较好的流动性，使浆液可以泵送、在裂隙中扩散。塑性状态下，浆液流动度下降，阻止浆液进一步扩散，防止超扩散和水冲蚀。在压力作用下，塑性体产生脱水，进入弹性状态，形成具有一定强度的固态结石体。密度增加，含水量下降，抗压强度约2～3MPa。黏土水泥浆较小的颗粒细度和上述三态反应过程，使其具有比水泥浆更好的可注性，更高的裂隙充填密实度和抗渗性，超低的吸水率，不需要多次复注，可以采用更长的注浆段高，不仅注浆质量好，也大大缩短注浆时间。

6.1.2 黏土水泥浆注浆工艺参数

1. 黏土水泥浆注浆方式

井筒地面预注浆方式有分段下行式，分段上行式和上下行结合式。我国单液水泥浆多采用下行式，黏土水泥浆多采用上行或上、下行结合式。上行式即钻孔一次钻至终孔，然后自下而上逐渐注浆，其优点是减少了重复钻进，等干养护扫孔时间，钻注效率高，但纵向裂隙发育地层注浆时容易跑浆不宜采用，一般在有条件的层段或者二序孔注浆，以及复注时采用。

2. 注浆工艺参数

1）注浆深度

注浆深度确定的依据是井筒深度、地质构造、含水层的富水性等。一般注浆深度上限应定于基岩风化带的下部，与冻结段交错15～20m为宜。注浆段下限一般应超过含水层底板以下的 10m，若并筒底部位于含水层中，则下限应超过井筒底深 10m。

2）注浆孔数与布置

注浆孔数是依据井径、井深及井筒水文地质条件而定。研究结果表明：高角度裂隙发育的深井筒注浆孔数不宜太少，孔距不宜太大，一般以 4～6m 为宜，注浆圈径距井筒荒径不宜太远，以 1～1.5m 为宜。孔数可参照式（6-1）

$$N=\pi(D+2A)/L \tag{6-1}$$

式中，N 为注浆孔数；D 为井筒荒径，m；A 为注浆孔至井筒荒径的距离，m；L 为注浆孔间距，m。

注浆孔布置要综合考虑注浆质量、工期、钻机布置等，孔数宜双不宜单，具体布置时也要考虑到地层产状、水流方向、裂隙产状等，先期施工的第一组孔可等距离布置，但后期施工的第二组孔孔位要根据第一组孔在主要含水层水平的落点、偏斜规律等作适当调整。

3）注浆压力

注浆压力是浆液在岩层裂隙中扩散、充填、密实的动力，他与浆液的类型、浓度、裂隙开度、连通性、注浆段高、注浆泵能力等密切相关。因此，它是注浆中至关重要的参数。根据综合注浆法的资料统计及我们研究的成果，注浆终压宜用下面式（6-2）

$$P=K\frac{H\rho_{w}}{100} \tag{6-2}$$

式中，P 为注浆压力，MPa；K 为压力系数，取值见表 6-1；H 为受注点至静水位的水柱高度，m；ρ_{w} 为水的密度，1000kg/m^3。

表 6-1　注浆压力系数 K 取值表

注浆类型	注浆层位	K 值	备注
黏土水泥浆	岩帽段	≥1.5	注浆过程中可根据情况调整注浆压力
	400m 以浅注浆段	2.5～3.0	
	400m 以深的注浆段	2.0～2.5 倍	

岩帽段的注浆终压一般以静水压力的 1.5～2 倍为宜。

4）注浆段高

分段注浆是保证注浆质量的重要措施之一，段高的大小主要取决于地质构造和水文地质条件，地层的受注能力和注浆能力。黏土水泥浆注浆的段高一般为 40～50m，但以 50m 左右为宜。一个段高一般注浆 1～2 次。复注时段高可提高到 50～150m。

5）浆液注入量

浆液注入量宜用式（6-3）计算

$$Q=A\pi(R+r)^{2}H\eta\beta/m \tag{6-3}$$

式中，Q 为浆液注入量，m^3；A 为浆液消耗系数，一般取 1.2～1.5；R 为浆液有效扩散半径，m；r 为注浆孔布孔半径，m；H 为注浆段高，m；m 为浆液结石率，一般取 0.5～0.85；β

为浆液充填系数，一般取 0.9～0.95；η 为注浆段岩层平均裂隙率，一般取 0.5%～5%。

6）浆液浓度

黏土水泥浆中固相物含量越高，其塑性强度越高，堵水效果也越好，因此，黏土水泥浆的浓度不宜太稀，经实践和研究认为，黏土水泥浆的浆液组分以黏土浆密度 1.15～2.25t/m³，水泥含量 100～200kg/m³，水玻璃含量 20～40L/m³ 为宜，如表 6-2 所示。一般裂隙开度大，连通性好，富水性强的层段注浆时应使用浓度较大的浆液，细小裂隙注浆时应使用较稀浆液。先期注浆孔浆液浓度较大，后期注浆孔浆液浓度较小，对一次注浆而言，一般开始注浆时浓度较小，随着注浆持续时间的延长，浓度应逐渐加大，每一种浆液浓度的具体最佳配方要视土的理化性质，水文地质条件要求及塑性强度增长的快慢与大小及析水率大小而定。

表 6-2　浆液浓度的使用

浆液类型	钻孔单位吸水量 / (L/(min·m))	浆液起始浓度			浆液浓度的使用原则
		黏土浆密度 / (g/cm²)	水泥量 / (kg/m³)	水玻璃量 / (L/m³)	
黏土水泥浆	1.5	1.10	50	0	黏土水泥浆常用参数：黏土密度 1.12～1.24，水泥用量 100～300kg/m³，水玻璃用量 10～40L/m³；黏土浆密度大、水泥和水玻璃加量多，则浆液浓度大，塑性强度变大；随着水玻璃量加大，浆液黏度变大明显；变换浓度一般优先调高黏土浆浓度，其次调高水玻璃加量，再调高水泥加量；若压力不升，进浆量不减时，应逐级加大浓度；反之，若压力上升较快，减量也快，此时为保证足够的注入量，应依次降低浓度。每更换一次浆液浓度，一般持续 60～120min
	3.0	1.12	50	10	
	5.0	1.15	50	10	
	7.0	1.18	100	10	
	8.0	1.20	100	15	
	>15.0	1.24	150	25	

7）注浆泵量

由于黏土水泥浆需要在较高的压力下进行扩散、脱水密实，所以黏土水泥浆注浆法提倡大泵量。根据水文地质条件，注浆能力和制浆能力，注浆泵量一般在 150～300L/min，由于注浆压力高，在大泵量的情况下，小裂隙同样也能进浆，由于注浆泵量大，注入同样数量的浆液用的时间就短，因而也缩短了注浆工期。

8）注浆结果标准

黏土水泥浆注浆结束标准如下：

（1）泵压达到或超过设计终压值。

（2）富水性强的重点注浆段有充足的注入量。

（3）注浆泵量不大于 250 L/min。

（4）终压终量下稳定时间 20～30min。

（5）注前压水吸水率不大于 0.005L/（min·m·m）。

6.1.3　压水试验

每个注浆段注浆前后进行水文地质参数测试、判断注浆效果的方法主要有钻孔抽水试验和钻孔压水实验。由于抽水试验施工工艺复杂、时间长等问题，地面预注浆常用钻孔压水实验法。根据压水实验目的不同，分为注前压水实验和注后压水实验。

1. 注前压水实验

注前压水实验在每个注浆段准备注入浆液之前进行，主要目的是：检查注浆管路是否畅通，检查止浆塞止浆效果；冲洗岩石裂隙中的泥浆及充填物，并将其推至注浆范围以外，以提高浆液结石体和岩石裂隙内的黏结强度及抗渗能力；测量钻孔的吸水量，进一步核实岩层的透水性，对比注浆效果。为注浆选用泵量、泵压和确定浆液类型、配比、浆液的初始浓度和估算注入量提供参考数据；各注浆段的压水试验资料，作为鉴定注浆效果的对比依据之一。

岩层吸水量 q 指每米钻孔单位时间的钻孔吸水量。可据此决定注浆初始浓度，计算公式见式（6-4）

$$q=Q/H \tag{6-4}$$

式中，q 为单位吸水量，L/(min·m)；Q 为在稳定压头下的钻孔吸水量，L/min；H 为钻孔压水试验段高，m。

2. 注后压水实验

注后压水主要目的是检验注浆效果，计算地层渗透参数和预测井筒剩余涌水量。

压水试验方法如下：

（1）整个注浆深度内可划分若干压水段，压水段的划分依水文地质条件、深度、压水设备及工艺要求而定。同一压水段上要求岩性相对均一，构造相对均一、地层年代一致。

（2）压水试验压力一般为受压点静水压的 1.5～2.5 倍；一个压水段至少选择三个压力值，600m 以浅，级差不小于 0.3MPa，600m 以深，级差不小于 0.5MPa，试验时压力由小到大。

（3）压水试验应在最后一个钻孔注浆前进行。

（4）当某一压力点的测量最大及最小压力值之差与平均压力值的比值小于 10%，并保持 20min，可认为该压力点压力已经稳定，取其平均值作为计算压水点。

1）渗透系数计算

（1）按实测三组或三组以上数据（P_i，Q_i）绘制 P-Q 关系曲线。如果 P-Q 曲线不通过原点或曲线向 Q 轴方向下凹，说明压水试验数据有误或另外其他原因，需重新试验。相反，则说明压水试验数据可靠。

（2）利用压水曲线求压水段单位吸水量

压水段单位吸水量的计算按下列公式

$$W=\frac{Q}{PL} \tag{6-5}$$

单位吸水率按下式计算

$$q=\frac{Q}{P} \tag{6-6}$$

式中，W 为单位吸水量，L/（min·m·m）；Q 为流量，L/min；P 为压水压力，换算成水柱高度 m；L 为试段长度，m；q 为单位吸水率，L/（min·m）。

利用三次压水数据，采用下式计算

$$m_1=\frac{\lg P_2-\lg P_1}{\lg Q_2-\lg Q_1}$$

$$m_2=\frac{\lg P_3-\lg P_2}{\lg Q_3-\lg Q_2}$$

$$m_3=\frac{\lg P_3-\lg P_1}{\lg Q_3-\lg Q_1}$$

$$m=\frac{1}{3}(m_1+m_2+m_3)$$

利用 m 值判别 Q-P 曲线类型：$m=1$ 时，Q-P 为直线，数学方程为：$Q=qp$；$1<m<2$ 时，Q-P 为指数曲线，数学方程为：$Q=ap^b$；$m=2$ 时，Q-P 为抛物线，数学方程为：$p=aQ+bQ^2$；$m>2$ 时，Q-P 为对数曲线，数学方程为：$Q=a+b\lg(p)$；如果 $m<1$，则压水试验数据有误，或另外其他原因，需重新试验。

应用最小二乘法对不同的曲线类型进行计算，求出系数 a、b；取最大降深值 S 计算出相应的流量，按式（6-5）和式（6-6）依次求出压水段的吸水率 q 及吸水量 W。

渗透系数按下列经验公式计算：

当含水层厚度大于 $1/3L$ 时　$K=0.52704W\lg\dfrac{1.32L}{r}$ （6-7）

当含水层厚度小于 $1/3L$ 时　$K=0.52704W\lg\dfrac{0.66L}{r}$ （6-8）

式中，W 为单位吸水量，L/（min·m·m）；K 为渗透系数，m/d；L 为压水段高，m；r 为钻孔半径，m。

2）井筒涌水量的预测

井筒涌水量预测按承压转无压（水位降至含水层底板）计算公式

$$Q=1.366\frac{KM(2H_0-M)}{\lg R-\lg r_{井}} \tag{6-9}$$

$$R=10S_w\sqrt{K} \tag{6-10}$$

式中，Q 为预计井筒涌水量，m³/d；K 为含水层渗透系数，m/d；H_0 为含水层静水位至含水层底板的高度，m；M 为含水层厚度，m；R 为水位降至含水层底板时的影响半径，m；S_w 为含水层最大降深，m；$r_{井}$ 为井筒荒半径，m。

6.2 冻‐注‐凿平行作业预注浆工艺

随着我国中浅部煤炭资源的日益枯竭，煤矿新井建设已经转向深部，水文地质条件日趋复杂，对矿井建设技术的要求越来越高。同时由于我国市场经济体制的建立及完善，煤炭开发的投资体制发生了重要变化，对建井速度、成本，特别是投资回报提出了更高的要求，传统的建井工艺建设深井，工期长、效率低、投资成本高，严重影响了项目投资收益，已经成为加快新井建设急需解决的问题。

"十一五"期间，建井分院在这种背景下，提出了深井冻‐注‐凿平行作业（或称冻‐注‐凿三同时）快速建井技术，它集成研究开发的定向钻进、少孔大段高注浆等技术，从根本上改变了传统的井筒冻结—注浆—凿井依次进行的施工顺序，而使三者在同一时间、同一地点同时施工，从而大大缩短了建井工期。这种新的建井工艺方法，称之为冻‐注‐凿平行作业快速凿井技术。

6.2.1 工艺原理

传统的立井井筒施工方法是：注浆—冻结—凿井—立永久井架或冻结—凿井（根据需要进行工作面注浆）—立永久井架，每个分项分部工程是独立进行的，虽然井筒工程只占建井总工程量的 3.5%～5%；但工期占建井总工期的 35%～40%。要减少矿井建设总工期，可有两条途径：①提高单个工序的施工效率；②组织多工序平行作业。我国的凿井、冻结和注浆技术日趋完善，可挖掘潜力十分有限，因此组织多工序平行作业无疑是减少矿井减少周期最有效的途径。

冻‐注‐凿平行作业建井工艺是利用 S 形定向钻孔技术、直孔＋S 孔注浆工艺，将下部含水层注浆与上部表土段冻结及井筒掘进工艺在空间上隔离，形成互不干扰的平行作业，达到减少井筒建设工期的目的。传统注浆、冻结、凿井顺序建井工艺与及冻‐注‐凿平行作业建井工艺如图 6-1 和图 6-2 所示。

6.2.2 关键技术

冻‐注‐凿平行作业注浆工艺中的关键技术主要为 S 形定向钻孔技术、直孔＋S 孔注浆工艺、注浆与冻结、凿井的安全距离。

1. S 形定向钻孔技术

S 形定向钻孔技术是采用人工定向手段，通过使用螺杆钻具、陀螺测斜定向仪或无线

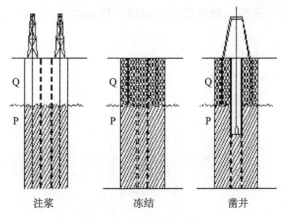

注浆   冻结   凿井

图 6-1 传统建井工艺

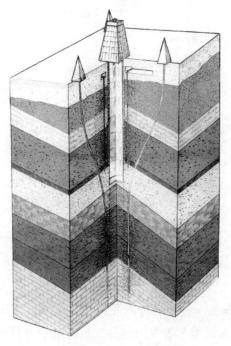

图 6-2 冻-注-凿平行作业建井工艺

随钻仪器等设备，使钻孔按照设计的轨迹，在冻结段区域绕过冻结壁，到一定深度后进入注浆圈径范围，钻孔轨迹呈先垂直、后倾斜、再垂直的形态，对井筒冻结段下部基岩地层进行注浆堵水。

1）定向设计原理

根据当前钻孔偏斜的顶角、方位及所需的目标顶角和方位计算出定向时狗腿角、工具面角、工具面方位角及一次定向所钻进的长度。

S 形孔轨迹通常由直孔段－增斜段－稳斜段－增斜段－稳斜段－降斜段－直孔段组成，如图 6-3 所示。

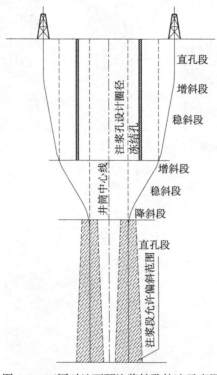

图 6-3　三同时地面预注浆钻孔轨迹示意图

2）定向装备

在 S 形孔定向中使用的主要机具和设备有：TSJ–2000 型钻机（配备 TBW-850/50 型泥浆泵）、5LZ–95 型螺杆钻具、外径 73mm 或 89mm 钻杆、JDT-6 型陀螺定向测斜仪、MWD 无线随钻测斜仪。

MWD 无线随钻测斜仪是一种正脉冲的测斜仪，利用泥浆压力变化将测量参数传输到地面，不需要电缆连接，无需缆车等专用设备，具有活动部件少，使用方便，维修简单等优点。井下部分是模块状组成并具有柔性，可以满足短半径造斜需要，其外径为 48mm，适用于各种尺寸的钻孔，而且整套井下仪器可以打捞。该仪器是定向钻孔技术发展的一个主要方向。MWD 无线随钻测斜仪见图 6-4。

螺杆钻具是一种正排量马达，通过泥浆循环将流体的压力能转换成机械能，带动前方的钻头转动钻进，螺杆马达的转速与泥浆的泵量成正比，输出扭矩与钻压成正比。螺杆钻具利用循环泥浆作动力，不需要整体旋转，在钻进过程中可以保持外管不动，并且可做成弯外管形，弯头，从而可以用于定向钻进。注浆钻孔使用的螺杆为小角度下弯式，弯角 0.75°～2.0°。螺杆钻具见图 6-5。

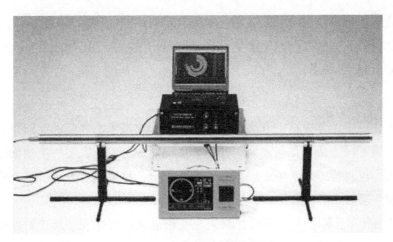

图 6-4 MWD 无线随钻测斜仪

图 6-5 螺杆钻具

2. 直孔＋S 孔注浆工艺

在井筒注浆、冻结、凿井平行施工时，注浆段与冻结段交界处会发生交叉，若此处冻结与注浆同时施工，会发生注浆与冻结钻进相互影响，注浆孔在冻结壁内影响冻结壁的形成，致使注浆和冻结都无法进行，所以三同时施工时，注浆要分为直孔段和 S 孔段。直孔段注浆占用井口，作为过渡段先进行作业，通过直孔段注浆完成上部与冻结交叉段，以及冻结段下部一定距离的基岩段注浆，为冻结钻孔施工和 S 形孔绕过冻结段创造条件。直孔段注浆结束后，注浆钻机搬离井口，开始冻结施工程序（冻结孔施工、构筑环型沟槽、冻结站的建立等准备期、积极冻结期，维护冻结期），在井筒上部段冻结与凿井的同时，利用井筒外围布置的 S 孔钻机施工下部注浆孔，对下部基岩进行注浆，实现冻结、注浆和凿井的三同时建井作业。

根据岩层情况和工期计划，一般直孔注浆段为 2～3 段，注浆深度为 80～150m，原因有二：一是直孔注浆段作为过渡段要使上部基岩形成安全的隔绝层，保证下部基岩注浆时，浆液不进入冻结和凿井施工层位；二是使 S 孔有足够的定向距离，能绕开表土冻结段，安全进入下部基岩的注浆圈径。冻结段与直孔注浆段一般重合 10～20m，直孔注浆段与 S 孔注浆段一般重合 10～20m。

3. 注浆与冻结、凿井的安全距离

矿井井筒建设中，各种施工方法都是在井筒断面内或紧靠井筒的周边进行的。由于地面场所不大，施工场地条件复杂，采用几种方法同时施工时，既要解决地面施工位置的互相进干涉问题，也要考虑地下各工法相互的施工安全，特别是对 S 形注浆孔布孔及钻孔轨迹要求严格。注浆与冻结、凿井的安全距离主要分为三个方面：

（1）S 形钻孔布孔圈径：由于对井筒表土及松散地层进行冻结形成的冻结圈及永久井架在井筒附近的位置是固定的，因此关键是确定同时对处于深部的岩层进行注浆的 S 形孔的地面位置。S 形注浆孔的地面位置确定主要受定向"S"孔技术参数，冻结管最大外圈径、冻结厚度、冻结深度及永井井架底座尺寸的影响。

为避免与冻结孔施工互相影响，要离开冻结孔圈径一定距离，通常为 10m 以外，而且还要考虑井架基础、绞车房、出矸方向等位置，以免与凿井设施安装及凿井施工发生冲突。一般 S 形钻孔的布孔圈径为 30～40m。

（2）与冻结壁的安全距离：S 形注浆孔在冻结段应与冻结壁保持 2m 以上的安全距离，防止注浆施工对冻结壁的形成造成影响，但同时要考虑 S 形钻孔定向、下套管的施工难度。

（3）下部基岩注浆与凿井的安全距离：普通凿井工作面与注浆点之间的安全距离与其间的岩石性质、裂隙发育程度、注浆压力、注浆持续时间以及凿井工作面所处的深度相关，根据大量实践的经验确定凿井工作面与注浆点之间的最小安全距离为 100m，防止下部基岩注浆时浆液上窜到凿井工作面，影响凿井作业。另外，一般在上部冻结段完成凿井施工时，下部基岩就应完成注浆施工。

6.2.3 应用实例——安徽国投新集刘庄煤矿副井冻‐注‐凿平行作业注浆施工

1. 概况

刘庄煤矿位于安徽省阜阳市颍上县境内，设计生产能力 300Mt/a，一期工程在工厂内设主、副、风三个井筒，天地科技建井分院组织施工副井注浆施工，采用"注浆‐冻结‐凿井"三平行注浆技术。副井井筒采用分为直孔及 S 孔注浆两个阶段，待直孔段注浆结束后，注浆钻机让出井盘位置，从外围进行 S 孔段的注浆施工，同时进行冻结钻孔的施工。

2. 地面预注浆设计与施工

井筒预注浆技术参数见表 6-3。

表 6-3 井筒技术及注浆参数

参数名称		副井	备注
井筒深度 /m		6.7	
井筒净径 /m		823	
冻结	冻结深度 /m	298	
	冻结圈径 /m	15	
直孔段	注浆深度 /m	278~479	
	注浆孔数 / 个	6	
	布孔圈径 /m	11	
	浆液扩散距离 /m	8	
S 孔段	注浆深度 /m	469~833	
	注浆孔数 / 个	4	
	布孔圈径 /m 地面	21~40	根据地面情况确定
	布孔圈径 /m 落点	11.7~13	
	浆液扩散距离 /m	8	

地面预注浆总体方案为 479m 以上采用直孔井筒地面预注浆，布注浆钻孔 6 个；469m 以下采用井外定向 S 孔地面预注浆，注浆孔 4 个。

注浆分两个阶段进行。第一阶段为直孔注浆段（278~479m），第二阶段为 S 形定向孔注浆段（469~833m）。直孔段完成造孔工程量 2874m，完成注浆工程量 7213m³。S 孔完成造孔工程量 3495m，注入浆液 11143.5m³。整个副井井筒完成造孔总工程量为 6369m，注浆总量为 18356.3m³。

直孔段各段注浆终压为 2.5~3.0 倍的静水压力，岩帽段稍低，以防止浆液上溢过多。S 孔各注浆段，注浆终压为 2~2.5 倍静水压力。

3. 井筒冻 - 注 - 凿平行注浆施工技术效果

刘庄煤矿主井、副井、风井三个井筒平行施工过程类似，以主井为例，三平行施工过程为：2002 年 4 月 1 日，主井井筒直孔段地面预注浆工程开工，2002 年 6 月 24 日主井完成地面预注浆直孔段的施工，让出井口位置，纯施工工期 80 天，由于供电影响，主井冻结孔工程和定向 S 孔注浆工程均推迟。2002 年 7 月 20 日主井冻结孔工程和 S 孔注浆工程同时开工，2002 年 9 月 17 日冻结孔完工，让出井口位置，进行注浆冻结沟槽施工和主井冻结及主井凿井井架、主井天轮平台、主井翻矸台的安装，同时 S 孔注浆工程在井架外围进行施工。2002 年 10 月 1 日开始冻结，11 月 15 日交圈，2002 年 11 月 26 日主井开挖。2002 年 12 月 26 日 S 孔注浆工程完工即整个主井地面预注浆工程完工，整个注浆工程共施工注浆钻孔 8 个，总钻孔工程量 5536m，注浆量 14197.46m³，经压水试验预计基岩段残余余水量 2.99m³/h。主井 804m（包括 10m 延深水窝）深井筒当年开工当年掘砌到底，和传统的注、冻、凿顺序施工相比,井筒建设工期减少 6 个月,实现了预定目标。

刘庄煤矿主、副、风井筒冻－注－凿平行施工的研究与实践,在提高井筒建设速度和矿井投资收益上取得了良好的效果,总结,积累了丰富的深井快速施工经验,使我国的深立井建井技术跨上了一个新台阶。

6.3 钻－注平行作业预注浆工艺

"十一五"期间建井分院研究的钻－注平行作业预注浆工艺改变了地面预注浆—冲积层钻井—基岩段凿井依次进行的传统模式,实现了在一定空间和时间地面预注浆和钻井法凿井的平行作业,显著缩短建井工期,是我国建井技术的又一大进步,具有巨大的经济效益和社会效益。

钻井法凿井采用专用钻机在地面操作,实现"打井不下井"、机械化程度高、安全可靠、成井质量好,是深厚冲积层中开凿立井井筒可靠的施工技术;注浆法是治理岩层水的有效方法,两者在矿井建设中已分别得到广泛的应用。

6.3.1 工艺技术原理

以往上部冲积层采用钻井法、下部基岩段采用地面预注浆法施工的井筒总体施工顺序通常为:基岩段注浆施工→冲积层钻井法施工→基岩段凿井施工,即注浆－钻井－凿井依次施工,见图 6-6。传统的依次施工方式所用工期较长,根据施工技术水平,若一个 1000m 深的立井井筒,井筒净径 5m,冲积层厚度 500m,基岩段地面预注浆需要 12 个月左右,冲积层钻井法施工需 12 个月左右(采用一钻成井),基岩段凿井 8 个月左右,再加上工序转换 3～5 个月,整个立井井筒的施工工期大约需要 35 个月左右,即 3 年左右的时间。

钻－注平行作业技术借鉴冻－注－凿平行作业技术的特点,改变了注浆—钻井—凿井依次作业的传统建井模式,克服注浆与钻井施工中的相互干扰因素,实现了基岩段注浆与冲积层段钻井法凿井在一定的时间和空间上的平行作业,可缩短整个建井工期 20%～30%。其建井模式为:将注浆段分为上、下两段,即直孔段和 S 孔段,施工顺序为:基岩直孔段注浆施工→冲积层钻井与基岩 S 孔段注浆平行作业→基岩段凿井施工,见图 6-7,这样,钻注平行作业注浆只有直孔段占用建井工期,通常只是 3 个月左右。

钻－注平行作业的关键技术为时空关系设计、注浆孔定向钻进及钻井泥浆的监测,同时,将钻井法产生的大量废弃泥浆转化为注浆材料,实现这废为宝,废物利用,既节省注浆成本,又减少环境污染,具有显著的经济效益和社会效益。

钻－注平行作业预注浆工艺已经在袁店二矿主井、副井、信湖主井、风井 5 个井筒建设中应用,取得了良好的应用效果。

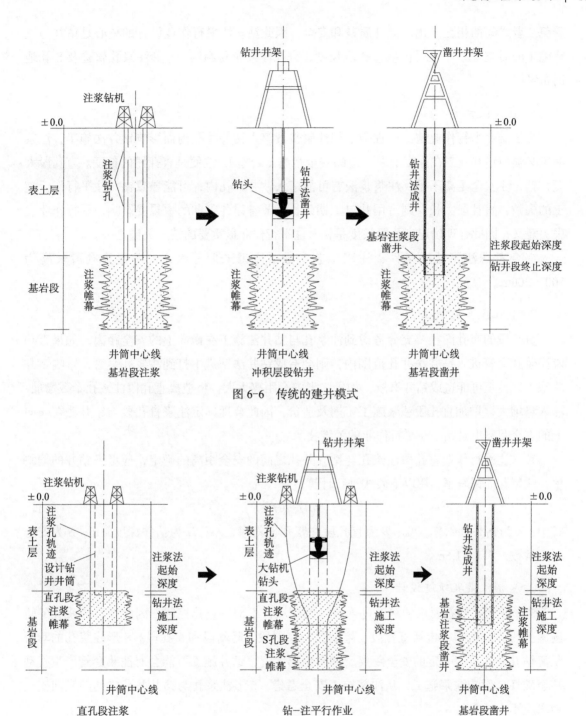

图 6-6 传统的建井模式

图 6-7 钻-注平行作业建井模式

6.3.2 钻-注平行作业时空关系设计

钻-注平行作业既要最大限度地减少注浆占用井口的时间，缩短整个建井工期，又要避免二者之间的相互干扰，保证质量和安全，因此钻－注平行作业设计的核心是钻井与注浆施工的时空关系，主要包括直孔段长度、直孔注浆布孔圈径、S形注浆孔轨迹及S孔地面布置等。

1. 直孔段长度

为了避免平行作业施工过程中下部注浆浆液窜入钻井井孔内而影响钻井法施工，注浆施工必须与钻井施工在深度上有一定的安全距离（岩帽），这便是直孔段的长度。直孔段太短，钻－注安全距离不足，注浆浆液有可能窜入钻井井孔内，可能导致钻－注平行作业施工的失败，直孔段太长，则占用井口工期延长，节省建井工期的效果受影响，平行作业也失去意义，因此合理确定直孔段长度是钻－注平行作业最重要的技术关键之一。

综合考虑注浆地层条件、注浆工艺参数、施工工期等因素，确定直孔段长度为100～200m。

2. 直孔段布孔圈径

直孔段的布孔圈径要充分考虑到注浆孔与钻井法施工在横向上的安全距离，如果直孔段注浆孔套管进入钻井法井孔范围内，则会造成钻井法钻进中打到注浆孔套管，影响钻井法施工，甚至可能造成钻井事故，如果二者安全距离太大，将造成直孔段注浆孔个数增加、注入量增大，增加直孔段注浆施工工期及造价，因此合理确定注浆直孔段与钻井法在横向上的安全距离也是钻－注平行作业的关键技术之一。

钻－注平行作业直孔段注浆孔与钻井井孔之间的安全距离的确定，应考虑钻井的偏斜率、注浆孔的偏斜率，用以下公式进行计算

$$L_2 = \alpha H + \beta H + S \qquad (6\text{-}11)$$

式中，α 为钻井偏斜率，‰；β 为直孔段注浆孔偏斜率，‰；H 为钻井深度，m；S 为安全距离常数，$S = 1 \sim 1.5$m。

3. S形注浆孔轨迹设计

S形注浆孔要在要求的深度进入设计的靶域，下部按直孔控制，因此S形注浆孔的轨迹属五段式复杂型，包括直孔段、增斜段、稳斜段、降斜段和直孔段。S形注浆孔的套管距离钻井井孔要有一定的安全距离，如果距离太近，钻井施工可能会对注浆套管产生扰动甚至破坏，影响注浆施工，从注浆施工安全考虑，S形注浆孔与钻井井孔之间的横向安全距离应不小于3m。

4. S孔地面布置

基岩注浆与钻井施工均在井口周围进行，作业空间狭小，施工装备及设施多，钻井施工井口周围地面设施主要包括钻井钻机、轨道、龙门吊、压风机房、泥浆池、泥浆循环沟槽、出浆管等。注浆施工井口周围主要设施包括注浆钻机（包括钻塔）、注浆孔泥浆池、泥

浆泵、泥浆循环沟槽、注浆管路等。实现钻－注平行作业，必须合理确定两种工法施工设施之间的位置关系，避免二者之间的相互干扰，确定的基本原则是注浆孔的布置在避开钻井施工及其他设施的前提下尽量靠近井口，以减小注浆孔施工的技术难度。

6.3.3　钻井泥浆监测技术

1. 泥浆监测原理

在进行钻－注平行作业过程中如果注浆浆液侵入到钻井井筒内混入泥浆后，会使泥浆的性能参数发生变化，破坏钻井泥浆的性能，影响钻井法凿井的正常钻进，甚至可能会对钻井井帮造成破坏，引起塌孔，影响钻井施工。因此，对一旦发生注浆浆液窜入钻井井孔内的及时监测也是必不可少的。

注浆浆液混入钻井泥浆后，便会引起 pH 升高，通常泥浆的 pH 都小于 8，当注浆浆液加入到泥浆中时，随着注浆浆液加量的逐渐增大，泥浆的 pH 都逐渐增大，当各配方注浆浆液加入到泥浆中的比例为 1% 时，泥浆的 pH 都大于 9，发生了明显的变化，见图 6-8。在此基础上建立了以 SevenMulti 型 pH/ 电导率 / 离子综合测试仪为核心的钻井泥浆实时自动监测系统。

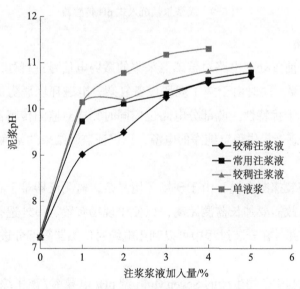

图 6-8　注浆浆液对钻井泥浆 pH 的影响

2. 钻井泥浆监测系统组成

钻井泥浆 pH 监测系统主要有监测传感器、前期处理电路、传输线缆、监测仪器及电脑处理软件等组成。

1）监测传感器

采用瑞士汉密尔顿沉入式 pH 传感器，见图 6-9，传感器直接浸入泥浆液，对 pH 进行准确的测量。

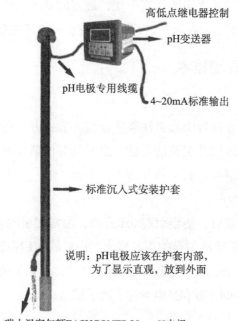

图 6-9　汉密尔顿沉入式 pH 传感器

2）前置处理电路

使用传感器信号前置处理电路对传感器采集的微弱电信号进行处理，满足设计通讯距离不小于 100m 的需要。同时由于施工现场设备复杂，电磁环境恶劣的情况，前置处理电路的处理信号具备抗干扰特性。此部分电路也应同时完成对监测传感器的电源杂讯进行滤波的功能，从而对传感器提供稳定纯净的电源，以保证监测结果的精确。

3）传输线缆

采取多芯屏蔽铠装探测电缆。由于现场环境复杂，监测仪器难于布置在距离传感器安装位置较近的地方，故需要加长监测距离，以便于现场布置。另外选择铠装电缆有助于保持监测电缆的寿命，并且在安装过程中可以利用电缆对传感器等部分进行吊装作业。

4）监测仪器

选用梅特勒－托利多公司生产的 SevenMulti 型 pH/ 电导率 / 离子综合测试仪作为 pH 监测仪器，精确处理经前置处理电路处理过后的传感器信号，并将该数值经 RS232 接口传输至电脑。

5）电脑处理软件

SevenMulti 型 pH/ 电导率 / 离子综合测试仪配套软件为 LabX，在 LabX 中可将仪器发来的结果有选择的计入 EXCEL 文件，使用 EXCEL 数字表格文件可对结果进行记录。同时使用 EXCEL 软件进行比对和报警操作。当泥浆 pH 高于警示值时，监测设备发出警示信号；

当 pH 有突发变化时，软件将结合历史监测记录进行比对计算，如不符合 pH 渐进变化时，则应判断为信号异常，并暂不发出警告。当突发变化经短时间无法消除时，则发出警示信号。同时软件应具备显示 pH 变化曲线，变化趋势图的功能，以供现场人员观看与分析监测结果。

钻井泥浆 pH 监测系统安装简单，操作方便，可实现连续、自动化监测，为钻－注平行作业提供了安全可靠的保障，见图 6-10。

图 6-10　钻井泥浆实时自动监测系统

6.3.4　钻井废弃泥浆作为注浆材料

钻井法施工需要泥浆循环，但是钻进中地层造浆造成的多余泥浆和下沉井壁时排出的泥浆都要废弃，因而产生大量废弃泥浆，如山东龙固矿主井，钻井深 582.75m，钻井直径 8.7m，最大循环泥浆量 3.5 万立方米，如果存放池深度为 3m，则废弃泥浆需要占地面积约 1.2 万平方米。废弃泥浆由于其胶体性质稳定，风干日晒极慢，历经多年一直保持胶质状态。钻井废弃泥浆主要是堆放在井场预先挖好的土坑里，借助自然条件蒸发干燥，随后用表层土壤或矸石填埋。这样处理泥浆，通常需要几年甚至几十年年的时间才能干，占地面积大，而且不利于环保。尤其是在空地少、对环保要求比较高的城镇附近钻井时，废弃泥浆处理问题已成为钻井法凿井发展的一大制约因素。

井筒地面预注浆主要材料为黏土水泥浆，其主要成分为黏土、水泥和水，及少量添加剂。黏土为地面预注浆浆液的主要固化材料，在注浆工程中应用量很大，如淮北矿业（集团）有限责任公司青东煤矿三个井筒采用注浆法堵水，共注入黏土水泥浆约 39000m³，消耗黏土约 20000m³。钻井泥浆采用以水为分散介质的水基泥浆，其基本组成包括黏土、水、泥浆处理剂以及岩屑，其黏土成分与黏土水泥浆类似，因此经过除砂及降粘处理后，钻井废弃泥浆便可以转化为注浆材料（简称 MTG 浆液）使用。

与普通黏土水泥浆相比，MTG 浆液具有更好的稳定性、密封性和耐久性，对提高注浆效果更为有利，在多个钻－注平行作业工程中得到应用，共注入 MTG 浆液 46812m³，相应处理钻井废弃泥浆 45000 多立方米。

6.3.5 应用实例——朱集西煤矿矸石井井筒钻－注平行作业预注浆

朱集西煤矿位于安徽省淮南市潘集区境内，距洞山约 38km，矿井工业广场内地势平坦，多为农田，无障碍物。矿井设计生产能力 400 万吨/年，采用立井开拓方式。工厂内设计主、副、风、矸石井四个井筒，矸石井冲积层段采用钻井法施工，基岩段采用地面预注浆封水，井筒深度 1068.2m，钻井深度 545m，注浆深度 1078.2m，为当时注浆深度最大的井筒。

1. 井筒基本条件

朱集西矿矸石井井筒技术特征见表 6-4。

朱集西煤矿矸石井井筒检查孔揭露的地层自上而下有：新生界第四、第三系，二叠系上石盒子组、下石盒子组、山西组。冲积层厚度 470.88m。

表 6-4 朱集西矿矸石井井筒技术特征

序号	名称		单位	井筒参数
1	井口坐标	X	m	3642774.862
		Y	m	39472835.511
2	井口设计标高		m	+25.500
3	方位角		(°)	187
4	设计有效直径		m	5.0
5	钻井段设计净直径		m	5.2
6	净断面		m²	21.237
7	冲积层厚度		m	470.880
8	水平标高		m	-960.0
9	水平以下深度		m	90.0+15.0
10	井筒全深		m	1068.2
11	井壁厚度	钻井段	mm	450～750
		基岩段	mm	400
12	支护材料	钻井段		单层钢筋混凝土井壁和钢板－混凝土复合井壁
		基岩段		素混凝土

矸石井基岩段主要含水层情况见表 6-5。

表 6-5 矸石井主要含水层层位及预计涌水量表

层号	底板深度 /m	$K/$（m/d）	S/m	R 孔 /m	Q 孔 /（m³/d）	Q 孔 /（m³/h）	Q 孔 /（m³/h）	Q 井 /（m³/h）	Q 井 /（m³/h）
1	526	0.14	518.5	1940.1	87	4		27	
2	855	0.1	833.5	2635.81	339	14	29	104	213
3	872	0.38	849	5233.64	265	11		82	

2. 钻－注平行作业整体设计

矸石井井筒选用冲积层钻井法＋基岩段地面预注浆的钻－注平行作业的施工工艺。

钻－注平行作业整体设计主要包括钻井深度、注浆起止深度、注浆直孔段长度、注浆孔个数及布置、注浆孔轨迹要求等。

1）钻井深度

根据钻井法设计原则，钻井井壁必须座在完整的基岩上，从钻－注平行作业安全角度考虑，钻井进入基岩越深，与注浆段重合越长，越有利，但是钻井法在基岩段钻进效率非常低，消耗也非常大，原设计钻深为522m，在施工过程中根据地层条件，充分安全系数，钻井深度更改为545m。

2）注浆起止深度

根据原钻井深度522m的设计，考虑到钻井较深，风化带条件复杂，为了提高钻－注平行作业的安全性，增加了注浆段与钻井段的重合长度，确定注浆段的起始深度为502m，与钻井段重合20m（后来钻井深度变更为545m后，实际重合段为43m）。

根据地面预注浆的设计原则，注浆的终止深度要超过井筒深度10m，矸石井深度为1068.2m，因此设计注浆的终止深度为1078.2m。

3）直孔段长度

综合考虑到钻－注平行作业的安全性及节约工期等因素，注浆直孔段应为2个注浆段，长度为100～200m，根据注浆段的岩性及S孔段下套管的位置，确定第二注浆段的底部为665m，即直孔段的起止深度为502～665m，长度为163m。

4）直孔段注浆孔设计

朱集西矿矸石井净直径为5m，设计6个注浆孔，直孔段地面布置注浆孔6个，分两序施工。直孔的布置孔圈径由以下公式计算

$$D_b = D_z + 2（\alpha H + \beta H + S）\qquad (6-12)$$

式中，D_b 为注浆直孔布孔圈径，m；D_z 钻井终孔直径，井筒净径为5.0m，井壁最大厚度为0.5m，钻井钻头直径为7.1m；α 为钻井允许偏斜率，取 1‰；β 为注浆直孔套管段允许偏斜率，取 2‰；H 为钻井深度，取522m；S 为设计安全距离系数，取 $S=1$m。

经计算，$D_b=12.1$m，即直孔段注浆孔布置圈径为12.1m。直孔套管段注浆孔偏斜率要求不大于 2‰。

5）S形注浆孔轨迹设计

S孔的地面布置要避开钻井法施工及其他井口设施，在645m以下进入以目标靶域为中心5‰的圆内（与直孔段重合20m），并以直孔的形式完成至终孔1078.2m段的钻进。

6）钻–注平行作业场地布置

根据钻–注平行作业的设计原则，注浆S孔尽量避开钻井法施工的井口设施，在朱集西矿矸石井钻–注平行作业实施过程中，6个S孔分两序施工，分别避开了钻井井口、龙门吊轨道（距轨道3m以上）、钻井泥浆池、压风机房、钻井泥浆循环沟槽等设施，合理处理二者之间的场地关系，朱集西矿矸石井平行作业场地布置见图6-11。

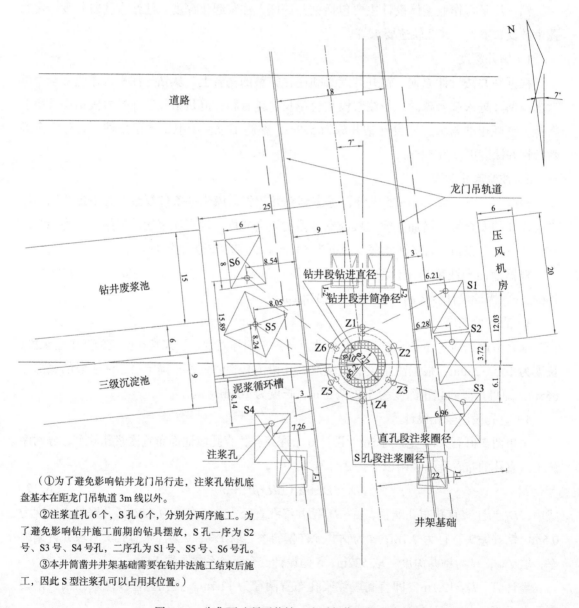

（①为了避免影响钻井龙门吊行走，注浆孔钻机底盘基本在距龙门吊轨道3m线以外。

②注浆直孔6个，S孔6个，分别分两序施工。为了避免影响钻井施工前期的钻具摆放，S孔一序为S2号、S3号、S4号孔，二序孔为S1号、S5号、S6号孔。

③本井筒凿井井架基础需要在钻井法施工结束后施工，因此S型注浆孔可以占用其位置。）

图6-11　朱集西矿矸石井钻–注平行作业场地布置图

3. 地面预注浆施工

朱集西矿矸石井井筒地面预注浆工程于 2008 年 6 月 28 日开工，直孔段于 2008 年 10 月 27 日结束，S 孔段注浆于 2008 年 11 月 14 日开工，2009 年 12 月 18 日结束，完成造孔工程量直孔 3325 延米、S 孔 6073.6 延米，共计 9398.6 延米；共注入单液水泥浆 1522.5m^3（包括固管 225m^3 及封孔 102 m^3），黏土水泥浆 22492.5m^3，合计 24015m^3。

施工先场见图 6-12 和图 6-13。

图 6-12　朱集西矿矸石井钻-注平行作业注浆站

图 6-13　朱集西矿矸石井钻-注平行作业施工现场

4. 注浆质量

朱集西矿矸石井井筒掘进工程于 2010 年 12 月 30 日竣工，井筒开挖实际检测注浆段剩余涌水量为 0.4m^3/h，取得了理想的注浆效果，实现了"打干井"，满足全井筒不大于 4m^3/h 的设计要求，达到了注浆的目的，为基岩段井筒安全快速掘砌提供了可靠的保障。

在井筒开挖过程中，朱集西矿对浆液实际充填情况进行了较为详细系统的观察，发现了大量浆液充填裂隙的例证，图 6-14 和图 6-15 为注浆浆液充填效果图片。

图 6-14　井深 819m 砂岩裂隙充填　　　　　图 6-15　井深 932m11-2 煤层内充填

5. 钻－注平行作业效果分析

根据以往的施工经验，对于朱集西矿矸石井的地质条件及井筒技术条件，如果采用传统的注浆－钻井－凿井依次施工的方式，地面预注浆预计需要 15 个月工期，钻井施工（一钻成井）预计 15 个月，基岩段掘砌预计 6 个月，共计 36 个月。

注浆工程 2008 年 6 月 27 日开工，2009 年 12 月 18 日结束，历时 539 天，除去各种非正常因素影响 29 天时间，实际工期为 510 天。其中直孔段于 2008 年 10 月 27 日结束，历时 4 个月，扣除当地村民干扰 1 个月，纯注浆施工工期为 3 个月。因此节省的工期为地面预注浆原需工期 15 月减去直孔段注浆 3 个月，为 12 个月，占整个井筒建设工期的 33%。

6.4　穿采空区井筒预注浆工艺

井筒穿采空区预注浆工艺是建井分院在"十一五"期间研究的一种注浆工艺，它是在井筒开挖前，通过综合物探技术，提前探明采空区规模及内部赋存情况，根据确定的治理范围，地面布置施工钻孔，并通过钻孔注入充填材料，封堵井筒周边的水、火、气，解决围岩塌陷、破碎，稳定井筒采空区周边岩层。大同煤矿集团的马脊梁矿、同家梁矿在 2013 年通过此项技术顺利完成了井筒下覆的采空区的治理，施工效果良好。

6.4.1　工艺关键技术

1. 采空区探查技术

在采空区治理之前必须采用精准的探查手段，搞清井筒所穿过地层的采空区详细分布情况。主要方法有：综合物探和钻探。

1）综合物探技术

由于采空区情况复杂，干扰因素多，注浆对勘探条件要求高，某种单一的物探方法都无法准确探明采空区的准确分布。一般采用综合物探手段。用于采空区（空洞）探测的工程物探方法主要有电法勘探、电磁勘探、地震勘探、重力勘探和氡射气勘探，上述常用物探方法的使用条件极其解释特征参见表6-6。

表6-6　常用物探方法的使用条件及特征

方法种类		使用条件	特征
高密度电法		采空区与围岩有明显的电性差异，地形起伏不大，采空区埋深小于或等于100m	采空区显示低阻异常（采空区充水）或采空区显示高阻异常（采空区未充水）
瞬变电磁法		采空区与围岩有明显的电性差异，采空区埋深小于或等于500m	
地震	折射法	采空区与围岩有明显的波速差异，采空区埋深小于或等于100m	波形不连续、振幅不一致、杂乱
	反射法	采空区与围岩有明显的波速差异，采空区埋深小于或等于500m	
面波	稳态	采空区与围岩有明显的波速差异，采空区埋深小于或等于60m	波形有"绕射弧"出现
	瞬态	采空区与围岩有明显的波速差异，采空区埋深小于或等于300m	
土氡测量		有土层覆盖，属于定性测量	有一定规律，可对比的高值异常圈闭区

当现有资料足以说明采空区的分布范围、埋深、覆岩破坏特征、地表变形的基本特征、发展趋势及稳定性时、可不进行物探，否则应进行物探工作。对于埋深大于200m的采空区，工程物探方法及其组合要进行专门研究。物探方法的选择应结合地形、采空区埋深及各方法的地球物理前提条件，一般应选择两种以上的物探方法进行综合勘探，物探方法组合及其使用条件可参考表6-7。

表6-7　物探方法组合参考表

地形情况	地形平坦、较平坦				地形起伏较大	
采空区埋深/m	≤10	10.1～40	40.1～100	≥100	0～40	40
平面物探	地质雷达	震探	震探	瞬变电磁法	氡射气法	瞬变电磁法
剖面物探	地质雷达	面波	高密度电法	高分辨率地震	面波	井间CT法

在选择物探方法之前，应在现场对已知采空区进行该办法的现场试验，以检验该物探方法探测的有效性，并根据现场物探方法试验成果总结出采空区标准异常图；多种物探方法组合使用时，应绘制综合异常解释图。

2）钻探探查技术

钻探时广泛使用的勘察方法，可以直接获得地质资料，是采空区探测最可靠的方法，可以为稳定性评价提供较准确的采空区空间分布特征及岩石力学参数。采空区勘察工作中，物探方法得到的结论都必须要用钻探结果来验证。采空区钻孔的钻探技术要求及三带划分标准见表6-8和表6-9。

表 6-8　采空区钻探工作技术要求

钻机	钻具	冲洗液	现场技术要求	钻孔编录
如果采空区埋深小于 50m，可选用工程地质钻机，必要时可下地锚加固钻架； 如果采空区埋深大于 50m，可选用水文钻机或探矿钻机，必要时要适当改装以适合工程地质条件	在松软、无夹矸煤层中可用单动取煤双层矿心管钻进； 在稍硬、有夹矸煤层中用双厚管钻进； 在坚硬破碎岩层中采用孔底喷具循环钻进	致密稳定地层中采用清水钻进； 为了统计地层耗水量，一般采用清水钻进； 为了保证取土质量，黄土地层可采用无冲洗液的空气钻进	地下水位、标志地层界面及采空区深度测量误差在 ±0.05m 以内； 取心钻进回次进尺控制在 2.0m 以内； 除原位测试及有特殊要求的钻孔外，一般钻孔应全孔取心，一般岩土的取芯率不低于 89%，软质岩石不低于 65%； 注意观测地下水位并进行简易水文试验； 每孔测斜不小于 2 次	现场记录要及时准确，按回次进行，不大多回次合并进行，不得事后追记； 绘制钻孔柱状图描述内容要规范、完整、清晰； 重要钻孔要保留岩心，并拍彩色岩心照片； 班报表要认真填写和保存，填报应及时准确，并有记录员及机长签字

表 6-9　采空区三带钻探特征表

冒落带标志	裂隙带标志	无采空区标志
突然掉钻、埋钻、卡钻 孔口水位突水小时 孔口吸风 进尺特别快 岩心破碎混杂 打钻时有响声 可见淤泥、粉末状煤渣等 见坑木、转瓦片等 偶有瓦斯气上涌	突然严重漏水或漏水量显著增加 钻孔水位明显下降 岩心有纵向裂纹或陡倾角裂缝 钻孔有轻微吸风现象 钻孔有瓦斯气 岩心采取率小于 75%	全孔返水 无耗水量或耗水量很小 岩心完整，呈长柱状 岩心采取率大于 75% 进尺平稳 开采矿层岩心完整，无漏水现象

为了井筒建设安全及运行稳定性，在采空区的勘察过程中，应当结合综合物探及钻孔勘探的方法进行勘察，以期达到对采空区的赋存情况深刻的理解。

2. 采空区岩石力学特征及井筒稳定性分析

1）采空区围岩结构

当地下煤层采动后形成采空区，采空区围岩主要包括底板、煤系地层、采空冒落区、裂隙带、弯曲带和上部岩层。采空区的变形破坏是由围岩的工程和地质因素决定的。工程因素是指采空区的形状、大小和埋深等，地质因素是指采空区的地质环境即影响采空区稳定性的主要地层和地下水斌存状况等。

工程因素：埋深初步确定为 50m、100m、150m、200m，采高初步确定为 1m、2m、3m、5m、10m，单层和多层采空区。

地质因素：分析的上覆岩层结构类型包括单一岩层取均匀软型岩层、均匀中硬型岩层、均匀硬型岩层；复合岩层取上软下硬型岩层及上硬下软型岩层。

2）采空区三带及岩层移动对井筒稳定性的影响

采用相同围岩结构，加入井筒结构，井筒直径为 6m、7m、8m、9m、10m，通过计算研究岩层移动造成井筒受力情况，分析井筒稳定性。

3）围岩、充填体和井筒井壁受力分析

采用相同围岩结构和井筒结构，通过计算研究不同特性充填体与井筒井壁的变形特性，获取井筒治理范围和充填体力学性能，为选取合适充填体提供依据。

通过以上分析，为注浆加固深度、直径范围、充填体力学性能等参数的选取提供理论依据。

3. 井筒过采空区地面预注浆工艺

井筒穿越采空区治理时应先进行方案筛选，选择合适的治理方案。治理方案的选择直接关系到井筒建设工程的造价、工期和安全等问题，是治理工程成功与否的关键。通过相关工程实践，选择采空区治理方案时，需要综合考虑以下主要因素：

（1）采空区的类型：不同类型采空区的治理方法，往往是不同的。井筒穿越废弃巷道，可以考虑使用工作面进行治理，若穿越的是大面积采面，则建议在井筒掘砌之前进行预治理。

（2）采空区顶板及其覆层的岩性。

（3）采煤方法及顶板管理办法。

（4）采空区形成的时间。

（5）煤层倾角。

1）钻孔布设

注浆孔的布设一定要参照采空区的分布范围。但由于井筒穿越采空区设计治理范围一般为以井中为中心的环形区域，故钻孔布设多环形交错布置。注浆孔的孔间距可以根据现场试验确定。当无法进行试验时，宜根据采矿方法、覆岩地层结构及岩性、回采率、顶板管理办法、垮落带和裂隙带的空隙、裂隙之间的连通性，并参照经验值设计。当煤层回采率大、顶板坚硬、垮落带和裂隙带的空隙、裂隙之间的连通性好，可取大值，反之则取小值。

2）钻孔结构及技术要求

（1）注浆孔穿过采空区或进入煤层底板 0.5～1m。

（2）钻孔开孔直径宜控制在 130～150mm，经一次或两次变径后，终孔孔径不小于91mm。

（3）孔均应进入完整基岩 4～6m 处变径。

（4）取芯孔的数量应为注浆总数的 3%～5%。采空区部位岩心采取率不应小于 30%，其他部位岩心采取率不应小于 60%。

（5）在钻进过程，根据钻进情况每 50～100m 测斜一次，终孔时孔斜不宜超过 1°/100m。

3）钻孔止浆

采空区治理的止浆方式主要有套管口压盖止浆、止浆塞等，详见图 6-16 和图 6-17。

由于大同地区侏罗系煤层的上覆岩层多为砂岩或砂质泥岩，岩性比较完整，且井筒采空区有可能针对多个煤层采空区，上部采空区注浆结束后，需重复扫孔、继续钻进注浆，故一般多采用套管口压盖止浆。

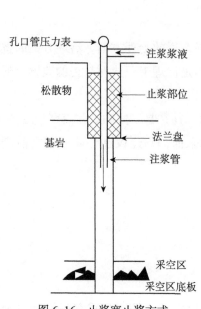

图 6-16　止浆塞止浆方式

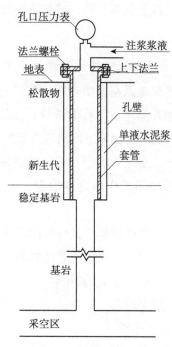

图 6-17　套管口压盖止浆方式

4）注浆量计算

井筒穿越多层采空区时，注浆量的计算要分根据采空区（煤层）编号分层进行计算，其中每层采空区（煤层）的注浆量均可以按照下述公式进行计算

$$Q=ASMK\Delta V\eta/c \qquad (6-13)$$

式中，A 为浆液损耗系数，一般取 1.0～1.2；S 为采空区治理面积，m^2；M 为煤层平均采出厚度，m；K 为治理范围内区域回采率，%，根据已知的采掘平面布置图推算或通过实际调查确定；ΔV 为采空区剩余空隙率，%；η 为充填率，%；c 为浆液结实率，%，可以根据浆液配比试验确定，无试验数据时一般取 70%～95%。

采空区剩余空隙率可按以下三种方法确定：

（1）利用矿山已有的沉降及采空区观测资料：可先计算采空区上方地面的最大沉降量，通过已有的观测资料确定已完成的沉降量，空隙率为两者的差值与地面的最大沉降量之比。

（2）利用采空区勘察孔内空洞和裂隙的统计资料：空隙率为通过孔内空洞和裂隙发育的平均高度与矿层开采厚度之比。

（3）利用地区已有的工程资料：一般情况下闭矿时间在 5 年之内，取值在 30%～100%；闭矿时间在 5 年以上，取值在 20%～50%。当采空区的顶板和覆岩为较坚硬的岩石时，取值宜稍大。

5）注浆压力及结束标准

注浆压力的大小将决定浆液的扩散距离和充填、压密的效果。压力大，浆液扩散距离大，裂隙中浆液充填的效果也高。结束压力与采空区垮落裂隙带的空隙、裂隙的大小或多少、水文地质及工程性质条件等相关，一般通过现场注浆试验后确定。

当无现场注浆试验资料时，也可以根据公式计算或以经验先行拟定，在注浆过程中再进行调整。一般来说，在注浆压力达到设计值（结束压力）时，结束吸浆量越小工程质量越好。多参照煤炭系统注浆的标准 60L/min。

6）浆液配比

注浆材料选用成本低廉的高掺量粉煤灰水泥浆液。空洞较大时，添加部分中粗砂骨料。

注浆材料的配比应通过现场试验确定。浆液的浓度使用，应由稀到浓，可以根据工程目的、施工现场的具体情况，可以选用 3~4 个浓度等级。其水固质量比宜取 1:1~1:1.3。当治理井筒内圈区域时，水泥宜占固相的 40%，粉煤灰占固相的 60%；当治理井筒外圈区域时，水泥宜占固相的 30%，粉煤灰占固相的 70%。

7）注浆材料及技术指标

水泥：采用强度不低于 32.5 的硅酸盐水泥。

粉煤灰：符合《用于水泥和混凝土中的粉煤灰》（GB 1596—2005）Ⅱ级标准。

骨料：砂应为质地坚硬的天然砂或人工砂，粒径不宜大于 2.5mm；有机物含量不宜大于 3%。石屑或矿渣最大粒径与溶洞、空洞和裂隙的宽度有关，一般情况下不宜大于 1.0mm，有机物含量不宜大于 3%。

水玻璃：选用模数为 2.4~3.4 的水玻璃溶液，浓度大于 38~42°Be′，掺量占水泥量的 2.0%。按每批次或每 30t 均需抽样检查。

8）注浆系统及制浆工艺

注浆系统由料场（散装罐）、一级搅拌池（机）、二级搅拌池（机）、供水系统、注浆泵、注浆管道、止浆系统、孔口装置、投砂器、封孔装置等组成。

注浆系统技术要求如下：

（1）料场（散装罐）：堆放材料的材料场场地要平整，运料车辆正常通行，且紧邻搅拌机，使材料便于运输、搬运，要求设有防潮、防雨措施；

（2）搅拌机：要求能够满足正常施工，搅拌后的浆液均匀，符合设计要求；

（3）搅拌池：修建的搅拌池应满足正常施工要求，中间设置搅拌系统，使得搅拌后的浆液均匀，符合要求，一次搅拌量宜不小于 5m³；

（4）水池：制浆站应根据施工注浆总量需要，建立数个水池，以保证正常施工，水池建筑规模及要求视工地具体情况而定；

（5）注浆泵：宜采用变档定量泵，其额定排量不小于 250L/min，注浆泵压力应大于注浆最大设计压力的 1.5 倍，且不小于 3MPa；

（6）压力表：注浆用压力表最大指数应小于 10MPa；

（7）封孔装置：采用卡盘止浆法；

（8）注浆管：采用 50mm 或 76mm 注浆管，丝扣连接；

（9）投砂器：容积不小于 1m³。

制浆系统工艺流程见图 6-18。

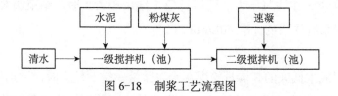

图 6-18 制浆工艺流程图

9）注浆工艺流程

施工应按下列顺序进行：

（1）先施工外圈边缘帷幕孔，后施工中间注浆孔，形成有效的止浆帷幕，阻挡浆液外流；

（2）钻孔应分序次间隔进行，宜分两至三个序次成孔，一序次孔对采空区可以起到补勘的作用，根据实际地层及采空区情况对后序孔的孔位、孔距、孔数进行适当调整，弥补均匀布孔设计的不足；

（3）注浆应间隔式分序次进行，一序次孔浆液可能扩散范围较大，二、三序次孔注浆将使前序次未充填的空洞得到充填；

（4）倾斜煤层采空区应先施工沿倾向深部采空区边缘孔，采取从深至浅的施工序次。

注浆施工工艺可按以下三种情况选择：

（1）当采空区为单层采空区时，宜采用一次成孔、自下到上，一次全灌注施工；

（2）当采空区为多层采空区，矿层间隔较小，各矿层冒落、裂隙带互相贯通时，宜采用上行法注浆施工工艺，一次成孔、自下到上，一次全灌注施工；

（3）当采空区为多层采空区，矿层间隔较大，各矿层冒落、裂隙带没有互相贯通时，宜采用下行法注浆施工工艺，自上到下，分段成孔，分段注浆。

注浆工艺流程见图 6-19。

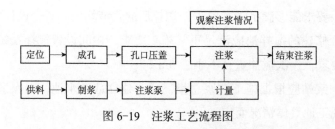

图 6-19 注浆工艺流程图

6.4.2 井筒穿越采空区治理效果评价

1. 综合物探对比检验分析

物探检测技术是采空区治理工程施工完成后对工程质量检验的重要方法，它是根据采空区治理区域内同范围、同点、同深度处岩层的物理性质在注浆前后的变化对比，直观判断注浆工程质量的优劣。其优点是成本低、速度快、效率高、施工相对简单，能从面上对工程质量进行定性评价，通常需要结合检测孔对注浆效果进行综合分析。物探方法主要包括瞬变电磁法物探技术、高密度电法技术、钻孔声波技术等。

2. 钻探验证

由于采空区治理工程的隐蔽性和复杂性，要求必须对治理工程质量的最终效果进行检测。施工注浆效果检测孔，并进行钻探取芯是采空区治理工程质量检测工作中的重要技术和方法，且能为孔内裂隙实测和钻孔漏失量观测提供工作平台。根据钻探取芯采取率和岩心的破碎程度，判断浆液结石体与围岩的胶结程度。根据钻进过程中循环液消耗量，可判断浆液对破碎岩层充填和胶结后的完整程度。通过对浆液结石体的取芯，可了解浆液在地下的终凝固结程度，并可对结石体进行室内抗压强度试验，检验其强度是否满足设计要求。因此应在治理区内选择注浆控制区域对采空区底板以上受注层进行质量检测。检测的目的是经治理后采空区及上覆岩层空隙充填情况是否满足设计的要求，是否达到注浆的预期目的。

3. 沉降观测

采空区经过注浆治理，采空区的空洞和裂隙得到了很好的充填，井筒顺利施工，但为保证井筒在使用过程中的安全，建议设立移动观测站，对可能产生的残余变形进行预报，以保证井筒长期安全运营。

移动观测对象包括井筒和井筒周围地表。井筒移动可通过在地面井架设置沉降点进行观测，沉降点布置在井架四周；地表移动可通过在地表埋设工作测桩进行观测。在不影响井筒运行的情况下，测桩设置相互垂直的两条。

6.4.3 应用实例——马脊梁矿副立井工业广场采空区治理工程

为了接替已近枯竭的侏罗系煤田矿井，实现可持续发展，大同煤矿集团有限责任公司对马脊梁井田（石炭二叠系）进行新的规划（延深和改造），建设一规模为 6.00Mt/a 的现代化矿井。为了消除马脊梁矿新副立井工业场地下侏罗纪煤层采空区的安全隐患，确保广场内井筒建设及使用安全，在副立井井筒、回风立井井筒建设之前对下伏采空区进行综合治理。

马脊梁矿副立井工业广场采空区治理工程自 2013 年 6 月 17 日正式开钻注浆。截至 2013 年 10 月 11 日，完成回风立井、副立井两个井筒共计 44 个钻孔的 2 号、11 号煤层采空区揭露工作。其中，2 号煤层采空区平均高度达到 2m 左右，11 号煤层采空区高度 1m 左右。两个井筒累计注浆量为 33985m³。其中回风立井累计注浆量为 16750 m³，副立井累计注浆量为 17235m³。各注浆钻孔经过多次注浆后均达到或超过设计注浆压力，满足注浆结束标准。

通过注浆充填，采空区得到了有效的治理，凿井施工安全快速的通过采空区，通过井下照片可以看到井筒所穿越的采空区内充满了浆液结石体，具有一定的强度（见图 6-20）。同时浆液结石体对于采空区内的瓦斯、一氧化碳等有害气体有一定的封堵作用。若不进行预治理，采用工作面治理采空区，至少影响工期 20 多天。

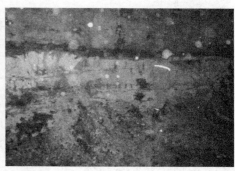

图 6-20　采空区浆液结石体照片

6.5　地面 L 形钻孔预注浆工艺

在深井、软岩及地质条件复杂的矿区，井筒马头门、硐室、巷道等掘进时冒顶、坍塌问题频出，使用过程中变形严重、频繁修复，造成停工停产、重大安全隐患和巨大经济损失等现状。国内一些新建矿井采取了在井筒地面预注浆时，同时对井筒巷道群及运输大巷部位岩层预注浆加固工艺，取得了一定效果。但是，由于采用的均为直孔及分叉孔注浆技术，受注浆孔数和扩散半径制约，地层加固范围和效果受到较大影响，无法根本改善该部位巷道底臌、变形以及支护破损等现象。

2011 年，建井分院与淮北矿业（集团）有限责任公司联合进行井下软岩巷道（硐室）地面 L 形钻孔预注浆加固技术研究，形成地面 L 形钻孔预注浆工艺技术。该技术可大幅提高单孔注浆加固地层范围和质量，实现一组钻孔加固上百米水平（斜）巷道围岩，有效提高围岩自承力，并与支护结构形成共同承载结构，不但可解决深立井连接巷道群和井底车场大巷围岩稳定与支护问题，而且可显著减少垂直钻孔注浆加固工程量，缩短施工工期，消除深井建设安全隐患。

6.5.1　工艺技术原理

地面 L 形钻孔预注浆工艺基本原理为：使用新型的钻探设备及高精度的钻孔轨迹控制

技术，在地面施工的垂直钻孔在到达预加固地层深度后，钻孔由垂直方向转为水平方向，水平钻孔沿井下预加固巷道的轴线方向延伸或预加固煤层底板顺层施工，采用从地面下放止浆机具的止浆方式，对井下水平（斜）巷道不稳定围岩或煤层底板进行地面预注浆加固。

地面 L 形钻孔预注浆工艺，主要用于煤矿井下巷道和煤层底板进行地面预注浆加固，同时该技术也适用于冶金矿山、水利水电、地铁等领域。

6.5.2 关键技术

1. L 型钻孔定向钻进技术

1）钻孔结构

根据地质条件及加固范围，可选择单级套管孔径结构和二级套管孔径结构，如图 6-21 和图 6-22 所示。单级套管结构的直孔段（一开）孔径 ϕ215.9mm 或 ϕ190mm 下入 ϕ177.8mm 或 ϕ168mm 套管，造斜段和水平加固段（二开）孔径 ϕ133mm，均为岩石裸孔。一开套管段需要进入稳定基岩段大于或等于 10m，并固结牢固。

二级套管结构的直孔段（一开）孔径 ϕ311mm 下入 ϕ244.5mm 套管，造斜段（二开）孔径 ϕ215.9mm 下入 ϕ177.8mm 套管，水平加固段（三开）孔径 ϕ152mm，为岩石裸孔。同样一开套管段需要进入稳定基岩段大于或等于 10m，并固结牢固。

2）钻进循环泥浆性能要求

钻井循环泥浆宜采用低固相水基泥浆，根据不同地层、孔段，合理选择泥浆配方，以利于孔壁的稳定及钻孔顺利施工。

（1）直孔段基本都在表土层，泥浆比重 1.05～1.10 g/cm^3，黏度 26″～35″，失水量≤12mL/30min，含砂量≤1%，并根据钻孔情况及时加入泥浆添加剂调整泥浆。

（2）井斜角小于 30° 的造斜段，泥浆比重 1.10～1.20 g/cm^3，黏度 30″～40″，失水量≤10mL/30min，含砂量≤1%，并根据钻孔情况及时加入泥浆添加剂调整泥浆。

（3）井斜角大于 30° 的造斜段和水平段，泥浆比重为 1.15～1.25 g/cm^3，黏度 35″～45″，失水量≤8ml/30min，含砂量≤1%，动塑比≥0.3 Pa/（mPa·s），并根据钻孔情况及时加入泥浆添加剂调整泥浆。水平段钻进时，岩粉容易沉积，孔壁易坍塌，泥浆参数要严格控制。

2. 钻孔轨迹控制技术

1）直孔段施工

一开钻孔测斜、定向可采用陀螺测斜定向仪、电子单多点测斜仪或无线随钻测斜仪，根据钻孔轨迹情况及时定向纠偏，保证终孔偏斜率不大于设计要求。

2）造斜段和水平段施工

二开、三开钻孔测斜、定向采用无线随钻测斜仪，定向、造斜工具采用单弯螺杆钻具。钻孔每钻进一段测斜一次，一般 9～10m 为一个测斜点，根据钻孔轨迹情况及时采取相应定向措施，确保钻孔轨迹满足设计要求。

3）钻进工艺

造斜段采用钻杆不旋转、螺杆动力旋转的滑动钻进方式。水平段钻进时，采用螺杆动力滑动和旋转的复合钻进方式，做到定向和钻进不提钻连续作业。

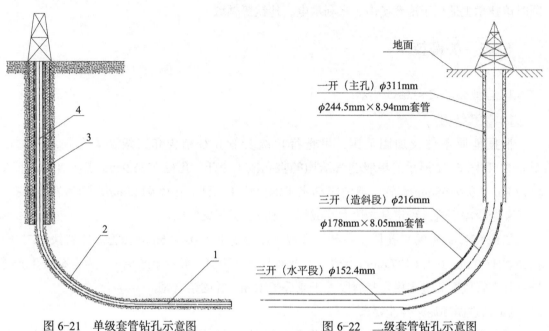

图 6-21　单级套管钻孔示意图

1. 水平段；2. 造斜段；3. 套管；4. 直孔段

图 6-22　二级套管钻孔示意图

3. 钻进装备

钻孔施工所使用的钻机其钻井深度应大于 2000m，宜采用顶部驱动式钻机，如建井分院自主研制的 TD2000/600 型全液压顶驱钻机。单级套管钻孔施工使用的泥浆泵应采用 350 系列或 500 系列，二级套管钻孔施工使用的泥浆泵应采用 800 系列或 1000 系列。泥浆固控系统应采用三级及以上净化工艺。

6.5.3　注浆技术及工艺

地面 L 形钻孔预注浆工艺中的注浆技术基本与井筒地面注浆技术相同，例如，根据不同的需要，常用浆液为黏土水泥浆、单液水泥浆、塑性早强水泥基浆液等；注浆装备同样采用 BQ 系列注浆泵和 ZBBJ 系列变频调速注浆泵。但在注浆参数设定上有所区别，例如，注浆结束压力和流量的设定，注浆段的划分以及止浆方式有所区别。

1. 注浆参数

1）注浆结束压力

在井筒地面预注浆工艺中，注浆结束压力的确定见表 6-10。在确定地面 L 形钻孔预注浆工艺的注浆压力时，可以此为参考，但可结合注浆治理地层的具体情况进行调整，例如，煤层底板治理时的含水层突水系数，当突水系数较大时，可适当增大注浆结束压力，反之，可适当减小注浆结束压力。

表 6-10 注浆压力确定表

注浆类型	注浆层位	K值	备注
黏土水泥浆	400m 以浅注浆段	2.5～3.0	可根据实际地层情况及含水层突水系数调整注浆压力
	400m 以深的注浆段	2.0～2.5 倍	
单液水泥浆	一般裂隙地层	2.0	
	断层等特殊地层	3.0	

2）注浆结束流量

在井筒地面预注浆工艺中，在注浆施工中当达到注浆终压终量并稳定一段时间后即可认为注浆达到结束标准，可以结束施工。黏土水泥浆注浆终量不大于 250L/min，单液水泥浆注浆终量不大于 100L/min，注浆压力达到终压，稳定 20min，可结束该孔段的注浆工作。在地面 L 形钻孔预注浆工艺中，可参考以上依据，但依据不同的地层情况及注浆要求进行调整。

3）注浆量的确定

根据井筒地面预注浆工艺中注浆量的经验计算公式（6-14）进行调整，可估算单孔注浆量。但在实际施工过程中可以注浆结束标准为主，注浆量进行调整，直到达到注浆结束标准为止。

$$Q = A\pi \sum_{i=1}^{n} R_i^2 H_i \eta \beta / m \qquad (6\text{-}14)$$

式中，Q 为浆液注入量（m^3）；A 为浆液超扩散消耗系数，基岩段取 1.3；R 为距孔中心的浆液有效扩散半径，m；H 为注浆段长，m；n 为岩层平均裂隙率，基岩段取 3.0%；β 为浆液充填系数，取 0.95；m 为浆液结石率，取 0.85。

4）注浆段长

不同于普通地面预注浆工艺的是，在地面 L 形钻孔预注浆工艺中，注浆方式可根据不同的要求进行划分，例如在煤层底板含水灰岩治理的方案中，由于采用探查和治理相结合的方式，当水平段钻孔钻进过程中，如果不发生漏浆现象，则不需要注浆，当钻孔漏浆量达到一定值时进行注浆。在巷道加固施工方案中，由于以加固为主，可考虑将加固段分为若干注浆段，采用前进式注浆的方式，逐段进行注浆。

2. 止浆技术及装备

1）止浆方式

止浆是注浆成败的关键，根据不同的要求，当套管下至治理层位时，可采用孔口密封注浆的方式，不用下放止浆机具，这种止浆方式成功率高，事故率较低。当有针对性地对某段层位进行注浆治理时，可考虑下放止浆机具至治理层位的上部，待止浆成功后可进行注浆。

2）止浆装备

当需要下放止浆机具时，由于在水平段止浆，存在诸多难点，采用水力坐封止浆塞止浆。水力坐封止浆塞依靠双级液压缸的作用压缩胶筒实现密封，同时不需要支点，密封性能良好，密封件防破损能力强，能实现可靠的坐封、解封，并同时能承受较高的注浆压力，可以满足深井水平和垂直裸孔止浆的要求。

6.5.4　应用实例

1. 信湖煤矿井下巷道地面预注浆加固工程

安徽信湖煤矿井下巷道地面预注浆加固工程，属于单级套管孔径结构的水平定向钻进注浆工程，选择了井底车场中断面较大、支护难度较大的中央泵房、变电所进行地面预注浆加固，加固巷道深度1002.5m，水平注浆加固距离为200m，以改善围岩力学性态，确保相关硐室、巷道围岩稳定和支护安全。

本工程在地面上布置两个钻孔（1号孔、2号孔），钻孔位于中央水泵房硐室正北延长线上，距硐室水平距离为350m，两个钻孔东西分布，孔间距12m；通过两个直孔段的施工，下部进行3个分支孔（1号孔下部为L1孔，2号孔下部上下分支为L2孔和L3孔）钻进，注浆施工总体设计方案，如图6-23所示。自2011年12月8日开工，截止到2012年12月25日封孔，总的钻孔工程量为3606m，其中：直孔段1200m，造斜段1806m，水平段600m；注浆工程量为5936.5m³，其中：黏土水泥浆3742m³，单液水泥浆192m³，水泥基浆2002.5m³。

2. 峰峰集团辛安矿216采区水害区域治理工程

辛安矿216采区水害治理工程，属于二级套管孔径结构的水平定向钻进注浆工程，本工程以大青灰岩含水层为目的层（位于大煤底板以下120m位置），进行216采区区域水文地质条件探查与全面预注浆加固治理，完成查明水文地质条件，封堵奥灰水导水通道的基本任务，为井下探巷安全掘进奠定良好基础。

工程设计垂直主孔1个（注1），利用定向钻进技术在主孔下部钻进分支水平孔10个，按水平间距40m，南北向平行布置，自西向东依次编号为注1-1、注1-2、注1-3、注1-4、注1-5、注1-6、注1-7、注1-8、注1-9、注1-10。因钻孔与区内主节理发育方向平行布置，为防止漏探中小型隐伏导水断层（裂隙），在注1-4孔内，每隔200m沿近主节理倾向，在大青岩内顺层施工次级定向分支孔5个，编号分别为注1-4-1、注1-4-2、注1-4-3、注1-4-4、注1-4-5。水平注浆加固段埋深约800m，水平注加固段长度920～980m，设计钻探总进尺17132m，水泥注浆量15000t。地面注浆加固治理设计方案如图6-24所示，钻孔轨迹示意图如图6-25所示。

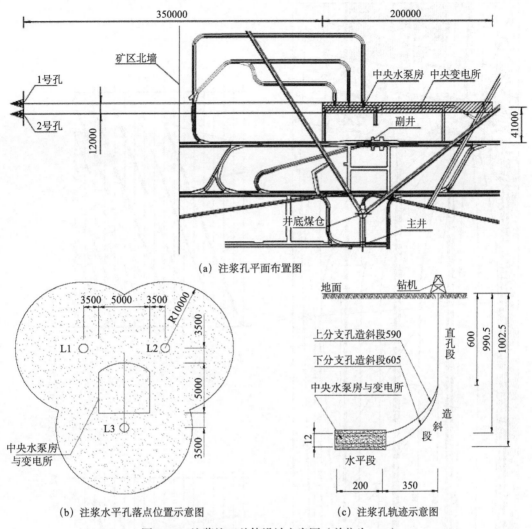

(a) 注浆孔平面布置图

(b) 注浆水平孔落点位置示意图   (c) 注浆孔轨迹示意图

图 6-23　注浆施工总体设计方案图（单位为 mm）

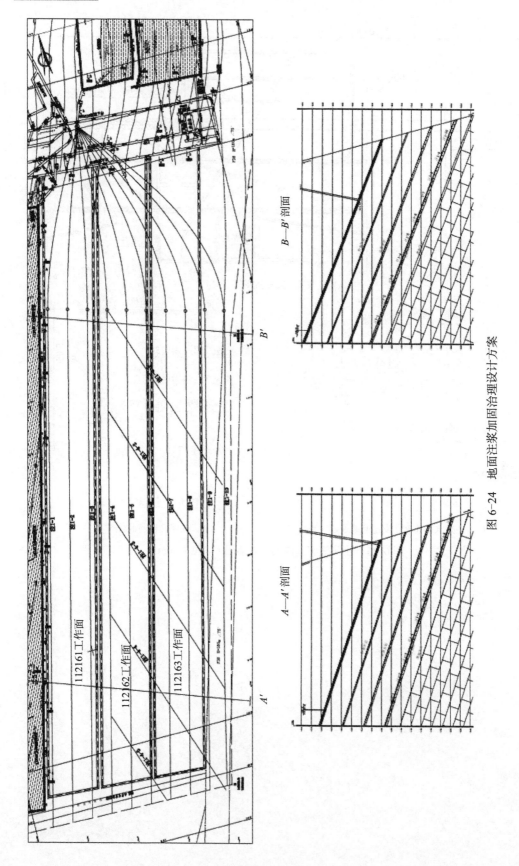

112161工作面

112162工作面

112163工作面

$B-B'$剖面

$A-A'$剖面

B'

A'

图6-24 地面注浆加固治理设计方案

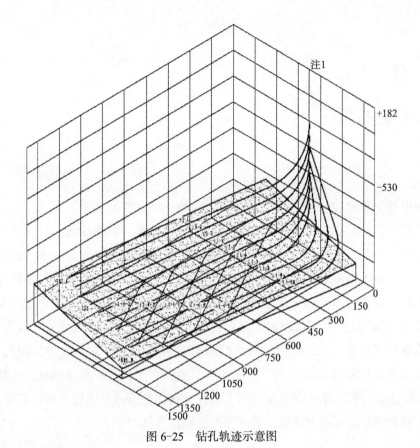

图 6-25 钻孔轨迹示意图

（本章主要执笔人：高晓耕，刘书杰，左永江，王志晓，蒲朝阳，安许良，孙晓宇）

第7章
市政注浆工艺

注浆是市政工程建设中软土地基加固和防渗的一种重要技术手段,在注浆实践中产生了众多的注浆工艺,包括渗透注浆、压密注浆、劈裂注浆、电渗注浆、高压喷射注浆、搅拌注浆等。建井分院从20世纪60年代开始针对流沙层研究化学注浆技术,之后又把水泥注浆、水泥–水玻璃双液注浆技术应用于软土加固工程中。从20世纪70年代开始,受日本单管高压旋喷注浆技术(CCP工法)启发,建井分院与国内其他单位合作开发单管高压喷射注浆技术,20世纪80年代以后,又先后研究开发了二重管、三重管、双高压、旋喷、定喷及摆喷等高喷注浆工艺,成功应用于60多项工程施工。在20世纪90年代,建井分院针对软土地基快速加固的需求,结合振冲插管原理和水泥粉煤灰水玻璃双液注浆材料,开发了振冲分层注浆加固技术,并大量应用于地铁车站、旁通道基底软土加固工程。

本章主要介绍了高压喷射注浆工艺和振冲分层注浆加固工艺。

7.1 高压喷射注浆工艺

高压喷喷注浆技术是利用高压水射流对软弱土体进行切割破坏,并用固结剂进行固结的土体加固技术。相对土体静压注浆技术,该技术可在射流破坏范围内形成均匀固结体,注浆范围可控,加固和防渗效果好,是针对软土、特别是流沙层地基的一种理想的加固处理技术。随着地基处理深度的增大,对旋喷桩直径的要求越来越大,原有的单管旋喷法都不能满足要求。建井分院从1988年开始研究了三重管高压旋喷注浆法,包括三重结构的旋喷钻杆、导流器和喷头(不同于国内其他单位研制的三列管),配套钻机等设备以及喷射工艺参数,在软土中旋喷桩直径可达1.8~2.1m。1999年针对旋喷桩直径进一步加大的需求和三管旋喷法桩体强度低的问题,研究开发了双高压高喷注浆技术,改进了三重管钻具、工艺参数和配套设备,旋喷桩直径可比三管旋喷桩增加10%~30%,在砂层中可达到2.0m以上。三重管高压喷射注浆工艺已经应用于福州闽江防洪堤防渗帷幕、西沙永兴岛军用机场蓄水池封底加固、上海地铁旁通道加固等工程。本节主要介绍三重管高压喷射注浆工艺,包括双高压高喷注浆工艺。

7.1.1 三重管高压喷射注浆技术原理和适用范围

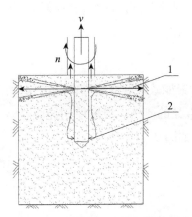

图 7-1 三重管高压喷射注浆示意图
1.高压水气射流；2.低压水泥浆

1. 技术原理

三重管高压喷射注浆技术基本原理是利用高压高速水射流对土体的切割、搅拌作用，以及空气环绕射流对淹没水射流的保护作用，首先用高压气水射流（30～40MPa）对一定范围内的土体进行强制切割破坏，然后用泥浆泵灌注水泥浆，水泥浆在水气射流的带动下，与破坏下来的土颗粒进行搅拌混合。喷射过程中喷嘴横向喷射，同时纵向旋转向上螺旋移动，凝固后形成一定直径的旋喷桩。喷射过程中，喷嘴保持一个方向向上移动，即形成定喷板墙。喷嘴在向上移动时，按一定的角度来回摆动，即形成摆喷板墙，厚度大于定喷墙。三重管高压喷射注浆原理见图 7-1。

2. 适用范围

高压喷射注浆工艺适用于：市政基坑防渗帷幕、护坡桩和基底防隆起加固；地铁、隧道、暗挖工程的软土加固；既有建筑物地基加固，增加承载力，防沉防偏；建筑物桩径基础；水利水电坝基坝体防渗帷幕等。

7.1.2 三重管高压喷射注浆机具

三重管高压喷射注浆由一套专用机具实现，包括三重钻杆、导流器（水龙头）、喷头和耐磨聚能喷嘴。

1. 三重钻杆

高喷钻杆采用同心三重管结构，分别隔离输送三种介质：中心管输送高压水，中间管输送压缩空气，外管输送水泥浆，上接导流器、下接喷头。钻杆外径76mm，三层管全部采用无缝钢管，中心管耐压40MPa，中间管和外管耐压10MPa，中心管和中间管之间采用O形圈密封，外管采用异性胶圈密封，梯形丝扣连接。

2. 导流器

导流器是将管路输送来的水、气、浆分别通道接入钻杆，实现不旋转的输送管路与旋转钻杆的转换。该导流器结构特点是：结构小巧、重量轻、占用高度空间小，如图 7-2 所示。

图 7-2 导流器图

3. 喷头

喷头上接双高压钻杆，横向安装喷嘴，是喷射注浆机具的最下部构件。喷头结构实现高压水、气的聚能同轴喷射和水泥浆的输送，上部的水、气射流对土体进行切割破坏，下部的水泥浆被水气射流把带入已破坏的土体范围内，并搅拌均匀。

4. 耐磨聚能喷嘴

聚能喷嘴是高压水射流质量的关键。根据水射流理论，聚能效果好的喷嘴内部结构为：前部为直线段，后部为开口流线型或锥形，直线段长度为直径的 4 倍。根据使用经验，常用的喷嘴外形为圆柱形，开口段较短，硬质合金材料。结构如图 7-3 所示。

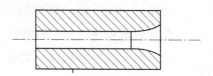

图 7-3　聚能喷嘴结构示意图

7.1.3　三重管高压喷射注浆工艺参数

为保证三重管高压喷射注浆效果，选择合理的高喷注浆工艺参数至关重要。三重管高压喷射注浆工艺参数包括：高压水射流压力和流量、水泥浆压力和流量、压缩空气压力和流量、水浆喷嘴直径和数量、喷嘴间距、提升速度、旋转速度、桩体直径和强度等。

1. 高压水射流压力、流量和喷嘴直径、数量

高压水射流是高喷注浆破坏土体的主要能力体，理论上压力越高、流量越大越好，但在实际施工时要考虑设备状况和经济合理性。参考三管高喷经验，高压水射流泵的流量选用 75 L/min，压力 30~40MPa，较为经济合理。

喷嘴直径和数量：根据水射流理论，水射流压力、流量和喷嘴直径是三个相关参数，已知两个可以计算得出第三个。喷嘴个数可以选一个也可选两个，为便于喷射平衡，一般选用一对喷头，180°对置。若选用两个直径 1.8mm 的喷嘴，高压泵量选在 75 L/min，则水射流压力用式（7-1）计算

$$P_0 = \frac{2Q^2\gamma}{\phi^2\mu^2\pi^2 d^4 g} = 35.5 \qquad (7\text{-}1)$$

式中，P_0 为射流压力，MPa；Q 为射流流量，L/min；γ 为流体密度，水取 $9.81\times10^{-3}\text{N/m}^3$；$g$ 为重力加速度，9.81m/s^2；μ 为喷嘴流量系数，收敛圆锥形喷嘴取 0.95；ϕ 为喷嘴流速系数，收敛圆锥形喷嘴取 0.96。

2. 气射流压力和流量

根据试验和参考三重管高喷参数,保护性气射流主要因素是流量,普通中低压空气压缩机可以满足要求,选用流量 3~6m³/min,压力 0.5~0.8MPa。

3. 水泥浆压力、流量和喷嘴直径、数量

三重管高压喷射注浆中的水泥浆采用中低压灌注,注浆压力 0.5~1.0MPa,流量 60~90L/min,水灰比 1:1~0.8:1。出浆口一至两个,直径 5~10mm。

4. 旋转速度和提升速度

喷嘴的旋转速度影响喷射流连续破土时间,最终影响破坏距离即成桩直径,同一位置定点喷射时间越长破坏距离越大,但作用距离有一个极值,时间有一个合理经济值。提升速度影响射流破土的连续性,即成桩的连续性,以及同一位置的重复喷射次数。经试验研究,合理的旋转速度为 10~15r/min,合理的提升速度为 5~20cm/min。

5. 桩体直径和强度

桩体直径影响因素较多,包括土体强度、土体成分、深度、喷射参数等,一般需要在现场做试验桩确定,桩径经验值为 0.8~2.0m。

桩体强度由土体颗粒成分和水泥含量、水泥标号决定。根据试验结果和使用经验,桩体强度参考值可取:软弱黏性土 1~5MPa,砂性土 5~10MPa。

7.1.4　三重管高压喷射注浆的双高压改进

1. 双高压喷射注浆技术原理

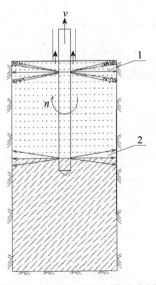

图 7-4　双高压喷射注浆示意图
1.高压水气射流;2.高压水泥浆射流

针对旋喷桩直径进一步加大的需求,以及三重管高压旋喷大量清水导致的桩体强度低的问题,研究开发了双高压高喷注浆工艺,通过改进了三重管钻具、工艺参数和配套设备,旋喷桩直径可比三管旋喷桩增加 10%~30%,在砂层中可达到 2.0m 以上。

双高压高喷注浆是利用高压高速水射流对土体的切割、搅拌作用,以及空气环绕射流对淹没水射流的保护作用,首先用高压气水射流(30~40MPa)对一定范围内的土体进行强制切割破坏,然后再用高压水泥浆射流(15~30MPa)进行二次喷射,加大喷射破坏范围,同时水泥浆与破坏下来的土颗粒进行充分混合,减少返浆中水泥含量,提高加固体的强度,喷射距离(或桩径)大于普通三管高喷工艺。双高压喷射原理见图 7-4。

2. 三管高喷机具的双高压改进

三重管改进：为满足双高压喷射高压泥浆的需求，变换原三重管三种介质的输送通道，中心管输送高压水泥浆，中间管输送高压水，外管输送压缩空气，钻杆外径 76mm 保持不变，三层管全部采用无缝钢管，中心管和中间管耐压 40MPa，外管耐压 10MPa，中心管和中间管之间采用 O 形圈密封，外管采用异性胶圈密封，梯形丝扣连接。

导流器改进：为解决高压水泥浆的旋转密封容易失效的问题，由中心管输送水泥浆，其直径小、单方向 V 形密封圈易于密封。中管输送高压水，采用双侧 V 形圈密封，分别与高压泥浆和压缩空气隔离。外管输送低压压缩空气，采用单侧 V 形密封圈密封。导流器外壳接浆、水、气管路，外壳不旋转，中心管、中管和外管同心同速旋转。

喷头改进：喷头结构实现高压水、气同轴射流和高压水泥浆射流同时喷射，上部的水、气射流对土体进行切割破坏，下部的水泥浆射流把水泥浆带入以破坏的土体范围内，并搅拌均匀。经试验研究，高压水泥浆射流不需要气射流保护，可把水泥浆带到水气射流破坏范围，避免水气流把水泥浆过早带走，造成水泥浆过多的返到地面，降低桩体强度。关键是上下两种射流的间距要合理，不能相互干涉。经试验，水气喷嘴与浆喷嘴合理间距不小于 80cm，如图 7-5 所示。

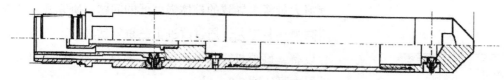

图 7-5　双高压喷头图

耐磨聚能喷嘴改进：聚能喷嘴是高压水射流质量的关键。常用的喷嘴外形为圆柱形，开口段较短，喷射高压水泥浆时在涡流作用下容易磨损喷嘴基座，影响使用寿命。为此对合金喷嘴结构进行了改进，加长喇叭开口段长度和外径，使射流平滑过渡，提高了射流质量，防止基座磨损、压力泄露，如图 7-6 所示。

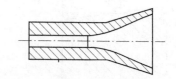

图 7-6　聚能喷嘴改进后结构示意图

3. 双高压高喷工艺参数

双高压高喷注浆参数与三重管高喷参数基本相同，改变的参数有：高压水泥浆射流压力和流量、水泥浆喷嘴直径和数量、喷嘴间距、桩体直径和强度等。

高压水泥浆射流参数：喷嘴直径 2.5mm，数量：2 个，流量 60～90 L/min，压力：20～30MPa。

水气喷嘴与水泥浆喷嘴间距：为避免两种射流的相互干扰，间距应大于 40cm，60～80cm 较合理。

桩体直径和强度：桩径经验值为软弱黏性土 1.5～2.0m，砂性土 1.8～2.5m，松散砂层 2.0～3.0m。桩体强度参考值可取软弱黏性土 1～5MPa，砂性土 5～10MPa。

双高压高喷与普通三管高喷相比，参数相同的情况下，双高压高喷桩径一般可提高 10%～30%，达到同样的桩体强度可节省水泥用量 20%～30%。

7.1.5 应用实例

1. 福州闽江下游北岸防洪堤防渗加固工程

1989 年，建井分院承接了福州市闽江下游北港北岸防洪堤坝基防渗加固工程，堤基的土质构成是杂填土、砂质黏土、砂卵石黏土和粉细砂，采用三重管高压定喷和摆喷技术工艺，在坝基下形成连续墙，起到防渗加固作用，防止管涌和决口。

钻孔布孔间距 2.1～2.5m，双喷嘴，喷嘴直径 2.0mm，喷嘴射流方向与布孔中心线夹角 15°，高压水射流压力 2.6～3.2MPa，提升速度 80～120cm/min（杂填土中 40～60cm/min），水泥浆水灰比 1:1，返浆经沉淀后在搅拌机中加入水泥复用，水泥中掺加 30% 粉煤灰以节省水泥。共施工高喷防渗墙总长度 992.4m。单孔定喷形成的板壁，经开挖测量最长达到 6.2m，最短 4.0m，厚度 100～200mm，定（摆）喷墙连续性非常好。做围井抽水或注水试验，抗渗系数 10^{-7}～10^{-6}cm/s，质量达到设计要求。工程完成后，经受住了 50 年一遇的历史罕见大洪峰等高水位的考验。

2. 上海地铁 1 号线长沙路旁通道三重管高喷注浆加固工程

1992 年，建井分院施工的上海地铁 1 号线人民广场–新闸路区间的长沙路旁通道工程，设计采用地面三重管高喷注浆法对旁通道及泵站周围土体进行加固，在隧道内新奥法（或矿山法）开挖构筑结构。该旁通道位于北京路与长沙路交叉路口附近，上行线和下行线地铁盾构隧道已经建成，地处上海繁华地段，地下管线复杂，施工要求高。是上海地铁旁通道第一次采用旋喷加固、新奥法施工。

长沙路旁通道三重管旋喷加固范围内地层主要为灰色淤泥质黏土和灰色黏土，加固平面长度 11.3m，宽度 9.4m，加固深度 7.0～21.4m，共布置 10 排 105 根桩，每排 10～11 根桩，桩间距 1.1m，排间距 1.0m。经加固后，实际开挖情况表明，旋喷加固效果很好，没有发现漏喷区，无漏水渗水现象，使用风镐开挖，固结体坚硬，设计加固体抗压强度不小于0.9MPa，实际取样的单轴抗压强度为1.7～5.5MPa。

长沙路旁通道顺利开挖构筑，证明三重管旋喷注浆加固法结合新奥法开挖构筑旁通道在上海地区是可行的，解决了上海地铁建设的一个难题。

3. 西沙永兴岛珊瑚礁砂地层机场集水池旋喷封底加固工程

西沙永兴岛位于南中国海，全部由珊瑚礁组成，大约1.8km²，由于国防建设需要，在岛上要修建大型机场跑道，配套的两个直径26m的集水池施工时出现难题，因集水池离海岸线太近，大面积的池底部分海水渗漏严重，无法开挖。1991年建井分院提出的三重管高压旋喷桩封底方案受到指挥部的认可，邀请建井分院施工。

岛上地质条件复杂，需要加固的地层主要为：珊瑚细砂、珊瑚中砂和贝壳砂（含珊瑚、贝壳碎块）、粉细砂（含块径较大的珊瑚礁石块，最大块径1.5m），地下水位深度在0.5m左右。设计封底旋喷桩加固厚度2.0m，整体呈反球拱形，旋喷桩布置孔间距1.1m，排间距1.0m，两个集水池共布置旋喷桩905根。旋喷参数为：水射流压力36MPa，流量75l/min，压缩空气压力0.7MPa，气量1m³/h，浆压0.5MPa，浆量80l/min，水泥浆密度1.6～1.7g/mm³，提升速度7cm/min。施工时采用两序孔跳孔施工工序，平均水泥用量1.12t/m，工期39天。

封底效果检查：桩体强度用取芯法检查，在旋喷桩三角交界处布置取芯孔，岩心采取率达到60%～70%，证明旋喷桩交圈良好。封闭性检查采用抽水试验方法，在集水池中心钻孔，做简易抽水试验，南池预计开挖时涌水量为15m³/h，实际开挖时最大涌水量达到30m³/h，北池经过施工调整，开挖时没有涌水，南北两池都没有影响开挖施工，旋喷桩封底施工非常成功。

7.2 振冲分层注浆加固工艺

振冲分层注浆加固技术是砂土层注浆技术的一种，它采用振冲钻机打孔，并直接利用钻杆进行注浆，完成加固任务。振冲分层注浆在工艺常用上行式注浆，即利用振动冲击钻机造孔，待钻孔至设计深度后，直接利用钻杆作为注浆管（钻杆最下部安装有专门注浆头）进行分段注浆，一个分段达到一定的注浆量和注浆压力后即结束本段高注浆任务，上提钻杆至上一个分段继续注浆，直至该孔位注浆结束。也可用下行式注浆。

振冲分层注浆加固的原理是浆液对土体的挤密加固和劈裂压密的综合作用。注浆初期浆液在出浆口周围形成一定范围的浆液包，对周围土体产生径向的挤压作用，随着注浆压力升高和浆液包的扩大，浆液将在土体的最小主应力方向或者地层构造薄弱方向形成劈裂，浆液沿劈裂面继续扩散（浆脉），并对土体产生持续压密。浆液固结后，固结体呈球包状和平面层状，一方面注浆过程中对土层压缩密实，另一方面固结体和压密的土体形成网格骨架结构，使加固的土体在整体强度上得到大幅度改善。

振冲分层注浆施工时，注浆段高可以灵活调整，浆液分层扩散更为均匀，注浆效果更好；由于采用振动钻机打孔，实现无水钻进，钻杆直接作为注浆管，可以和土体密实接触，较好地避免了钻杆外返浆的现象，并省去了以往塑料阀管注浆中的埋管工序，节省了工期和材料。前段钻杆特殊的单向花管结构，可避免浆液回流和砂土堵塞钻杆。采用振冲法下插和上拔钻杆，利用高频激震液化钻杆周围土体，能减少阻力，保证下管深度和避免埋钻。

振冲分层注浆使用的浆液较为灵活，多以单液水泥浆、水泥－水玻璃浆、水泥－粉煤灰浆、水泥－粉煤灰－水玻璃浆为主。本注浆技术在以上海软土层加固为应用背景实施研发时，采用的是水泥－粉煤灰－水玻璃浆液，即"双液复合注浆材料"。

振冲分层注浆技术广泛应用于软土层加固和地层位移控制，可在基坑、盾构、顶管、建筑物地基等施工中根据不同目的对相关土体进行注浆。

7.2.1 施工工艺与主要技术参数

1. 主要施工工艺

振冲注浆工艺就是采用振动冲击钻机造孔，并直接利用钻杆作为注浆管注浆，即振动钻机将钻杆下放到设计深度后，连接注浆管路开始注浆，达到一定的注浆量和注浆压力，开始上提一个段高继续注浆，直至一个孔位注浆结束，其工艺流程如图 7-7 所示。

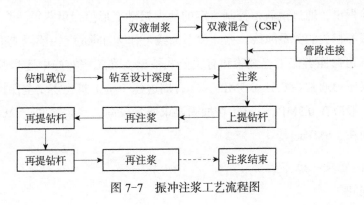

图 7-7 振冲注浆工艺流程图

2. 注浆流量与注浆量

1）注浆流量

根据不同的施工目的、不同性能的注浆设备，注浆流量应有所不同，注浆流量区间一般为 20～100L/min。跟踪注浆、控制注浆、纠偏注浆中等一般采用小流量，注浆流量较小，一般控制在 20L/min 左右；在塌方区、空洞区等充填注浆中注浆流量较大，一般为 60L/min或者更高一些。

2）注浆量

注浆量是保证注浆质量的关键因素，根据不同地质条件和注浆要求确定总注浆量 Q，一般可按下式计算

$$Q=V\eta\alpha(1+\beta) \qquad\qquad (7-2)$$

式中，V 为加固体总体积，m^3；η 为空隙率；α 为浆液充填系数，充填注浆时 $\alpha\leqslant1$，压密注浆时 $\alpha\geqslant1$；β 为浆液损耗系数。

需要说明的是，注浆施工中由于所确定空隙率与土层实际空隙率有一定的误差，实际注浆量可根据钻孔过程中钻进速度和注浆过程中注浆压力进行相应调整；根据不同土层、地层条件、材料可注性等浆液充填率有所不同，一般充填注浆时取 0.9 左右，压密注浆时为 1.2～2；浆液损耗系数根据地层返浆、跑浆及施工队管理水平等可取为 0.1～0.3。

砂土层注浆多为定量注浆，注浆时间对施工具有指导意义。按等深度注浆、平均分布注浆量考虑，单孔每段（段高 h）注浆时间 t 按如下公式计算

$$t=\frac{Q}{nq}\cdot\frac{h}{\sum L_i} \qquad\qquad (7-3)$$

式中，t 为目标段注浆时间，min；h 为该段注浆段高，m；n 为注浆孔数；Q 为总注浆量，m^3；L_i 为目标孔第 i 注浆段高，m；q 为注浆流量，m^3/min。

3. 注浆压力

地层容许注浆压力一般与地层的物理力学指标、施工环境和施工要求有关，与注浆量、注浆孔段位置、埋深、注浆材料、工艺等也有一定关系。重要工程地层容许注浆压力的确定多由注浆试验得出，通过试验，控制一定的地表抬动变形值，可获得注浆压力、注浆量、注浆孔段的埋深等相关的关系曲线，据此关系曲线可作为注浆过程中压力控制的上限。

一般情况下可参照类似工程经验和有关公式拟出，在工程实施中逐步调整确定。根据经验，振冲注浆压力通常在 0.3～0.5MPa，在有周边建（构）筑物需安全保护时，应严格控制注浆压力，一般应在 0.3MPa 以下；在加固要求质量较高，注浆深度较深时，应加大注浆压力，可以控制在 1.5MPa。

4. 注浆孔间距及孔位布置

1）注浆孔间距

注浆布孔间距，一般根据浆液的有效扩散半径和加固要求确定。由于地层的不均匀性，浆液扩散往往是不规律的，注浆扩散半径难以准确计算；一般注浆的扩散半径与地层渗透系数、孔隙尺寸、注浆压力、浆液的可注性和浆液凝较时间等因素有关。施工中可通过注浆压力、浆液的黏度和凝较时间等调整控制浆液的扩散半径，该扩散半径与土层密实程度和浆液黏度成反比，与浆液胶凝时间和注浆压力成正比，在实际施工中孔间距一般可取0.6～2.0m。加固要求也对布孔间距具有影响，在加固质量要求较高时，注浆孔布置一般较密，反之在满足注浆扩散条件的基础上则可采用较大孔间距。

2）孔位布置

注浆孔位布置主要根据工程目的和受注层的地质条件确定。一般防渗注浆多采用线形

布置，呈单排到多排，且各排孔多采用单数孔，按分序加密原则实施；加固注浆多采用方格形或梅花形布置，典型的布孔方式参见图 7-8。

注浆孔间距与注浆孔位布置形式共同决定了注浆区域的注浆孔数量。

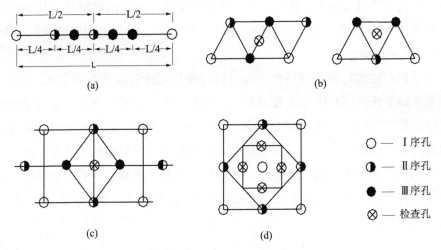

图 7-8 典型孔位布置图示例

5. 注浆段长与注浆方式

1）注浆段长

为使浆液扩散均匀，注浆段长不宜太长。地基土一般因垂直方向上的渗透系数小于水平方向的渗透系数，所以采用的分段长度要比孔距小，一般的段长为孔间距的 0.3～0.5 倍，常用 0.3～1.0m。

2）注浆方式

工艺上的注浆方式指的是单孔注浆的次序，即分为下行式和上行式。下行式注浆就是自上而下分段注浆，该法先注上层土体，使上层土体形成一个硬壳，以防止地表跑浆，便于下部采用较高的压力，但不适于平行作业。上行式注浆就是自下而上分段注浆，该法一次成孔，钻孔、注浆可以分别进行，实现平行作业。但在注上部土体时，容易造成串浆、冒浆、地面隆起等现象。

7.2.2 注浆材料

单纯从注浆工艺上讲，振冲注浆可使用单液水泥浆、单液复合注浆材料和双液注浆材料。结合振冲注浆多应用于定位控制加固，要求控制扩散距离和凝固时间，防止超范围扩散、钻孔返浆和地层加固后回沉，振冲分层加固注浆技术以 CSF 双液复合注浆作为主要材料。

单液水泥浆是最悠久、最普遍的注浆材料，扩散距离远，可注性好，设备简单，施工方便，若掺入粉煤灰等会大大降低注浆成本，适于大面积充填加固注浆，但其胶凝时间较长，扩散范围不易控制，容易孔口返浆、邻孔串浆和地面冒浆，且浆液结石率低（水灰比1:1的浆液结石率为 85%），在一定程度上影响加固体强度，因此不适合加固强度要求较高的定位压密注浆。

水泥－水玻璃浆液也称 CS 浆液，是一种速凝浆液，初凝时间可从十几秒至几个小时可调，石率可达 95% 以上，但其水玻璃用量大，成本高，而且水玻璃稀释后含水量增大，初期强度和结石率降低。

为了满足振冲注浆定位控制注浆对胶凝时间和加固体强度较高的要求，在 CS 型双液注浆材料的基础上开发研制出 CSF 型双液复合注浆材料。它是以水泥、水玻璃和粉煤灰为主剂，配以适量的添加剂，应用双液注浆系统进行注浆施工。这种注浆材料改变了以往粉煤灰在双液注浆中的掺入方法，大大提高了粉煤灰作为注浆材料的掺入量，由于掺入粉煤灰对水泥浆结石体的渗透系数有显著的降低作用，有利于改善浆体的抗渗性能，水泥中掺入低钙粉煤灰有缓凝作用，节省水泥和水玻璃用量，降低成本，提高结实率（可达 100%），这对注浆具有特别意义。

7.2.3　主要施工设备与机具

1. 振动钻机

采用专业的 JDZ-2 型和 JDZ-3 型振动钻机，性能对比见表 7-1。

表 7-1　JDZ-2 型与 JDZ-3 型振动钻机的性能对比表

性能参数	ZDJ-2	ZDJ-3
提升能力 /N	10000	17000
功率 /kW	4	5.5
激振力 /N	15000	19500
振动次数 /（次数 /min）	980	980
外形尺寸 /mm	1700×800×4100	1700×800×4158

2. 注浆泵

选用 KBY50/70 型液压双液注浆泵作为主要注浆设备，满足了"恒压注浆、流量可调、双液系统"的工艺要求。技术性能指标见表 7-2。

表 7-2　KBY50/70 型双液注浆泵的技术性能指标

型号	流量 /（L/min）	公称压力 /MPa	驱动功率 /kW	外形尺寸 /mm	质量 /kg
KBY-50/70	50	0.5～7	11	1300×720×700	300

3. 钻杆

振冲注浆钻杆为特殊设计的高强度厚壁钻杆，直径 $\phi32mm$ 和 $\phi50mm$。钻杆前部为一根注浆用的花眼钻杆，带花眼孔钻杆长度 0.3～1.0m，花眼孔成圈分布，间距 5～20cm，每圈 4～6 个孔，直径 3～5mm，花眼外围加工一道密封槽，槽宽 4～6mm，深 1～2mm，用专用橡胶圈密封，成为单向阀孔，浆液可出不可进，同时防止砂土进入钻杆内部造成堵塞，见图 7-9。

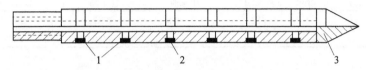

图 7-9　振冲单向花眼钻杆示意图
1. 出浆花眼；2. 胶套；3. 锥头

7.2.4　注浆质量检测方法

地基加固处理效果的质量检查，岩土工程领域的一个难题，传统的钻探取样做岩土试验或者标准贯入试验等方法，往往成本高、效率低、容易以偏概全，且实际施工中大多只采用单一的方法，因此很难方便、快捷、全面、准确地反映注浆前后土层性质的变化，检查注浆效果也常常产生较大误差。

振冲分层加固注浆技术通常采用综合检测方法进行质量评价，对注浆前后的土层条件分别进行检测和对比，以综合检查和评价注浆效果。常用的综合检测方法有：高密度视电阻率测试、静力触探、剪切波测试等。

以静力触探检测为例，受注土体注浆前后土层强度的 Ps 和 Fka 值都有了明显的提高，Ps 值最高由原来的 0.248MPa 提高至 2.037MPa，增加了 7 倍多，Fka 值也由原来的 56.583kPa 提高至 190.615kPa，增加了近 3 倍，注浆加固的效果是理想的。

注浆前后土体的静力触探检测指标对比见表 7-3。

表 7-3　静力触探测试结果前后对比表

序号	深度 /m	土性	Q_c	Ps /MPa	Fka /kPa	Es /MPa	E0 /MPa	γ /(kN/m³)	Su+ /kPa
1	0～1	注浆前	0.43	0.528	77.64	2.784	7.565	16.51	38.826
		注浆后（1 号）	0.67	0.817	99.366	3.685	10.014	16.844	59.307
		注浆后（2 号）	0.55	0.671	88.583	3.238	8.799	16.695	48.941
2	1～4	注浆前	0.35	0.431	70.354	2.482	6.745	16.355	31.928
		注浆后（1 号）	2.60	3.172	275.930	11.006	29.908	17.927	226.512
		注浆后（2 号）	1.62	1.976	184.607	7.219	19.617	17.532	141.596
3	4～9	注浆前	0.20	0.248	56.583	1.911	5.193	15.943	18.892
		注浆后（1 号）	1.67	2.037	190.615	7.468	20.293	17.565	145.927
		注浆后（2 号）	1.56	1.903	180.301	7.041	19.133	17.508	136.413
4	9～15	注浆前	0.25	0.302	60.663	2.08	5.652	16.089	22.754
		注浆后（1 号）	0.75	0.915	106.970	4.000	10.870	16.935	66.265
		注浆后（2 号）	0.79	0.964	110.291	4.138	11.245	16.971	69.744

上海、北京及南京等地区振冲注浆检测结果见表 7-4。

表 7-4　典型地层注浆效果检测表

地层	结石体单轴抗压强度 /MPa			加固体静力触探 PS 值 /MPa		渗透系数 /(cm/s)	备注
	7d	14d	28d	注浆前	注浆后	注浆后	
淤泥	8.9	10.1	12.9	0.3~0.5	≥1.2	10^{-6}	
砂层					≥2.0	10^{-6}	

7.2.5　适用范围

振冲注浆应用类型及图示见表 7-5。

表 7-5　振冲注浆应用类型及图示

应用类型	施工部位	注浆目的	图示
基坑底部围护体变形控制注浆	对基坑底部土体抽条注浆加固	抵抗开挖引起维护结构变形和土体反弹	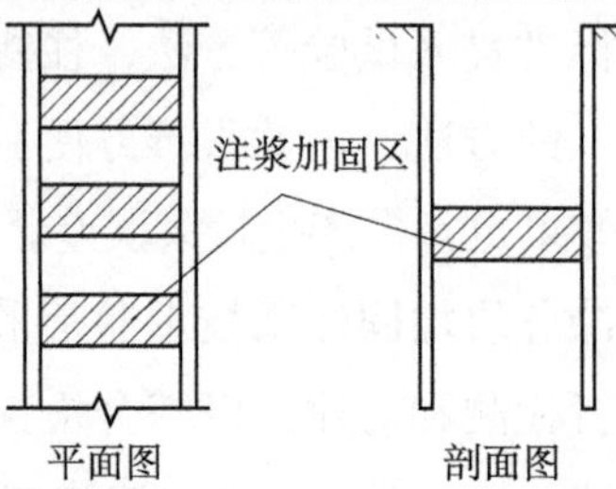
基坑外侧临近建筑物沉降控制注浆	随着基坑的开挖，在基坑维护结构和建筑物之间跟踪注浆	控制基坑开挖引起的建筑物不均匀沉降变形	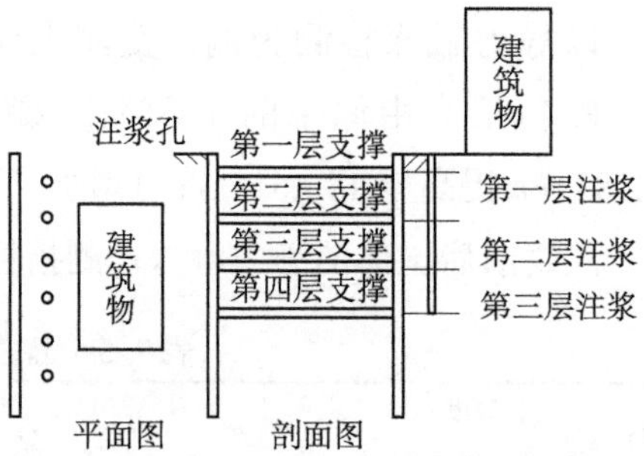
基坑底部构筑物上浮控制注浆	在基坑底部和构筑物之间注浆加固	控制基坑开挖卸载后其下部构筑物反弹上浮变形	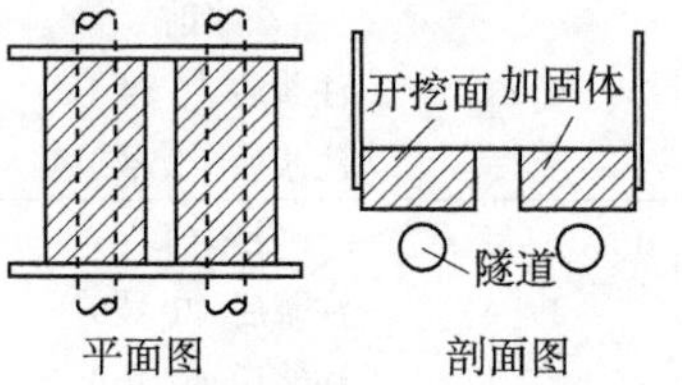
隧道过不良地层超前加固注浆	在拟施工隧道前方的软土地层进行预注浆加固	预防隧道施工引起上部土体坍塌	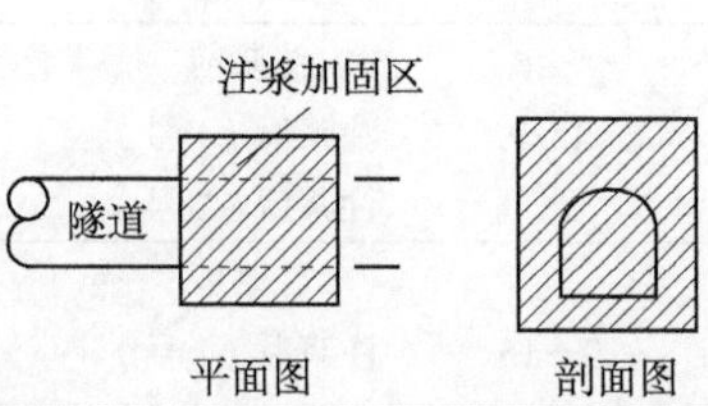

续表

应用类型	施工部位	注浆目的	图示
原有建筑物基础补强加固注浆	在原有建筑物内部对底部基础进行注浆	提高原基础的承载力，以满足建筑物增高要求	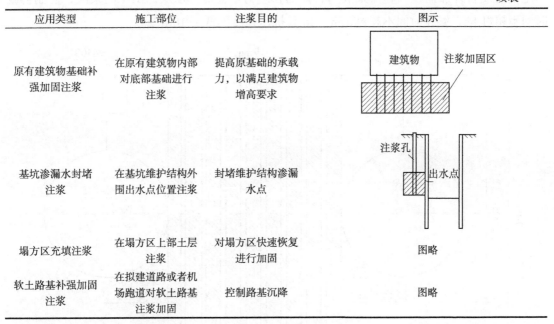
基坑渗漏水封堵注浆	在基坑维护结构外围出水点位置注浆	封堵维护结构渗漏水点	
塌方区充填注浆	在塌方区上部土层注浆	对塌方区快速恢复进行加固	图略
软土路基补强加固注浆	在拟建道路或者机场跑道对软土路基注浆加固	控制路基沉降	图略

7.2.6 应用实例——上海地铁 2 号线联络通道盾构隧道底角振冲注浆加固

1. 工程概况

上海地铁 2 号线某联络通道、泵站（以下简称旁通道），结构最深处距离地表 25.23m，周围土层以软弱淤泥质黏土及淤泥质粉质黏土为主，土体含水率高、孔隙比大、承载力低，渗透系数为 $10^{-8} \sim 10^{-7}$m/s。通道采用矿山法施工，开挖构筑之前，主体部分采用旋喷桩加固，盾构隧道底角部分采用振冲注浆技术加固。

2. 注浆方案

1）加固区域及注浆孔布置

隧道结构及注浆加固区域如图 7-10 所示。加固长度为旁通道开口位置前后 15m，注浆孔布置以不破坏盾构内部钢筋并尽量使用管片预留孔为原则，管片每一环上布置 1 组（3 个孔）。

2）注浆量及注浆压力

设计每单位立方米土体注浆量为 $0.3 \sim 0.5$m^3，折合单孔每米注浆量为 $0.2 \sim 0.33$m^3，实际施工中平均每米注浆为 0.31m^3。为减小注浆对隧道的影响，注浆压力控制范围为 $0.8 \sim 1.5$MPa。

3）注浆材料

注浆采用单液水泥浆，主要材料为 525 号（新标准 P.O 42.5）普通硅酸盐水泥，并掺入一定量的复合外加剂，以确保浆液结石体的物理力学性能。水灰比 1∶1 的浆液，控制初凝时间不超过 8h，终凝时间不超过 15h，28 天抗压强度不低于 10MPa。

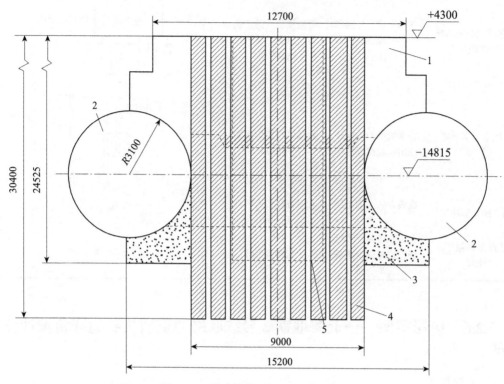

图 7-10　隧道结构及加固区域示意图
1. 旋喷加固区；2. 隧道；3. 注浆加固区；4. 灌注桩；5. 集水井

3. 加固效果

1）盾构变形监测

监测数据表明，注浆施工过程中，隧道竖向位移增大，被少许抬高，注浆结束 4d 后有所回落。加固段盾构变形以隆起为主，上行线最大量为 14.12mm，下行线最大为 14.47mm，影响范围在以旁通道为中心的 10m 内。下行线水平位移最大为 10mm，一般为 5～6mm；上行线水平位移较小，最大值不超过 3mm。上述垂直和水平位移均被控制在允许范围之内（≤20mm）。

2）开挖效果

在立井开挖过程中，揭露振冲注浆加固区域土体均匀密实，自立能力良好，浆液结石体呈片状结构，挖出最大尺寸约为 6cm，加固效果良好。

（本章主要执笔人：冯旭海，高岗荣，李生生，王桦，史卫河）

第三篇 钻井技术

　　钻井是指利用机械破岩刀具将岩石从岩体上分离出来形成所需的尺寸和形状、完成支护后建成井筒工程结构的一种凿井方法。钻井具有机械化程度高、工作人员少下井或不下井作业、安全性好、工作劳动强度低等特点。目前，常用的普通法凿井，是以爆破破岩为基础，通过爆破孔钻进、炸药雷管的装填、连线爆破、岩渣的装运清除、井帮的临时和永久支护后，形成井筒结构，其应用范围广，由于在井筒内工作面施工，井下作业人员多存在安全隐患，劳动强度大、受到高分贝噪声、淋水、粉尘等职业伤害，爆破产生的有害气体对环境产生污染，爆破过程难以控制，可能对围岩造成破坏，影响井筒的长期稳定。因此，可控的机械破岩凿井技术是一种发展趋势。建井分院针对我国煤矿、金属矿山、电站、隧道及其他地下工程井筒建设的需要，研究适合复杂的地质和工程条件的机械破岩钻井方法，开展了竖井钻机、反井钻机和竖井掘进机钻井法凿井的技术、工艺及装备研究。

　　竖井钻机钻井技术取得新进展。一百多年前，国外开始尝试采用冲击钻机和旋转钻机钻进矿山井筒。我国从 20 世纪 60 年代开始钻井法凿井技术资料的收集、工艺研究和室内试验及设备的选型配套，1965 年国家科委正式向煤炭工业部下达了钻井法凿井法中间试验任务。煤炭工业部指定由煤炭科学研究总院为主要负责单位，华东煤炭公司承担试验任务，确定安徽淮北朔里煤矿南风井为试验地点，同时组成由煤炭科学研究总院、特殊凿井公司、洛阳矿山机械厂等单位参加的试验组和领导小组，进行配套设备的设计、加工和钻井试验。经过艰苦的试验，1969 年上半年顺利完成了钻井直径 4.3m、钻深 92.5m、净径 3.5m 的工业性试验。这也是我国第一口采用钻井法施工的井筒，从此开始了我国钻井法凿井的新纪元。经过 50 多年的努力，我国的钻井规模从小到大、钻井深度由浅到深，国内煤矿利用钻井法钻凿的井筒已近 70 个。进入 21 世纪，为解决深厚冲积层煤炭开发的难题，开展了深厚冲积层钻井法钻井关键技术研究，以深厚冲积层覆盖的巨野煤田为研究目标，针对钻井法钻进深厚黏土层蠕变控制的泥浆护壁技术，适应高地压、高水压的新型井壁结构、井壁悬浮下沉工艺、机械化壁后充填技术进行研究，形成了以龙固双主井为代表的深厚冲积层钻井工艺，取得多项技术突破，快速、安全地建成新汶龙固煤矿。在"十一五"期间，为解决钻井法凿井速度低、破岩滚刀消耗量大、泥浆长期占地和污染等技术难题，以两淮矿区深厚冲积层钻井法典型工程为背景，开展了以大直径井筒"一扩成井"，小直径井筒"一钻成井"的钻井新技术及装备研究，以理论分析、数值模拟为基础，以大能力液压竖井钻机、分台阶"T"形钻头、"L"形密封的高耐压破岩滚刀为装备保障，理论研究和现场工业性试验验证相结合的方法，研发的新型超前和扩孔钻具结构、新型破岩（土）滚刀，提高了破岩能力和排渣效率，废弃泥浆作为注浆材料和全部固化泥水分离等创新成果，实现大幅提高钻井法成井速度、有效减少环境污染，并在淮北袁店二矿、信湖煤矿和皖北朱集西矿等矿井井筒得到成功应用，标志着我国的钻井法施工技术达到了一个新的高度。

形成了反井钻井新技术及工艺。从20世纪80年代研究小型反井钻机，用于解决煤矿井下暗井、煤仓施工的安全和效率问题开始，反井钻机全面取代了其他落后的反井施工方法。进入21世纪，建井分院以坚硬岩石、深井、大直径井筒为目标，通过大型反井钻井技术装备研制、导孔钻进轨迹控制技术、煤矿大直径风井反井钻井关键技术及装备研究，形成适合煤矿井筒的反井钻井新工艺，研制的BMC系列反井钻机，钻孔直径从0.75m到5.0m，钻井深度从100m到600m，在不同的地质条件，钻成直径3.5m、5.0m、5.3m多条煤矿采区风井及电站、隧道的通风竖井，井筒钻进期间人员全部地面作业，安全问题得到解决。研制的系列破岩滚刀，解决了坚硬的、磨蚀性强的火成岩有效钻进、刀具寿命问题，为电站、抽水蓄能电站提供了先进的技术及装备，促进了建井技术发展，经济效益和社会效益十分显著。

完成了首台竖井掘进机研制。在"十二五"期间，在"863"项目支持下，开展了竖井掘进机的研究，以竖井掘进机钻井工艺研究为基础，针对下部具有巷道，可以先钻进导井井筒特点，形成整体框架、多点支撑、多油缸推进、变频电机驱动、锥形可扩展钻头结构和空间分层布置，低功率输入等特点的竖井掘进机，为井筒机械化施工提供了新的选择，也为将来上排渣竖井掘进机研究打下基础，对2000m深地资源开发有重要意义。

近十几年来，随着国内建设工程的进行，钻井技术得到迅猛发展，形成了以竖井钻机为核心的钻井法凿井、以反井钻机为核心的反井法凿井和正在发展的以竖井掘进机为主的井筒综合机械化掘进技术工艺及装备，这些工艺方法可以适合不同地质条件和工程条件的井筒工程，达到机械破岩的全覆盖，为井筒的安全、智能、无人少人快速建设打下基础。同时，也可应用于水力、市政、地铁等地下工程建设的各个领域。

第 8 章

竖井钻机钻井技术

竖井钻机钻井法是利用大直径钻机从地面进行煤矿和其他矿山立井井筒施工的一种机械化的打井方法。

竖井钻机钻井法具有施工机械化和自动化程度高，作业环境条件好、劳动强度低、生产安全、井壁施工质量好、适应性强等优点，是其他施工方法无法比拟的。因其在地面利用滚刀破岩、压气反循环洗井排出岩屑的特殊施工工艺，钻井法主要用于第四系、新近系不稳定地层以及白垩系、侏罗系弱胶结强含水地层的施工。对于坚硬岩石，因反复破岩造成滚刀磨损严重，施工速度较慢。

本章以建井分院近二十年来在深厚冲积层钻井技术和"一扩（钻）成井"钻井技术方面的研究成果为基础，介绍竖井钻机钻井钻工的关键技术。

8.1 深厚冲积层钻井

随着深厚冲积层覆盖的矿井开发需求，大量井筒需要采用特殊凿井方法，钻井法具有独特的优势，但是也面临着穿过的冲积层厚度大、水压大、地压大和存在竖向附加力，井壁承受荷载复杂，所需的井壁厚度大、强度高，同时又需要满足悬浮下沉的要求等诸多难题。一些穿过厚新近系的井筒，由于存在黏土层厚度大、膨胀性强等特点，严重影响有效钻进直径，降低钻头施工效率。钻井法从施工风井到主副井等提升井筒，需要严格控制钻井过程偏斜，同时也要防止井壁下沉连接过程产生的偏斜。建井分院提出的以内钢板约束混凝土为核心的井壁结构、井壁悬浮下沉稳定理论、泥浆临时支护技术参数、钻井偏斜控制、高效破岩刀具等理论和技术成果，为深厚冲积层钻井的实现奠定基础。

8.1.1 深厚冲积层钻井法凿井技术分析

钻井法凿井是根据矿井井筒设计的要求，采用竖井钻机等钻井设备，在设计的井位上，钻凿一个满足需要的深度和直径的井孔，之后进行永久支护，使之成为符合设计要求的矿井井筒的施工方法。

1. 钻井法施工技术特点

钻井法施工是采用地面钻机带动钻杆，钻杆驱动钻头旋转，破岩滚刀以滚压的方式破碎岩石，一般在冲积层中采用长齿滚刀或刮刀，岩层中采用中长齿或镶齿等滚刀，根据钻机能力采用一次超前、分级扩孔的钻进方式（图 8-1），减压钻进、自动进给，优质泥浆作为洗井液、护壁（临时支护）和洗井作用，压气反循环排出岩屑（图 8-2），采用机械净化和自重沉淀相结合的方法，在地面清除泥浆中的岩屑，分离出的泥浆重复使用，钻进施工的同时在地面完成永久井壁的预制，钻孔至设计的直径，经过偏斜测量，有效断面达到井壁悬浮下沉、偏斜纠正和壁后充填固井等要求后，在泥浆中进行井壁的悬浮下沉（图 8-3），通过向井壁筒内灌注平衡水使之均衡下沉到预定深度，然后进行井壁调正定位固定，并在

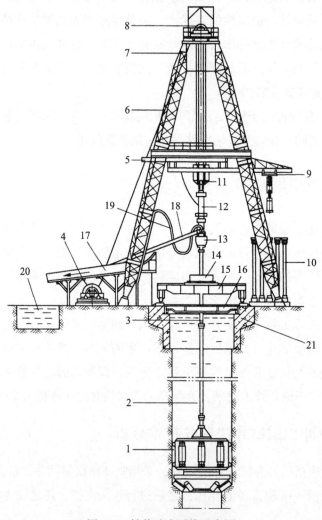

图 8-1　钻井破岩系统示意图

1. 钻头；2. 钻杆；3. 主动钻杆；4. 主绞车；5. 主动钻杆吊卡；6. 钻架；7. 钢丝绳；8. 天轮；9. 钻杆吊车；
10. 钻杆仓；11. 游车；12. 抱钩；13. 水龙头；14. 转盘；15. 钻台；16. 封口平车；17. 排浆溜槽；
18. 排浆管；19. 供风管；20. 泥浆沉淀池；21. 锁口

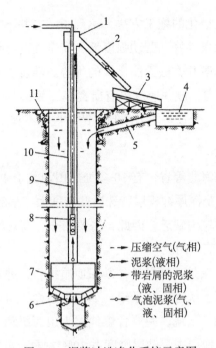

图 8-2　泥浆冲洗净化系统示意图

1. 水龙头；2. 排浆管；3. 排浆溜槽；4. 沉淀池；5. 回浆沟槽；6. 吸渣口；7. 钻头；8. 混合器；
9. 钻杆内风管；10. 钻杆；11. 锁口

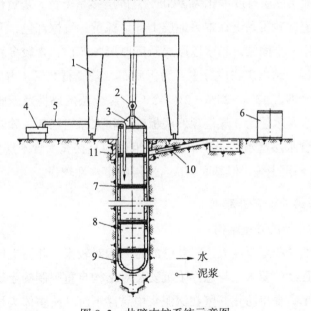

图 8-3　井壁支护系统示意图

1. 龙门吊车；2. 龙门吊车吊钩；3. 吊具；4. 水泵；5. 水管；6. 预制井壁节；7. 法兰盘；8. 配重水；
9. 井壁底；10. 回浆沟槽；11. 锁口

井壁与岩帮之间的环形空间内充填水泥浆、砂浆、碎石等固结物质，使井壁和井帮地层固结后，排出井内平衡水，检查井壁下部或马头门上下部分井壁壁后充填效果，需要时进行壁后补充充填注浆，井筒交付使用或继续向下施工。

钻井法作为一种综合机械化的施工方法，达到了"打井不下井"的目的，具有机械化和自动化程度高，作业环境条件好，劳动强度低，安全性高等优点，地面预制的井壁质量好，井筒不漏水，具有其他凿井方法无法比拟的优势。随着自动化控制水平的提高，成井偏斜率均可控制在 0.4‰ 之内，成井速度也有所提高，为钻井法施工的广泛应用提供了技术保障。当钻井深度较大时，受设备能力限制，钻井直径不宜太大。

2. 深厚冲积层地层特征

在山东、安徽、河南和河北等省，有 10 多处煤田埋藏于 400～900m 深厚冲积层之下，一直未能开发，其主要原因是深厚冲积层特殊凿井难度大，东部沿海地区是经济发达地区，能源需求量大，但煤炭资源较为缺乏，因此，需要安全、高效的技术方法，21 世纪初首先开发的龙固井田起到开拓示范作用。

龙固矿深厚冲积层的特点是，根据矿井勘探地质报告，井田穿过的地层从上而下依次为第四系、新近系、二叠系上统上石盒子组、下统下石盒子组和山西组、石炭系上统太原组、中统本溪组、奥陶系中、下统，主要含煤地层为山西组和太原组。第四系和新近系地层厚达 535～700m，第四系地层中，砂层厚度占 30% 左右，富水性较强，黏土层多为砂质黏土，呈黄褐、棕黄及棕红色，黏性及膨胀性较差，底部与新近系地层分界的黏土中富含钙质结核；新近系地层砂层厚度占比为 20.05%，砂层多呈土黄、灰黄色，以粉砂、细纱为主，分选性好，黏土、砂质黏土在本系地层上部呈棕黄、浅棕红色，下部为棕红、灰绿等色，大部分呈微固结－半固结，且多以厚层及巨厚层状产出，含较多块状、板状、晶簇状石膏及铁、锰质结核，黏土矿物成分主要为伊利石、蒙脱石混层，占 43%～81%，其次为高岭石、伊利石，分别占 13%～25%、2%～25%，黏土层的黏性及膨胀性较强。煤系地层中上组煤的直接充水含水层为 3 煤层顶、底板砂岩和太原组三灰。砂岩裂隙含水层富水性弱，三灰岩溶裂隙含水层富水性弱至中等，下组煤的直接充水含水层为太原组十$_\text{下}$灰和奥灰。十$_\text{下}$灰的富水性弱至中等，但基底奥灰含水层的富水性较强。

3. 深厚冲积层钻井法凿井难题

1）适合深厚冲积层的井壁结构

由于井筒穿过的冲积层厚度大，对井壁的压力相对较大，井筒支护需解决井筒承受巨大外力对井壁结构强度的要求，与悬浮下沉安装对结构自重限制的矛盾，应合理提高结构强度和材料利用效率，提出防止井壁在深泥浆中悬浮下沉结构整体失稳的技术措施，研究解决井筒竖向附加力的问题，研究确定井壁底体系结构，达到确保施工安全、方便和井筒长期使用安全、质量可靠、技术经济合理的目标。

我国的钻井井壁结构多采用钢筋混凝土井壁结构，当钻井深度加大时，下部地压较大处，多采用钢板混凝土复合井壁。根据钢板位置不同，钢筋混凝土复合井壁又分为单内钢板＋钢筋混凝土复合井壁和双钢板＋混凝土复合井壁两种形式。建井分院研发使用的单内钢板＋钢筋混凝土井壁，在龙固矿等多个井筒中成功应用。

2）提高黏土层钻进效率

由于冲积层中黏土层含量较多，部分黏土层中高岭石、蒙脱石等膨胀性土层含量较高，这些土层的特点是遇水膨胀量和黏性大，钻机钻进时，容易形成泥包钻现象，降低钻进效率。钻进过程中，应针对不同的土层，调整钻进压力和泥浆冲洗参数，提高钻进效率。

3）保证地层稳定泥浆参数控制

泥浆在钻井中的功能是稳定井帮、平衡地层压力、临时支护井筒、悬浮岩屑、携带岩屑、冲洗井底的介质、冷却刀具及钻头体、悬浮下沉井壁。在地层和泥浆柱压力差的作用下，靠近围岩的泥浆失水，在井帮上形成一层泥皮，以阻止泥浆与围岩中的自由水交流而造成泥浆稀释、围岩水化膨胀、缩径、垮塌等事故，以达到临时支护围岩的作用。同时，泥浆还不断吸收钻头高速旋转产生的热量，起到冷却钻头、刀具的作用，并不断冲洗井底工作面，将切削和破碎下来的岩屑携带上来。最后，利用泥浆的浮力，把带有井壁底的永久井壁悬浮下沉到井底位置。

由于深厚冲积层中各地层的岩性、含水量等指标均有较大差别，受失水量、岩性不同等因素的影响，需经常检测钻井泥浆的参数，并根据实际情况做必要的调整。

4）井壁悬浮下沉纵向稳定性控制

受工程造价和钻机设备能力的限制，钻井直径不可能过大；又因井筒穿过的冲积层厚度较大，钻井段井筒的长度较长；因此，钻井段井筒的长径比是难以控制的，需通过在其悬浮下沉过程中采取合理的技术措施，保证井壁整体的纵向稳定性。建井分院以"力矩平衡法"为理论基础，形成的井壁下沉稳定控制技术，有效解决了龙固矿等多个 600 m 深井筒钻井井壁的安全下沉安装。

5）保证壁后充填固井效果

壁后充填是指井壁与井帮之间的环向空间充填固井的施工过程，目前国内一般采用水泥浆和碎（卵）石分段交替充填的方法，使整个井壁筒能牢牢地固定在设计深度上，既不能在充填时因充填物密度大造成井壁上浮，也不会在下部开拓时因井壁底支撑力减小引起井壁筒下坠，而且还要在一定范围内减少竖向摩擦力。充填物固化后要使井壁与围岩紧密结合，以达到固井的目的，同时要隔断地层中上、下水的联系，尽量减少井壁的竖向附加荷载。由于钻井段井筒较深，需采取特殊措施优化充填质量，保证固井效果。

针对深厚冲积层钻井法施工中的技术难题，建井分院开展了大量的研究工作，其中井筒支护结构与悬浮下沉安装工艺，风化岩层破碎、黏土层厚膨胀性强等对泥浆护壁技术及钻井参数的特殊要求，成为钻井法凿井的技术关键；研究解决井筒使用中竖向附加力的取值和合理结构形式等问题，以保证井筒长期使用的安全和方便；研究合理的钻进参数，泥浆安全护壁，解决近 600m 深井筒承受巨大外力对井壁结构强度的要求与悬浮下沉安装对结构自重限制的矛盾，提出防止井壁在近 600m 深泥浆中悬浮下沉结构整体失稳的技术措施，研究高性能混凝土应用技术，达到确保施工安全、方便、质量可靠、技术经济先进的目标。

4. 竖井钻机及设备

竖井钻机是钻井法凿井的主要设备，钻井过程还需要压风机、泥浆处理、泥浆固化、井壁制作、井壁提吊等设备配合，几十年来研制了多种类型竖井钻机，根据深厚冲积层的钻进条件，在大型钻机研制和已有钻机改造两个方面，使钻井凿井设备基本满足钻进深度 800～1000m，钻进冲积层 600m，钻井直径 10m 的装备配套。改造形成的 ASG-9/800、L40/800G 型竖井钻机，达到了钻进直径 9m，钻井深度 800m 井筒的需要，新研制的 AS-12/800 型竖井钻机，设计钻井直径达到 12m，研制的 AD120/900 和 AD130/1000 型竖井钻机，实现全液压驱动电液控制。国内外常用的不同深度、不同直径的竖井钻机技术参数详见表 8-1。

表 8-1　国内外主要竖井钻机技术参数

编号	钻机型号	深度/m	直径/m	提升力/kN	扭矩/(kN·m)	驱动方式	推进方式	国家	备注
1	L40/800	600	8	4000	411.6	转盘	钢丝绳大钩	德国	—
2	CSD-300	600	6.1(8.0)	9070	676.2	转盘	液压油缸	美国	—
3	YZT-8.75	800	8.75	5000	490	转盘	钢丝绳大钩	苏联	—
4	SZ-9/700	700	9	3000	300	转盘	钢丝绳大钩	中国	—
5	ND-1	500	7.4	3200	260	转盘	钢丝绳大钩	中国	—
6	AS-12/800	800	12	6500	500	直流拖动	钢丝绳大钩	中国	—
7	ASG-9/800	800	9.3	3850	400	直流拖动	钢丝绳大钩	中国	AS9/500 改进
8	L40/800G	700	10	4000	400	直流拖动	钢丝绳大钩	中国	L40/800 改进
9	AD120/900	900	12	7000	600	液压动力头	液压油缸	中国	2007 年新研制
10	AD130/1000	1000	13	8000	600	液压动力头	液压油缸	中国	2007 年新研制

8.1.2　钻井井壁受力测试

钻井法凿井针对的主要是不稳定含水地层，钻井井壁结构借鉴冻结井壁及其他混凝土结构，考虑到井壁受到的井壁悬浮下沉安装临时荷载及地压水压产生的永久荷载。井壁安装后还需要进行壁后充填水泥浆或碎石固井，井壁与地层之间夹存泥皮和充填材料，与冻结法井筒周围受冻融影响土层结构发生变化，井壁直接在挖掘地层上浇注混凝土不同，这些差别一定程度上影响了井壁的受力。为探讨钻井法井壁实际承受的地层压力，作为结构研究的基本依据，建井分院进行的"钻井法深井井壁受力"研究等项目，在对江苏大屯矿区的龙东矿风井，安徽淮北矿区的芦岭矿西风井、桃园矿风井、童亭矿主井，淮南矿区的潘三西风井、谢桥西风井和山东龙口矿区的梁家风井等 4 个矿井的 7 个井筒、14 个水平的井壁进行了内外力实测，测点所处地层包括第四系的各种砂层、黏土层和新近系的泥岩层等钻井井筒穿过的常见地层。

测试过程包括井壁悬浮下沉、壁后充填及充填物凝固、井筒配重水排出后正常使用中的结构应力和地层压力变化情况。经过多年年的观测，地压的变化已趋于稳定，对数据进行整理和综合分析，求得了钻井法凿井施工过程和正常使用中井壁受力的变化规律以及不同岩性土层成井后巷道开掘时的永久地压，为研究确定钻井法凿井井壁设计的外力取值和进一步开展相关科研工作提供依据。

1. 测试元件的布设

由于测试系统各部件处在泥浆或配重水里，承受较高的水压，且相互连通，只要一个环节密封不好，就可能导致全水平测量失败。为此，测量元件、引线接头、巡回检测装置等井下采样组件的密封需经过老化和实验室高压罐内长达超百小时水压试验（试验水压按观测点的埋设深度决定）；钢弦式测试元件组装过程每完成一个环节都要测定元件的频率稳定性；组装好的元件三个月内初频变化应不大于 10Hz，使用前还需进行一次现场标定。集线箱的盖板采用"O"形密封圈和厌氧胶密封材料密封。经多个实测现场的实践证明，上述各个环节，对井壁应力实测的效果影响很大。

钻井法凿井井壁内外力实测系统布设的另一个特点，电缆测量距离远，一般大于100m；观测时间长，需历时 3~5 年；由于施工工艺条件，压力传感器在悬浮下沉井壁过程处在泥浆中，外侧与地层会产生相对摩擦，如果直接由井壁外侧出线可能受损，所以采用内侧出线，出线口和电缆浸泡在配重水里。为了适应这些条件，元件系统埋设是在井壁预制时与钢筋绑扎同时进行的，按总体设计要求的位置与钢筋固定，并将引线沿着钢筋（隔一定距离与钢筋固定）引入集线箱，进口处需加密封，线头固定元件编号。也可以计算好集线箱到各元件的导线长度，集线箱、导线和测量元件预先在试验室组装好，在钢筋绑扎时整体按设计进行安装。元件固定位置必须严格按照设计图纸要求进行，安装时要注意避开混凝土浇筑捣固的影响。

由于钻井法凿井在井壁悬浮下沉、加防浮配重水、壁后充填水泥浆和碎石以后，需要使用活动吊盘进行井筒内排水、壁后充填检查和补注浆，吊盘晃动比较大，而且难于控制，测试电缆很容易被撞断。

2. 数据采集

埋设测试元件的井壁节在悬浮下沉之前，需要对埋设元件进行多次实际试测，以了解该水平井下采样组件的完好和性能稳定情况，如发现故障应及时处理或更换。下沉安装井壁时利用龙门吊车的大、小吊钩分别吊运埋有测试元件的井壁和相应的测试电缆滚筒（在井筒内侧），同时运送到井口，先将电缆滚筒放到已下沉就位的井壁内吊盘上，再按正常工序进行井壁接长找正，并开始进行内力测试。由于井壁是逐节接长连续下沉的，为了保证上部井壁节的安装，需要配备一根两端附有活接头的地面测试电缆，在每次测试时由地面测试仪表与井内吊盘上电缆滚筒的插座对接，测试完毕后拔掉，以免影响下一节井壁的连接。

压力盒所受的外力为钻孔内的泥浆压力，测得的压力值随深度的增加而增大，其变化规律与计算值一致，如桃园矿一水平。由于泥浆对井壁压力的两个基本参数是压力盒沉入深度和泥浆密度，泥浆密度随着深度和静止时间长短略有变化，压力盒受力条件与理论假定相同，所以测得的外力值与计算值是基本一致的，各井筒井壁悬浮下沉过程测得数据与计算值的比值见表8-2。从表中可以看出，童亭主井的测量结果明显存在问题，经分析研究主要是初次进行这项测试，将压力盒直接埋在混凝土中，除承压面外露外，其余部分均与混凝土胶结在一起，与压力盒室内标定条件不同，因此造成差值较大，改进后埋设的压力盒均在外侧增加一个钢护圈，使压力盒外侧不直接与混凝土胶结，结果所测数值非常接近计算值。

表 8-2 悬浮下沉过程压力盒实测与计算值比值（实测/计算）

水平	桃园风井	童亭主井	潘三西风井	龙东风井	梁家风井
I	0.999	0.933	1.023	0.874	0.944
II	—	（0.757）	0.923	0.879	0.952

井壁悬浮下沉过程环向钢筋计的实测值普遍小于计算值，除了配重水加量的误差外，还与混凝土的特性有关，混凝土的强度是随龄期变化的，计算用的混凝土强度值是以该节井壁施工预留试块的28d强度为准，而实际悬浮下沉井壁多在半年以后，混凝土的实际强度高于28d强度，同时像钻井井壁这种高含筋率结构，钢筋混凝土的实测应变影响因素很多，各井筒测量结果见表8-3。而竖向钢筋此时期一般按构造配筋，后期有按竖向附加力计算进行配筋的，所以在悬浮下沉过程钢筋应变实测值较小，一般随着下沉井壁的增加而增加。

表 8-3 悬浮下沉过程环向钢筋实测与计算值的比值

水平	项目	桃园风井	童亭主井	潘三西风井	龙东风井	梁家风井
I	外环	0.746	1.003	0.668	0.857	0.799
	内环	0.698	0.997	0.787	0.949	0.631
II	外环	0.790	0.765	0.697	0.859	0.781
	内环	0.806	0.729	0.735	0.790	0.789

3. 数据分析

综合分析长期观测的5个井筒10个水平的测量数据，在排除配重水后井壁处于正常工作状态的两年内，除大屯龙东风井测量结果异常外，其他各井所测得地压值均趋于稳定稍有增加，两年后基本稳定，因此所测得的地压值可认为是正常的永久地压，见表8-4。基于上述实测研究结果，在当时关于钻井井壁正常条件下的主要荷载取值的讨论中，建议表土段的地压值一般可取 1.2 倍静水压强，岩石段取 1.0 倍静水压强。这些测试成果已成为目前钻井法凿井井壁设计规程永久均匀荷载取值的基础。

表 8-4　各井筒测得永久地压值系数

井筒名称	水平	测量深度 /m	岩性特征	地压系数	备注
童亭主井	I	155.15	细砂	1.148	表土层，设计地压值为 1.2
	II	185.00	砂质黏土	1.182	
桃园风井	I	192.50	黏土	1.174	同上
	II	265.10	砂质黏土	1.193	
潘三西风井	I	198.07	细中砂	1.070	
	II	330.56	固结黏土	1.128	
梁家风井	I	134.43	泥岩	0.880	软岩地层，设计地压值为 1.0
	II	179.81	钙质黏土	0.780	

8.1.3　井壁受力分析

特殊地层条件下井筒竖向附加力大小的研究，关系到特殊凿井井筒设计安全的重要条件，有关院校开展了模型试验研究，求得了一些参考数据，但从模型的参数假定，取值多以冻结凿井法工艺为前提，井壁混凝土浇注直接与井帮结合，相互产生的摩阻力大。钻井法凿井由于施工工艺不同，井壁与地层之间存在一层黏着力很差，强度很低的水泥浆充填物或泥浆中自然堆积的碎石或卵石，充填层与井壁和井帮之间有一定的摩阻力，但要比在井帮上直接浇筑混凝土的施工方法小，充填层对地层下沉附加力的传递起一定的缓冲作用。建井分院在分析钻井法凿井壁后充填的实际情况基础上，开展了"钻井法凿井井筒壁后充填效果的分析""不同充填材料与井壁的静摩擦系数模型试验"和"钻井法井壁竖向附加力取值的探讨"等方面的研究，提出了可供工程设计使用的竖向附加力取值，在山东巨野煤田龙固矿主井（双井筒）、风井和郓城矿风井等四个井筒中应用。

1. 壁后充填材料与井壁的静摩擦系数

探求钻井法凿井壁后充填材料与井壁之间的摩擦系数，目的在于研究不稳定含水地层，通过壁后充填层对不同外壳材料井壁的围抱力，以便计算地层下沉时产生对井壁的竖向附加力。一般材料之间的静摩擦系数，虽然可以从物理学和地基工程资料中查得，但由于钻井法凿井壁后充填材料所处条件的特殊，充填时混凝土井壁外侧有一层泥皮；而碎（卵）石充填时，是泥浆和碎（卵）石的混合体对井壁的摩阻力，这些特殊条件需经过试验加以验证。

静摩擦力的物理概念是：两个相接触的物体，当其接触面之间存在相对滑移的趋势，同时又保持相对静止时，彼此作用的相对滑移阻力。静摩擦力的大小和方向随主动力的情况而改变，但其值介于 0 和最大值之间，力的方向和相对滑移方向相反，静摩擦力的最大值与法向反力的大小成正比，或者说与压力的大小成正比

$$F_{\max}=\mu N \qquad (8-1)$$

式中，μ 为比例常数，称为静滑动摩擦系数（简称静摩擦系数），静摩擦系数的大小需由实验测定，它与接触物体的材料及表面条件（粗糙度、温度和湿度）有关，而与接触面的大小无关。根据这个原理，结合井壁与充填物之间的具体条件，设计加工了倾角式测量架和牵引式测量架两种试验架进行试验。

钻井法井壁与充填层之间的摩阻力，包括摩擦力和黏滞力两部分，试验采用在同样的物体材料、接触面积和界面条件不变，通过变换上部物体的质量，分别为 P_1 和 P_2，此时力的平衡式有如下关系

$$Q_1=P_1\mu+S$$
$$Q_2=P_2\mu+S$$

则

$$\mu=\frac{Q_2-Q_1}{P_2-P_1} \qquad (8-2)$$

求解后将值代入联立方程之一可求解出黏滞力 S。

钻井法凿井壁后充填采用泥浆中充填水泥浆或碎（卵）石两种，牵拉法摩阻力及摩擦系数测定试验内容包括水泥浆充填层与井壁之间的摩阻力、泥浆中碎（卵）石充填层与井壁之间的摩阻力以及地层与充填层之间的摩阻力三种。

壁后充填材料与井壁（井帮）的摩擦力，很大程度上取决于界面含泥浆的条件，这也是区别于一般材料之间摩擦力的主要因素。本试验对"水泥浆充填效果好又存在泥皮"的界面模型，采用在水泥浆块底盘上撒干黏土粉，不断压实刮平的方法成型，厚度为2～3mm；对水泥浆充填效果差的界面，用稠泥浆刷在水泥浆板上，厚度约3mm。其他界面条件也都参照实际情况，模仿泥皮和含水的条件。

每次试验首先按设计要求将底盘就位找平，创造界面条件进行多次滑行，每种试验反复进行10～15次，取之平均值。同一底盘材料和界面条件，用不同重量的滑块试验结果，推算其摩擦力 F 和黏滞力 S。所测数据按概率统计的方法进行运算，总的平均误差，除界面条件为稀泥皮的试验较大外，其余的都在10%之内，可作为钻井法凿井各种充填材料和充填效果的对比、估算参考。试验结果与相关资料中的类似材料对比，虽然测试的工程对象不同，材料及其界面条件有一定的差别，但相关结果甚为相似，见表8-5。

表 8-5　实测摩擦系数与有关资料对比情况

试验结果		相关资料		
条件	摩擦系数	条件	摩擦系数 μ	资料名称
混凝土块对稠泥皮	0.22	黏性土对铠土墙（含混凝土）	0.25～0.30	GBJ 7—89
混凝土块对碎石	0.64	碎石土对挡土墙（含混凝土）	0.40～0.60	GBJ 7—89
		煤矸石对混凝土	0.60	GBJ 77—85

续表

试验结果		相关资料		
条件	摩擦系数	条件	摩擦系数 μ	资料名称
水泥浆块对中砂	0.56	混凝土对中砂、粗砂、砾砂	0.40～0.50	GBJ 7—89
水泥浆块对粗砂	0.60			
水泥浆块对砂砾	0.55			
水泥浆块对混凝土	0.78（干）	混凝土上混凝土污工	0.65	《铁路施工技术手册》"常用工程材料和机械设备" 71 页
	0.63（有水）			
水泥浆块对黏土	0.55（干）	未加工的含黏土的土壤上混凝土污工	0.30	《铁路施工技术手册》"常用工程材料和机械设备" 71 页
	0.11（有水）	潮湿的含黏土的土壤上混凝土污工	0.20	
钢板对碎石	0.62（干）	煤矸石对钢板	0.45	GBJ 77—85

2. 抛石充填层与井壁摩阻力

为确定井筒支护在表土段地层压力作用下摩阻力的实际情况，对泥浆中充填碎石的效果，能不能抱住井壁、会产生多大的附加力等问题，采用筒仓储料的侧压计算原理，进行了"有侧向力作用下充填碎石与井壁摩阻力"的试验。试验是在建井分院井壁结构试验装置上进行的，试验时模拟井壁外围充填与现场相同的材料，泥浆中充填碎石，施加相当于地压的侧向压力，最大地压 3MPa，然后施加竖向推力，使井壁产生竖向相对位移，测量相关数据。

根据钻井井壁条件，按其与充填层接触面的不同，可分为井壁外侧为钢筋混凝土（包括普通钢筋混凝土和内钢板－钢筋混凝土复合井壁）和外侧为钢板（包括双钢板－混凝土复合井壁和外钢板－钢筋混凝土复合井壁）两种。试验选用内钢板－钢筋混凝土复合井壁和外钢板－钢筋混凝土复合井壁作为试验对象，所用混凝土强度等级为 C25，钢材为 A3 钢；井壁径厚比为 1∶10，混凝土制作采用小型搅拌机拌料，机械捣固，自然养护到设计强度后在内侧（钢板或混凝土）表面粘贴电阻片。

为了尽可能模拟实际工况条件，在安装模型井壁、砌可缩性围墙和下放传压板之后，井壁外侧抹一层 2～3mm 的稠泥皮，然后加碎石充填物，再安装盖板并均匀上紧螺母，最后连接测试电线和安装百分表。共进行 6 次模型井壁的试验，外侧为钢筋混凝土和钢板的复合井壁各 3 次，试验时侧向压力从零开始，每级升压为 2MPa，由控制室监视荷载稳定后，微机系统测量实际荷载和井壁内侧各点应变，然后进行竖向千斤顶加载，直到井壁上滑（测量百分表转动），记录千斤顶端部轮辐式传感器的读数。其结果外侧为钢筋混凝土分别为 0.419、0.402 和 0.493，而外侧为钢板的井壁摩阻力分别为 0.429、0.412 和 0.359。虽然由于试验条件所限，结果只能是近似的，但总的测量数据还是有一定的规律，外侧是钢板的略小于外侧为混凝土的。

试验结果表明，模型试验结果略小于牵拉法单项试验，分析是因为牵拉法单项试验底盘中的泥浆和碎石的混合物由于泥浆的流动性，使碎石露出表面，接触面基本为碎石，泥浆的作用减小，摩擦阻力就加大，从实际工况条件来看，模型试验应更符合实际。

3. 充填水泥浆与井壁黏滞力

壁后充填水泥浆是钻井法凿井壁后充填的另一种方法，主要起固井与隔水的作用，在表土段中会影响附加力的大小，而在基岩段又起防止马头门施工与钻井井壁之间相互影响的作用，探讨水泥浆充填效果对与井壁黏滞力的关系，有助于认识水泥浆充填效果好坏的重要性。为尽量保持试验与工程实际条件基本相似，模型外围墙的混凝土块改用黏土砌成，在充填水泥浆前，井壁外侧抹一层泥皮（每次试验厚薄不一样），然后用管道输送相对密度为 1.65 的水泥浆进行充填井壁与围墙之间的空间，见图 7-15，这种作法的充填效果应属于工程施工中质量为"良好"的情况。试验时为加快水泥浆的凝固，加入一定量的速凝剂，试件经十天以上的养护，试块检测证实充填层已达到终凝效果后开始试验。为避免水泥浆凝固时产生收缩下陷，影响盖板的限位作用，在安装盖板前在充填层上加碎石找平，采用与有侧向力试验基本一样的方法对井壁施加竖向推力。通过试验可以看出，在泥浆中充填水泥浆，由于井壁外侧表面存在一层泥皮或受泥浆污染，井壁与充填水泥浆的黏结效果都不好，因此，无论是钢板或是混凝土的，如果不能很好地将井壁表面冲洗干净，其综合黏滞力很小，一般只有 $0.7 \times 10^4 \sim 1.0 \times 10^4$ Pa，只有混凝土对钢筋黏着力的 1/200。如果充填质量不好，水泥浆凝固体与井壁之间被泥浆隔开或局部没凝固，其黏滞力更小，只有 $0 \sim 260$ Pa，这种情况下，在马头门开凿或井筒延深时，可能造成井壁局部受拉而破坏，需在井壁底部加大壁座的安全措施。如果在井下进行二次注浆，采取放出充填层的泥浆，经水冲洗充填层后进行注浆，随着冲洗的干净程度，水泥浆与井壁的黏着力可几倍甚至几十倍的增加，对保证钻井井筒后续工程的施工质量和安全，有着重要的作用。为了取得冲洗处理后水泥浆与混凝土的黏着力，进行了一些补充试验，结果用 325 水泥和 425 水泥配制的水泥浆与混凝土的黏着力分别为 2.2×10^5 Pa 和 2.8×10^5 Pa。

在井壁模型试验中还发现，当井壁开始滑动后，用大于黏着力 3 倍的提升力，还难于将井壁全部提出，分析其原因是井壁表面存在不平整性，在较大范围的提升或下滑中，可能产生局部相互卡挤现象，这也说明在质量好的水泥浆充填中，可有效地防止井壁大幅度地滑落。

4. 碎石充填层与井壁之间摩阻力

永久地压值的测定可看出，由于钻井法凿井施工的特点，在地层不产生明显变化的情况下，钻孔所承受的地应力在钻进过程已基本释放，充填后井帮在水泥浆或碎（卵）石的支承下呈稳定状态，地压值应是维持与钻进时泥浆压强大致相同。因此，碎（卵）石充填层与井壁的相处条件可看成似松散贮料贮存在井壁与井帮之间环状的细条深仓里，深仓里贮存物料时贮料顶面以下距离 s 处仓壁单位周长上的总竖向摩擦力。

通过计算可以看出，深度到深100m以下，井壁单位面积的摩阻力已接近于常数。这个分布规律与《给水排水工程钢筋混凝土沉井结构设计规程》（CECS 137—2002）中，关于钢筋混凝土井壁采用沉井法施工时，沉井井壁外侧与土层间的摩阻力及其沿井壁高度的分布图形基本一致。该规范还提出"井壁外侧与土层间的摩阻力及其沿井壁高度的分布图形，应根据工程地质条件、井壁外形和施工方法等，通过试验或对比积累的经验资料确定。当无试验条件或无可靠资料时，可按下列规定确定"，见表8-6。

表 8-6　单位摩阻力标准值

土层类别	f_k/kPa	土层类别	f_k/kPa
流塑状态黏性土	10～15	砂性土	12～25
可塑 - 软塑状态黏性土	10～25	砂砾石	15～20
硬塑状态黏性土	25～50	砂卵石	18～30
泥浆套	3～5		

5. 水泥浆充填与井壁摩阻力

水泥浆充填是一个非常复杂的过程，特别是在含水砂性土层的情况，这些部位充填都在地面采用外管充填，充填效果一般都不好，很难起到固井隔水的作用，对井壁的摩阻力不大；在黏土层如果水不贯通，充填层与地层之间没有水，黏着力可能大些；但如果充填层与地层之间有水，固井效果也受很大的影响。

6. 冲积层井壁竖向附加力综合取值

纵观不同地区井筒破坏情况发现，采用钻井法施工的井筒比采用冻结法施工的井筒破坏的程度轻、时间晚，这是因为两种施工工艺井壁与地层相处的条件有很大差别，钻井法凿井井壁与地层之间有一层相当厚的充填层，因此钻井法凿井井筒所受的地层下沉附加力要小于冻结法施工的井筒。在试验、计算和参考《给水排水工程钢筋混凝土沉井结构设计规程》中关于钢筋混凝土井壁与土层间的摩阻力及其沿井壁高度的分布条件，提出钻井法凿井在冲积层中井壁与地层的竖向附加力按以下数值采用：150m以浅的平均摩阻力取15kPa，150m以深的平均摩阻力取25kPa。

同时结合具体施工条件，由于水泥浆充填质量难于保证，固结效果可靠性差，建议井筒延深时在交接段设置构造壁座，以保证井筒延深和马头门施工的安全。

8.1.4　井壁结构模型试验

1. 试验装置

钻井法凿井用于不稳定含水地层的井筒施工，井壁结构的研究是关键技术之一。在获得符合实际的外力基础上，采用正确的理论分析和计算方法，是其安全合理的基本保证，而模型试验则是对这些理论分析和计算的验证。井壁结构是一种承受地层压力的筒形结构，在不稳定含水表土层中井壁承受的外力影响因素很多，相关规范规定了包括均匀地压、不均匀地压和竖向附加力的设计要求和方法，井壁结构试验装置正是为了满足验证这些要求和方法的可靠性而建立的。

筒形结构试验装置一般采用油缸加压试验装置和密封罐式试验装置两种，由于后者在处理密封罐上、下盖体存在的摩擦力影响比较复杂，实践证明，如处理不好试验数据误差很大，严重影响试验结果的真实性，同时对不均匀荷载试验难于实施。因此，煤科总院建井分院研制了油缸加压试验装置用于钻井井壁结构试验。

建井分院第一代井壁试验装置的研制工作开始于约 20 世纪 70 年代末，鉴于当时特殊凿井所施工井筒的不稳定含水地层深度多在 300m 左右，加上当时技术水平的限制，建成后虽然进行了一些模型试验，对开展临涣东风井等含水地层较浅的井筒井壁研究，起了一定的作用，但由于加载能力小，测试技术落后，不能满足钻井法凿井技术发展的需要。"六五"进行了"深井（500～600m）钻井法凿井技术的研究"，主攻潘三西风井、谢桥西风井等一批井深 500m 左右井筒施工的需要，对试验装置进行了改造，新委托加工了加载、泵站和管路系统，引进部分进口的测试、控制和数据处理设备，试验装置如图 8-4～图 8-8 所示。

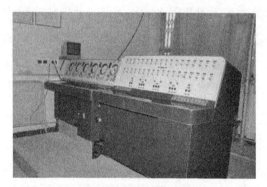

图 8-4　井壁试验装置操作台

图 8-5　井壁试验装置测试系统

图 8-6　井壁试验台座

图 8-7　模型井壁吊运设备

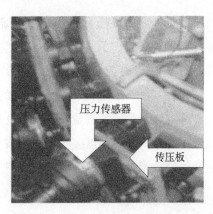

图 8-8 加载传压装置

根据钻井井壁结构的实际，装置要求满足井壁在均匀荷载、不均匀荷载作用下的结构性能试验和破坏性试验，以及部分其他复杂受力条件下的结构试验。在充分考虑结构试验的各方面条件，如加载设备的设置，模型井壁的制作、吊运，试验内容和数据采集处理等，模型与实际井壁的比值以模型井壁厚度能满足钢筋混凝土试件施工操作的要求为准，外径选用 1.5m 左右，当实际井壁的外径 7.0~9.0m（井筒直径 5.5~7.0m）时，约 5~6 倍，模型井壁的厚度为 120~150mm；实际井壁的直径变大，厚度也会加大，井壁与模型的比值可适当调整。如谢桥西风井井筒内径 7.0m，井壁厚度 0.7m，采用的模型井壁外径 1.5m，则模型井壁厚度为 0.125m，井壁与模型的比值为 5.6；龙固主井井筒内径 5.7m，井壁厚度 0.85m，采用的试验模型井壁厚度为 0.16m，外径则为 1.40m，井壁与模型的比值为 5.3。

在深厚冲积层中钢筋多采用类似 HRB400 材料，钢板采用类似 Q390 钢或 Q420 钢，而模型制作时由于钢材规格所限，一般钢筋、钢板均选用类似 HPB235（Q235），两者综合强度比值为 0.6 左右，试验装置设计时以此基本系数作为加载设备选择的依据。但是模型井壁最终的承载能力还需采用现行规范相关公式计算求得。

井壁试验装置设计以满足以下试验的要求：①均匀荷载作用下的结构破坏性试验时，模型井壁高度 0.5m，同时满足选定荷载下一定时间内的恒压加载试验；②不均匀荷载作用下的结构破坏性试验时，模型井壁高度 0.5m；③模拟井壁在类似表土与岩石交界面荷载突变处的竖向内力变化等结构特性试验时，模型井壁高度 1.5m；④壁后充填物与井壁之间摩阻力试验，试件高度 0.5m 或 1.5m；⑤井壁在三向协调荷载（井壁自重）下的结构特性试验，试件高度 0.5m 或 1.5m。

井壁试验装置由模型井壁试验反力台座、加载油缸、管路系统（图 8-6）、传压装置（图 8-8）、泵站和加载控制系统、测试和数据采集处理系统（图 8-5）以及构件吊运设备（图 8-7）等部分组成。

加载和控制系统由液压泵站、液压控制和电气控制三部分组成。它的特点是：加载稳压方式采用电、气、液综合控制技术，使一个压力源通过气液定比伺服阀，输出数种互不干扰的压力，这种作用方式既区别于一般的旁路调压方式，也不同于多组定压调压与变压调压，可称之为气控无级式控制系统。采用这种方式一方面可适应单源、无级和多种供给压力条件的需要，另一方面是为了解决稳压设备与微机控制结合的加载、测量、记录、计算、制图及打印的整套自动化的需要。

模型井壁试验时需要同步测量的内容有：各组加载油缸的实际出力——采用轮辐式荷载传感器进行监测，测量误差小于 0.5%；井壁径向位移——采用 WCY 型电阻式位移传感器测量；井壁试件各测点应变（包括表面应变和内部应变）——采用应变测量仪和相应标矩的应变片进行测量，内部应变测量元件在预制模型井壁时埋入试件内，并作可靠的防潮处理。

2. 井壁模型试验

围绕钻井法凿井井壁结构需要，先后进行了钻井法凿井用普通钢筋混凝土井壁、单内钢板＋钢筋混凝土复合井壁、双钢板＋混凝土复合井壁等多种井壁结构试验，见图 8-9～图 8-11，包括横向（模拟地压）均匀荷载、不均匀荷载的结构特性和破坏性试验；各种井壁在水平荷载与竖向荷载（自重）同时作用下（模拟三向协调应力）的结构性能试验，见图 8-12，井壁横向荷载突变下（模拟表土与基岩交接面）的应力变化情况试验；进行了钻井法井壁壁后充填材料与井壁之间的摩阻力试验和冻结法凿井井壁结构性能试验等多种试验，见图 8-13 和图 8-14。本试验装置除了完成多个国内有关单位委托的试验任务外，还承担了德国 Deilmann-Haniel 公司冻结井壁结构的模型性能试验（图 8-15）。

图 8-9　普通钢筋混凝土井壁

图 8-10　单内钢板＋钢筋混凝土井壁

图 8-11　双钢板＋混凝土井壁

图 8-12　有竖向力井壁双向荷载试验

图 8-13 壁后充填水泥浆摩阻力试验

图 8-14 壁后充填碎石摩阻力试验

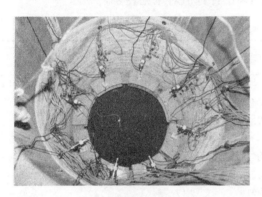

（a）测量仪表布置

（b）结构破坏情况

图 8-15 德国冻结井壁试验

该试验成果指导了谢桥西风井内钢板＋钢筋混凝土复合井壁的研究设计和工业性试验，也是"龙固矿主井（双井筒）近 600m 钻井法凿井研究"中的井壁设计的主要理论依据。

根据各种试件材料组成的差异，选择模型井壁的若干适当高度，在内钢板，外钢板，混凝土的内侧、外侧，内、外环向钢筋，锚卡以及井壁端部，分别布置各类传感元件，每个模型大约布置 100 个左右的测点，表 8-7 列出了各类模型井壁有代表性的测点位置及数量。

表 8-7 各试件测点布置表

试件编号	结构类型	内钢板		外钢板		混凝土内侧		混凝土外侧		内钢筋	外钢筋	锚卡	位移	端部	
		环向	竖向	环向	竖向	环向	竖向	环向	竖向					环向	径向
002	单内钢板复合井壁	16	16			8		16	16	4	4		4		
005	单内钢板复合井壁	20	10			7		30	12	4	4	12	2		
006	单内钢板复合井壁	16	6			8		15	14	4	4	8	4	12	12
009	单内钢板复合井壁	16	16			8		16	16	4	4	8	4		
027	单内钢板复合井壁	16	4			8		16	15	4	4	8	4	12	6
017	双钢板复合井壁	17	17	16	17	8		8				8	4	6	3
020	双钢板复合井壁	20	16	18	16	8		8					4	8	6
021	单外钢板复合井壁			16	16	16	16	8		4	4		4		
023	强化钢筋混凝土井壁					22	16	16	16	4	4		4	10	12

续表

试件编号	结构类型	内钢板		外钢板		混凝土内侧		混凝土外侧		内钢筋	外钢筋	锚卡	位移	端部	
		环向	竖向	环向	竖向	环向	竖向	环向	竖向					环向	径向
024	强化钢筋混凝土井壁					22	16	16	16	4	4		4	10	12
111	普通钢筋混凝土井壁					16	16	16	16				6	6	6
121	普通钢筋混凝土井壁					16	16	16	16				6	6	6

注："单内钢板复合井壁"指内钢板＋钢筋混凝土复合井壁，"双钢板复合井壁"指双钢板＋混凝土复合井壁，"单外钢板复合井壁"指外钢板＋钢筋混凝土复合井壁，"强化钢筋混凝土井壁"指布置加强钢箍的钢筋混凝土井壁。

各类模型井壁的试验破坏强度与采用相应的理论计算值对比见表 8-8。

表 8-8　各类井壁承载能力试验结果与理论计算值对比表

试件编号	结构形式	混凝土强度/MPa	加载方式	计算使用荷载/MPa	试验破坏荷载/MPa	实际安全度
002	内钢板复合井壁	25.0	径向均匀	2.37	4.27	1.80
005	内钢板复合井壁	20.2	双向均匀[①]	2.43	4.82	1.98[①]
006	内钢板复合井壁	30.0	径向均匀	2.66	4.85	1.82
009	内钢板复合井壁	20.0	双向均匀[①]	2.12	4.39	2.07[①]
027	内钢板复合井壁	29.7	径向不均匀[②]	3.03	4.80	1.58[②]
018	双钢板复合井壁	20.8	径向均匀	1.96	3.55	1.81
020	双钢板复合井壁	26.3	径向均匀	2.17	4.12	1.90
021	外钢板复合井壁	32.5	径向均匀	2.46	4.74	1.93
023	钢筋混凝土井壁	36.6	径向均匀	2.53	5.30	2.09
024	钢筋混凝土井壁	26.7	径向均匀	1.96	3.94	2.01
111	钢筋混凝土井壁	19.9	径向均匀	0.87	1.79	2.06
121	钢筋混凝土井壁	23.7	径向均匀	1.06	2.11	1.99

注：① 竖向加相当于井壁自重的压力；

　　② 径向不均匀荷载试验，要求安全系数为 1.3。

通过试验结果显示，在径向均匀荷载作用下，虽然各自的计算方法有所不同，而实际破坏强度与理论计算的比值甚为接近。均匀荷载作用下，内钢板＋钢筋混凝土复合井壁结构安全度在 1.80～1.82，双钢板＋混凝土复合井壁结构安全度为 1.81～1.90；钢筋混凝土井壁因为试件同时进行约束混凝土强度试验，径向增加较多的联系钢筋，井壁的整体强度有所提高，安全度为 1.99～2.09。内钢板＋钢筋混凝土复合井壁增加相当于井壁自重的协调三向应力试验，随着假设井壁高度的变化有所变化，井壁结构安全度在 1.98～2.07，均满足相应规程的要求。井壁承受不均匀地压荷载属结构特殊荷载，只进行内钢板钢筋混凝土井壁试验，安全度为 1.58。根据试验结果同时可看到在井壁内侧无论是混凝土还是钢板都可测得竖向拉应变。而内层钢板的锚卡在均匀荷载下，受力很小而且无一定的规律，说明锚卡在均匀荷载下起的作用不大，但在不均匀荷载下作用明显。

3. 钢板复合井壁结构性能试验

为了加深对钢板复合井壁结构特性的了解，进一步验证理论分析和结构设计的可靠性，根据钻井井壁的工况，采取缩小比例、材料代用、调整荷载的方法进行了内钢板＋钢筋混凝土复合井壁模型试验，与此同时还进行了双钢板＋混凝土复合井壁和普通钢筋混凝土井壁的模型试验，取得了大量的数据，为综合分析内钢板＋钢筋混凝土复合井壁的特性提供了宝贵的资料。

根据长期现场实测资料分析，钻井井壁虽然存在三向应力状态，但长期使用中竖向应力很不稳定，有的应变变化不明显，有拉有压，且一直保持很小的数值；有的可出现压应力且不断增长，如在测试的大屯龙东矿风井、童亭矿主、副井，前岭矿中央风井等出现的井筒竖向附加力；而天津林南仓矿风井和潘三西风井等在马头门掘砌过程，上部井壁法兰盘连接处焊缝被拉开，这说明井壁竖向应变除与井壁材料、埋深有关外，还和井筒地层条件、壁后充填效果和硐室施工等情况有关。施工中应采取各种措施，保持井壁受力的稳定。设计中为了保证结构在各种条件下的安全，除了特殊地层由于井下采掘，地层下沉产生的竖向附加力需进行验算除外，一般不考虑协调的竖向荷载结构三向应力强度增强特性，而以平面假定进行计算。为此，本次结构试验以平面荷载为主，同时进行少量井壁在正常工况条件下考虑自重的试验，用于对比两者之间的差别。根据试验装置的空间等条件，确定合理的模型比例系数。第一批内钢板＋钢筋混凝土复合井壁试验以谢桥西风井井壁作为特定研究对象，根据上述关系计算模型井壁的主要参数见表8-9。

表 8-9 模型井壁主要参数表

主要参数	谢桥西风井	模型井壁
内半径 R_n/m	3.5	0.625
厚度 h/m	0.7	0.125
钢板厚 δ/m	0.018	0.0032（略小，钢筋补）
钢筋用量 /mm	2～6 ϕ28（16M_n）	2～18 ϕ9（A_3）
总含钢率 ρ/‰	3.6	3.8
混凝土强度（标号）	300～550 号	220～350 号

4. 内钢板＋钢筋混凝土复合井壁试验结果分析

在归纳大量内钢板＋钢筋混凝土模型井壁试验结果的基础上，可得到以下主要成果。

1）材料复合作用和结构破坏特征

通过均匀荷载下外力－应变曲线可以看到，虽然混凝土的应变受其强度等级和材料的非均质性影响，各试件的曲线有所差异，但在相当于使用荷载以前，各部位测得的外力－应变关系均为直线，而且斜率接近于理论假定，如图8-16和图8-17所示的外力与钢板环向应变（曲线5）。当外力超过使用荷载20%～30%以后，曲线开始向正应变方向弯曲，钢板应变逐渐加快，不同方位测点差值拉大，危险截面逐显突出，当钢板最大压应变达到

1400με 左右，曲线变平，这阶段可听到大小不一的混凝土劈裂声，继而在井壁顶面出现局部环向裂缝，随着荷载的增加，裂缝加长变宽，直到破坏。这个过程，内钢板＋钢筋混凝土井壁比其他类型井壁更为典型，它的破坏缓慢，裂缝发展清晰，具有良好的结构延性，破坏前环向裂缝显著开展，最宽可达 3～5mm，有的试件几条粗细裂缝几乎周圈贯通，明显看出是由于混凝土径向拉应变引起的破坏，这与理论假定是完全一致的。在环向裂缝加剧发展的同时，可见到内钢板局部出现上下通长的凸起，并随着外载荷的增加和持续，凸起加大，最后一声巨响，混凝土破碎，钢板产生严重折叠，见图 8-18，为了减少试验装置的损伤，有的试件在变形加剧发展时，即停止增加荷载，但裂缝随着时间的持续，仍继续扩展，证明结构已趋于破坏。从试验结果可以看到，内钢板＋钢筋混凝土复合井壁在均匀荷载作用下的破坏强度与理论计算对比结果甚为接近，而且非常稳定，这说明内钢板＋钢筋混凝土复合井壁具有强度稳定、可靠性强的突出优点，同时也说明所采用的计算方法和内力传递假定基本符合实际。

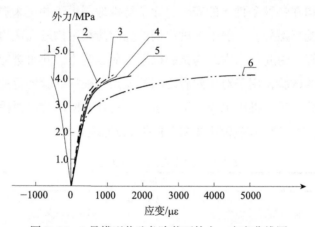

图 8-16　2 号模型井壁危险截面外力－应变曲线图

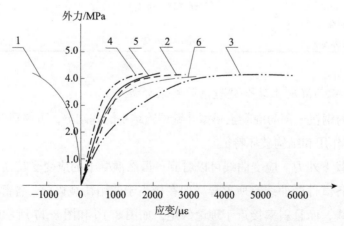

图 8-17　9 号模型井壁危险截面外力－应变曲线图

图 8-18　内钢板＋钢筋混凝土复合井壁破坏情况

2）井壁三向应力状态

试件在增加相当于井壁自重的竖向荷载时，由于它的截面三向应力是协调的，混凝土呈三向协调应力状态，可提高混凝土的承载能力，正如包钢混凝土结构的特性。试验中当竖向承受相当于自重的荷载时，内钢板＋钢筋混凝土井壁整体强度提高 10%～20%，其中混凝土的强度，相当于提高 30% 左右（见表 8-10 中试件 005 和 009），它的试验破坏荷载比没考虑竖向荷载的理论计算破坏荷载大 1.1 和 1.15 倍，这个结构和美国 R.C 德哈特博士在双层钢板复合井壁的研究报告中提出的，将混凝土强度提高 40% 进行设计的建议基本是一致的。但在不稳定含水地层，井壁可能产生竖向附加力，使三向应力变为不协调时，加大径向拉应变，甚至造成井壁破坏。因此，在井壁设计中考虑混凝土三向应力条件下的强度提高必需十分慎重，应具有充分资料证明该井筒所处地层条件和工程使用工况，不会产生竖向附加力等影响三向压力协调的情况下才能采用。

3）不均匀荷载分布

考虑煤矿井筒地层条件复杂，为合理预留煤柱，提高煤炭资源的充分利用，特殊凿井井筒要求考虑不均匀地压验算，以提高井壁抗复杂受力的强度，国内外有关井筒支护结构设计规范多有这方面的规定。试验中在钢板筒设置锚卡的井壁，由于锚卡的存在和构件收缩，筒体钢筋混凝土与钢板之间产生摩阻力，井壁的实际抗弯能力大于钢板与钢筋混凝土筒体抗弯能力计算之和 10% 左右。

4）结构变形和破坏延性

衡量一个结构物的性能，除了强度以外，变形和结构破坏延性也是主要参数之一，试验中对各种类型井壁的径向变形进行观测，结果见表 8-10。内钢板＋钢筋混凝土复合井壁（内钢板筒设置锚卡）加载过程的径向变形在使用荷载下为井壁内径的 0.05%～0.07%，换算成相当谢桥西风井内径 7.00m 条件时，变形量为 3.5～4.9mm，和钢筋混凝土井壁的 3.5mm 差不多，而破坏时的径向变形可达井壁内径的 0.35%～0.40%，换算成相当谢桥西风井内径 7.00m 时变形量为 24.0～28.0mm，高于钢筋混凝土井壁（约为 15.0mm），说明内钢板＋钢筋混凝土复合井壁，结构具有良好的破坏延性。

表 8-10 各类井壁径向均匀加载的径向位移

结构类型	编号	径向平均位移			
		使用荷载		破坏荷载	
		位移值 Δ/mm	(Δ/D_n)/%	位移值 Δ/mm	(Δ/D_n)/%
内钢板＋钢筋混凝土复合井壁	002	0.48	0.038	1.35*	0.11
	005	0.65	0.052	4.25	0.34
	006	0.86	0.069	4.41	0.35
	009	0.83	0.066	5.19	0.42
双钢板＋混凝土复合井壁	017	0.62	0.048	4.51	0.35
	018	0.49	0.038	3.82	0.29
	019	0.47	0.036	1.0*	0.08
	020	0.47	0.036	1.35*	0.10
外钢板＋混凝土复合井壁	021	0.57	0.045	1.51	0.12
钢筋混凝土井壁	023	0.62	0.050	2.85	0.23
	024	0.60	0.048	2.33	0.19

注："D_n"表示实际井壁内直径，mm；"*"表示井壁内钢板未设锚卡。

从表 8-10 还可以看出，试件 002（内钢板＋钢筋混凝土复合井壁）及试件 019、020（双钢板＋混凝土复合井壁）由于内钢板未设置锚卡，试验结果在均匀荷载下的结构强度没有明显的影响，但在变形上则有差别，其径向位移在使用荷载阶段略小于有锚卡的试件，但破坏荷载则比设置锚卡的试件小得多。说明钢板＋（钢筋）混凝土复合井壁，如果内层钢板未设置锚卡，其破坏延性远不如布设锚卡的井壁。

5）内钢板的稳定性与锚卡的作用

平面径向均匀荷载作用下，内钢板＋钢筋混凝土复合井壁模型的外力－应变曲线在使用荷载阶段，钢板和钢筋混凝土内侧的应变曲线都非常协调。随着外载的增加，差别开始出现，无锚卡的井壁，内层钢板个别点的应变突出，与周圈平均值的差距加大，直至破坏时也只是个别点超过屈服极限。而设置锚卡的试件，危险截面钢板的应变与周圈平均值比较接近，周圈有近半数的测点达到或接近屈服极限后结构才破坏，但钢板大变形的曲折只有一个。而无论是否设置锚卡，所有试验中都没有在钢板的最大应力达到屈服极限前出现凸起失稳的，这与研究设计假定是相符合的。试验中对所有模型井壁的锚卡进行应变测量，结果锚卡在钢板达到屈服极限之前的拉应变都小于 $200\mu\varepsilon$，有的呈拉、压反复变化，结构破坏前测得的最大应变也没有超过 $500\mu\varepsilon$。

综合以上有关试验数据和外观现象，内钢板＋钢筋混凝土复合井壁在均匀荷载下，锚卡对井壁结构强度起的作用不大，但对结构破坏延性——即井壁破坏前出现大变形的预报，有明显的好处，同时在井壁承受不均匀荷载条件下锚卡对结构强度影响很大。

5. 内钢板＋钢筋混凝土复合井壁工业性应用

在理论研究和试验室结构试验的基础上,建井分院在淮南谢桥西风井钻井法凿井井筒 -350.2～-365.6m 段进行了"内钢板＋钢筋混凝土复合井壁"工业性应用试验。谢桥西风井井深 464.5m,表土深 405.5m,钻井直径 9.3m,成井直径 7m,是当时国内成井直径最大的钻井井筒。试验段地层条件为固结砂质黏土,根据以往钻井法井壁结构测量数据分析,这种地层可能产生的侧压力相对较大,井壁可真正承受设计地压的考验。设计井壁节高 3.6m,内层钢板为厚 20mm 的 16Mn 钢板,混凝土标号为 550 号。

该段井壁内钢板按标准进行防腐处理,并根据设计要求,在每节井壁的内钢板周圈分三个高度布置 6 个 ϕ30mm 的泄水孔,按有关规定进行施工,钢筋绑扎和混凝土浇注,与普通钢筋混凝土井壁基本相同,养护后达到设计强度。井壁悬浮下沉安装,井壁节用钢法兰盘连接,垫铁找平后,内外周圈焊接,采用结石率为 98% 的浆液进行节间注浆,下沉前井壁外侧涂刷沥青防水层,连接处涂 AH-2 型快速黏接防腐胶,悬浮下沉到底壁后充填前,在井筒内增加一定数量的配重水,以防止壁后充填时井壁"反浮"。壁后充填从底部开始到基岩风化岩层以上 5～10m 采用水泥浆一次充填,水泥浆相对密度为 1.70～1.73。上部冲积层分若干段采用碎(卵)石与水泥浆交替充填,井筒上部采用混凝土封顶。排水后工作面检查,井壁结构未出现任何异常,设计预留泄水孔效果显著,肉眼可见预留孔处有少量水渗出,与预计的情况相符,从而消除了钢板与混凝土之间的夹层水的存在,避免了内层钢板局部鼓包事故的发生。

8.1.5 井壁悬浮下沉安装竖向稳定性控制

钻井法凿井作为一种机械化程度很高的井筒施工方法,多用于冲积松散等特殊地层,它充分利用钻孔中充满泥浆的特殊条件,在钻孔达到设计直径和深度后,将地面预制好的带有井壁底的井壁节,用钢法兰盘逐节连接,悬浮下沉安装,作为井筒的永久支护,最后根据不同的地层条件,分段选用水泥浆或碎(卵)石充填固井,技术先进,井筒不漏水,质量有保证。随着钻井法凿井技术的发展,井筒从小到大,由浅到深,井壁在泥浆中悬浮下沉安装,除安装初期的形位稳定外,逐渐形成在泥浆中承受自重的细长压杆,悬浮下沉和壁后充填过程,存在结构整体竖向失稳的问题。建井分院首次提出了悬浮下沉井壁在一定条件下存在结构竖向整体失稳的可能,需在结构设计和施工工艺上采取措施,防止因结构失稳而影响井筒的使用,甚至结构破坏。

为了满足钻井法凿井向深井发展的需要,需研究一种安全易行的方法,实现井壁悬浮下沉及壁后充填全过程的控制,防止井壁轴向失稳。建井研究院根据多年的研究成果,提出了采用"力矩平衡法"计算钻井井壁悬浮下沉过程的竖向稳定性问题,主要根据钻井法凿井实际、井壁结构在不同阶段的受力特点,以悬浮理论、结构力学和压杆失稳原理相结合,采取有效措施使井壁悬浮下沉过程中处于轴向稳定状态。采用本方法,有效指导了山东龙固矿主井、风井，板集主、副、风井等多个深 600m 左右井筒钻井井壁安全悬浮下沉安装的实践。进一步论证了在目前条件下，钻井法凿井井壁在泥浆中悬浮下沉安装，轴向结构稳定是可以控制的。

　　钻井井壁悬浮下沉过程中，由于前几节井壁组成的井壁体（含井壁底）的自重大于在其在泥浆中所受浮力，不能满足悬浮条件，需要在各井壁节上部增加辅助钢梁临时支承在井筒锁口上，直到井壁体所受浮力大于其自重，形成一组悬浮体。井壁安装到一定深度后，为使井壁体平稳继续下沉，需逐节向井筒内添加配重水，这个阶段由于井壁体的重力中心可能高于浮力中心，整体结构会出现摇摆现象，需要采取扶正措施，在井壁上部与锁口之间加垫木楔，以保证井壁安装对接质量。随着井壁接长和配重水的增加，井壁自重和配重水的重心位置下移，并逐渐低于浮力（排浆）中心，满足悬浮体的稳定条件，这时井壁呈垂直状态，不必采取任何扶正措施，可以保持垂直悬浮下沉，井壁触底后，为防止壁后充填水泥浆浮力增大使井壁反浮，还需要往井筒里添加防浮配重水。井壁悬浮下沉安装，从形位失稳到结构稳定控制，大致可分三个阶段：开始的形位失稳（摇摆）阶段；正常悬浮下沉的平衡稳定阶段；井壁触底后加防浮配重水的结构整体竖向稳定控制阶段。

　　在悬浮条件下（井壁不卡帮）当井壁的各部位具有足够的强度和刚度，不会发生局部失稳，井壁节能均匀地将上部荷载传递到下部，整体结构不会倾斜。支承条件不改变，也就不会发生整体轴向失稳，这就是控制井壁整体稳定的基本依据。

　　若井壁悬浮下沉到底后，井壁在加满配重水之前，顶端与锁口之间四方位用木楔块或钢梁固定，呈仅有水平反力的滑动铰支座，井壁底滑移后到井帮受阻，形成不动铰。井壁整体受力改变，就可能发生整体结构竖向失稳。这充分说明深井加满水后井壁可能倾斜变位，使井壁从悬浮体变成两端支承的压杆，在一定条件下就可能发生结构竖向整体失稳。如井壁悬浮下沉到底后，不增加井筒内配重水进行壁后充填，由于水泥浆（最底部充填段规定采用水泥浆充填）的密度大于泥浆的密度，置换后浮力超过井壁悬浮下沉到底时的总重量（含井壁自重及相应的配重水），井壁就会反浮。为防止井壁反浮，壁后充填前必须往井筒内再添加配重水。鉴于以上矛盾，壁后充填前加多少配重水、怎么加，才能达到既可防止井壁反浮，结构又不失稳，成为解决问题的关键点。

　　如上所述，当井壁强度能够均匀地传递上部荷载、不会发生局部失稳变形，井壁要发生竖向结构失稳，必须先改变结构的受力条件，即井壁倾斜，上部支点产生支座反力，底部滑移，形成不动铰。因此，可通过控制配重水加量和壁后充填段高，使井壁既不上浮也不发生倾覆，这样就不会发生结构轴向失稳。用力矩平衡法对底部支点取力矩，可以求得变截面井壁的倾覆力矩 M_1，由于钻井井壁外径都是等截面的，也可以求出泥浆浮力产生的扶正力矩 M_2。当 $M_1 < M_2$ 时，井壁不会产生倾覆，也不会倾斜失稳。工程上正是利用这一点，计算出井壁发生倾斜时配重水的极限高度，然后控制加水量和第一段高的最大充填高度，就可避免深井井壁悬浮下沉安装和壁后充填过程的结构失稳。

此方法已为龙固、郓城、板集多个井筒实践所证明。如果某些特殊条件下，井底第一段高要求充填高度大，上述计算不能满足时，可以采用分次充填分次加水的措施，达到井壁稳定性的安全保证。

8.1.6 钻井工艺

20 世纪，我国钻井法井筒穿过的冲积层厚度最大为潘三西风井，其钻井深度为508.2m，表土层厚440.82m。进入21世纪，需要解决华东地区近600m冲积层的凿井技术难题，有多个超过500m的深厚冲积层钻井法井筒建成。国内采用钻井法凿井的部分井筒技术参数统计见表8-11。下面以龙固矿井主井井筒钻井法工程为例，介绍钻井法的施工工艺的发展。

表 8-11　国内主要钻井法凿井井筒一览表　　　　　　　　　（单位：m）

井筒名称	钻井深度	表土深度	钻井直径	成井直径	备注
潘三西风井	508.2	440.82	9.0	7.0	
谢桥西风井	464.5	405.0	9.3	7.0	
陈四楼中央风井	416.1	360.2	7.3	5.2	
龙固主井	582.75	546.48	8.7	5.7	双井筒
龙固风井	580	533.0	9.0	6.0	
郓城风井	565.6	530.0	9.0	6.0	
板集主井	660	584.1	9.5	6.2	
板集副井	640	580.93	10.8	7.3	
板集风井	656	583.8	9.9	6.5	
张集北区风井	440	402.1	9.6	7.2	
张集北区混合井	462	402.1	10.8	8.3	
袁店二矿主井	302.8	260.0	7.1	5.0	一钻成井
袁店二矿风井	305.2	260.0	7.1	5.0	一钻成井
袁店二矿副井	307.8	240.0	9.3	6.8	一扩成井
朱集西矸石井	545.0	470	7.7	5.2	一钻成井
信湖煤矿风井	477.5	425.0	7.0	9.8	一扩成井

1. 钻井方案

在全面分析研究矿井地质条件、开拓部署、地面布置等因素后，为确保施工安全、加快矿井建设，经反复技术经济论证，优化设计，提出了主井采用双井筒方案，两个井筒直径均为5.5m，各布置一套提升设备，采用钻井法施工冲积层部分，钻井深度582.75m。基岩段采用普通钻爆法施工、工作面注浆治水方案。龙固主井施工现场见图8-19。

2. 钻井设备

根据施工工艺的要求，对当时竖井钻机设备应用于龙固主井井筒施工进行可行性分析和综合比较，确定选用国产 AS9/500 型竖井钻机，为了满足该井筒深和大的特点，对钻机和配套设备进行改造和完善。主要将原扭矩300kN·m转盘输出提高到400kN·m，并对转盘的密封结构进行改进，有效地保证了转盘润滑油不受污染；淘汰了原可控硅整流、模拟信号控制电路的主电力系统，代之以西门子产的PLC数字控制的整流、直流无级调速系统。

图8-19 山东省龙固矿井三个钻井井筒施工现场

3. 钻井准备

针对龙固深厚冲积层的具体地层条件，总结以往施工经验，认真组织编写了工程施工组织设计，分为钻井施工、井壁预制、井壁悬浮下沉与壁后充填、壁后充填质量检查与二次注浆、施工进度计划及竣工移交五个部分，就各工序施工前的准备工作、施工操作要求、质量保证体系、安全生产保证体系、劳动组织配备、材料设备保证和计划工期等做了详细的安排。根据地质条件，特别是厚黏土层的具体情况，认真编制井孔的钻进方案和参数，保证井孔施工安全，防止泥包钻头，提高钻进速度。

4. 泥浆洗井和护壁

龙固矿主井是在巨野煤田用钻井法施工的第一对立井井筒，钻井深度为582.75m，冲积层厚度为546.48m。钻进过程，泥浆作为临时支护井帮，每台钻机布置4台L5.5-20/25型固定式压风机和1台ESF340H20SEZ螺杆式压风机，进行反循环洗井排碴，地面泥浆重力沉淀，旋流器除砂的排沙净化系统。根据地层黏土占80%左右，造浆能力强，选用合理的泥浆处理剂，利用地层黏土加水自然造浆配加适量分散剂纯碱，提高黏土的造浆率，并达到要求预期的参数。在钻进中，对循环浆的维护处理，选用三聚磷酸钠稀释剂和钠羧甲基纤维素降低失水。为保证井壁顺利安全悬浮下沉到底，提高泥浆的稳定性和各种工艺性能，确定使用两性离子聚合物FA367作为后期泥浆处理剂，调整下沉井壁时所需的泥浆性能，使其黏度、胶体率和稳定性保持在一个合适的范围内，从而保证井壁安全下沉到底。

5. 井壁结构研究

1）钻井井壁设计

随着钻井法凿井技术的发展，为了满足施工深大井筒支护的要求，合理地控制井壁厚度，不断开发研究新型井壁结构，以扩大钻井法的使用范围和经济性，在临涣东、西风井井壁设计中，和合肥煤矿设计研究院一起，开始探讨采用《钢筋混凝土设计规范》进行井壁设计。"七五"期间建井院通过大量的分析研究和模型试验，在钢筋混凝土井壁、内钢板＋钢筋混凝土复合井壁中全面采用现行规范设计。

20 世纪 90 年代初，我国采用钻井法凿井竣工的井筒中，有少数井筒由于井壁设计中，未考虑井下采掘后地层下陷，产生竖向附加力的影响，在使用中发生局部破坏，破坏位置均为普通钢筋混凝土厚壁筒结构，并集中在表土与基岩交界处附近井壁节连接法兰盘的周围，表现为内侧表面混凝土片状剥落，并逐渐向里扩展。在多年对钻井法凿井井壁内外力测量基础上，进行了钻井壁后充填与井壁固结效果的研究，对钻井法井壁地层摩擦力进行模型试验，同时从结构理论上开展了约束混凝土井壁的机理研究，提出了在井壁的内圈加钢板筒，对钢筋混凝土产生约束作用，可以提高井壁抗御竖向附加力的能力，从而达到避免上述事故的发生。所有采用钢板约束混凝土结构的深井井筒，包括单内钢板＋钢筋混凝土复合井壁和双钢板＋混凝土复合井壁，均未出现井壁因竖向附加力而产生破坏的事故，说明约束混凝土结构在抗御竖向附加力的性能上，具有独特的优越性。

2）龙固主井井筒钻井井壁

龙固矿井主井井筒表土不稳定地层厚 546.48m，超过我国钻井法已完成的最深井筒——淮南潘三西风井 106m，钻井深度 582.75m，比潘三西风井深 75m。欲在钻井法凿井应用上实现这一跨越，井壁结构设计又成为首先需要解决的关键技术，它集中体现于：如何考虑竖向附加力的影响，保证井筒长期使用的安全；需研究解决近 600m 深井筒，承受巨大外力对井壁结构强度的要求与悬浮下沉安装对结构自重限制的矛盾，以满足钻井法凿井基本工艺井壁悬浮下沉安装的条件；井壁悬浮下沉安装过程如何保证整体结构不会发生竖向失稳，以满足主井使用的要求。

井壁所承受的外力包括竖向附加力的确定：为保证井壁的强度，首先需要全面研究它所承受的荷载。竖井井壁从结构分类上属于地下特种结构，荷载的确定和作用形式有它的特殊性和模糊性，需要经过一段时间的观察、研究。经大量钻井井壁内外力实测和工程实践研究，钻井法凿井井壁的表土段永久水平荷载确定为 1.2 倍的静水压力。竖向附加力采用分段综合取值的方法确定，即埋深小于 150m 时，竖向附加力取 $0.015MPa/m^2$；埋深大于 150m，竖向附加力取 $0.025MPa/m^2$。

合理的结构形式选择：荷载确定之后，选择合理的结构形式和设计方法将是解决深井井壁存在主要问题的关键，经过对龙固主井具体条件和已有的成果分析，经方案对比，确定埋深小于 140m 的筒体部分和井壁底，采用普通钢筋混凝土结构，埋深大于 140m 的筒体部分采用单内钢板＋钢筋混凝土复合结构。井壁底为削球厚壳钢筋混凝土结构。

内钢板＋钢筋混凝土复合结构是根据混凝土在承受轴向力压缩时，产生相应的侧向变形，而混凝土的极限拉应变又远小于它的极限压应变，因此，破坏总是和它内部竖向微细裂缝的产生、发展相联系，但如同时存在侧向压力（或约束），使结构断面内的混凝土局部或全部处于大小较接近的三轴压应力状态，这些微细裂缝的产生就能得到延迟和限制，从而提高了混凝土的极限抗压能力和压缩变形，并呈现出良好的结构破坏延性。根据混凝土的这一力学特性，约束混凝土选用适当的材料和结构，以达到提高其轴向承载能力的目的。合理地利用约束混凝土结构，可明显提高混凝土的承载能力，充分发挥材料的使用效率，技术上和经济上都具有很大的优越性。到目前为止，龙固主井采用的井壁结构型式和设计方法，已应用于 5 个井筒，是目前能抵抗各种复杂荷载、保持井筒完好的有效方法。

随着钻井法凿井技术的发展，施工井筒越来越大，深度不断加深，井壁底所承受的荷载从几千吨增大到几万吨，对自重的限制相对越来越高，为满足这些变化，井壁底的结构形式和设计方法也在不断发展完善，从平底结构采用止水垫理论设计，半球厚壳、椭圆、三心拱旋转厚壳结构采用修正薄壳理论设计，建井分院经过多年研究采用削球厚壳井壁底，采用有限元法进行应力分析，按照静力等效的原则，将应力转换成截面内力，然后用现行混凝土结构设计规范进行结构设计。

设计计算方法：根据上面分析得知特殊地层竖井井壁的受力条件，本设计计算包括三个内容（首次采用），即永久地压作用下的平面强度计算，三向应力条件下的应变验算，悬浮下沉安装过程施工应力及井壁竖向整体稳定验算。

设计最终成果：综合考虑了井壁筒体受力的合理性和井壁底设计的要求，全深筒体外径均为 7.4m，根据不同的计算深度，采用 550mm、650mm、700mm 和 850mm 四种厚度的变截面结构，最小内径为 5.7m，井壁底厚度为 700mm 等厚削球厚壳。全井由 12 种规格的 121 节井壁组成（均含井壁底），总重量为 21711.8t（表 8-12）。

表 8-12 龙固主井井壁结构设计汇总表（考虑不均匀地压）

序号	标高 /m	厚度 /mm	结构	混凝土等级	钢板厚 /mm	环筋（Ⅲ级）	竖筋（Ⅱ级）	节高 /m	节重 /t
1	0～80.6	550	（普）	C30	—	2-ϕ20@200	ϕ20@300	6.0	177.87
	-80.6～122.6	550	（普）	C40	—	2-ϕ20@200	ϕ20@300	6.0	177.87
2	-122.6～140.6	550	（普）	C60	—	2-ϕ25@200	ϕ20@300	6.0	179.12
3	-140.6～194.6	550	（单内）	C40	14	2-ϕ20@200	ϕ20@300	6.0	188.94
4	-194.6～242.6	550	（单内）	C60	14	2-ϕ25@200	ϕ25@300	6.0	191.05
5	-242.6～293.0	550	（单内）	C60	25	2-ϕ20@200	ϕ20@300	5.6	183.18
6	-293.0～324.2	550	（单内）	C60	40	2-ϕ28@180	ϕ20@300	5.2	180.71
	-324.2～339.8	550	（单内）	C65	40	2-ϕ28@180	ϕ20@300	5.2	180.71
7	-339.8～427.2	650	（单内）	C60	40	2-ϕ25@200	ϕ20@300	4.6	181.08
8	-427.2～510.0	850	（单内）	C55	36	4-ϕ20@200	ϕ25@300	3.6	175.47
9	-510.0～571.2	850	（单内）	C60	40	4-ϕ25@200	ϕ25@300	3.6	178.31

序号	标高 /m	厚度 /mm	结构	混凝土等级	钢板厚 /mm	环筋（Ⅲ级）	竖筋（Ⅱ级）	节高 /m	节重 /t
10	−571.2～575.8	700	（单内）	C70	25	4-φ28@200	φ20@300	4.6	188.2
11	−575.8～578.6	700	（单内）	C70	25	4-φ28@200	φ20@300	2.8	116.28
12	−578.6～582.75	700	（单内）	C70	25	4-φ28@200	φ20@300	4.15	168.55

注：法兰盘 581.42t，钢板 2028.05t，钢筋 883.19t，吊环 61.2t，锚卡 149.97t，混凝土 7503.33m³，井壁重 21711.8t。

3）钻井井壁高性能混凝土

龙固井壁设计采用钢筋混凝土和单层内钢板钢筋混凝土井壁结构，设计厚度 550～850mm，混凝土强度等级 C30～C70，是设计和应用混凝土强度等级最高的井筒，由于结构的约束特点，施工难度很大。根据钻井井壁结构与施工特点、现场条件，进行了 C60、C65、C70 防裂高性能混凝土的配合比试验，采取严格控制原材料质量、混凝土配合比、加强现场养护等技术措施，避免了井壁产生裂缝，保证了预制井壁的综合指标完全符合规定要求。

4）井壁下沉工艺

随着钻井法凿井施工深度的增加，井壁厚度及强度加大，但钻井凿井井壁采用地面预制、井口连接、整体悬浮下沉安装的施工工艺，要求井壁下沉时，除井壁底体系头几节可采取加辅助钢梁的办法外，其他任何阶段，自重（包括施工荷载）加配重水的重量都必须小于泥浆浮力，且井壁顶面需浮出泥浆面大于 1.5m，以满足施工操作的需要。另外，井壁悬浮下沉到底后，充填完第一段高水泥浆前，深井井壁还存在结构整体失稳的问题。为确保井壁在悬浮下沉过程中的整体稳定性，建井分院进行了龙固主井钻井段井壁悬浮下沉稳定性研究，提出了合理的悬浮下沉方案。

当井壁悬浮下沉就位后，为防止壁后充填中，由于水泥浆等充填材料的密度大于泥浆的密度，置换过程浮力超过井壁的总重量（含井壁自重及悬浮下沉时井壁内配重水重），产生井壁上浮，壁后充填前必须在井壁内增加配重水，但在深井筒中配重水高度超过一定值后，井壁会发生整体倾斜，使支座条件发生变化，从而存在轴向整体失稳的可能。反浮可以通过计算进行控制，等强连续筒体也可以通过计算求得失稳的极限值，而实际井壁"失稳"却是一个很复杂的过程，它不单决定于井壁结构刚度和泥浆密度，同时与井壁节间强度、刚度，整体安装质量密切相关，因此，除了认真计算各阶段配重水的增加量外，还必须提高节间处理的技术水平，首次采用沿厚度多层垫铁的方法，并将节间注浆材料单向抗压强度由 1.5～2.0MPa 提高到 2.5～3.0MPa，以增强井壁节间的强度和刚度。确保了近 600m 长的井壁竖向刚度可靠，荷载传递均匀。

井壁设计不设可缩性接头，对竖向附加力采用结构防御设计的方法，即在结构设计中采用钢板约束混凝土，进行"井壁在复杂受力条件下的应变验算"予以保证，效果良好，全国 5 个采用内钢板＋钢筋混凝土复合井壁的井筒，成为至今在复杂受力条件下，长期使用中未发生井筒破坏事故的一种井壁结构。

5）壁后充填

壁后充填是钻井法凿井施工的最后工序，主要起固井和改善井壁受力的作用，对矿井的长期安全使用有着重要的意义。为了防止结构整体失稳和减小底部水平滑移，建井分院提出了严格控制加水量和分次加水的意见，井筒充填采用水泥浆和碎（卵）石交替充填的办法。

充填方案主要包括底部第一段充填高度和相应配重水加量的确定；其他段高划分及材料选择；固井滑动稳定和竖向附加力验算；井壁安全问题分析和充填施工工艺等。

（1）井壁悬浮下沉就位后，为防止壁后充填过程，由于水泥浆等充填材料的密度大于泥浆的密度，置换过程浮力超过井壁的总重量（含井壁自重及悬浮下沉时井壁内配重水重），产生井壁上浮，壁后充填前必须在井壁内增加适量的充填配重水。通过分析计算求得本井筒的结构条件下不允许加满水充填。但理论计算还表明，深井筒中配重水高度超过一定值后，井壁会产生轴向整体失稳。各段高充填施工中的实际附加配重水的添加量，通过严格计算后提出。

（2）通过对壁后充填层材料的调整，可减少因矿井开采地层下沉作用于井壁的竖向附加力，是钻井法凿井防止井壁破坏的有利条件。但为提高钻井井壁抗整体下滑的稳定性，做好基岩段的充填，提高固井效果是非常重要的。试验结果表明，为提高深井水泥浆充填层与井壁、井帮的胶着力，保证井筒延深掘进安全，在岩石段采取"井下打孔（或预留注浆孔），高压水清除泥浆沉淀物和未凝结浆液，冲洗井壁外侧和井帮表面，然后进行井下二次注浆充填"是很有效的。

壁后充填固井同时起隔断上下含水层的水力联系，加大井筒后继工程井壁抗滑稳定，减小竖向附加力和改善井壁受力的作用，因此保证壁后充填质量是关系到井筒后继工程施工及长期使用安全的关键问题。

6）泥浆护壁与控制

龙固矿主井是巨野煤田用钻井法施工的第一对立井井筒，针对龙固主井地层特点，研究钻井泥浆临时支护原理，分析泥浆护壁与控制难点，确定合理的泥浆性能参数，采取相应的技术措施，确保井帮稳定、井身规整、安全快速钻进，高质量地达到设计直径和深度，为预制井壁在泥浆中悬浮下沉安装及壁后充填固井创造条件。

借鉴以往的经验，结合该井具体条件，建井分院进行了超前孔钻进临时支护泥浆参数研究，然后参照超前孔实践的情况，调整各级扩孔钻进泥浆参数，确保了钻井工程的顺利进行。龙固矿主井钻井泥浆参数设计值见表 8-13。

表 8-13　龙固矿主井钻井泥浆参数设计

钻孔直径 /m	泥浆密度 /（kg/m³）	黏度 /s	失水量 /（mL/30min）	泥皮厚 /mm	pH	含砂量 /%
4.0	1180~1260	18~26	≤22	≤3.5	7~8	≤4

续表

钻孔直径 /m	泥浆密度 / （kg/m³）	黏度 /s	失水量 / （mL/30min）	泥皮厚 /mm	pH	含砂量 /%
7.5	1180～1260	18～26	≤22	≤3.5	7～8	≤4
8.7	1180～1260	18～26	≤22	≤3.5	7～8	≤4
井壁下沉	1180～1220	20～22	≤15～18	≤1.5～1.8	7～8	≤1.2～2

采取上述措施后，龙固矿主井各级钻进顺利进行，未发生严重缩径，达到正常钻进，各项工程均顺利完成。1 号主井终孔有效圆直径为 8.38m，2 号主井终孔有效圆直径为 8.37m，达到了设计和后续工程的要求。

在下沉井壁前的泥浆处理中，加入 FA367 后，泥浆的稳定性由原来的 22‰ 降至小于 3‰，满足了施工的需要，保证了主 1 井、主 2 井各 121 节井壁顺利悬浮下沉到了设计深度。同时比用 Na-CMC 费用节省近五分之四，大大降低了成本。

7）钻井效果分析

龙固主井两个井筒通过冲积层 546.48m，成井深度 582.75m，平均成井速度为每月 27.67m 和 27.90m，钻井段井筒偏斜率仅 0.23‰ 和 0.235‰，有效断面 ϕ5.636m 和 ϕ5.616m，超过设计要求的 ϕ5.5m。龙固风井成井直径 6m，钻井深度 580m；巨野郓城矿风井成井直径 6m，钻井深度 564.6m；国投辛集矿区板集矿井主、副、风井三个井筒均采用钻井法顺利完成。

8.2 钻井一扩（钻）成井

钻井法凿井是立井井筒实现"打井不下井"的机械化工法。原有工艺需要经过多级扩孔才能达设计直径。"多级扩孔"需要反复提升钻具和更换钻头，随着钻井深度和钻井直径的加大，工艺环节越来越复杂、辅助时间越来越长，拉低井筒建设效率。相应的废弃泥浆排放量也不断加大，污染环境、占用耕地。同时，多级扩孔和反复提、放钻具加大了对地层的扰动，增加了井帮失稳、坍塌等事故的风险。

针对以上技术难题，开发的"一扩成井"快速钻井技术，内涵主要包括新型超前和扩孔钻头结构、新型破岩滚刀，井帮稳定性控制方法，"一扩成井"（对于直径较小井筒可采用一钻成井）钻井新工艺，该技术大大提高钻井法成井速度，安全、可靠、高效地通过冲积层。

"一扩（钻）成井"快速钻井法凿井通过大直径钻井设备驱动钻杆和自扩孔钻头向地层钻进，一次全断面钻进成井或通过一次扩孔，钻进时通过用泥浆临时支护井帮和冷却钻具，同时通过中空的钻杆中心的风管或双层钻杆的夹层送入压缩空气，用压气反循环将泥浆快速排到地面，达到冲洗井底和携带钻屑的目的。含钻屑的泥浆经过地面净化处理分离，返回井中，多余废浆和成井后的大量弃浆可经过快速处理，还原成水和土（图 8-20）。其次，当钻孔达到设计直径和深度后，将地面预制好的带有井壁底的钢筋混凝土井壁或钢板混凝土复合井壁，在充满泥浆的钻孔中用钢法兰盘逐节连接，悬浮下沉至井底作永久支护。最后，用水泥浆和碎石进行壁后充填固井。

井筒钻进中仅采用一次超前孔和一次终扩孔的方式成井，该工艺可大大提高钻井法凿井的成井速度，将提高 20% 左右；并且由于只采用一次超前孔钻进，减少了设备占用量，并使泥浆排放量减少约 20%，降低了对环境的污染；由于采用了大功率钻机和特殊的钻具及合理的技术参数，使成井偏斜率小于 0.04%。

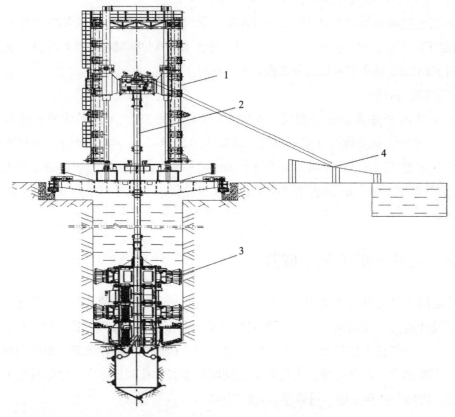

图 8-20　一扩（钻）成井示意图
1.钻机；2.钻杆；3.钻头；4.泥浆系统

8.2.1　影响滚刀破岩效果的因素

钻井法凿井是靠布置在钻头上的滚刀将岩石破碎、泥浆清洗井底，并将岩屑通过压气反循环排到地面，滚刀是大体积破碎岩石的关键，其破岩效果、滚刀寿命等对钻井法凿井有重要影响，特别是对于"一扩成井""一钻成井"钻井技术，必须研制新型、可靠、耐用的破岩滚刀，实现高效破岩。

1. 滚刀破坏形式分析

煤炭竖井钻机采用的破岩滚刀，一般以楔齿滚刀为主，滚刀的主要结构如图 8-21 和图 8-22 所示。滚刀由刀壳、刀齿、密封、轴承、润滑、连接等部分组成，滚刀工作时钻头公转，带动滚刀自转，滚刀工作环境恶劣，容易造成损坏，不同部位损坏都会造成滚刀失效。滚刀失效的主要原因有以下方面：

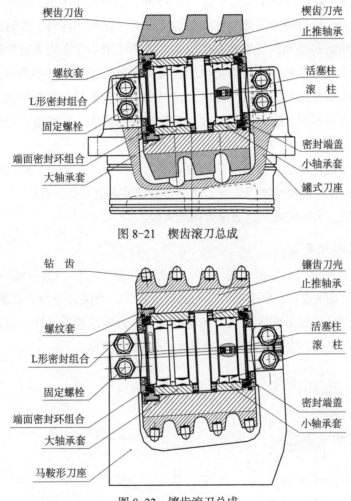

图 8-21 楔齿滚刀总成

图 8-22 镶齿滚刀总成

（1）滚刀刀齿折断。滚刀运转时受到钻头施加的钻压、扭矩的作用下，受到地层岩石冲击和弯曲应力等作用力，造成刀齿疲劳折断，有时单一刀齿折断，造成其他位置刀齿受力条件恶化，连带造成其他刀齿折断，以至造成滚刀失效。刀齿折断的原因还可能是设计和加工制造缺陷等引起的。

（2）刀齿磨损过度。刀齿将岩石从岩体上切割下来时，岩石对刀齿直接产生磨损，破碎的岩屑在井底运动对刀齿产生磨粒磨损。刀齿磨损到一定程度，不再具备破岩能力，即在钻压的作用下，刀齿不能有效压入岩石，不能形成体积破碎，滚刀整体也将失效。

（3）刀壳破裂。滚刀存在铸造缺陷，长时间工作或出现事故时，如钻头高处坠落，或井底存在金属落物时，造成刀壳受冲击作用开裂、掉块，从而造成密封失效或滚刀解体。

（4）滚刀轴承滚柱破裂。滚刀由径向和轴向轴承构成，滚刀轴承滚柱受力复杂，受到冲击荷载，造成轴承滚珠破裂，轴承点蚀破坏、滚动体磨损严重、滚珠跑道损坏都会影响滚刀旋转，或卡死，造成刀齿偏磨，甚至滚刀失效。

（5）滚刀密封失效。当钻井深度增加，到 800m，滚刀密封压力的要求高达 10MPa，同时井底地热和滚刀工作时的摩擦热等使密封温度升高、高压循环液工作时的泥浆压力波动使密封件的接触状态和接触位置不断发生变化，工作环境中存在的大量磨砺性介质，井底具有腐蚀性的硫化氢气体和各种有害物质的侵蚀都会造成密封元件的降解，加剧密封件的磨损与失效。上述情况都可能造成滚刀密封接触面的黏着磨损和磨料磨损，是轴承密封失效的重要原因。密封不严、密封早期失效，导致润滑油流失、岩粉进入刀体内腔，从而引起轴承损伤。

（6）滚刀连接螺栓松动、脱落。造成滚刀单支点受力，至使滚刀运行轨迹变化，或造成滚刀从刀座掉落，不但掉落滚刀失效，而且会造成许多滚刀受到破坏。

（7）刀座断裂或磨损失效后造成滚刀掉落失效。

2. 滚刀结构参数定义

布置在钻头上的滚刀，是破岩的主体，滚刀按在钻头上的布置位置不同分为中心刀、正刀和边刀三种（图 8-23）。根据滚刀适用的岩土条件，将滚刀分为岩石滚刀和表土滚刀；根据加工方式不同还可以分为镶齿滚刀和铸齿滚刀。为规范滚刀设计，滚刀设计几何参数采用图示方式进行定义，表土滚刀的设计参数如图 8-23 所示。

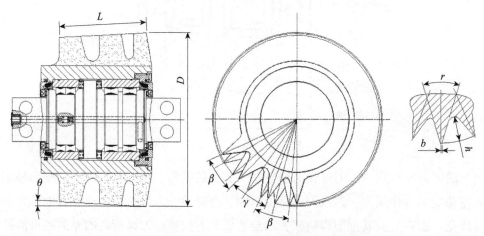

图 8-23　表土滚刀设计参数定义图

L. 母线长度；D. 滚刀大端直径；b. 齿顶宽度；h. 齿高；

r. 齿尖角；β、γ. 交错角；θ. 锥角

3. 影响刀齿破岩效果的因素

钻井速度是工程中重要的技术指标，钻速高则钻井周期短、费用省，钻速慢则钻井周期长、成本高。围绕提高钻井速度、提高钻井效率及降低钻井成本主要影响因素包括岩石可钻性、岩石破碎、钻进参数、携屑、清洗井底能力、钻头类型等，影响刀齿破岩效果的因素很多，主要包括：岩石的性质、刀刃点接触岩石的时间和方式、刀刃形状、刀间距、作用荷载等有关。

4. 岩石物理力学性质

岩石的物理力学性质主要是指：岩石硬度、岩石的强度、岩石耐研磨性、岩石可钻性等。岩石的可钻性是决定破碎岩石效率的基本因素。它反映了钻进时岩石破碎的难易程度。岩石可钻性概念是在生产实践中形成的，常采用数量指标，如钻时（单位为 min/m），钻速（单位为 m/s）等来表示岩石的可钻性，并用数量的大小来划分可钻性。从岩石的可钻性和分级的研究方法来看，目前国内外主要用四种不同的方法进行研究：用岩石的物理力学特性评价岩石的可钻性、用微钻速评价岩石的可钻性、用实钻速度评价岩石的可钻性、用破碎比功评价岩石的可钻性。

5. 刀齿的外形及尺寸

刀齿的外形尺寸与破岩效果有关，各国学者对此问题进行了实验室研究和数值模拟，都证实了这一点。国内对不同刀圈直径的滚刀作用于岩石的效果进行了数值模拟，得到在岩石性质、滚压速度、滚刀结构材料基本相同的条件下，增大滚刀直径使破岩效果更好。利用 ANSYS 软件，采用显式动力学中的接触、侵蚀有限元分析方法，对钻头的单齿破岩参数进行仿真。通过分析得出：采用小的前倾角及大的侧转角布齿，岩石的接触压力及最大有效应力增大，更有利于破碎岩石，提高破岩的效率。

6. 刀齿在滚刀体上的间距

刀齿间距是滚刀破岩的重要参数，它直接影响岩石的破碎效率。布齿过密，一是提高了成本，二是降低了单个齿的负荷，从而影响破岩效果。布齿过稀，则增加了单个齿的负荷，使刀齿易磨损，从而也影响整个滚刀体。更为严重的是，布齿过稀，极易造成刀齿对岩石的覆盖效果差，以致出现"岩梁"，影响破岩效果。因此应尽可能在减少刀齿数量的前提下，优化刀齿的分布。

7. 刀齿所承受的荷载

钻进过程中钻机的输出功率最终要通过刀齿传到岩石上。刀齿承受的荷载是钻机的钻压与转速的函数。因而刀齿的破岩效果与钻压和扭矩密切相关。钻压的大小直接影响到钻进速度和钻头的破岩形式。当钻压加到大于岩石压入硬度以上时，刀齿压入岩石产生体积破碎，钻进效果才能明显，才属正常钻进。因此，施加在牙轮钻头上的钻压必须满足切削齿压入岩石，使岩石产生体积破碎。当钻压小于岩石压入硬度时，只能在岩石外表以摩擦形式破碎岩石，对刀齿磨损较大，虽然钻速也随钻压的加大而相应增加，但钻进效率很低。钻进黏结性软岩时，易产生泥包钻，钻压应选得小些。钻进研磨性较大的岩层时，钻压不足易造成钻头早期磨损，钻压要适当加大。钻遇裂隙岩层时，易产生跳钻，钻压应适当降低，避免崩断切削齿。

8.2.2　楔齿滚刀体结构参数

1. 楔齿滚刀体大端直径的确定

滚刀装在钻头上，当钻头旋转并施加一定的钻压时，滚刀除了绕钻头轴线公转外，它克服了轴承的摩擦阻力后本身还自转。在纯滚动的条件下，滚刀圆周上各点自转的线速度和钻头上各相应半径处的旋转线速度是一样的。滚刀工作时，是刀齿直接接触岩石破岩的，因此滚刀的破岩能力及刀齿磨损都取决于刀齿的冲击速率。

刀齿冲击工作面，破碎或切入岩层，其冲击力越大，破岩效果就越好。滚刀往复运动的振幅与滚刀直径成正比，且随齿数的减少而增大。振幅越大冲击功越大，破岩效率就越高。从上述分析来看，在中硬度以下的岩石中钻进，适当加大滚刀直径，不仅对滚刀本身使用寿命有利，并且对破碎岩石也是有利的。

2. 齿数的确定

齿数的选择应有利于滚刀的破岩效果的提高，冲击次数与齿数成正比，滚刀冲击速率越高，破岩效率越高。但齿数过多会影响振幅，降低冲击功；可能会出现几个刀齿同时接触工作面的情况，这样使钻压分散，对破岩不利。根据上述原则，并参考国内外滚刀有关参数，确定选用每圈刀齿数位 20～24 齿。

3. 齿尖角 r 的确定

滚刀刀齿尖角 r 的确定详见图 8-24。

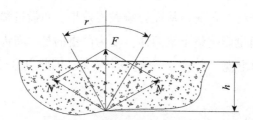

图 8-24　滚刀刀齿尖角 r 的确定

刀齿在钻压作用下切入岩层深度的计算公式为

$$h = F \frac{\cos(r/2)}{2bP\big(\sin(r/2) + \mu\cos(r/2)\big)} \tag{8-3}$$

式中，h 为刀齿切入岩层的深度单位，cm；F 为滚刀受到的动载荷，kN；r 为刀齿的齿尖角，（°）；b 为齿顶宽，cm；P 为岩石的单轴抗压强度，MPa；μ 为刀齿与岩石的摩擦系数。

滚刀用齿尖接触工作面破岩。齿尖切入岩石越深，破岩效果越好，齿尖角小有助于增加齿尖切入岩石的深度，从这个角度看，齿尖角 r 越小越好。但是，滚刀在工作时有滑移现象，由于岩石硬度不均匀和工作面不平而刀齿切入部分实际上要受到剪切力作用。作用在刀齿上的剪切力 Q 的计算公式为：

$$Q = \frac{F}{2} \cot(\frac{r}{2} + \varphi)$$（8-4）

式中，φ 为刀齿与岩石的摩擦角，（°）。

根据这个公式：齿尖角越小，作用在齿上的剪切力越大，刀齿越容易磨损和被剪断，所以齿尖角大一些对提高刀齿的寿命有利。另外，齿尖角大，滚动时可以加大挤压面积，提高破岩能力。综合上述考虑，并参考国内外滚刀有关参数，确定齿尖角在中硬岩石中为35°～40°左右。

4. 齿顶宽度 b 的确定

齿顶宽度小，滚刀在同样钻压下可增加刀齿对岩石的切深，对破岩是有利的。考虑到齿顶在工作时受到很大的剪切力，也考虑到刀体离心铸造的工艺要求，确定齿顶宽度为2～3mm。

5. 锥顶角 α 的确定

滚刀刀体呈圆锥台体，由于安装在钻头上的位置不同，除了一个特定的径向位置，锥顶角都会出现超顶或缩顶现象。超顶是锥顶超过钻头中心点，缩顶则反之。在这样的条件下，滚刀工作时不是纯滚动状态，而是在滚动的同时，要出现滑动现象。超顶和缩顶的距离越长，滑动现象也越强烈。滚刀在中硬以下岩石中破岩时，为了提高破岩效率，要利用滚刀滑动，对岩石产生剪切力，而把两个刀齿之间未受到挤压的岩石剪切掉；超顶现象在大口径钻头上是不可避免的。不过，滑动过多将会引起刀齿磨损的加剧。因此，选择合理的锥顶角是滚刀设计中很重要的内容之一。

6. 齿高 h 的确定

齿高的选择取决于岩石硬度或钻压大小。在软岩中钻进，齿高宜增加，岩石硬度大，齿高应降低，这主要是考虑刀齿的强度和刀齿自洗效果。因此选择楔齿滚刀的齿高为35～45mm（图8-25）。

7. 滚刀母线长度 L 的确定

滚刀在钻头上布置，基本上都处于超顶状态，如果刀体过长，刀齿相对滑移的距离越大，容易造成刀齿磨损，所以滚刀母线长度不宜过大。

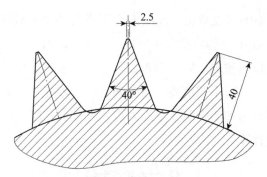

图 8-25　楔齿滚刀刀齿几何参数设计

8. 重叠系数的确定

楔齿滚刀在钻头体上的布置，依据每圈滚刀体破岩面积基本相同而布置，由成对的滚刀组成一组进行破岩，所谓重叠系数，就是成对使用的两把滚刀轴向齿宽之和与滚刀母线长度之比。根据钻井实践经验，如果两把滚刀配合不当，会因刀齿承载不均而造成刀齿磨损不均匀。因此，重叠系数不能过大，过大就会减少单位齿上长的比压值，对破岩不利。两把滚刀配合使用时，当重叠系数小于 1.0 时，滚刀刀体局部未被压碎的岩石将磨损刀齿的两角，因此，选取稍大于 1.0 较为合适，楔齿滚刀的重叠系数多选取为 1.04～1.14。

9. 楔齿滚刀采用不均匀齿距交错布齿

楔齿滚刀采用不均匀齿距交错布齿，避免刀齿重复破岩形成搓板形工作面，使钻头工作平稳，从而减小动负荷，改善滚刀轴承的受力状况，延长轴承寿命。增加了单位齿长的比压值，有利于破岩，提高钻进速度。

8.2.3　硬岩镶楔齿滚刀

滚刀随钻头体公转外还要自转，对于大直径井筒钻进来说，位于外圈滚刀的转速要高于内圈滚刀旋转速度。同时，滚刀缩顶布置致使其在旋转的同时还有滑移存在，外圈滚刀的磨损与消耗相对较大。为保证内外圈滚刀的同步损耗，需要增强外圈滚刀的耐磨性能，尤其是在硬岩中钻时，更需要保证外圈滚刀的寿命，才能有效提高钻头体的寿命。为此，依据钻头结构合理布置的需要，设计了硬岩镶楔齿滚刀和表土楔齿滚刀（图 8-26）。

楔齿滚刀在充满泥浆的井筒中沿井底工作面滚动，并对岩石产生冲击、剪切和挤压的联合作用，其工作条件十分恶劣。因此，要求滚刀有足够的强度、耐磨性，有协同的破岩机能及良好的密封性能。滚刀总体结构及制造质量好坏的标志是：①楔齿滚刀刀体的耐磨性；②刀齿的破岩效果；③滚刀腔内部件的寿命；④密封效果；⑤润滑及压差补偿装置的性能；⑥加工工艺、装配、现场使用维修的方便等。

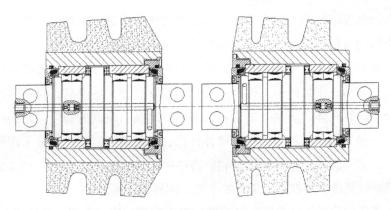

图 8-26 表土楔齿滚刀设计图

　　楔齿表土及硬岩滚刀的总体设计采用金属复合材料离心铸造工艺铸造高强度耐磨铸钢刀体；刀齿采用不均匀交错布齿铸造成型（图 8-27）；四排径向滚柱轴承；轴向采用带保持架的两个非标准推力轴承进行轴向定位；单浮动密封环；L 形辅助动密封；双道密封活塞式压差补偿装置等设计方案。

　　滚刀是竖井钻机常用的破岩工具之一，破岩滚刀的刀齿是在有冲击、挤压和剪切的复杂应力状态下承受磨损，其使用寿命对于钻进效率有很大影响。楔齿滚刀刀壳形式分为"采用钢基优质合金钢锻造成型"和"楔齿滚刀刀齿表面堆焊耐磨材料"两种。由于钻井过程中齿顶在小能量冲击载荷下重要作用下需要具有一定的强度，又要耐磨，以抵抗磨粒磨损，而齿根和心部则要求韧性、强度等综合性能，才能抵抗剪切岩石时的弯曲和冲击。如果刀体材料不能适应交变应力状态下的磨料磨损，即便齿面堆焊耐磨材料，由于没有高强度的基体支持，而产生脆性剥离，使得磨损加速。分析现有滚刀的主要问题，认为滚刀材料的选择是影响滚刀磨损寿命的关键问题之一。

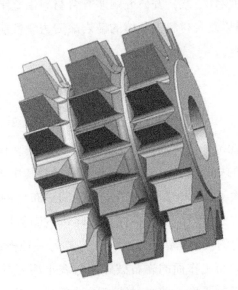

图 8-27 新型高强耐磨楔齿形滚刀示意图

现有滚刀刀壳成型技术为整体铸造，然后对刀体部分进行机加工。其主要问题是加工性能和硬度难以同时保证，同时由于刀体形状复杂、重量大、硬度高，全部采用高耐磨材料将使刀体材料与机加工成本加大，全部采用易切削的低合金钢则会降低耐磨性。刀体部分为安装刀轴、轴承、密封件的主体，要求结构紧凑、加工精度高，材料刚性好、易于加工；刀齿部分为破岩主体，直接接触岩石，要求材料具有较高的硬度、耐磨性。通常有两种处理方法：一是采用硬度较高的材料整体铸造，满足破岩需要；二是采用硬度较低的材料整体铸造后，在刀齿部份堆焊耐磨材料。方法一的缺点是加工困难，加工成本高；方法二的缺点是堆焊时精度不易控制、加工效率低，同样成本高。

国内外大多采用优质的结构钢，经锻造后加工成型，表面渗碳、热处理后进行精加工。但由于刀齿齿顶不耐磨，使滚刀在较短时间内损坏，造成钻井过程中频繁提钻，更换，既浪费工期、增加劳动强度，又提高了钻井成本。

滚刀的外工作面要求有足够的强度，能承受压入岩石的压力；有足够的硬度，压入坚硬岩石；有良好的韧性，抵抗钻头钻进时的震动和短时的超载；工艺性能优良，可加工性好。并降低滚刀成本。单一金属很难同时满足以上所有条件，而将两种不同成分、性能的铸造合金分别熔化后，按特定的浇注方式或浇注系统，先后浇入同一铸型内凝固成形的双金属复合铸造工艺显著减少机加工步骤及加工量，减少金属用量尤其是外层耐磨材料的用量，从而降低产品成本。因此利用双金属复合离心铸造工艺取代传统工艺可以创造很大的经济效益。

采用由高耐磨性复合材料为基体的楔齿破岩滚刀，建立高强度耐磨铸钢与低碳合金钢冶金结合的方法，试制外部刀体为高强度耐磨铸钢而内部刀体为低碳合金钢的试件。通过对现有楔齿滚刀刀体材料耐磨性进行分析，提出采用高强度耐磨铸钢与低碳合金钢复合成型的材料作为刀体材料的设计方案，并研究耐磨复合材料冶金结合方法，确定其成分、铸造及热处理工艺，通过对以复合材料为基体的破岩滚刀力学性能与耐磨性的分析，确定合理高强度耐磨铸钢的选型。

8.2.4　岩石滚刀

1. 岩石滚刀设计

根据岩石的基本特性，采用相应的破岩滚刀，可以实现体积破碎，提高破岩效率。岩石滚刀采用用于软岩的楔齿滚刀和硬岩的镶齿滚刀，其中楔齿岩石滚刀如图 8-28 所示，其结构和楔齿表土滚刀外形相同，由三排纵向间隔布置的楔齿，在破岩时两楔齿中将会残留岩柱。为了破碎这部分岩柱，在同一破碎带内布置同样类型的楔齿刀，但这把刀上的楔齿与另一把对应的楔齿是错开布置的，这样另一把楔齿滚刀就将残留岩柱破碎，从而整盘滚刀就协同一起将工作面的岩石破碎。与表土滚刀的差别主要是前者刀齿比后者短，保证了刀齿有足够的强度，破岩时能够承受更强的正压力、剪切力和冲击载荷的

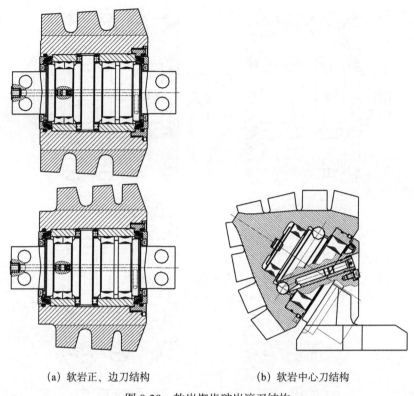

(a) 软岩正、边刀结构　　　　(b) 软岩中心刀结构

图 8-28　软岩楔齿破岩滚刀结构

作用。

镶齿滚刀结构与楔齿滚刀基本相同，如图 8-29 所示。所不同的是齿形不同，刀轴受力也较大，是钻凿硬岩所需。研究与实践应用比较成熟的镶齿盘形滚刀形式，并改进了刀壳的结构和铸造工艺，钻齿的烧结工艺及主轴总成的密封。刀壳采用双金属复合材料离心铸造，外圈选用耐磨合金铸钢，抵抗岩石碎块对齿根部的磨蚀，减少掉齿、断齿。内圈采用低碳钢，具有良好的综合力学性能和可加工性。

主轴总成采用四排径向滚柱轴承，轴向带保持架的两个非标准推力轴承进行轴向定位，金属浮封环密封，L 形辅助动密封，润滑油润滑，双道密封活塞式压差补偿装置等设计方案。增强密封及润滑效果，提高了滚刀的使用寿命。

2. 镶齿岩石滚刀壳和钻齿

刀壳是支撑钻齿破岩的基体。刀壳上布置许多加工孔，钻齿牢固的镶嵌在孔中。由于钻齿破岩时把承受的复杂交变应力并传递给刀壳，要求刀壳具有合理的结构、足够的韧性及耐磨性以防岩渣的磨蚀。钻齿破碎岩石时因受力复杂，要求钻齿的几何形状要合理，而且有足够的强度和耐磨性。

刀壳外形为多盘形，根据煤矿岩石特性，采用正刀齿盘数为四排，边刀为五排，并带背锥形式。盘间为岩渣排出槽，在保证固齿强度条件下，加深了盘间槽深度，减小岩石的

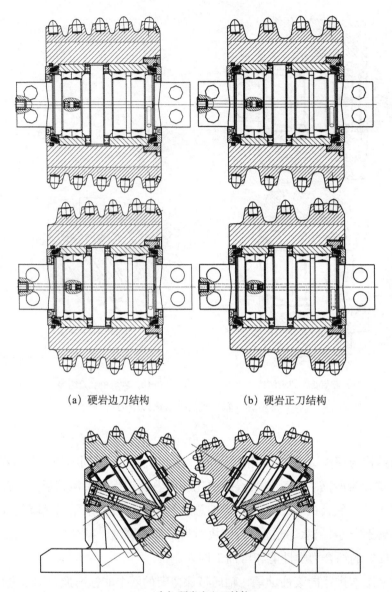

(a) 硬岩边刀结构　　　　(b) 硬岩正刀结构

(c) 硬岩中心刀结构

图 8-29　硬岩破岩滚刀结构

重复破碎，提高破岩效率。刀壳材料同楔齿表土滚刀相同，采用双金属复合材料离心铸造，外圈选用 $34Si_2MnCr_2MoV$ 耐磨合金铸钢，抵抗岩石碎块对齿根部的磨损。内圈采用 20Cr 低碳钢，有良好的淬透性、综合力学性能和可加工性。刀壳粗加工后，经过淬火，低温回火热处理后刀壳外圈部分硬度达到 HRC56-62、刀壳内圈部分 HB260 左右。两种材料的过渡层既有较好的柔韧性，又能保证一定的硬度，且过渡层和碳钢、耐磨铸钢都呈犬牙状有一定的互相渗透，从而达到了牢固的结合。双合金离心铸造刀壳不仅使刀齿基体耐磨性有了很大的提高，也降低了加工成本，同时硬度、强度、冲击韧性、断裂韧性达到最佳值，完全能达到岩石滚刀工作特性的要求。

在钻井过程中，镶齿滚刀刀壳的寿命主要取决于钻齿的寿命。国外钻头制造厂家在钻齿形状与岩性适应性方面进行了深入、细致的研究，在钻头研制过程中所涉及的钻齿齿形已达千余种之多（实际上，这些钻齿是在若干种基本类型的基础上为满足地层岩性的要求而发展出来的各种变型），而国内在钻头设计中可选择的钻齿型号较少，仅有百余种，而且对现有各种齿形的破岩效果缺乏科学的分析，在刀具设计中只能凭经验选择钻齿。实践中主要从齿面结构和钻齿的材料进行改进。根据硬岩要求，选择锥形齿为主钻齿，出露高度为 10～11mm，齿径 18mm，材料选用 YG8c 硬质合金；副锥面钻齿为球形齿，材料选用 YG11c 硬质合金；背锥面为平齿，材料选用 YG8c 硬质合金。YG8c 硬质合金抗弯强度不小于 1800MPa，硬度可达 HRA88.5，YG11c 硬质合金抗弯强度不小于 2200MPa，硬度可达 HRA87，两种材料都广泛应用于镶制油井、矿山开采钻头一字、十字钻头、牙轮钻齿、潜孔钻齿等钻具，钻凿中硬及硬岩层。经过高压烧结的钻齿其硬度和抗弯强度都明显提高，完全能够满足镶齿滚刀用钻齿的要求。

3. 钻齿布置和固齿过盈量

边刀安在钻头最外侧，起保持钻孔最大直径的作用。滚刀要有陡的静止角，以保证刀座外侧有足够的间隙。与正刀不同的是，边刀布置有平齿背锥，能够有效地保护副锥面球齿，辅助保护井径，保护刀壳免受磨损。

布齿方案是决定滚刀破岩效果的主要因素之一，钻齿间距是滚刀破岩的重要参数。它对滚刀的破岩效率，即破岩量和岩渣的块度有很大的影响。硬质合金钻齿在滚刀壳表面的布置是否合理，不仅影响破岩效果而且也影响破岩滚刀的寿命。刀齿间距应保证钻齿间岩石完全破碎，同时得到最大的破碎量。刀齿间距过小，虽然可达到完全破碎钻齿间岩石的目的，但岩渣块度过细，破碎效率低。一是提高了滚刀成本；二是降低了单个齿的负荷，影响破碎的效果。刀齿间距过大，不仅增加了单个齿的工作量，齿易磨损，也易造成刀壳表面的磨损，而且钻齿间的岩石会以脊背的形式残留在岩体上，影响正常钻进。

根据煤矿岩石特性，每齿盘分布 31～33 个钻齿。钻齿沿钻头刀盘周向间距 32mm 左右，径向间距正刀为 64mm 左右，A、B 两把滚刀配套使用，在径向形成间距 32mm 环形破碎痕迹。由于边刀工作环境最恶劣，其径向间距采用 46mm。各盘齿采用彼此错落布齿，保证每圈齿盘上的钻齿破碎坑不致重复，相同钻压下提高单齿对岩石的单位面积压力，以达到有效破碎岩石。

刀壳外层材料 34Si2MnCr2MoV 耐磨铸钢为脆性材料，过盈量应选取合理，如果过盈量较小，滚刀工作过程中易掉齿，使滚刀很快失效，使用寿命降低。当过盈量大于 0.035mm 时，刀壳内孔壁附近开始出现塑性变形，随着过盈量的增大，塑形变形主要发生在孔眼根部。34Si2MnCr2MoV 最大过盈量不超过 0.100mm，当过盈量大于该值，钻齿将不能全部压入或钻机开裂。实验数据表明过盈量值在 0.025～0.065mm 较为合适。

4. 主轴总成

岩石滚刀的主轴总成由滚刀主轴、滚柱轴承、止推轴承、金属浮封环密封、L形辅助动密封、双道密封活塞式压差补偿装置等构成。它与楔齿表土滚刀的主轴总成结构相同，但岩石滚刀在工作时承受的压力、扭矩、剪切力、瞬间震荡冲击等都要比表土滚刀严重。

轴承是刀壳旋转的支撑部件，工作时承受较大的径向及轴向交变载荷的作用，要求轴承结构合理、润滑性能良好及承受足够动载荷的能力。径向滚柱采用四排结构，如图 8-30 所示，在滚刀大端的两排轴承，承载能力虽没有三排轴承承载能力强，但两排轴承在各自的轨道运动更加平稳，其承载能力也能完全满足煤矿破碎岩石要求。采用带有保持架的单排滚柱推力轴承，消除了对密封影响较大的轴向窜动，使浮动金属密封环的比压值变化甚小，为密封创造了有利的工作条件。

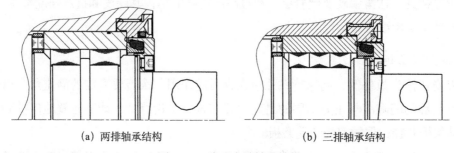

(a) 两排轴承结构　　　　　　(b) 三排轴承结构

图 8-30　滚刀大端轴承结构

金属浮封环密封是由轴承密封面和端面密封环之间形成的密封副，是决定刀具寿命的主要因素之一。轴承寿命一般也取决于密封的好坏，加之恶劣的工作条件要求密封具有良好的密封性能和较高使用寿命。通过选择合理的金属密封环结构，确定合理的摩擦副之间的参数，采用高质量、高精度的密封元件，提高了密封效果。轴承套采用 20Ni3MnMo，端面密封环采用铬钼合金铸铁 15Cr3Mo，热处理后硬度分别为 HRC 55～59，HRC 65～72，形成摩擦副间的硬度差。经过研磨密封亮带粗糙度达到 R_a=0.07，平面度达到 3μm，提高了金属浮封环密封效果。

8.2.5　新型钻头结构及排渣理论

我国以往设计钻头时都是在借鉴国外先进技术的基础上，或是凭着多年的经验完成的，对其设计的合理性还缺乏理论依据。目前我国在这方面的理论还不够成熟。一些高等院校对与大型钻井机相近的机构隧道盾构挖掘机的性能进行了研究，对钻头的力学性质等有了较为详细的了解，这些可为钻井机钻头的合理设计提供参考。但钻井机的工作环境和盾构机并不完全相同，盾构机排出的废料多以固体为主，而钻井机的废料要以泥浆的形式从井中抽出来。目前，在如何合理设计钻头，以有利于泥浆的排出方面还没有人做过较为深入的研究。

根据流体的流线对在其中工作的机构外形进行优化设计是工程中常用的方法，这种设计方法已被成功应地用于飞机、潜艇的外形及涡轮机叶片等关键部位。将这种方法应用于钻井机上，可为钻头结构的优化，有利于泥浆的排出提供设计依据。需要根据岩石钻头及其滚刀的几何尺寸和泥浆的物理力学性质，考虑岩石钻头和泥浆的动态运动规律，建立钻头和泥浆的实时动态流固耦合模型，计算优化钻头结构形式。

1. 钻头体滚刀的合理结构布置

要实现快速钻进关键在于钻头体上的滚刀布置结构合理，在钻进中，既要保证破岩滚刀刀齿的两刃口间岩柱完全破碎，又要保证钻头每转一周所破碎的工作面上的岩石带应该全覆盖且不出现重复破岩。若要钻头钻进效率高、使用寿命长，钻进过程中，每把滚刀所做的破碎功应相等，亦即每把滚刀的破碎岩石的体积相同，使滚刀承载能力相等，滚刀磨损相同，达到这些要求才能基本上符合设计。另外，应尽量使滚刀体做纯滚动，即刀体几何锥轴的延长线通过工作面旋转轴中心，避免过多滑动，以减少刀齿和轴承的损坏。

根据布刀原则，滚刀到钻头体中心的距离已经确定，平衡分析就是建立和求解平衡方程式，合理确定各滚刀之间的相对夹角。以钻头体中心 o 为原点，建立直角坐标 xoy，同时以原点 o 为极点，x 轴正方向为极轴，建立极坐标系 ox。假定滚刀轴线的投影与钻头径线重合，则各滚刀对钻头体的压力 N_i（$i=1, 2, \cdots, n$，n 为钻头上滚刀布置数量）的作用点的坐标为（ρ_i, θ_i），滚刀的位置坐标如图 8-31 所示。

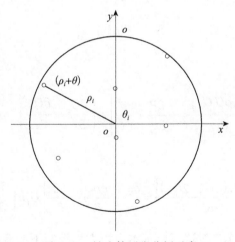

图 8-31 钻头体平衡分析示意

假定滚刀形成的切削带占满设计孔径圆断面，用静力学公式计算压力 N_i 对 x 轴、y 轴的力矩：

对 x 轴
$$\sum M_x = \sum N_i \rho_i \sin\theta_i \tag{8-5}$$

对 y 轴
$$\sum M_y = \sum N_i \rho_i \cos\theta_i \tag{8-6}$$

假定同组滚刀的最低齿点在同一平面，则有 $N_1=N_2=\cdots=N_i$，即

$$\left[\begin{array}{l}\sum M_x=N/n\sum\rho_i\sin\theta_i\\\sum M_y=N/n\sum\rho_i\cos\theta_i\end{array}\right] \qquad (8-7)$$

如果方程组 $\left[\begin{array}{l}\sum M_x=0\\\sum M_y=0\end{array}\right]$ 成立，则钻头体平衡，否则，钻头体不平衡。

受力不平衡的钻头，各滚刀受力大小不一，刀齿磨损不均，钻头整体寿命缩短；严重时，钻头不停地摆动，偏离钻孔中心，在复杂地质条件下易形成斜孔。同时，容易引起钻杆因受拉扭等复杂交变作用的力而造成钻具折断等问题。在同等地质条件下，扩孔系数的大小和出现斜孔的概率及倾斜程度，与钻头的不平衡度——钻头体所受滚刀压力 N 的偏心距 ρ 一成正比。

$$x=\sum M_y/N=1/n\sum\rho_i\cos\theta_i \qquad (8-8)$$

$$y=\sum M_x/N=1/n\sum\rho_i\sin\theta_i \qquad (8-9)$$

偏心距
$$\rho=\sqrt{x^2+y^2} \qquad (8-10)$$

偏角 θ
$$\theta=\begin{cases}\arctan(y/x) & （x>0\ 时）\\180°+\arctan(y/x) & （x<0\ 时）\end{cases} \qquad (8-11)$$

2. 泥浆流动理论分析

利用有限元法对流固耦合模型进行正确的求解，流体分析的理论依据是计算流体力学。理想情况下流体满足以下三个基本守恒方程。

质量守恒方程

$$\frac{\partial\rho}{\partial t}+\frac{\partial(\rho U_j)}{\partial x_j}=S_m \qquad (8-12)$$

动量守恒方程

$$\frac{\partial(\rho U_j)}{\partial t}+\frac{\partial(\rho U_i U_j)}{\partial x_j}=-\frac{\partial P}{\partial x_j}+\frac{\partial}{\partial x_j}\left[\mu\left(\frac{\partial U_i}{\partial x_j}+\frac{\partial U_j}{\partial x_i}\right)-\rho\overline{u_i u_j}\right]+SU_j \qquad (8-13)$$

能量守恒方程

$$\frac{\partial\left[\rho\left(e+1/2U^2\right)\right]}{\partial t}+\frac{\partial\left[\rho U_i\left(e+1/2U^2\right)\right]}{\partial x_i}=\frac{\partial q_i}{\partial x_i}-\frac{\partial\rho U_i}{\partial x_i}-\frac{\partial}{\partial x_i}\left[U_i\mu\left(\frac{\partial U_i}{\partial x_j}+\frac{\partial U_j}{\partial x_i}\right)\right]+q' \qquad (8-14)$$

计算流体力学可以看作是对这三个基本守恒方程控制下的流动过程进行数值模拟。通过这种数值模拟，可以得到极其复杂问题的流场内的各个位置上的基本物理量（如速度、压力、温度、浓度等）分布，以及这些物理量随时间的变化情况。

流固耦合（Fluid-Structure Interaction）分析是考虑固体和流体运动过程中在耦合面上的相互作用的情况下的有限元分析方法。目前虽然有限元技术已趋于成熟，但是由于流固耦合计算的有限元软件还不是太多。目前能够较好解决流固耦合问题的软件有 ADINA、

ANSYS、FLUENT 和 I-DEAS 中的 ESC 模块等。

ADINA 是分析流固耦合问题的最为理想的软件，但其前处理功能较差，需要借助于其他软件进行建模。ANSYS 软件是通用的有限元分析软件，使用起来非常麻烦，处理流固耦合问题的效果也不是非常理想。I-DEAS 是 Siemens 公司的大型工业设计分析软件，包含工业设计中需要用到的 CAD/CAM 的全部功能，自身包含有强大的三维建模功能和网格划分能力，还可以对分析参数进行变量化分析和优化处理等。ESC 模块是 I-DEAS 的流体温度场分析模块，虽然不能处理复杂的流体分析，但可以方便的分析简单流体场的三维速度分布和温度分布。对于本课题中钻头转动对泥浆的搅动情况，该模块只需用 "reference fluent" 命令将周围泥浆定义为参考流动体即可。综合考虑各种因素，这里采用 Siemens 公司的软件 I-DEAS 作为建模和分析工具。

3. 三维建模和简化

根据设计图纸建模后得到了钻头的虚拟样机，如图 8-32 所示（略去了后部的部分结构）。

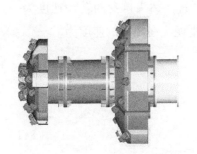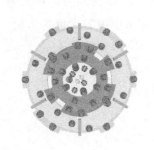

图 8-32　钻头的三维模型

影响分析结果的结构是滚刀的结构、布局和吸收口的形状特征。给出了三种滚刀的简化结构和吸收口的结构（图 8-33）。

（a）罐式刀座滚刀　　（b）普通刀座滚刀　　（c）中心刀　　（d）吸收口

图 8-33　滚刀及吸收口的结构

4. 滚刀布局的设计与分析

洗井主要包括工作面冲洗和钻杆提升排渣两个环节，其中钻井工作面的冲洗更为重要。工作面的冲洗主要是指将剥离下来的钻屑、岩渣从滚刀下面引流至吸收口，之后排出工作面。

　　井底工作面冲洗是液流、固相流交叉混合进行的复杂的过程，有层流、涡流，有切线速度、径向速度，以及由此形成的合成速度和方向，有重力，也有离心力。如何使钻屑尽快流向吸收口，将工作面清理干净，减少重复破碎，是研究井底工作面冲洗的主要内容。冲洗井底工作面包括两方面内容：一是冲洗井底；二是冲洗钻头滚刀。冲洗井底，包括液流和钻屑流。液流就是泥浆流，泥浆流包括切向流、径向流，以及由此形成的合成流。钻屑流是岩渣流向吸收口的流速和流向。

　　为了提高泥浆的吸收效率，减少重复破碎，滚刀应该尽可能沿着泥浆的流线方向摆放，为泥浆的流动让出道路。

5. 理想情况下泥浆的流线方程

　　为了便于推导出流线的方程，首先假设只有一个吸收口，且摆放在钻头的中心。泥浆的理想流动状况是不被滚刀搅动，只是沿着钻头的径向中心吸收口运动，这样泥浆相对于转动钻头的运动曲线方程推导如下：

　　在钻头的中心建立极坐标系，假设泥浆的体积流速为 V_0，钻头自身的转动速度为 ω，泥浆在（r,θ）位置处厚度为 h，不考虑滚刀占据的体积，则泥浆在径向的速度为

$$\frac{\mathrm{d}r}{\mathrm{d}t}=\frac{V_0}{2\pi rh} \tag{8-15}$$

泥浆相对于钻头的角速度为

$$\frac{\mathrm{d}\theta}{\mathrm{d}t}=\omega=7.5\mathrm{r/min} \tag{8-16}$$

所以

$$\frac{\mathrm{d}r}{\mathrm{d}\theta}=\frac{\mathrm{d}r/\mathrm{d}t}{\mathrm{d}\theta/\mathrm{d}t}=\frac{-V_0}{2\pi rh\omega} \tag{8-17}$$

由此解出理想情况下泥浆相对于钻头的流线方程为

$$r^2=\frac{-V_0}{2\pi rh\omega}\times\theta+c \tag{8-18}$$

已知泥浆的体积流速为

$$V_0=2000\mathrm{m^3/h} \tag{8-19}$$

钻头的转动速度为

$$\omega=-7.5\mathrm{r/min} \tag{8-20}$$

锥形钻头的前面的泥浆厚度是变化的，在端部

$$h_1=423\mathrm{mm}$$

适用范围为 $0<r<1011\mathrm{mm}$

在锥形钻头的锥面处，泥浆的等效厚度为

$$h_2=331\text{mm}$$

适用范围为 1011mm＜r＜1952mm

将以上边界条件代入可得曲线方程：

在 $h=h_1$ 时，得到曲线方程为

$$r^2=5.32\times10^5\times\theta+c \tag{8-21}$$

在 $h=h_2$ 时，曲线方程为

$$r^2=6.8\times10^5\times\theta+c \tag{8-22}$$

考虑到两条线的连续性，可得一条流线的完整方程为：

$$\begin{cases} r^2=5.32\times10^5\times\theta & 0<\theta\leq1.92 \\ r^2=6.8\times10^5\times(\theta-0.417) & 1.92<\theta<6.02 \end{cases} \tag{8-23}$$

曲线的形状如图 8-34 所示。这里绘出了多条曲线以显示整体概况。

为了验证方程的正确性，这里依照流线在钻头上做了几个隔板（如图 8-35），然后对泥浆的流动进行仿真分析。分析的结果如图 8-36 所示，图中显示泥浆流动的方向与推导的流线方向完全一致，这说明推导的曲线方程是正确的。

6. 刀具的布局

理想情况下滚刀的应该按照流线方向进行摆放，比如可将滚刀沿着图 8-35 所示中的隔板方向进行摆放，此时分析的结果如图 8-37 所示。中除滚刀所在的流线位置而外，其他位置泥浆流动和（图 8-36）几乎完全相同，这说明滚刀对泥浆的阻碍最小，这样摆放较为合理。

实际情况下滚刀的摆放还要考虑滚刀切削轨迹的覆盖面、每个滚刀承担的切削量、钻头的强度等多种因素，滚刀的最终摆放如图 8-38 所示。设计中考虑到以下因素：

（1）滚刀基本按照两条流线进行中心对称摆放的，以利于钻头转动的动平衡。

（2）实际结构中有两个泥浆吸收口，且大吸收口不在中心位置。为了利于泥浆向大吸收口流动，这里特将大吸收口设计在泥浆通道的中心位置。

（3）考虑到外围滚刀承担的切削任务多一些，最外圈多摆放了几个滚刀，共有 6 个。其他位置每圈安排两个。

（4）考虑到滚刀轨迹覆盖面、泥浆放流通道（图 8-39）及钻头强度等因素，部分滚刀并没有严格放在图中的流线上，而是根据情况进行了调整。

（5）因为大吸收口承担主要的泥浆吸收任务，为了给泥浆让道，有两个刮刀没有按照对称进行摆放。

扩孔滚刀处泥浆的流线接近于圆形（图 8-39），流线自身间距较小。又因为滚刀密度较小，如果按照流线布置，则因为间距太大也不够准确。所以这个地方的滚刀没有严格按照流线进行布局，而是根据多种因素进行考虑。

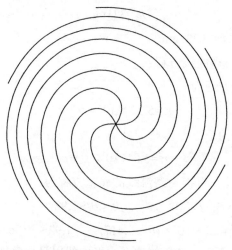

图 8-34　流线的理论曲线

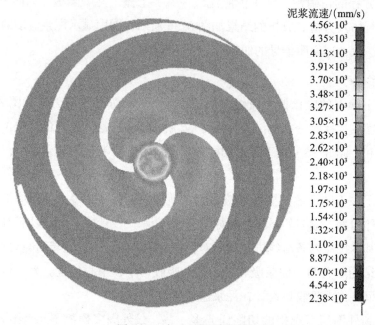

图 8-35　加入隔板钻头结构

7. 吸收口的设计与分析

泥浆吸收口的基本结构如图 8-33（d）所示。因为中心滚刀占据了中间位置的主要空间（图 8-38），所以中间位置的吸收口直径不能太大，设计中在旁边增加了一个大吸收口。

1）大吸收口的形状设计

大吸收口承担着主要的泥浆吸收任务。大吸收口的直径和泥浆输出管道采用相同的内径。图 8-40 给出了在流量不变（2000m³/h）的情况下改变大吸收口直径时吸收口的压强的变化情况（表 8-14）。曲线显示随着吸收口直径的增大，进出口的压差呈指数降低趋势。在直径为 440mm 时下降趋于平缓，最初的设计 436mm 是合理的。

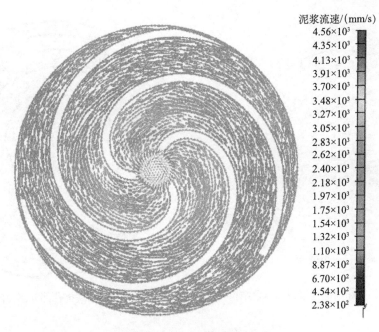

泥浆流速/(mm/s)

4.56×10³
4.35×10³
4.13×10³
3.91×10³
3.70×10³
3.48×10³
3.27×10³
3.05×10³
2.83×10³
2.62×10³
2.40×10³
2.18×10³
1.97×10³
1.75×10³
1.54×10³
1.32×10³
1.10×10³
8.87×10²
6.70×10²
4.54×10²
2.38×10²

图 8-36　理论流线的仿真验证结果

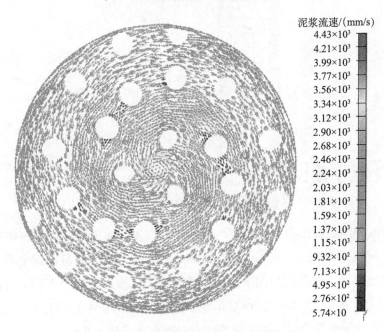

泥浆流速/(mm/s)

4.43×10³
4.21×10³
3.99×10³
3.77×10³
3.56×10³
3.34×10³
3.12×10³
2.90×10³
2.68×10³
2.46×10³
2.24×10³
2.03×10³
1.81×10³
1.59×10³
1.37×10³
1.15×10³
9.32×10²
7.13×10²
4.95×10²
2.76×10²
5.74×10

图 8-37　按照流线摆放滚刀后的仿真结果

表 8-14　吸收口进出口压差随大吸收口直径的变化情况

大吸收口直径 /mm	356	396	436	476	516
压差 /kPa	12.3	7.8	5.23	3.65	2.62

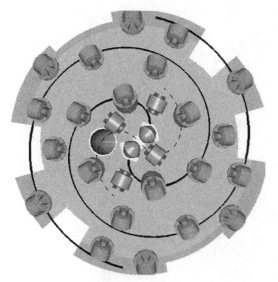 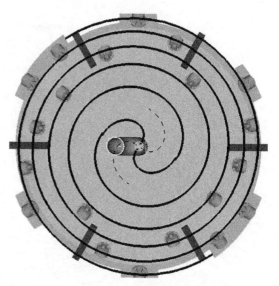

图 8-38 钻头超前部分滚刀的布置结构   图 8-39 钻头扩孔部分滚刀的布置结构

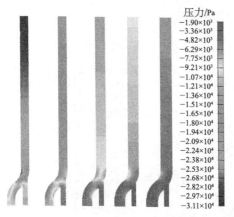 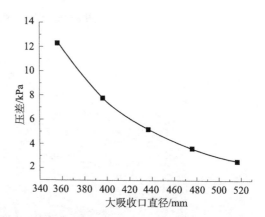

图 8-40 体积流速不变大吸收口的直径变化时的压力分布

图 8-41 和图 8-42 给出了大吸收口与中心间距离发生改变时各种仿真的结果。从左到右分别是中心间距为 580mm、620mm 和 660mm 时的结果。结果显示速度的变化很小，差异完全可以忽略不计。这是因为泥浆的输出管道较长，输出管道带来的阻力远远大于吸收口的附近的阻力。图 8-38 和图 8-39 显示泥浆的理想流到在中心附近有个急转弯的地方，将大吸收口放在此处较为合适，这个位置到中心的距离就是 620mm。

2）小吸收口的形状设计

小吸收口的直径较小，对泥浆产生了较大的阻力。图 8-43 给出了体积流速不变（2000m³/h），在小吸收口不同直径情况下管道中泥浆的速度分布。曲线显示随着小吸收口直径的增加，大小吸收口处泥浆的流速都在下降（表 8-15）。小吸收口处流速变化很小。实际上，由于其直径的增加，流经小吸收口的流速显著增加，所以大吸收口处泥浆的流速迅速下降。

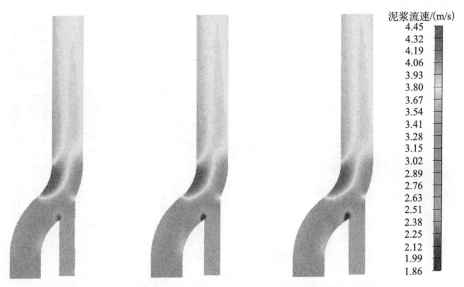

图 8-41 体积流速不变，大吸收口中心距离变化时的速度分布

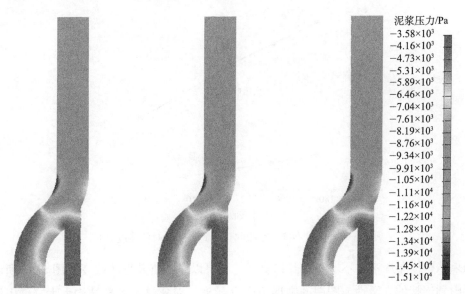

图 8-42 压差不变，大吸收口中心距离变化时的速度分布

表 8-15 小吸收口直径变化时吸收口的流速变化

小吸收口直径 /mm	185	205	225	245	265
大吸收口的流速 /（m/s）	3.25	3.15	3.05	2.92	2.80
小吸收口的流速 /（m/s）	2.62	2.58	2.55	2.52	2.47

分析说明，增加直径可显著提高小吸收口的吸收效率。图 8-44 的分析也显示了这一点：在压差不变的情况下，小吸收口直径的增加显著提高了管内泥浆的流速。但是小吸收口的直径受到取芯钻头安装条件的限制，很难增加。

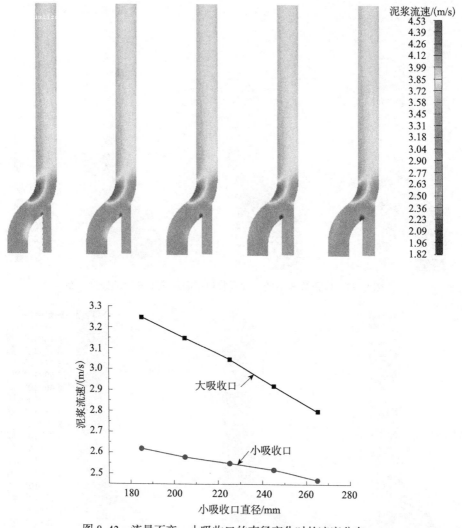

图 8-43　流量不变，小吸收口的直径变化时的速度分布

如果从整体布局考虑不增加其开口直径，则可以考虑将其形状改变为图 8-45 所示的锥形。考虑到连接的光滑性，图中的锥形角度只有 8°。对比显示锥形结构大大降低了泥浆的阻力，提高了该吸收口的效率。不仅如此，该吸收口流量的增加也改善了管道转弯处泥浆速度分布，降低了对弯道的冲刷力。但是这种结构在加工和安装过程比较麻烦，且使得与其相邻的加强板的结构也变得复杂。目前设计没有使用这种结构。

3）钻头泥浆流动

为了了解最终结构的合理性，这里对钻头在工作过程中泥浆的流动情况作了整体分析。分析时没有考虑滚刀自身的转动等带来的影响，没有考虑泥浆在不同位置的差异。因为结构过于庞大，限于计算机的功能，全局分析时使用的网格尺寸较大。图 8-46 是中间断面处泥浆流动的速度矢量图。

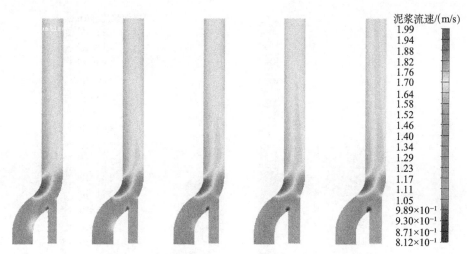

图 8-44 压差不变，小吸收口直径变化时的速度分布

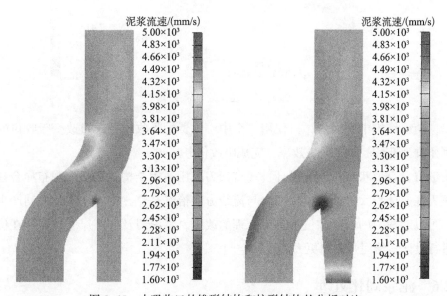

图 8-45 小吸收口的锥形结构和柱形结构的分析对比

4）钻头结构

通过模型建立和数字模拟，对"一扩成井"钻头滚刀布置和钻头底部泥浆流动规律的研究，可以指导钻头设计，对于钻头实际设计有以下几点建议：

（1）钻头的转动方向：泥浆在钻头端部从四周向中间流动。在北半球，如果没有外力干预，在科氏力（Coriolis Force）的作用下将做逆时针转动。理论上，如果钻头逆时针转动则可以减小推动力，利于泥浆流动。目前机构工作时是顺时针转动，可以考虑将其改为逆时针方向转动。

（2）小吸收口的形状：大吸收口的偏心设置提高了整体吸收效率，但使中心位置的流线发生了改变，和滚刀的对称布局有些冲突。可以考虑做如下改进：在对称位置再增加一

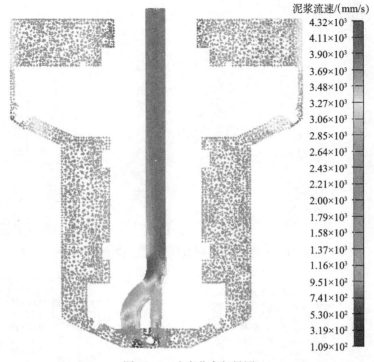

泥浆流速/(mm/s)

$4.32×10^3$
$4.11×10^3$
$3.90×10^3$
$3.69×10^3$
$3.48×10^3$
$3.27×10^3$
$3.06×10^3$
$2.85×10^3$
$2.64×10^3$
$2.43×10^3$
$2.21×10^3$
$2.00×10^3$
$1.79×10^3$
$1.58×10^3$
$1.37×10^3$
$1.16×10^3$
$9.51×10^2$
$7.41×10^2$
$5.30×10^2$
$3.19×10^2$
$1.09×10^2$

图 8-46　速度分布矢量图

个吸收口，使得结构中心对称；只使用一个中心位置的吸收口，通过改变吸收口的尺寸和形状（例如改为锥形）提高吸收效率，完成吸收任务。

（3）滚刀自身形状及布局的设计：现有滚刀使用通用结构，虽然外观布局合理，但因为部分滚刀底座体积太大或大尺寸方向与流线方向恰好垂直，也对泥浆的流动产生了较大的阻碍。可以对滚刀的形状和位置进行合理的改进，将滚刀及底座尺寸按照所在位置的流线方向进行设计，给泥浆流出更大的流动空间。

8.2.6　泥浆固化处理

在钻井法凿井过程中，泥浆起着非常重要的作用：①作为洗井介质，通过压气反循环将钻头破碎下来的岩屑带到地面；②泥浆将滚刀破岩过程中产生的热量带走，起到冷却作用；③通过调节泥浆密度，建立与地层压力相抗衡的液柱压力，并在压差作用下，在井帮形成泥皮，起到临时护壁的作用。

在煤矿竖井钻井过程中产生大量的地层自然造浆，使泥浆的各项性能变坏，这时需要添加处理剂对泥浆进行调制处理，使之恢复正常钻进性能指标。但是，钻进中地层造浆造成的多余泥浆和下沉井壁时排出的泥浆都要废弃。目前，这些废弃泥浆主要堆放在井场预先挖好的土坑里，借助自然条件蒸发干燥，待矿井投产后用矸石填埋。这种处理办法，泥浆需要几年，甚至几十年的时间才能干枯，且占地面积大，环保差，尤其在耕地少、对环保要求比较高的城镇附近钻井时，废弃泥浆处理问题已成为钻井法凿井发展的制约因素。因此，研究、解决废弃泥浆处理技术，开展废弃泥浆的处理工作，对于钻井法凿井的推广应用具有重要的意义。

随着我国煤矿建设的发展，一批冲积层厚度达 600～800m 的深井需要采用钻井法凿井，完井时的总浆量一般为设计井径出矸体积的 1.8～2.5 倍，钻进过程中调整泥浆参数时，还要废弃掉部分泥浆，成井以后全部废弃泥浆造成排放困难和环境污染。例如，山东龙固矿主井，钻井深度 582.75m，钻井直径 8.7m，最大循环泥浆量 3.5 万立方米，若存放池深 3m，则废弃泥浆约占地 1.2 万立方米，因此，实验研究泥浆固化技术，解决钻井废弃泥浆占地面积大，不利于环保问题，对于钻井法凿井在今后开发东部赋存于深厚冲积层下的煤炭资源，发挥其技术经济优势具有十分重要的现实意义。

1. 废弃泥浆成分

钻井生产过程中产生的废弃泥浆本身是一种分散体系，它以黏土、膨润土、水为基础，使黏土分散在水中形成一种较稳定的分散体系，其颗粒粒径一般在 0.01～2μm，具有胶体和悬浮体的性质，具有相当强的稳定性，其性能参数详见表 8-16。另外，由于钻井工作的需要，辅之以钻井液添加剂，从而使得黏土颗粒更加分散、稳定。尤其是许多钻井液添加剂具有护胶、包被作用，它们吸附在黏土表面上形成具有一定厚度的保护膜，将黏土颗粒包围在其中，大大降低了黏土颗粒相互间的吸引力，形成空间稳定作用，从而使废弃钻井液成为一种特殊的胶体稳定体系。这种稳定性使废弃泥浆能够在长时间内保持稳定的状态，电位值很高。因此，要想破坏其稳定性，就必须加入大量的处理剂使其脱稳，这也就是废弃泥浆处理难度大、费用高的原因之一。为了达到护壁和排渣的要求，泥浆必须具有良好的性能，即符合表 8-16 的要求。

表 8-16　泥浆性能参数表

项目	密度 / (t/m^3)	黏度 /s	失水量 / (mL/30min)	泥皮厚度 /mm	pH	含砂量
钻进	1.18～1.27	20～30	≤23	≤4	7～8	≤5
测井	1.19～1.20	19～21	≤22	≤4	7～8	≤3
井壁下沉前	1.20～1.23	20～23	≤18	≤1.8	7～8	≤1.5

配置泥浆除了用黏土外还使用了大量的添加剂，主要添加剂见表 8-17。

表 8-17　钻井泥浆中的主要添加剂

名称	作用
纯碱	分散剂
钠羧甲基纤维素	降失水剂
三聚磷酸钠	稀释剂
FA367	增黏和提高稳定性

2. 废弃泥浆对环境的危害性

由于泥浆具有触变性能及胶体性，即使将其长时间暴露在自然环境下也不会完全干燥、固结。pH 偏高，一般为 7.5～9.0。受泥浆处理剂和钻井材料的影响，含有一定量有毒的污染物。例如，泥浆中含有高浓度的盐、可交换的钠、重金属、有机物、高 pH 处理剂等成分大多有毒，污染环境。

3. 废弃泥浆处理技术现状

（1）直接排放：在钻进过程中，排出的钻屑主要包括黏土、砂、岩石碎屑等，部分黏土自然造浆，形成钻进循环浆，另一部分经重力沉淀、机械净化，砂、岩屑从泥浆中分离出来运至在矸石山位置提前做好围堰的土坑里，待矿井平巷开拓，与从副井排出的矸石混合堆积，逐渐形成矸石山。这种方法虽然解决了泥浆占地问题，但是对环境污染仍然存在。

（2）水土分离法：先在泥浆中加入絮凝剂，使泥浆中的部分自由水析出，然后用造粒机将泥浆中其余水分压滤脱水处理。此种方法在实验室取得了成功，但在实际工程应用效果不理想，主要是因为絮凝剂的加量不好控制，加量少，泥浆未达到最佳絮凝状态，稍多后泥浆又变稠，而且造粒机的处理能力有限，每小时只有 15 m³ 左右。

（3）泥浆浓缩：采用一种或多种泥浆浓缩剂，按一定比例使其与泥浆在浓缩机中反应，形成的浓缩物导入预先设置并装有滤水结构的临时排矸场地或永久排矸场。静滤水靠泵抽，部分返回配制浓缩剂液；部分返入井筒或直接排放。此方法采用的是包水处理，即把泥浆中的水包被起来，这样整个泥浆体积不会减少还有所增加。用此方法处理后的泥浆呈糊状，只能达到勉强铲除运输的目的，不能像固体一样堆放，处理能力仍然不够大，每小时 35 m³ 左右。由于存在处理量及经济效益问题，废弃泥浆未能真正实现合理处理及综合利用，大部分泥浆仍是直接排放。

4. 废弃泥浆化学固化试验

通过实验优选出废浆处理配方，能够满足钻井法凿井废弃泥浆处理的要求。达到固化成形，能够运输。实验要测定的参数及所用仪器见表 8-18。

表 8-18　实验要测定的参数及所用仪器

参数	24h 针入度	36h 针入度	48h 针入度	7d 抗压强度
测定仪器	针入度仪	针入度仪	针入度仪	压力实验机

用 BC-300D 型电液式自动加载压力试验机，以 0.1N/s 的速度给试块加压，测定试块的抗压强度。其他仪器有：搅拌器、50mm×50mm×50mm 试模、YH-40B 型水泥标准养护箱、SZR-5 型电脑沥青针入度仪、秒表、钢板尺、天平、烧杯、泥浆杯等。

5. 实验分析

在废弃泥浆（其性能参数见表 8-19）中加入固化剂，用高速搅拌机搅拌均匀后，制成试块，通过测定固化后泥浆在不同时间的针入度和 7d 抗压强度来衡量废弃泥浆的固化程度。针入度是用 SZR-5 型电脑沥青针入度仪（图 8-47）测定，抗压强度是用 BC-300D 型电液式自动加载压力试验机（图 8-48）测定，用来做抗压强度的试块（图 8-49）拆模后采用标准养护，养护条件为温度 20℃，湿度 90%。

表 8-19　实验用废弃泥浆性能参数

深度 /m	地层	含沙量 /%	黏度 /s	密度 / (t/m³)	失水量 / (mL/30min)	泥饼厚度 /mm	pH
381.23	中沙	1.2	21.85	1.24	18.4	2	7
381.68	中沙	1.6	20.94	1.24	18.6	2	7

经过大量室内实验，筛选出实验配方，使废弃泥浆能在 24h 后固化成型，能够装车运输。按配方要求向废弃泥浆中加入固化剂，搅拌均匀后，制成试块。各配方固化后泥浆的针入度和抗压强度见表 8-20。

表 8-20　废弃泥浆固化后的针入度和抗压强度值

配方编号	12h 针入度	24h 针入度	36h 针入度	48h 针入度	72h 针入度	96h 针入度	7d 强度 /MPa
1	16.34	5.98	4.83	1.16	0.59	0.33	0.27
2	4.98	2.48	1.53	1.27	0.45	0.18	0.136
3	6.86	2.66	0.42	0.56	0.56	0.25	0.243
4	14.56	3.30	3.09	0.86	0.98	0.27	0.246

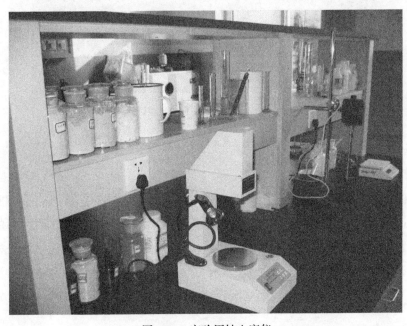

图 8-47　实验用针入度仪

通过向废弃泥浆中加入固化剂，能将现场的废弃泥浆在 24h 内固化。固化后废弃泥浆成固体状态，能够装车运输，7d 抗压强度在 0.1～0.5MPa。24h 针入度在 2～6mm，48h 针入度在 0.1～1.5mm。

图 8-48　实验用压力试验机

6. 废弃泥浆强化固液分离

1）废弃泥浆处理工艺

将实验的泥浆按 1:1 的比例进行稀释，同时加入两种药剂对污泥进行前期脱稳，经脱稳后的污泥进入污泥提升破稳一体化装置，加药后进行二次脱稳，二次脱稳后的污泥进入固液分离装置进行固液分离，分离出的泥饼进行干化回填，分离出的污水用来稀释泥浆或溶解药剂或进入污水处理装置进行处理，对污水处理装置处理后的污水进行过滤，过滤吸附后排放。工艺示意图如图 8-50。现场废弃泥浆处理压滤装置及处理后泥饼状况见图 8-51和图 8-52。

图 8-49 实验制成的试块

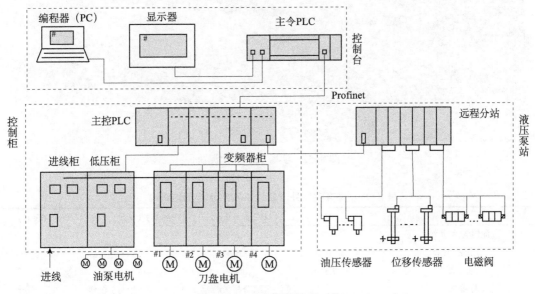

图 8-50 废弃泥浆处理工艺

2）实验结果分析

该废液加药前稀释倍数 1:1；泥饼含水率小于 85%，污水脱出率 80% 以上。经处理泥饼浸出液、污水均达排放标准。具体见表 8-21。采用化学脱稳，强化固液分离，高效氧化法处理该污泥可以做到污泥减量 80%，污水达标回用或排放目标。

图 8-51　现场废弃泥浆处理压滤装置

图 8-52　实验脱水干化泥饼

表 8-21　废弃泥浆处理后泥饼和污水检测结果

项目	pH	COD/（mg/L）	油类/（mg/L）	SS/（mg/L）
泥饼含水率/%		85%		
泥饼浸出液	7	59	5	
污水滤液	7.5	87	7	120
标准方法		《污水综合排放标准》（GB 8978—1996）二级		

8.2.7　钻井—扩成井应用

利用国内最大型的竖井钻机，采用"一扩成井"和"一钻成井"钻井新工艺，共完成袁店二矿、朱集西矿、平顶山煤业八矿回风井和信湖煤矿主、风井等 7 个立井井筒的钻井施工，累计钻进井筒 2914.8m，其中最大钻井深度 545m，最大钻井直径 9.8m，成井最小偏斜率 0.11‰，最大偏斜率 0.34‰（表 8-22 和表 8-23）。

表8-22 钻进及永久支护井筒偏斜综合控制参数

工况	控制点断面深度/m	控制点断面井径/m	偏值/mm	偏向/(°)	偏率/‰
φ7.7m终孔	−180	7.84	192	118	0.362
	−530	7.90	396	227	0.747
成井	540	5.20	172	216	0.319
	有效断面	5.03	86	216	0.159

表8-23 袁店二矿副井钻进参数表

钻井参数	钻头直径/m	5.5	9.3
	钻头重量/kN	1650	2000
砂土层	钻压/kN	100～300	150～300
	转速/(r/min)	4～10	3～8
黏土层	钻压/kN	200～400	250～500
	转速/(r/min)	7～11	5～9
泥岩	钻压/kN	250～350	300～400
	转速/(r/min)	7～9	2～5
砂岩	钻压/kN	350～600	400～700
	转速/(r/min)	7～9	3～6

"一扩成井"钻井技术解决了钻井法凿井扩孔次数多，工艺环节复杂、设备占用大、组织管理难，成井速度低，泥浆排放量高、环境污染严重、长时间占用土地等一系列问题。形成了"一扩成井"钻井法凿井的新技术、新工艺、新装备，提高了钻井法凿井综合成井速度，缩短了建井工期；井帮变形和施工风险分布规律对10项风险事故的发生概率进行分析，安全的指导了钻井工程实践；相对于传统钻井工艺能耗更低，与冻结法凿井相比综合电耗降低40%～70%；解决了长期困扰钻井技术发展的废弃泥浆污染问题。采用泥浆控制、泥浆固化和泥浆作为充填材料综合利用技术，减少了泥浆长期占地和污染问题，泥浆固化技术及废弃泥浆作为注浆材料等，实现了泥浆的零排放。

（本章主要执笔人：刘志强，谭杰，姜浩亮，程守业，孙建荣）

第 *9* 章

反井钻机钻井技术

反井是指矿山等地下工程，上下两水平巷道之间垂直或倾斜联络通道，其主要用于溜矸、运料、通风、充填、排水和探矿等。在其施工过程中，由于受到井下场地、设备运输限制，不能采用地面工程所常用的普通凿井方法，一般采用反井法施工，即由下向上先施工小断面溜矸（渣）孔，然后再由上向下刷大到设计断面。过去常用的反井施工方法有普通木垛法、吊罐法、爬罐法和深孔爆破法等。这些方法都需要人员进行人工操作，劳动强度高、生产效率低、安全隐患大，经常会有伤害事故发生。反井钻机的出现，使施工人员不再进入工作面操作，全部机械化作业，彻底改变了反井施工的安全状况，施工效率也大大提高。

20 世纪反井钻机主要用于地下小直径溜矸孔钻进，钻孔直径在 1.4m 以下，钻进深度小于 100m，根据矿山大直径井筒快速建设的需要，以科技部科研院所专项资金项目"煤矿风井大直径反井钻机钻井技术及装备"为依托，通过"大直径反井钻机关键技术及装备研究""大直径反井钻机关键技术及装备研究""大直径煤矿风井反井钻井工艺技术研究"三个课题，建井分院完成了首台套钻孔直径达到 5m 的大型反井钻机、组装式大直径扩孔钻头、新型联结钻具结构和相应的反井钻井工艺研究，以及反井钻井风险评价和地层改性处理技术，并且开始应用到煤矿风井建设中，目前已完成多个煤矿、水力发电、铁路隧道各种井筒的反井钻机一次成井工程，最大钻井直径 5.3m，钻井最大深度 539m，形成了一种新的井筒凿井工艺，反井钻机钻井凿井工艺，逐渐完善了大直径反井钻机、反井钻井工艺和装备配套，满足不同工程条件的地下工程井筒快速建设。

根据钻机安装位置、导孔和扩孔钻进方式等主要钻进工艺的不同，可将反井钻机划分为下导上扩式反井钻机、上导下扩式反井钻机和全断面上钻式钻机三类。下导上扩式反井钻机，钻机安装在上水平，由上水平向下钻进导孔，在下水平拆导孔钻头，接扩孔钻头，由下向上扩孔。上导下扩式反井钻机，钻机安装在下水平，由下水平向上钻进导孔，在上水平拆导孔钻头，接扩孔钻头，由上向下扩孔。全断面上钻式钻机，钻机安装在下水平，不钻导向孔，由下水平全断面向上钻进。常用的反井钻机大多为下导上扩式反井钻机，其中 LM 系列、BMC 系列、AF 系列、ATY 系列属于这一类。建井分院还研制了 ZSYD 型移动式上向反井钻机，它属于全断面上钻式钻机。

9.1　反井钻机

大型煤矿在发展中遇到了通风能力不足的难题，需要增加采区风井，为此研制了大直径反井钻机，采用该类型设备进行大直径风井反井钻井的技术研发及工业应用。大口径瓦斯抽放井建设已成为煤矿瓦斯治理的有效手段，采用反井钻机钻井技术可以安全高效的建设瓦斯管道井。国内水电系统存在大量的长大斜井施工需求，在施工中研究了大倾角斜井反井钻机技术。以往采用的反井钻机施工导井，再正井掘砌的方法，安全问题没有得到根本解决，各种类型反井钻机出现后，可以一次钻成所需的井筒直径。

9.1.1　BMC反井钻机

1. BMC200型反井钻机

BMC200（ZFY1.2/3.5/200）型反井钻机，适用于地下采矿工程，包括煤矿、金属、非金属矿山、石料开采等，地下建筑工程，包括大型水库、水力发电站、抽水蓄能电站、人防工程等，钻凿岩石抗压强度80～120 MPa、深度小于200m、直径1.2m的竖井或斜井。

BMC200型反井钻机适用范围广，在煤矿软岩条件下，可钻凿直径1.4m以下通风井、煤仓等工程，可施工深度200m，直径1.2m的竖井或斜井反井工程，或施工深度150m，直径1.4m的竖井或斜井反井工程。钻机采用全液压驱动及控制方式，钻机操控等方面具有简单实用及使用寿命长等特点。BMC200型反井钻机主要技术参数见表9-1。

表9-1　BMC200型反井钻机主要技术参数

项目	技术参数	单位	指标
基本参数	导孔直径	mm	216
	扩孔直径	m	1.2/1.4
	钻井深度	m	200
	钻井角度	(°)	60～90
	适用岩石强度	MPa	100～150
导孔钻进	出轴转速	r/min	2～43
	推力	kN	350
	额定扭矩	kN·m	20
扩孔钻进	出轴转速	r/min	2～22
	额定拉力	kN	850
	额定扭矩	kN·m	35
	最大扭矩	kN·m	50
其他	主机机重	kg	7900
	钻机功率	kW	86

BMC200 型反井钻机,包括主机系统、钻具系统和循环辅助系统三部分。主机系统由主机、操作台、油箱泵站组成(图 9-1);钻具系统包括导孔钻头、普通钻杆、稳定钻杆、异形接头、扩孔钻头等;循环辅助系统包括泥浆泵、循环管路等。

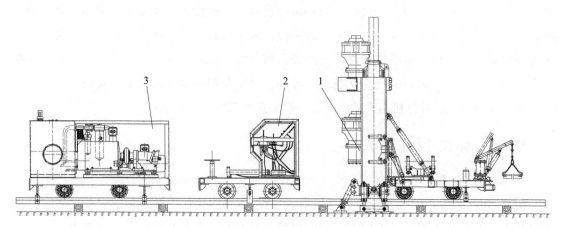

图 9-1 BMC200 型反井钻机主机系统
1.主机;2.操作台;3.油箱泵站

钻机结构采用 L 形主机框架结构,减轻了主机重量,易于调节钻进角度和方位,便于斜井施工。主机框架及扩孔钻头采用分体式结构,拆分后最大件重量不超过 3t,便于运输和安装。钻杆搬运与装卸辅助设备,包括小型液控转盘吊、液控机械手、翻转架、辅助卸扣装置等,使钻杆的装卸灵活、准确、操作机械化。钻凿斜井时,利用主机钻架前部的斜支撑调节钻进倾角,在主机钻架的前板上安装专用的斜井翻转架安装板,即可从前部由钻杆输送装置运送钻杆至主机中心,便于斜井钻进时操作。

钻机动力和液压系统。钻机主机系统主液压泵设计选用 A7V160 液控变量泵。液控变量泵较以往常用的恒功率变量泵相比,主要优点是泵的使用寿命长。究其原因在于恒功率变量泵在扩孔钻进时由于液压马达工作压力不是恒定的,液压马达的工作压力是随扩孔中岩石的硬度及破碎程度而变化,在这种工况下,液压泵的输出压力随时变化,在压力变化时,液压泵的斜盘摆角是随之改变的,斜盘在小范围内经常处于摆动状态,加快了斜盘的磨损,降低了液压泵的使用寿命。液控变量泵调定流量后,它的输出压力随外载荷的变化而变化(即输入功率是变化的),斜盘几乎是不动的,液压泵的使用寿命相对延长了。另外,主泵联轴器采用钟罩式联轴器,主泵为悬臂结构安装,优点是提高主泵与电机的同轴度,而电机安装在具有减振装置的钢梁上,在结构设计上提高了主液压泵的使用寿命,多方面降低购置与维护的成本。

BMC200 型反井钻机采用双速大扭矩液压马达,其优点是输出扭矩大、寿命长、使用维护方便,并能在导孔钻进时提供较高的转速;在扩孔钻进时提供低速大扭矩的输出,符合反井钻机钻进时对液压马达的要求。副泵与控制泵采用双连泵结构,由 18.5kW 电动机驱动,其中副泵供给主推缸工作时所需的压力油液及接卸钻杆时供各辅助液压缸压力油液。

马达旋转和主推缸的快速升降设计选用液控换向阀控制，操作人员可用很小力就可控制大阀换位，使液压工作元件换向。控制泵的压力油液只供给液控换向阀的比例先导阀，通过比例先导阀使液控换向阀换向。

钻机配备高性能液压油过滤、冷却系统。冷却器设计选用澳大利亚生产的 PWO 型超薄冷却器，其优点是占地少；冷却效果好；钻机液压系统能长时间连续、稳定的工作。控制泵的出油口加设了三通和两个高压球阀，在工作时关闭通向高压滤油器的高压球阀，打开供油高压球阀，压力油液供给比例先导阀，使钻机正常工作。在钻机不工作时，关闭供油高压球阀，打开通向高压滤油器的高压球阀，液压油通过高压滤油器直接回油箱，对液压油进行过滤，以保证液压油清洁，可有效延长液压元件的使用寿命。

2. BMC300 型反井钻机

BMC300（ZFY1.65/6.4/300）型反井钻机适用于钻凿岩石抗压强度 80～120 MPa、深度小于 300m、直径 1.65m 的竖井或斜井。在煤矿软岩条件下，钻凿深度 200m、直径 2.0m 以下通风井、煤仓等工程，钻凿深度 300m、直径 1.4m 的竖井或斜井反井工程，或钻凿深度 150m、直径 2.0m 的竖井或斜井反井工程。

BMC300 型反井钻机采用全液压驱动及控制，利用液控阀操作马达旋转和动力头快速升降，操作省力，好操控。BMC300 型反井钻机主要技术参数见表 9-2，包括主机系统、钻具系统和循环辅助系统三部分。主机系统由主机、操作台、油箱副泵站、主泵站组成（图 9-2）；钻具系统包括导孔钻头、普通钻杆、稳定钻杆、异形接头、扩孔钻头等；循环辅助系统包括泥浆泵、循环管路等。

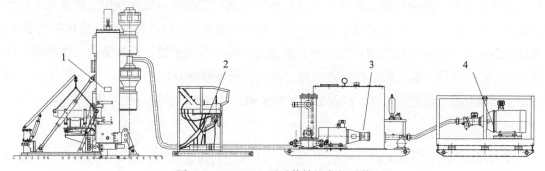

图 9-2 BMC300 型反井钻机主机系统
1. 主机；2. 操作台；3. 油箱副泵站；4. 主泵站

表 9-2 BMC300 型反井钻机主要技术参数

项目	技术参数	单位	指标
基本参数	导孔直径	mm	241
	扩孔直径	m	1.4/1.65
	钻井深度	m	300
	钻井角度	(°)	60～90
	适用岩石强度	MPa	100～150

续表

项目	技术参数	单位	指标
导孔钻进	出轴转速	r/min	2～40
	推力	kN	550
	额定扭矩	kN·m	30.5
扩孔钻进	出轴转速	r/min	2～16
	额定拉力	kN	1250
	额定扭矩	kN·m	64
	最大扭矩	kN·m	85
其他	主机机重	kg	8700
	钻机功率	kW	108.5

BMC300 型反井钻机结构。采用 L 形主机框架结构，减轻了主机重量，易于调节钻进角度和方位，便于斜井施工。主机框架及扩孔钻头采用分体式结构，拆分后最大件重量不超过 3000kg，便于运输和安装。钻杆吊运与装卸辅助设备，包括转盘吊、钻杆输送装置、辅助卸扣装置等，使钻杆的装卸灵活、准确，实现操作机械化。钻凿斜井时，利用主机钻架前部的斜支撑调节钻进倾角，在主机钻架的前板上安装专用的斜井翻转架安装板，即可从前部由钻杆输送装置运送钻杆至主机中心，便于斜井钻进时操作。

采用双速大扭矩液压马达，其优点是输出扭矩大、寿命长、使用维护方便，并能在导孔钻进时提供较高的转速，即高速小扭矩输出；在扩孔钻进时提供低速大扭矩的输出，符合反井钻机钻进时对液压马达的要求。副泵由 18.5kW 电动机驱动，其中副泵供给主推缸工作时所需的压力油液及接卸钻杆时供各辅助液压缸压力油液。马达旋转和主推缸的快速升降设计选用液控换向阀控制，操作人员可用很小力就可控制大流量阀换位，使液压工作元件换向。控制泵由 1.1kW 电动机驱动，控制泵的压力油液只供给液控换向阀的比例先导阀，通过比例先导阀使液控换向阀换向。钻机配备高性能液压油过滤、冷却系统。冷却器设计选用 8.5m² 冷却器，其优点是冷却效果好；钻机液压系统能长时间连续、稳定的工作。总回油滤油器对液压油进行过滤，以保证液压油清洁，可有效延长液压元件的使用寿命。

3. BMC400 型反井钻机

BMC400（ZFY2.5/8.0/400）型反井钻机，21 世纪初随着煤炭系统大力开发，新井建设以及老矿改造，许多 300-500m 的深井可采用反井钻机技术进行相关工程施工。在其他采矿领域、地下建设工程以及交通隧道工程都有大量同类型的工程。水电系统特别是地下厂房式电站及抽水蓄能电站工程，采用反井钻机施工，将减少 4～6 台爬罐。建井分院开始进行深井反井钻井技术及装备的研究，研制出强力反井钻机，适应当前地下工程的急需，可钻直径 2.0m、深度 400m。开发新的高精度、高耐磨稳定钻杆，提高深井钻井中抗斜效果和使用寿命，提高导孔钻孔精度；解决方案是使用镶嵌耐磨合金齿的稳定器，大大提高稳定器的抗磨损能力，保证了导孔的精度，降低了导孔的偏斜率，在工程施工中保证反井工程的质量。

BMC400 型反井钻机分为主机、主泵站、油箱副泵站、操作台和钻具等五大部分，并配有辅助设备及工具，其中钻具包括导孔钻头、普通钻杆、稳定钻杆和扩孔钻头。其主要技术参数见表 9-3。

主机主要由钻架、动力水龙头、后拉杆、起架拉杆、底座、前支撑、钻杆输送装置、转盘吊等组成（图 9-3）。导孔钻头为直径 270mm 三牙轮钻头，普通钻杆直径为 228mm，稳定钻杆直径为 267mm，扩孔钻头直径 2.0～3.5m，设计为可拆的分体式结构，便于井下运输。

表 9-3　BMC400 型反井钻机主要技术参数

项目	技术参数	单位	指标
基本参数	导孔直径	mm	270
	扩孔直径	m	1.4/2.0/2.5
	钻井深度	m	400/300/150
	钻井角度	(°)	60～90
	适用岩石强度	MPa	100～150
导孔钻进	出轴转速	r/min	0～22
	推力	kN	1650
	额定扭矩	kN·m	80
扩孔钻进	出轴转速	r/min	2～10
	额定拉力	kN	2450
	额定扭矩	kN·m	80
	最大扭矩	kN·m	120
其他	主机机重	kg	12000
	钻机功率	kW	129.6

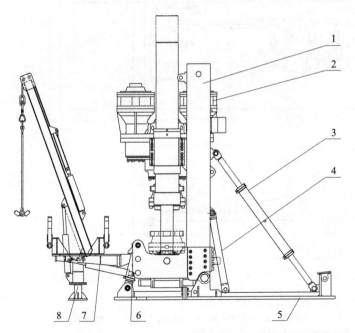

图 9-3　BMC400 型反井钻机主机

1.钻架；2.动力水龙头；3.后拉杆；4.起架拉杆；5.底座；6.前支撑；7.钻杆输送装置；8.转盘吊

主泵选用两台 A7V160EP 型电液比例控制的变量油泵，由两台 75kW 电机驱动。A7V160EP 型油泵的优点是零流量输出至额定流量输出可调，当不需要大流量时，可把油泵的流量调低，降低油液运转过程中的发热量，有效地控制油液温升，并实现液压马达的无级调速。为了避免两根吸油管连接困难，在油箱吸油口处设计了两个伸缩装置。在导孔钻进或扩孔钻进时，两个 A7V160EP 油泵输出的压力油液并联供给马达使用，实现马达高速旋转，确保导孔的垂直度和扩孔时的扭矩输出；在接、卸钻杆时，两个 A7V160EP 油泵分别供压力油液给马达和推进缸。操作多轴控制手柄，实现马达旋转的同时，使动力头快速升降，避免接卸钻杆时丝扣的压扣或损毁。

为防止启动后 A7V160EP 油泵的振动，影响其使用寿命及不利工况发生，在底座设计了减震装置，并在吸油口设计避震喉。主泵站一端设计有强电控制箱，总电源接到强电控制箱。强电控制箱的电，一部分接到两个 A7V160EP 型油泵电机和清洗孔内沉渣的泥浆泵或清水泵驱动电机；另一部分接到油箱副泵站的弱电控制箱，经变压器变压后，接到各电磁溢流阀和电磁换向阀，控制各溢流阀调定油泵的输出压力或控制各阀的换向，以实现各油缸和液压马达的动作。

油箱副泵站主要由油箱、L10VSO 型油泵及 18.5kW 驱动电机、CBK1010 型控制泵及 1.1kW 驱动电机、电磁控制溢流阀组、蓄能器、冷却器、回油滤油器、弱电控制箱等组成。油箱副泵站结构形式见图 9-4。

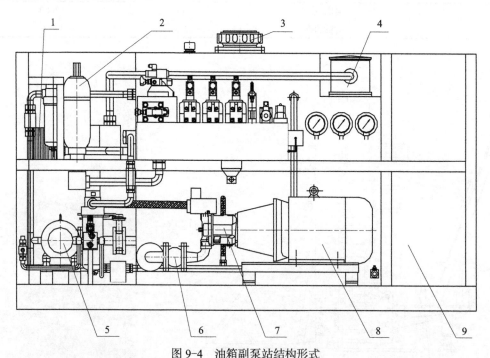

图 9-4　油箱副泵站结构形式

1. PWOK45 冷却器；2. 蓄能器；3. 空气滤清器；4. 回油滤油器；5. 齿轮泵及电机；6. 避震喉；
7. L0VSO 油泵；8. 电动机；9. 弱电控制箱

油箱设计容积为 1.365m³，油箱上设计有空气滤清器、油温计、液位液温计、油箱清洗盖、油泵吸油口、回油滤油器、消泡板等。电磁比例溢流阀的阻尼孔及高精度阀都需要干净的油液，因此设计选用了滤油精度为 10μm 的回油滤油器，最大限度保证油液的清洁。油箱清洗盖设计在油箱的侧面，方便清洗油箱。油箱的中间设计有消泡板，以消除系统回油所带的气泡。

4. BMC500 型反井钻机

BMC500（ZFY3.5/12/600）型反井钻机，是了介于 BMC400 型和 BMC600 型反井钻机中间的机型，以适应两机型间的工程。钻机液压系统以 BMC400 型反井钻机为基础，主泵站、油箱副泵站以及操作台变化不大，在主机设计上有所变化，主机主要由钻架、动力水龙头、后拉杆、起架拉杆、底座、前支撑、钻杆输送装置、转盘吊等组成，提高钻进油缸直径，增加了钻机提升力。BMC500 型反井钻机主要技术参数见表 9-4。

表 9-4　BMC500 型反井钻机主要技术参数

项目	技术参数	单位	指标
基本参数	导孔直径	mm	295
	扩孔直径	m	1.5/2.5/3.5
	钻井深度	m	600/350/200
	钻井角度	(°)	60~90
	适用岩石强度	MPa	150~100
导孔钻进	出轴转速	r/min	0~16
	推力	kN	1650
	额定扭矩	kN·m	80
扩孔钻进	出轴转速	r/min	2~8
	额定拉力	kN	3000
	额定扭矩	kN·m	120
	最大扭矩	kN·m	170
其他	主机机重	kg	13500
	钻机功率	kW	168.5

5. BMC600 型反井钻机

BMC600（ZFYD5.0/30/600）型反井钻机，是为了适应快速建设采区大直径通风立井的需要研制的，2005 年专家技术"会诊"中发现我国煤矿通风线路长、通风阻力大、通风系统不完善，抗灾能力弱，煤矿瓦斯问题影响安全生产、形势严峻，需要建设采区通风井，形成并联的矿井通风结构，提高采区的通风能力，减少瓦斯事故，成为当务之急。为此，从 2007 年开始研制 BMC600 大型反井钻机。随着煤矿采区的延伸，采区通风的问题亟待解决，直径 5m 左右的单独采区通风井，可以满足一般采区生产需要，深度 500~600m，因此，根据煤矿大直径风井地质条件和工程条件，确定 BMC600 型反井钻机参数见表 9-5。

表 9-5　BMC600 型反井钻机主要技术参数

项目	技术参数	单位	指标
基本参数	导孔直径	mm	350
	扩孔直径	m	3.5～5.0
	钻井深度	m	600
	钻井角度	(°)	60～90
	适用岩石强度	MPa	100～150
导孔钻进	出轴转速	r/min	0～18
	推力	kN	1300
	额定扭矩	kN·m	92
扩孔钻进	出轴转速	r/min	2～5
	额定拉力	kN	6000
	额定扭矩	kN·m	300
	最大扭矩	kN·m	450
其他	主机机重	kg	25200
	钻机功率	kW	284.7

　　BMC600 型反井钻机包括主机、主泵站、油箱副泵站、操作台、电控柜和钻具（钻杆、稳定钻杆、导孔钻头及扩孔钻头）等六大部分（图 9-5）。由于大直径钻进需要的拉力和扭矩增加大，BMC600 型反井钻机钻架采用倒 T 形结构，四个主推缸推进和四个液压马达驱动，新型偏梯螺纹钻杆连接，改进了钻杆连接浮动结构，采用主轴整体浮动方式，实现卸

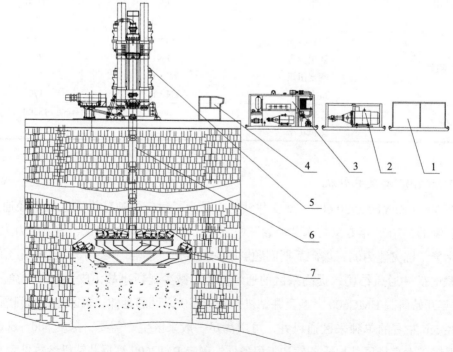

图 9-5　BMC600 型反井钻机总体结构
1. 电控柜；2. 主泵站；3. 油箱副泵站；4. 操作台；5. 主机；6. 钻杆；7. 扩孔钻头

扣时不再用人力去抱上卡瓦，通过操作卡盘油缸可以自动卡住钻杆，钻杆输送装置增加了平推功能等。

BMC600 型反井钻机主机，是反井钻机动力输出的核心部分，包括为动力头、钻架、钻杆输送装置及主推缸等四大部分（图 9-6）。动力头通过齿轮减速由四个液压马达驱动，提供反井钻机破岩产生的能量输出，以具有自由轮功能的 MS50 非变速马达驱动，通过控制三个电磁阀，实现马达自由轮状态的切换，即一个马达工作，其余三个马达处于自由轮状态，从而满足反井钻机钻进导孔需要高转速、小扭矩输出和扩孔钻进需要低转速、大扭矩输出。动力头上升或下降由四个主推油缸完成，其结构特点为大直径活塞提高了油缸自身的刚度和稳定性，额定拉力可达 6000kN，最大拉力可达 7200kN。浮动套在主轴上有一定的摆动，而主轴浮动结构形式就不存在摆动的问题，对钻井开孔的准确度及导孔的精度均有较大程度提高。减速箱的润滑采用稀油，利用齿轮泵进行强制润滑。

钻架采用倒 T 形结构，便于四个主推油缸合理布置，并使结构紧凑、外形美观。钻架上部设计为可拆卸式龙门架结构，防止钻架立柱变形，增强了钻架本身的刚度和强度。

钻杆输送装置是把钻杆送到动力头下方，完成钻杆输送的装置，其结构构成由机械手安装有两个油缸，实现钻杆的夹紧及放松。另外，还有三个油缸实现装置的翻转和平移动

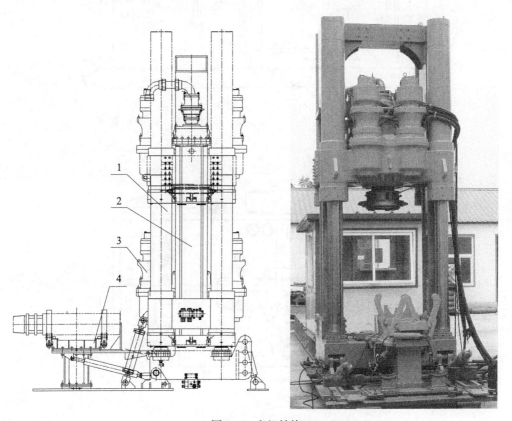

图 9-6　主机结构
1. 主推缸；2. 钻架；3. 动力头；4. 钻杆输送装置

作。机械手不同于以往的结构,翻转油缸设计为两个,并且设计了横推油缸,增加横推限位的传感器和机械限位,提高了送钻杆精确度。采用卸扣装置拆卸钻杆与主轴连接上扣,代替原来各型号钻机上卡瓦结构,卸钻杆时不用工人抱着上卡瓦对花键。

主泵站(图9-7)由两台132kW电动机拖动,两台电液比例控制的斜轴式轴向柱塞泵。工作时输出的高压油液供给液压马达,液压马达输出扭矩给钻机主轴进行破岩工作。在接、卸钻杆时提供高压油液给马达和主推缸,使马达旋转和动力头快速升降,实现钻杆的快速接卸,尽量减少接、卸钻杆的辅助时间。

副泵站及油箱(图9-8)是反井钻机的职能机构,由油箱、副泵组合、滤油泵、电磁阀块、冷却器、滤油器、蓄能器、空气滤清器、弱电控制箱等组成。

在开式液压系统设计时,除了考虑油箱容积满足系统要求外,还要考虑空气滤清器、

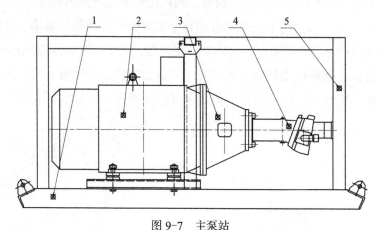

图9-7 主泵站

1.底座;2.电动机;3.钟形罩联轴器;4.A7V250油泵;5.框架

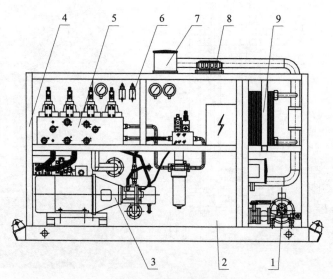

图9-8 油箱副泵站

1.滤油泵;2.油箱;3.副泵组合;4.框架;5.阀块;6.蓄能器;7.回油滤油器;8.空气滤清器;9.冷却器

油温计、液位液温计、油箱清洗盖、油泵吸油口、回油滤油器、消泡板等设计及要求。副泵是根据钻井工艺要求选用恒压负载感应式反馈变量泵。该泵在系统中有两个作用，在接、卸钻杆时压力设定为 20MPa；钻进时设定为 25MPa。泵内的载荷感应阀是一种流量控制阀。它的流量随着调节泵排量的负载压力而变，以适应钻进或接、卸钻杆的需要。BMC600 型反井钻机工作环境和施工条件比较恶劣，容易造成液压系统的污染。滤油泵是为保证液压系统正常工作而设计的独立单元。各个功能阀均设计在阀块上，减小了安装空间，利于电磁阀的维护，并减少漏油环节。冷却器选用进口的 PWO 型冷却器，占用空间小，冷却效果好。考虑 BMC600 型反井钻机系统功率较大，防止冷却效果不好，采用两个冷却器并联结构。设计加装蓄能器，在系统中起缓冲作用，目的是为了防止高压油液对油泵和电磁比例溢流阀造成冲击。弱电控制箱是控制部分电力供应和电信号的传输枢纽。

控制台是所有对反井钻机的指令发出的控制中心，包括油泵电机的启动和停止，并设有急停按钮，遇到紧急情况时拍此按钮可把电控部分的电源关闭。控制台采用西门子 PLC 及显示屏显示各钻进参数，便于钻进时反井钻机各项参数精确调整及控制，最大限度的发挥钻机性能，提高钻进效率，保证井孔质量。

电控柜主要是强电控制柜，软启动器和各个继电器等均装在此。通过软启动器启动 132kW 电动机，转矩和冲击是通过逐渐增大晶闸管的导通角，使电机启动电流限制在设定值以内，因而冲击电流小，也可控制转矩平滑上升，保护传动机械、设备和人员。软启动器可以引入电流闭环控制，使电机在启动过程中保持恒流，确保电机平稳启动。根据负载情况及电网继电保护特性选择，可自由地无级调整至最佳的启动电流，节省电能。由于采用微机控制，可在启动前对主回路进行故障诊断，且数字化的控制具有较稳定的静态特性，不易受温度、电源电压及时间变化等因素的影响，因此提高了系统的可靠性，有助于系统维护。

钻具主要包括导孔钻头、钻杆、稳定钻杆和扩孔钻头。依据 DIN-22 标准，结合国内的生产状况，钻杆丝扣设计了偏梯形螺纹新扣型。钻杆和稳定钻杆有效长度均为 1.5m，钻杆外径 327mm，稳定钻杆外径 350mm。ϕ5m 扩孔钻头采用塔形分体组装结构，一级为 ϕ3.5m 扩孔钻头，二级为 ϕ5m 拓展扩孔钻头，通过法兰用螺栓及销子连接。设计上考虑到煤矿井下运输条件，ϕ3.5m 扩孔钻头在井下透孔位置组装，其中心管可单独运输。ϕ5m 拓展扩孔钻头分为四个部分，可以在井下狭窄巷道运输至井底工作位置组装。ϕ3.5m 扩孔钻头和 ϕ5m 拓展扩孔钻头组装好后总重量约 29t。ϕ3.5m 扩孔钻头布置 18 把滚刀；ϕ5m 拓展扩孔钻头布置 12 把滚刀。在钻头体上设计了六个降尘喷雾水头，扩孔时在钻杆内放水，利用水的静压产生喷雾效果，起到较好的降尘作用。

2009 年 4 月在山西省晋城市王台铺煤矿穿过中软硬度岩层及煤层钻成直径 5m、井深 165m 的风井。除去出渣、供水、立钻机及撤钻机等工序影响进尺时间外，导孔纯钻进时间为 140h；扩孔纯钻进时间为 260h，总共纯钻进用时 400h，约为 17d，钻进速度快，施工安全，避免了放炮所造成的围岩扰动现象。采用电液比例控制系统，提高了 BMC600 型反井钻机自动操控性能，实现了恒压钻进导井，有效地提高了成井质量，王台铺煤矿风井钻井偏斜 100mm，偏斜率小于 1‰。

6. LM 系列反井钻机

LM 系列反井钻机是适用于中硬岩及软岩地层条件的反井钻机，应用于煤矿、水电、金属矿山等行业的地下工程领域。主要应用于煤矿井下工程的暗立井施工，包括泄水井、溜矸井、井下煤仓的导井等工程的施工。LM 系列反井钻机包括 LM90、LM120、LM200 等三种型号。

LM 系列反井钻机的特点为 L 形主机均为框架式结构，结构稳定性、刚性都比较好，适用恶劣工况性强，LM 系列反井钻机由主机和钻具两大部分组成，主机部分包括钻机架、液压泵站、操作控制部分、辅助设备及工具；钻具部分包括开孔钻杆、稳定钻杆、普通钻杆、导孔钻头、扩孔钻头等。LM 系列反井钻机技术参数见表 9-6。

表 9-6　LM 系列反井钻机技术参数

钻机型号	LM90	LM120	LM200
导孔直径 /mm	190	216	241
扩孔直径 /mm	900	1200	1400
钻孔深度 /m	90	120	200
额定扭矩 /(kN·m)	15	35	40
最大扭矩 /(kN·m)	20	45	53
额定拉力 /kN	400	500	850
最大拉力 /kN	500	625	1060
钻杆直径 /mm	160	176	182
主机重量 /kg	3200	7700	8300
总功率 /kW	52.5	62.5	82.5
主机工作尺寸（长×宽×高）/cm	290×120×280	290×143×320	340×170×340

9.1.2　低矮型反井钻机

1983 年起根据我国反井施工需要，南京煤研所负责承担了反井钻机的引进技术研究工作。在对美国罗宾斯公司进行了实地现场考察后，1985 年我国引进了美国罗宾斯公司的两台 83RM—HE 型反井钻机分别交大同矿务局和山西古交矿务局使用。引进过程中南京煤研所对该机型的反井钻机全套技术资料进行了消化和翻译工作，在此基础上，开始研制我国自己的三柱二缸式反井钻机，并逐步发展成后期的低矮型系列反井钻机。

ZFYD 系列低矮型反井钻机与其他反井钻机都是一种反扩式钻机，钻机安装在上水平巷道内，由上至下用导孔钻头（三牙轮钻头）钻凿出导向孔，将钻杆等钻具送至下水平巷道内，然后在下水平巷道换上扩孔钻头，由下至上反扩成所需直径井筒，钻机的结构形式及施工布置如图 9-9 所示。ZFYD 系列低矮型反井钻机主要由主机、搬运车、泵站总成、钻具、主机基础架、起吊装置、液压控制台（车）和电气系统等组成（图 9-10）。

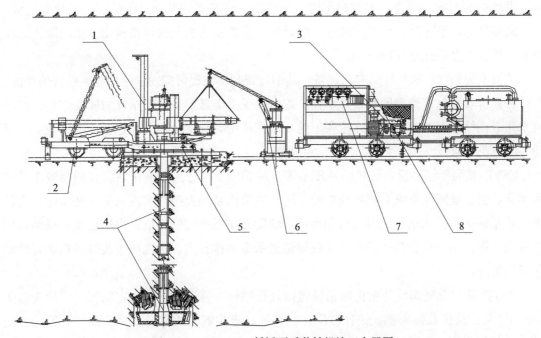

图 9-9 ZFYD1200 低矮型反井钻机施工布置图
1. 主机；2. 运搬车；3. 泵站总成；4. 钻具；5. 主机基础；6. 起吊装置；7. 液压控制台；8. 电气开关盒

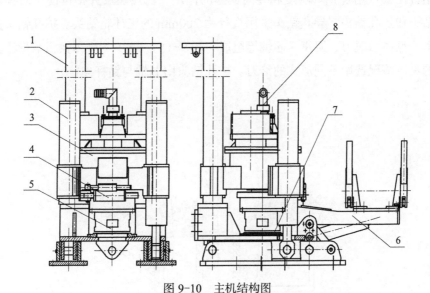

图 9-10 主机结构图
1. 主机架；2. 推进缸；3. 减速箱；4. 辅助卸杆器；5. 驱动头；6. 机械手；7. 抱合扳手；8. 排渣水管路

减速箱（动力水龙头）是以两台液压马达作为动力源，经一级齿轮减速为钻机钻进提供转速和扭矩，减速箱主通过驱动头（动力头）与钻杆联接，为钻机所有钻具提供回转动力。主轴上方装有铰接管接头，为钻机提供排渣液及清洗刀盘滚刀用水。驱动头是减速箱主轴与钻具之间动力传递的连接件，具有 50～80mm 的浮动量，装卸钻杆时，使钻杆上、下浮动避免由于主轴的升降速度与螺距不一致而损坏钻杆螺纹。辅助卸杆器位于减速箱下部，驱动头的上部，能绕一端铰接作进入或脱离工作状态的转动，由油缸、滑架等组成。当主机卸杆力矩不足时，可利用油缸上的棘爪，推动驱动头上的棘轮转动，从而增大卸杆力矩，其增大力矩值为 10kN·m。

机械手为钻机装卸钻杆的专用设备，其中转臂翻转装置可实现送钻杆或撤钻杆的功能，夹杆装置可实现钻杆的夹紧和松开动作。抱合扳手（卡盘）是装卸钻杆的辅助工具，它的内方孔卡住钻杆上的四方，其外轮廓上的花键在使用时与主机架上固定扳手的内花键或驱动头的内花键啮合，并承受装卸钻杆时的扭矩。

ZFYD 系列低矮型反井钻机的液压系统，从功能上可分为主液压系统和辅助液压系统两部分。主、辅液压系统为相互独立的系统，主液压系统控制并实现钻机回转功能，为钻机三牙轮钻头和扩孔钻头提供动力和转速。辅助液压系统控制钻机推进油缸及各辅助液压油缸的动作，为导孔钻头或扩孔钻头提供钻进所需的推拉力，为机械手装卸钻杆等辅助动作提供动力。

ZFYD 系列低矮型反井钻机的钻具包括开孔钻杆、普通钻杆、稳定钻杆、三牙轮钻头（导孔钻头）及扩孔钻头等。钻杆在反井钻机的钻进中起主机和导孔钻头或扩孔钻头之间的动力传递作用，开孔钻杆为钻机刚开始钻导孔时的专用工具，起防止钻孔出现偏斜的作用；稳定钻杆主要起增加钻具刚度和导向支撑的作用。低矮型反井钻机使用两种形式的钻头，导孔钻头和扩孔钻头。导孔钻头采用直径为 200mm 的三牙轮钻头。扩孔钻头是一个组合体，它由刀盘体、滚刀、刀座、芯轴等组成（图 9-11）。滚刀为多刃镶齿盘形滚刀，也可根据岩石的具体情况选用不同形式的滚刀。扩孔钻头由芯轴与钻杆连接。

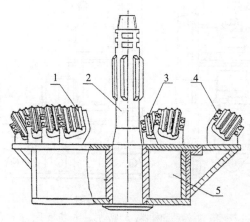

图 9-11　扩孔钻头
1.正刀；2.芯轴；3.中心刀；4.边刀；5.刀盘体

低矮型反井钻机的主要性能参数见表 9-7。采用伸缩式套筒式推进油缸，大大降低工作高度；小机型工作高度不大于 2500mm，大机型工作高度不大于 2900mm；钻机主机采

表 9-7　低矮型系列反井钻机的主要性能参数

钻机型号	ZFYD1200	ZFYD1500	ZFYD2500
导孔直径 /mm	200	250	250
扩孔直径 /mm	1200	1500~1800	2500
钻孔深度 /mm	200	100	100
适应岩石硬度	$f \leqslant 10$	$f \leqslant 10$	$f \leqslant 10$
导孔钻速 /(r/min)	0~40	0~38	0~33
扩孔钻速 /(r/min)	0~20	0~18	0~12
扩孔额定扭矩 /(kN·m)	14.9	28.4	68.6
扩孔最大扭矩 /(kN·m)	21.6	44.1	98
推力 /kN	196	333	350
拉力 /kN	441	765	1470
钻杆尺寸 /mm	$\phi150 \times 1114$	$\phi178 \times 1127$	$\phi200 \times 1130$
主机重量 /kg	2450	5234	8477
总功率 /kW	50.5	86	161
主机工作尺寸（长×宽×高）/mm	1915×1020×2500	2265×1245×2764	2690×1590×2900
主机搬运尺寸（长×宽×高）/mm	2160×940×1543	2309×1142×1659	2473×1420×2078
钻孔偏斜率 /%	$\leqslant 1$	$\leqslant 1$	$\leqslant 1$

用两柱三缸结构形式，钻机机架直接锚固在地基基岩上，整体刚性好，承载能力大；主机浮动式驱动头设计，确保装卸钻杆时不损伤钻具螺纹；主机重量轻，更便于煤矿井下运输。

低矮型反井钻机应用，第一台低矮型反井钻机研制成功以来，南京煤研所 ZFYD 系列低矮型反井钻机已经在兖州矿务局、窑街矿务局、枣庄矿务局、大同煤业集团等几十个煤矿，进行了数万米以上反井工程施工。ZFYD1200 低矮型反井钻机完成了南桐矿业公司所属煤矿及周边煤矿的井下煤仓、通风井、电缆井的反井施工工作，当年完成了 13 口井筒、数百米暗立井的施工。七年多来，南京煤研所研制的低矮型反井钻机已在南桐矿业公司施工各种井筒百余口，累计进尺数千米。2014 年 ZFYD2500 低矮型反井钻机走出国门，在中煤第五建设公司印度 SK 项目部铅锌矿中成功钻井 10 余口，累计井深 1000 余米。该地区不仅岩石硬度高，岩石最大单轴抗压强度达 170MPa，而且施工环境温度高，正常温度在 40℃以上，最高达 50℃，钻机在使用过程中设备运行情况良好，单班扩孔最大进尺达到了 7m。

9.1.3　破岩滚刀

1. 破岩原理

反井钻机用的破岩滚刀是有刀座支撑的锥形镶齿滚刀，通过自身旋转与加压完成机械破碎岩石。破岩滚刀碾压破碎岩石的关键部分是硬质合金钻齿，钻齿安装在刀壳上，刀壳通过轴承、主轴与刀座连接。其基本结构如图 9-12 所示。

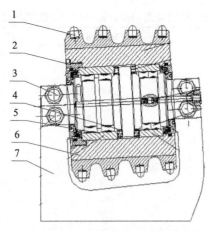

图 9-12　反井钻机滚刀基本结构

1. 钻齿；2. L 形组合密封；3. 固定螺栓；4. 止推轴承；5. 大轴承；6. 镶齿刀壳；7. 马鞍形刀座

　　机械破岩是将滚刀按照一定的布置方式装在钻头上，并对钻头施加一定的拉力，使滚刀刀齿压入岩石，通过钻机动力头带动钻杆驱动钻头旋转，同时在岩石和钻头的作用下，滚刀也发生自转，滚刀刀齿依次接触、压入岩石，将岩石从岩体上分离出来形成井孔。滚刀压碎岩石模型原理如图 9-13 所示。

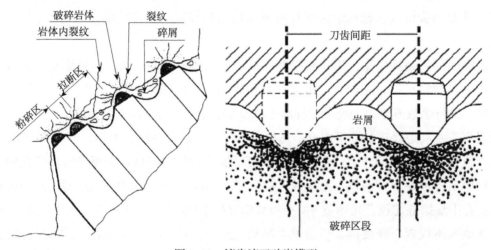

图 9-13　镶齿滚刀破岩模型

2. 滚刀结构关键

　　刀体是支撑钻齿破岩的基体。刀体上布置钻孔，钻齿牢固的镶嵌在孔中。由于钻齿破岩时把承受的复杂变应力传递给刀体，要求刀体具有合理的结构、足够的强韧性及耐磨性以防岩石的侵蚀。钻齿破碎岩石时因受力复杂，要求钻齿的几何形状要合理，而且有足够的强度和耐磨性，兼顾钻齿耗材成本。常用的形状有平端齿、锥形齿、球形齿、镐形齿等。

　　钻齿在刀壳上的布置形式直接影响破岩效率。破碎不同硬度的岩石需要研究合理的钻齿间距、布齿规律。各钻齿采用彼此错落布齿，保证每个钻齿破碎坑不致重复，在同钻压下提高钻齿对岩石的单位面积压力，以达到有效破碎岩石。另外还需考虑特殊滚刀钻齿布置，如边刀安在刀盘最外边，起钻进和维持钻孔最大直径的作用，滚刀要有合适的静止角，以保证刀座外侧有足够的间隙。边刀布置有平齿背锥，能够有效地保护副锥面球齿，辅助保护井径，保护刀体免受磨损。刀体材料一般为耐磨铸钢，为脆性材料，压齿过盈量应选取合适，过大易压碎，过小易掉齿。

轴承和密封装置，轴承是刀壳旋转的支撑部件，工作时承受相当大的径向及轴向交变载荷的作用。要求轴承结构合理，润滑性能良好及承受足够动负荷的能力。反井钻机的滚刀是在冷却条件较差、工作环境恶劣的情况下工作。当滚刀工作时，内腔温度上升，润滑油及油中气体积膨胀，压力升高，可能将密封击穿而失效。轴承密封是决定刀具寿命的主要因素之一，轴承寿命一般又取决于密封的好坏。应选择合理的密封结构，确定合理的摩擦副之间的参数，采用高质量、高精度的密封元件。

3. 硬岩滚刀

以煤矿软岩破碎为基础的中软岩滚刀，使煤矿反井钻机施工得到普及。每年在煤矿完成数千米的煤仓、溜煤眼、通风井、下料井等井孔。21世纪初，反井钻机在水电站、抽水蓄能电站、交通铁路隧道等非煤矿井筒建设中逐步大规模应用。其基本特点是岩石硬，原有中软岩滚刀使用寿命太短，已经不适应新工况的应用。"十一五"期间，结合煤矿深井建设国家工程实验室的建设，完善了刀具试验台，其试验最大破岩直径为1100mm，额定推压力600kN，最大扭矩40kN·m，最高转速48r/min，如图9-14所示。建立了直线式滚刀破岩试验台，最大推拉力600kN，最大水平剪切试验力200kN，水平行程1500mm，水平移动速度达到300mm/s，如图9-15所示。

根据市场需求，建井院陆续研发了硬岩、极硬岩滚刀技术，在钻齿、材料、密封等方面有了长足进步，在硬岩钻进中平均寿命达到150m以上。泰安抽水蓄能电站排烟竖井深

图 9-14 滚刀旋转破岩试验台

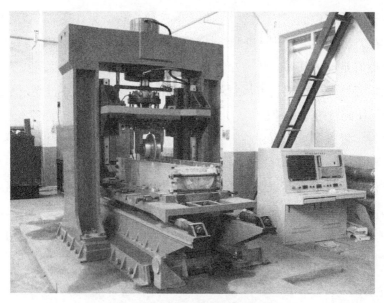

图 9-15　直线式滚刀破岩试验台

度 198m，采用反井钻机钻凿导井，然后用普通钻爆法刷大至设计尺寸。排烟竖井在地层深度 189m 处有 1 条断层，断层破碎带影响范围在 5m 以上（该地层全部是花岗岩，岩石中石英含量在 60%～70%，硅质胶结，结构致密，单轴抗压强度 310～340MPa）。泰安抽水蓄能电站排烟竖井反井施工在现有滚刀技术使用不利的情况下开始应用极硬岩滚刀技术，达到平均 130m 的使用寿命，较以往提升了数倍，取得了良好的经济技术效益。张河湾抽水蓄能电站反井施工场地位于上库区边缘地带，工作面环境为露天施工，地层小断层破碎带较多，主要岩石为石英砂岩和变质安山岩。安山岩是由岩浆运动造成的，其抗压强度较高。待施工的 1、2 号压力管道中心相距 46.02m。1、2 号井深 301m，ϕ1.4m 扩孔，期间各更换滚刀一次，硬岩扩孔滚刀达到了连续扩孔 220m。图 9-16 为极硬岩滚刀 2005 年在张河湾抽水蓄能电站应用情况。

图 9-16　张河湾反井工程极硬岩滚刀及其应用情况

　　硬岩、极硬岩滚刀陆续在山东泰安、四川自一里、吉林白山、江苏宜兴、四川瀑布沟、四川溪洛渡、甘肃迭部达拉河口、云南马鹿塘、辽宁蒲石河等水电站、抽水蓄能电站项目中成功应用。硬岩滚刀技术同时在马来西亚巴贡、哈萨克斯坦玛依纳、马来西亚沐若、赞比亚卡里巴、中国台湾青山电厂等国家和地区的水电站应用以及秦岭终南山隧道、雪峰山公路隧道、贵州龙安磷矿、云南麻栗坡金玮矿等非煤系统硬岩地层中应用。近年，为直径2.5m以上反井扩孔钻头配备滚刀。在f6～8岩石中施工寿命达到400m以上。图9-17为2009年完成的晋城王台铺煤矿1号辅助回风立井直径5m反扩至地面时的情况，经过165m连续扩孔钻进，滚刀磨损轻微，工作正常。

图 9-17　王台铺 5m 直径扩孔钻头及滚刀技术

9.2　反井钻井工艺

　　反井钻机适用于煤矿和金属矿山、公路铁路隧道通风、水电等行业应用广泛，井下暗立井、井筒延伸、溜煤眼、泄水井、通风井，反井钻井施工要求下水平必须有通道能运输扩孔钻头，钻井工艺首先在上水平工业场地施工反井钻机必需的钻机基础，循环用的水道、泥浆池及冷却用清水池，在基础上立钻机并调正，接电试车，导孔钻进、扩孔钻进、拆除钻机运出工业场地，完成反井施工。其中导孔钻进最为关键，反井的成败在于导孔的精度，为保证导孔的精度，一般实施恒压钻进，即钻进速度尽量保持一致，防止过快或过慢。反井成井质量好，井壁光滑，对围岩没有扰动。

9.2.1　反井钻井工艺

随着我国煤矿大型化的发展，单一采区或工作面产量增大，需要的风量也急剧增加，以往采用的一个大直径通风井筒服务于整个矿井开拓方式，集中风井的通风，一次投资大，井筒服务时间过长，存在着风量损失和巷道开拓工作量大等缺点，不能完全适应高产、高效采区生产对通风能力的需求。因此，不论是新建矿井还是正在生产的矿井，通过建设采区风井，形成区域独立通风系统，缩短通风距离，减少通风阻力，优化通风网络，改善通风条件，对于实现煤矿安全生产具有重要意义。反井钻井技术，具有机械化程度高、安全性好、并可充分利用矿井井下已有生产系统等优势。针对不同的地质条件和工程条件，研究形成多种以反井钻机为核心的风井建设工艺技术，实现采区风井的安全、快速建设。

大直径风井传统的建设方法有普通凿井法、钻井法、沉井法及冻结法凿井等，根据不同的地质条件和综合经济效益选择不同的施工方法。随着反井钻机的发展，反井钻机能力越来越强，扩孔深度及扩孔直径也相应增加，目前只要地质条件合适，基本都采用反井钻井施工。反井钻机施工大直径风井主要工艺，表土处理、反井钻机基础施工、导孔钻进、扩孔施工、井筒井颈段混凝土支护、井筒锚网喷支护、其他附属结构施工。

1. 表土层处理

反井钻机适用于岩石施工，不适合土层。反井钻机扩孔施工时，产生巨大的破岩压力和扭矩，土层不能承受，故反井钻机施工前，必须对基础下的土层进行处理，一般是将土层换填成混凝土。当表土层厚度小于10m时，一般采用人工或挖机开挖，清底后浇筑混凝土回填，最后反井导孔扩孔施工，如图9-18所示。

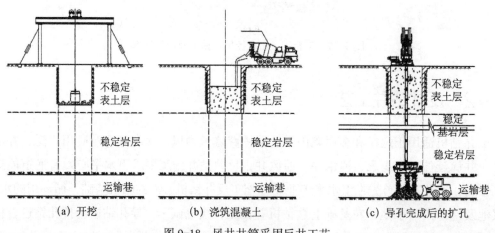

图 9-18　风井井筒采用反井工艺

当表土层厚度大于10m，若主要工艺仍然采用反井施工，则表土处理也成为关键工艺，其中关键工序是挖井。挖井方法主要有纯人工开挖（挖孔桩基）、纯机械钻孔（钻孔桩基）、普通凿井法凿井（煤炭井筒）等。因安全问题人工挖孔现已很少采用，因费用问题一般也不采用普通凿井法凿井。目前机械钻孔应用广泛，有旋转钻孔、冲击钻孔及冲抓钻孔，最深钻孔桩已达 150m，最大直径达到 4.0m。反井施工工艺参见图 9-19。

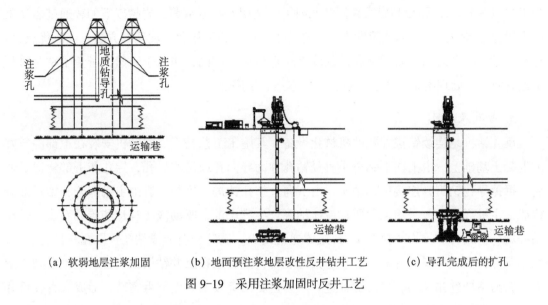

(a) 软弱地层注浆加固　　(b) 地面预注浆地层改性反井钻井工艺　　(c) 导孔完成后的扩孔

图 9-19　采用注浆加固时反井工艺

2. 软弱及破碎岩层加固

地下工程非常复杂，若井筒经过破碎岩层或软弱岩层时，需要预先将破碎岩层加固，防止扩孔后严重塌孔致工程失败。一般采用地面预注浆加固破碎岩层。地面预注浆地层改性反井钻井工艺如图 9-19 所示，因反井钻井需要下部巷道，一般应用于已投产矿区，在施工前调查附近已建成井筒、下部巷道位置、有无老窑水等，减小地面预注浆对已有结构物影响。认真分析井筒的检查孔地质资料和井筒预想柱状图等资料，确定破碎地层位置。地面预注浆起始深度即套管深度，需要根据含水层的位置、基岩风化带的深度与特征等因素确定，套管应穿过强风化带进入完整的弱风化带或完整基岩。与反井钻井配套的地面预注浆，需要对下部巷道进行保护，确定保护层厚度，难以确定时，从巷道取岩心确定岩石情况，最终确定注浆深度。考虑到注浆施工时既要减少对临近矿井、巷道的影响，又要保证在控制浆液条件下形成有效止水帷幕，保证注浆质量，一般需要布置 4～6 个注浆孔。注浆段高的划分取决于含水层的位置、厚度，岩层的岩性，裂隙发育特点，注浆泵的性能等诸多因素。根据不同的地质条件并综合井筒平行掘进的因素，段高划分遵循针对性、特殊性及一致性的原则。针对性是对已确定的含水层（段）进行注浆；特殊性是指注浆用于特殊的目的，如断层及破碎带的加固等；一致性是将具有相同地质沉积环境、相同的岩性及裂隙发育规律的一组或两组以上岩层划为同一注浆段高。根据井筒检查孔钻孔综合柱状图、地质剖面图及相应地质报告，划分不同的注浆段高，在施工中可以依据进一步的详细资料和施工情况进行段高调整。受施工条件的限制，反井钻井法凿井地面预注浆施工过程中必须控制注浆压力，避免地面跑浆和对附近结构物影响。一般取 1.5～2.0 倍的静水压力，注浆施工过程中将在矿方协助下派人对井壁和巷道进行观察，一旦井壁或巷道出现异常情况必须立即停止注浆。固管、岩帽与破碎带加固需采用单液水泥浆，水灰比一般为 1.25∶1～0.6∶1；风化基岩段控制注浆时适量选用 C-S 双液浆；岩帽以下的普通基岩注浆段采用黏土水泥浆。如遇孔隙性水等特殊施工条件，将采用化学注浆的方法。该法优点为：在反井钻井扩孔之前，就对存在的软弱地层进行逐一加固，防患于未然，避免了钻井过程中遇到问题，处理困难。该法缺点为：成本高、工序复杂。

3. 导孔及扩孔

反井钻机是连续钻进井孔的机械化设备，其施工工艺是将反井钻机安装在上部浇筑好的混凝土基础上，由上向下钻进小直径钻孔称为导向孔或简称导孔，导孔和下部隧道贯通后，拆掉导孔钻头，连接扩孔钻头，由下向上扩孔钻进。反井钻机由主机部分和钻具部分构成，主机部分一般采用电力驱动液压油泵产生高压油，驱动液压马达和传动系统，带动钻杆旋转，钻杆将推力（拉力）、扭矩传递给钻头，破碎岩石形成钻孔（导孔和扩孔）。若采用反井钻及钻凿煤矿井筒，必须有大型装备，多年来在反井钻机偏斜控制技术，硬岩滚刀、新型钻杆丝扣联结、多油缸推进、多马达驱动等技术方面取得突破，形成大直径反井钻机和大直径反井钻井工艺。

导孔钻进是反井钻井法施工的关键。首先要保证导孔偏斜率不大于 1.0%，使之指定区域内透孔；其次，在钻进过程中，尽量避免发生堵孔、塌孔事故。同时，导孔钻进的过程也是对地层进一步勘探的过程，对地层的详细了解有助于导孔和扩孔钻进参数正确选择与调整：①开孔。利用开孔扶正器和开孔钻杆配合低速开孔。严格控制钻进参数，使开孔钻进速度保持在 0.5～1.0m/h。②合理布置钻具。为了保证导孔钻进的精度，一般采取满眼钻进，即是在适当的位置布置稳定钻杆，并且根据钻孔深度和地层条件确定加稳定钻杆的数量。③钻进参数控制。导孔钻进参数包括钻速、钻压、扭矩、转速等。开孔时采用低钻压、低钻速。随着钻进深度的增加，依据地层条件、循环液的处理情况等进行调整。④导孔钻进洗井液循环。反井钻机钻进导孔采用一台泥浆泵进行正循环洗井方式，将导孔内的岩屑排到孔外，并冷却钻头。如果所处地层条件较好，循环液体采用清水。在钻进过程中，要对泥浆泵进行必要的维护，对易损部件例行检查，更换磨损严重的部件，要经常观测泥浆泵的压力，每钻进一根钻杆深度都要检查孔内排出岩屑的数量、块度及岩性情况，做好记录；要及时清理导孔钻进返出的岩渣，待清水中没有岩屑后再接钻杆；钻孔钻到深部后，要增加冲孔时间。

扩孔钻进。导孔钻至下水平巷道透孔之前，将扩孔钻头运至透孔点。导孔透孔后，拆卸掉导孔钻头，接上扩孔钻头，准备扩孔。一般采用一次性全断面扩孔，少数采用分级扩孔。导孔钻透后，接上扩孔钻头，拆除导孔循环系统，停用泥浆泵，适当改造冷却系统，开始扩孔。在离透孔点顶板附近若有根锚杆影响正常扩孔，需要处理掉。开始扩孔时，因顶板凹凸不平，滚刀齿不均匀接触顶板，采用低压钻进，用最低速旋转，慢慢扫孔，保证钻头滚刀不受过大的冲击而破坏，等滚刀全部接触岩石后，可加小钻压进行钻进。同时井下要有人观察，看钻头是否晃动、憋钻、掉下岩块的块度情况等，将情况及时通知操作人员，待扩孔钻头全部进入岩石后再正常扩孔。扩孔钻进时，根据不同岩层、不同深度调整钻进参数，以取得最佳钻进效率。距扩孔透孔约剩 5.0m 时，通知井下通风队，负责重新修建、调整相应的通风设施。在井底巷道修建两道风墙，间隔约 10m，保证扩孔透孔后，不发生通风系统紊乱。扩孔完毕后，拆卸钻机。将扩孔钻头悬挂在井口的钢横梁上，然后用吊车将钻头吊起运走。清理现场，开始安装小型井架和稳车，准备锚网喷支护。

4. 锚网喷支护及其他附属工程

反井钻机扩孔后的井筒，为了防止井壁风化、裂隙漏水、围岩坍塌等，需要对井壁进行永久支护。结合井筒周围地层条件、成型后的井壁质量等因素，一般采用锚杆挂网喷浆进行支护，喷层厚 150mm，混凝土强度等级 C20。风井其他辅助工程包括梯子间安装、防爆门施工、风硐和安全出口施工等都按普通法凿井施工进行。井壁上风硐和安全通道的出口在表土段开挖时已经预留。

5. 应用实例

王台铺煤矿 1 号辅助回风立井，深度 165m，成孔直径 5.0m。首次采用 BMC 600 型反井钻机施工，纯钻进综合成井速度达到每月 270m，成井偏斜率仅为 0.5%。

长平矿杨家庄风井，深度 205m，扩孔直径 5.3m。采用 BMC 600 型反井钻机施工，采用锚杆挂网喷浆进行支护，喷层厚 150mm，混凝土强度等级 C20。梯子间安装、防爆门施工、风硐和安全出口施工等都按普通法凿井施工进行。长平矿导孔施工存在严重漏浆问题。钻进至距地面 110m 时，孔口无返水，残渣存量不大。孔内电视观测到的情况是：距井口 20m 处，地层水开始流入孔内，距井口 40m 处，孔内满水，距井口 50m、70m、90m 处有较大裂隙和塌孔，距井口 109m 处，水形成旋流携带残渣流出井孔。经专家会诊后决定注浆，注入 100t 水泥后，注浆泵仍无压力，改用双液注浆（水泥浆和水玻璃），压力升至 2.5MPa 后，结束注浆。注浆结束 72h 后，重新开始导孔钻进。但钻进至距地面 110m 时，孔仍然无返水，残渣存量不大。根据存渣量分析，孔内裂隙应较发达，且裂隙较大。经会诊后确定加大注水量强行钻进方案。将每小时 50m³ 的多级泵从水源取水存入蓄水池，将 TBW—1200 和 TBW—850 泵并联从水池吸水强行注入孔内。钻进进尺 2m 后，开始少量返水，随后水量波动有一定程度增大，但每米进尺的返渣量仅约为正常值的 3/4，孔内无存渣，直到导孔结束。偏斜率小于万分之五。

9.2.2　管道井反井钻井

随着综采技术的迅速发展，煤矿开采能力不断增强，同时，随着浅部煤层减少，采场正逐渐向深部发展，这种趋势迫切需要建立瓦斯抽放站，增加瓦斯抽放管数量和增大管径，提高瓦斯的抽采能力。目前，大口径瓦斯管道抽放竖井已成为瓦斯排放的重要通道。在我国东部煤田，表土层较厚，通常采用水源钻机施工大口径瓦斯管道抽放竖井，而对于表土层覆盖较浅的西部煤田，采用反井钻机钻孔的方法，实践证明效果更好。

1. 管道井施工方法

以管道安装时井筒是否与下水平贯通划分，目前管道井施工方法有两类：一种是反井钻机施工，另一种是水文地质钻机或其他工程钻机施工。反井钻机施工时，导孔先与下水平巷道贯通，然后一次扩孔成孔，工程进度快；其他钻机施工时，导孔不与下水平巷道贯通，多为分级扩孔成孔，工程进度慢。在煤炭行业，瓦斯抽放井、下料井是较为常见的管道井，下文以瓦斯抽放井施工方法为例说明。

2. 管道井反井施工工艺

瓦斯抽放井反井钻机施工较为复杂，主要包括表土层处理、反井钻机混凝土基础施工、导向孔钻进、扩孔钻进、瓦斯管焊接下放、底部环空封堵、壁后充填等。其中导孔的偏斜率控制、管道焊接质量及壁后充填方法是决定工程成败的关键。

3. 表土处理及混凝土基础

反井钻机适用于岩石施工，不适合土层。反井钻机扩孔施工时，产生巨大的破岩压力和扭矩，土层不能承受，故反井钻机施工前，必须对基础下的土层进行处理，一般是将土层换填成混凝土。当采用井架起吊钢管时，反井钻机基础与井架基础一同做好。

4. 导孔及扩孔钻进

导孔钻进是反井钻井法施工的关键。首先要保证导孔偏斜率不大于1.0%，使之指定区域内透孔；其次，在钻进过程中，尽量避免发生堵孔、塌孔事故。同时，导孔钻进的过程也是对地层进一步勘探的过程，对地层的详细了解有助于导孔和扩孔钻进参数正确选择与调整。

开孔。利用开孔扶正器和开孔钻杆配合低速开孔。严格控制钻进参数，使开孔钻进速度保持在0.5～1.0m/h。合理布置钻具。为了保证导孔钻进的精度，一般采取满眼钻进，在适当的位置布置稳定钻杆，并且根据钻孔深度和地层条件确定加稳定钻杆的数量。钻进参数控制。导孔钻进参数包括钻速、钻压、扭矩、转速等。开孔时采用低钻压、低钻速。随着钻进深度的增加，依据地层条件、循环液的处理情况等进行调整。

导孔钻进洗井液循环。反井钻机钻进导孔采用一台泥浆泵进行正循环洗井方式，将导孔内的岩屑排到孔外，并冷却钻头。如果所处地层条件较好，循环液体采用清水。在钻进过程中，要对泥浆泵进行必要的维护，对易损部件例行检查，更换磨损严重的部件，要经常观测泥浆泵的压力，每钻进一根钻杆深度都要检查孔内排出岩屑的数量、块度及岩性情况，做好记录；要及时清理导孔钻进返出的岩渣，待清水中没有岩屑后再接钻杆；钻孔钻到深部后，要增加冲孔时间。

扩孔钻头运输及安装。导孔钻至下水平巷道透孔之前，将扩孔钻头运至透孔点。导孔透孔后，拆卸掉导孔钻头，接上扩孔钻头。准备扩孔。扩孔钻进。一般采用一次性全断面扩孔，少数采用分级扩孔。导孔钻透后，接上扩孔钻头，拆除导孔循环系统，停用泥浆泵，适当改造冷却系统，开始扩孔。在离透孔点顶板附近若有根锚杆影响正常扩孔，需要处理掉。开始扩孔时，因顶板凹凸不平，滚刀齿不均匀接触顶板，采用低压钻进，用最低速旋转，慢慢扫孔，保证钻头滚刀不受过大的冲击而破坏，等滚刀全部接触岩石后，可加小钻压进行钻进。同时井下要有人观察，看钻头是否晃动、憋钻、掉下岩块的块度情况等，将情况及时通知操作人员，待扩孔钻头全部进入岩石后再正常扩孔。扩孔钻进时，根据不同岩层、不同深度调整钻进参数，以取得最佳钻进效率。距扩孔透孔约剩 5.0m 时，通知井下通风队，负责重新修建、调整相应的通风设施。在井底巷道修建两道风墙，间隔约 10m，保证扩孔透孔后，不发生通风系统紊乱。扩孔完毕后，拆卸钻机。将扩孔钻头悬挂在井口的钢横梁上，然后用吊车将钻头吊起运走。

5. 瓦斯管焊接安装

以重庆石壕煤矿瓦斯管道井施工为例，瓦斯立井裸孔直径 $\phi1650mm$，深度 305m。扩孔结束后，拆除反井钻机，利用井架或吊车起吊瓦斯螺旋焊管入井，入井的管道通过上部横担安放在井口，然后起吊下一节瓦斯管，将其与已入井管道坡口对焊，随后将已焊接的管道放入井中并通过横担安放在井口，如此循环，直至最后一节瓦斯管道全部入井。必须注意，下管前要探明瓦斯立井裸孔是否缩颈及其程度，确认裸孔通畅后，才能正式下放瓦斯管。

横担验算。横担必须经过验算，确保合格。穿孔横担的校核如下。以挠度选定圆钢横担截面积，以最大正应力校核。

$$f_{max}=-pa\left(8a^2+3b^2+12ab\right)/24EI \tag{9-1}$$
$$\delta_{max}=M_{max}/\omega\leqslant\delta$$

计算结果表明，容许挠度控制圆孔直径及横担截面。对穿孔削弱了瓦斯管强度，孔周围需要补强。圆孔补强板不是平板，其与瓦斯管曲率相同，中心孔与瓦斯管上的圆孔大小对应，分别为 400mm×400mm×10mm 和 400mm×400mm×20mm。0～150m 的圆孔补前一种补强板。150～305m 补后一种补强板。下管前，将所有圆孔补强板焊接在对应圆孔上。

横向焊缝加强。瓦斯管是坡口对焊，对横向焊缝需要补强。对接焊缝补强钢板：100mm×200mm×10mm，补强板与管口对接焊缝垂直。续管长度在 0m 到 100m 之间，选焊两块补强钢板；续管长度在 100m 到 305m 之间，选焊三块补强钢板。

圆孔封堵。每次横担抽出后，需要将圆孔封堵，原来经验是将割下的圆弧板直接焊上，这样做不可靠，因为气割圆孔时不够精确而导致部分超割或将孔周边削薄，所以不能将原板直接焊上。现采用比圆孔直径大 100mm 的等厚圆弧板或方弧板，从外侧对称将孔封堵，焊接质量同瓦斯管对接焊缝。

焊接与焊缝检测。瓦斯管焊缝主要承受拉力，且充填环空时有外围压力水，只要某一处焊缝存在缺陷，都可能会造成整个充填过程失败，所以要求瓦斯管上所有焊缝为一级焊缝，100% 无损探伤和外观检查。焊接方法。采用手工电弧焊，将环形焊缝对称分成两个区域，两人同时对称施焊减小焊接残余应力。坡口形式。采用 Y 形坡口，具体尺寸见图 9-20。

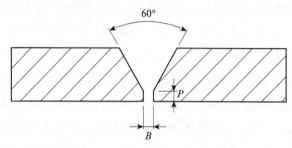

图 9-20　焊接坡口形式（$P=2mm$，$B=0\text{-}2mm$）

焊接要求。焊接时焊缝要求平滑，焊缝表面 I 级焊缝不得有裂纹、焊瘤、烧穿、弧坑等缺陷、不得有气孔夹渣等焊接缺陷，发现缺陷及时修补。焊缝高度一般与钢板接近，采用断续焊时，焊缝长度及间隔应均匀一致。焊缝处不得出现气孔沙眼现象。焊接时要求焊缝高度不能小于母材（焊件）的厚度。不同厚度的母材（焊件）焊接时，焊缝高度不能小于最薄母材（焊件）厚度。焊缝检测。焊接现场由具有相应资质的专业人员进行 100% 超声焊缝检查，不合格则重新焊接，至合格为止。焊接时要注意接地线的搭接，注意井口瓦斯的监测。

瓦斯钢管安装，每节瓦斯管 10m 长，需要合适位置摆放及合理的运输线路，方便吊车起吊。在做钻机基础时，就需要综合考虑下管时的场地布置。立井孔径检测。正式下管前，要对立井进行通孔测试，以便判断能否顺利下放瓦斯管。将直径约 30mm 的硬塑管编成直径 $\phi1.1m$ 的球，通过细钢丝绳悬吊入孔测试。对穿孔精度：瓦斯管通过穿孔横担起吊，横担近 100kg，如果瓦斯管两侧的孔心误差较大，则很难穿孔，所以割孔时，需要做工装，确保对穿孔符合设计要求。井字梁加固。下管结束时，瓦斯管通过横担吊在井口，重量近 180t，为了保证其重量更均匀地传递到井口混凝土，在混凝土面上安放井字梁，横担安放在井字梁上。导向装置：反井钻机施工的立井存在一定的偏斜度，所以必须在第一节瓦斯管的端头安装导向装置，以便顺利下放瓦斯管。导向装置为一圆台，其锥度略大于立井偏斜度即可。对正措施。两节瓦斯管坡口对焊时，由于端口椭圆度存在差异，上下端口难以对齐，必须采取措施。实际施工中，四点限位法方便快捷。辅助千斤顶。在上提立井中的瓦斯管道时，如果摩擦阻力较大，存在卡管，可以用千斤顶上顶横担，辅助吊车。附焊注浆管。根据注浆方案同时准备，正确焊接各种附属管道。浇筑孔底混凝土圆柱平台。下放的瓦斯管道最终立在孔底混凝土圆柱平台上，圆台直径 2000mm，圆台高度由巷道高度及单体液压支柱伸缩长度决定。为了吸收瓦斯管竖向变形能量，圆台上铺枕木。上端口瓦斯管小短接。当计算瓦斯管刚出底孔时，停止下管。派人进下端口巷道内，建立上下口联系。井下人员测出枕木上端面至导向圆台下端面的距离，瓦斯管小短接入井长度根据最后测得的距离确定。

6. 底部环空封堵

瓦斯管下放结束后，瓦斯管和裸孔之间形成环形柱状空间。壁后充填注浆之前，必须将其下端口环空封堵。封堵的难易程度和井筒的涌水量有关，这也是关键工艺之一。封堵工具采用双半圆钢筒托盘。托盘下部的半圆筒紧抱瓦斯管，托盘上部半圆筒半径略小于裸孔半径，单体液压支柱撑在托盘和巷道底板之间。单体支柱高度和承载力要达到要求，其承载力要大于第一段高 50m 水泥浆及环空水压。封堵部分高度为 5m，托盘与环空之间用棉絮、水泥卷以及水泥浆充填。封堵方法见示意图 9-21。

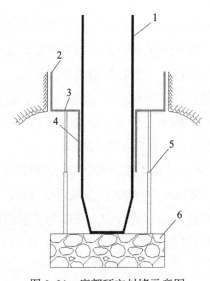

图 9-21 底部环空封堵示意图
1. 瓦斯管；2. 托盘上部半圆筒；3. 托盘；4. 托盘下部半圆筒；5. 单体液压支柱；6. 瓦斯管支撑混凝土平台

7. 壁后充填

封堵完成后，正式进行壁后充填。壁后注浆充填，是整个工程关键的工艺。控制的核心有两点。一是尽可能保持瓦斯管内外压力平衡；二是充填质量。壁后充填方法主要有环空拔管注浆法和花眼套管拔管注浆法。当井筒较浅，环空下管容易时则采用环空拔管注浆法，见图 9-22 所示。这里介绍花眼拔管注浆法，如图 9-23 所示，管 3 为瓦斯管，管 1 和管 4 是花眼管，附焊在瓦斯管上，随瓦斯管一起下放安装。管 2 是注浆管，等下底环空封堵成功后，将管 2 从管 4 内下放，每次注浆 50m 高。管 1 为电测水位计套管，用于注浆时测定水位，保持瓦斯管内水位高出环空水位 30m，防止瓦斯管压扁。

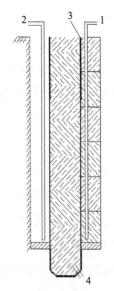

图 9-22　环空拔管注浆法

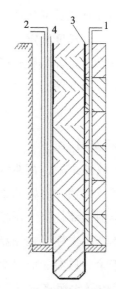

图 9-23　花眼套管拔管注浆法

这种注浆方法的困难在于花眼管管 4 的安装，主要存在两个问题：一是花眼管安装要顺直，管内少有台阶，否则注浆管 2 无法下放；二是花眼管在随瓦斯管下放的过程中，存在被挤扁的可能。针对这两个问题，采取花眼管附焊瓦斯管时，先焊接瓦斯管，后固定花眼管，确保花眼管对接接头顺直，不出现拐弯牛腿。另外，将第一节花眼管焊牢在瓦斯管上，余下花眼管点焊在瓦斯管上即可。为了减少花眼管被挤扁的机会，反井导孔施工结束时，测定上下孔口中心的相对位置，合理布置花眼管。

注浆管 2 的设计。管 1、管 2 及管 4 都为无缝管。花眼管 4 外径 $\phi 89$mm，内径 $\phi 79$mm。注浆管 2 外径 $\phi 45$mm，内径 $\phi 35$mm。注浆管接头采用纺锤形，减小注浆管在花眼管内的摩擦力。另外，注浆管下端口焊接铁球作为导向。花眼的布置原则为：两米长管道上的花眼开孔面积为注浆管出口面积的 1.5 倍。

8. 应用实例

重庆松藻煤电有限责任公司下属石壕煤矿位于重庆市綦江区石壕镇境内，距离重庆市区 130km，属于煤与瓦斯突出矿井，年产煤量约 180 万吨。施工的石壕煤矿天池瓦斯抽采系统改造项目瓦斯抽放管道立井施工及抽放管路安装工程位于石壕矿内，本工程采用反井施工方法施工，反井施工扩孔直径 1.65m，井深 305.33m。孔底偏差不超过 0.8%。管道安装井内安装瓦斯抽采管分 3 段 3 种规格进行安装，管道立井最下面 107.23m 为 DN1000mm×19mm 螺旋焊管，中间 100m 为 DN1000mm×16mm 螺旋焊管，上面剩余的管道 102m 为 DN1000mm×12mm 螺旋焊管，管道接头焊接连接；管道立井井壁采用水泥浆进行充填；上下口则采用 C20 混凝土浇筑。工程结束后，放井下电视入管道井查看，管壁无变形。

9.2.3 大倾角斜井反井钻井

大型抽水蓄能电站利用地形特点建设，电站的构筑物一般包括上、下水库，压力管道，地下厂房，尾水等系统。在这些工程中，具有一定量的斜井工程，随着抽水蓄能电站装机容量增加，输水系统发电水头高、引水道倾角大且引水长度超长。这类大倾角长斜井虽然工程量不大，施工难度却很大，成为制约电站建设的关键难题之一。

目前长斜井工程难度都已超过国内现有施工水平，对建设施工单位都是新的考验。应大力发展斜井机械化施工技术，提高斜井建设水平。该项目研究的成果可有效解决斜井开挖中导井施工的难题，保证钻孔精度，以机械化施工替代传统人工作业施工方法，有效改进施工作业环境，提高施工效率，降低相应施工成本，实现长斜井导井安全、快速、高效建设。其应用将有效提高斜井建设水平，促进国内抽水蓄能电站施工水平的快速提高，适应电力行业的快速发展。本项目研发的反井工艺针对水电行业抽水蓄能电站大倾角、长斜井导井施工，同时也可以应用于其他斜井工程，特别是其他先施工斜井或其他竖井。

利用反井钻机施工大倾角斜井，主要有用反井钻机一次钻成，和反井钻机施工导井再进行爆破刷大这两种方式。施工的直径可参考下表进行选择。考虑到施工能力、设备能力以及经济性考量，表 9-8 中列出了开挖直径和导孔直径的关系选择参考值。

表 9-8 大倾角斜井施工直径选择参考值

开挖直径 /m	通风井等偏斜精度要求低	压力管道等偏斜精度要求高
<2	一次钻成	一次钻成
2~3	一次钻成	一次钻成
3~5	一次钻成	导井直径 1~1.5m 后扩挖
5~7	导井直径 1.5~2.5m 后扩挖	导井直径 1.5~2.5m 后扩挖
>7	导井直径 2.5m 后扩挖	导井直径 2.5m 后扩挖

1. 不同施工方法比较

大倾角斜井，特别是长斜井，适宜的施工方法主要有反井法和爬罐法。在长度 400m 级斜井施工时，可采用施工斜井支洞的方式，将斜井一分为二，进行分段施工。不施工支洞的情况下，反井导孔由定向钻机钻成，简称反井定向法；爬罐法受通风、爬罐设备的影响，通常由爬罐和正井同时施工，两者对接的方法进行，简称爬罐正井对接法。在建造施工支洞的情况下，斜井被分为两段，这时分别从两个工作面使用反井法和爬罐法施工导井，简称为反井分段法和爬罐分段法。表 9-9 中列举这 4 种主要的施工方式的对比。

表 9-9 400m 级大倾角长斜井主要施工方式对比表

参数	反井定向法	爬罐正井对接法	反井分段法	爬罐分段法
导井形状	φ2.5m	2.4m×2.4m 或 2.7m×2.7m	φ1.4m	2.4m×2.4m 或 2.7m×2.7m
井孔深度	约 400m	爬罐约 300m，正井约 100m	约 200m 两段	约 200m 两段

参数	反井定向法	爬罐正井对接法	反井分段法	爬罐分段法
支洞	无需	无需	需建造施工支洞及支洞联络道	
施工速度	400m 约需 110d	受长度影响，施工速度逐渐变慢	200m 约 45d	受长度影响，施工速度逐渐变慢
偏斜率	≤0.5%	<1%	1%	<0.1%
I、II 类围岩	可直接施工	可直接施工	可直接施工	可直接施工
III、IV 类围岩	使用环保泥浆直接施工	难以施工。或需进行加强围岩的高压灌浆处理措施，工期长	以反井钻机钻凿导孔，易埋钻，风险高	难以施工。或需进行加强围岩的高压灌浆处理措施，工期长
遇断层的处置	使用环保泥浆直接施工，泥浆严重漏失时提钻灌浆	随机锚杆、喷混凝土、加固爬罐轨道、"短进尺弱爆破"安全风险高	以反井钻机钻凿导孔，易埋钻，风险高	随机锚杆、喷混凝土、加固爬罐轨道、"短进尺弱爆破"安全风险高
高压灌浆（注浆）	可使用定向井导孔进行	需提前钻孔进行高压灌浆	反井钻杆不能进行高压灌浆	需提前钻孔进行高压灌浆
地下水的影响	可通过环保泥浆代替清水钻进，不影响工期	地下水位高，施工环境恶劣，难度大速度慢	漏水影响返渣，易埋钻	地下水位高，施工环境恶劣，难度大速度慢
安全风险	低	地层条件差，安全风险极高	刷大易堵孔，堵孔处置困难	地层条件差，安全风险极高
工期影响	工期影响低	工期受地层情况影响大	工期受支洞施工影响	工期受地层情况影响大，且受支洞施工影响

反井定向法采用专为斜井设计的定向钻机进行导孔钻凿，全程使用无线随钻测斜仪进行井斜测量，出现偏斜时，随时使用螺杆钻具进行定向调整，使偏斜率小于 0.5%（不超出开挖直径）。使用为定向钻进设计的泥浆作为钻井液进行施工，可直接通过 III、IV 类围岩段，遇断层，偶发泥浆严重漏失，提钻灌浆后可恢复定向钻进。另外，也可根据设计，在导孔施工时，利用定向钻机钻杆进行加强围岩的高压灌浆处理措施（工作面预注浆），可采用黏土水泥复合浆或双液浆进行注浆，在扩挖前对岩层进行改良，以减小炮刷时塌孔超挖量。扩孔采用大型反井钻机施工，施工速度快，成井井壁光滑不易堵塞。

爬罐正井对接法采用爬罐进行反导井施工，可同时施工正导井对接以节约工期。爬罐施工采用全站仪辅助激光定向，偏斜率可小于 0.1%（满足对接需求）。爬罐法的施工速度，随长度的增加而减慢，受地层影响大，III、IV 类围岩或断层需进行工作面上的随机锚杆和喷混凝土施工，同时对爬罐轨道利用长膨胀螺栓或锚杆、槽钢等进行加固。开挖采取"短进尺、弱爆破"的方式进行处置。如出现破碎带，出现掉块的风险概率高，人员施工危险，易发安全事故。因此出于岩层情况和安全考虑，建议出现断层带及断层影响带或 IV 级围岩情况时，不采用爬罐法进行施工。

反井分段法和爬罐分段法，需建造施工支洞及联络通道，成本较高。支洞向上和向下两个方向的斜井施工时，相互间存在干扰，对施工和安全生产组织要求高。反井分段法施工导孔速度较慢，虽分两段施工，但其工期节省很有限。爬罐分段法受岩层影响大，在遇

Ⅲ、Ⅳ类围岩或断层时，需进行工作面上的加固。如出现破碎带，出现掉块的风险概率高，人员施工危险，易发安全事故。对4种斜井的主要施工方法的对比，可知采用反井定向法进行施工，是唯一受断层和不利地质条件影响小的施工技术。

2. 反井钻机选择

反井钻机开挖竖井、斜井导井，具有速度快、安全性好等优点。2000年后，以建井分院为代表的反井钻机研发单位，开发研制了BMC400、BMC500、BMC600型大直径反井钻机，在竖井工程中，达到了最大钻井直径5.3m，最大钻井深度600m。BMC系列反井钻机技术参数见表9-10。

表9-10　BMC系列反井钻机技术参数

机型	导孔直径/mm	扩孔直径/m	设计井深/m	钻杆直径/mm	额定拉力/kN	最大拉力/kN	额定扭矩/(kN·m)	最大扭矩/(kN·m)	驱动方式	控制方式	输入功率/kW	主机工作尺寸（长×宽×高）/mm	主机重/t
BMC200	216	1.2, 1.4	200	182	850	1000	35	50	液压	液压	86	3100×1040×3340	7.9
BMC300	241	1.4, 1.65	300	203	1250	1500	64	100	液压	液压	108.5	3250×1510×3640	8.7
BMC400	270	1.4, 2.0, 2.5	400, 250, 150	228	2450	3000	80	120	液压	电液	128.5	3310×1830×5040	12.5
BMC500	295	1.4, 2.5, 3.5	600, 350, 200	254	3075	3800	120	170	液压	电液	178.5	3310×1830×5040	13.5
BMC600	350	3.5, 5.0	600	327	4900	6000	300	450	液压	PLC	286	5650×2100×5100	25.2

针对不同的斜井工程，需对现场的岩石抗压强度进行取样测定，根据岩石的硬度以及地层条件情况，按表中钻机性能，选择技术参数高一等级的反井钻机，进行施工操作。针对地层条件较为复杂的情况时，为确保反井施工中设备选择的安全系数，建议采用更高级别的反井钻机进行钻井施工。

对400m级大倾角斜井，采用BMC600型反井钻机施工2.5m导孔，图9-24所示。

3. 反井钻进工艺

1）导孔钻进

导孔施工是大倾角斜井反井施工的关键工序，导孔的偏斜率将决定扩孔后的偏斜率，是施工控制的重点。导孔的施工方式，主要有两种包括反井钻机直接施工导孔，采用螺杆钻具的斜井定向钻机进行导孔施工，目前即将进行工业性试验。

反井钻机直接施工大倾角斜井导孔，自十三陵抽蓄电站2号压力管道斜井开始，一直作为主要的导孔方式而广泛应用。反井钻机可利用自身钻杆刚度大的特点，对开孔进行精确控制。对开孔点位置的俯仰角进行微调，并考虑到钻头的旋转方向，对开孔方位角也进

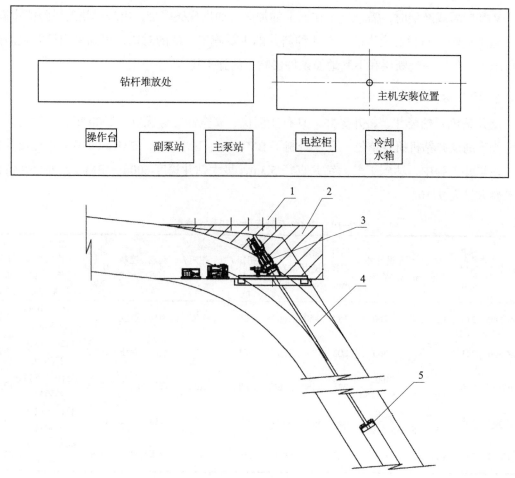

图 9-24　BMC600 反井钻机施工平面示意图
1.提吊锚杆；2.技术开挖区；3.反井钻机；4.导孔；5.扩孔钻头

行轻微调整。施工是通过优化稳定钻杆布置，合理控制钻进速度和钻进压力，可对长度短（200m 以内）的大倾角斜井进行直接施工，在岩石情况较好的情况下，可将偏斜率控制在 1% 以内。但对于 400m 级的大倾角斜井，导孔偏斜率随着钻井长度的增加，呈几何倍数增长，易造成偏出开挖荒径较多的情况，导致导孔无法进行使用，不得不报废的情况。

采用螺杆钻具的斜井定向钻机进行导孔施工。螺杆钻具是地面注浆施工注浆孔、地面冻结施工冻结孔所采用的成熟的井下动力钻具。斜井定向钻机施工导孔，利用螺杆钻具等造斜器纠偏，实现钻进方向的调整。螺杆钻具是利用钻井液在螺杆马达的进出口形成的压差，驱动转子带动钻头旋转，而带有弯角的钻具可调整至与偏斜方向相反的方位，进行滑动钻进，从而将导孔偏斜修正，实现纠偏的目的。目前因螺杆钻具长度大，在反井钻机上直接使用存在困难，因此使用斜井定向钻机进行导孔施工，可以克服反井钻机无法使用定向技术的不足，从而将这项技术应用与长斜井反井的导孔施工中。但受到斜井钻机的钻井能力限制，在导孔后需要进行扩孔器扩孔，才能达到反井钻机的导孔直径。

斜井反井导孔导向系统是一种更为先进的钻井工具，它通过井下闭环控制系统，可实现井下自动纠偏，也可通过泥浆脉冲与地面通讯，保持导孔相对垂直的目的。该钻进系统外形类似反井钻机的稳定钻杆，适用于地层倾角较大、高陡构造带等复杂地质条件。其工作原理是利用径向可伸缩翼板的近钻头稳定器控制井斜。该系统具有控制精度高当井筒偏斜角大于 0.01° 时，系统即可启动；效率高，垂直钻进系统可以在没有地面人为干涉下自动控制钻进方向；操作简便，该系统直接安装在导孔钻头和反井钻杆之间，操作人员通过简单培训即可上岗。目前该系统还在研发之中。但利用斜井反井导孔导向系统钻井是深反井导孔施工的发展趋势。

2）扩孔施工技术

反向扩孔由于岩渣在破碎瞬间即开始下落，减少了岩渣在工作面的重复破碎，实现了快速破岩钻进。ZFYD5.0/30/600（BMC600）型反井钻机，配套 327 mm 锯齿形螺纹接头钻杆，在扩孔时最大可以输出 7000 kN 拉力和 450 kN·m 扭矩，应用水电站中硬岩、硬岩可钻进 400m、ϕ2.5m 直径的大倾角斜井。新设计 M 形结构斜井扩孔钻头，较平顶结构的传统扩孔钻头，其工作摆动小，稳定性好，施工安全性高。人造金刚石涂层碳化钨硬质合金钻齿、双金属复合离心铸造的滚刀刀壳、矿用深井破岩滚刀恒压复合密封分别解决了滚刀钻齿耐磨性，滚刀刀壳耐磨性和滚刀的密封。大量的竖井大直径反井施工，逐步积累了大直径反井扩孔钻进经验，实现钻压、扭矩、转速和钻进速度等参数的合理匹配，提高钻进效率；建立了反井扩孔钻进工程中井筒稳定性分析与风险控制体系，形成的大直径深反井施工的新工艺，对大倾角斜井反井钻井技术发展也积累了重要的技术数据。

3）不良地质段施工处理

在斜井中上部断层破碎带、溶蚀现象发育有松散堆积体等不良地质段施工时，导孔钻进过程中出现漏水严重和塌孔现象，若不及时处理将会出现卡钻现象，影响正常钻进施工。根据以往施工经验，施工中采取以下预防和处理措施，泥浆护壁，在斜井中遇断层破碎带洞段时，采用优质膨润土泥浆和水泥、优质膨润土双重泥浆，作为洗井液进行导孔返渣和护壁，可达到减少井壁坍塌，提高返渣效果的作用。导孔固结，在施工中遇到围岩溶蚀现象较发育，或断层处洗井液漏失严重的时，出现塌孔和不返水、返浆现象，为避免岩渣排不出来而造成二次卡钻影响斜井施工，对塌孔和不返水段进行灌浆护壁处理，等强化后再进行二次钻孔。地层改良注浆，在施工中，遇到破碎带较为严重时，根据前期地质调研报告的情况，可利用斜井导孔钻机的钻杆进行地层改良加压注浆操作，对该深度区域进行加固。在扩孔时，通过此段，地层坍塌的情况将得到明显改善，落块将显著减少。

4. 斜井钻进实例

建井分院开始在水电行业施工大倾角斜井，施工的斜井以压力管道斜井导井为主，另外还完成了水电站通风斜井。在水电站斜井施工行业，积累了长足的经验。详细施工情况见表 9-11。

表 9-11　钻井所斜井施工情况一览表

工程名称	岩石名称	钻机型号	单井深度 / m	直径 /m	倾角 / (°)	偏斜率 /%
十三陵 2 号压力管道下斜段	复成分砾岩	LM—200	203	1.4	50	1.22
勐乃河电站压力管道斜井	片麻岩	LM—200	228	1.0	70	1.8
柳洪电站压力管道斜井	石灰岩	LM—120	124	1.4	50	1
绿叶水电站压力管道斜井	砂岩	BMC300	280	1.4	55	爬罐法对接
蒲石河 2 号斜井下段	花岗岩	BMC300	218.09	1.4	55	1.05
蒲石河 1 号斜井上段	花岗岩	BMC300	170.07	1.4	55	0.8
蒲石河 2 号斜井上段	花岗岩	BMC300	161.41	1.4	55	0.83
蒲石河 1 号斜井下段	花岗岩	BMC300	210.48	1.4	55	0.75
瀑布沟水电站 6 条引水斜井	花岗岩	LM—120	108.5	1.2	55	<1
溪洛渡排风斜井工程	玄武岩	BMC300	211	1.4	70	<1
丰宁抽水蓄能电站压力管道	花岗岩	BMC500	240	2.25	53	0.8

　　大倾角反井钻井的施工，取得了丰富的经验，利用定向施工导孔，可以有效解决大倾角长斜井偏斜率过大的问题；新型反井钻机可以直接完成 2.5m 直径 400m 大倾角斜井钻进，作为溜渣孔进行刷大时，基本不会堵塞，解决了大直径井筒刷孔时堵孔问题；利用斜井定向钻机钻凿的反井导孔，可进行地层加固注浆。加固后的地层破碎带，在扩孔中掉块少，不易卡住扩孔钻头，对扩孔的顺利进行起到一定保障。大量的工程实践也证明了，适当采用上述的一些新技术，可以解决传统反井法无法施工的深大井筒，加快煤矿、水电站井筒建设进程，弥补井筒施工对这些工程建设工期影响的短板。

9.2.4　大直径暗立井反井一次成井

　　在矿山建设、水电站等领域的地下工程建设中，暗立井是必不可少的重要组成部分。暗立井是地下采矿连接不同水平巷道的、不与地面直接相通的直立巷道，其用途同立井。目前，立井井筒施工中机械化配套水平普遍较高，但立井施工装备复杂较多，暗立井尤其是大直径暗立井在井下施工时，受场地、设备运输限制，机械化水平较低。大直径暗立井采用的施工方法主要有普通凿井法、反井溜渣再刷扩施工法。普通凿井施工时，提升系统安装不同于地面提升系统安装，所有设备都布置在井下巷道和硐室中，空间小，运输不方便，结构复杂，工作量大，施工效率比较低，施工月进度只有不到 30m。目前常用的反井钻机只能钻凿直径不大于 1.4m 的溜渣孔，虽然解决了溜渣孔施工的安全问题，但爆破刷大的安全问题依然存在。尤其在井下相对封闭的空间里，炸药爆炸向空气中排放大量的有毒气体和大量粉尘，反井和人工刷大相结合，月最高进尺达到成巷 55m，平均月进尺 45m，效率依然较低。因此，需要研究安全、效率高、排放少的大直径暗立井施工新技术及装备，本项目提出反井钻机一次钻成大直径暗立井工艺，钻孔直径从 2.0m 到 5.0m，岩性从以沉积岩为主的煤矿软岩地层（普氏系数 $f<8$），到水电、交通的火成岩以及铁矿的高强度变质岩（$f>20$），解决了大直径暗立井施工效率低的问题。大直径暗立井反井一次成井施工工艺包括：施工设备选型、钻机场地布置及基础施工、设备井下运输及安装、导孔钻进、扩孔钻进和设备撤场六个阶段。

1. 设备选型

大直径反井地面施工时主要考虑井筒深度、直径和岩石条件，而暗立井施工时还要考虑设备的重量、尺寸、起吊点等因素。大直径反井施工设备重量及尺寸必然比较大，运输设备承载及井下巷道拐弯等限制，大型反井钻机的选型要优先考虑模块化设计的反井钻机，能够实现快速分拆和组装，且不影响施工精度。根据大直径反井一次扩孔成井破岩需求，通常需要 BMC400 及以上型号的反井钻机。新研制了 ZFYD5.0/30/600（BMC600）型反井钻机，配套准 327 mm 锯齿形螺纹接头钻杆，在扩孔时最大可以输出 7000kN 拉力和 450 kN·m 扭矩，应用在煤矿中硬岩层（岩石单向抗压强度小于120 MPa），钻凿直径 5m，深度 600m 的竖井。其运输巷道中间高度不能低于 3.5m，主机重量超过 26t，最大不可拆部件达到 12t。BMC600 反井钻机最大不可拆部件可以降至 6t，能够满大部分矿井运输能力，可以施工 3.5m 左右软岩井筒，具体直径井筒施工设备选型还需要根据地质条件进行调整。

暗立井通常位于巷道的尽头，施工地点位于独头巷道尽头，通风冷却效果较差，设备的液压冷却需要采取外部循环水进行冷却，齿轮箱也需要强制循环润滑，可以加快动力头散热。

2. 场地布置

根据施工硐室及连接巷道的实际情况，通常采用两种场地布置方式，一种是窄长场地（图 9-25（a）），将泥浆池和沉淀池布置在钻机两侧，设备则在硐室外的巷道里沿直线靠侧帮布置。这种布置可以减小硐室的暴露面积，比较适用于煤矿等地质条件较差支护成本较高的现场。在宽短场地（图 9-25（b）），设备布置在反井钻机的周边，泥浆池则远离井筒中心，这种布置与地面布置相似，可以减小液压管路压力损失，将反井钻机的性能充分发挥出来，而且钻井泥浆槽比较长，有利于携带了导孔钻进岩屑的洗井液（泥浆）流动沉淀。

为了确保施工安全，大直径井筒反井扩孔时反井钻机的基础钢梁通常不小于井筒直径的 2 倍，若 5m 大直径立井施工其钢梁长达 10m，在井下有限空间难以运输，增加了井底布置难度，采用分段连接钢梁，可以减小运输难度。钢梁连接的基础则针对不同岩体进行地质力学试验和分析，在水电站等岩石完整性好、抗压强度高的暗立井工程中，根据弹性梁理论，通过地锚等结构将梁与岩层紧密连接，共同作用，将基础钢梁适当缩短。通过计算上部承载条件下，扩孔钻头扩孔至地面时，验算裸露井帮的稳定性，减小反井钻机基础尺寸。在煤矿等施工场地岩石破碎或岩石硬度达不到要求时，则需要和地面施工一样挖出基础坑，再用 C20 以上水泥浇筑成基础。

3. 运输及安装

大型反井钻机包括主机系统、钻具系统、液压泵站、操作台等。这些部件重量和体积

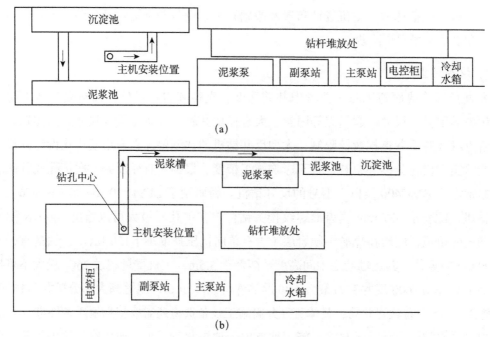

图 9-25 井下施工场地布置图

都比较大（主机达 25.2t），需要采用灵活的中型提吊设备才能准确安装，由于井下施工硐室尺寸限制，现有成型起重设备难以进入到工作面作业，主机和配套装备将难以安装，该技术结合反井设备结构特点和井下锚索起吊的能力，完成了一套完整的井下大型设备吊装方案。在硐室顶安装多组吊运锚索，每组提吊系统根据位置不同，根提吊锚索和组合锚盘连接而成，并在施工前对所有起吊用的锚索尤其主起吊点锚索用锚杆拉力计张紧，预防托盘脱落发生安全事故。大型反井钻机及大直径扩孔钻头总重量都会超高 25t，因此主起吊点由多根锚索并在一起承载，在起吊前要对这些锚索用相同的预紧力进行张紧，防止锚索受力不均，逐根脱落造成事故。按照现场条件和施工组织设计要求，分别将主机、泵站、操作台、控制开关等放在安装到相应位置，可以确保主机安装精度达到 10mm 内。

4. 导孔钻进

导孔施工是反井钻机施工的重要工序。导孔主要作用是下放钻杆，为给扩孔钻头传递动力的钻杆提供通道，为扩孔钻进提供导向。偏斜率较小井壁质量好的导孔不仅减轻钻具的疲劳损伤，安全快速扩孔，而且有利于扩孔井壁支护时罐笼的上下行走。

导孔施工采用小直径导孔钻头（多采用三牙轮钻头）从上向下钻进导孔，用清水或泥浆作循环洗井液，将破碎的岩渣从环形空间冲至地面。在较深的暗立井中，破碎地层塌孔及泥浆漏失等较容易引发卡钻等事故。导孔施工需要根据实际情况采用具体措施，确保导孔顺利贯通，透孔点偏斜率不超过 1%。这些措施包括：选择和地层相适应的三牙轮钻头，提高开孔精度，合理布置稳定钻杆，严格控制钻进参数。要求操作人员随时观察洗井液泥浆流量和岩屑上返情况，判断地层地质状况，并作详细记录，确保井底冲洗干净，岩渣无重复破碎。

5. 扩孔钻进

自下而上反向扩孔施工是反井施工的核心工序。岩石在滚压破碎后，靠自重迅速剥离工作面落至下部巷道，减少岩渣的重复破碎，实现了高效机械破岩钻进。大直径刀盘直径经常会大于运输巷道的宽度，整体钻头不能适应大直径暗立井施工要求，需要采用拼接式钻头，将中心管和钻头体各部分分体运至井下工作面后，利用合适吊点快速拼装成直径2.0～5.0 m 的扩孔钻头。拼接式钻头有效地减小了扩孔钻头单体部件最小宽度，方便运输。但采用拼接式钻头井下硐室必须在钻头周边留出拼接钻头的安全空间。

大直径扩孔钻头外圈滚刀转速快，破岩面线速度大，对滚刀的冲击也会增大，降低了滚刀使用寿命。建井分院针对大直径钻头滚刀失效原因，相继开发了人造金刚石涂层碳化钨硬质合金钻齿、双金属复合离心铸造的滚刀刀壳、矿用深井破岩滚刀恒压复合密封等技术，分别解决了滚刀钻齿硬岩耐磨性，滚刀刀壳耐磨性和滚刀的密封，使滚刀的使用寿命在软岩超过 1500m 硬岩超过 500m，确保钻头能够一次扩透，避免了井下更换滚刀造成的风险。

由于暗立井完全在井下施工，通风效果较差，在扩孔时，岩渣破碎后带有大量岩粉，造成下部巷道粉尘量大，因此需要降尘。在下硐室两端出渣处各设置一到两道降尘水幕，改善下水平出渣工作环境。大直径扩孔钻头在钻头体受力不对称时，中心管的弯矩比较大，会加速中心管连接螺纹的疲劳断裂。在向上扩孔滚刀部分开始接触下水平顶板时，低压慢速磨平接触面，待钻头完全进入岩层后，方可进入正常扩孔阶段。在遇到破碎带或岩石变层时要减小破岩钻压，低压慢速通过。通过大量的大直径反井实践，逐步积累了大直径反井扩孔钻进经验，能够实现钻进压力、旋转扭矩、钻头转速和破岩进尺等参数的合理匹配，提高钻进效率，减小滚刀磨损，实现大直径反井高效扩孔。

6. 设备撤场

扩孔钻头通常从上水平提出井筒，但大直径暗立井在透孔后，由于上水平面设备空间有限，可以从下水平面卸钻头，将钻杆从上水平面提出，撤至地面。在钻机放倒之后按照从外往里逐步撤出。在撤出设备时，扩透的大直径井筒井口要做好防护，防止安全事故发生。

7. 应用实例

在煤矿、水电、冶金和非煤矿山领域施工了大量的大直径暗立井反井工程，各行业典型反井施工暗立井井筒见表 9-12。其中贵州开磷沙坝土矿南翼回风井工程和金沙江白鹤滩水电站左右岸排风竖井工程是暗立井反井钻井一次成井工程。

表 9-12　国内各行业典型反井施工暗立井井井筒一览表

行业名称	井筒名称	井筒直径/m	已完成最大深度/m	施工时间	备注
非金属矿山	贵州开磷沙坝土矿南翼回风井	5.0	156	2015 年	施工中，共 350m
水电站	金沙江白鹤滩水电站左右岸排风竖井工程	3.5	98.35	2014 年	共 873m
煤矿	成庄矿 15 号煤北翼煤仓、回风立井工程	3.5	90	2015 年	共 300m
金属矿山	富蕴蒙库铁矿矿井 10 号矿石溜井工程	3.0	116	2016 年	施工中，共 2264m

　　贵州开磷集团沙坝土矿南翼回风井工程属贵州开磷集团沙坝土矿与马路坪矿的共用通风井。该井筒直径 5m，深度 156m。开磷集团为亚洲最大的磷矿开采及深加工企业，每年井下反井工程量近 5000m，过去主要采用小型反井钻机施工 ϕ1.4m 反井，然后再爆破刷大至 3～5m，采用大直径反井钻机可以直接扩孔至设计直径，加快了施工速度，减轻了工人劳动强度，提高了作业安全程度。该工程是国内第一次井下采用反井钻机直接扩 ϕ5m 井筒，也是非煤矿山行业第一次 ϕ5m 反井施工。

　　白鹤滩水电站位于四川省宁南县和云南省巧家县境内，是金沙江下游干流河段梯级开发的第二个梯级电站，具有以发电为主，兼有防洪、拦沙、改善下游航运条件和发展库区通航等综合效益。电站建成后，将仅次于三峡水电站成为我国第二大水电站。左右岸施工排风洞群为左右岸地下厂区施工期通风的综合系统。尾调通气洞作为左右岸施工排风洞的主通道，通至地表；尾调通风洞沿程连接一系列平洞和竖井与主副厂房洞、主变洞、尾水管检修阀门室、尾水调压室、尾水洞等厂区主要洞室相连，解决上述洞室的施工期通风问题。为解决白鹤滩水电站地下洞室群前期施工通风散烟问题，左右岸各布置一条施工排风洞。施工排风洞结合尾调通气洞布置，施工期利用尾调通气洞与尾水隧洞、4 号公路隧道通过本期完成的 9 条竖井相连。排风洞施工以实现安全、快速、优质为目的，优选最佳施工方案。根据各通风井设计参数和地质条件，采用 BMC 600 型反井钻机钻进，一次扩孔 3.5m 成井，矸石从主洞内运走。成井后进行锁口施工，根据岩石情况选择支护方式，安装通风设备后即可使用。

　　（本章主要执笔人：刘志强，徐广龙，王强，李志，荆国业，汪船，张广宇，南京煤研所徐子平，孙玉萍）

第10章
竖井掘进机钻进技术

竖井掘进机在美国、德国、苏联均有不同程度的发展，德国和美国是发展较快较成熟的国家。20世纪70年代，德国威尔特公司根据平巷掘进机原理研制了井筒掘进机，主要用于在硬岩中打盲井，这种掘进机驱动装置在井下，传动效率高，掘进速度快，全部机械化施工，而且便于随时纠偏，因此迅速得到推广应用，在70年代后，欧洲已较少采用转盘钻井法。但是当时这种竖井掘进机是部分断面掘进机，需要有超前孔，下部必须有巷道，因此应用范围受到了一定的限制。20世纪70年代，美国也研制了全断面竖井岩石掘进机，1978年6月开始试用。但是美国煤矿应用竖井掘进机较少，主要用于金矿、铀矿等非煤矿山及冶金系统，而且井径比较小。

"十二五"期间，建井分院开展"矿山竖井掘进机研制"项目，从竖井掘进机凿井施工新工艺、高效滚刀破岩技术出发，攻克矿山竖井掘进机在井筒内狭小空间的合理空间结构及设备布置、高效大体积机械破碎岩石、大直径钻头的空间结构及滚刀布置、多台刚性连接电机大扭矩旋转驱动的变频器同步控制、大流量高精度电液比例控制、掘进方向智能控制、关键部件及掘进状态监测与诊断、井筒内特殊条件下的远程控制等关键技术，成功研制出国内首台套有导孔条件下的竖井掘进机样机——MSJ5.8/1.6D型矿山竖井掘进机，并于2016年4月13日通过科技部技术验收，为实际应用打下基础。

10.1 竖井掘进机掘进施工工艺

竖井掘进机凿井工艺如图10-1所示，采用反井钻机钻进导井、竖井掘进机扩大成井、新型井架、专用吊盘支护辅助作业，实现凿井破岩、出渣、临时支护、永久支护及凿井辅助工作。

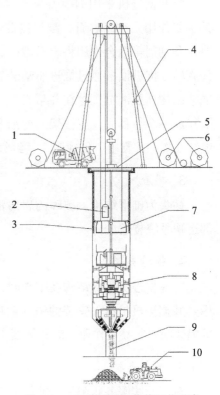

图10-1 竖井掘进机凿井工艺示意
1. 罐车；2. 吊桶；3. 井壁；4. A形井架；
5. 封口盘；6. 绞车；7. 支护平台；8. 竖井掘进机；9. 先导孔；10. 下部运输巷

竖井掘进机工作流程包括定位、钻进、移步等。定位，根据对井筒方向测量，计算出各支撑油缸伸出长度，确定钻进方向，通过钻进逐渐调整达到所要求的精度；按照计算各油缸达到设计的支撑力，防止钻进过程靴板相对井帮滑动。钻进，启动电机带动钻头旋转，滚刀开始破岩，根据钻凿的岩石物理力学性质和可钻性，推力油缸施加相应的钻压，达到滚刀体积破岩状态，直到主推油缸伸到最大行程，岩石条件差或纠偏时可慢速伸缩推进油缸进行扫孔。支撑结构移步，主推油缸达到最大设置行程位置时，转动钻头使其平稳接触岩石，然后锁紧主推油缸，逐渐松开八个支撑油缸，各支撑油缸支撑力为零时，逐渐收缩四个推进油缸，使支撑框架下移，同时地面提绞设备下放钻杆和推进油缸保持同步，推进油缸全部到位后，开始进行定位进行下一钻进循环。

1. 导井钻进

采用反井钻机钻进竖井掘进机导井，然后施工井筒锁口，安装竖井掘进机和地面凿井装备，竖井掘进机掘进井筒达到一定深度后，安装吊盘和保护盘，凿井过程同时完成井筒支护，采用喷浆支护或砌筑混凝土井壁。

2. 破岩

竖井掘进机采用的滚刀为破岩单元。竖井掘进机包括支撑、推进、旋转和控制系统，其主要作用是破碎岩石，滚刀按照一定规律布置在竖井掘进机钻头上，滚刀破岩以挤压、剪切和刮削等综合作用将岩石破碎，从岩体上分离出来。电机带动齿轮箱齿轮减速实现钻头旋转，推进油缸通过推进驱动装置沿掘进机支撑立柱上下滑动，向钻头传递推进力，主框架结构通过油缸支撑在井帮岩壁上，上、下支撑系统承受破岩反推力、反扭矩，推进油缸完成一个行程后，主框架结构沿竖井轴线向下移动一段距离，然后支撑油缸推动支撑板继续支撑在井帮上，经找正后，继续形成下一个破岩循环。

3. 排渣

钻头为锥形结构，破碎的岩屑沿井底锥形面滑动，进入导井，下落到下部巷道，由下部运输系统装运。

4. 临时支护

竖井掘进机支撑结构在工作时，对井帮施加一定压力，起到防止井帮破坏的作用，利用竖井掘进机吊盘上安装的锚杆钻机，可以钻凿、安装临时支护锚杆和挂网，利用吊盘上的喷浆机进行喷浆作业，对井帮围岩进行封闭。

5. 永久支护

对于一些服务年限短，非提升井筒或不安装安全设施的通风井，锚杆、挂网和喷浆可以作为永久支护，如果长期服务的或提升井筒，需要浇筑混凝土井壁，利用吊盘吊挂整体模板进行浇筑，也可先进行锚喷临时支护，在井筒掘进完成，竖井掘进机拆除后，由下向上浇筑永久井壁。

6. 通风

竖井掘进机凿井为机械破岩，与爆破破岩不同，产生的有害气体和粉尘比较小，井下作业人员少，导井和矿井的通风系统形成井筒循环通风，一般不需要单独设立通风装置，特殊情况下可设置局部通风机。

7. 排水

钻进过程中地层涌水量大，需预先采用地层改性方法封堵涌水，稳定地层，少量涌水直接通过导井流到井筒下部，汇入矿井的排水系统排出。

10.2　竖井掘进机钻进装备

竖井掘进机钻进装备（图 10-1）由上到下分别为：控制与动力平台，主机系统以及钻头。其中控制与动力平台安装有控制台、配电柜、控制柜、液压泵站等，并设置有人员监控室；主机系统由支撑装置、推进装置和驱动装置组成。支撑装置装有 8 个支撑由上下两层组成，每层支撑部分装有四个支撑油缸和支撑靴板，可进行分段支撑，每一个支撑也可单独控制动作。控制导向装置通过支撑油缸伸缩来调整掘进机掘进方向；掘进机的驱动装置采用机械传动，由 4 台电机，通过行星减速器，带动二级减速箱里的大齿圈转动，驱动钻头体公转，钻头上的滚刀自转滚压破岩，破碎的岩渣沿先导孔掉至下水平巷道，由出渣装置运至地面。

10.2.1　钻头

钻头的作用是高效破碎岩石。竖井掘进机采用滚刀破岩，钻头是钻头体和多把滚刀形成的组合结构，滚刀刀齿在推进力的作用下压入岩石，钻头在驱动系统的作用下旋转，钻头在井筒下部工作时公转带动滚刀自转，逐渐将岩石从岩体上分离出来，最终在岩体内钻成井筒。

竖井掘进机采用六翼可变径 45° 锥形结构钻头，由六方中心管、六个翼板和超前锥形钻头组成。45° 井底角可以使滚刀破碎的岩屑顺利滑落入导井，减少重复破碎，实现高效溜渣；采用六翼以 60° 均匀布置，相邻翼之间用加强钢管连接；每个翼板由焊接在六方中心管上的主翼板和外侧的扩展翼板组成，通过法兰盘上的销轴定位螺栓紧固的方式连接，井筒钻进完成后，通过拆掉辅助翼板，使竖井掘进机最大端直径变小，直接提出已进行支护的井筒，这种结构能够减少最大件重量和尺寸，便于设备运输和吊装，还可以通过调整辅助翼板，改变竖井掘进机的钻井直径；在钻头体下端设置了一个超前孔钻头，在导孔偏斜和塌帮的情况下能够进行扫孔作业。

10.2.2　主机系统

矿山竖井掘进机主机系统（图 10-2）是竖井掘进机的核心组成部分，其作用是将设备支撑在井壁上，同时为钻头破岩提供动力，实现破岩钻头的推进和旋转。主机系统由支撑装置、推进装置和旋转驱动装置组成。

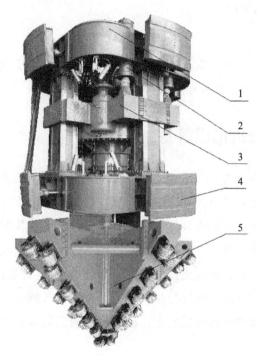

图 10-2　矿山竖井掘进机主机系统
1.支撑装置；2.推进装置；3.驱动装置；4.支撑靴板；5.钻头

1. 支撑装置

矿山竖井掘进机掘进时，利用支撑系统将设备固定，以提供推进油缸推动钻头钻进时所需要的反作用力和钻头旋转时的回转反扭矩，因此支撑系统是掘进机正常工作所需要的重要部件。矿山竖井掘进机的支撑系统由支撑油缸、支撑靴板、扶正杆和框架结构组成。支撑靴板为上下两层十字形支撑，8 个支撑靴板，每个都可以单独动作进行调整，并且两层支撑靴板间距较大，这有利于竖井掘进机在通过破碎地层时寻找到有利的支撑点，增加设备的稳定性和对井帮的适应性。

支撑系统工作时，支撑油缸伸出，将支撑靴板撑紧在岩壁上，完成主机的固定过程，同时也将反作用力和回转反扭矩传递给岩体。支撑系统的另一个作用是完成矿山竖井掘进机的方向控制。在井筒掘进的过程中不断调整主机的姿态，使竖井井筒能够按照设计的轴线掘进。

2. 推进装置

矿山竖井掘进机的推进系统主要包括推进油缸以及其辅助设施。推进油缸位于支撑系统上部并通过球铰连接到驱动装置上，并最终为钻头提供推进力，推动钻头钻进。推进油缸在设备设计组装时已经设置了合适的工作压力，以满足岩体开挖的需要。

3. 驱动装置

旋转驱动装置是竖井掘进机主要的工作机构。它由动力系统、传动部分和箱体总成组成。动力系统主要包括电机以及减速器，传动系统主要是齿轮传动部分。箱体总成是动力系统和传动部分的载体，由主箱体（上、下箱体）、主轴、轴承、润滑系统以及箱体上附件组成。电动机高速旋转通过减速器后，齿轮箱内部齿轮驱动主轴旋转，实现钻头旋转破岩的功能。

4. 液压系统

竖井掘进机工作时，其机身由8个液压油缸和支撑靴板构成的液压撑紧装置将掘进机牢固地撑紧在已钻掘的竖井井壁上，一方面用以克服钻头破岩旋转产生的反扭矩，同时也承受4个推进油缸推动钻头破岩时产生的反作用力。液压泵站主要为8个支撑油缸和4个推进油缸提供动力，并控制油缸的推进力和推进速度。其主要由液压泵、液压阀组及辅助元器件组成（图10-3）。

1）液压泵站

支撑油缸与推进油缸采用电液比例换向阀来控制，根据所给的电流或电压信号的大小

图 10-3　液压泵站

来改变阀的开口大小从而达到控制液压缸速度快慢的目的，可以快速伸缩提高工作效率，也可以在极慢的速度下伸缩油缸，提高油缸伸缩量的精度，便于满足竖井掘进机纠偏时对油缸伸缩量精度的要求。EDS3000 压力继电器，输出参数不大于 ±0.5%FS，精度高，不仅能够显示当前的压力值，而且能够显示最大值和预设开关点值，根据预设开关参数输出开关量，从而确保井壁产生地应力时设备支撑缸的双向锁能够打开，避免支撑装置损坏。

2）支撑油缸

8 个液压支撑油缸中每个油缸由一组电液比例换向阀控制，须分别实施无杆腔压力控制并检测各自的行程。8 个支撑油缸每 4 个为一组分装于支撑装置的上下两个水平（二层）上，每层的四个缸沿 X、Y 轴成对反向安装。通过泵站控制，可以实现以下动作：①快速伸缩：8 个油缸分上下两组，每组 4 个油缸同时快速伸出或缩回。②成组运行：各层沿 X 或 Y 两轴相背安装的两个油缸，在其中一个油缸缩回后另一个及时伸出，但两个油缸的位移量相同，实现设备在该方向进行平动。③单缸运行：每个油缸独立控制伸出或缩回。8 个支撑油缸均有单独油缸行程检测和显示。8 个支撑油缸的无杆腔均有油压检测和显示，及时将检测到的支撑力信号传到控制单元，实现闭环控制，从而确保支撑油缸在掘进时出现泄压后能及时补压。

3）推进油缸

4 个液压推进油缸油路为并联连接，采用机械强制同步运行，由一组电液比例换向阀控制伸出和缩回，并由一组行程传感器检测其运行距离。而利用压力传感器检测油缸上下两腔的压力。钻头接触岩石旋转破岩时，操作人员控制推进油缸的油压大小，经计算即可以获知破岩的实际钻压值，用于指导掘进的操作控制。必要时亦可实现破岩钻进钻压的自动调节控制。

4）电气控制

根据竖井掘进机设备构成和施工工艺要求，其电气系统由供配电、钻头旋转驱动及控制、液压推进、支撑装置控制、远程控制系统构成，分别布置于操作台、控制柜和液压泵站上，图 10-4 所示为电气控制系统概图。

供配电，由地面经电缆向本机供 3 相 1140V 交流电。地面按需要配独立的隔离开关和断路器，进线柜是进线电源的受电柜，由地面引入的馈电电缆接至本柜 1140V 受电母线，经隔离开关、断路器分别向支护设备（1140V）和降压变压器供电。380V 电压为主要动力供电电压，用于向钻头电机和液压泵站供电，220V 电压用于控制电源等，而 127V 用于破岩工作面照明。

5）钻头旋转驱动

钻头由 4 台大功率电机经动力头齿轮减速后驱动绕主轴中心旋转。由于四台电机通过齿轮刚性连接在大齿轮上，为确保工作时各电机同步，负荷分配均衡，四台电机驱动系统是采用一主三从的方式工作，钻头转速测量采用轴编码器，其安装在主电机轴端，并经信

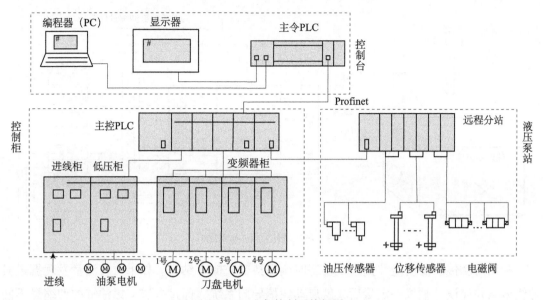

图 10-4　电气控制系统概图

号电缆与变频器相连，其变频器传动系统构成转速闭环和转矩（电流）闭环控制，从机变频器传动系统均仅构成转矩（电流）闭环控制，其转矩（电流）给定信号则为主机的转矩（电流）给定信号。四台钻头电机传动变频器及其附件（接触器、电抗器等）各安装于电控柜内。为防止憋钻，钻头在启动和停止时要平滑，加速度和减速度基本恒定。在控制过程要能够实现不同转速和不同扭矩匹配设定，满足不同地质工况下钻头破岩的要求。

6）液压控制及监测

竖井掘进机液压泵站大部分都采用电液元器件，液压 PLC 负责控制液压系统并显示液压当前状态、油压、行程、油泵运行状态等，并实时向主 PLC 发送关键液压数据，主 PLC 负责处理用户面板上的操作指令，并接受液压状态数据和向液压主机发送液压动作指令。

7）远程控制

对掘进机系统进行远程控制时，可以通过地面控制台向工作面主控制台发送和接受信息，实现数据实时采集、处理、传输，远控信息包括竖井掘进机的操作指令和监控测量信息。远程软件允许用户在远程登录控制电脑，实现对系统运行状况的监控与控制，实现与控制台相同的操作功能。通过该界面，可以实现在远离现场的情况下远程监控系统的实时运行状态，并进行相关的数据处理与控制。

8）偏斜控制

在钻进过程中，要时刻保持竖井掘进机竖直向下进行钻进，当偏斜超过预定范围后，需要调整掘进机的状态进行纠偏。竖井掘进机的导向系统组成及工作原理如图 10-5 所示，包括测斜系统和纠偏系统，测斜系统由位移测量系统和姿态测量系统，位移测量由井筒上部的激光发射器和掘进机上部的 PSD 光电位移传感器平板组成，可以从光电传感器平板读取竖井掘进机轴线与井筒设计轴线的偏斜量；姿态测量系统则由两个高精度角度传感器。

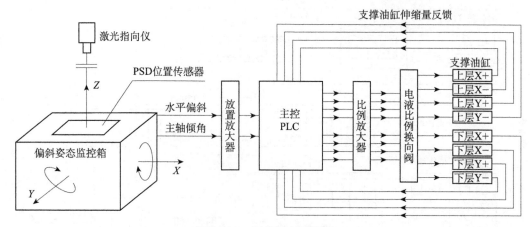

图 10-5　智能导向原理图

利用角度传感器使竖井掘进机姿态时刻保持竖直向下钻进。如果位移测量发现掘进机轴线偏离井筒设计轴线一定量后，就启动纠偏导向系统，通过多层支撑油缸的伸缩量不同使掘进机偏斜，下方钻头指向井筒设计中心轴线，在经过几个步距的纠偏后掘进机轴线重新与井筒设计轴线重合。在这几个步距掘进过程中，掘进机轴线与井筒设计轴线夹角逐渐变小，最后重合。

10.2.3　辅助系统

1. 提绞系统

MSJ 5.8/1.6D 竖井掘进机施工整体方案中，掘进机上方安装有井架、绞车、稳车，用于提吊下部设备；井筒中央为 API 石油钻杆，用于提升掘进机、固定线缆和风水管路；井口设置有封口盘；掘进机施工过程中，支护平台可同时进行锚杆锚索施工和喷浆作业；井筒中上下运行有吊桶，用于将人员下放到支护平台和掘进机内部，并能够用来运输材料；下方有反井钻机施工的 ϕ1.6 m 的先导孔，掘进机钻头体破碎的矸石由此先导孔自由落入下部运输巷，并通过井下运输系统运输到地面。

2. 支护系统

根据井筒功能和服务年限，可以采用锚喷或现浇混凝土井壁支护，多层支护吊盘起到保护竖井掘进机和进行支护作业的目的，吊盘上的凿岩机和喷浆机进行锚杆钻孔和安装及喷浆作业，如需混凝土井壁砌筑，可采用吊盘带整体模板方式，随着钻进同时进行井壁浇筑。在岩石条件较好时，先采用竖井掘进机完成井筒钻进并进行必要临时支护后，拆除竖井掘进机，由下向上再进行混凝土井壁浇筑。

竖井掘进机多功能吊盘，为三层结构，包括保护盘、中层盘和下层盘。保护盘位于最上方，设有安全防护防冲击缓冲层，如橡胶垫或胶皮垫等，防止上层掉落下来的东西继续下落并且起到缓冲作用。在中层盘上分别安装有液压支撑油缸和液压操作台，在下层盘上也安装有液压支撑油缸，通过液压支撑油缸使吊盘支撑在未支护的井帮上，竖井掘进机与液压支撑油缸驱动连接，液压支撑油缸用于稳固吊盘，防止吊盘上下移动和旋转。中层盘安装喷浆机和混凝土材料分料及暂存装置（如螺旋输料器），在中层盘进行挂网和喷射混凝土作业。下层盘上固定安装有3~4台锚杆钻机，竖井掘进机与锚杆钻机驱动连接。竖井掘进机驱动锚杆钻机工作，以便在井壁上钻进不同角度、直径、深度的锚杆孔。同时在下层盘进行锚杆安装，充填和锁紧固定。

10.2.4 竖井掘进机应用

矿山竖井掘进机是一种涉及岩石破碎、机械加工、电气传动、液压控制、传感器测量、数字控制等多学科的技术密集型施工装备，能够快速机械破岩、支护，具有机械化程度高、不需爆破作业、井下人员少、施工效率高、成井质量好、安全性高等优点。目前，广泛采用的普通法凿井，以钻眼爆破为基础，需要大量的工作人员下井作业，工作条件十分艰苦，作业环境不安全，工人劳动强度高，以及爆破产生大量有害气体污染环境等问题日益严重。竖井掘进机钻进技术能够实现用机械破岩逐步代替传统的钻眼、爆破方法，向机械化、智能化方向发展，使凿井工作人员从矿山最危险、最艰苦、安全条件差、职业伤害严重的井筒施工中逐渐解脱出来，实现建井技术新突破，是大型现代化矿井建设机械化的发展方向。

下一步进行竖井掘进机钻工业性试验，通过试验完善相关工艺后，竖井掘进机将在煤矿、金属非金属等地下固体矿物开发的矿井咽喉工程提升、通风、安全等各种井筒，水利发电及抽水蓄能电站压力管道井、通风井、引水井、调压井和电梯井，地铁、公路及铁路长大隧道通风井、安全出口，其他地下工程如人防工程、军事工程、科学实验工程在地下建设不同类型的工程结构，建设的井筒等工程发挥重要作用。

（本章主要执笔人：刘志强，荆国业，程守业，谭昊）

第四篇 立井凿井技术

随着煤矿开采深度的增加，立井成为井工开采的主要开拓方式，立井凿井技术的发展，也反映了煤矿建井技术发展。近年来在新建矿井中约占开工矿井总数的 45%，立井开拓方式的比例呈现增大的趋势。立井井筒工程施工技术复杂，作业场所狭窄，工作环境恶劣，而且经常会受到地质情况变化，如井下涌水、煤层瓦斯突出、地热等自然条件的影响，威胁施工安全。因而，其工程量虽仅占全矿井井巷工程量的 6% 左右，但其建设工期往往占全矿井建设总工期的 40% 以上。

20 世纪 50~60 年代，采用手持式风动凿岩机、人工操作的 0.11m³ 的小抓斗等小设备施工，容积 1.0~1.5m³ 吊桶、卷筒直径 2.5m 以下的提升机、自制木井架和轻型金属井架、悬吊能力 16t 以下的凿井绞车、扬程 250m 吊泵等小型设备。1965 年紧接着又总结推广了《立井井筒施工二十项经验》。

1973 年根据煤炭工业和井巷施工装备落后的实际情况，经分析认为只有煤炭工业部、冶金工业部和第一机械工业部联合，共同研制与装备井巷施工的主要设备，才能取得进展，经过协商决定首先由立井井筒施工设备联合攻关开始。明确了方向，分配了任务，参加会战的有科研、设计、制造、施工、建设、情报和高等研究院校等 150 多个单位的上万名职工。煤炭科学研究总院主要有建井研究所、上海研究院，外单位主要有长沙矿山研究院、中国矿业大学，共同承担攻关计划安排了钻眼、装岩、支护、提升、悬吊、排水、排矸、测量等工序和辅助作业的 65 个科研项目，主要有环形与伞形凿岩机架、环形轨道式与回心转式抓岩机、3~5m 矸石吊桶、7~11t 提升钩头、凿井提升机、V 形凿井井架、750m 高扬程吊泵、液压滑模、测量与照明等设备和高威力炸药、高精度毫秒电雷管与发爆器等器材先后研制成功，并得到不断完善，并于 70 年代末、80 年代初陆续通过技术鉴定，有的已投入制造产品，提供用户使用。在此期间，煤炭工业系统先后在 30 多个立井组织凿井机械化配套设备施工试点，有 20 多次突破了月进度 100m 的水平，改善了立井掘进的技术面貌，加快了施工进度。

80 年代初,"立井短段掘砌混合作业法及其配套施工设备研究"列入"六五"国家重点科技攻关项目,由煤科总院建井分院和平顶山矿务局建井三处合作研究在该局六矿北山风井进行试验。采用主要由伞钻、0.6m³ 抓斗的机械操纵式抓岩机、YTM-3.5 型整体下移式金属模板及取消临时支护、实现 4～5m 无临支空帮凿岩、4m 深孔光爆,早强混凝土管子下料等装备及工艺配套所构成的立井混合作业法成套技术,在平顶山矿务局六矿二水平进风井、井筒平均涌水量为 53.86m³/h 的件下,配套装备运转正常,工艺实施得当,装备及工艺相互配套协调,三个月工业性试验期间共成井 121.1m,平均月成井 40.37m,直接工效达 1.81m³/工。

"七五"期间,建井分院对试验中发现的问题展开研究,使立井短段掘砌工艺更加成熟,相继研制成 DTQ 型系列通用抓斗、YJM 系列整体多用途金属模板、HZ-6C 型中心回转抓岩机、QH 型混凝土分料器、ZNQ 型气动高频振捣器、LBM 型模板固定式凿岩钻架、BQ 型气动潜水泵、QF 型除水分风器以及即将研究成的"多功能遥控抓岩机"和"井下对中找正仪"等设备。

"九五"期间,建井分院与中煤建设集团工程有限公司等 8 个单位,研究开发、应用、推广了立井井筒快速施工技术,包括机械化配套、施工工艺、施工组织与科学管理、综合治理井下涌水等的综合性技术。其推广应用提高了我国立井井筒快速施工的技术水平和施工速度,最高速度达 216.5m/月,缩短了建设总工期,降低了成本。平均月进度达到 60m 左右,个别立井井筒施工,全井筒平均月进度达到 80m 以上;部分井筒施工,井筒最高平均月进度达到 120m 左右。

国家"十一五"科技支撑计划重点课题"千米级深井基岩快速掘砌关键技术及装备研究",对掘进段高 4.2 m 正规循环作业及其配套施工设备进行研究和工业性试验,提出以液压代替风动的一系列凿井装备,包括液压伞形钻架、液压抓斗、液压抓岩机、液压控制的整体下移金属模板等。对凿岩钻架的凿岩性能与效率,对深孔爆破布孔的优化设计及效果检验,对迈步式模板安全可靠性、大型液压抓岩机的抓岩能力、抓岩效率等进行单机试验。在千米井凿井工程中,人员工效达 2.0m³/工,使立井施工平均月进度达到 80m。国家"十二五"863 计划课题"大型凿井井架及井壁吊挂关键技术与装备",研制了系列大型凿井井架和迈步式凿井吊盘,深立井施工凿井吊盘实现井壁吊挂。

第11章
立井凿井工艺

普通法凿井作为最基础也是最古老的凿井方法，能够在矿井建设和其他地下工程领域发挥作用，与凿井工艺装备的改进和发展有关，从掘砌单行作业、平行作业到短段掘砌混合作业，在凿岩伞钻、大容量液压抓岩机以及整体金属模板的成功应用，混合作业方式日趋成熟，已经成为我国主要的凿井方式。

11.1　掘砌混合作业

立井凿井作业是利用井筒在垂直方向的空间，将爆破破岩形成裸井和井壁砌筑形成井筒结构的过程，在时间和空间上的合理分布，主要是根据地层条件，在地层条件稳定时，采用掘砌单行作业；在深大井筒可以采用掘砌平行作业，由于爆破的影响难以实现根本的平行；对于复杂地层采用混合作业，这种作业方式取消临时支护，目前，国内多以 3m 到 3.5m 段高为主正规循环掘砌混合作业为主，近年来随着装备水平的提高，4m 到 5m 段高正规循环作业逐渐成为主流。

掘、砌单行作业曾是我国煤矿开凿立井最常用的一种施工方式。掘砌平行作业是利用井筒的纵深，这种长段掘、砌平行的作业方式必然会使施工的组织工作和安全作业复杂化。

根据我国煤矿立井开凿逐渐加深、井筒直径加大，凿井施工装备越来越向重型机械化和简化工艺的方向发展的特点。建井分院在井筒工作面装备，包括重型伞钻、大斗容抓岩机、大容积吊桶、大段高金属模板，使掘进与砌壁两大作业有可能同时在井筒工作面上实施。短段掘砌混合作业的基本循环过程：爆破孔钻凿、装岩、爆破、通风、抓岩排矸（渣），当出矸到一个砌壁段高后，在工作面矸石上安设模板并浇灌混凝土，当混凝土浇注完后，即可实施下一个段高的装矸作业，清底后再进行下一循环打眼放炮。有时，在浇注混凝土的后期，可以交叉进行一部分装岩工作。另外，工作面找平，脱模，立模等工序与出矸、清底与凿岩准备工作可实现部分平行交叉作业；由于压风、供水、风筒等管路实行井壁吊挂，井内管路的接长也可安排与打钻工序平行进行。

混合作业方式不受井筒断面，深度和地质条件的限制，取消了要临时支护，掘砌可以适当地平行交叉作业，使掘砌工序在同一循环内完成。工序转换时间少，施工速度快，便于实现综合机械化配套，减轻工人体力劳动强度，可以大幅度地提高立井筒施工速度和施工质量。采用这种方式后，我国的立井施工速度迅速提高。一些施工设备配套合理，工人技术熟练的施工单位，井筒的平均成井速度已超过百米，当前，我国 90% 以上煤矿井筒采用立井短段掘砌混合作业，综合技术和施工速度达到世界先进水平。

正规循环作业是保证建井施工进度的基础，掘进断面、循环进尺、月进度、炮眼深度、提升能力、混凝土浇筑量、每循环炸药消耗量、正规循环率等都是影响循环作业的因素，在综合考虑各工序时间，要根据以上数据计算出循环时间、出矸时间、打眼时间、混凝土浇筑时间、清底时间与清底工作量、装药时间计算，然后根据总循环时间来调整出矸时间和打眼时间，同时要做好凿井装备的配置，最后根据计算调整后的各工序时间进行优化组合，确定正规循环作业的时间。图 11-1 为井筒混合作业凿井循环，图 11-2 为正规循环各工序作业时间图表。

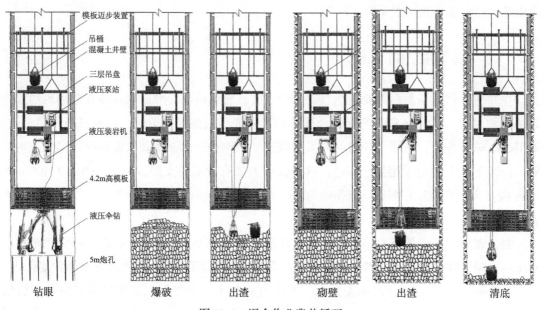

图 11-1　混合作业凿井循环

11.2　掘砌参数选择

立井施工机械化配套，就是根据立井工程条件，施工队伍素质和技术装备情况将各主要工序用的施工设备进行优化，使之能力匹配，前后衔接成一条工艺系统完整的机械化作业线，并与各辅助工序设备相互协调，充分发挥各种施工机械的效能、快速、高效、优质、低耗、安全的共同完成作业循环。各设备之间能力要匹配，主要应保证提升能力与装岩能力，一次爆破矸石量与装岩能力，地面排矸与提升能力，支护能力与掘进能力的匹配。

序号	工程名称	工程量	持续时间/min	打眼班					出渣班						支护班					清底班					
				1	2	3	4	5	6	7	8	9	10	11	12	13	14	15	16	17	18	19	20	21	22
1	交接班		10																						
2	下钻、定钻		20																						
3	打眼	123	180																						
4	伞钻升井		20																						
5	装药联线		50																						
6	放炮、通风		20																						
7	交接班		10																						
8	出渣	244.13m³	350																						
9	交接班		10																						
10	平渣		20																						
11	脱、立模、校正		45																						
12	浇筑砼	59.33m³	180																						
13	清理		45																						
14	交接班		10																						
15	出渣清底	125.77m³	300																						
16	收尾		50																						
17	合计		1320																						

图 11-2　井筒基岩段掘砌施工作业正规循环图表

11.2.1　炮眼深度与掘进断高

一掘一砌的作业方式从理论上讲，一次掘砌段高在有利于井帮稳定和施工安全的前提下，段高越大，掘砌转换和清底的次数越少，效果越好。就施工设备和技术而言，段高要由设备一次最大打眼深度来确定。立井混合作业机械化施工，打眼以伞钻为主，段高 H 应以一次打眼的最大深度 L 乘以爆效率 K，即 $H=KL$。

炮眼深度除受钻具的制约外，还受井筒断面的限制。炮眼加深，爆破受岩石挑掷的夹制作用增大（图 11-3）。我国立井净直径一般为 5~8m，炮眼深度范围为 3.8~5.5m。因此，混合作业的掘进段高取 3.3~4.8m。

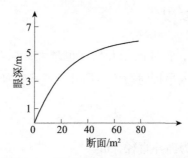

图 11-3　炮眼深度与掘进断面的关系

11.2.2　爆破岩石量与装岩能力

抓岩机的生产能力与一次爆破岩石量有密切关系。炮眼越深，一次爆破矸石量越大，抓岩机连续工作的时间就长，装岩装备清底和收尾时间所占的比例就相对减少，因而获得的平均装岩生产率将有所提高。

抓岩机的生产率变化有两个阶段:第一阶段爆破后岩堆情况较好,高度较高,抓岩机生产率高于平均生产率 20%～30%,而第二阶段岩堆较低,而且部分矸石处于震裂状态,因此其生产率比第一阶段低 70% 左右。一次爆破岩石量增加时,第一阶段的抓岩时间也增加,而第二阶段的抓岩时间基本不变,所以一次爆破岩石量越大,抓岩机的平均生产率越高。提高一次爆破岩石量是提高抓岩机生产能力有效方法。一般要求一次爆破岩石量是抓岩机生产能力的 4～5 倍以上。第二阶段的岩石量与抓岩机的一次抓取量,井筒的断面和抓岩机的叶片数有关,可按下式估算

$$Q=hs=s\sigma\sqrt[3]{q} \tag{11-1}$$

式中, Q 为第二阶段的岩石量,m³; h 为第二阶段的岩石厚度,m; s 为井筒掘进断面积,m²; q 为抓斗容积; σ 为抓斗片数影响系数,6 片时取 0.5,8 片时取 0.7。

11.2.3 提升与装岩能力

抓岩和提升能力的大小对于立井施工速度的影响最大,因此,首先使装岩能力和提升能力匹配。为了充分发挥抓岩机的生产能力,加快出矸速度,减少出矸时间,提升能力应大于抓岩机的生产能力,即 $P_{提}>P_{抓}$。抓岩机的生产能力可由抓岩机技术特征查得。提升能力可由下式计算。提升能力 A_1 为

$$A_1=\frac{3600 \cdot 0.9 \cdot V}{K \cdot T_0} \tag{11-2}$$

式中, V 为吊桶容积,m³; K 为提升不均衡系数, $K=1.25$; T_0 为一次提升循环时间。

提升机提升能力的选择,除了满足抓岩机生产能力外,还要保证伞形钻架等大型设备的有效升降。

11.2.4 吊桶与抓斗容积

随着抓斗容积的不断增大,抓斗的张开尺寸也越大,抓斗装吊桶时的岩石流直径也越大,为了不使抓取的岩石在装入吊桶时撒落吊桶外,抓斗直径与吊桶一般应满足下式

$$d_r \leqslant \frac{d_D}{0.8} \tag{11-3}$$

式中, d_r 为吊桶直径,m; d_D 为抓斗直径,m。

$0.8d_r$ 是从抓斗卸出来的岩石流断面的最大直径(已考虑到抓斗在由桶上方的位置的不对正的情况)。若岩石流断面积大于吊桶,则有岩石撒落。以吊桶口断面积和岩石流面积之比率 P 表示抓斗容积的利用率,则 P 为

$$P = \left(\frac{d_{\mathrm{D}}}{0.8d_{\mathrm{r}}} \right)^2 \qquad (11\text{-}4)$$

当 $P \geqslant 1$ 时，抓斗容积的利用率最高。

11.2.5　地面排矸与提升能力

地面排矸能力一定要满足装岩和提升能力的要求，以不影响装岩提升工作连续进行为原则。排矸方法有自卸汽车排矸和矿车排矸两种。自卸汽车排矸机动灵活，简单方便，排矸能力强，是国内大型矿井用得最多的一种方法。解决在生产中提升和排矸不均衡的矛盾的另一种方法，是在井架卸矸方向设置矸石仓，也可采用落地矸石仓。

11.2.6　支护能力与掘进速度

在现浇混凝土的井筒中，由于采用了液压金属活动模、大流态混凝土、混凝土输送管下料等新技术，使立模、拆模、下料、浇注混凝土等工序实现了机械化，砌壁速度大大加快，使砌壁占整个循环时间的比例在 20% 左右。立井井筒采用锚喷支护技术，井筒支护上整个循环时间，一般为 15% 左右；因此，提高井筒支护工作能力的关键，是选择一套完整的机械化程度高的筑壁作业线，加快其速度，降低其占用施工循环的时间比例。

11.2.7　施工组织方式

井筒的快速掘砌施工，短段掘砌混合作业需要一掘一砌正规循环作保证。采用 4～5m 深孔钻爆法快速掘进，利用 0.6～1.0m³ 大斗容抓岩机抓岩，4～5 m³ 吊桶出渣，3.6～4.2m 整体移动金属模板浇筑混凝土井壁，并辅以其他大型设备实现井筒进行快速施工，一般在涌水量小于 10 m³/h 的条件下，月平均成井速度达 80m 以上。为此，研研发了深井快速施工工艺及施工组织专家系统。

立井施工组织设计专家系统软件采用 Visual basic 5.0/6.0 为开发平台，运行平台为 WindowsXP/Win7、AutoCAD 2002 及以上版本、Office 2000 及以上版本，使用 ActiveX 自动化界面技术实现与 AutoCAD 系统和 Word 系统的链接，自动生成相关格式的文档。在编程中，可以将 AutoCAD 系统和 Word 系统当作 VB 程序中的一个图形窗口对其进行打开、绘图、编辑、打印和关闭等操作。人机对话界面将复杂的程序运行过程置于后台，简化了输入条件，方便了操作人员在短时间内掌握，同时可根据需要随时增加相应的功能模块。

施工组织设计专家系统的主要功能，包括凿井设备选型计算（包括提升钢丝绳、悬吊钢丝绳的选型计算）、凿井设备布置、爆破图表生成、正规循环图表生成、绞车电阻提升机调速电阻配置计算、用电负荷统计、劳动组织、大临工程量（土建、安装）清单等。系统适应于井筒净直径范围在 4.4～12m，井筒深度范围为 1200m 以内，是在通过总结国内许多专家的施工和设计经验的基础上优化设计而成的，具有企业施工和经营管理理念，在使用时应结合企业自身管理水平、经济实力等情况进行综合考虑。

11.3　深孔爆破

11.3.1　深度 3～4m 设计爆破

3～4m 深孔光爆是立井短段掘砌混合作业法的基础，在平顶山六矿北山进风井进行了工业性试验，以 55m 大直径、深度 4m 爆破孔，分段电雷管为基础，采用不同的掏槽方式，实现一次有效爆破深度达到 3～4m，形成相应正规循环进尺。

1. 掏槽方式

掏槽方式是否合理是决定立井深孔爆破成败的关键，它不但影响整体循环的爆破效果，而且影响模板和吊、装设备的安全。在立井短段掘砌深孔爆破试验研究中，对掏槽方式进行了几种方案比较和实验。

1）多阶漏斗式掏槽

多阶漏斗式掏槽已普遍应用于立进中深孔爆破。单阶齐发漏斗式掏槽深度有限，一般以用二阶或三阶掏槽为好。中硬岩石采用二阶掏槽，硬岩采用三阶掏槽。根据以往立井深孔爆破的经验，为克服爆破后呈现反锅底状，对漏斗式掏槽各阶的掏槽深度进行如下改进：加深第一阶深孔深度到 3.4m；第二阶与第三阶炮孔深度到 4m；第一阶与第二阶炮孔在平面内呈星形布置。

2）深孔分段掏槽

深孔垂直分段掏槽爆破与一般分阶漏斗式掏槽爆破相比，它更能充分利用自由面，改善炸药能量与岩体抗爆能力的平衡关系，减小炮孔底部抵抗，因而更有利于提高爆破效率。而且由于其抛掷能力较强，槽腔掏得比较干净，有利于其他各圈炮也的爆破。此外，由于减少了一次起爆炸药量，减少爆破飞石和爆破震动。

2. 药卷与炮眼直径

大立井深孔爆破中采用大直径药卷和大直径炮眼能提高爆破效率，不偶合系数为炮眼直径与药卷直径之比。在采用钻架凿岩的立井，炮眼直径以 51～57mm、药卷直径以 42～47mm 为较佳，这时的不偶合装药系数为 1.2。在周边眼中增大不偶合系数，能降低爆炸应力波在围岩内产生的环向拉应变，增强光爆效果，如采用 55mm 炮眼直径和 35mm 药卷直径，即不偶合装药系数达 1.57。

3. 炮眼深度与爆破效率

炮眼深度与爆破效率应满足短段掘砌混合作业 3.5m 高模板浇注混凝土的需要，并与钻架的钻眼深度相适应,保证一掘一砌。在平顶册立井深孔爆破试验中,由于受伞钻钻眼深度的限制确定,确定炮眼深度 3.9m,掏槽眼深度为 4.0m,爆破效率 85% 以上。试验中实际爆破效率平均达到 87.95%。

4. 起爆顺序

起爆时差是立井深孔光爆中特别重要的参数。多年来的实践表明,当各类炮眼的起爆间隔时间选用不当时,不仅得不到好的爆破效果,反而会增大空气冲击波、往往会造成大量的空炮,砸坏设备,崩坏吊盘及模板。根据国外用高速摄像机对页岩、砂岩、煤层中的爆破过程进行高速报像记录的结果得知,从炮眼不药包起爆到岩石开始移动形成裂缝破成碎块的时间,在一个自由面条件下为 4.3~58.0ms,有两个自由面时为 3~27ms,而由岩石开始移动到巷道开始出现岩块的时间为 4~21.6ms,两者相加则为 8.3~79.6ms(在一个自由面时)。根据试验观察和分析,认为在掏槽眼与辅助眼、辅助眼与周边眼之间的起爆间隔时间必须加大。辅助眼要在掏槽眼爆破后,把岩块抛离原位,开始形成槽腔时才能起爆;周边眼雷管要在相邻内圈辅助眼爆破后,把大部分的岩石抛离原位,已经充分形成自由面时才能起爆,以便取得较好的光爆效果。试验证明,采用 100ms 的爆破时差不但爆破效率好,而且能保证模板的安全。

5. 光面爆破

光爆参数与装药结构

周边眼是实施光面爆破的关键,光面爆破希望周边眼用较小的眼间距、小直径药卷、少装药、药量均匀分布和适当的缓冲系数等。在平顶山立井深孔爆破中采用的光爆参数如下。

1)炮眼密集系数

炮眼密集系数是炮眼间距与最小抵抗线之比,它直接影响光面爆破的效果,其表达式为

$$A=\frac{E}{W} \tag{11-5}$$

式中,A 为炮眼密集系数;E 为炮眼间距;W 为最小抵抗线。

确定炮眼密集系数要确保贯通裂缝的形成条件。如果炮眼密集系数取得过大,即炮眼间距远大于最小抵抗线,径向裂缝在延伸到邻近孔之前已延伸到自由面,切向应力被释放,则就失去形成贯通裂缝的机会;反之,若密集系数取得过小,虽有利于形成贯通裂缝,但自由面方向的阻力过大,有可能爆不下岩石来。根据岩石的硬度裂隙来确定炮眼布置的参数。一般按下式计算

$$W=700\text{mm},\ E=650\text{mm},\ A=\frac{650}{700}=0.93 \tag{11-6}$$

2）不偶合系数

不偶合系数为炮眼直径与药卷直径之比。试验表明，增大不偶合系数，能降低爆炸应力波在围岩内产生的环向拉应变。3～4m 深孔爆破技术，在淮南矿务局谢桥矿矸石进行了深孔光面爆破井下试验，又在平顶山六月矿进行了工业性试验，在井筒涌水量始终在 54m³/h 左右的情况下，三个月共完成掘进循环 35 个，进尺 120.11m，平均爆破效率达到 87.75%。

11.3.2　深度 5m 设计爆破

针对煤矿立井基岩深孔爆破存在的现实问题，从爆破理论研究出发，通过实验室试验、现场试验和数值分析，深入研究煤矿岩石爆破基本理论与应用技术问题，建立了立井基岩 5m 深孔爆破控制技术，进行了立井 5m 深孔控制爆破试验。

采用三维大规模仿真工程模型及其测试系统，结合微观、细观和宏观力学分析，建立了立井深孔掏槽爆破、深孔定向断裂爆破的基本理论；研究深孔大当量炸药爆破对立井围岩、支护结构的破坏机理，形成立井爆破破坏评价标准；研究高效深孔掏槽爆破技术，提出适合立井基岩深孔爆破的合理掏槽形式和掏槽参数；优化周边眼爆破参数，研究深孔、超深孔的周边定向断裂爆破形成技术；解决深孔装药和深孔炸药连续爆轰的关键工程技术问题，提高爆破效率及循环进尺，减少爆破对围岩的破坏，在立井深孔控制爆破应用技术方面取得了新的突破。

1. 爆破掏槽

1）二阶槽孔直眼掏槽

掏槽炮孔爆破破岩采用耦合装药或不耦合装药，一阶槽孔对槽腔内岩石的破碎起主要作用，二阶槽孔克服底部岩石所受夹制作用和增强掏槽效果。一阶槽孔装药起爆后，产生爆炸应力波和爆生气体，在爆炸应力波和爆生气体的作用下，在炮孔周围的岩石中形成以炮孔为中心的径向裂隙，槽腔内裂隙交错发展，将岩石分割成碎块。随后起爆的二阶槽孔内炸药起爆，加强了此效应，最后爆生气体以膨胀做功的形式，从槽腔底部将破碎岩块抛出，形成一个筒形槽洞，为后继起爆的崩落眼提供新的自由面。在径向裂隙形成和扩展过程中，爆炸应力波起主要作用。当 $F<6$ 时，第一阶与第二阶炮孔深度均相同，第一阶与第二阶炮孔在平面内呈星形布置。

2）分段直眼掏槽

分段直眼掏槽就是将槽孔分段装药，顺序起爆。柱状装药分段起爆可减少底部岩石的夹制作用，可克服两阶槽孔同深掏槽在这方面的缺点，更有利于提高掏槽效率。以二分段为例，上段炸药爆破后，为下段创造一个新的自由面，又可使下段炸药利用其在岩石中的残余应力和大量爆生裂隙来增强底部岩石的破碎效果。从微差爆破破岩原理可知，分段掏槽爆破可改善槽腔内岩石的破碎块度，降低大块率，提高装岩效率。以二阶槽孔辅助掏槽，掏槽效果更好。

2. 爆破的周边成型控制

周边眼是实施光面爆破的关键，达到炮眼密集系数、装药结构、起爆顺序合理。炮眼密集系数是炮眼间距与最小抵抗线之比。如果炮眼密集系数取得过大，即炮眼间距远大于最小抵抗线，径向裂隙在延伸到周边相邻孔之前已延伸到相邻辅助眼爆破后形成的自由面，切向应力被释放，从而失去了形成贯通裂隙的机会；反之，该系数若取得过小，虽有利于形成贯通裂隙，但自由面方向的阻力过大，光爆层岩石可能爆不下来。不耦合系数为炮眼直径与药卷直径之比。增大不耦合系数，能降低爆炸应力波在围岩内产生的环向拉应变，施工中在 55mm 的炮孔中装入 35mm 的药卷，不耦合系数为 1.57。

光爆装药结构采用连续装药，孔底阻抗大，孔底装 2~3 卷 45mm 水胶炸药，岩石普氏系数 $f > 6$ 时，中上部另装 2~3 卷 35mm 水胶炸药；岩石普氏系数 $f < 6$ 时，中上部装 1~2 卷 35mm 水胶炸药，顶部采用喷射混凝土小石子（粒径 5~15mm），堵塞 200mm，其余采用石粉灌满。起爆时差是立井深孔光爆中的重要参数，外圈炮孔要在相邻的内圈炮孔爆破后，把岩石抛离原位，开始形成自由面时才能起爆，特别是与掏槽眼周边眼相邻的辅助眼，两者之间的起爆间隔时间必须足够长，才能达到较好的光爆效果，风井井筒施工中采取了连续奇数段号或耦数段号的雷管进行起爆，使起爆时间间隔在 75~100ms，不但取得了良好的爆破效率，而且保证了吊装设备的安全。

炮眼采用反向装药结构，以避免产生大量残眼、残药现象，增强爆炸应力场，提高爆炸冲击波的有效作用，增长爆生气体膨胀对围岩的静力作用时间，故可提高爆破效率。炮眼的堵塞质量对有效利用炸药的爆炸能量，控制冲击波和矸石的飞散，具有一定的影响。施工中采用石粉堵塞炮眼。直至灌满，确保炮眼封闭程度。

构建了基岩 5m 深孔控制爆破关键应用技术体系，从孔网参数和装药量、装药结构、起爆顺序等方面提出了适合立井基岩 5m 深孔爆破的二阶二分段直眼掏槽和聚能药卷周边定向断裂控制爆破等系列技术，实施 5m 左右的深孔爆破时，掏槽方式视岩性、设备配制等而定，基于岩性采用分段直眼掏槽技术，将槽孔分段装药，顺序起爆。柱状装药分段起爆可减少底部岩石的夹制作用，可克服深孔一段掏槽孔的缺点，更有利于提高掏槽效率。以二分段为例，上段炸药爆破后，为下段创造一个新的自由面，又可使下段炸药利用其在岩石中的残余应力和大量爆生裂隙来增强底部岩石的破碎效果。从微差爆破破岩原理可知，两分段掏槽爆破可改善槽腔内岩石的破碎块度，降低大块率，提高装岩效率。考虑到下分段的阻抗大于上分段，因此下分段的装药量要大于上分段，分段间隔时间以 100ms 为宜。以二阶槽孔辅助掏槽，掏槽效果更好，一阶槽孔对槽腔内岩石的破碎起主要作用；二阶槽孔克服底部岩石所受夹制作用和增强掏槽效果。形成了适应立井 5m 深孔爆破安全高效的机械化配套、生产工艺和技术体系。该技术具有爆破效率高，围岩破坏小，在立井凿岩中实现了深孔控制爆破约1200m，其爆破效率平均达到85%～90.5%，周边半眼痕率达83%以上，可满足我国千米立井凿井快速施工的需要。

11.4 设备井壁吊挂

11.4.1 管路井壁吊挂

凿井工程中，需要逐段向下延伸的风筒，压风管、管、供水管等凿井设施，传统的方式是采用稳车地面悬吊，凿井设备井壁吊挂，是取消稳车以井壁吊挂凿井设施。在采用混合作业方式时，利用整体下移固定预埋螺栓，通过将螺栓准确浇注在井壁预定位置，在悬臂梁的末端焊有一带螺孔的板，当需要安装悬臂梁时，用螺母将预埋螺栓同其联为一体，组成一个完整的凿井管路吊挂系统。形成吊挂方式的设计，计算方法和施工技术，包括吊挂方式与混合作业工艺配合和组织，吊挂件的结构形式，预埋螺栓的定位、固定与悬臂梁连接和管路的安装，以及工具、检测等。通过室内和在现场工业性试验，按10.5m一层计算，顺利地预埋螺栓并安装悬臂梁40层，共计420m，卡固风筒（800mm）、压风管（219mm)、排水管（219mm)及供水管（159mm)各一条，利用井壁吊挂管路，减少了井内设施的布置，减少了稳车、钢丝绳和天轮，对混凝输送管的料流运动状态及冲击力进行了实测。预埋构件吊挂凿井管路示意见图11-4。

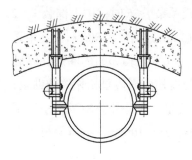

图11-4　预埋构件吊挂凿井管路示意图

采用预埋组合螺栓上固定悬臂梁的方式，代替直接架设悬臂梁或打锚杆的方式。预埋组合螺栓是通过一个中间连接装置（二者组装成一个独立部件）固定在整体下移金属模板上特设的预留口的。在立模找正后，将这个独立部件固定在模板预留口上。砌壁时，这个独立部件中的预埋组合螺栓便被埋设在井壁中。脱模前，卸下中间连接装置，即完成了吊挂管路技术生根构件的预埋工作。悬臂梁与予埋组合螺栓的联结方式是，在悬臂梁的拟联接端焊有连接板，只要把悬臂梁上的连接板插入到预埋在井壁内预埋组合螺栓槽盒内，用螺母将组合螺栓与悬臂梁端的连接板连为一体，就形成了完整的凿井管路井壁吊挂。凿井管路可以通过管卡固定在这些悬臂梁上。预埋组合螺栓的层距可以根据实际所承受的吊挂管路载荷及井壁强度等情况确定。但要以整体下移金属模板高度的整倍数设计。因为悬臂梁是通过螺母与预埋组合螺栓相连，所以，当凿井工程结束后，可以将之方便地拆除。

按井壁固定管路技术中的承载构件与井壁的生根方式不同，可以将采用的井壁固定凿井管路划分为以下几种形式：①利用井内永久钢梁固定凿井管路，采用掘砌安一次成井的作业方式凿井时，可以利用井内的永久罐道梁或永久梯子梁固定凿井管路。这种方法局限性大，只适用于采用掘砌安一次成井施工的井筒。②利用悬臂短梁固定凿井管路，在井壁上预留梁窝或在两段井壁接茬处预留环形槽，将钢梁的一端放入到梁窝或环形槽内，利用喷射混凝土封堵，然后在悬臂梁的自由端固定凿井管路。如平顶山八矿主、副井曾采用此法将风筒、压气管和排水管固定在井壁上。该法承载力大，但安装和预埋钢梁费时费力，且容易出现同一层梁不在一个平面上等定位困难的问题。给接长和安装凿井管路带来极大不便。同时，这种固定凿井管路方式破坏了井壁的整体性。③利用锚杆固定凿井管路，在砌好的井壁上打锚杆孔，安装锚杆和伸缩梁，将凿井管路固定在伸缩钢梁上。徐州张小楼主、副井曾采用树脂锚杆将风筒、压气管、供水管等固定在井壁上。这种方法固定凿井管路，结构简单，适合于任何支护形式的井筒。但是，由于钻凿锚杆孔及安装锚杆需要频繁地升降凿井吊盘，占用井筒掘砌时时，并且锚杆孔定位精度差，给凿井管路的接长及安装带来许多困难。

11.4.2　模板井壁吊挂

为了有效地破解井深带来的凿井难题，有效地减少深井建设的设备投资，将模板稳车钢丝绳悬吊改为井壁自身悬吊。如研制一种圆环式液压迈步架（图 11-5），靠悬吊环水平方向牛腿伸缩到预留梁窝内，可在环架下部用短绳连接模板将其重量悬挂在井帮上。迈步架上的迈步环可由伸缩油缸起升降运动。迈步环水平方向也设有支撑牛腿，起到支撑作用。通过悬吊环和迈步环动作配合可使液压迈步环架拖动下部模板沿井壁作迈步运动从而改变了用大型稳车及深长钢丝绳悬挂模板的施工工艺。

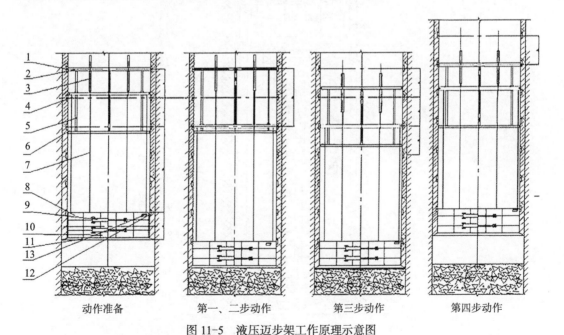

动作准备　　　第一、二步动作　　　第三步动作　　　第四步动作

图 11-5　液压迈步架工作原理示意图

1. 伸缩式牛腿；2. 悬吊环；3. 迈步油缸；4. 迈步环；5. 导向柱；6. 导向环；7. 钢丝绳；8. 模板；
9. 模板伸缩油缸；10. 搭接挡板；11. 模板刃脚；12. 预留梁窝；13. 预留件

液压迈步架工作原理，模板下行砌壁时，如图11-6所示，悬吊环2在第一层梁窝位置，牛腿1伸入井壁的预留梁窝12中撑紧，第一步：当工作面爆破出矸石达到一个支护段高，平整工作面矸石，使其基本水平，用快速接头连通油泵与模板液压油路，开动油泵给模板伸缩油缸9供油，模板主体8收缩脱离井壁，然后给迈步油缸3供油，迈步油缸3伸出，迈步环4通过钢丝绳组7悬吊着模板主体8缓慢下落一个砌壁支护段高，到工作面矸石上为止，由于各迈步油缸3间相互平行且油路是相互连通的，模板主体8下落时有自动找平功能。再给模板伸缩油缸9供油，使模板主体8恢复砌壁直径；如模板主体8还不完全对中找正，可以单独调模板悬吊钢丝绳7，完成模板微调。浇注前先将模板预埋件（13）安装在模板主体上，然后开始浇注混凝土。第二步：待浇注混凝土完成后，给迈步油缸3供油缓慢下放迈步环4达到第三层梁窝位置时，将迈步环4上的伸缩式牛腿1伸入井壁的预留梁窝12中撑紧并受力。第三步：继续给迈步油缸3供油将悬吊环2托起一点，将悬吊环2上的牛腿1收回，收缩迈步油缸3，使悬吊环2下放到第二层梁窝位置时将悬吊环2上的牛腿1伸入井壁的预留梁窝12中撑紧。第四步：迈步油缸3继续收缩使迈步环2上升一点，同时将迈步环4上的牛腿1收回，继续收缩迈步油缸3直到收紧悬吊模板钢丝绳，这样就

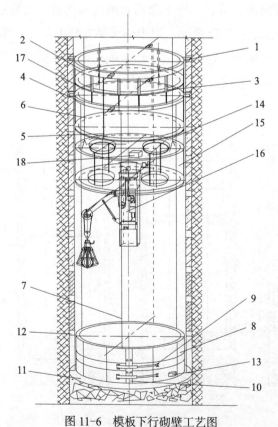

图11-6 模板下行砌壁工艺图

1.伸缩式牛腿；2.悬吊环；3.迈步油缸；4.迈步环；5.导向柱；6.导向环；7.钢丝绳；8.模板；
9.模板伸缩油缸；10.搭接挡板；11.模板刃脚；12.预留梁窝；13.预留件；14.吊盘绳；15.吊盘；
16.液压中心回转抓岩机；17.加强环；18.油泵站

完成一个下行砌壁循环。

11.4.3 吊盘井壁吊挂

东部地区老矿改扩建主要向深部挖潜，西部新建矿井的都达到了千米以上，现有的凿井稳车最大悬吊能力 40t，其最大悬吊深度在 1000m 左右，已经不能满足千米以上立井施工要求。因此，液压整体迈步式凿井吊盘，以井壁作为支撑，实现非稳车悬吊。

液压整体迈步式凿井吊盘荷载由插入井壁预埋盒中的牛腿支撑，吊盘装置可沿井壁做竖直运动，进行砌壁。吊盘由上层盘、加强环、迈步盘、下层盘、迈步油缸、牛腿、立柱、液压泵站及液压控制系统等组成，如图 11-7 所示。上层盘是主要承载盘，盘下方沿环向布置 8 只可伸缩运动的承载牛腿，承受上层盘及其上面设备的重力荷载。迈步盘结构与上层盘基本相同，其径向同样装有 8 只牛腿。加强环起到稳定结构作用。下层盘除原有的安装抓岩机等功能外，还起着增加整个吊盘刚度的作用。立柱起着连接吊盘整体结构及迈步运动时的导向作用。上层盘通过立柱与下层盘连接，迈步盘与上层盘间通过迈步油缸连接。迈步油缸的伸缩，使迈步盘沿着立柱做往复运动，实现迈步功能。模板由钢丝绳悬挂在迈步盘上，随着迈步盘做上下运动。

当迈步式凿井吊盘下行砌壁时，上层盘在第 1 层预埋盒位置，上层盘牛腿伸入预埋盒中撑紧。如图 11-8 所示，吊盘迈步分 4 步：

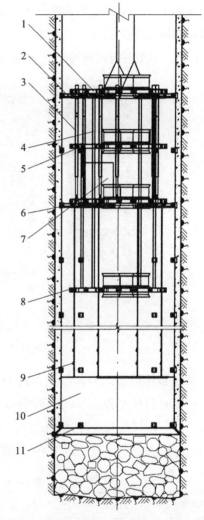

图 11-7 液压整体迈步式凿井吊盘结构
1. 上层盘；2. 牛腿；3. 迈步油缸；4. 立柱；5. 加强环；6. 迈步盘；7. 液压泵站；8. 下层盘；9. 模板悬吊钢丝绳；10. 模板；11. 预埋盒

第 1 步，当工作面爆破出矸达到 1 个支护段高后，平整工作面矸石，使其基本水平；然后用快速接头连通油泵与迈步式凿井吊盘液压油路，开动油泵，给模板伸缩油缸供油，使模板收缩，脱离井壁；随后给迈步油缸供油，迈步油缸向下伸出，迈步盘用钢丝绳组悬吊着模板，缓慢下落到工作面矸石上。

第 2 步，收缩迈步油缸，直到收紧悬吊模板的钢丝绳，使模板找平；再给模板伸缩油缸供油，使模板扩大至井壁直径尺寸。随后将模板预埋盒安装在模板主体上，开始浇筑混凝土。

第 3 步，待浇筑混凝土完成后，收回迈步盘牛腿组，给迈步油缸供油，缓慢下放迈步盘到第 4 层预埋盒位置，将迈步盘牛腿伸入井壁预埋盒中撑紧并受力。

第 4 步，继续给迈步油缸供油，将上层盘托起一点，将上层盘上的牛腿收回。然后收缩迈步油缸，将上层盘下放到第 2 层预埋盒位置，将上层盘上的牛腿伸入井壁预埋盒中撑紧。至此，1 个下行砌壁循环即告完成。

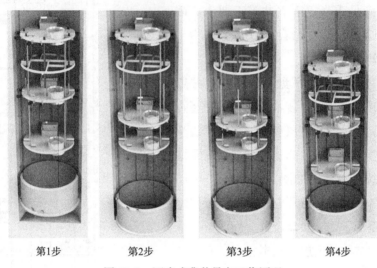

| 第1步 | 第2步 | 第3步 | 第4步 |

图 11-8　迈步式凿井吊盘工作原理

液压整体迈步式凿井吊盘（表 11-1），不用地面稳车悬吊，靠牛腿插入井壁预埋盒中支撑；可自行调平找正和液压迈步移动，节省了稳车及钢丝绳，简化了地面和井筒内设备布置。对迈步式吊盘进行地面试验，建立了实验装置，对液压系统、迈步系统进行了性能、结构、强度方面的试验（图 11-9 和图 11-10）。

表 11-1　迈步式吊盘基本参数

序号	名称	技术参数
1	吊盘直径	$\phi 7.7\text{m}$
2	吊盘总高度	16m
3	总重	100t 左右（包括设备等），原吊盘设计 73t；59t（不含设备）
4	工作压力	16MPa
5	悬吊方式	由牛腿支撑使吊盘悬吊在井壁预埋盒中
6	迈步方式	液压泵站供能推动迈步油缸往复运动，形成上层盘和迈步盘交替迈步
7	迈步时间	1.5m/min

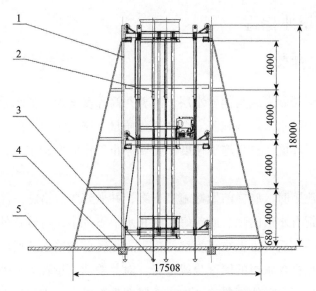

图 11-9 迈步式吊盘地面实验架井筒涌水治理

1.迈步式吊盘地面试验架；2.迈步式吊盘；3.地锚；4.主槽钢混凝土基础；5.混凝土地坪

图 11-10 液压整体迈步式凿井吊盘外观图

11.5 井筒淋水治理

11.5.1 壁后注浆

井筒需要穿越多层砂岩或其他含水层，随着井筒深度增加，涌水累计量不断增加，壁后和井帮都可能出现渗水，影响施工安全和工程质量，制约凿井进度。为保证工程质量和生产安全，改善施工环境，提高施工速度，需要停止工作面掘砌施工，在井筒内实施壁后注浆。

实施井壁壁后注浆时，应提前做好施工方案，并做好应急措施。注浆顺序宜采用上行式注浆，注浆时先把含水层的顶、底封好，防止水上下乱串，对较长的漏水段，首先采用由下往上进行注浆，然后再由上往下复注一次。进行壁后注浆，还要注意一些问题：壁后注浆的施工顺序应根据含水层的厚度分段进行，对井壁涌水量较大的井筒，应先自下往上逐段进行堵封，然后再由上往下复注一次。在竖向裂隙发育含水层地层注浆时，由于岩石形成过水通道。注浆时先把含水层的顶、底封好，防止水上下乱串。注浆孔的数量根据堵水需要确定，各注浆孔的有效扩散半径应相交，注浆孔一般应错开排列，均匀布置。注浆孔深度应根据不同注浆对象而定，如果对岩层裂隙进行注浆时，注浆孔必须穿过井筒，孔深应等于或大于1~1.5倍的井壁厚度，当注浆段壁后为含水砂层时，为避免透水涌砂，则注浆孔不准穿透井壁，只进行壁内注浆以达到封水目的。注浆管埋设要牢固，管壁与孔壁之间要充填密实，以防喷浆。钻孔周围的井壁裂缝进行糊缝处理，埋设导水管（兼作注浆管），用水泥-水玻璃胶泥充填。注浆过程中为防止注裂井壁，布置注浆孔的同时布置泄压孔，及时释放壁后压力，同时提高注浆封孔效果。

工程实例：安居煤矿副井井筒设计净直径为 $\phi 6.0m$，掘进直径为 $\phi 6.9m$，总深度1008.0m，井口标高+38.0m，基岩段支护形式为素混凝土支护。根据副井井筒检1孔地质资料：副井井筒 -350~-503m 穿过的基岩主要为侏罗系 J33 段和二迭系石盒子组上段，该段砂岩含水层比较集中，岩层竖向裂隙较发育，形成过水通道。井筒施工至449m时，井筒涌水量已经达到62.6m³/h，注浆段位于井深350~449m，注浆段长度99m，井筒揭露岩性主要为中砂岩、细砂岩、粉砂岩、细砂岩、中砂岩，其中揭露砂岩含水层共4层，累计厚度93m。根据检孔地质资料，该段含水层岩性以浅灰白色，波状层理，水平层理，局部斜层理，成分主要为石英、长石，局部夹粉砂岩薄层、细砂岩薄层，夹泥岩、粉砂岩包裹体，岩层竖向裂隙发育。方解石充填、半充填，含水，地层倾向N35E，岩层倾角10°~15°。砂岩含水层厚度6~20m不等，出水形式主要为砂岩裂隙水，属砂岩裂隙承压含水层，单层涌水量8~20m³/h。

根据井筒揭露的砂岩含水层和隔水层厚度情况，注浆为段高4m，从 -449m 出水点位置自下往上依次往上进行，每个段高布置4~6个注浆孔（注浆堵水段为 -350~-449m）。

钻凿注浆孔采用 YT28 型气腿式风动凿岩机，钻孔直径 $\phi42mm$，孔深不低于 1500mm（穿入岩石不低于 1000mm）。浆液材料采用单液水泥浆和水泥－水玻璃双液浆，选用 2TGZ-60/210 型注浆泵分层对井壁进行注浆，注浆范围控制在含水层及其上下 2m 范围。

注浆顺序采用上行式注浆，从井深 449m 开始至 350m 依次往上进行封堵，由于该段砂岩含水层竖向裂隙发育，形成过水通道。注浆时先把含水层的顶、底封好，防止水上下乱串，对较长的漏水段，首先采用由下往上进行注浆，然后再由上往下复注一次。注浆主要以封堵裂隙水为目的，注浆压力应比静水压力大 0.5～1.5MPa，以不引起井壁开裂凸起为原则。为防止压力突增造成井壁破坏，每段注浆时，应先在每段井壁接茬位置埋设两根注浆管兼作泄压孔。

实施壁后注浆后，该井筒内的涌水量降至 3m³/h 以下。实践证明，井筒壁后注浆是一种有效的防治水方法，采用壁后注浆可以有效地将地下含水层的涌水封堵于壁后，同时还起到加固井壁的作用。

11.5.2　截导排治水技术

在井筒掘进过程中，通过对涌水的实施截、导、排综合治理，达到立井施工中取消吊泵、工作面涌水控制在 10m³/h 以下，从而降低排水费用，改善工作面条件，加快立井掘进速度，确保井壁施工质量。在鸡西矿务局进行两次井下工业性试验，井筒平均涌水量均大于 50m³/h 的条件下，采用吊泵排水难度较大，改而采用井内截、导、排的综合处理技术，提出了在不同条件下的四种排水方式及设备配置，设计了三种截水槽、吊盘截水折页、挡水帘、水箱及转水吊桶等方法，使工作面涌水保持在 10m³/h 以下，提高凿井速度和效率，保证了工程质量。在进行的两个井筒工程中，治理后工作面涌水控制在 3～4m³/h 和 5～6m³/h，达到 5 个月平均月进 115m 和 120m 的速度，创造了最高月进 187.5m 和 201m。

11.5.3　工作面快速注浆

北京建井分院完成小孔多孔工作面快速注浆法的研究，改变了"小孔多孔"的技术途径，转而采用潜孔钻机钻凿注浆孔，实际是走的"大孔（$\phi90mm$）少孔（6～10 个）"的技术道路。经过近五年的工作，主要研制出了以 4 台 QZJ-100D 潜孔钻机为主构成的 HZ-100/35 型注浆钻孔机组，经峰峰矿区梧桐庄矿副井工程三个注浆泵的工业性试验表明，该机组结构简单，性能可靠，操作容易，拆装方便，钻进效率高，使注浆辅助作业时间缩短了 75%。从而走出了长期以来工作面注浆打注浆孔速度慢、工期长的困境，为立井工作面快速注浆技术奠定了扎实基础。

（本章主要执笔人：龙志阳，李俊良，刘志强，张云利，谭杰，宋朝阳）

第12章

立井凿井装备

凿井装备是井筒施工过程中所用的设备，用于井筒掘进的凿岩、爆破、抓岩、提升、砌壁、通风、排水、悬吊、压风等用途。建井分院和南京煤研所参与大部分凿井装备的研究，凿井装备包括提绞和运输、掘进和支护两类装备，提绞和运输装备是井筒施工期间用于提升和悬吊井下主要装备的装备，包括凿井井架、提升机、凿井稳车，以及吊桶设施。掘进和支护装备包括凿岩伞形钻架、抓岩机、整体模板和辅助工作的吊盘，随着建井工程的大量开展，凿井装备也有较大改进。进入 21 世纪，建井分院在液压装备上做了大量工作，形成以集中液压泵站为核心的液压凿岩伞形钻架、斗容 1.0m³ 的中心回转抓岩机、液压控制的整体金属模板，以及非悬吊的液压迈步式吊盘等。

12.1 提绞和悬吊装备及设施

提绞和运输装备用于井筒施工期间，提升人员、矸石、材料设备等，悬吊井下风筒、模板、吊盘、管路、缆线等，由地面凿井井架、提升机、凿井稳绞和吊桶等构成。

12.1.1 凿井井架

1. V 型凿井井架

将 IV 型适用井深由 800m 增到 1100m，井架设置双层天轮平台，主提为 5 m³ 吊桶双钩提升，考虑稳车型号不宜大于 40t，吊盘采取四绳悬吊，全部悬吊静荷载 586.022t。天轮布置方便，在上层平台上，以布置决定井架高度的主提升及稳绳天轮为主，下层平台高度取副提升所要求之高度。这样可以根据具体情况，将副提升天轮布置在下层或上层平台，下层平台尺寸随上层平台角柱跨距增加而大于上层平台，能将全部悬吊设备由井架两侧对称出绳，从而提高了井架适用范围。

2. V2 型凿井井架

由于井架高度低，虽然增加了下层天轮平台，而单位荷载用钢量仍较少。井架桁架结构井架角柱跨距考虑了冻结孔在井口的布置和井架偏离井筒中心最大距离 500mm，卸矸石高度根据溜矸槽尺寸选取，天轮平台高度按主、副提升要求，上层平台高度 $H_1 \geqslant 7+2.5+5.835+6+0.75=22.085$m，下层平台高度 $H_2 \geqslant 7+2+0.24+4+0.5=17.74$m。下层平台尺寸根据衔架片倾角及上层平台尺寸来确定。

当悬吊设备从井架两侧对称出绳时，天轮平台布置如图 12-1 所示。钢丝绳水平拉力及井架受力分析可看出由于双层天轮平台便于调整出绳方向，使井架在三种荷载组合时，钢丝绳水平拉力 S_x 在 X 轴上的代数和 $\mathrm{E}S_x$ 均较小，表示井架受力不均衡程度之 C 值及各钢丝绳水平拉力对井架扭矩总和 $\sum M_v$ 也很小。

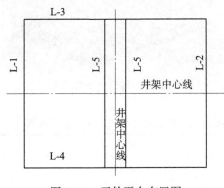

图 12-1　天轮平台布置图

3. Ⅵ型凿井井架

采用Ⅴ型井架的结构形式，包括天轮房、位于天轮房下面与天轮房连接的天轮平台、位于天轮平台下与天轮平台连接的主支撑梁、水平支撑梁、斜支撑梁和扶梯六大部分组成；天轮平台由主梁 L-1、L-2、L-3、L-4 各一根，L-5 两根共 6 根主梁组成，比传统的Ⅴ型井架增加了一根主梁 L-5。天轮平台是由四根主梁连接成的矩形平台，在矩形平台的中心垂直于井筒中心线还连接有两根主梁；主支撑梁共 4 根，相邻两根主支撑梁间通过水平支撑梁连接、主支撑梁和水平支撑梁组合连接成塔式架。若干根斜支撑梁连接在主支撑梁和水平支撑梁之间。

Ⅵ型凿井井架技术参数角柱跨距 17.55m×17.55m，天轮平台尺寸 9.05m×9.05m，天轮平台高度 26.678m，由基础顶面至翻矸平台中线的高度 10m，井架重量（不包括天轮房和扶梯）94422kg。

12.1.2　10t 凿井绞车

单滚筒、双滚筒 10t 移动式凿井绞车（图 12-2）采用可移动复用的拼装式混凝土基础，该基础采用混凝土方块体，积木式拼装，埋深 1m，基组的总重量为提吊能力的 3.2 倍，基础对地的压应力小于 $9.8×10^4$ Pa。通过模拟试验、拼装试验和工业性试验的验证，基础具有足够的强度、刚度和稳定性。移动式凿井绞车采用环面蜗杆传动，浮动瓦块式安全制动器、整体框架结构基础，提升能力强，运转平稳，使用安全可靠，增大了容绳量，增设了集中控制装置，便于多机控制，技术参数见表 12-1。

图 12-2　移动式凿井绞车

表 12-1　移动式凿井绞车主要技术参数

型号	JZD-10/800	ZJZD-10/800
钢丝绳最大静拉力 /kN	100	2×100
容绳量 /m	800	800
钢丝绳直径 /mm	31	31
钢丝绳平均速度 /（m/s）	0.05～0.1	0.05～0.1
电动机功率 /kW	18.5	40
绞车重量 /kg	7803	14616
配置基础块数量 / 个	6	12
基础块单重 /t	4	4
基础块尺寸（长 × 宽 × 高）/m	1.2×1.2×1.3	1.2×1.2×1.3
基础重重量 /t	24	48

12.1.3　底卸式吊桶

底卸式混凝土吊桶[3] 采用了门锁形式的闭锁装置，保证了闭锁的安全可靠性，而且便于操作，只需将操作手把向闭锁装置内推入，闭锁即可自动完成，因而有效地防止由于操作者遗忘使用闭锁装置造成危险，闸门启闭的操作力不大于 400N，提高了密封性能，浆液无泄露，底卸式吊桶的技术参数见表 12-2。容积 2.4～4 m^3 底卸式吊桶与的 2.0m^3 以下吊桶形成系列，大容量底卸式混凝土吊桶见图 12-3。

表 12-2　底卸式吊桶主要技术参数

容积 / m^3	出料口尺寸 /mm	自重 /kg
2.4	400×500	1300
3.2	450×500	1600
4	450×550	2100

图 12-3 大容量底卸式混凝土吊桶

12.1.4 乘人吊罐

乘人吊罐主要用于交接班及井筒固定管路时的人员上下及常用材料、小型工具的运输。在深井凿井施工中主、副提升机均为人员和矸石的混合提升，交接班都需四次摘挂钩与矸石吊桶交替使用，若采用乘人吊罐，主提升专门用于矸石提升，对于相同能力的提升机可以增加滚筒的容绳量，同时增加了运输的安全性。

乘人吊罐罐体采用圆形（图 12-4），外形与相应的矸石吊桶相同，可满足同一提升设备根据不同的用途．可吊挂矸石吊桶，也可以吊挂乘人吊罐。吊罐顶部为悬吊装置，整个罐体下半部用钢板全封闭，上半部用装饰栏杆焊成半封闭状。在保证乘罐人员安全的前提下，可减轻罐体重量，并使罐体美观实用。拉门位于罐体侧面，门上设有机械闭锁装置和滑轮装置。滑轮顺着焊在罐体上的导轮架滚动，而使悬挂着的拉门能自如的移动。罐体顶部设有顶盖门，通常是关闭的。当吊罐需运送长杆件时，可打开顶盖门，将杆件伸出顶盖。主要技术参数，额定乘载人数 8 人，额定载荷 1000 kg，效面积 1.6 m^2，外径 1450 mm，高度 2440 mm，最大高度 2840 mm，总质量 1065 kg。

通过对吊罐主要承载零部件受力分析、强度计算，对活动件的机械分析、结构设计，并结合吊罐的使用工况进行了精心设计，对材料进行了无损探伤等一系列试验，保证罐体的强度和安全性能。乘人吊罐的使用避免了在深井施工中主、副提升机采用人员和矸石的混合提升，提高了上、下井人员的舒适性和安全性。GDR-8 型

图 12-4 GDR-8 型乘人吊罐

乘人吊罐在井筒施工中应用，吊罐的启动、运行、停止各过程中均没有出现晃动、摇摆、转动等不正常现象，吊罐运行平稳，乘坐人员感觉舒适、平稳。

12.2 掘进和支护装备

掘进和支护装备是布置在井筒内，用于凿岩、抓岩、砌壁、排水、通风、压风等工作的装备，包括伞钻、抓岩机、模板、吊盘等。

12.2.1 凿岩钻架

1. 模板固定钻架

短段掘砌采用的整体移动金属模板，在模板上安装数个凿岩动臂，需要钻进炮眼时将数个带推进器的钻臂下放到井底，连接吊挂在模板上的动臂上，分区完成工作面钻眼工作，结束后将单臂钻与动臂脱钩，钻臂由专用的提升架提升到地面，模板上的凿岩动臂则旋转到紧贴模板，加上一些防炮崩措施，动臂同模板一样不会因爆破而损坏，从而实现以导轨式凿岩机完成工作面炮孔钻进的一套结构，模板固定式钻架结构如图 12-5 所示。模板固定式凿岩钻架能满足直径 4～8m 井筒凿岩施工，根据总体参数确定的原则要求，LBM 型模板固定式凿岩钻架共分为 4 个规格，其主要技术参数见表 12-3。

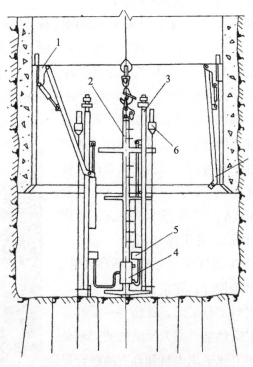

图 12-5 模板固定式钻架结构示意图
1.支撑臂；2.中心立柱；3.推进器；4.动臂；5.气水系统；6.操作台

表 12-3 LBM 型模板固定式钻架主要技术参数表

型号	LBM3	LBM4	LBM5	LBM6
适用井筒净直径 /m	4~5.0	5.0~6.5	6.5~7.0	7.0~8.0
推进器臂数 / 个	3	4	5	6
提升总重 /t	3.0	3.8	5.0	6.0
总耗风量 / (m³/min)	≤28	≤35	≤42	≤50
高（收拢后）		6000		
外接圆直径 /mm	1500	1600	1700	1800
推进行程 /mm		4000		
动臂摆动角度 / (°)		150°		
动力形式		气动 - 液压		
推进器形式		YGZ70(或 YGZ50)		
数量 / 个	3	4	5	6
钎尾 /mm		中空六角 25×159		
钎头 /mm		ϕ38-55		
液压系统工作压力 /MPa		21		
使用气压 /MPa		0.5~0.7		
使用水压 /MPa		0.3~0.5		

　　钻架环以模板作为钻架环结构，固定式凿岩钻架，在模板上口均匀分置 3~6 个摆臂支座，摆臂的支座直接固定于模板组合槽钢上，摆臂可绕摆臂支座旋转 170°，摆臂宽约 450mm。

　　数组动臂均布在模板周围。每组动臂由大臂、支撑液压缸、摆臂和销轴等部件组成，如图 12-5 所示。摆臂的支座用螺栓固定在模板组合槽钢上。大臂体内布置操纵动臂工作的液压管路。大臂体为 16 槽钢或 14b 槽钢对焊而成。

　　单臂钻的结构与伞钻中一个动臂吊挂的那一部分结构基本相似。导轨推进器提供凿岩机钻凿炮孔时的推进力和拔钎力，并承受凿岩机凿岩时的反作用力，还具有导向作用，使凿岩机能按要求钻凿不同角度的炮孔。凿岩机附在其上，凿岩机技术特征见表 12-3。

　　推进器的推进方式有气马达-螺旋副、气马达-链条和液压缸-钢丝绳等 3 种，根据国内使用的实际情况和这次新型钻架的总体要求，选用气马达-螺旋副方式。因此推进器主要由气马达、减速箱、螺丝杆、滑轨、滑架扶钎器和升降补偿液压、操纵阀等组成。推进器推进长度定为 4.2m。

　　钻架的气、水、液压系统管路和总分配器设计布置在提升架上，然后分成若干条支管接到各单臂钻上。与单臂钻采取快速接头方式连接。液压系统的动力源为模板脱模液压泵，采用与伞钻类似的操作方式。

　　提升架主要用于单臂钻的上下井运输。并根据其在本钻架系统中所起的特殊作用，提升架设计上考虑有放置单臂钻的位置，并设有使单臂钻与动臂迅速摘挂的机构（在提升架上可站人进行摘挂钩）。提升架由立柱，上、中、下 3 层盘和夺钩环等组成。提升架自身质量控制在 10000kg 以内，主要技术参数见表 12-4。

表 12-4　钻架配用的国产凿岩机技术参数

项目	型号			
	YGZ70	YGZ90	YGZ55	YGZ50
回转马达类型	气动	气动	气动	气动
重量 /kg	70	95	53	50
外形尺寸 /mm	800×230×210	876×355×303		595×194×188
中心至顶面高度 /mm	80			90
总耗风量 / (m³/min)	7.5	11.0	6.5	8.0
冲击部分冲击能 / (N·m)	10	20	8	11
冲击频率 /Hz	>42	>33	40	>45
缸径 /mm	110	125		100
冲程 /mm	45	62		-50
气压 /MPa	0.5～0.7	0.5～0.7	0.5	0.5
耗气量 / (m/min)	4.6			
回转部分扭矩 / (N·m)	65	120	100～150	70
转数 / (r/min)	300	250	200	200
耗气量 / (m³/min)	2.9			
液压工作压力 /MPa				
液压流量 / (l/min)				
噪声水平 /db(A)	122		110.3	115
孔径 /mm	38～50	50～80	38～50	38～46

摘挂钩作业是在提升钩头将提升架下放至井底工作面停稳后，工人沿梯子爬至提升架上盘，用吊盘上下放的一个专用夺钩换下提升钩头，将提升架移动到井筒中心位置。然后，将动臂与单臂钻迅速挂钩，由动臂将单臂钻移至打眼位置，开始凿岩。全部凿岩工作完成后，动臂将单臂钻送回提升架并将其锁定在提升架上。最后由提升钩头将提升架提升到地面，再由地面夺钩系统将提升架移至井口检修操作间维修保养。在动臂端部有带螺栓孔的夹板，单臂钻上部有一悬臂轴，挂钩时移动单臂钻，待悬臂轴与夹板轴槽吻合后，用螺栓将夹板压紧，使动臂与推进器联结在一起。

2. 伞形液压钻架

立井井筒凿岩普遍采用气动伞钻凿岩，存在凿岩速度慢、噪声大、能耗大以及作业环境差等问题。因此，需要液压驱动的伞形钻架及液压凿岩机。其中 SJDY4-8 液压凿岩伞钻，采用液压自动平移装置，提高了凿岩机移动定位的速度，保证凿孔的垂直精度；液压缸-钢丝绳行程倍增推进系统，使凿孔深度增为 5m，相对风动伞钻钻孔深度增加了 1.0m；合理的钻架结构使推进器摆动角增大至 150°，使每个钻臂在凿孔时布置更加灵活。SJDY4-8 液压伞钻技术参数见表 12-5，凿岩钻架及液压泵站见图 12-6。

SJDY4-8 液压伞钻，凿岩耗能低，一般气动伞形伞钻采用 2 台 40m³/min 空压机作为动力，电机功率为 500kW，而液压伞形伞钻，液泵压站总功率 120kW，能耗不到气动凿岩机的 1/3。凿岩速度快，在同类岩石和相同孔径的条件下，气动凿岩机凿速是 0.5～1m/min，液压凿岩机的凿速是 1～3m/min。钻具损耗少，由于液压压力比气动压力高 10 倍左右，在同样冲击功率时液压凿岩机活塞受力面积小，冲击活塞面积接近钎尾面积，应力传递损失小，受力均匀，寿命提高。

图 12-6　SJDY4-8 型凿岩钻架及液压泵站

表 12-5　SJDY4-8 型凿岩钻架技术参数

项目	参数
适用井筒净直径 /m	5.0～8.0
推进器臂数 / 臂	4
提升总重 /t	8.5
总功率 /kW	≤120
高度 /mm	8000
收拢后外接圆直径 /mm	1900
一次推进行程 /mm	5000
动臂摆动角度 / (°)	150
动力形式	电动 - 液压
推进器形式	油缸 - 钢丝绳
凿岩机型号	HYD200
凿岩机数量 / 台	4
钎尾形式	R38
钎头形式 /mm	ϕ55
液压系统工作压力 /MPa	16
使用气压 /MPa	0.5～0.7
使用水压 /MPa	0.6～1.2

12.2.2　抓岩机

立井抓岩机从早期的 NZQ2-0.11 型抓岩机开始，抓岩能力仅为 8～12m³/h。随着井筒直径增加，又研制 HK-6 型、HK-4 型靠壁式抓岩机，HZ-6 型、H-4 型中心回转式抓岩机，HH-6 和 2HH-6 型环形轨道式抓岩机。这三种抓岩机的技术性能参数见表 12-6。HK 型靠壁式抓岩机由地面稳车单独悬吊，不受吊盘影响，但每次作业前需将机身通过锚杆固定在井帮上。当井帮围岩松软时，抓岩机很难固定。HH 型环形轨道抓岩机的环形轨道尺寸固定，不能适用于不同井径的井筒，在抓岩时常出现环形轨道随吊盘倾摆，致使抓斗不能到位投抓。HZ 型中心回转抓岩机性能可靠、机动灵活、故障率低，适合不同井径的井筒使用。

表 12-6　三种结构抓岩机的主要技术性能

参数名称	HH-6	HZ-6	HK-6
额定生产能力 /（m³/h）	50	50	50
抓斗容积 /m³	0.6	0.6	0.6
抓斗重量 /kg	7710	10410	7340
抓斗张开直径 /mm	2130	2130	2130
抓斗闭合直径 /mm	1600	1600	1600
提升马达功率 /kW	18.75	18.75	2×15
耗气量 /（m³/min）	15	17	30

1. 液压抓岩机

为了提高抓岩机工作效率，研制了液压中心回转抓岩机，以液压驱动代替压风驱动，以液压集成控制、集中操纵的方式，实现了抓斗的升降、回转、变幅、抓岩等机构的各项运动，抓岩机的提升能力增加，可以提升容积为 1.0m³ 以上的抓斗，抓岩生产能力达到 80m³/h 以上，液压抓岩机与气动抓岩机性能指数见表 12-7。

表 12-7　HZY 液压抓岩机与气动抓岩机性能比较

技术特征	型号			提高性能内容
	HZ-4	HZ-6	HZY 型液压抓岩机	
井筒净直径 /m	4～6	φ6～7	6.5～7.5	—
抓岩能力 /（m³/h）	20～25	30～36	60～80	增加 60% 以上
抓斗容积 /m³	0.4	0.6	1	—
总质量 /kg	7710	10410	19500	—
动力驱动形式	压缩空气	压缩空气	液压驱动	—
消耗功率 /kW	120	180	55～75	节约能耗 2 倍以上
工作时噪声 /dB	120～125	120～125	约 110	降低噪声 10 左右

渣斗容积为 1m³ 抓岩机的机，采用液压中心回转式，由于机器的动力机构由气动变为液动，机器提升重量由 35kN 增为 60kN，提升、回转、变幅、抓岩等各运动机构的传动形式和构件承载能力都发生了巨大变化，通过对各运动机构的液压执行元件（液压马达、液压油缸、活塞、液压控制阀）、齿轮传动机构、连杆传动机构的动力参数和运动参数进行可靠的分析，对相邻部件的连接形式及动静态关联尺寸做出明确的界定，形成了（图 12-7 和图 12-8）的总体方案。

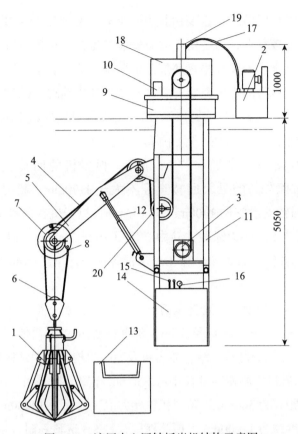

图 12-7 液压中心回转抓岩机结构示意图

1.抓斗；2.液压泵站；3.提升绞车；4.钢丝绳；5.悬臂；6.动滑轮；7.定滑轮；8.固定环；9.回转机架；10.回转液压马达；11.主机架；12.推力油缸；13.吊桶；14.司机室；15.操纵手柄；16.压力表；17.液压管路；18.上支撑板；19.下支撑板；20.定滑轮

图 12-8 大型中心回转式抓岩机整机及抓斗

$1m^3$ 抓岩机采用中心回转式，主要由提升、回转、变幅三个主要机构和抓斗等组成。提升机构和回转机构比较复杂，为了便于井下安装和维修，布置在吊盘的底层盘面，抓岩机靠回转机构的回转支承座安装在吊盘底层盘的两根钢梁上。由于抓岩工作的需要，机身伸到底层盘的下方，在机身的正前面装有臂杆和两个变幅油缸，机身里面还装有多路换向阀，在机身的下端连接有司机室。抓岩时，用安装在吊盘底层盘上的支撑装置撑紧井壁，稳固吊盘。随着井筒的下掘抓岩机随吊盘下降。

抓岩机按照适合凿井净直径 6～7.5m 确定，抓岩机的回转直径，即机器转动部分（臂杆和推力油缸除外）的最大回转直径不大于 1170mm；机身和司机室断面尺寸 960mm×1070mm；回转支承座位 1400mm×1170mm。抓岩机在吊盘上偏离吊盘中心安装时，安装位置应使回转支承座边缘距井筒中心保留 100～200mm，留出井筒中心的测量孔需要。净直径 7.5m 的井筒可布置 $5m^3$ 和 $4m^3$ 吊桶各一个，净直径 8m 以上的井可布置 $4m^3$ 或 $5m^3$ 吊桶两个。

抓岩机臂杆打开最大幅度（即臂杆全打开时，抓斗自然下垂，抓斗中心到抓岩机机身中心线的距离）定为 3225mm。净直径 7.5m，荒直径 8.5m 的井筒使用该机抓岩时，不需甩斗就能抓到净直径 7.5m 处的矸石，结合抓岩机及变幅机构臂杆的结构设计确定的。净直径 7.5m 的井筒中，当抓岩机中心偏离井筒中心 850mm 布置，抓斗张开最大半径为 1375mm，井筒荒径至抓斗外缘距离为 500mm。若司机室距井底工作面为 12000mm，此时臂杆头部以下悬吊抓斗的钢绳长度约为 12000mm。抓斗抓取荒径 8.5m 矸石时，钢绳偏摆角 2.39°，甩斗形成的偏摆角一般不大于 5°，抓岩机在净直径 8m、荒径为 9m 的井筒中使用。钢丝绳的偏摆角仅为 4.76°，在净直径 8m 的井筒中仍可使用。

液压抓岩机以差动油缸取代汽缸，使抓斗张开速度快，抓岩效率高；抓斗重心低，插入性能好，抓满系数高。液压驱动能耗少，机组的提升、回转、变幅和抓岩用液压传动代替了气压传动，简化了机组结构，液压抓岩机动力能耗仅为气动抓岩机的 1/3，使整机重量降低了 2000kg。噪声可降低 10dB 以上，改善抓岩作业环境。由多路阀集成控制和先导阀集中遥控操纵的液压控制系统可以实现机组的单项或双项复合运动，机构中设有安全保护装置，传动平稳，工作安全可靠；司机室的座椅、操作手柄采用人性化设计，降了工人的劳动强度低。液压抓岩机具体结构为：

（1）提升机构：提升机构是一台液压提升绞车，用于抓斗的提升和下放，设计了专用的由液压马达驱动齿轮传动提升机，液压马达提升绞车减速机具有减速比大，传动效率高，结构紧凑，体积小、重量轻、故障少、寿命长、运转平稳、可靠、噪音小、过载能力强、耐冲击、惯性力矩小，适用于抓岩机提升机构启动频繁和正反转等的特点。

（2）回转机构：回转机构用于完成抓岩机的回转运动。回转机构由液压马达带动的星行齿轮传装置和回转支撑座组成。回转支承座安装在吊盘的底层盘钢梁上，其上固定有内齿圈；回转装置的出轴上装有与齿圈啮合传动的小齿轮。支承座和回转体设计为钢板焊接的箱型结构，重量轻，强度和刚度好。回转体与联结板、回转机构与机身都用高强度螺栓和新型标准防松螺母连接，定位销定位。减速机内设有限矩器，当回转停止时，若回转惯性过大，限矩器可保证回转机构的安全。

（3）机身及变幅机构：机身是抓岩机的躯干，是抓岩机工作过程中的主要承载结构。机身结构我们采用了桁架式正方形截面形式。四根主柱（弦杆）均为由两根 L160mm×100mm×10mm 的角钢焊成的等截面箱型结构。桁架的两侧面为主桁架，承受着最大作用力，采用了斜倾杆式结构。臂杆是变幅机构的大臂，也是抓岩机的主要受力构件。设计成由钢板焊接，呈双向变截面的箱型结构件。变幅机构通过推力油缸的升缩使臂杆打开和收拢。推力油缸为柱塞油缸，因为竖井内工作条件恶劣，所以选用了长江液压件厂生产的标准油缸，该油缸前腔也进油，为差动油缸，从而根除了油缸前腔不进油，而使竖井内的潮湿空气、水和粉尘等进入油缸使油缸易锈蚀的弊病。

（4）抓斗：抓斗是斗容 1m³ 的新型液压动力抓斗，液压油缸活塞运动带动抓斗机构张开、闭合，不仅使抓岩能力提高 70%，而且比气缸活塞运动机构减少重量 600kg，同时可以降低噪音 15dB。该抓斗设计的中心较低，不易倾倒。

（5）司机室：抓岩机工作时，司机需将头伸出司机室外观察抓岩情况，将司机室前面设计成了向内凹 250mm，可有效地防止臂杆收拢时碰司机的头。

（6）液压系统：液压系统是液压抓岩机的关键技术，由于其使用的环境恶劣，系统在满足规定的性能指标外，还需克服井下由于缺水（无法使用水冷却器）、严格防爆、灰尘多、维修不便等困难，因此液压系必须节能、高效率才能减少系统发热量，避免使用防爆阀要尽量减少使用电控元件，液压阀、管接头和胶管等要耐脏耐磨，抓岩机液压元件的安装要集中、有序并留出检修空间，只有达到以上要求才能为实际应用做好准备。

2. DTQ 型系列抓斗

DTQ 型系列抓斗是为了满足中小直径井筒施工选型配套需要，按照通用抓斗行业标准研制 0.2m³、0.4m³ 和 0.6m³ 通用抓斗系列（技术参数见表 12-8），由抓瓣、耳盘、拉杆、气缸活塞机构、钟罩、悬吊机构及气控系统等部件组成。汽缸为扣压式薄壁结构，抓瓣为等强度结构，抓尖为三重耐磨复合强化结构，回转副为等寿命结构，抓斗强度高、耐磨性好；机构设计独有创新、抓斗机构为具有多活动的组织结构，不论遇夹石或卡阻；抓斗既可与机械操纵式抓岩机配套，又可作为长绳悬吊式抓岩机抓岩。能够用于立井掘进中抓取井下爆破后的松散岩石、矿石或冻土，作为矿山立井开拓用的各种形式抓岩机配套，也能够与地面抓取松散物料的其他机器配套。DTQ 型系列抓斗井筒净径 3m 以上井筒，岩石块度不大于 500mm。

表 12-8　DTQ 型系列抓斗技术参数

技术特征	数据		
抓斗容积 /m³	0.2	0.4	0.6
工作压力 /MPa	0.5~0.7	0.5~0.7	0.5~0.7
一次抓岩循环公称耗气量 /m³	0.7~1.2	1.2~1.8	1.5~2.5
抓片数量	6	8	8
气缸直径 /mm	400	500	600
活塞行程 /mm	400	505	580
抓斗比能耗 / (J/L)	147	145	160
抓斗闭合直径 /mm	1180	1520	1750
抓斗张开直径 /mm	1580	2030	2330
抓斗闭合高度 /mm	1860	2400	2720
抓斗重量 /t	1.2	1.8	2.5

12.2.3　整体金属模板

立井凿井井壁砌筑从金属装配式组合模板代替木模板砌壁，整体下移分节式金属活动模板、门扉式模板、门轴式模板砌壁、收缩式金属活动模板、立井液压滑升模板、增力伸缩式模板、整体下移金属模板，实现了单收缩口气动液压脱模，手动液压脱模。模板结构形式按收缩口的多少主要有双缝式、双缝单铰式和三缝式（图 12-9）。脱模机构有脱模小门式、双楔螺杆式、螺旋调节式和同步增力式，三缝伸缩式模板，模板主体结构采用槽钢叠焊，脱模是同步增力装置，依靠在每个伸缩处都装有一个由竖连杆和 4 个水平连杆组成的五连杆机构，伸缩竖连杆，就可同步地拉动上下各两个水平连杆相背或相向移动，水平连杆与固定在模板大块上的万向铰支座铰接，左、右水平连杆的相对移动使模板块撑开或收缩，将同步增力装置改成手动液压泵带动的液压缸脱模机构，主要技术参数见表 12-9。三缝式同步增力模板刚度小、易变形，现在已经被淘汰不用。绝大多数采用单缝式的 MJY 型系列金属模板。

　　　　(a) 双缝式　　　　　　(b) 双缝单铰式　　　　　(c) 三缝式

图 12-9　模板结构形式示意图

表 12-9 三缝式同步增力整体移动金属模板主要参数

井筒	井筒直径 /m							
模板	4.5	5.0	5.5	6.0	6.5	7.0	7.5	8.0
直径 /m	4.55	5.05	5.55	6.05	6.55	7.05	7.55	8.05
块数 / 个	3	3	3	3	3	3	3	3
收缩口数 / 个	3	3	3	3	3	3	3	3
高度（2.0m）	4.79	5.23	5.67	6.10	6.56	6.99	7.43	7.86
高度（2.5m）	5.57	6.10	6.61	7.14	7.67	8.19	8.71	9.23
高度（3.0m）	6.11	6.88	7.50	8.11	8.78	9.36	9.97	10.61

　　为满足用一套模板进行冻结段外壁、套内壁和基岩段砌壁施工的要求，研制了单收缩缝的 MJY 型系列金属模板，主体模板砌筑基岩段井壁，通过在主体模板的基础上增设加块砌筑不同直径的外壁，并在主体模板上增加稳模装置实现上行套内壁。

　　在冻结法施工的立井中，当井筒砌完锁口到下一个段高位置时，开始在井下组装外壁模板。脱模时，首先利用千斤顶脱掉刃脚部分，然后，下放液压泵，收缩液压缸，脱掉直体部分。当掘进段高达到下次砌壁要求时，下放模板，并对刃脚部分对中找正，然后，摘下吊链，上升直体部分至上个段高，开始绑扎钢筋，待钢筋绑扎完毕，再下放直体至刃脚上，找正后开始浇注混凝土。模板二次变径时，需更换二次变径模板加块，脱、立模方式同上所述。在冻结段外壁砌筑完以后，需拆掉加块和刃脚，增加稳模装置，进行上行套内壁。基岩段施工时，去掉稳模装置，安装上基岩段刃脚，便可作为基岩段模板使用。

　　MJY 型多用金属模板实现系列化，直径从 4.5 m 到 8.5 m，共分 9 个档次，模板高度从 2.5～4.0m，共分 4 个高度，按直径和段高不同排列组合为 36 种模板，质量在 6.03～24.7t，主要技术参数见表 12-10，模板外形如图 12-10 所示。

表 12-10 MJY 模板基本性能参数

	适用井筒直径 /mm	4.5	5.0	5.5	6.0	6.5	7.0	7.5	8.0	8.5
	模板直径 /mm	4.55	5.05	5.55	6.05	6.55	7.05	7.56	8.06	8.56
	模板块数 / 块		9～12			13～15			16～18	
	浇注口数 / 个		9～12			13～15			16～18	
模板主体参数	过人观察口数 / 个		2			2～4			2～4	
	收缩口数 / 个					1				
	有效高度 2.5m	8.72	9.88	11.29	12.87	13.82	14.78	17.68	19.98	21.38
模板重量 / t	有效高度 3.0m	9.75	11.46	12.65	12.67	17.9	18.92	20.52	21.91	23.24
	有效高度 3.5m	11.25	12.55	13.85	14.90	19.35	20.43	22.05	23.55	24.97
	有效高度 4.0m	11.85	13.54	15.05	16.35	20.80	21.91	23.63	25.13	26.72
	液压缸数 / 个		3～4			4～5			5～6	
支脱模液压缸	缸径 /mm		63			63			63/80	
	行程 /mm		300			300			300～400	
	工作压力 /MPa		16～24			16～24			16～24	
液压泵站	输出压力 /MPa					16～32				
	输出流量 /（L/min）					>13				

图 12-10 MJY 整体金属模板

1. 模板静荷载

对立井施工工艺的分析，在模板立模进行混凝土浇注的施工过程中，模板的受力可被简化成一个静态受力模型。在不考虑混凝土初凝的条件下，按流体考虑平均静水压力均匀作用在模板上，模板受力的危险断面在通过伸缩口的径向截面上，模板受力的最危险状态是浇注到最后一个分层。沿直径相对两端混凝土已至模板全高，与其垂直方向最后一个分层的混凝土还未浇注时（图 12-11）。

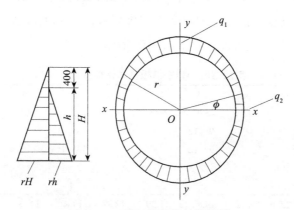

图 12-11 模板静荷载计算简图

$$\text{沿 } x \text{ 轴方向上均布荷载为：} q_1 = rh^2/2 \tag{12-1}$$

$$\text{沿 } y \text{ 轴方向上均布荷载为：} q_2 = rH^2/2 \tag{12-2}$$

式中，q_1 为 x 轴方向井壁混凝土浇至 h 高度时模板全高沿周长单位长度上均布荷载，N/cm；q_2 为在 y 轴方向井壁混凝土浇至全高时模板全高沿周长单位长度上均布荷载，N/cm；r 为混凝土容重，N/cm³；h 为模板有效高度减去一个浇注分层的高度，cm；H 为模板有效高度，cm。

假设模板只有一个收缩口且在 y 轴上，此时模板收缩口是最危险断面，将承受最大弯矩。

$$弯矩：M=0.1366q_2R^2(1-n) \tag{12-3}$$

$$轴向力：N=-q_2R[1+2(1-n)/\pi] \tag{12-4}$$

式中，M 为在 y 轴截面上产生的弯矩，N·cm；R 为模板设计半径，cm；N 为 O 点承受的轴向力，N；n 为系数，$n=q_1/q_2$。

从图 12-11 中可以看出，模板块所受弯矩由其本身产生的弹性变形承受。如果将 O 点的固定端改成简支端，即模板不是仅有一个收缩口，而是有多个收缩口，模板块本身就不能承受弯矩，而需要由其附加结构承受。这不仅大大降低了模板整体的强度，增加了附属结构，而且在加工使用中还会产生其他问题。通过计算可以确定单收缩口是模板设计的最佳方式。

2. 模板动荷载

模板脱模的过程是一个承受动荷载的过程。脱模时在模板收缩口处对模板施加一个拉力，将部分模板自混凝土井壁拉脱，余下部分则借助模板自重及偏心力作用，实现完全脱模。利用拉力拉脱的这部分模板的面积称为机动脱模面积，其余部分称为非机动脱模面积。实验表明，在脱模时，并不是整个模板外表面同时受力并与混凝土井壁脱离，而是与井壁一段一段地"撕开"，裂缝向远离收缩口的方向延伸，当模板机动脱模面积达到一定范围时，模板靠其自重及偏心力，克服余下未脱模部分混凝土的黏结力，模板才完全脱下来（图 12-12 和图 12-13）。

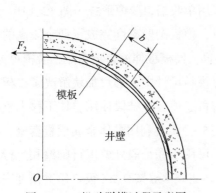

图 12-12 机动脱模过程示意图

b. 瞬时脱模宽度，m；F_2. 模板脱模阻力，N

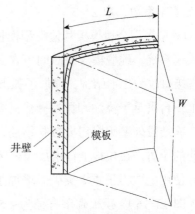

图 12-13 非机动脱模过程示意图

L. 脱模弧长，m；W. 模板的重力，N

3. 影响脱模力的因素

单收缩口模板可以简化成只有一个开口的等截面受力圆环。模板脱模时，收缩口处将发生位移 Δ，其变形力与位移关系如下：

$$U = \int_V u \mathrm{d}V = 2\int_0^\pi \frac{P^2 R^2}{2EI^2}\left(\int_A y^2 \mathrm{d}A\right)\left(1-\cos\varphi\right)^2 R\mathrm{d}\varphi$$

$$= 2\int_0^\pi \frac{\delta P^2 R^3}{2EI}\left(1-2\cos\varphi+\cos^2\varphi\right)\mathrm{d}\varphi = \frac{3\pi P^2 R^3}{2EI}$$

$$\Delta = \frac{\partial U}{\partial P} = \frac{\partial}{\partial P}\left(\frac{3\pi P^2 R^3}{2EI}\right) = \frac{3\pi P R^3}{2EI}$$

$$P_1 = \frac{\Delta EI}{3\pi R^3}$$

式中，P 为空模板伸缩力，N；Δ 为模板伸缩口两端相对位移，m；R 为模板半径，m；E 为模板弹性模量，MPa；I 为模板惯性矩，m^4。

因此，模板脱模时首先要克服其弹性变形产生的应力 P_1，其次，还要克服混凝土对模板产生的脱模阻力 P_2。经实验研究，模板外表面与混凝土井壁之间既存在黏结剪应力又存在黏结拉应力，伸缩口近处主要是克服黏结剪应力，伸缩口远处主要是克服黏结拉应力。并再次证明了单收缩口是保证模板整体刚度大，不易变形的关键。

4. 脱模力

脱模力的设计除考虑正常情况下模板本身弹性变形力和克服最大瞬时脱模宽度上混凝土与模板黏结力外，还必须有足够的安全系数，从而避免干扰因素产生时不能正常脱模。根据计算和试验，脱模力为：

$$P = K(P_1 + P_2) \tag{12-5}$$

式中，P 为模板设计脱模力，N；P_1 为模板本身产生的弹性变形力，N；P_2 为模板脱模阻力，N；K 为安全系数，取 2～3。

MJY 型多用金属模板其他类型模板的基础，采用单收缩口脱模形式（图 12-14），液压油缸脱模系统，纯脱模立模时间可在 30min 内完成，模板砌壁高度完成了两个段高的可调性。搭接口改为 T 形结构，增加了弧形槽钢导向装置，使模板伸缩更密贴，脱模更灵活。新型工作台满足了浇注和振捣操作需要。在多用途模板设计中，通过加块解决了模板变径问题，冻结段外壁刃脚需要绑扎钢筋，先分离刃脚再脱模，冻结段使用整体下移大模板绑扎钢筋的矛盾，在模板上口增加稳模装置（图 12-15），实现利用整体金属模板套壁，在模板设计使用上取得了重大突破。增加小加块模板，可用于冻结段外壁下行砌壁和上行浇筑内壁（图 12-16）。模板砌壁直径为 4.5～8.5m，段高 2.5～4m 按 0.5m 级差递增幅度完成了模板系列化设计。使模板设计更加合理适用。经过三个井筒井下工业性试验和其他井筒模板正常，该模板实现了单伸缩口液压脱模立模，操作简单，液压系统动作安全可靠，减轻了工人的劳动强度，缩短了砌壁辅助时间，砌筑的混凝土井壁成型质量有保障。

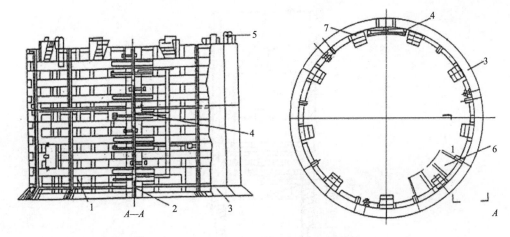

图 12-14　MJY 型系列多用金属模板结构
1. 模板主体；2. 缩口模板；3. 刃脚模板；4. 单缝液压脱模机构；5. 悬吊装置；
6. 工作台；7. 浇注口

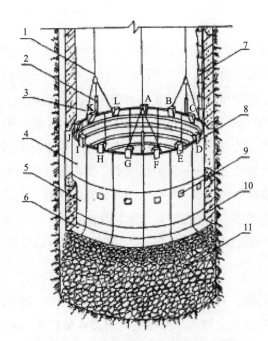

图 12-15　立井整体移动金属模板示意图
1. 悬吊钢丝绳；2. 调平缸；3. 裤衩绳；4. 上层模板；5. 中层模板；6. 下层模板；
7. 竹节溜灰管；8. 浇注口；9. 观察振捣口；10. 井壁；11. 矸石

12.2.4　迈步式液压模板

迈步的移动架是迈步式液压模板的主体结构，其作用是替代地面大型稳车、天轮及超长钢丝绳的悬吊作用，直接由迈步架支撑井壁上再悬吊模板。按照其组成可分以下七个部分。

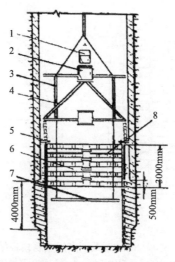

图 12-16　立井整体移动金属模板套内壁工艺图

1.底卸式吊桶；2.分料器；3.凿井吊盘；4.溜灰管；5.稳模装置；6.多用模板；7.临时工作盘；8.模板工作台

1. 悬吊环

悬吊环是迈步架的承载环。根据所建井筒的尺寸可确定井筒的整体金属模板外径尺寸，由模板外径尺寸和工艺要求可确定出环架外径和内径尺寸，再根据模板重量及迈步架自重情况设计出环状断面尺寸。根据所选择实验矿井井筒参数经优化后确定外环直径 6060mm、内环直径 5460mm、环高 400mm。该环均布六只可自行伸缩的牛腿。为节省空间，要求牛腿安装在环形空腔部位。在该环状中心周围由立柱相连，和立柱平行间隔安装迈步大油缸。为使液压迈步架的中心和井筒设计中心在一条铅垂线上，要求环形结构的各部件在圆环上均衡分布。本环架为了便于安装特分为六段，并且六个部分完全相同。为了增加悬吊环的刚度，沿环向设有横向筋板和竖向筋板。为了便于环内油管线路布置，在筋板和竖边结合板部位开挖一定直径的圆孔。为便于每段圆环相互连接，每一段圆环体两端呈对称状开挖了洞口。

2. 迈步环

迈步环是迈步运动部件，其结构形状与悬吊环基本相同。迈步环也同样安装了可伸缩的牛腿用来支撑在预留梁窝中，待迈步架稳定后通过收缩迈步油缸可使液压迈步环架沿着井壁下行移动，从而实现了迈步动作。迈步环的竖向筋板、端头部位竖边连接板同样要开一定的圆孔便于油路安装。迈步环上面板上焊接了耳板，用来和迈步油缸相铰连。迈步环下面板焊接了连接整体模板的耳环板。

3. 加强环

加强环内径与悬吊环相同，其外径尺寸为 $\phi5960mm$。加强环结构形式与悬吊环基本相似也是环状箱体结构。加强环上下面板与立柱及迈步油缸对应部位开出圆孔供立柱、油缸穿入，使用 U 型卡将加强环连接在立柱和油缸上。加强环的作用是使立柱、迈步油缸连为一体，使整个环架受力性能更加合理。增强了设备的刚度和抗失稳能力。

4. 导向环

导向环结构形式和几何尺寸与加强环完全相同，其作用是使迈步环架下部形成环状整体，使立柱生根在环上。导向环的功能是：迈步架沿着井壁移动时起到了导向作用。为了防止导向环与井壁相碰，可在导向环上安装导向轮，用来保障了迈步架平稳迈步运行。

5. 立柱

立柱是选用 $\phi159mm×10mm$ 焊接钢管加工而成。立柱是迈步架的重要结构材料，除起到连接悬吊环、加强环导向环的作用外，还起到了迈步架的骨架作用。立柱高度达 5920mm，一端焊有法兰盘。立柱与法兰焊接时垂直度要有保证。另外安装立柱时要防止弯曲、变形，否则将影响整体结构安装及迈步架行走平稳。

6. 牛腿

牛腿共有 12 只，分为 2 组。每一个牛腿构造形式完全相同以便于现场安装。因受环状空间位置和受力特点的要求确定了牛腿采用组合箱体结构。为了便于牛腿伸缩运动，其箱体内装有微型油缸。微型油缸设计参数为：缸径 63mm、杆径 45mm、行程 160mm、工作油压 16MPa。为保证牛腿工作状态良好，其伸缩箱体焊接要牢固。运行部位光洁度要符合工艺要求。

7. 液压迈步架动力系统

为了有效降低设备投资、合理节省科研费用，该液压迈步架和施工现场液压打钻设备、大型液压抓斗共用一套油泵站。该油泵站总功率 110kW，平时 55kW 即可满足施工中动力需求。油泵站可放在吊盘上层盘上，使用 660V 电源供电。该泵站自备风力冷却系统。液压泵站采用快速接头连接方式将供油、回油管路与液压操作控制管路连接后即可提供液压动力。该动力系统与稳车悬吊设备相比能有效降低能耗及设备维修费用。为了便于操作液压迈步架特设计一个迈步架操作柜。该柜设有三组供回油控制阀。悬吊环牛腿为一回路、迈步环牛腿为一回路、迈步油缸为一回路。

迈步环架下部 20m 段高悬挂的 MJY 型整体金属模板，整体金属模板设计参数如下：

模板砌壁直径	6050mm
模板有限高度	4200mm
模板刃脚高度	4450mm
模板结构高度	4450mm
收缩口个数	1 个
伸缩方式	液压缸装置
悬吊方式	短钢丝绳悬吊
液压油缸工作压力	16MPa
模板重量	18t

模板主体分为上、下、刃脚三层，每层 12 块，上层各块均有浇注口和 10 个观察振捣

口。模板收缩口搭接处布置四个伸缩液压缸并设有四根导向槽钢装置。脱立模液压缸工作动力由液压泵站供给。非地面钢丝绳悬吊的立井凿井液压迈步式整体移动模板，实现模板靠井壁支撑悬挂、自行调平找正和液压迈步移动，替代了此前靠地面稳车悬吊模板的方式，节省了 3 台以上稳车和数千米钢丝绳，减少了凿井井架的负载，从而达到简化深井井筒悬吊布置的目的。

对迈步式液压模板的模板主体和迈步行走机构（图 12-17）、上支撑环、下支撑环和悬吊装置分别进行了研究。模板主体由数段弧形模板块组成环状，在模板圆周上只设一个可伸缩搭接缝，模板整体性好，刚度大，不易变形；模板的伸缩是靠一组伸缩液压缸将整个模板主体直径收缩变小或恢复变大，从而实现脱模和立模。用液压迈步式模板井壁悬吊闭锁机构在井壁上支撑悬吊模板；用液压迈步机构整体移动模板；用悬吊装置实现自行调平找正。

(a) 液压迈步模板悬吊架　　　　　　(b) 液压迈步模板主体

图 12-17　液压迈步模板外观图

12.2.5　液压滑升模板

利用液压油缸在钢筋上的推进，使模板向上运动，形成井壁连续浇筑的工艺为滑模砌壁，液压油缸和滑动模板统称为滑模。立井液压滑模由 1m 多高的模板、滑模盘、提升架、支承杆及滑升动力系统组成，模板在滑模施工中是一个连续向上滑升的模具，使混凝土按要求的建筑结构断面而成型。砌壁过程的绑扎钢筋、浇筑混凝土、振捣混凝土、预留梁窝、支承杆接长、调平以及测量等工序均可在滑模操作台上进行。修整井壁表面、洒水养护和调整滑模垂直的高差等可在辅助盘上进行。混凝土分灰下料、外层井壁表面除霜、清理和铺设聚乙烯软板工作在吊盘上进行。

　　立井液压滑模筑和与地面建筑的烟囱、筒仓等工程的液压滑模施工相比，模板结构、受力状况等发生变化，烟囱、筒仓工程设内、外模板，立井工程只用内模板；井筒砌壁的滑升高度较高，一般滑升高度200~400m，最大高度超过700m；井筒中的允许偏差值小50mm；施工速度快，三班连续作业的平均速度8m/d，最高可达20m/d，一般控制砌壁速度不超过10m/d；混凝土的标号高，一般在C40~C60，最高达C100；施工条件差，在冻结井筒的环境条件下，井内空气温度为-2℃到-8℃，井帮或外层井壁温度为-4℃到-12℃。

　　液压滑模筑壁（图12-18）较过去采用普通模板筑壁，特别是砌筑冻结井筒内壁，实现了连续浇筑混凝土，消灭了接茬缝；浇筑混凝土的作业始终在模板上口进行，容易捣固和检查，易于保证混凝土浇筑质量，省掉多次立模和拆模，减轻了笨重的体力劳动，节省

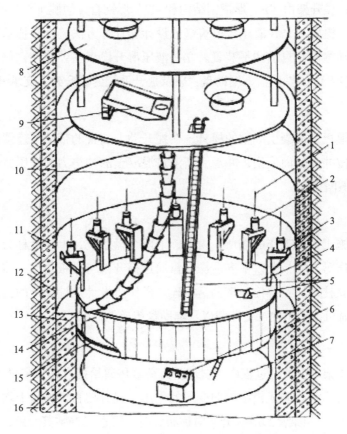

图 12-18　立井液压滑模筑壁示意图

1. 支承杆；2. 千斤顶；3. 提升架；4. 滑模操作盘；5. 梯子；6. 控制箱；7. 滑模辅助盘；8. 凿井吊盘；9. 受灰器；10. 溜管；11. 塑料层；12. 外壁；13. 内壁；14. 模板；15. 围圈；16. 吊杆螺栓

了大量钢材或木材；简化了筑壁工序，实现了多工序平行作业，加快了施工速度；筑壁作业基本上在滑模盘上进行，安全性好。滑模套壁是提高立井现浇混凝土和钢筋混凝土井壁质量、机械化程度的有效方法之一。

滑模筑壁装置主要由立井滑模结构和液压滑升动力系统组成，立井滑模结构包括模板、围圈和滑模盘的操作盘和辅助盘，以及提升架、支承杆等；液压滑升动力系统是为立井液压滑模提供液压动力和控制滑升的设备，它由液压千斤顶、液压控制箱和液压管路等三部分组成。在立井液压滑模筑壁技术的试验研究过程中，结合立井井筒施工的特殊要求，通过立井液压滑模筑壁的工程实践，对滑模主体构件、滑升机具、动力装置、测量和调整以及施工方法等进行了施工改进，进一步完善了立井液压滑模筑壁技术。模板由装配式可调结构改为装配式固定结构，后者加工简单，安装方便，不易变形，滑升过程不用调整，井壁表面光滑。围圈由活动式改进为固定式，后者的整体性和刚度较好。滑模盘由一个操作盘和两个辅助盘组成，随着工艺的改进，简化为一个操作盘和一个辅助盘，并使操作盘盘面与模板的上口平齐。这样结构更合理，减少了故障，改善了工作环境。单行作业的操作盘由辐射梁式结构改进为辐射梁辐条式结构；平行作业的操作盘由吊盘桁架式结构改进为吊盘辐条式结构；提升架由"F"形槽钢结构和"7"形钢管（短腿）结构改进为"7"形槽型（长腿）结构。提出了立井液压滑模筑壁的设计与计算方法，以及技术措施。继而研究的液压滑模的自动控制和自动调平装置。立井液压滑升模板主要构件，包括模板系统的模板、围圈和滑模盘系统的操作盘、辅助盘，以及提升系统的提升架、支承杆等。

1. 模板

滑模施工中模板是混凝土成型的模具，在提升动力装置的带动下连续向上滑升。它的作用是使混凝土按井筒断面成型，并承受新浇筑混凝土的冲击力和侧压力以及滑升过程模板和混凝土的摩擦阻力。

2. 滑模盘

滑模盘是供施工人员工作的场所，由上、下两个盘组成，上层盘称为操作盘，下层盘称为辅助盘，操作盘与模板上口平齐。操作盘通过提升架与模板连成一体。操作盘在盘的中部和提升架的立柱用法兰螺栓与辅助盘相连。操作盘设计除计算盘的自重和施工活荷载外，还考虑下料时可能产生的冲击荷载以及辅助盘传递的荷载。

3. 提升架

提升架又称顶架。在滑升过程中把全部垂直荷载传递给提升动力装置（如千斤顶），同时起连接模板和滑模盘及防止模板侧向变形的作用。提升架在操作盘上均匀对称布置，间距一般为 1.2～1.8m，当梁窝影响提升架对称布置时，可适当调整其间距，并在间距相邻的两提升架上设置双千斤顶，以增加提升能力。

4. 支承杆

支承杆又称顶杆或爬杆，它穿过专用 QYD-60 型或 HQ-30 型千斤顶的中心孔，供千斤顶沿着它向上爬升，故它承受由千斤顶传递的全部施工荷载。支承杆采用 $\phi48mm \times 3.5mm$ 钢管或 $\phi25mm$ 圆钢，长度为 3～5m，爬杆的下端埋入混凝土井壁内，本身也就成了一根竖筋。

5. 液压千斤顶

HQ-30 型、GYD-60 型滚珠式液压千斤顶专供液压滑升模板施工的配套设备，其功能只上升不下降，它是一种通心单作用千斤顶，在高压油的驱动下可以沿着支承杆向上爬升，从而带动模板、滑模盘等并克服模板与混凝土之间的摩阻力向上滑升。

6. 液压控制箱

液压控制箱又称液压操作箱，是产生和分配高压油液的装置，由电动机、油泵、电磁换向阀、安全阀、分油器、油箱、压力表和电气系统等组成。液压控制箱由江苏江都建筑机械厂生产，型号为 YHJ-36 型，其技术特征为：工作压力 8～10MPa，最高压力 12 MPa，公称流量 36L/min，油箱容量 100L，电机功率 7.5kW，重量（不带油）280kg，外形尺寸 $850mm \times 700mm \times 1090mm$。

7. 液压管路系统

液压管路系统工作顺序为：液压控制箱→总分油器→主油管→一级分油器→分支油器→分支油管→千斤顶。

12.3 凿井设备运行监测系统

在立井凿井施工过程中，由于井筒空间狭小，环境复杂，现场变化快，悬吊设备多，施工人员工种多，相对集中，而且施工噪声大，可见度低，同时吊桶运行速度快，无法确定具体位置，地面操控人员与井筒工作面施工人员信息沟通不畅，存在着多种安全隐患。而且施工过程中，采用炸药放炮方式进行破岩，放炮后会产生 CO 等多种有毒有害气体，如果不及时排除，会严重危害施工人员的生命安全。当井筒穿过煤层时，会有瓦斯等有毒有害气体溢出，对施工人员产生危害。所以研究凿井设备运行监测技术，对高效安全凿井至关重要。

12.3.1 凿井设备监测系统

立井凿井施工的工作面空间小，多工种混合作业，人员相对集中，再加上淋水雾气大，打眼时噪声大，可见度小，使得作业人员自我防护能力相对减弱，存在多种安全隐患，如绞车操作司机与井下吊盘信号工或井棚内信号工之间因长时间工作，造成精力不集中而误发信号或误操作；提升绞车下放或提升载荷速度过快，到停车位置时不能及时停车；随着掘进进尺的不断下延，吊盘及工作面的位置也随之向下延伸，终端停车位置不定；绞车拉放吊桶时，把钩人员未等到吊桶稳平便快速运行等，造成挂罐、蹲罐、吊桶压人、吊桶撞击吊盘、吊桶撞击井盖门等事故，影响施工进度，严重时会给人民生命财产造成损失。

事故之一，某煤矿副立井井筒砌壁作业过程中，采用不符合安全要求的"吊桶"提升方式运送模板，由于作业人员操作不当，致使"吊桶"将其上部的工作盘刮（顶）斜，同时也使其下部的拆模盘侧翻，导致工作盘和拆模盘上未按规定使用防护带的 10 名作业人员坠井全部遇难。事故之二，某矿井立井的建设项目现场施工时，主井施工采用炸药放炮后，组织安排出矸作业时，由于炮烟排放不彻底，造成炮烟中毒事故，造成 11 人遇难，6 人受伤。

因此，对凿井过程的检测是控制凿井安全的重要手段，凿井检测是将无线定位、视频监测、传感器等技术应用到立井凿井施工监测系统中，实时监测井筒施工过程中吊桶位置、井筒施工工况视频、井筒中有毒有害气体的浓度，为立井凿井施工提供技术保障，消除安全隐患，减少安全事故的发生，具有重要意义。

凿井设备监测技术是将施工中各种数据进行定时检测，特别是与施工安全有关的测试数据，凡是测试数据接近或超过规范要求的应及时报警，提醒施工人员采取有效技术措施来预防重大事故发生。超深立井的建设处于起步阶段，还存在很多需要研究的地方，施工中经常会受到一些不确定因素的制约，往往存在潜在的危险，这时安全监测就非常必要。凿井设备安全运行监测数据为煤矿立井建设提供翔实的数据经验，从而为施工技术的进一步发展提供了依据和保障。

1. 吊桶位置监测

无线定位是指利用无线电信号确定一个移动目标所在的地理位置。对移动目标的定位是通过检测位于已知位置的基站和移动目标之间传播的无线电波信号的特征参数确定的。根据基站收到的信号对移动目标的距离或方向（或者全部）做出判断。通过分析接收信号的强度、相位以及到达时间或时间差等属性来确定移动目标距离基站的距离，通过接收信号的到达角来确定方向。凿井施工过程中，及时了解吊桶的位置十分重要。

1）设备安装及监测原理

ZigBee2.4GHz 技术是一种近距离、低复杂度、低功耗的无线通信技术，适用于短距离无线通信。采用基于 ZigBee 2.4GHz 技术的无线定位原理来实现"吊桶"位置的监测，在"吊桶"上固定一个无线信号发射器，在井盖下部、吊盘上部、吊盘下部各放置一台无线接收器，如图 12-19 所示。每个发射器有唯一的标识，发射器持续发出自己的标识。接收器一直处在接收状态，可以接收发射器发出的标识，由此来判断"吊桶"离井盖或工作盘的距离。发射器与接收器之间的有效距离可以通过软件调节，也可以通过发射功率调节，以改变信号发射距离。结合视频监测，可以比较准确地判断吊桶的位置，引导绞车司机仔细操作，防止吊桶与喇叭口、井盖门发生碰撞。监测拓扑图如图 12-20 所示。

在"吊桶"下降的过程中，当距离井盖门超过设定距离后，接收器接收不到发射器的信号时，表示"吊桶"已离开井筒盖，下降的速度可以加快；在"吊桶"上升过程中，当距离井盖门小于设定距离时，接收器接收到发射器的信号，表示"吊桶"已接近井盖门，"吊桶"上升的速度应该减慢。

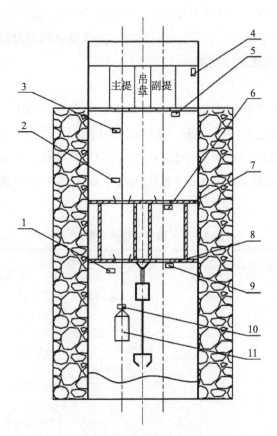

图 12-19 设备布置图

1, 2, 3.无线接收装置；4, 5, 6, 9.摄像仪；7.工作盘 1；8.工作盘 2；10.无线发射装置；11.吊桶

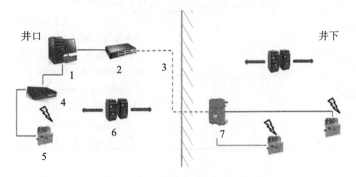

图 12-20 吊桶监测结构拓扑图

1.工控机；2.地面环网交换机；3.光缆；4.接口；5.无线接收装置；6.无线发射装置；7.井下环网交换机

在"吊桶"下降的过程中,当距离"工作盘 1"小于设定距离时,接收器收到发射器的信号,表示"吊桶"已接近工作盘 1,"吊桶"下降的速度应该减慢;在"吊桶"上升过程中,当距离"工作盘 1"超过设定距离后,接收器接收不到发射器的信号,表示"吊桶"已离开工作盘 1,上升的速度可以加快。

在"吊桶"下降的过程中,当距离"工作盘 2"超过设定距离后,接收器接收不到发射器的信号,表示"吊桶"已离开工作盘 2,"吊桶"下降的速度可以加快;在"吊桶"上升过程中,当距离"工作盘 2"小于设定距离时,接收器收到发射器的信号,表示"吊桶"已接近工作盘 2,上升的速度应该减慢。

2)监测设备简介

接收器采用 KJ631-D 矿用本安型读卡器,读卡器采用 2.4GHz 无线通信技术,识别标识卡信息,传送定位信息到传输分站。发射器采用 KJ631-K 标识卡,标识卡采用 2.4GHz 无线通信技术,唯一地址标识,抗干扰能力强,识别速度快,电量不足时,欠压指示灯会闪烁。井下环网交换机采用 KJJ660 矿用隔爆兼本安型千兆网络交换机,技术参数见表 12-11。

表 12-11　监测设备技术参数

（1）KJ631-D 矿用本安型读卡器	
防爆型式	矿用本质安全型 Exib I
传输方式	CAN 总线,RJ45 以太网口,2.4GHz 无线传输
工作电压	DC18V
有效接受距离	≥100m
定位距离	可调节
（2）KJ631-K 标识卡	
防爆型式	矿用本质安全型 Exib I
传输方式	无线 (2.4GHz)
工作电压	3.0V 一次性电池供电
识别距离	≥100m
工作时间	≥1 年
（3）KJJ660 矿用隔爆兼本安型千兆网络交换机	
光以太网口	端口数量:3 路（千兆）,2 路（百兆） 最大传输距离:≥20km
电以太网口	端口数量:6 路 最大传输距离:≥100m
CAN 总线	传输速率:5kbps 最大传输距离:10km
RS485 总线	传输速率:4800bps 最大传输距离:1km

2. 现场设备工况视频监测

设备安装及监测原理,立井施工过程中,随着井筒的不断加深,绞车工很难判断"吊桶"

的状态，本监测技术设计加入视频监测系统不但可以直观、准确的了解"吊桶"的具体位置，而且可以判断"吊桶"的装载物是人还是矸石、模板或其他。监测拓扑图如图 12-21 所示。

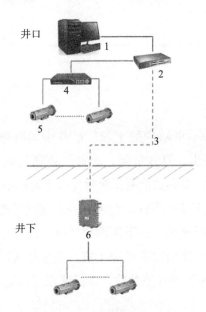

图 12-21 视频监测结构拓扑图
1. 工控机；2. 地面环网交换机；3. 光缆；4. 硬盘刻录机；5. 摄像仪；6. 井下环网交换机

　　分别在以下重要场所布置带红外补偿的、高清晰度摄像仪，实时监测这些场所的工况：在井口安装摄像头来监测井上工作状态，包括"吊桶"的位置、井盖门的开关以及工作人员的位置等；在翻矸平台上安装摄像头来监测翻矸平台的工作状态；当井筒深度较深时，单一摄像头不能够很全面的监测"吊桶"的位置，所以在井盖的下方、吊盘上方还需安装摄像头，来监测"吊桶"的工作状态以及位置；在吊盘中部的工作盘上有信号工人以及一些其他设备，所以在吊盘中部安装摄像头来监测工作盘上的现场情况；在吊盘底部以下是主要施工区，放炮、打井、加固等操作都在该区域进行，该区域有抓岩机、"吊桶"以及工作人员，如果协调不好会存在安全隐患，所以在工作盘的底部安装摄像头来监测井筒底部工作区域的现场情况。

　　监测设备，包括摄像头选用高清数字、带网络接口，做隔爆处理，配以硬盘录像机存储视频信息，配置大容量硬盘，可以存储视频时长 30 天以上，以便于查询。摄像仪选用 KBA127 矿用隔爆型光纤摄像仪，技术参数见表 12-12。

表 12-12 摄像仪技术参数

类型	参数
防爆型式	矿用隔爆型 Exd I
供电电源	127VAC
最低照度	0.1Lux
灰度等级	≥7 级

续表

类型	参数
输出接口	1个本安视频输出接口
	1个光纤以太网口
	1个本安以太网电接口

3. 环境参数监测技术

1）设备安装及监测原理

施工过程中放炮是一种不可缺少的手段，矿井中的有毒有害气体主要来源于放炮，竖井穿过煤层时会有瓦斯溢出，存在危险，这些气体通过风流带走。监测结构拓扑图如图12-22所示。主要采用CD4多参数检测报警仪（以下简称报警仪）监测CH_4、CO、CO_2、O_2等气体含量。在工作盘上安装报警仪，监测竖井底部的环境参数，以保证施工环境的安全。在工作盘上安装一套监测分站、井下环网交换机，监测分站采集工作盘上报警仪的数据，通过井下环网交换机传输到地面的监控主机。在竖井入口处安装报警仪，连接至地面控制室的监测分站，监测竖井顶部环境参数，以保证施工环境的安全。

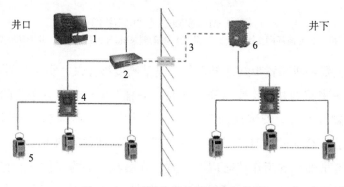

图12-22　环境参数监测结构拓扑图

1. 工控机；2. 地面环网交换机；3. 光缆；4. 监控分站；5. 传感器；6. 井下环网交换机

2）监测设备简介

报警仪采用高性能传感器、微电脑数字技术和新型电子器件，性能稳定，门限准确，反应迅速快，精度高，实时监测环境中CH_4、CO、CO_2、O_2浓度，超限报警。技术参数如表12-13。

表12-13　报警仪技术参数

类型	参数
防爆形式	矿用本质安全型 Exia I
传输方式	RS232/RS485
工作电压	DC3.7V（可充电电池供电）
工作时间	不小于 10h
传输距离	2km

续表

类型	参数
测量范围	CH_4：$0\sim4\%$ CO：$0\sim500\times10^{-4}\%$ CO_2：$0\sim5\%$ O_2：$0\sim25\%$
响应时间	CH_4：不大于 20s CO：不大于 35s CO_2：不大于 30s O_2：不大于 20s

12.3.2　凿井设备运行监测技术在现场的应用

在山西晋煤集团赵庄煤业有限责任公司南苏进风立井工程建设中应用了立井井筒施工安全运行监测系统。在整个井筒安装了一套吊桶位置定位系统，有 1 台数据接口、1 台无线发射器和 3 台无线接收器，当吊桶离吊盘顶部 20m、离井口盖板 20m 时，发出报警信号，提醒绞车司机仔细操作，减速慢行。经测试数据分析，定位比较准确，最大误差控制在 2.5% 以内，效果良好；安装一套现场、设备工况视频监测系统，共 6 台带红外补偿的摄像仪，清晰度 480 线，最低照度 0.1Lux，实时图像通过光缆传输至地面监控中心，通过这 6 台摄像仪能够清楚的观测到井下现场、工作人员和设备等状态，并且对无线吊桶定位也起到了一定的辅助作用；另外，在井底、井口各安装了一套环境参数监测系统，传感器设定：当甲烷浓度不低于 1.0% 时报警、当一氧化碳浓度不低于 $24\times10^{-4}\%$ 时报警、当二氧化碳浓度不低于 0.5% 时报警、当氧气浓度不高于 20% 时报警，经过现场测试都能够准确触发传感器报警，传感器也能够准确监测各个阶段、各个参数的实时数据，对于安全生产起到了非常重要的作用；另外，通过系统软件，可以实现对气体浓度等数据采集、分析、存储、显示、报警、报表、打印、上传等功能。

（本章主要执笔人：龙志阳，李俊良，刘亮平，龚建宇，南京煤研所徐子平，淮北爆破院薛宪彬）

第 *13* 章

立井凿井技术应用实例

13.1 掘砌混合作业凿井

13.1.1 凿井混合作业

立井凿井混合作业是以伞形钻架、大斗容抓岩机、整体金属模板为主体，形成的立井机械化短段掘砌的作业方法，混合作业法取消临时支护，工艺简单、施工安全、成井速度快、成本较低，目前，90% 左右的井筒施工采用此方法。在平顶山六矿北山进风井井筒净直径 6.8m，井口标高 +387m，井深 705.5m，采用伞形钻架打眼、4 m 深孔爆破、中心回转抓岩机抓岩、钢管输料、整体下移金属模板、早强混凝土砌壁等成套技术，形成混合作业法，取得较好的施工效果。

1. 施工装备

凿井施工装备配套，包括 V 形凿井井架、瑞典 HTVD-35 提升机、国产 Jk-25/20 型提升机、16 台 5~40t 稳车、日本 ZC-3436 型 4 臂伞形钻架、HZ-6 型中心回转抓岩机、2~3m³ 吊桶提升、排矸汽车、YJM-3.5 型整体下移金属模板砌壁。

2. 凿井工艺

钻眼爆破，采用伞形钻架钻眼，伞钻上配有 YGZ-70 型独立回转式凿岩机，采用直径 25mm 六角形钎杆，钎杆长度为 4700mm，直径 55mm 十字形钎头。井筒断面炮孔数量为 84~122 个。每一循环炸药使用量为 364kg，采用 T100、T200 和 T300 型煤矿水胶炸药，复铜百毫秒延期（8 号）工业电雷管起爆，爆破效果达到 87.95% 以上。

抓岩排矸，主提升采用 3 m³ 不摘钩吊桶，副提采用 2 m³ 摘钩吊桶提升，出矸效率最高 170 m³/班，正常出矸 130 m³/班，矸石提至井口由座钩翻矸方式，2 辆自翻汽车运往排矸场。

砌壁，采用 YJM-3.5 型整体下移金属模板进行砌壁，全井共完成 171 个循环，成井总深度约 600m，模板由三台 10t 稳车地面悬吊。混凝土搅拌站生产能力为 25 m³/h，混凝土输送采用下料管直接入模。

排水及接管，由于井筒中下部涌水量最高达到 54 m³/h，井筒施工配备三套排水系统，NBD 型吊泵、80DGL7×75 型吊泵通过吊盘水箱接力排水，在 217 m 处设腰泵房排截水槽淋水，或 80DGL7×75 型吊泵工作面直接排到地面。压风管、排水管、供水管和风筒采用井壁预埋件井壁吊挂，井筒推进约 30～40m 后，进行一次接管工作，接一次管需要 1～2 天。

施工管理，作业方式为"三八"制、正常掘进班与包机组相结合，伞钻、抓岩机的操作维修实行包机组制。凿岩时 8 名打眼工轮换作业，一般 4 名操作，出矸时，除抓岩机司机和信号工外，工作面还配有 3～4 人进行刷邦和清理浮矸，清底时增至 11～13 人，砌壁时 4～5 人。打眼、出矸时多余井人员在搅拌站备料。

平均每个循环用时 59 h，其中钻眼爆破 641min、出矸 1530min、砌壁 635min，其他影响 835min，利用 91 天时间完成 39 个循环，3 个月共成井 121.1 m，平均月进尺 40.37 m，工效 18m³/工。

3. 凿井效果

验证混合作业工艺，实现了 4～5 m 无临时支护砌壁、4 m 深孔爆破、管子下料、早强混凝土等配套技术和新工艺，找到了合适的工艺及参数。采用 3.5 m 段高一掘一砌短段掘砌混合作业的深孔爆破、空帮高度、混凝土浇灌及工艺流程等工艺和参数是正确的。掏槽眼采用分段爆破、大直径（55m）爆破，提高了爆破效率，达到减震和抑制矸石抛掷、防止崩坏设备。施工设备合理。以日本 ZC-3436 型 4 臂伞形钻架为主体，TJ9 型风马达、CB-C18-FL 型液压泵、YGZ-70 型独立回转凿岩机、HZ-6 型中心回转抓岩机，DTZT-6 型抓斗等设备配套合理。采用减少收缩口为一个整体金属模板，加大了模板段高，达到了一次浇筑 3～5 m，减少了接茬数量。

13.1.2 凿井设备发展

立井短段掘砌混合作业法成功应用的基础上，把凿井设备井壁内吊挂、钻架、抓岩机和整体下移金属模板等配套设备性能完善，使混合作业法适应性更强。形成与模板相配套的 LBM 型模板固定式凿岩钻架，能打 4m 深炮孔，还可兼打 12m 深注浆探水孔，可以进行工作面注浆。将气动驱动伞钻改为液压驱动，YGZ-55 型凿岩机除了钻凿炮孔外，还能钻凿深度达到 40m 的注浆孔和探水孔。对 HZ 型中心回转抓岩机进行改进，实现抓斗落地松绳自控装置、摆动液压缸油路闭路循环和自润滑防污等系统，DTQ 系列通用抓斗，斗容为 2m³、4m³、6m³，除配套在中心回转抓岩机上外，还可与长绳悬吊和吊盘悬吊抓岩机配套使用。

MJY 型系列多用金属模板，对 YJM-3.5 型整体下移金属模板改进，按照冻结井筒有内壁、外壁和基岩段井壁不同需要，模板直径也要随之而相应，原来需要加工三套模板，实现一套模板既能砌筑外壁，又能上行砌筑内壁，并可在外壁砌壁时实现变径使用。

混凝土分料器和振捣器，QFH 型混凝土分料器，采用独特的数个液压缸调节支撑臂支撑的伞形结构、双分料管可 360°转动使用的方式，实现了对称浇注，减轻了工人劳动强度，提高了井壁浇注质量，加快了浇注速度，降低了工程成本。ZNQ-50 型插入式高频混凝土振捣器，采用气流式高速行星及高频摇滚结构，振动频率高（200～300 Hz）。JQ-1000 型强制式搅拌机为主的混凝土搅拌系统，可满足月成井 150～200m 的混凝土拌制。

混凝土底卸式吊桶和输送泵，为了保证高标号混凝土质量，井内输送一般采用底卸式吊桶，该吊桶卸料口有扇面压紧胶板闸门，不漏浆、开闭灵活可靠。新型专利产品混凝土输送泵解决了与井筒相连的特殊硐室混凝土浇注难题，该泵体积小、重量轻、安设和拆除方便，输送能力、水平距离和高度均能满足井下要求。

13.2　冻注掘平行作业

冻注掘平行作业凿井是通过一定的技术手段，将传统的注浆、冻结、掘进依次施工的工艺，使三者在同一时间平行施工，达到缩短立井建设时间目的，也成为"三同时"凿井。从井筒平面布置上看，冻结管圈位于井筒荒径周边附近，井架居于井筒荒径之外，最外布置注浆用定向钻进钻塔，从井筒剖面上看，自上而下，依次为冻结段，井筒掘进段和注浆段。邢东矿首先采用冻注掘平行作业，矿井设计年生产能力为 0.6Mt，采用立井开拓，设一条主河和一条副井。副井井筒设计净直径 6.0m、深 842.5m，冲积层段 265.5m，井壁结构 0～-4.5m 段为红砖砂浆砌筑的临时井颈，在 -4.5～-256.5m 段为内层和外层钢筋混凝土井壁，厚度均为 450mm，混凝土强度等级在 -4.5～-141.5m 段分别为 C25 和 C30，在 -141.5～-256.5m 段分别为 C45 和 C35，-256.5～-265.5m 段为锥形整体钢筋混凝土壁座，厚度 900～1900mm，混凝土强度等级为 C45，钢筋为直径 20～22mmⅡ级 20MnSi 螺纹钢。副井基岩段 577.0m，井壁结构在井深 -349.5～-379.5m 和井深 -461.5～-491.5m 段以及马头门段井深 -810.0～-824.0m 为单层钢筋混凝土，井壁厚度 500mm，其他部位均为单层素混凝土结构，井壁厚度为 450mm，混凝土强度等级为 C35。

13.2.1　地质条件

邢东矿位于邢台雁行斜列式构造邢台 1 号断层东侧，井田内为一波状起伏的单斜构造形态，地层走向总趋势为 NW-ES，倾向 NE，倾角一般为 10°～15°。为全隐蔽型井田，上覆第四系地层厚度变化大，尤其在井深 -210～-320m 段，分布规律为西薄东厚，其底界面无大的波状起伏。副井穿过的地层，0～-0.8m 为黄色表土，-8.0～-233.8m 为第四系冲积层，多为结构松散尚未胶结的沉积物，主要有红棕色、褐色、绿灰色黏土和砂质黏土，有绿灰色、土黄色、浅灰色砂层，有肉红色、紫红色砾石，-233.8～-265.0m 为基岩风化带，主要为泥岩和砂岩。

副井冲积层段有 3 个含水层；第四系上部砂砾石和卵砾石含水层，成分为石英岩和石英砂岩，砾径 100～600mm，半滚圆状，甚坚硬，砾石孔隙间充填混粒砂，厚度 48m，埋藏浅，地下水垂直补给充足，含水丰富；中部砂含水层，厚度为 42m，为弱含水层；下部砾石含水层，成分由乳白色和肉红色石英岩组成，砾径一般 100～200mm，半滚圆状坚硬，厚度为 2m，为极弱含水层，副井冲积层段涌水量 85.9m³/h。

井深为 -265.50～-842.50m 基岩段均为二叠系，地层自上而下依次为，石千峰组紫红色、暗紫色粉砂岩，厚度 10.98m；上石盒子组厚度 449.50m，以粉砂岩、细砂岩为主；下统下石盒子组厚度 66.50m，岩性以绿灰色、灰紫色粉砂岩为主；下统山西组厚度 50.02m，岩性以深灰色粉砂岩为主，厚度 3.95m 每层。基岩段地层以粉砂岩隔水岩层为主，次为各类砂岩。粉砂岩多呈致密块状，裂隙发育程度弱，砂岩多为泥质胶结，具半坚硬或较坚硬块状，多数裂隙不发育，其水文地质条件属于简单型，基岩段的含水层为粗砂岩和岩石破碎段。

井筒所穿过的基岩段地层基本完整，岩层倾角小，一般为 10°～20°，有两条小断层、一处破碎带和一处挤压带。断层带在井深 -366.48～-374.48m 和井深 -470.48～-481.48m 段各一处，大部分岩石破碎，局部岩心为泥状或角砾状。

13.2.2　施工方案

1. 冲积层段

根据副井第四系地层与水文特征，为了改善凿井施工条件采用冻结法。黏土和砂土层掘进采用抓岩机直接抓土装罐，风镐和铁锹配合，砾石层和基岩风化带用钻爆法掘进。冻结段采用短段掘砌混合作业，外层钢筋混凝土吊挂井壁，冻结段壁座和内层钢筋混凝土井壁采用方式上行砌壁。

2. 基岩段

基岩段采用短段掘砌混合作业方式施工，掘进采用伞钻打眼，深孔立体微差光面爆破，使用 YJM-3.6/6.0 型单缝式整体下移金属模板砌筑井壁，2 台 JS-750 型双卧轴强制式搅拌机集中搅拌混凝土，TDX-2.4 型底卸式大吊桶下料。

3. 基岩治水

基岩段采用地面预注浆法封水。在凿井过程中，当工作面实测涌水量小于 15.0m³/h 时，采用吊桶排水强行通过，砌壁后采用壁后注浆封水；当涌水量超过 15.0m³/h 时，采用 2 台 80DGL-75×7 型吊泵接力排水；当涌水量达到 20.0 m³/h 以上时，采用工作面预注浆，注一段（段高 40m 左右）掘砌一段。

13.2.3　机械化配套

根据邢东副井特点，在机械化设备配套方面，主提升机选用 JKZ-2.8/15.5 型绞车，配 YR143/46-10 型 1000kW 电机，副提升机选用 2JK-3.5/20 型绞车，配 YR143/39-12 型

800kW 电机，主副提均选用 1lt 钩头和 3.0m³ 吊桶，主副提绞车操作台前均安装了电视监控井口系统；井口布置 6kV 临时变电所；空压机房安装 8L-60/8 型空压机 1 台、5L-40/8 型空压机 1 台、4L-20/8 型空压机 2 台。2JZ-16/800 型稳车 2 台，JZ-16/1000 型稳车 8 台，用于悬吊井筒设施。还有 28kW 凿井风机通风，8t 自卸汽车排矸等地面设备。凿井施工用井筒内设备，包括 FJD-6.7 型伞钻 2 套、YJM 型整体金属模板 1 套、组合式钢模板 13 套、吊泵、HZ-6 型中心回转抓岩机以及三层吊盘。

利用永久井架凿井，邢东副井，永久井架，为 "F-A" 型箱式结构，高度为 38.00m，在 +26.50m 高处安装翻矸台，其钢梁与井架腿用多副 U 型卡临时卡固，该平台上安装 2 套吊桶座钩式自动翻矸系统，配套容积 11.0m³ 的矸石仓，矸石直接由矸石仓放入自卸汽车，操作机动灵活，排矸能力大；长度 16.0m，型号为 I 36 伞钻悬吊钢梁附在翻矸平台下面。

凿井稳车集中控制技术。凿井稳车布设在南北稳车房，其控制柜、配电盘、电阻箱等均集中安设在稳车房的一侧，吊盘悬吊采用了 4 台单 16t 稳车（吊盘悬吊钢丝绳兼作提升稳绳），整体模板悬吊采用了 3 台单 16t 稳车。为了使吊盘、模板提落达到快捷、安全、省人等目的，在井口 2 个信号房各安装 1 套集中控制装置，将集控开关打到 "通" 位置，集控指示灯亮，即可同时提落。操作过程中，井上信号工可与井下信号工联系，也可观察提落微电脑指示仪，了解各台稳车运行的高度差，如蜂鸣器响，某台车红灯亮，说明这台车运行太快，与其他车高差达 300mm（可通过高度预留系统整定）；若某台车绿灯亮，说明这台车运行太慢，则将集控开关打到 "断" 位置，此时集控指示灯灭，分段调整某台车或多台车。

多功能吊盘采用轮胎固定装置。凿井吊盘为三层，层间距 4m，立柱采用 2 节槽钢连接结构，上层盘安装配电盘，中层盘存放电缆、钢筋等，下层盘进行信号操作。三层盘各安装了三对轮胎轴承式顶丝替代了原来丝杠式顶丝，提落吊盘不再松开顶丝，调平后不用紧固顶丝，简化了操作程序又保证了安全，在抓岩机抓岩时，可以缓冲上下冲击力，保护了井壁质量，尤其是延长了顶丝的使用寿命。

自动化混凝土集中搅拌站。在井口东边建自动化混凝土集中搅拌站 1 座：安设 2 台 JS-750 型双卧轴强制式搅拌机，每台出料容量 750L，进料容量 1200L，生产效率 37.5～42.5m³/h。搅拌站作平台式布置，最大卸料高度 4.0m，搅拌好的混凝土可直接放入溜槽或底卸式吊桶。安装 PL-1200 型配料机和 ZN-1 型称重配料仪各 1 台，砂子、石子、水泥、外加剂等采用电子秤累计计量方式混凝土配合比可以任意调整，配料过程由电脑实现自动控制。

溜灰管和缓冲器。副井冻结段采用 2 趟 φ219mm 钢管作溜灰管，自制的缓冲器全高 900mm，两头直径 219mm，中部直径 400mm，为十字形结构，均用厚度 20mm 的钢板制成，具有下料迅速、缓冲效果好、入模方便等优点，避免了混凝土离析现象。特别是不占用提升绞车，在外壁掘砌中，与模板下刃脚环形风道配套使用，能增加掘砌平行度 30% 左右。

高压胶管与环形风道。冻结段外层钢筋混凝土井壁砌筑采用整体移动金属模板，下有高 800mm 的环形刃脚，为了便于使用多台风镐配合掘进，在刃脚内，安设直径 φ544mm 耐压强度达到 210～240MPa 的高压胶管，沿刃脚在高压胶管上等距离安装 6 对阀门，形成环形供风系统，可接 12 台风镐同时作业，改变了在吊盘下接分风器造成多条压风管在井筒中间交叉影响。

13.2.4 凿井施工

1. 冲积层冻结

副井冲积层段冻结孔布置圈径 13.0m，冻结孔数 32 个，孔深 255m，防片帮孔布置圈径为 9.5m，孔数 11 个，孔深 110m；测温孔 3 个，其中 1 个孔深 232m，另 2 个孔深 255m；水文孔 2 个，其中 1 个孔深 45m，另 1 个孔深 190m。冲积层冻结深度 255m，冻结壁设计厚度 3.60m，积极冻结和维护冻结盐水温度分别为 -30℃ 和 -18～-22℃。冻结站安装 YSKF-20 型冷冻机 4 台、YSKF-16 型冷冻机 2 台、10SH-19A 清水泵 2 台、10SH-9A 盐水泵 2 台、LN-250 型冷却塔 2 台。

2. 抓岩机开挖冻土

将中心回转抓岩机抓斗进行改造，抓片尖部去掉一层，再用厚度 30mm 的钢板加工成尖三角形，附焊在原抓片上，然后将 HZ-6 型中心回转抓岩机安装在吊盘下层盘上，采取有效的防冻措施。改造后抓岩机破土抓土能力提高 2～3 倍，避免了砂土从抓头中间漏下，提高了装土速度。

3. 基岩地面预注浆

副井地面预注浆起止深度 -245.0～-852.5m，注浆段高 607.5m，直孔注浆孔布置圈径 8.0m，注浆孔数量为 4 个，设计注浆压力 2～2.5 倍静水压力，有效扩散半径 8.0m，井内直孔和井外定向孔设计注浆量为 2.82 m³/m 和 1.74 m³/m。井筒定向钻孔采用了先进的定向钻进施工技术，在地面以井筒中心为基准，直径 44m 圈径上布置 3 台钻机，钻孔轨迹纵剖面上呈 "s" 形状，在井深 240～260m 以下由一主钻孔再分支出 1 个钻孔，以及打定向主孔和分支孔各 3 个，"s" 型定向钻孔分直孔段第一增斜段、第二增斜段、稳斜段及降斜段，钻孔偏距约 17.5m，钻孔深度到 400m 时，钻孔轨迹落点要求控制在以井筒中心为基准井径 9.0m 的圈径上，并变为直孔，继续井筒 400m 以下直孔钻进施工，以及在进入 400m 深位置后钻孔基本无顶角，通过定向钻孔技术将第 1 组定向孔与第 2 组分支孔形成大体均匀分布的 6 个注浆孔，且全部落在靶域之内。直孔段有效扩散半径为 7.0m。注浆材料以黏土 - 水泥浆为主，岩帽、断层及破碎带用单液水泥浆。注浆工艺流程：制备黏土浆液（或水泥浆）→原浆池→滤砂→储浆池→一次搅拌（水泥）→二次搅拌（加水玻璃）→注浆泵输送→注浆管→受注岩层段。

地面预注浆定向钻孔技术的应用扩大了立体作业空间，实现了井筒开工准备期四平行作业，也即冻结准备、地面注浆、井架组装起立及凿井准备和施工平行作业，大大缩短了建井工期。

4. 临时锁口段

临时锁口深 4.5m，掘进半径 3950mm，防片帮孔圈半径 4750mm，为了不影响冻结施工，用风镐和铁锹每掘进 1.0m，采用挂金属网后喷射混凝土作临时支护，掘够 4.8m 后打 500mm（厚）×300mm（高）混凝土井圈，并放入直角钢筋以便下部混凝土中钢筋搭接成整体，防止今后井壁下移，再从下往上砌筑 500mm 厚砂浆红砖作临时井壁。

5. 冻结段掘砌

临时锁口段施工完毕，将组装好的三层吊盘平移到井口作临时封口盘。冻结段外壁采用高度 3.0m 的整体移动金属模板，接茬采用环形上刃角现浇混凝土，高 0.2m，故掘够 4.0m 高后，先在井下工作面组装 0.8m 高的下刃脚，绑扎钢筋，在井下工作面组装大模板，并用稳车悬吊坐在下刃脚上抄平找正。搅拌好的混凝土通过溜槽放入溜灰管，通过缓冲器入模，分层振捣。脱模后接茬突出的直角、三角环形部分，用风镐刷平。施工 4 个段高后，安装固定盘和封口盘。

完成"三盘两台"安装后，转入正常施工，劳动组织形式为矿建分 5 个班，其中 1 个浇筑班 30 人，从事混凝土制作、输送、浇筑和振捣工作。4 个掘进班，每班 33 人，从事掘进、绑扎钢筋和立模工作，掘进实行 6h 滚班制作业，混凝土浇筑和掘进平行作业。

6. 冻结段内壁砌筑

当外层井壁掘砌到 265.5m 位置，拆除模板，掘出高度为 9.0m 的壁座，进行喷射混凝土临时支护，按设计绑扎好钢筋，采用 13 套高度 1.0m 的组合式金属模板套筑整体壁座和钢筋混凝土内层井壁，同样使用 2 趟溜灰管下混凝土。

7. 基岩段掘砌

钻眼采用 FJD-6.7 型伞形钻架配套 6 台 YGZ-70 型凿岩机，钻眼深度为 4.0m，钻杆规格为 $\phi28$mm×4700mm 中空六角钢，钻头规格为直径 $\phi52$mm 的十字形合金钢，炮孔直径 d_2=55mm。炸药选用 T220 型高威力岩石水胶炸药，密度 0.95～1.10g/cm^3，爆速 4300m/s 药卷直径 45mm，每卷长度为 400mm，每卷重量为 0.83kg。雷管选用高精度毫秒延期电雷管，每段间隔延期时间为 25ms，铜脚线长度为 6.5m。放炮电缆采用 2 路 U3×16+1×6 型橡套电缆，固定在抓岩机悬吊钢丝绳上，放炮电源为 380V 动力电源，井上起爆。

为了保证深孔掏槽的爆破效果，采用双阶筒形同深复式掏槽结构。由于伞钻收拢后最小直径为 1.7m，故第一圈、第二圈掏槽眼圈径分别为 1700mm 和 2400mm，眼数分别为 6 个和 9 个，眼间距分别为 890mm 和 838mm。崩落眼布置两圈，圈径分别为 4000mm 和

5600mm，炮眼数分别为 13 个和 18 个，炮眼间距修正为 967mm 和 977mm。周边眼眼距 550mm，最大抵抗 550mm，周边眼圈径为 6700mm 数量 38 个。每个炮孔平均装 4 卷水胶炸药，全断面共布置炮眼 84 个，总装药量为 278.88kg，估算单位耗药量为 2.1 kg/m³。

13.2.5 技术统计

邢东副井冻结段使用大抓直接抓土，风镐配合，平均掘进速度为 5.77m/d，最高掘进速度 12.42m/d，最高掘砌速度 9.9m/d，平均掘砌速度 199.13m/月。内层钢筋混凝土井壁平均砌壁速度为 13.28m/d，最高套壁速度 20.00m/d，最高达到 212.6m/月达，冻结段平均掘砌成井速度 120.68m/月。副井基岩段掘进，扣除其他影响，基岩段施工纯工期为 121 天，平均掘砌成井速度 143.06m/月，最高 190.8m，平均人工工效达到 2.094m³/工。

13.3 千米深井"三液联动"装备凿井

针对深度千米净直径 6～9m 的井筒掘砌，井下凿井装备从牙缝驱动，全面改为液压驱动，以液压伞钻、液压抓岩机、液压控制迈步吊盘和模板，三套液压设备公用一套液压系统，达到"三液联动"，形成千米级深井快速掘砌技术及装备配套，达到 4.2m 一掘一砌正规循环，消除临时支护的短段掘砌及与之相配套的伞形钻架、大抓岩机、整体下移金属模板等成套工艺及技术参数，提高立井掘进效率，在涌水量小于 10m³/h 的条件下，月平均成井速度达 80m 以上。在井深 943m 的羊渠河矿井羊东风井凿井中，全面采用千米级深井快速掘砌技术及装备配套，取得良好效果。

13.3.1 工程概况

羊渠河矿井羊东风井，设计生产能力 135 万吨/年，经过 40 多年的开采产能不足，为解决生产接续，决定依托羊二开发羊东扩大区建设东风井。东风井净直径 6.0m，断面 28.27m²，井口标高＋132.5m，井底 -810.5m，井筒掘砌深度 943m。井筒施工前进行地面预注浆，达到工作面涌水量不大于 10 m³/h。井筒采用永久锁口，井壁采用素混凝土局部钢筋混凝土支护。

13.3.2 地质条件

检查孔揭露地层，井筒穿过地层包括第四系、三叠系、二叠系及石炭系地层。三叠系下统刘家沟组及二叠系上统石千峰组二段顶部地层（风化带），以细粒砂岩为主，夹三层粉砂岩。细粒砂岩以钙质胶结为主，横向、垂向裂隙较发育。尤其粉砂岩不稳固，坍塌而形成较大井径，随深度的增加，岩石风化程度减弱。根据岩性特征及岩石物理力学试验成果可知，基岩风化带深度为 38.00m，风化带厚 29.50m 左右。

　　二叠系上统石千峰组、上统石盒子组、下统下石盒子组、山西组及石炭系上统太原组地层组成，岩性以泥岩、粉砂岩、细－粗粒砂岩、泥质灰岩、石灰岩及煤层组成。泥岩、粉砂岩类岩石相对较弱，经水浸泡，易产生缩径、塌塌和掉块现象。砂岩类大部分为硅质胶结，岩石相对较硬，岩石稳固，不易产生塌塌。由井径曲线可知，泥岩和粉砂岩段井径较大，最大可达 348mm，尤其是二叠系上统石千峰组一段（P_2sh^1）粉砂岩地层较为突出，井径不规则。检 2 孔孔深 292.21～293.01m 和 367.95～370.55m 为破碎带，岩性具明显的挤压特征，岩心破碎，由细粒砂岩及粉砂岩碎块组成，易产生掉块和井壁塌坍现象。

13.3.3　施工方案

　　根据井筒净径、深度、支护结构、地质水文条件，利用千米基岩快速掘砌施工工艺、液压伞钻、5m 深孔控制爆破、液压抓岩机和迈步式整体模板等技术，采用液压伞钻打眼，5.0m 深孔光面光底爆破，一台 $1m^3$ 液压中心回转抓岩机装岩，两套单钩吊桶提升，座钩式自动翻矸，落地后铲车配合自卸式汽车排矸，4.2m 高液压伸缩整体迈步下移式金属模板砌壁，一掘一砌，井口设混凝土集中搅拌站，两台 JS-1000 型强制式搅拌机，配自动计量上料装置，采用溜灰管下灰方式。

13.3.4　"三液联动"装备

　　"三液联动"装备掘砌施工，由 5m 深孔液压凿岩伞钻、$1m^3$ 液压中心回转式抓岩机和迈步式液压模板组成的机械化凿井作业，即在吊盘安装一液压泵站，液压伞钻、液压中心回转式抓岩机通过液压泵站提供动力驱动，液压伞钻打眼，液压中心回转式抓岩机出矸，液压迈步式模板由泵站提供动力，推动迈步油缸使迈步环和悬吊环交替运动，起到砌壁的目的，靠井壁支撑悬挂、自行调平找正和液压迈步移动。施工工序为液压伞钻打眼并装药爆破→$1.0m^3$ 液压中心回转式抓岩机配合吊桶装岩至段高→4.2m 迈步式液压模板下落、找正并砌壁→$1.0m^3$ 液压中心回转式抓岩机配合吊桶装岩至硬地→下一个循环。

　　液压伞钻钻孔动作（回转、冲击、推进）由两台 55kW 电机提供动力，采用液压传动型式，所有动作实现机械化。钎杆移位迅速、准确、平稳，并配用四台 HYD-200 凿岩机，凿岩效率高。电动液压系统所需功率，只有气动钻进功率损耗的 1/3。凿岩效率高、速度快，经试验对比，在同类岩石和相同孔径的条件下，凿深孔用液压凿岩机比气动凿岩，凿岩速度提高两倍以上，液压凿岩速度可达 0.8～1.5m/min。液压凿岩能保证钻孔深度和间距的精度，故可提高工程的施工质量。改善工作环境，噪声低，由于液压凿岩不必排除废气，因而没有废气所夹杂的油污所造成的对环境的污染。液压中心回转式抓岩机由吊盘上一套泵站提供液压动力即可，采用 $1m^3$ 大容积抓斗，经实测，该抓岩机抓一斗平均为 22s，比风动抓岩机快 10s 左右，正常情况下 $4m^3$ 吊桶需 5～7 斗，所需时间平均为 2min35s。比风动抓岩机少 40s。对抓岩效率有了很大提高，井下噪声减少 15dBA，大大改善了井下作业环境。液压迈步模板是模板靠井壁支撑悬挂、自行调平找正和液压迈步移动，以替代目前靠地面稳车悬吊的方式，简化了井筒内悬吊布置。

13.3.5 凿井设施

1. 凿井井架

采用 V 形临时井架凿井。为满足伞钻悬挂的高度要求，井架基础加高 1m。天轮平台布置在临时井架的＋26.97m 平台，在＋11.600m 位置自行设计翻矸平台，配备座钩式自动翻矸装置，矸石落地后铲车装运配合翻矸汽车排矸，矸石排到建设单位指定位置。

2. 封口盘和吊盘

封口盘，采用钢结构，盘面用 $\delta 6mm$ 网纹钢板铺设，各悬吊管线通过口，设专用铁盖门，并用胶皮封堵严密。在封口盘上预留回风口，其形式为 $\phi 1200mm$，引风设施高度 $800 \sim 1000mm$。

吊盘，采用钢结构三层吊盘，吊盘直径 $\phi 5.6m$，盘间距均为 4m，采用四根立柱连接。上层盘为保护盘安装水箱，并且安装迈步式整体模板液压操作台。中层盘安装卧泵，下层为工作盘并悬吊中心回转抓岩机，液压伞钻、液压抓岩机和迈步式整体模板共用液压泵站。为保证吊盘的稳定性，在上、下层盘各设三套稳盘装置。

3. 提升系统

采用两套独立单钩吊桶提升，主提选用 2KJ-4.0/18(G) 1250kW 矿井提升机，副提选用 JKZ-2.8/15.5 1000kW 提升机；主、副提分别选用 5m³ 和 4m³ 吊桶，选用 11t 和 9t 提升钩头。根据提升天轮直径与钢丝绳最粗钢丝之比不得小于 900，与钢丝绳直径之比不得小于 60，主、副提均选用 $\phi 3.0m$ 提升天轮。

4. 供料系统

根据施工场地实际情况，设置独立的井口混凝土搅拌站，布置两台 JS-1000 型强制式搅拌机，配 PLY-1500 电子自动计量上料系统。井筒中采用 $\phi 180mm$ 溜灰管下灰方式。吊盘下层盘设混凝土集料器及二次搅拌分灰系统，一作为混凝土缓冲装置，二是作为混凝土二次搅拌，防止混凝土离析。溜灰管采用两根 $6 \times 19 + FC$–$\phi 44mm$-180 钢丝绳（左右捻各一根）、一台 2JZ-25/1300 型凿井绞车悬吊。

13.3.6 凿井辅助系统

1. 排水

根据提供的水文地质资料和我单位排水设备装备情况，采用二级排水，即井底工作面—吊盘—地面。吊盘上安装两台 DC50-90×12 型高扬程卧泵，一台运转，一台备用。电机功率 315kW, 电压 660V, 排水能力为 50m³/h, 扬程 1080m。排水管路采用一趟 φ108mm 无缝钢管, 采用两根 6×19S＋FC－φ44－180 钢丝绳（左右捻各一根）、一台 2JZ-25/1300 型凿井绞车悬吊。工作面至吊盘水箱采用风动潜水泵, 排水能力为 60m³/h, 通过 3" 胶管排水, 通过吊盘上一台调度绞车悬吊、下放潜水泵及排水管。

2. 供风供水

伞钻打眼时最大需用压风量约 68m³/min, 采用 2 台 20m³/min 和 2 台 40m³/min 压风机, 供风能力 120m³/min, 通过一趟 φ160mm（PVC 管）向井下供风, 井口附近设油水分离器和压风冷凝器。一趟 φ57mm×4 无缝钢管由地面向井下供水, 与压风管共用一台稳车悬吊, 在管路底部安设减压阀。压风、供水管采用两根 6×19＋FC－φ32mm-170 钢丝绳、一台 2JZ-16/1000 型凿井绞车悬吊。

3. 通风

利用 2×45kW 对旋式风机通风, 一台运转、一台备用, 两台风机可实现自动切换。井筒内布置一趟 φ900mm 强力胶质风筒, 向井下压入式通风。

4. 安全梯

为防止在井筒突然停电或发生其他事故中断提升时能及时撤出井下工作人员, 井筒内悬吊一个立井掘进安全梯, 同时可乘 25 人, 并靠近井壁悬吊。在吊盘至工作面设置安全软梯供紧急时上下人员。安全梯采用一根 18×7＋FC－φ24mm-180 钢丝绳、一台 JZA-5/1000 型稳车悬吊。

5. 动力、照明及通讯

井筒内布置一趟 U3×50＋1×16 动力电缆, 作为施工动力、照明电源, 电缆附在压风管上。采用 DS-ZJD250 新型煤矿立井专用照明灯, 吊盘下层盘三盏, 中层盘二盏, 上层盘二盏。井口采用防爆白炽灯照明, 工作面及吊盘上每班另配备 5～10 盏矿灯, 供突然停电或装药时用。

通讯信号, 凿井期间, 井筒内悬吊二趟 U 3×10＋1×6 橡套电缆作为井上下信号联系, 电缆附在吊盘绳上。井上下联系方式为: 井口信号房、井底和吊盘, 在每趟信号电缆上都单独设打点器将信号互相传送, 同时以声光显示。吊盘至井底采用气喇叭传递信号。井口信号房与绞车房之间设独立的两趟信号, 主、副提各设一套 KJTX-SX-1 型煤矿专用通讯信号装置。在提升绞车深度指示器上设行程开关, 当吊桶提到距井口 80m 位置时, 信号灯在井口信号房显示, 告知井口信号工及时把井盖门打开。并在井底、井口、翻矸台、主副提绞车房配备电视监视系统, 并与微机联网, 项目部和井口调度室可进行电视监控。井下与井口、井口与绞车房之间设直通电话进行应急联系。

13.3.7　井筒施工

1. 钻爆器材

采用国产 YSJZ4.8 或 SJZ-6.7 型伞钻，B25mm 中空六角钢成品钎杆，ϕ52mm 十字形合金钻头。T330 水胶炸药爆破，药卷规格为 ϕ45×500mm，穿煤层用 T320 安全型水胶炸药。选用段别分别为 1、3、5、6、7 段毫秒延期电磁雷管，揭煤或有瓦斯时使用 1、2、3、4、5 段毫秒延期电磁雷管起爆。使用专用高频起爆器井上起爆。

2. 爆破参数

炮孔深度是根据试验要求、钻眼机具的凿岩能力、工人的操作水平、安全要求的空顶距决定。炮孔深度根据现场施工水平采用掏槽眼深 5.0m，其他炮眼深度为 4.9m，循环进尺预计为 4.2m。实施 5m 左右的深孔爆破时，掏槽方式视岩性、设备配制等而定，基于岩性采用分段直眼掏槽技术，将槽孔分段装药，顺序起爆。柱状装药分段起爆可减少底部岩石的夹制作用，可克服深孔一段掏槽孔的缺点，更有利于提高掏槽效率。以二分段为例，上段炸药爆破后，为下段创造一个新的自由面，又可使下段炸药利用其在岩石中的残余应力和大量爆生裂隙来增强底部岩石的破碎效果。从微差爆破破岩原理可知，两分段掏槽爆破可改善槽腔内岩石的破碎块度，降低大块率，提高装岩效率。考虑到下分段的阻抗大于上分段，因此下分段的装药量要大于上分段，分段间隔时间以 100ms 为宜。

以二阶槽孔辅助掏槽，一阶槽孔对槽腔内岩石的破碎起主要作用；二阶槽孔克服底部岩石所受夹制作用和增强掏槽效果。辅助眼包括视断面大小有三圈眼、二圈眼，主要是用来继续扩大掏槽，布置在掏槽眼与周边眼之间，方向垂直于工作面。周边眼是实施光面爆破的关键，直接决定立井轮廓成形的好坏，岩石越坚固，靠周边应越近，周边眼间距不宜过大，以利于保证巷道断面轮廓，尽量减少刷帮或喷浆量。光爆装药结构采用间隔不偶合装药，孔底阻抗大，孔底装 2～3 卷 45mm 水胶炸药，中上部另装 2～3 卷 35mm 水胶炸药。

起爆药包的位置决定着炸药起爆后爆轰波的传播方向，也决定了爆轰气体的作用时间，为提高掏槽效果和炮眼利用率，采用反向起爆。起爆时差是立井深孔光爆中的重要参数，外圈炮孔要在相邻的内圈炮孔爆破后，把岩石抛离原位，开始形成自由面时才能起爆，特别是与掏槽眼周边眼相邻的辅助眼，两者之间的起爆间隔时间必须足够长，才能达到较好的光爆效果。立井井筒施工中采取连续奇数段号或偶数段号的雷管起爆，起爆时间间隔控制在 75～100ms，以取得良好的爆破效率，保证吊装设备的安全。

3. 钻眼爆破

在钻爆作业中，爆破效果的好坏，不但直接影响掘进速度和井筒成型，而且决定了破碎岩块的块度及均匀程度，并且影响抓岩效率，欠挖或超挖都直接影响着支护工作的速度，材料消耗等指标，因此要严格按爆破设计要求施工，保证钻眼、装药、连线、放炮工作的质量，并根据岩层的实际情况，不断改善爆破图表以提高爆破效果，确保光爆成型。打眼前按设计要求划出井筒轮廓线，点出炮眼位置，采取定人、定位、定眼、定机分区作业。将炮眼内残渣用压风吹净，炮孔深度符合要求后，按爆破设计要求装填药卷，采用反向连续装药结构，起爆顺序自掏槽眼向外逐圈起爆。经检查装药无误后，进行连线工作，联好线检查无误后，将吊盘及其他设备提至安全高度，人员做安全撤离升到地面后，打开井盖门后，采用专用高频起爆器进行起爆。

4. 装岩与排矸

岩石量及装岩能力：按照预想爆破效果，每炮爆破后井筒松散矸石量约为或 $270.8 \sim 314 m^3$，每台中心回转装岩机装岩能力为 $50 \sim 60\ m^3/h$，可满足快速施工要求。抓岩机抓岩的顺序为抓出水窝—抓出罐窝—抓取边缘矸石—抓井筒中间岩石。抓岩机抓取岩石可分为两个阶段，第一阶段集中抓岩阶段，尽快把堆积在井底的大量爆落矸石装运到地面；第二阶段为清底阶段，由于一些岩石受放炮震动破裂，但与原岩还未完全分开，因此抓岩能力受到影响。

5. 永久支护

井筒永久支护设计为：C30 或 C40 素混凝土（局部钢筋混凝土）井壁厚度分别为 450mm/550mm/600mm/700mm。若遇断层等岩性较差地层，增加锚网喷支护。一掘一砌，整体移动式液压伸缩金属模板砌壁。液压伸缩整体下移式金属模板仅有一条伸缩缝，脱模是靠安装在伸缩缝两侧的四个液压油缸同时向内收缩，带动模板进行收模工作，从而达到脱模的目的，脱模下移到预定位置时，靠液压油缸同时外伸，使模板撑大至设计尺寸，操平找正并固定牢固后，便可进行浇筑混凝土作业，为了确保井壁接茬质量，模板下部设计 45°斜面刃脚，模板上部设浇注口。液压伸缩整体下移式金属模板仅有一条伸缩缝，脱模是靠安装在伸缩缝两侧的四个液压油缸同时向内收缩，带动模板进行收模工作，从而达到脱模的目的，脱模下移到预定位置时，靠液压油缸同时外伸，使模板撑大至设计尺寸，操平找正并固定牢固后，便可进行浇筑混凝土作业，为了确保井壁按茬质量，模板下部设计 45°斜面刃脚，模板上部设浇注口。

立好模板完成后，即可进行混凝土浇筑工作，混凝土应分层对称浇筑；随浇筑随振捣。搅拌采用强制式混凝土搅拌机、分次投料工艺拌和混凝土，分次投料法是先拌和砂浆，再投入粗骨料，采用行星式高频振动器振捣成型工。

6. 井筒综合防治水

在施工中需根据含水层情况，采取"截、导、排、堵、注"的综合防治水施工方案，当涌水量大于 $10 m^3/h$ 时进行工作面超前探水，实施工作面预注浆。井筒基岩段施工前配备高扬程、大排量的排水设施，做到有备无患。截水，对于井壁分散淋水，应在工作面上方设临时截水槽，收集淋水导入吊盘水箱中经卧泵排出井外。截水槽每 100m 下移一次；导水，对于井壁上的大于 $0.5m^3/h$ 的集中出水点，安设导水管，将水导到截水槽内，适时进行壁后注浆堵水；排水，当井筒涌水量小于 $5m^3/h$ 时，对工作面小股涌水，用风动隔膜泵直接排至吊桶内，由吊桶出矸时将水排至井外。当井筒涌水量大于 $5m^3/h$ 时，用水泵将工作面涌水排至吊盘上的水箱内，使用吊盘上安设的卧泵将水排至地面。探水及注浆：井筒基岩段正常施工至含水层上方 10m 时，利用潜孔钻机探水。钻孔前应安装具有防止突然涌水的孔口管，探水深度视含水层情况而定。凡遇有涌水的钻孔，应进行注浆堵水。

对井筒的含水层组给予充分重视，根据探水情况，确定是否进行工作面预注浆，如需进行工作面预注浆，则当井筒施工至距含水层顶板上方 10m 位置时，停止井筒掘进工作，完成已掘井筒永久支护，砌筑混凝土止浆垫，埋设孔口管。使用潜孔钻机打钻探水，探水深度超过含水层底板 10m。发现孔内出水量大于 $1m^3/h$ 即进行注浆，直至完成工作面预注浆。注浆时使用双液注浆泵，浆液以单液水泥浆为主，先稀后浓，注浆终压为静水压力的 $2\sim2.5$ 倍。如浆液注入量过大再考虑使用双液浆。

13.3.8　施工效果

羊渠河矿井羊东风井，井筒施工 2009 年 11 月份开工。2010 年 8 月 15 日到底，通过采用"三液联动"凿井设备，实现快速掘砌，每循环平均时间比传统工艺缩短 2.3h，抓岩机实测生产能力可达 $80\sim96\ m^3/h$，连续 8 个月实现月成井超过 100m，除去其他影响时间，平均每月成井 116m，最高月成精 222.8m。

（本章主要执笔人：龙志阳，李俊良，李昆，徐润）

第五篇　岩巷掘进与加固技术

　　岩石巷道（以下简称岩巷）是煤矿新井建设的咽喉工程，占建井总工程量的40%～50%，施工工期占总工期的35%～50%；在生产矿井中岩巷工程量也达到25%左右，岩巷也是煤矿生产接续的关键，加快岩巷施工对解决采掘比例失调意义重大。岩巷施工是煤矿生产建设的艰巨工程、量大面广工程，自2008年起，我国每年煤矿岩巷掘进工程量在800 km以上。岩巷掘进技术对加快煤矿建设速度、确保煤矿生产衔接和确保安全生产与改善作业环境有重大影响；岩巷掘进技术的关键问题是岩巷掘进机械化。

　　我国煤矿岩巷掘进从20世纪50年代以手工作业为主，经气腿式凿岩机代替手持凿岩机干式作业、耙斗式装岩机代替苏式后卸铲斗式装岩机、应用现代液压钻车凿岩和侧卸式或扒斗（挖掘）式装岩机装岩、应用锚喷支护和先进爆破技术等，于20世纪末，总结形成出适合我国煤矿实际的"两条"岩巷掘进机械化作业线：以液压钻车为代表的"高档"机械化作业线（以下简称液压钻车作业线）和以气腿式凿岩机为代表的"普通"机械化作业线（以下简称气腿式凿岩机作业线），并在21世纪基本跟上了国际先进掘进技术的步伐。

　　建井分院和上海研究院等，注重岩巷掘进机械化研究，从解决岩巷掘进技术方向问题入手，研究煤矿岩巷掘进成套技术及关键设备、施工技术，包括凿岩机具、爆破技术、装岩与转载及运输设备、支护技术等。

　　1957～1980年，建井分院研制斜井箕斗和铲斗式斜井装岩机（含 I 型和 II 型）；1958年研制成功的轨距1080mm前倾式斜井箕斗，代替了矸石提运"串车"；该技术为基础标准设计的900mm轨距斜井箕斗，至今仍在斜井（巷）掘进中使用。螺旋掏槽、毫秒爆破、光面爆破等爆破技术取得多项成果，并编入煤炭行业《岩巷掘进十六项经验》；YD-28型电动凿岩机、三柱一字形硬质合金钎头、DZ-1型高效平巷装岩机等取得良好效果。其中，与铁道兵科学院等合作的DZ-1型平巷装岩机，采用正铲低卸载高度铲斗、具有带式转载输送机构，适应断面大、装载效率高，在核矿山和部分煤矿得到应用。1975年和1978年鉴定的 ZC-1 型侧卸式装岩机和 ZB-1 型蟹爪式装岩机，为煤矿增添了新型装载设备；ZC-1 型侧卸式装岩机在使用中体现出装载效率高、劳动强度低、安全性能好、能够清理底板等优点。

1962～1978年，上海研究院研制了耙斗式装岩机、岩石电钻、气腿式凿岩机、电动凿岩机和钻头钻杆以及 1.1m³ 矿车、槽式列车、仓式列车等设备。耙斗式装岩机结构简单、使用维修方便，在煤矿平巷掘进和斜井（巷）掘进中得到长期广泛应用。

1980～2000年，煤炭行业研究、应用液压钻车作业线，在开滦、邢台、徐州等煤矿多次创出月进记录，最高月进尺 260.7m；全煤炭行业约有 90 个"钻车掘进队"达到甲级掘进队和乙级掘进队水平。经与钻装（锚）机组等多种"作业线"和掘进机法对比试用，液压钻车作业线更具突出优势，比气腿式凿岩机作业线掘进速度高 50% 以上。

1980年起，建井分院研制液压掘进钻车与液压凿岩机，进一步研究、开发侧卸式装岩机，研究液压钻车作业线应用技术及配套装备：

1980～1981年，建井分院在瑞典 TH430 型钻车基础上，采用国产侧卸装岩机等与其配套，在山东协庄煤矿连续掘进 1200m 岩巷，在我国首次成功应用液压钻车作业线；1986年，完成了"LC10-2B 型全液压钻车、ZC-2 型侧卸装岩机岩巷机械化作业线"研究；1995年，在液压钻车与液压凿岩机"八五"攻关基础上，完成了"岩巷机械化作业线施工工艺和施工组织的研究"。应用液压钻车作业线过程中，解决了侧卸式装岩机等设备与液压钻车配套以及中深孔爆破、锚喷支护、施工组织管理等施工技术问题，为应用液压钻车作业线积累了经验。

1986～1996年，建井分院等完成的 CYY20、YYGJ90 和 YYG150J 型液压凿岩机和上海研究院完成的 YYG90SX 型液压凿岩机，通过了技术鉴定，冲击活塞寿命分别达到 10000 钻米（CYY20 和 YYGJ90 型）与 25000 钻米（YYG150J 和 YYG90SX 型）规定（非煤国产液压凿岩机冲击活塞寿命低于 10000 钻米）。期间进行的"煤矿液压凿岩机性能参数与检测方法"（煤炭行业重点科研项目）和"防爆全液压钻车和液压凿岩机可靠性检测技术"（"八五"科技攻关子项目）等，提出了液压凿岩机"全性能"及试验方法，并列入液压钻车与液压凿岩机煤炭行业标准；所研究的"液压凿岩机具检验测试系统"，配合应用液压钻车作业线，对液压凿岩机与液压钻车存在问题进行技术服务，液压凿岩机配套合格率由 1% 提高到 85% 以上。

1986年建井分院等研制的 LC10-2B 型液压钻车、煤炭部与宣化采掘机械厂引进技术生产的 CTH10-2F 型液压钻车和 1996年建井分院等完成的 LC12-2B 型大断面液压钻车（"八五"科技攻关子项），先后成为液压钻车作业线的关键设备。液压钻车配套钎具也取得多项成果，包括"YZ-1 型 JB 接杆钎杆与 B22、B25 中空六角钎杆""液压凿岩机专用钎头研制""液压凿岩专用钎杆的研究"等。建井分院在研究液压凿岩设备基础上，起草了煤矿用液压凿岩机、液压钻车及液压凿岩钎具煤炭行业标准 11 项。

爆破是岩巷掘进机械化作业线的关键工序。淮北所、建井分院等在爆破器材、全断面一次爆破、毫秒爆破、光面爆破、中深孔爆破、"三小"爆破技术、聚能爆破技术、二氧化碳致裂技术等方面研究中取得多项成果。配合液压钻车应用，建井分院在已建爆破碉堡（内设 500 万次/s 高速摄影仪）基础上开展研究，取得了"大直径 3.3m 深孔光面爆破"（1983年）、"中硬岩巷道中深孔光爆技术与参数研究"（1990年）、"岩巷低抛掷控制爆破技术的研究"（1993年）等科研成果。2010年以来，建井分院对二氧化碳致裂技术及其应用的研究取得实际效果。

1980年以后，建井分院以 ZC-1 型侧卸式装岩机为基础，又研制了 ZLC-60 型侧卸式装岩机、ZC-2 型侧卸式装岩机、ZC-3 型侧卸式装岩机、ZC-6 型侧卸式装岩机和 ZC-7 型大型全液压侧卸式装岩机（"八五"科技攻关子项目）等；利用装运试验室（煤科总院引进技术建立的 20 个试验室之一），完成了侧卸式装岩机"履带行走部""146mm 节距密封润滑履带""隔爆兼本质安全操作开关箱""履带驱动电机""行走电机可靠性""四点固定式底盘可靠性"等元部件攻关，侧卸装岩机产品性能全面提高。建井分院在侧卸式装岩机研究基础上，起草了侧卸式装岩机煤炭行业标准 2 项。

经"八五"科技攻关，液压钻车作业线主要设备性能与可靠性提高、技术成熟，达到了岩巷掘进月进 120m、年进 1000～1200m 的能力，为进一步应用和发展奠定了基础。

1980～1984年，建井分院还进行了"气腿式凿岩机—侧卸装岩机"作业线研究，并取得良好成效："以侧卸式装岩机为主配套的岩巷机械化作业线"研究，采用 ZLC-60 型侧卸式装岩机、YT-24 型气腿式凿岩机等，在山东新汶协庄煤矿连续使用三年（1980～1983年），效果良好；"以侧卸式装岩机为主配套的岩巷机械化作业线"推广项目（1984年），采用 ZC-1B 型侧卸式装岩、YTP-26 型气腿式凿岩机等，掘进月进尺、掘进工效等，比"气腿式凿岩机—耙斗式装岩机"作业线提高、劳动强度大大降低。

1996年，上海研究院研制的耙斗式装岩机完成系列化：包括平巷用耙斗式装岩机 P 系列和 PT 系列共 11 个品种；斜井（巷）用耙斗式装岩机共 4 个品种。上海研究院起草耙斗式装岩机煤炭行业标准 1 项。

为发挥装岩机的装岩效率，"六五""七五""八五"期间，建井分院研制了 ZP-150P、LZP-150S、LZP-200、SZD800/10.5、SZD650/11G 型等带式转载输送机以及 SZD800/15S 型液压带式转载输送机（"八五"科技攻关子项）；上海研究院研制了耙斗式装岩机配套用带式转载输送机和 8m^3 梭车等。

进入 21 世纪，液压钻车作业线和气腿式凿岩机作业线列入《煤炭工业矿井设计规范》（中国煤炭建设协会起草、中华人民共和国建设部批准、履行日起 2006年1月1日），液压钻车作业线应用范围不断扩大，煤矿液压钻车与液压凿岩机在"八五"科技攻关基础上，品种增多：适应断面 10～45m^2 的液压钻车已达 9 种，制造企业由独家变为 10 家以上。

1995～1998年，建井分院与相关单位合作研制了 THM150 型扒斗（挖掘）式装载机。

2001 年以后，扒斗（挖掘）式装载机得到快速发展，液压钻车作业线由"全液压钻车和侧卸式装岩机"模式，变为"全液压钻车和侧卸式装岩机或扒斗（挖掘）式装载机"模式；气腿式装岩机作业线由"气腿式装岩机和耙斗式装岩机"模式，增添了"气腿式凿岩机和扒斗（挖掘）装载机或侧卸式装岩机"模式。三种类型装岩（载）机的煤矿安全标志准用证中，耙斗式装岩机仅占 29%。2011～2013 年，建井分院参与起草了煤矿用全液压扒斗式装载机（俗称挖掘式装载机）煤炭行业标准。

1970～1995 年，煤炭系统曾试用掘进机法掘进岩巷：1970～1972 年，上海研究院设计的 ϕ2.6m 全断面掘进机，掘进了 620 余米；1970～1973 年，建井分院与西安煤矿机械厂研制的 XYJ-3.5 型斜巷全断面掘进机，在铜川矿务局中间试验，掘进了 800 余米平硐，最高月进尺 178.9m；1986～1989 年，上海研究院设计的 ϕ5m 全断面掘进机，在山西古交东曲煤矿掘进 3600m 平硐，平均月进尺 103.4m，最高月进尺 202m；1988～1989 年，上海研究院的 ϕ3.2m 全断面掘进机在云南羊场煤矿掘进 1014m 巷道，平均月进尺 156.13m。以上全断面岩石掘进机均未正式生产。

1980 年中期，煤矿基建系统曾试用奥地利悬臂式掘进机掘进岩巷，因截割刀具损坏严重、消耗量过大等未能成功；2000 年以后，煤矿又多次试用"硬岩悬臂式掘进机"，但无法在全岩巷道掘进替代钻爆法机械化作业线。

岩巷支护技术对缩短煤矿岩巷掘进的支护作业时间、加快掘进速度、维持围岩稳定、确保掘进施工安全和巷道工程质量，有极其重要影响。

20 世纪 50 年代，煤矿岩巷掘进使用木支架和砌碹支护。1960 年起煤炭系统研究浇灌混凝土、混凝土支架、型钢支架和锚喷支护等支护方式。1970 年起，煤矿岩巷推广锚喷支护并逐渐发展。20 世纪 90 年代，锚杆支护列为煤炭行业重点技术进行研究和推广。锚喷支护技术经长期发展，在锚喷支护应用、锚喷支护原理、锚喷施工技术、锚杆（索）与喷射混凝土材料、锚喷施工机具与量测仪表、监控技术等方面，均取得重大进展。

20 世纪 60 年代，建井分院研究钢筋混凝土支架，并完成"钢筋混凝土支架系列化、标准化的研究""手摇立柱式支架机""电动支架机"等课题，对煤炭行业推进"坑木代用"起到重要作用。

20 世纪 60 年代起，建井分院研究锚喷支护技术，并完成"湿式喷浆研究"课题；1970 年起，大力研究锚喷支护技术以及施工机具。1970～1989 年，建井分院取得"锚喷支护技术""LHP-701 型混凝土喷射机"和"HJ-1 型喷射混凝土简易机械手""MGJ-1 型锚杆打眼安装机"以及"CGM40 型全液压锚杆打眼安装机""ML-20 型拉力计""115 号松香不饱和聚酯树脂锚固剂""82 型药卷式树脂锚固剂""JC-XK-1 型快硬普通水泥锚杆""JJC 型水泥卷锚杆的研制"等科研成果。其中，树脂锚固剂的研究，对煤炭行业和全国推广树脂锚杆起到极其重要的作用。1990～2000 年，锚杆支护列为煤炭行业重点研究、推广项目后，建井分院继续开展锚喷支护研究并取得重要成果：

锚喷支护理论与施工技术成果主要有："锚喷支护作用机理及柔性研究""新奥法在不稳定岩层巷道支护中的应用""巷道围岩应力测试和合理支护形式""'三小'示范试验巷道稳定性研究""锚杆支护设计专家系统""锚杆支护围岩分类的研究""锚喷支护岩巷变形特征和破坏机理研究""岩巷锚喷技术的完善与提高""预应力锚固技术研究"等。

锚杆（索）产品及喷射混凝土材料成果主要有："JXM 型锚固水泥与水泥锚固剂""D-1型等强度柔性锚杆的研制""小直径等强经济树脂锚杆的研究""小直径高效水泥锚杆""喷射混凝土用复合水泥及应用""拉挤成型玻璃钢树脂锚杆""煤矿巷道锚索系列化及配套机具研究""自动固定式锚杆""树脂卷快速锚固锚索技术研究"等。

锚喷施工机具与检测仪器仪表成果主要有："PMT-1 型锚杆探测仪""PQJ-1 型喷层强度检测仪""JSS30/10 型伸缩式数显收敛计""PL-1 型混凝土强度检测仪""YS 型数字压力表""巷道锚杆钻机性能与试验方法"等。

至 2000 年，上海研究院、南京所研制多种型号电动锚杆钻机、液压锚杆钻机和气动锚杆钻机、机载式锚杆钻机；南京所取得混凝土喷射机研究成果多项。

2000 年起，建井分院为适应市场需要，开发了锚喷施工机具和检测仪器仪表，主要有："小型锚索安装专用机具开发研究"（2003 年）、"煤矿支护 $\phi18.9mm/\phi21.6mm$ 锚索及机具研究"（2006 年）、2011 年及以后开发的"SPL-4 型湿式混凝土喷射机"和"SPL-6 型湿式混凝土喷射机""JSB5～L 型湿式混凝土喷射机"等。建井分院研究巷道与硐室锚喷支护技术取得进展，应用锚喷支护技术解决了许多煤矿深部高地应力巷道、围岩大变形巷道、软弱胶结层巷道与硐室、大断面软岩硐室与硐室群等高难度支护问题。在锚喷支护研究基础上，建井分院等起草了树脂锚杆、水泥锚杆、锚杆钻机、混凝土喷射机、锚索张力机具、矿用锚索、锚杆拉力计等检测仪表方面煤炭行业标准 11 项。

建井分院从 20 世纪 90 年代中期以后，研究岩巷与硐室、建筑物与构筑物等方面的加固技术，在加固材料方面取得"系列聚酯树脂胶泥"（1998 年）、"有机—无机复合材料固化机理的研究（多异氰酸酯—水玻璃固化机理研究）"（2000 年）、"软岩巷道喷涂高延展性材料封闭支护技术研究"（2005 年）等成果。在研究加固材料基础上，结合所承包的工程，对矿山井下硐室以及地面厂房、皮带走廊、井架等建筑物、构筑物加固技术进行研究，并取得成效。

本篇主要介绍建井分院等在液压钻车掘进机械化作业线与技术装备、岩巷掘进爆破技术、锚杆（索）与喷射混凝土材料以及锚喷支护技术、硐室与建（构）筑物加固技术等方面的研究。

第14章

岩巷掘进技术

我国煤矿以井工开采为主，岩巷掘进技术对确保煤矿安全生产和加快矿井建设速度有重大影响。本章阐述岩巷掘进机械化作业线基本概念、液压钻车机械化作业线、气腿式凿岩机机械化作业线、液压钻车机械化作业线主要装备以及岩巷掘进爆破技术。

14.1 岩巷掘进机械化作业线

按岩巷掘进破岩方式和岩巷掘进技术发展现状，岩巷机械化掘进有掘进机法掘进和钻爆法机械化掘进。

掘进机法主要指全断面岩石掘进机法（TBM法），它利用安装数十把滚刀的回转刀盘进行机械破岩，并具有装岩、转载运输、临时支护、防尘除尘、定向以及操纵控制等系统，实现岩石巷道全断面一次成巷的完全机械化掘进方法。全断面岩石掘进机法多用于隧道、涵洞、水利建设等非煤工程。我国煤炭系统使用全断面岩石掘进机掘的最好效果，是大同煤矿于2003～2004年，在年产量15Mt的特大型矿井塔山平硐（掘进断面20.33m^2，掘进总长度3500m）掘进中，使用美国罗宾斯（Robins）岩石掘进机，完成掘进进尺2960m，平均月进尺493.3m，最高月进尺605m，掘进速度是我国20世纪研制煤矿用全断面岩石掘进机的3倍。全断面岩石掘进机是全岩隧道（巷道）先进、成熟的掘进方法，在适宜的条件能实现快速成巷。煤矿井下地质条件和岩层特性变化大，岩巷又是独头巷道且长度大多少于3000m，投资环境与经济条件等制约因素多，全断面岩石掘进机很难在煤矿大量应用。

悬臂式掘进机是适于煤矿煤巷与半煤岩巷掘进的"部分断面掘进机"中，在非全岩巷道取得良好效果。为将悬臂式掘进机用于岩巷掘进，曾采取很多措施，但效果不理想，我国煤炭系统使用"硬岩悬臂式掘进机"的月掘进速度仅有200m左右，且截割刀具损耗大。

悬臂式掘进机截割机构的锥形截齿与全断面岩石掘进机的盘形滚刀在破岩机理上有根本区别，若将悬臂式掘进机应用于全岩巷道，需对破岩机理、岩石可钻性、刀具结构与工艺、装载与转载方式等进行大量研究与试验，悬臂式掘进机尚难正式用于岩巷。

钻爆法利用火药的爆炸力破岩，从技术经济全面分析，采用钻爆法掘进岩石巷道（隧道），是当今世界应用最广的施工方法。

钻爆法岩巷掘进的工序为：凿岩（炮孔钻凿）、爆破、装岩、转载、运输、支护等，各工序技术水平和机械化程度，决定钻爆法掘进的技术水平。其中，凿岩设备类型与水平是影响岩巷掘进技术水平的关键，并具有标志性意义：气腿式凿岩机的诞生，使钻爆法摒弃了人工和手持式凿岩作业；而液压凿岩机的成功和液压钻车的应用以及微机控制液压钻车的出现，使钻爆法掘进步入现代化发展的轨道。

钻爆法岩巷掘进工序间的协调发展以及技术装备的互相配套，使岩巷掘进技术不断进步。每种类型凿岩机械都有一定的爆破技术、装岩与转载机械、运输设备、支护技术、组织管理技术等与其"最佳"配套，成为岩巷掘进机械化为核心的一套装备技术，将其称其为某种凿岩机械为代表的"岩巷掘进机械化作业线"。

气腿式凿岩机和耙斗式装岩机等技术装备的成功应用，逐渐形成了气腿式凿岩机掘进机械化作业线。气腿式凿岩机作业线的应用在相当长时期内促进了岩巷掘进技术进步，但它属于"半机械化作业线"，且因岩巷掘进断面不断扩大等原因，岩巷掘进速度一致徘徊在平均月进 50～60m；气腿式凿岩机与侧卸式装岩机组成的机械化作业线，平均月掘进速度达 80m 以上。

在使用气腿式凿岩机后，人们针对其能量传递效率低、噪声大、劳动强度大、存在操作安全隐患等问题，寻求代替"气动凿岩"的凿岩方式，研制电动凿岩机、液压凿岩机等；在液压凿岩机成功、应用液压钻车后，人们又因液压钻车与装岩机在井下施工中设备"佔道"、存在工序交替错车问题，研制支腿式液压凿岩机、钻装（锚）机组。这样，在气腿式凿岩机掘进机械化作业线之后，除了研究应用液压钻车掘进机械化作业线，还试验应用以电动凿岩机、支腿式液压凿岩机为主的机械化作业线和钻装机组作业线，其中，尤以钻装机组研究试验历时最长、人力物力投入最大，但效果不佳：岩巷平均月进尺最高 100m；使用英国进口钻装机，短期试验最高月进尺也仅有 150m，长期使用的月进尺平均 60～70m、年进 600～700m。2006 年，三一重型装备有限公司开发的钻装机组，采用挖掘式装载机构，结构紧凑、占用空间小、装载效率高；安装 2 个液压钻臂，液压凿岩机技术成熟；具有可靠的液压控制系统与离机遥控系统等，整体水平超过了 20 世纪研制、试验的钻装机组。然而，新钻装机组的实际月掘进水平仍为 80m 左右。

液压掘进钻车、侧卸式装岩机、皮带转载机（或梭式矿车）、电机车等配套组成的液压钻车机械化作业线，月掘进速度达 120～150m，最高月进尺为 260.7m、年进尺超过 1200m。

进入 21 世纪，钻爆法机械化作业线仍是岩巷掘进机械化发展的主流，液压钻车掘进机械化作业线得到大范围应用，气腿式凿岩机掘进机械化作业线也仍被大量应用；扒斗（挖掘）式装载机大量投入煤矿，和侧卸式装岩机一起，冲击了耙斗式装岩机市场。鉴于耙斗式装岩机在工作面存在装载"死角"（大约 25% 岩石需人工协助），人工清理劳动强度大；爬斗牵引钢丝绳与钢铁件摩擦易产生火花等，气腿式凿岩机掘进机械化作业线中的耙斗式装岩机，市场占有率逐渐缩小；液压掘进钻车掘进机械化作业线的配套装岩设备，除选择侧卸式装岩机外，又增加了扒斗（挖掘）式装载机选项。

14.2 液压钻车作业线

液压钻车作业线的典型配套方式，是"以液压掘进钻车和侧卸式装岩机为主的掘进机械化作业线"，作业线的典型设备配套如图 14-1 所示。作业线使用全液压钻车钻凿炮孔和锚杆孔；采用一次成巷爆破、中深孔爆破和光面爆破技术；利用侧卸式装岩机装岩并通过转载运输机等方式向一列矿车装岩；临时支护与永久支护以锚杆（索）——喷浆或喷射混凝土支护为主。

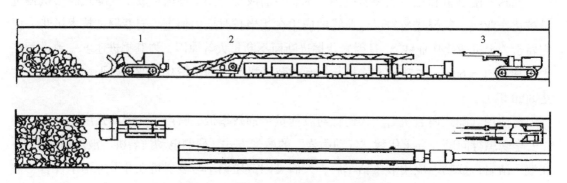

图 14-1 液压钻车作业线典型设备配套
1.侧卸装岩机；2.皮带转载机；3.液压钻车

液压钻车作业线主要具有以下特点：

（1）实现连续快速掘进。液压钻车机械化作业线机械化程度高，凿孔速度是气腿式凿岩机的 2 倍以上，凿孔作业效率高，凿岩工序时间缩短 70%；侧卸式装岩机装岩效率高、爆破与锚喷支护以及组织管理等整体配套技术好，能确保正规循环作业，实现连续快速掘进，月进尺和年度进尺比气腿式凿岩机机械化作业线提高一倍以上。液压钻车机械化作业线的应用，扭转了重视月进速度、轻视年进速度的现象，有利于实现安全生产基础上的均衡快速掘进。

（2）掘进工效提高液压钻车机械化作业线凿岩作业人员等减少 20%～30%，掘进工效提高 1～2 倍。

（3）作业安全性好。凿岩、装岩的操作位置距离工作面 3～4m 以上；钻凿锚杆孔的操作距离孔位 2m 以上，司机可在支护良好的顶板下工作，避免顶板事故；液压钻车机械化凿岩作业，杜绝了使用气腿式凿岩机时在空顶下作业和钎杆断裂、压缩空气胶管松脱等造成的伤人事故。

（4）成巷工程质量高。液压钻车钻凿炮孔的方位、孔深准确，成孔精度高，光面爆破效果好；钻凿垂直顶板锚杆孔的角度、深度能满足锚杆设计的要求，锚杆施工质量高。

（5）作业环境好。液压凿岩机噪声低于气动凿岩机，气腿式凿岩机是 4～6 台以上的多台作业，工作面噪声超过 120dB（A），凿岩作业时间超过 3h；液压钻车的凿岩作业噪声不高于 110dB（A），司机距离声源 2～3m，凿岩作业时间少于 1.5h，噪声危害低。液压钻车凿岩作业不会产生气腿式凿岩机凿岩作业时的油雾，工作面能见度高。

（6）设备维修条件好。液压钻车与装岩机的机械化水平高、设备复杂，需要定期维修保养。凿岩与装岩效率高、消耗时间少；两者交替作业换位后，有充足时间对设备进行检查维修、处理故障隐患。而钻装机组的凿岩、装岩两个工序连续作业，无法及时整修设备。

1978 年末，我国大力引进液压钻车与液压凿岩机、侧卸装岩机及相关设备。结合应用瑞典 TH430 型液压钻车，建井分院进行了国外液压钻车和侧卸式装岩机相配套的岩巷机械化作业线研究。应用国外液压钻车，感受到它凿速快，显著提高掘进速度；作业噪声低，改善作业环境；侧卸装岩机机械化程度高，降低劳动强度；机械配套作业可减少作业人数，提高效率。该套装备备件价格高、供应不及时，难于坚持长期使用，迫切需要使用国产液压钻车和侧卸装岩机，并认识到应按我国煤矿岩石巷道断面、岩石条件和生产安全要求，开发煤矿用液压钻车、液压凿岩机和侧卸装岩机。

1986 年，建井分院与浙江衢州煤矿机械厂、浙江小浦煤矿机械厂、山东兖州矿务局兴隆庄煤矿合作，完成了"六五"国家科技攻关项目"LC10-2B 型防爆全液压钻车、ZC-2 型侧卸装岩机配套的岩巷掘进机械化作业线"课题研究，研制成功 LC10-2B 型防爆全液压钻车、ZC-2 型侧卸装岩机，配套激光导向、中深空光面爆破一次成巷工艺和锚杆加梁梯、初喷和复喷混凝土支护结构，工业性试验中三个月实际成巷 264.7m，折合标准断面巷道进尺 370.6m，月平均进尺达 123.5m，平均直接工效 2.0 立方米 / 工，平均全员工效为 1.58 立方米 / 工。

1988 年，开滦矿务局钱家营矿使用 CTH10-2F 型液压钻车、侧卸装岩机组成的岩巷掘进机械化作业线，在断面 15m² 的巷道施工中，分别创月进 184.8m、252.4m 的全国纪录；1990 年在徐州矿务局建井工程处使用，创月进 260.7m 和 310m 的全国纪录。1992 年全国采用该作业线上等级的掘进对达 7 个，该作业线已成为我国煤矿岩巷钻爆法施工机械化作业的代表。

1991～1995 年，建井分院与开滦矿务局范各庄矿合作，完成了"八五"国家科技攻关项目"岩巷机械化作业线施工工艺和施工组织的研究"。该项目通过对国内岩巷机械化作业线施工现状的调研和分析，立足于我国当时施工设备及"八五"期间研制的新设备，对岩巷机械化作业线快速施工的设备配套、施工工艺、施工组织及全矿的支撑条件进行了深入研究，提出了实现岩巷快速掘进一整套技术及提高岩巷掘进速度的措施和建议。

2000 年以后，开滦、邢台等矿区进行液压液压钻车作业线，仅开滦矿务局究同时运行 10 余条液压钻车作业线；并有铁法、淮北、淮南、鹤壁等多地有效应用液压钻车作业线，为保证煤炭生产接续起到积极作用。1987 年 9 月至 2017 年的 30 年来，开滦钱家营煤矿连续应用 2 条液压钻车—侧卸式装岩机机械化作业线和 1 条气腿式凿岩机—侧卸式装岩机机械化作业线，累计掘进岩巷（断面 15.85m²，砂岩居多，抗压强度 80MPa）82645m。

应用液压钻车过程，基本解决了与液压钻车配套的施工装备与施工技术，包括侧卸式装岩机与转载设备研制与应用、2～2.5m 中深孔爆破与光面爆破技术、电机车运输与调车设备、锚喷支护技术与技术装备、施工组织管理技术等。其中，建井分院等研制的履带行走机构的侧卸式装岩机，一度是全液压钻车最佳配套装岩设备，其不同铲斗容积的系列产品设计、润滑履带技术等，已被侧卸式装岩机生产企业采用。

进入 21 世纪后，扒斗（挖掘）式装载机引入煤矿并快速发展，"液压钻车与侧卸式装岩机"作业线和"液压钻车与扒斗（挖掘）式装载机"作业线，成为液压钻车作业线不同配套方式。

液压钻车的品种增多，从"八五"科技攻关成果的最大工作断面 24m² 发展到 45m²，并有单臂液压钻车、轮胎式液压钻车投入煤矿使用，确保液压钻车作业线正规化、常态化发展。

14.3　气腿式凿岩机作业线

气腿式凿岩机作业线多台凿岩机钻凿炮孔（甚至多达 8～12 台），长时间内采用耙斗式装岩机装岩或经转载输送机向矿车装岩。气腿式凿岩机—耙斗式装岩机机械化作业线的优点是：

（1）与正铲后卸式装岩机相比较，装载率高，实际装载能力 30～40m³/h；装岩作业是爬装岩石而不是靠装岩机在轨道上快速移动冲插岩石，避免了装岩机翻车、伤人事故。

（2）结构简单、制造容易、造价低。

（3）适应性强：可用于平巷（平硐）、斜巷（斜井）等；适应最小断面为 5m²，且能用于拐弯巷道使用。

（4）操作、维修方便。

（5）有条件将工作面前腾出空间，让气腿式凿岩机与装岩机平行作业（当然，也存在安全隐患）。

该作业线在替代人工和手持式凿岩机凿岩、人工和正铲后卸式装岩机装岩，实现岩巷掘进机械化发挥了重要作用。到 20 世纪 80 年代，煤矿岩巷掘进队由 60 年代的 150～200 人减少到 80 人左右，综合效率提高，安全施工状况明显好转。

应用气腿式凿岩机—耙斗式装岩机作业线，曾经历"人海战术"创纪录阶段，高月进速度之后，多月连续低速度，年度进尺不高。20 世纪 80 年代以后，煤矿岩巷掘进速度稳定，平均月进水平 50～60m，有的矿区达到 60～80m。并有多地采用多台凿岩机、平行作业等措施，取得快速掘进月进好成绩：开滦马家沟矿，采用气腿式凿岩机、耙斗式装岩机与梭式矿车配套，曾取得月进 183.8m。

1980～1983 年，建井分院与新汶协庄煤矿进行了国家科技攻关项目"以侧卸式装岩机为主的岩巷掘进机械化配套作业线"课题研究。该作业线选用 YT～24 型气腿式凿岩机、ZLC-60 型侧卸装岩机、ZP-1 型皮带转载机、2.5 吨或 5 吨隔爆型蓄电池电机车、转子 -2 型喷射机、JZB-1 型激光指向仪及 TYB 型炮孔布孔仪，解决了钻爆法施工中各种机械设备的合理配套。三年中，共掘进断面 15.74m² 的全岩巷道 3038m，其中，有三个月连续达到月成巷 100m 以上。1984 年，又应用 YTP-26 型气腿式凿岩机、ZC-1B 型侧卸装岩机、ZP-1 型皮带转载机、HT-1.5 型横向调车器、CDXT-2.5 型蓄电池机车、ZHP-2 型混凝土喷射机和 JZB-1 型激光指向仪等，掘进了断面 14.46m² 的全岩巷道 406.2m，平均月进尺 81.2m，平均工效为 1.32 立方米 / 工。应用气腿式凿岩机—侧卸式装岩机作业线掘进岩巷，月进尺、年进尺、掘进工效、安全性等，均取得高于气腿式凿岩机—耙斗式装岩机的实际效果。

气腿式凿岩机—耙斗装岩机作业线因投资小、机动灵活、适应性强，一度在岩巷掘进占统治地位。该作业线存在人工成本高、劳动强度大、工作环境差、安全隐患多以及凿岩速度低等缺点，且适应断面主要在 12m² 以下；耙斗装岩机牵引钢丝绳易产生摩擦火花，进一步发展、使用受到限制。

2000 年以来，扒斗（挖掘）式装载机引入煤矿，该机采用液压驱动的扒斗进行扒岩装载作业，装岩效率高、无钢丝绳摩擦火花隐患。到 2017 年 7 月，扒斗（挖掘）式装载机和侧卸式装岩机的煤矿安全标志准用证数量已达耙斗式装岩机的 2.44 倍，气腿式装岩机掘进机械化作业线，已由"气腿式装岩机—耙斗式装岩机为主"模式，逐渐转化为"气腿式装岩机—扒斗式装载机"或"气腿式凿岩机—侧卸式装岩机"模式。

14.4 液压钻车作业线装备

液压钻车作业线的装备包括液压凿岩机与全液压钻车、装岩（载）机、转载运输机械、矸石运输设备（电机车、矿车、梭车、带式输送机等）、锚喷支护机具等。本节主要叙述液压凿岩机与全液压钻车、侧卸式装岩机与转载运输机械。

14.4.1 液压凿岩机与全液压掘进钻车

1. 液压凿岩机及性能研究

1970 年，法国蒙塔贝特公司（Montabert）制造出世界第一台实用液压凿岩机后，瑞典、法国、芬兰、德国、英国、日本等先进国家凿岩机械公司相继将液压凿岩机产品投入市场，于 20 世纪 70 年代开始了凿岩设备液压凿岩机时代，为变革液压钻车技术奠定了基础。

液压凿岩机与气动凿岩机械相比，具有突出的优点：

（1）液压凿岩机的工作压力达 10～25MPa，是气动凿岩机标准工作气压 0.63MPa 的

15～40 倍，冲击能大、转矩高，凿孔速度高，液压凿岩机的凿孔效率是气腿式凿岩机的 8 倍以上。

（2）液压凿岩机能量利用率比气动凿岩机高，液压凿岩机的能耗仅是气动凿岩机的 1/4～1/5。

（3）液压凿岩机噪声比气动凿岩机低 15%～25%。

（4）液压凿岩机运行中不像气动凿岩机那样喷出油雾，工作面能见度高。

（5）液压凿岩机的冲击活塞可制成断面差异不大的细长体，撞击钎尾并向钎杆传递能量过程中，钎杆内的应力波平缓而无峰值，改善钎杆、钎头的受力状况，有利于提高钎具寿命。

（6）液压凿岩机的主要性能取决于工作压力和流量，能方便地调整液压凿岩机的参数，获得最佳凿岩效果。

液压凿岩机输出的能量大（冲击功率高、回转转矩大），在手持式液压凿岩机、支腿式凿岩机和导轨式液压凿岩机中，只有机重大、推进力的导轨式液压凿岩机，才体现液压凿岩机的优越性。因此，全液压钻车是使用液压凿岩机的最佳方式。

液压凿岩机是以液体工作压力为动力，驱动冲击机构和回转机构的凿岩机械。按液压冲击机构配油原理，液压凿岩机分有阀式和无阀式。无阀式液压凿岩机利用工作液的压缩性，利用冲击活塞的运动控制其冲程与回程的换向（或采用其他无阀控制方法）以无阀配油方式进行工作。无阀式液压凿岩机仅在 20 世纪 70 年代的短时间向市场介绍，无竞争力。国内外应用的液压凿岩机基本都是有阀式。

按配油阀安装位置不同，有阀式液压凿岩机又分为柱阀式和套阀式。柱阀式液压凿岩机的配油阀与冲击活塞分别安装在不同的轴线上（例如瑞典 Atlas-Copco、法国 Secoma 的液压凿岩机）；套阀式液压凿岩机的配油阀与冲击活塞同一轴线，且配油阀内径与冲击活塞外径相匹配（例如法国 Montabert、芬兰 Tamrock 的液压凿岩机）。

有阀式液压凿岩机冲击机构配油阀又有差动回油的三通阀和两腔室交替回油的四通阀之分，冲击活塞单腔回油的采用三通阀配油（例如法国 Secoma、Montabert、芬兰 Tamrock 的液压凿岩机），冲击活塞双腔回油的采用四通阀配油（例如瑞典 Atlas-Copco 的液压凿岩机）。

我国针对煤矿液压钻车进行进行研究、开发的液压凿岩机有：建井分院等研制的 CYY20、YYGJ90、YYG150J 型；航天系统秦峰机械厂的 HYD200 型；有色冶金系统莲花山冶金机械厂的 HYD200 型、上海研究院等研制的 YYG90SX 型等，均为有阀式、后腔单腔回油、三通差动配油的液压凿岩机。

CYY20 型液压凿岩机性能接近法国 Secoma 公司第一代产品 RPH200 型液压凿岩机，其无故障工作时间达到 10000 钻米；YYGJ90 型液压凿岩机是在对 CYY20 型液压凿岩机参数试验研究基础上，分析其工作压力波形与矩形波相差甚远等问题，进行了计算机仿真优化设计后研制的，冲击性能提高，凿孔速度比 CYY20 型液压凿岩机提高 10%～30%，见表 14-1 所示。

表 14-1 YYGJ90 型与 CYY20 型液压凿岩机冲击性能测试数据对比

机型	工作压力 /MPa	工作流量 /（L/min）	冲击能 /J	冲击频率 /Hz	冲击功率 /kW	冲击效率 /%	凿孔速度 /（m/min）
CYY20	16.0	43.0	108.8	41.7	4.54	41.2	0.85
YYGJ90	16.1	50.7	142.9	46.0	6.57	50.2	1.04

注：凿孔速度测试条件：ϕ43mm 十字形钎头；岩石抗压强度 90～130MPa。

秦峰机械厂和莲花山冶金机械厂的 HYD200 型液压凿岩机均以法国产品为目标（表 14-2），经建井分院全面试验研究与对比，认为莲花山 HYD200 型液压凿岩机技术性能较好，以此为基础进一步进行研究，协助企业改进配油阀与冲击活塞加工精度，液压凿岩机配套合格率由 1% 提高到 85% 以上，成为较长时期内煤矿液压钻车配套液压凿岩机的主要产品。

表 14-2 建井分院对法国 HYD200 型液压凿岩机冲击性能实测数据

频率档次	工作压力 /MPa	工作流量 /（L/min）	冲击能 /J	冲击频率 /Hz	冲击功率 /kW	冲击效率 /%
低	16.0	39.4	152.2	36.7	5.5	54.5
中	16.0	29.8	118.2	43.0	5.0	65.0
高	16.3	26.6	91.2	44.3	4.0	57.6

YYG150J 型和 YYG90SX 型液压凿岩机是国家"八五"科技攻关子项目，产品技术性能与法国 HYD200 型液压凿岩机相仿，经型式试验和工业性试验后通过了技术鉴定，技术成果对进一步提高煤矿液压凿岩机性能起到重要作用，但因加工条件限制，未能批量生产。

建井分院在液压凿岩钎具研究中也取得一批效益显著、技术水平高的成果，先后有 YS-44-45B 型柱齿钎头、YZ-1 型 JB 接杆钎杆和 B22、B25 中空六角钎杆等。

在开发煤矿液压钻车与液压凿岩机的同时，建井分院开展了液压凿岩机性能与试验技术的研究。利用 20 世纪 80 年代引进技术建立的凿岩机具试验室（煤科总院 20 个采掘试验室之一），除对液压凿岩机进行型式检验和监督检验外，开展了液压凿岩机具性能与试验方法研究、凿岩机具标准研究与起草、凿岩机具与凿岩技术咨询等工作。结合"五五""六五""七五""八五"液压凿岩科技攻关和行业重点科研项目，以及对国内外液压凿岩机产品性能测试，研究了液压凿岩机基本性能参数，并完成了"液压凿岩机检验测试系统""液压凿岩机噪声特性规律的试验研究""液压凿岩机动态压力流量规律的研究""钎具波形螺纹传递效率的研究""煤矿防爆全液压钻车与液压凿岩机可靠性与检测技术"等课题，试验研究结果用于煤矿用液压凿岩机性能与可靠性提高的具体措施中：

建井分院研究液压凿岩机性能后，提出考核、评价液压凿岩机性能包括冲击性能（冲击能、冲击频率、冲击功率、冲击能量利用率)、回转性能(转矩、转速)、岩石钻凿性能、噪声特性以及可靠性(无故障工作时间和冲击活塞寿命的"钻米"数等),即液压凿岩机的"全性能"考核,并研究了相对应的试验方法,包括冲击能与冲击频率试验在近似岩石条件下进行、岩石钻凿试验步序、噪声试验方法等。在试验研究基础上制定的"煤矿用液压凿岩机通用技术条件"标准,纳入了"全性能"检验规则、液压凿岩机冲击活塞寿命为25000钻米等。液压凿岩机冲击性能研究中,深化了"冲击流量是确保冲击工作压力,进而决定冲击频率和冲击能"的观念,有益于液压凿岩机与液压钻车性能参数的科学确定和钻车制造、使用中对液压凿岩机冲击性能的合格判定。在对液压凿岩机冲击工作流量规律研究中发现,冲击流量因冲击频率的波动存在短暂的"负值",尽管液压凿岩机工作压力高,冲击机构的工作仍需要正压的压缩空气润滑系统。

2. 全液压掘进钻车

"钻车"系操纵和控制钻凿机械,进行炮孔和锚杆孔钻凿作业的机械设备。按其钻凿岩孔的功用有掘进钻车、采矿钻车和锚杆钻车;按其控制钻凿机构(包括凿岩机、推进器、钻臂)的动力,有全液压钻车和半液压钻车;按其行走方式有履带式钻车、轮胎式钻车和轨轮式钻车。本书所讨论的"煤矿用液压钻车"主要指煤矿用掘进钻车。

全液压钻车是应用液压凿岩机的最佳形式。在液压凿岩机性能不断发展基础上,液压钻车的水平不断提高。早期的液压凿岩机都在20世纪80年代进行了更新换代,使全液压钻车凿孔效率比70年代又提高了1/3。液压凿岩机与全液压钻车市场一直竞争激烈,原有10多个国家、30多个公司制造生产液压凿岩设备,很多已退出市场。

我国对全液压钻车的研究与应用起于技术引进,先后成果使用了瑞典TH430型、芬兰CMH207-FLP型、法国CTH10-2F型等液压钻车。鉴于20世纪80年代的我国煤矿岩巷断面较小,全液压钻车的应用与研究逐渐以法国CTH10-2F型液压钻车为目标。使用进口和引进技术后生产的CTH10-2F型液压钻车,使岩巷掘进的月进尺突破200m,最高达到260.7m。

我国液压钻车的研制工作始于70年代中期。"六五"期间,建井分院与浙江衢州煤机厂研制了LC10-2B型双臂防爆全液压钻车和CYY20型液压凿岩机,在兖州兴隆庄煤矿掘进14.46m² 断面的岩巷,最高月进尺110.2m、最高日进尺5.9m,1986年通过了技术鉴定,小批量生产后,供部分煤矿基建工程使用。

1985年开始,煤炭部和宣化采掘机械厂通过技贸合作方式,引进法国赛可玛公司技术,生产CTH10-2F型(现按煤炭行业标准改为CMJ17型)双臂防爆全液压钻车,1990年基本实现国产化。

"八五"期间,建井分院承担"八五"科技攻关项目"岩巷防爆全液压钻车元部件攻关和大断面全液压钻车的研究",研制了LB12-2F型大断面液压钻车。对液压钻车、液压凿岩机的元部件（包括液压泵、液压马达、液压控制阀）等进行了以可靠性为主的技术攻关，并进行了"煤矿液压钻车和液压凿岩机可靠性与检测技术"的研究。"八五"科技攻关后，液压钻车结构和综合性能大幅提高，工作断面达到 24m²，钻车推进器的自动平移机构以及整机稳定性提高，给液压钻车工作断面进一步加大、性能不断提高创造了条件；通过液压钻车和液压凿岩机可靠性研究，也使 CTH10-2F、LC12-2B、LB12-2F 型液压钻车（钻车外形见图 14-3）、HYD200 型液压凿岩机及液压泵、液压马达等配套件性能与可靠性基本达到标准要求，液压钻车达到月进 120m、年进 1000～1200m 的能力，为液压钻车在 21 世纪进一步发展创造了条件。

钻车外形如图 14-2 所示；2000 年以前煤矿液压钻车的三种基本形式的主要技术参数见表 14-3。

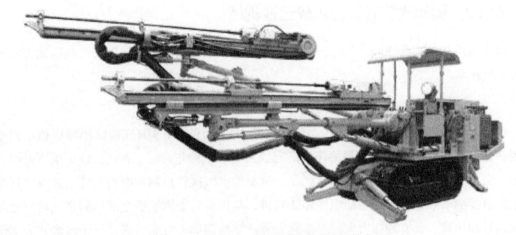

图 14-2　LC12-2B 型双臂防爆全液压钻车

表 14-3　三种基本形式煤矿液压钻车主要技术参数

产品技术参数	LC12-2B	CTH10-2F	LC10-2B
液压凿岩机	HYD200	HYD200	CYY20
推进器行程 /mm	2500	2130	2800
钻车外形尺寸（长×宽×高）/mm	7810×1200×1880	7030×1030×1600	7140×1040×1645
机重 /kg	10000	8000	8000
最大工作断面 /m²	24	17.5	20
工作范围（宽×高）/m	6140×4505	5020×3530	5150×3900
爬坡能力 /(°)	14	14	14
行走速度 /(km/h)	0～2.5	0～3	0～2.5
装机功率 /kW	55	45	45
研制单位	煤科总院北京建井研究所、宣化英格索兰矿山机械有限公司	宣化采掘机械厂与煤炭部引进法国技术生产	煤科总院北京建井研究所、浙江衢州煤矿机械厂

续表

产品技术参数	LC12-2B	CTH10-2F	LC10-2B
研制成功时间	1996 年技术鉴定	1985 年完成国产化	1986 年技术鉴定
项目性质	"八五"科技攻关	宣化采掘机械厂与煤炭部引进法国技术	"六五"科技攻关

2000 年以后，煤矿液压钻车应用量和使用面扩大，煤矿全液压掘进钻车在 CTH10-2F（适用断面 $17m^2$）、LC12-2B 型（适用断面 $24m^2$）基础上，按 MT199 "煤矿用液压钻车通用技术条件"生产的"CMJ"系列掘进液压钻车，最大适应断面已有 $10m^2$、$14m^2$、$15m^2$、$17m^2$、$18m^2$、$19m^2$、$27m^2$、$28m^2$、$30m^2$、$35m^2$、$45m^2$ 等多种，最大适用断面 $27m^2$ 及以上的产品占 36.8%。

14.4.2　侧卸式装岩机与转载运输机械

以下为建井分院在侧卸式装岩机、转载运输机械以及基础元部件攻关与装运试验室方面的主要技术。

1. 侧卸式装岩机

建井分院研制的我国首台 ZC-1 型侧卸式装岩机，1974 年 9 月在浙江小浦机械厂完成试制；1975 年在山东新汶矿务局协庄煤矿完成工业性试验并通过了鉴定。该机采用电机直接驱动履带行走，采用新型三点悬挂底盘、全新的电气操作控制和制动系统。具有独创性的电机直接驱动履带行走的电动型侧卸装岩机，与世界其他国家的全液压和全气动型侧卸式装岩机相比较，具有冲插力大、过载能力强；结构简单、可靠性高、易于维修和成本低廉等优点，并符合我国国情。1974～1985 年，协庄煤矿"快速掘进一队"采用 ZC-1 型侧卸式装岩机（含 ZC-1B 型）共掘进全岩巷道 7589m（平均断面 $15.47m^2$）；与原使用的电动后卸式装岩机相比，掘进速度和工效分别提高 50% 以上，安全作业状况明显改善。

至 1996 年，建井分院先后完成了 ZC-1（B）、ZLC-60、ZC-2、ZC-3 和 ZC-6（斗容 $1.0m^3$）等多种型号电动型侧卸式装岩机和 ZC-7 大型全液压侧卸装岩机的研制，并完成了 ZC-5（斗容 $0.4m^3$）电动超小型侧卸式装岩机的设计（未加工）。

至 2017 年，建井分院研制的 ZC 型侧卸式装岩机以及市场派生的侧卸式装岩机，累计产量超过 4000 台；预计 2017 年的产量约为 130 台，是我院成功研制并批量生产的主要井巷施工装备。

侧卸式装岩机的主要机型有以下两种。

1）ZC-3 型侧卸式装岩机

该机研制立足前期研究与施工实践的基础，融合了元部件攻关的多项重要成果：四点固定整体式底盘、146mm 节距密封润滑履带和更加安全可靠的本安型真空开关电控箱等；

其机宽由 1400mm 缩减为 1200mm，以扩大施工适用范围。

施工实践证实，使用润滑履带和整体刚性底盘的 ZC-3 型侧卸式装岩机是当今唯一适用于硬岩中作业的侧卸式装岩机。开滦钱家营矿使用该机（1987～1990 年使用 ZC-2 型侧卸装岩机），40 年里共掘进以硬砂岩（$f=8$）为主的全岩巷道（平均断面 15.85m²）82645m（统计至 2017 年 9 月）。

ZC-3 型侧卸式装岩机外形图见图 14-3。

图 14-3　ZC-3 型侧卸式装岩机

2）ZC-7 型大型全液压侧卸式装岩机

该机系国家"八五"重点科技攻关项目之一，为我国首台自行研制的全液压型侧卸装岩机。该机的研制立足于我国使用电动侧卸装岩机丰富的实践，汇聚了从整机载荷的实测到元部件攻关的绝大多数成果，完成了核心部件即液压系统的全尺寸实物可靠性和性能的台架试验和装机前的评估，从而确保了整机主要参数、系统和结构的优化达到最佳。1996年 1 月，该机样机在厂内专用试验场进行了型式试验，机器的高冲插装载能力、纵向和横向良好的稳定性、行驶的平顺性、优异的操控和爬坡性能，均受到专家的一致好评，达到了国际先进水平。迄今该机的累计产量已超过 270 台，曾两次出口俄罗斯。2017 年产量为18 台（不包括仿制机）。

ZC 型侧卸式装岩机广泛用于煤矿、金属矿山、公路铁路隧道、地铁等施工（如金温线全部隧道和北京复兴门至天安门东地铁施工）；为我国岩巷和地下工程施工做出了重大贡献。

ZC-7 型全液压侧卸式装岩机外形图见图 14-4。

图 14-4　ZC-7 型侧卸式装岩机

建井分院研制的 ZC-1、ZC-3、ZC-7 三种典型侧卸式装岩机主要参数见表 14-4。

表 14-4　建井分院研制的三种侧卸式装岩机主要技术参数

机型	ZC-1	ZC-3	ZC-7
铲斗容积 / m³	0.6	0.6	1.2
铲斗宽度 /mm	1880	1750	1900
最大侧卸高度 /mm	1200	1650	2000
履带处机宽 /mm	1450	1200	1400
最大行走速度 / (km/h)	3.05	2.9	3.3
工作坡度 / (°)	≤5	≤5	-16～+16
行走驱动方式	电动	电动	液压
机器外形尺寸（长×宽×高）/mm	4135×1450×1550	4505×1200×2180（含司机棚）	5220×1475×1650
机重 /t	8.2	8.5	10.2
总功率 / kW	41	48.5	55

2008 年，建井分院在生产基地研制了 ZCD60R 型侧卸式装岩机。该机由工作机构、履带行走机构、行走减速机、机体、液压装置、电气系统和主令开关以及制动机构等部分组成。该机工作机构为 Z 形反转六杆机构。"H"形结构的大臂以机架下部的铰接点为轴，通过升降油缸的伸缩，向上或向下回转，从而调整插入和铲斗转斗角，使铲斗处于最佳插入状态，以提高装满系数；靠侧卸油缸的伸缩，向矿车或转载机卸入矸石。

该侧卸式装岩机铲斗容积 0.6m³，具有侧卸兼前卸功能，集井下装载和散料堆集功能于一身，其外形如图 14-5 所示。

2. 转载运输机械

在岩巷掘进装岩作业中，使用装岩（载）机可直接向矿车装岩，基本是断续地向一列矿车装岩；即便是带有转载运输机的装岩（载）机，其运输机下储存矿车数量也很有限，也不易实现向多辆矿车不间断装岩，严重影响装岩效率。

图 14-5 ZCD60R 型侧卸式装岩机

转载运输机械是使装岩（载）机能高效地向多辆矿车不间断装岩的中间运输设备。

我国自 60 年代开始转载运输机研制，以带式转载机居多。建井分院 1974 年研制了配合侧卸式装岩机使用的 ZP-1 型带式转载机；上海研究院 1979 年通过技术鉴定的耙斗装岩机配套用 C-650 型带式转载机；"六五""七五"和"八五"期间，建井分院研制了 LZP-150P、LZP-150S、LZP-200、SZD800/10.5 以及 SZD650/11G 等多种形式带式转载机，与耙斗、侧卸、立爪、蟹爪等不同类型装岩机配套使用。

"八五"科技攻关研制的 SZD800/15S 型液压带式转载输送机，是运用现代技术手段进行分析研究，通过增大电机功率、采用双滚筒驱动、专用抗砸输送带等技术途径，解决了与侧卸式装岩机配套使用的一系列问题。

该机输送带抗砸、耐磨、阻燃、抗静电，工作寿命长，运岩量可达到 1000m³ 以上；设计的过弯道时用的回转盘，解决了转载输送机行走掉道问题。工业性试验证明，该机结构紧凑、配套合理、工艺性强、满足重载启动要求、皮带强度高、寿命长、耐磨性能好。

经现场实测，该机使侧卸式装岩机的装岩效率提高 50% 以上。实践证明，该机工作可靠、效率高、适应性强，有效地提高了巷道掘进速度与综合效益。

SZD 型液压带式转载输送机主要技术参数如表 14-5 所示。

表 14-5 SZD 型液压带式转载输送机主要参数

机型	SZD800/10.5	SZD800/15S
技术生产率 /（m³/h）	200	200
带宽 /mm	800	800
带速 /（m/s）	1.25	1.4
行走速度 /（m/s）	0.4	0.5
总功率 /kW	10.5	17.2
轨距 /mm	600/900	600/900

续表

机型		SZD800/10.5	SZD800/15S
	通过半径 /mm	>15	>25
一次装矿车数 / 辆	1.1m³ 矿车	7～10	10
	1.75m³ 矿车	6～8	8
重量 /kg		6500	10500
外形尺寸 /mm		23000×1600×1900	23500×1600×1900

3. 侧卸装岩机的基础元部件攻关与装运试验室

侧卸式装岩机本质上是一种在岩石、水泥砂浆中工作且无任何借鉴的全新的特种履带车辆；必须摒弃传统的以井下试验为主的研发思路；必须坚持贯彻部、总院提出的"元部件攻关先行"的科研指导原则，其实质是，做好基础设计和技术细节工作，避免盲目性，多、快、好、省地完成研制。为此，自国家"六五"科技攻关起，建井分院即开展了系统性的攻关研究；逐一解决了关键元部件存在的材料、工艺和结构问题，为批量生产和全面推广奠定了坚实的基础；与此同时，自 1981 年起开始筹建"装运试验室"，其目标定位：为装载机械的元部件攻关服务，完成载荷工况的定性和定量实测；模拟工况，完成关键元部件的台架攻关试验，最终确保优质、高速完成侧卸装岩机的研发。

"装运试验室"最终建成后的试验装置主要包括：日本引进多通道信号采集、记录、处理有线测试系统；德国引进装有 8 通道 PCM 遥测系统的工程测试车；电液伺服程控支重轮试验台；蟹爪工作机构试验台；100kW（电力测功机）传动试验台。

在"六五""七五"和"八五"的 15 年中，以"装运试验室"为重要手段，厂所密切合作，先后完成包括"四轮一带"（即支重轮、引导论、托链轮、链轮和履带）、底盘、润滑履带、行走减速器、电控箱及驱动电机在内的全部基础元部件与相关检测设备的攻关和研究课题，累计共十八项，主要进行的研究有以下几方面。

1）载荷和工况实测

自 1982 年起至 1996 年，共完成包括建井分院研制的各型侧卸式装岩机、皮带转载机、反井钻机以及大型采油井架、铝合金罐笼等在内的多达 21 次整机静、动载荷实测和振动、噪声环境评估。通过现场测试发现了结构设计中众多强度问题，如查找出铲斗工作机构存在开裂和断裂（在多种进口设备上尤为突出）的原因，为结构的抗冲击、抗扭曲载荷设计指明了正确方向。

2）侧卸装岩机履带行走部的研究

自 1982～1985 年，在 4 次整机载荷实测的基础上，完成侧卸式装岩机关键载荷参数《链轮驱动轴扭矩的载荷谱》的编制；在支重轮试验台上模拟磨粒磨损悬浮液工况，两周内即完成支重轮等关键部件的密封结构和轴承材料定性评估和筛选（以往至少需半年以上时间）；在筛选基础上连续运转 2 个月完成 1000 h 三轮对滚（六套密封、六对轴承）台架试验，确认了密封和轴承的可靠性；完成履带主要零件的材料强度筛选、工艺试验和专用设备的研发。攻关后侧卸式装岩机的"四轮一带"在中、软岩巷道施工中的可靠性和寿命得以成倍提高。

3）146mm 密封润滑履带

在井下履带行走的侧卸式装岩机上采用密封润滑履带是我国的独创，以便适应我国岩巷复杂的地质和施工条件。

在岩巷施工中，每掘进 1m，侧卸式装岩机的冲插行走距离至少为 1500m，在快速施工且后配套运输条件较差时，机器的行走距离可能达到 3000m 或更高。普通干式履带（包括引进的十余种机型的履带）在硬砂岩中的使用寿命仅不到中、软以下岩石中的十分之一。履带磨损后节距伸长、扭曲蛇形、掉链频繁，致使失去正常工功能，并导致"四轮"的急剧磨损和报废。为此，提出了研制密封润滑履带课题，以大幅度提高履带在硬岩中的使用寿命。自 1983 年 3 月起，历经三次反复修改设计、试制和井下工业试验以及 1000h 台架试验验证，1988 年 11 月密封润滑履带的扩大工业性试验终获决定性进展：检测数据表明：其平均寿命较原 146mm 干式履带分别提高 1.83～3.25 倍，在硬岩和泥浆中的效果尤为明显。从而为在硬岩中的全面推广奠定了基础。

4）四点固定底盘可靠性的研究（1991～1993 年）

四点固定底盘其可靠性、结构工艺性和可维修性均优于三点悬挂底盘，但履带的对地表面不平度的适应能力不如后者。该研究通过对底盘的动强度测试、测振与振动分析、刚性有限元动态计算和底盘紧固件的可靠性分析，完成对 ZC 型侧卸装岩机底盘的完整的动、静态力学描述和可靠性评估。

5）ZC 型侧卸式装岩机行走减速箱可靠性的研究（1991 年 1 月～1993 年 12 月）

主要研究内容：对 ZC 型侧卸装岩机系列减速器的主要元部件（轴承、齿轮等）的可靠性和寿命进行理论分析和参数优选；在 100kW 传动试验台上按实测载荷谱加载，完成样机 1000h 耐久性试验（相当于掘进 1000m）和 20 万次启动冲击试验（飞轮加载）。确保并进一步提高履带主传动关键部件的可靠性。

6）煤矿井下大、小节距密封润滑履带的研究（1991 年～1995 年 12 月）

在施工实践的基础上，对密封润滑履带的密封机理、结构、耐磨材料、履带板螺栓防松等做了深入研究，完成相应行业标准的编制；在载荷可控、频率可调、模拟水泥砂浆介质工况条件，完成 1000 小时可靠性试验。试验台架和试验方法填补了国内空白。

7）防爆型侧卸式装岩机履带驱动电机的研制（1991 年～1995 年 11 月）

该电机是电动型侧卸式装岩机的关键动力部件，实际攻关时间始于 20 世纪 80 年代，于 1995 年完成系列化设计和相关标准制定。"八五"期间，在装运试验室完成该电机样机的 20 万次冲击启动试验（飞轮加载）。样机在工业试验期间连续工作 6 个月，实测累计负载启动次数约 25.5 万次，工作正常，无任何事故或维修。

8）侧卸装岩机隔爆兼本质安全型真空开关电控箱

该研究于 1988 年鉴定。电控部件的可靠性和安全性得以大幅提高，装机批量投产至今。

9）ZCT-1 真空接触器综合参数测试台

为重要配套检测设备，1991 年鉴定后批量投产，填补了空白，是我国首台真空接触器检测装置，为确保电动侧卸装岩机和煤矿其他设备的可靠运行做出了贡献。

14.5　岩巷掘进爆破技术

钻爆法是煤矿岩巷掘进的主要方法，岩巷掘进爆破技术对加快掘进速度、确保岩巷施工质量和保障施工安全有重要作用。本节着重介绍淮北所、建井分院在岩巷掘进"三小"爆破技术、聚能爆破技术的应用和二氧化碳致裂爆破方面的技术。

14.5.1　岩巷掘进"三小"爆破技术

配合煤炭行业推广"三小"（小钻头、小锚杆、小树脂药卷）光爆锚喷支护技术，淮北所进行了中小断面岩巷掘进"三小"爆破技术研究，并取得一定效果。

1. "三小"爆破技术原理

岩巷掘进"三小"爆破，是用小直径钎头、小直径钎杆钻凿小直径炮孔，采用小直径炸药卷，根据具体条件合理选择爆破参数、炮孔布置及起爆顺序等，以改善爆破效果，加快巷道掘进速度，降低爆破器材消耗，提高掘进工效和施工安全性。

小直径炮孔的孔径为 $\phi32\text{mm}$，其岩孔面积为常规 $\phi42\text{mm}$ 孔径的 58%，钻凿同样深度炮孔的岩石体积减小 42%，大大缩短每个炮孔的凿孔时间。

小直径炸药卷直径 $\phi27\text{mm}$，其同样条件下炸药消耗量仅为常规 $\phi42\text{mm}$ 孔径时采用 $\phi35\text{mm}$ 炸药卷的 59%，每个炮孔炸药消耗量减少 41%。

炮孔直径缩小后，炮孔数量会有所增加，但只要爆破参数合理，会显著达到减少凿岩作业时间和降低爆破器材消耗的效果。经试验，对中硬岩以下围岩条件，利用"三小"爆破技术可提高爆破效率和爆破效果，巷道掘进速度可提高 10% 以上。

2. 爆破参数选定

1）掏槽方式

岩巷的爆破掘进常用的掏槽方式有直眼掏槽、斜眼掏槽和混合掏槽：

（1）直眼掏槽。直眼掏槽是指所有的掏槽孔都垂直于工作面，且互相平行，炮孔间距小，通常留有几个不装药的空眼，作为装药炮孔爆破时的辅助自由面和破碎岩石的补偿空间。槽眼垂直工作面，布置方式简单，槽眼的深度不受巷道断面限制。直眼掏槽的炮孔布置形式很多，按槽腔形状可分为龟裂掏槽、桶形或角柱掏槽、螺旋掏槽等。

（2）斜眼掏槽。斜眼掏槽又分为多种形式，目前常用的主要有锥形、楔形和扇形等。

锥形掏槽，有三眼锥形和四眼锥形，常用的是三眼锥形，其中三眼锥形又分为三角锥形槽和三眼锥台形槽，如图14-6所示。锥形掏槽适用于中硬以上（$f \geq 8$）坚韧岩石或急倾斜岩层，巷道断面 $S=4 \sim 7m^2$ 的情况下。常用的锥形掏槽孔主要参数见表14-6。

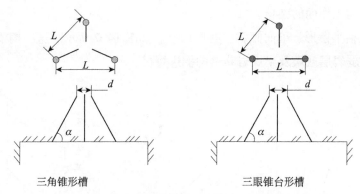

三角锥形槽　　　　　　　　　　三眼锥台形槽

图14-6　三眼锥形掏槽炮孔布置示意图

表14-6　常用的锥形掏槽眼主要参数

岩石坚固性系数 f	炮孔倾角 α/（°）	相邻炮孔间隔 /m	
		眼口间距	眼底间距
4~6	75~70	1.00~0.90	0.4
6~8	70~68	0.90~0.85	0.3
8~10	68~65	0.85~0.80	0.2
10~13	65~63	0.80~0.70	0.2
13~16	63~60	0.70~0.60	0.15
16~18	60~58	0.60~0.50	0.10
18~20	58~55	0.50~0.40	0.10

楔形掏槽，有垂直楔形和水平楔形槽，除在特殊岩层条件下有时采用水平楔形槽外，一般均采用垂直楔形掏槽。常用的楔形掏槽有4眼楔形和6眼楔形，有时为了加大槽腔体积，还可采用复式楔形掏槽。常用楔形掏槽主要参数见表14-7。

表14-7　常用楔形掏槽主要参数

岩石坚固系数 f	炮孔倾角 /（°）	两排炮孔眼口间距 /m				炮孔数目
		水平 L_1	垂直 L_2	水平 L_3	垂直 L_4	
4~6	75~70	1.4~1.2	0.6~0.5			4
6~8	70~65	1.2~1.0	0.5~0.4	1.6~1.4	0.5~0.4	6
8~10	65~63	1.2~0.8	0.4~0.35	1.4~1.0	0.4~0.3	6~10
10~12	63~60	1.0~0.6	0.35~0.3	1.2~0.8	0.4~0.3	6~10
12~16	60~58	0.8~0.5	0.3~0.2	1.0~0.6	0.3	8~14
16~20	58~55	0.6~0.4	0.2			

楔形掏槽适用于任何岩石和各种巷道断面，钻眼比较方便，但其掏槽深度受巷道掘进宽度的限制

最大深度 H 　　　　　　　　　$H=\dfrac{B}{4\tan\beta}$ 　　　　　　　　　（14-1）

式中，B，巷道掘进宽度，m；β，岩石坚固性的楔角，即每对掏槽眼之间的夹角，$\dfrac{\beta}{2}=90°-\alpha$，这里 α 为掏槽眼与工作面的夹角。

扇形掏槽包括半楔形、单向倾斜、剪形掏槽。如图 14-7 所示。这些掏槽方式多用于巷道断面较小、软弱岩层或煤及半煤岩巷道的掘进爆破。

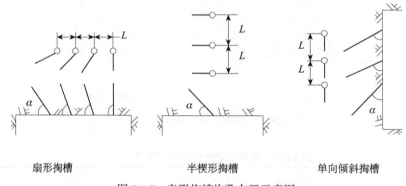

扇形掏槽　　　　　　　半楔形掏槽　　　　　　单向倾斜掏槽

图 14-7　扇形掏槽炮孔布置示意图

（3）混合掏槽。在断面较大、岩石较硬的巷道掘进爆破中，为确保掏槽效果，需要加大槽腔深度和体积，可采用混合掏槽方式。混合掏槽的炮孔布置形式非常多，一般以直眼的桶形掏槽和斜眼的锥形或楔形槽相结合的方式，弥补斜眼掏槽深度不够与直眼掏槽槽腔体积较小的不足。常用的和效果较好的混合掏槽方式有：菱形＋楔形、三角柱＋楔形、直线龟裂＋楔形和五星＋锥形等（图 14-8）。

岩石巷道掘进选择掏槽方式的原则，掏槽形式越简单越好。巷道断面较大时可采用楔形掏槽；而直眼掏槽中菱形掏槽、三角柱和四角柱掏槽等虽然在掏槽效果上不及螺旋掏槽，但其结构简单，易掌握，且只用 1～2 段雷管。掏槽形式要能保证获得较大的槽腔体积和较高的炮孔利用率。直眼掏槽时，先爆炮孔应有较多的空眼辅助自由面。空眼越多、空眼直径越大，对掏槽效果越有利，既能提供更多的辅助自由面，又能为破碎岩石提供更多的补偿空间。

2）单位炸药消耗量

单位炸药消耗量为爆破每 $1m^3$ 岩石所消耗的炸药质量。单位炸药消耗量不仅影响岩石的破碎块度、岩块的飞散距离和爆堆形状，而且影响炮孔利用率、钻眼工作量、工作效率、材料消耗、掘进成本、巷道轮廓质量及围岩的稳定性等。因而，合理地确定单位炸药消耗量具有十分重要的意义。

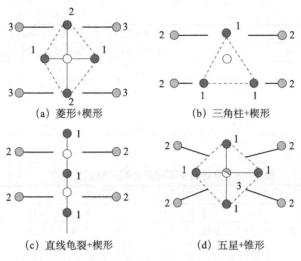

(a) 菱形+楔形　　　　　　(b) 三角柱+楔形

(c) 直线龟裂+楔形　　　　　　(d) 五星+锥形

● 直眼掏槽；● 斜眼掏槽；○ 空眼；1～3—起爆顺序

图 14-8　混合掏槽炮孔布置示意图

影响单位炸药消耗量选取的主要因素为：岩石的物理力学性质、巷道断面面积、炸药的性能、药卷直径和炮孔直径、炮孔深度等。实际施工过程中，用理论精确计算单位炸药消耗量是很困难的。一般来讲，对于某种给定岩石可通过标准爆破漏斗试验来初步确定，再将计算值通过普氏公式进行修正。

普氏公式

$$q = 1.1K_0\sqrt{\frac{f}{S}} \qquad (14\text{-}2)$$

式中，f 为岩石的普氏硬度系数；S 为巷道掘进断面，m^2；K_0 为考虑不同炸药的修正系数，$K_0=525/P$；P 为炸药的做功能力（爆力），mL。

在实际应用过程中，常根据国家定额法、工程类比法、经验法等进行选取。表 14-8 为岩石坚固性系数与巷道断面决定的炸药消耗量经验值；表 14-9 为原煤炭工业部制定的平巷与平硐掘进炸药消耗量定额值。工程类比与经验法选取的单位炸药消耗量数值经过实践加以调整，即可获得合理的使用值。

表 14-8　巷道掘进单位炸药消耗量经验值

巷道掘进断面 /m²	每米巷道炸药消耗量 /（kg/m）			
	岩石坚固性系数（普氏硬度系数）f			
	2～4	5～7	8～10	11～14
4	7.28	9.26	12.80	15.72
6	9.30	12.24	16.62	20.58
8	11.04	14.80	19.92	24.88
10	12.06	17.20	23.00	28.80
12	14.04	19.32	25.80	32.40

续表

巷道掘进断面 /m²	每米巷道炸药消耗量 /（kg/m）			
	岩石坚固性系数（普氏硬度系数）f			
	2～4	5～7	8～10	11～14
14	15.40	21.42	28.70	36.12
16	16.64	23.36	31.04	39.36
18	17.82	24.38	33.66	42.30

表 14-9　平巷与平硐掘进炸药消耗量定额值

岩石坚固性系数 f	巷道断面积 /m²									
	<4	<6	<8	<10	<12	<15	<20	<25	<30	>30
煤	1.2	1.01	0.89	0.83	0.76	0.69	0.65	0.63	0.60	0.56
<3	1.91	1.57	1.39	1.32	1.21	1.08	1.05	1.02	0.97	0.91
<6	2.85	2.34	2.08	1.93	1.79	1.61	1.54	1.47	1.42	1.39
<10	3.38	2.79	2.42	2.24	2.09	1.92	1.86	1.73	1.59	1.46
>10	4.07	3.39	3.03	2.82	2.59	2.33	2.22	2.14	1.93	1.85

3）炮孔直径和装药直径

炮孔直径一般根据药卷直径和标准钻头直径来确定。在岩巷掘进爆破中，普通药卷直径为 32mm 或 35mm，相应匹配的标准钻头直径为 36～42mm。"三小"爆破技术实用的药卷直径为 27mm，炮孔直径为 32mm。

4）炮孔数目

炮孔数目的确定，主要取决于岩石性质（裂隙率、坚固性系数）、巷道断面尺寸、炸药性能和药卷直径、装药密度、炮孔深度等因素。合理的炮孔数目应当保证有较高的爆破效果的前提下，尽可能地减少炮孔数目。炮孔数目的计算一般根据以下两种方式选取：

（1）按巷道断面和岩石硬度系数估算

$$N = 3.3\sqrt[3]{fs^2} \tag{14-3}$$

式中，N 为巷道全断面炮孔总数；f 为岩石硬度系数；s 为巷道掘进断面积，m²。

（2）按每循环所需总装药量和每个炮孔的装药量估算

$$N = \frac{Q}{q_1} \tag{14-4}$$

式中，Q 为每循环所需总装药量，kg；这里 $Q = qV = qSL_b\eta$；q 为炸药单耗，kg/m³；S 为巷道掘进断面积，m²；L_b 为炮孔深度，m；η 为炮孔利用率。q_1 为每个炮孔的装药量，kg/ 眼，$q_1 = \dfrac{1}{4\pi d_c\varphi L_b\rho_0}$；$d_c$ 为装药直径，m；φ 为装药系数，即每米炮孔的装药长度，见表 14-10；ρ_0 为装药密度，kg/m³；L_b 为炮孔深度，m。

表 14-10　装药系数 φ 值

装药直径 /mm	装药系数 φ 值	
	$f=4\sim8$	$f=9\sim20$
25，27	0.35~0.70	0.65~0.80
32，35	0.40~0.75	0.70~0.80
40	0.40~0.60	0.60~0.70

5）炮孔深度

炮孔深度指炮孔眼底至工作面的垂直距离，其决定了每班循环次数和循环进尺等。为实现快速掘进，在提高掘进机械化程度和改善劳动组织的前提下，应力求加大眼深和增加循环次数。影响炮孔深度的因素主要有：岩石的硬度、炸药的性能、巷道断面和凿岩机的生产率。在当前的炸药性能条件和凿岩机生产率水平条件下，炮孔深度可按表 14-11 来选取。

表 14-11　炮孔深度参考值

岩石坚固系数 f	巷道掘进断面 /m²		
	4~8	8~12	>12
1.5~3（煤）	1.8~2.2	2.0~3.0	2.5~3.5
4~6	1.6~2.0	1.8~2.2	2.2~2.5
7~9	1.4~2.0	1.6~2.2	1.8~2.2
10~20	1.2~1.8	1.4~2.0	1.6~2.0

实际施工过程中，具体应选取浅眼多循环，还是深眼少循环，还应根据具体的施工技术条件、工程地质条件、劳动组织配备和安全要求等因素确定。

按任务要求确定，炮孔深度 L 计算公式

$$L = \frac{L_0}{TN_{\mathrm{m}}N_{\mathrm{s}}N_{\mathrm{x}}\eta} \tag{14-5}$$

式中，L_0 巷道掘进全长，m；T 为根据完成巷道掘进任务的月数；N_{m} 为每月工作日，一般为 25d；N_{s} 为每天工作班数，3 或 4；N_{x} 为每班完成循环数；η 为炮孔利用率。

按掘进循环组织确定，炮孔深度 L 计算公式

$$L = \frac{T_0}{\dfrac{K_{\mathrm{p}}N}{K_{\mathrm{d}}v_{\mathrm{d}}} + \dfrac{\eta S}{\eta_{\mathrm{m}}P_{\mathrm{m}}}} \tag{14-6}$$

式中，T_0 为每循环用于钻眼和装岩的小时数；K_{p} 为钻眼与装岩的非平行作业时间系数，一般小于 1；N 为每循环钻眼总数；K_{d} 为同时工作的凿岩机台数；v_{d} 为每台凿岩机的钻眼速度，m/h；η_{m} 为装岩机的时间利用率；P_{m} 为装岩机的生产率，m³/h。

影响炮孔深度的因素主要有岩石的硬度、炸药的性能、巷道断面和凿岩机的生产率。在当前的炸药性能条件和凿岩机生产率水平条件下，炮孔深度可按表 14-12 来选取。

表 14-12 炮孔深度参考值

岩石坚固系数 f	巷道掘进断面 /m²		
	4~8	8~12	>12
1.5~3（煤）	1.8~2.2	2.0~3.0	2.5~3.5
4~6	1.6~2.0	1.8~2.2	2.2~2.5
7~9	1.4~2.0	1.6~2.2	1.8~2.2
10~20	1.2~1.8	1.4~2.0	1.6~2.0

3. 炮孔布置、起爆网路的确定

正确而合理地布置掘进工作面的炮孔，是确保安全、提高钻眼爆破的效率和质量的重要环节。炮孔布置的原则和方法，首先要选择合理的掏槽方式和确定掏槽孔的位置，再布置周边孔，最后布置辅助孔。掏槽孔的位置会影响岩石的抛掷距离和破碎块度，也会影响炮孔的数目。通常将掏槽孔布置在巷道断面的中央偏下的位置，除巷道断面很大外，一般在槽洞和底眼之间不再布置辅助孔。掏槽孔比其他炮孔要加深 10%~20% 为宜。周边孔按光面爆破参数进行布置，原则上布置在巷道的轮廓线上，但为了钻眼方便，通常向外（或向上）偏斜一定的角度，根据炮孔深度来调整（一般为 3°~5°）。眼底落在同一平面、轮廓线外不超过 0.1m，周边孔的深度不应大于辅助孔。底眼眼口一般在巷道底板线上 0.15~0.2m，眼底低于底板线 0.1~0.2m。采用光面爆破时周边孔的炮孔数目比一般爆破增加 15%~20%，炮泥堵塞长度不小于 0.3m。辅助孔以掏槽孔形成的槽洞为中心，分层均匀布置在掏槽孔和周边孔之间，辅助孔的最小抵抗线可用下式计算选取

$$W = r_c \sqrt{\frac{\pi \varphi \rho_0}{mq\eta}} \qquad (14-7)$$

式中，r_c 为装药半径，m；φ 为装药系数，一般为 0.5~0.7；ρ_0 为炸药密度，kg/m³；m 为装药临近系数；q 为单位炸药消耗量，kg/m³；η 为炮孔利用率，应为 0.85 以上。

布置辅助孔时，需根据巷道断面形状、大小来调整最小抵抗线、临近系数和眼距。辅助孔的最小抵抗指的是炮孔底部的最小抵抗线，其参考值见表 14-13。为避免产生大块和尽可能地布置均匀，临近系数 m 取值不宜太大或太小，一般为 0.8~1.4；根据装药直径、岩石可爆性、块度要求来确定最小抵抗线和眼距，多数情况为 0.5~0.7m。有时可适当调整掏槽孔位置或在槽洞旁增加辅助孔，以使辅助孔的布置更加均匀合理。必要时也可将各层炮孔交错排列。

表 14-13 辅助眼最小抵抗线参考数值

岩石硬度系数 f	炸药爆力 /mL		
	300~345	350~395	≥400
4~6	0.66~0.72	0.72~0.82	0.82~0.90
6~8	0.60~0.66	0.66~0.72	0.72~0.82
8~10	0.52~0.58	0.62~0.68	0.68~0.76

续表

岩石硬度系数 f	炸药爆力 /mL		
	300～345	350～395	≥400
10～12	0.45～0.55	0.55～0.62	0.62～0.68
12～14	0.44～0.50	0.52～0.60	0.60～0.65
≥14	0.42～0.44	0.45～0.50	0.50～0.60

煤矿井下巷道掘进中，毫秒爆破技术已被普遍推广和应用。实践证明，毫秒延期爆破时各炮孔爆破产生的应力场能相互干涉、叠加，增强了破碎作用，有效减小破碎块度，降低爆破震动的影响，能够获得良好的爆破效果。一般来讲，岩巷凿岩爆破的起爆顺序是：掏槽孔→（辅助孔）辅助孔→周边孔，每一类炮孔还可再分组按顺序起爆。

《煤矿安全规程》规定，在瓦斯矿井中进行巷道掘进全断面一次爆破，总延期时间不得超过130ms。因此，煤矿井下巷道掘进只能采用煤矿许用五段 ms 电雷管进行起爆，段间延时25ms。

根据煤矿巷道掘进的特点，巷道断面和抵抗线较小，一般间隔时间在15～75ms选定，并随岩石性质、抵抗线大小而调整。当掏槽孔的深度超过2.5～3m时，为保证槽腔内岩石破碎和抛出，毫秒间隔时间应取大值。试验表明，间隔时间在50～100ms时掏槽效果较好。但岩（煤）层中如果有瓦斯涌出时，不准跳段使用。

14.5.2　聚能爆破技术在岩巷光面爆破中的应用

聚能爆破技术是利用带有聚能槽结构的炸药爆炸产生的聚能效应，对爆破对象爆炸切割的一种爆破技术，将其应用于岩巷掘进周边孔光面爆破，对岩体进行爆炸切割，形成比较平整的轮廓，提高光面爆破效果，对提高岩巷掘进速度和成巷质量、降低煤矿生产建设成本、提高经济效益等，有重要的意义。本部分介绍淮北所关于聚能爆破技术在岩巷光爆锚喷爆破中的应用。

1. 聚能爆破技术原理

利用药包一端的空穴（也叫聚能穴）使得炸药爆轰的能量在空穴方向集中起来以提高炸药局部破坏作用的效应，这种现象也叫聚能现象。聚能装药的爆炸聚能效应如图 14-9 所示。

由图 14-9（b）所示，当药柱带有空穴时，对钢制靶板的穿透能力比无空穴实心药柱（a）的穿透能力有所提高，到那个空穴内嵌入金属罩（c）时，对靶板的穿透能

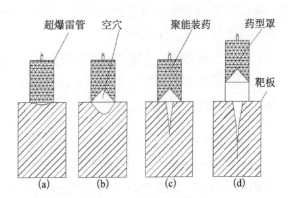

图 14-9　聚能效应实验
（a）无空穴实心药柱；（b）药柱带有空穴；（c）空穴内嵌入金属药型罩；（d）带金属罩药柱离开靶板一定距离

力比无金属罩的空穴装药有很大提高，而带有金属罩的药柱（d）距靶面一定距离进行爆炸是，对靶板的穿透能力最强。

柱形药包爆炸后，爆炸产物沿近似垂直于药柱表面方向向四周飞散，作用在物体上的仅仅是药柱一端的爆轰产物。药包开有锥形轴对称空穴时，爆轰产物先向空穴轴线位置聚集，形成一个高速、高压、高密度的爆轰产物，急聚能气流，由于聚能气流的高能量密度，使其做功能力增大。

由于在沿药柱轴线聚能过程中爆炸产物形成高压区，而高压区又迫使爆炸产物向周围低压区膨胀，使得气流不能无限集中，到达某一距离 F（焦距）后达到最大集中，随后迅速散开。聚能气流中的能量主要由两部分组成：势能和动能。一般聚能气流中势能占总能量的 3/4，动能占 1/4。气流在聚能过程中，动能是可以聚集的，而势能不能聚集，反而起发散作用，只能采取其他有效途径将其部分转化、集中。因此为了提高能量的集中程度，在锥形空穴表面嵌入一个和空穴内表面相似的药型罩，把势能转化成动能，从而提高聚能效应。药型罩的可压缩行很小，能量集中过程中，内能增加很小，能量主要转化为动能的形式，避免了由于高压膨胀使得能量分散，因此可形成一股速度和动能均比气体射流更高的金属射流。

药型罩采用楔形罩的装药称为线性聚能装药，起爆轰波波阵面沿罩外表面通过爆轰产物压迫罩材向对称面运动发生碰撞，行程高温、高速、高能量密度的聚能射流，聚能射流具有强大的侵彻作用，能够在岩石中形成定向裂纹。

线性聚能定向成缝的本质是聚能射流侵彻作用，与侵彻理论一致，所不同的是线性药柱形成面侵彻，产生贯通裂纹。与聚能爆破存在最优炸高一样，线性聚能定向作用也存在着极值点，在该处聚能流的密度、速度和动能都最大，穿透力最强。

在相邻炮孔设置线性聚能药柱，能有效形成定向裂缝，其形成过程大致有五个阶段：

（1）产生射流。爆轰波压合聚能罩使之向聚能槽对称面上运动，并在对称面上发生碰撞，从而产生线性射流。

（2）形成切槽。线性射流作用于岩石，在孔壁形成一定深度和宽度的切槽，这种切槽对后续作用起到了导向作用。

（3）裂缝拓展。在线性射流和应力波的共同作用下，切槽裂缝向前产生拓展。

（4）形成裂缝。射流作用消失后，爆生气体楔入到裂缝中产生"气刃"作用，形成静压，促使相邻空间裂缝贯通。

2. 聚能管设计

聚能管是一种带有聚能槽结构的硬质管，它的主要作用是将普通炸药转变成带有聚能槽的聚能炸药，因此在设计制作的过程中，聚能管材料、结构、聚能槽的尺寸等参数的选择会对聚能药卷的聚能效果产生重要的影响。

选择聚能管的材料，必须满足以下几点要求：材料要压缩性小、密度大、塑性和延展性好、在形成射流的过程中不会汽化。军用聚能装药通常采用单质金属或合金材料的药型罩，但在工程爆破的过程中，选择硬度较大的材料，即可实现正常的聚能效果需要，选取铁皮、塑料、玻璃等廉价材料作为聚能管。考虑到聚能管制作成型，选择防静电硬质 PVC 管作为聚能管的制作材料。

聚能槽角度是影响炸药聚能作用的重要因素。通过理论计算确定合适的聚能槽角度，使聚能药卷达到最大的聚能效果。

由于炸药直径约 28mm，全断面爆轰时间约 4×10^{-6}s。由于时间非常短，假定炸药断面瞬时爆轰。在炸药发生爆轰的瞬间，爆炸产物来不及发生位移，处于静止状态，爆炸产物体积与炸药体积相同。炸药断面各点爆炸能量相同。爆炸产物飞散可认为是爆炸释放的能量全部转化成爆炸产物的内能和动能，爆炸产物沿垂直表面方向一层层向外飞散，对物体做功。在炸药表面设置聚能槽，从聚能槽表面飞散出爆炸产物在聚能槽锥角轴线汇聚，形成聚能射流。在沿圆面和锥角面两个方向上一层层向外飞散的爆炸产物会在炸药内部相遇，形成交界面，如图 14-10 所示。

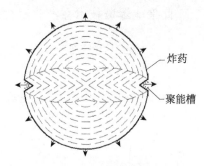

图 14-10　炸药产物飞散示意图

根据煤矿许用炸药尺寸和计算结果，得到聚能管尺寸。外径 34.6mm，内径 32mm，对称聚能槽锥角距离 25mm，聚能槽锥角 65°，长度 400mm。

利用 ANSYS LS-dyna 软件进行计算分析，爆炸产生的能量对空气单元的压力。选择两个空气单元，观察空气单元压力变化。在聚能槽附近选择 1 个空气单元，单元 ID 为 147600。在非聚能槽附近选择 1 个空气单元，单元 ID 为 505919。如图 14-11 所示。计算

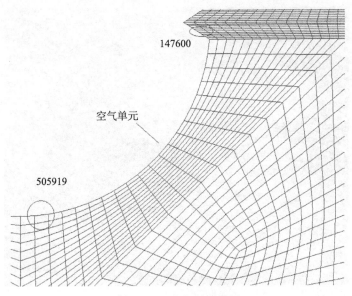

图 14-11　空气单元选择

得到空气单元受到的聚能装药爆炸压力变化曲线，如图 14-12 所示。

从图 14-12 中可以看出，ID=147600 空气单元最大压力达到 46.5MPa，ID=505919 空气单元最大压力达到 18.5MPa。可见，炸药爆炸在聚能槽方向产生的压力是其他方向的 2.5 倍。

根据模拟计算可以看出，聚能槽为 65° 的聚能装药结构在聚能槽方向的爆炸产物速度和压力得到了明显的提升，爆炸做功能力也得到了提升。

3. 聚能爆破应用实例

此聚能爆破技术在淮北海孜煤矿进行了应用试验，取得良好的效果。见图 14-13 和

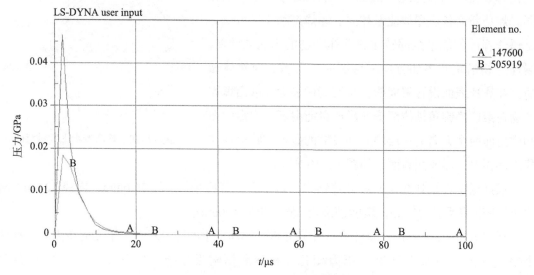

图 14-12　空气单元压力变化曲线

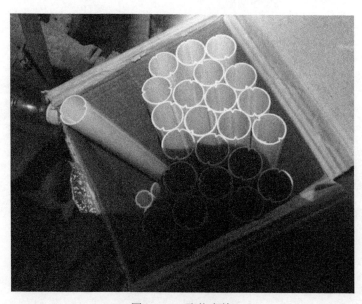

图 14-13　聚能套管

图 14-14。

　　为方便对比爆破效果，周边孔以巷道断面中心线为分界线。右侧炮孔间距调整为 40mm，左侧保持原设计 30mm。右侧周边孔装填聚能药卷，左侧周边孔和辅助孔装填普通药卷。爆破图表如图 14-15、表 14-14 所示。

图 14-14　聚能药卷

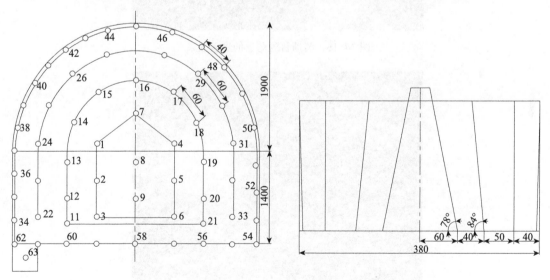

图 14-15　炮孔布置图

表 14-14　爆破参数表

起爆方式	类别	序号	眼深/m	角度/(°) 水平	垂直	每眼装药量/kg	使用雷管/发	雷管段别	封泥长度/mm	连线方式	起爆顺序	消耗量
全断面两次起爆	掏槽眼	1~9	2.0	90	78	1	9	2	≥500		1	炸药种类：矿用 PT473 水胶炸药
	辅助眼	11~21	1.8	90	90 84	0.6	11	3	≥500		2	循环消耗量：39.15kg 预计进尺：1.8m
	辅助眼	22~33	1.8	90	90	0.6	12	4	≥500	串联	3	消耗定额：21.75kg/m
	周边眼	34~54	1.8	89	90	0.45	2	5	≥500		4	雷管种类：毫秒延期电雷管
	底眼	55~63	1.8	87	90	0.6	10	5	≥500		4	循环消耗量：63 发 消耗定额：35 发 /m

注：所有炮眼必须用机制炮泥封严、堵实，根据岩性变化，爆破参数可适当调整。

爆破效果如图 14-16 和图 14-17 所示。

图 14-16　装填普通药卷的爆破效果

图 14-17　装填聚能药卷的爆破效果

由图可以看出，装填聚能药卷的右侧周边孔轮廓面较为平整，孔内爆破后的半孔残痕清晰可见，超欠挖小。半孔率在 50% 左右。装填普通药卷的左侧周边轮廓参差不齐，且周边孔处围岩出现破碎状，半孔率为 0。

经过 7 次试验统计，得到巷道爆破掘进主要经济指标，如表 14-15 所示。

表 14-15　主要经济指标

项目	原爆破设计	现场试验
炸药 /kg	44.94	39.15
雷管 / 发	65	63
钻孔 / 个	65	63
进尺 /m	1.6	1.8
周边眼半孔率 /%	0	50
炸药单耗 /（kg/m）	28	21.75

经过对比可以看出，使用聚能爆破技术可以提高掘进进尺 12.5%，炸药单耗降低 22.32%。周边轮廓爆破效果明显提高，减少了超挖欠挖。

总之，聚能爆破技术应用在岩巷掘进光面爆破中，取得了良好的爆破效果和经济效益。

14.5.3　二氧化碳致裂爆破技术

1. 二氧化碳致裂技术原理

二氧化碳致裂技术是利用二氧化碳的物理特性，瞬间膨胀产生高压通过定压剪切片破裂而切割破碎物料。二氧化碳致裂技术特别适用于煤与瓦斯突出矿井，可替代炸药，可用于爆破落煤、瓦斯综合治理、顶板治理、冲击地压治理、消突、顶煤弱化、石门揭煤、巷道底鼓治理、煤仓清堵等。用于煤层致裂增透，能够显著增加煤层透气性，解决低透气性煤层瓦斯抽采困难、超限频繁的问题，提高煤层瓦斯抽采效率。

高压二氧化碳气体爆破煤（岩）体作用可分为两个作用过程：一是液态二氧化碳爆破产生的应力波扰动作用过程，二是爆破产生的高压二氧化碳气体的准静态高压作用过程。高压二氧化碳爆破静态作用时间比应力波动态作用时间长一个数量级，压力值变化不大，因此高压二氧化碳爆破增透对煤（岩）体的作用可以看作是准静态过程。

二氧化碳爆破对煤（岩）体的作用过程，在无限介质中，二氧化碳爆破在钻孔内爆炸后，产生强烈的应力波和高压气体。爆炸应力波以及高压气体作用下的煤岩破坏是一个相当复杂的动力学过程，首先是液态二氧化碳受热急剧膨胀变成高压气体作用在钻孔壁上，进而对钻孔周围煤体产生压缩变形，使钻孔周围形成一定区域的压缩粉碎区，此区域称为爆破近区；随着时间的进行，压力气体进一步作用，其压力随着时间延长而衰减。

当压力降到一定程度时，煤体中的微小裂纹开始发育，形成支段裂隙，在钻孔周围支段裂隙在一定区域内贯通，与爆破初期形成的主裂隙相互沟通，形成环状裂纹，二氧化碳爆破产生的压缩粉碎区的主裂隙以及后期造成的环状裂纹贯通称为裂隙区；在应力波作用后期，其冲击强度变小，影响有限，无法促使煤层裂隙再次发育，只能产生一定范围的震动，故把裂隙区以外的区域称为震动区或爆破远区。

爆破波在煤（岩）体中的传播规律，将煤（岩）体视为理想弹性体时，可以直接引用弹性理论的结果来研究应力波的传播，它的应力应变关系符合广义虎克定律，因此，弹性波传播时的煤岩质点运动方程如下

$$\rho \frac{\partial^2 u}{\partial t^2} = \rho \frac{\partial \sigma_x}{\partial x} + \frac{\partial \tau_{xy}}{\partial y} + \frac{\partial \tau_{yz}}{\partial z} \tag{14-8}$$

$$\rho \frac{\partial^2 v}{\partial t^2} = \rho \frac{\partial \tau_{yx}}{\partial x} + \frac{\partial \rho_y}{\partial y} + \frac{\partial \tau_{yz}}{\partial z} \tag{14-9}$$

$$\rho \frac{\partial^2 \omega}{\partial t^2} = \rho \frac{\partial \tau_{zx}}{\partial x} + \frac{\partial \tau_{yz}}{\partial y} + \frac{\partial \sigma_z}{\partial z} \tag{14-10}$$

式中，ρ 为物体的密度；u、v、w 分别为质点三个位移分量；$\rho \frac{\partial^2 u}{\partial t^2}$、$\rho \frac{\partial^2 v}{\partial t^2}$、$\rho \frac{\partial^2 \omega}{\partial t^2}$ 为质点三个加速度分量；σ、τ 为质点的应力分量。由弹性力学可知，应力和应变的关系如下

$$\sigma_x = 2G\xi_x + \lambda\theta \tag{14-11}$$

$$\sigma_y = 2G\xi_y + \lambda\theta \tag{14-12}$$

$$\sigma_z = 2G\xi_z + \lambda\theta \tag{14-13}$$

$$\tau_{xy} = G\gamma_{xy} \tag{14-14}$$

$$\tau_{xz} = G\gamma_{xz} \tag{14-15}$$

$$\tau_{yz} = G\gamma_{yz} \tag{14-16}$$

式中，λ，G 为拉梅常数；θ 为应变张量。设 x 坐标轴平行于波的传播方向，则有

$$\begin{cases} u = u(x,t), v = \omega = 0 \\ \xi_x = \theta \neq 0, \xi_y = \xi_z = 0 \\ \sigma_x \neq 0, \sigma_y = \sigma_z \neq 0 \end{cases} \tag{14-17}$$

因此，方程（14-8）可化为

$$\frac{\partial^2 u}{\partial t^2} = C_p^2 \frac{\partial^2 u}{\partial x^2} \tag{14-18}$$

式中，C_p 为纵波传播速度，$C_p{}^2 = \dfrac{\lambda + 2G}{\rho}$。

根据胡克定律和平面波的假设可得

$$\begin{cases} \sigma_x = (2G + \lambda)\dfrac{\partial u}{\partial x} \\[2mm] \sigma_y = \sigma_z = \lambda\dfrac{\partial u}{\partial x} \\[2mm] \tau_{xy} = \tau_{yz} = \tau_{xz} = 0 \end{cases} \tag{14-19}$$

将已知边界条件及初始条件值，代入式（14-18）即可求解纵波 C_p 和横波 C_s

$$C_p = \sqrt{\frac{\lambda + 2G}{\rho}} = \sqrt{\frac{E(1-\mu)}{\rho(1+\mu)(1-2\mu)}} \tag{14-20}$$

$$C_s = \sqrt{\frac{G}{\rho}} = \sqrt{\frac{E}{2\rho(1+\mu)}} \tag{14-21}$$

高压气体作用机理及破坏准则，当爆破应力波到达自由面时，会反射成拉伸波，当拉伸波大于介质的抗拉强度时，就会产生 Hopkinson 效应。同时反射拉伸波和径向裂隙尖端处的应力场相互叠加，促使径向裂隙和环向裂隙进一步扩展，大大增加裂隙区的范围。由于爆破钻孔直径相对于煤层厚度要小得多，因此可用弹性力学模型进行分析，爆破应力使爆破钻孔附近产生应力集中。其应力状态力学模型如图 14-18 所示。

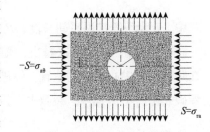

图 14-18　应力状态力学模型

$$\begin{cases} \sigma_{ra} = -a^2 P_c / L^2 \\[2mm] \sigma_{a\theta} = a^2 P_c / L^2 \end{cases} \tag{14-22}$$

式中，σ_{ra} 为径向应力，MPa；$\sigma_{a\theta}$ 为切向应力，MPa；P_c 为钻孔爆炸压力，MPa；a 为控制孔半径，m；L 为孔间距，m。

控制孔附近的切向应力为

$$\sigma_\theta = S(1 + 3a^4 r)\cos(2\theta) \tag{14-23}$$

式中，S 为爆炸应力，MPa。

当 $r = a$，$\theta = 0, \pi$ 时，A、B 两点的最大值拉应力为 $4S$，当 σ_θ 大于煤（岩）体抗拉强度时，在 A、B 处煤（岩）体受到拉伸破坏，煤（岩）层中裂纹开始发育。

高压气体作用及裂隙形成条件，钻孔周围煤（岩）体本身存在一定的裂隙，爆破应力波作用后，应力波在固有裂隙内产生应力集中，然后首先作用在煤（岩）体中的主裂隙上，应力波对裂隙的驱动主要以裂隙发育形式展现，随后应力波强度降低，煤（岩）体微小裂隙开始发育，假设煤（岩）体为线弹性体，运用线弹性断裂力学分析致裂裂隙扩展情况，其断裂力学模型如图 14-19 所示。

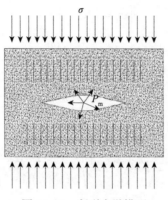

图 14-19　断裂力学模型

由线性断裂力学可知，裂隙尖端的应力强度因子为

$$K_{\mathrm{r}} = \sqrt{\pi L}\left[(1 - 2/\pi)P_{\mathrm{m}} - \sigma\right] \tag{14-24}$$

式中，L 为裂缝扩展瞬间长度；P_{m} 为孔壁压力；σ 为地应力。

由式（14-24）可以看出，随着地应力的增大，应力强度因子 K_{r} 呈现线性下降趋势。在距爆破孔中心较远的位置，爆破压力大大降低，同样也大大减小，当 K_{r} 衰减到一定值时，爆破裂隙将不再延伸。裂隙失稳扩展条件为

$$K_{\mathrm{r}} \geqslant K_{\mathrm{rd}} \tag{14-25}$$

式中，K_{rd} 为动态断裂韧性，$\mathrm{N/m^{3/2}}$。

煤（岩）的动态断裂韧性可得

$$K_{\mathrm{nd}} = 1.6\,K_{\mathrm{rc}} \tag{14-26}$$

式中，K_{rc} 为动态断裂韧性，$\mathrm{N/m^{3/2}}$。

煤（岩）体爆破裂隙的扩展准则，对裂隙尖端附近某点 A 进行应力分析，如图 14-20 所示，则过 A 点任意斜截面上极坐标应力表达式为

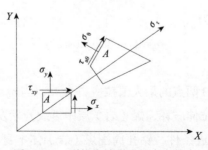

图 14-20　裂纹尖端附近的应力状态

$$
\begin{cases}
\sigma_{\mathrm{r}} = \dfrac{\sigma_x+\sigma_y}{2} + \dfrac{\sigma_x-\sigma_y}{2}\cos(2\theta) + \tau_{xy}\sin(2\theta) \\
\sigma_{\theta} = \dfrac{\sigma_x+\sigma_y}{2} + \dfrac{\sigma_x-\sigma_y}{2}\cos(2\theta) + \tau_{xy}\sin(2\theta) \\
\tau_{\mathrm{r}\theta} = \tau_{xy}\cos(2\theta) - \dfrac{\sigma_x-\sigma_y}{2}\sin(2\theta)
\end{cases}
\tag{14-27}
$$

式中，σ_x、σ_y、τ_{xy} 分别为直角坐标系下裂隙尖端附近 A 点的应力分量；σ_{r}、σ_{θ}、$\tau_{\mathrm{r}\theta}$ 分别为极坐标系下过 A 点斜截面上的应力分量；θ 是过 A 点任意斜截面的法线方向与原裂隙方向的夹角。根据断裂理论，将应力分量代入式（14-27），则应力分量表示为

$$
\begin{cases}
\sigma_{\mathrm{r}} = \dfrac{1}{2\sqrt{2\pi\gamma}}\left[K_{\mathrm{I}}(3-\cos\theta)\cos\dfrac{\theta}{2} + K_{\mathrm{II}}(3\cos\theta-1)\sin\dfrac{\theta}{2}\right] \\
\sigma_{\theta} = \dfrac{1}{2\sqrt{2\pi\gamma}}\cos\dfrac{\theta}{2}\left(K_{\mathrm{I}}\cos^2\dfrac{\theta}{2} - \dfrac{3}{2}K_{\mathrm{II}}\sin\theta\right) \\
\tau_{\mathrm{r}\theta} = \dfrac{1}{2\sqrt{2\pi\gamma}}\cos\dfrac{\theta}{2}\left[K_{\mathrm{I}}\sin\theta - K_{\mathrm{II}}(3\cos\theta-1)\right]
\end{cases}
\tag{14-28}
$$

裂隙的起裂方向，根据最大周向应力理论的假设可知，裂纹扩展方向为周向正应力取最大值时的角度，因此式（14-28）中的切向应力应满足如下条件

$$
\begin{cases}
\dfrac{\partial\sigma_{\theta}}{\partial\theta} = 0 \\
\dfrac{\partial^2\sigma_{\theta}}{\partial\theta^2} \ 0
\end{cases}
\tag{14-29}
$$

为此，可得裂隙开裂角 θ_0 应满足如下方程

$$
K_{\mathrm{I}}\sin\theta_0 + K_{\mathrm{II}}(3\cos\theta_0-1)=0
\tag{14-30}
$$

由方程（14-30）求出开裂角后，代入（14-28）中可得裂隙尖端附近的最大周向应力

$$
(\sigma_{\theta})_{\max} = \dfrac{1}{2\sqrt{2\pi\gamma}}\cos\dfrac{\theta_0}{2}\left(K_{\mathrm{I}}\cos^2\dfrac{\theta_0}{2} - \dfrac{3}{2}K_{\mathrm{II}}\sin\theta_0\right)
\tag{14-31}
$$

裂隙的开裂准则，根据式（14-31）可得裂隙的开裂准则

$$
(\sigma_{\theta})_{\max}\ \mathrm{e}\ (\sigma_{\theta})_{\mathrm{c}}
\tag{14-32}
$$

式中，$(\sigma_{\theta})_{\mathrm{c}}$ 为最大周向应力的临界值。

由于裂隙的扩展总是沿原裂纹方向进行，因此有

$$\begin{cases} \theta = 0 \\ K_{\mathrm{II}} = 0 \\ K_{\mathrm{IC}} = K_{\mathrm{I}} \end{cases} \tag{14-33}$$

通过式（14-33）代入式（14-32）可得最大应力临界值

$$(\sigma_\theta)_{\mathrm{c}} = \frac{K_{\mathrm{IC}}}{2\sqrt{2\pi\gamma}} \tag{14-34}$$

因此，裂隙的起裂准则可有裂纹断裂韧度 K_{IC} 来确定

$$\cos\frac{\theta_0}{2}\left(K_{\mathrm{I}}\cos^2\frac{\theta_0}{2} - \frac{3}{2}K_{\mathrm{II}}\sin\theta_0\right)^3 \geqslant K_{\mathrm{IC}} \tag{14-35}$$

根据式（14-35）可知，当 K_{IC} 小于裂隙最前端应力时，即爆炸作用不足以促使煤（岩）层裂隙发育，此时煤（岩）层裂隙将不再发育。

1）高压二氧化碳气体作用下的煤（岩）体裂纹扩展

在致裂产生的高压二氧化碳气体应力作用下，煤（岩）体的强脆性减弱，宏观表现为准脆性。所以，可利用准脆性材料的裂纹扩展条件作为煤体在高压二氧化碳爆破作用下的损伤破坏准则，即

$$\sigma = \sigma_{\mathrm{c}} = \sqrt{\pi 4 a_0} K_{\mathrm{C}} \tag{14-36}$$

式中，σ 为煤体中的有效应力，MPa；σ_{c} 为微裂纹发生扩展的临界应力，MPa；K_{IC} 为煤体的断裂韧性；a_0 为裂纹初始半径，此时为致裂应力波作用形成的宏观裂纹平均半径，按公式 $a = \frac{1}{2}\left(\frac{\sqrt{20}K_{\mathrm{IC}}}{\rho C\xi_{\max}}\right)^{\frac{2}{3}}$ 计算。

当 $\sigma < \sigma_{\mathrm{c}}$ 时，煤（岩）体未受到损伤影响处于线弹性阶段；当 $\sigma > \sigma_{\mathrm{c}}$ 时，煤（岩）体进入非线性的损伤阶段，煤（岩）体中初始半径为 a 的微裂纹开始扩展。

2）致裂中区裂纹的扩展

距致裂孔中心为 r 处的切向应力为

$$\sigma_\theta = \frac{a^2}{r^2}P_0 - \sigma_\infty\left(1 + \frac{a^2}{r^2}\right) \tag{14-37}$$

计算出微裂纹发生二次扩展的半径为：

$$r = \sqrt{(P_0 - \sigma_\infty)/(\sigma_{\mathrm{c}} + \sigma_\infty)a} \tag{14-38}$$

式中，P_0 为致裂孔壁面的压力，MPa；σ_{c} 为煤（岩）体中微裂纹在拉伸条件下发生扩展的临界应力，MPa。

建井分院研制出 MZL 系列二氧化碳致裂器及充灌、检测、连接与起爆等配套装备，可提供二氧化碳致裂成套技术与装备，MZL 系列二氧化碳致裂器有外径 51mm、63mm 等多

种规格，配以不同长度的储液管、使用不同规格型号的剪切片，能满足 $100\sim250\text{MPa}$ 不同爆破压力和各种工况条件下的应用。

2. 二氧化碳致裂器

1）二氧化碳致裂器结构

二氧化碳致裂器主体结构由充装阀、发热装置、储液管、定压剪切片及泄能头组成如图 14-21 所示，通过在储液管左右两端分别安装充装阀和泄能头，即形成了致裂器的中空管状密闭结构，其中在充装阀一端安置有发热装置，泄能头一端安置有定压剪切片。

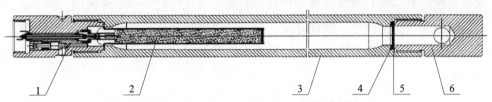

图 14-21　二氧化碳致裂器结构组成示意图

1. 充装阀；2. 发热装置；3. 储液管；4. 密封垫；5. 定压剪切片；6. 释放管

二氧化碳在温度低于 31℃、压力小于 7.35MPa 时以液态存在，而温度超过 31℃ 时开始气化，且随温度的变化，压力也不断变化。利用这一特点，液态 CO_2 致裂器储液管中充装液态 CO_2，使用起发器快速激发加热装置，瞬间提供热量，液态二氧化碳在储液管内迅速气化，体积膨胀 600 余倍，压力可达 $80\sim270\text{MPa}$，达到剪切片极限压力后，剪切片在 $0.1\sim0.5\text{s}$ 内冲破，高压气体由释放头的出气孔急速冲入目标介质，使目标介质开裂，达到致裂的目的。

2）二氧化碳致裂器成套装备

二氧化碳致裂器成套装备包括致裂器、起发器、致裂器无损快速组装器、液态二氧化碳充装系统（自动化快速充装机、充装台、液态二氧化碳储气罐）、全液压钻机及辅助工具等组成。二氧化碳致裂器利用液态二氧化碳激发瞬间气化膨胀，快速释放高压气体破断岩石或落煤，炸药爆破中破坏性大、危险性高及矿体粉碎等缺点，为矿山安全开采和预裂提供可靠保障，广泛适用于煤矿和非煤矿山。二氧化碳致裂器主要技术参数见表 14-16。致裂器的激发装置，一般选择矿用本安型的小型便携式发爆器见图 14-22。

图 14-22　发爆器

表 14-16　二氧化碳致裂器主要技术参数

型号	MZL200-51/1400
储液管外径 /mm	51
储液管长度 /mm	1400

续表

型号	MZL200-51/1400
定压剪切片厚度 /mm	2.5
泄放压力 /MPa	200
发热材料规格型号（质量）/g	2#
二氧化碳充装量 /g	900
二氧化碳最大设计充装压力 /MPa	7
外形尺寸（直径 × 长度）/mm	ϕ51×1560

无损快速组装器是在致裂器各部件地面组装、高压密封及拆装时使用，其具有自动夹持、夹持能力强、结构简单、操作方便、一人即可操作等优点。在组装时，由于夹持装置的特殊结构，能够做到夹持能力强的同时不会对致裂器关键部位造成过多的损伤，其结构见图 14-23。

图 14-23　致裂器无损快速组装器

自动化快速充装系统包括自动化快速充装机、充装台和液态二氧化碳储气罐，主要用于在地面为已组装完整的致裂器充装液态二氧化碳，其结构如图 14-24 所示。本充装系统具有充装效率高、精度高、自动化程度高等特点。

3）二氧化碳致裂器技术优势

有别于传统炸药，二氧化碳致裂器不产生冲击波、明火、热源和因化学反应而产生的各种有毒有害气体。应用证明，二氧化碳致裂器作为一种二氧化碳致裂爆破技术设备，不存在任何的负面作用，安全性能高。热反应过程在密闭管体内腔中进行，低温爆破，喷出的 CO_2 具有抑制爆炸和阻燃作用，不会引爆瓦斯；震动小，不产生具有破坏性的震荡或震

图 14-24　二氧化碳充装系统

波，大大减少诱发瓦斯突出的几率；震动和撞击均无法激发发热装置，因此充装、运输、存放具有较高的安全性；致裂扩散半径大，可减少抽采钻孔数量，而且无哑炮处理的危险；爆破能力可控，根据使用环境、对象的不同设定能量等级；串接技术和防水结构，深孔预裂爆破可达 100m；起发技术，保障串接致裂器可靠、同步起发；具备高效自动化充装设备和手动充装装置，可分别满足高效致裂增透需要和无动力配置工况条件下应用需要；落煤成块率高、抛煤距离短、粉尘小，有利于生产大块洁净煤；不产生有毒有害气体，躲炮距离近，可迅速返回工作面，连续作业；致裂器可重复使用，寿命长达 10 年。

3. 二氧化碳致裂技术试验及工程应用

1）煤仓掘进试验

工程概况，红庆梁煤矿位于内蒙古自治区鄂尔多斯市达拉特旗境内，红庆梁煤矿井底煤仓荒断面直径 9m，高为 35m，筒壁壁厚 500mm，井底煤仓所处地层为中生界侏罗系中下统延安组，岩石坚固性系数 $f=3$，裂隙发育。试验方案，二氧化碳致裂器凿煤仓掘进致裂孔布置图见图 14-25，致裂掘进参数见表 14-17。

表 14-17　致裂掘进参数表

孔名称	孔编号	孔数量	孔深度 /m	孔直径 /mm	致裂器数量		起爆顺序
					每孔	段数量	
一圈孔	1～6	6	1.0	57	1	6	Ⅰ
二圈孔	7～18	12	1.0	57	1	12	Ⅱ
三圈孔	19～32	14	1.0	57	1	14	Ⅲ
四圈孔	33～47	15	1.0	57	1	15	Ⅳ

孔名称	孔编号	孔数量	孔深度 /m	孔直径 /mm	致裂器数量		起爆顺序
					每孔	段数量	
五圈孔	48～65	18	1.0	57	1	18	V
合计		65				65	

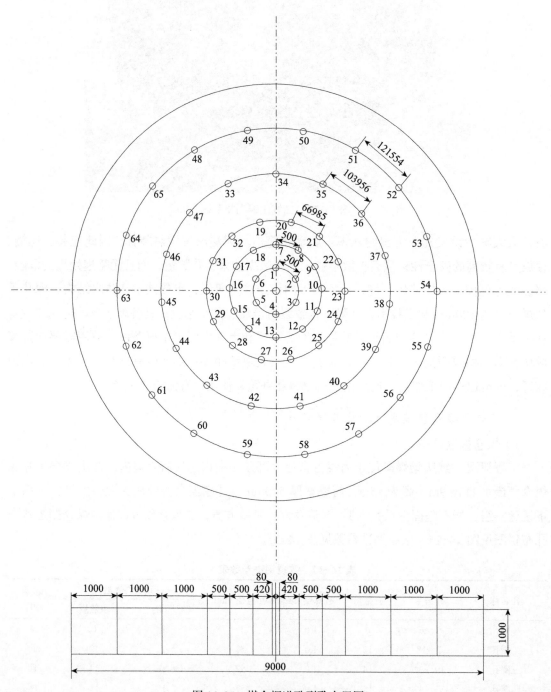

图 14-25　煤仓掘进致裂孔布置图

试验效果，试验效果表明，煤仓掘进工作面全断面岩石均被破碎，单孔裂隙扩展半径达3.4m，取得了理想的松动爆破效果，循环进尺1.2m，大大加快掘进速度；岩石块度适中，极大地提高了装岩效率，图14-26为致裂效果。应用二氧化碳致裂技术掘进煤仓，不仅是工艺方法的创新，更是安全技术的创新，由于替代了炸药，从而改善了煤矿安全生产条件。

图14-26 煤仓致裂试验效果图

2）乌鲁木齐地铁隧道开挖试验

工程概况，乌鲁木齐市轨道交通1号线工程三屯碑站车站主体小导洞岩层硬度较大，采用人工配合机械开挖困难，加之"三小"爆破对周围建筑物影响较大，故选用安全可控的二氧化碳致裂技术开挖。区间左线方向已开挖段岩石主要为黑色泥岩、泥质砂岩，局部经取样、检测，围岩硬度平均抗压强度为73.4MPa。

试验方案，炮孔布置采用上、下台阶开挖方式，上台阶致裂孔布置见图14-27，采用直径51mm的二氧化碳致裂器，采用直径60mm钻头钻致裂器孔，每孔装1根致裂器，其余上台阶致裂参数见表14-18。试验效果，42根致裂器全部起爆，岩石被致裂并抛出，效果如图14-28所示。

表14-18 上台阶致裂参数表

孔名称	孔数量	孔深度/m	孔直径/mm	起爆顺序
掏槽孔	23	1.434	60	Ⅰ
周边孔	10	1.3	60	Ⅱ
底孔	9	1.3	60	Ⅱ
合计	42			

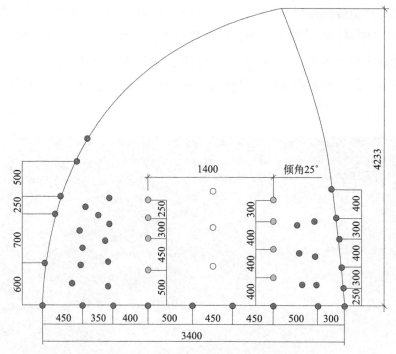

图 14-27　上台阶致裂器孔实际布置图

图 14-28　乌鲁木齐地铁隧道致裂开挖试验效果

3）贵阳地铁隧道开挖试验

工程概况，贵阳市轨道交通 2 号线一期土建 6 标岩层硬度较大，采用人工配合机械开挖困难，加之"三小"爆破对周围建筑物影响较大，因此，选用安全可控的二氧化碳致裂技术开挖。工程区附近多由第四系地层覆盖，基岩仅在周边小山包处零星出露，出露地层主要为三叠系下统地层，以浅灰色极薄至薄层泥晶灰岩为主，夹竹叶状灰岩及少量页岩、砾屑灰岩及鲕状灰岩，厚 134～190m。

试验方案，炮孔布置采用上、下台阶开挖方式，上台阶（左半部）致裂孔布置见图 14-29，采用直径 51mm 的二氧化碳致裂器，采用直径 60mm 钻头钻致裂器孔，每孔装 1 根致裂器，其余上台阶致裂参数见表 14-19，试验效果，36 根致裂器全部起爆，岩石被致裂并抛出，效果如图 14-30 所示。

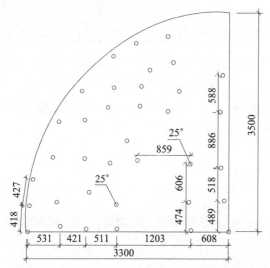

图 14-29　上台阶（左半部）致裂器孔布置图

图 14-30　贵阳地铁隧道致裂开挖试验效果

表 14-19　上台阶致裂孔参数表

孔名称	孔数量	孔深度 /m	孔直径 /mm	起爆顺序
掏槽孔	19	1.434	60	I
周边孔	11	1.3	60	II
底孔	6	1.3	60	II
合计	36			

（主要执笔人：黄亮高，贺超，龚建宇，淮北爆破院耿宏银，薛宪彬，张东杰）

第*15*章

岩巷锚喷支护技术

锚喷支护使我国煤矿巷道支护技术发生了巨大变革，岩巷应用锚喷支护比例已达 80% 以上。锚喷支护技术对加快岩巷掘进速度、确保施工安全、保证成巷质量有十分重要的作用。随着锚喷支护技术的发展，还广泛用于各类围岩加固工程，对确保煤矿安全生产有重要作用。

本章叙述建井分院等，在锚杆（索）及喷射混凝土材料、锚喷支护施工机具、锚喷支护检测与量测机具、巷道与硐室锚喷支护技术等方面的主要技术。

15.1 锚杆（索）及喷射混凝土材料

本节介绍建井分院在树脂锚杆、水泥锚杆、矿用预应力锚索、新型聚合物砂浆喷涂材料等方面的研究以及主要技术。

15.1.1 树脂锚杆

树脂锚杆由树脂锚固剂、不同材质杆体及托盘、螺母等组成；按杆体材质有圆钢树脂锚杆、螺纹钢树脂锚杆和玻璃钢树脂锚杆。

1. 树脂锚固剂

树脂锚固剂为高分子材料。由于其黏结强度大，固化快，安全可靠性高，已广泛应用于煤巷锚杆支护。只有高强度、高变形模量和高黏结力的树脂锚固剂，并进行加长锚固或全长锚固，才能保证锚杆支护系统的高刚度。树脂锚固剂固化后应有较高的黏结力，保证锚杆有足够的锚固力，有较高的变性模量，使锚杆锚固段有较高的刚度，锚固剂固化快，满足快速安装的要求，能及时施加预应力。同时，锚固剂固化时间可调，满足加长、全长锚固的要求，锚固剂固化后收缩率低。已经能够生产超快、快速、中速、慢速等不同固化时间的树脂锚固剂，其技术特征见表 15-1。

表 15-1 树脂锚固剂主要技术特征

型号	特性	胶凝时间 /s	等待时间 /s	颜色标识
Cka	超快	8-25	10-30	黄
CK		8-40	10-60	红
K	快速	41-90	90-180	蓝

型号	特性	胶凝时间 /s	等待时间 /s	颜色标识
Z	中速	91-180	480	白
M	慢速	>180		

树脂锚固剂的主要物理力学性能参数为：单轴抗压强度不小于 60MPa（24h），抗拉强度不小于 11.5MPa，剪切强度不小于 35MPa，弹性模量不小于 $1.6\times104MPa$，收缩率为 0.6%，容重为 $1800\sim2200kg/m^3$。

树脂锚固剂的几何尺寸与规格多种多样。锚固剂的直径应与钻孔直径相配合，直径主要有 23mm、28mm 及 35mm 三种，以适应 28mm、32mm 及 42mm 的钻孔，尤以 23mm 的锚固剂用量最大。树脂锚固剂长度可根据需要确定，一般在 $300\sim900mm$ 之间，常用的长度有 300mm、350mm、500mm、600mm 等几种。锚固剂过短，锚固长度较长时需安装多个药卷；锚固剂太长，不便于运输和携带，一般是长、短结合使用。一支树脂锚固剂是一个固化速度。井下进行加长或全长锚固时，需要不同固化时间的锚固剂搭配使用，如超快或快速配中速锚固剂使用，一个钻孔中需要安装两支或两支以上的锚固剂。结合井下支护要求和包装机械条件，研制的 CK·Z 双速树脂锚固剂，将安装两支锚固剂变为一支，安装方便、快速，如图 15-1 所示。

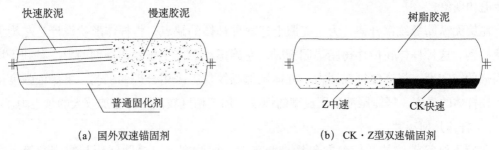

（a）国外双速锚固剂　　　　　　　（b）CK·Z型双速锚固剂

图 15-1　双速树脂锚固剂

2. 圆钢树脂锚杆

圆钢树脂锚杆由杆体、树脂锚固剂、托盘和螺母等组成，锚固形式一般为端部锚固。杆体端部压扁并拧成反麻花状，以搅拌树脂药卷和提高锚固力。杆体端部设置挡圈，防止树脂锚固剂外流，并起压紧作用。杆体尾部加工成螺纹，安装托盘和螺母。树脂药卷锚固剂是由树脂胶泥与固化剂两部分分隔包装成卷形，混合后能将杆体与被锚煤岩体黏结在一起的胶结材料。圆钢树脂锚杆长度一般在 $1.4\sim2.4m$ 之间，大多为 $1.6\sim2.0m$；杆体直径为 $14\sim22mm$，大多在 $16\sim20mm$。

3. 螺纹钢树脂锚杆

煤矿巷道的高强度螺纹钢锚杆树脂锚杆，通过杆体结构与形状优化，提高锚杆的锚固效果，开发锚杆专用钢材或调质处理，达到高强度和超高强度级别。高强度螺纹钢锚杆良好的价格性能比可使锚杆支护的优越性得到充分发挥，并保证巷道支护效果与可靠性。

1）杆体形状

在合理孔径差的条件下，保证杆体能顺利插入钻孔，有利于提高锚固剂的黏结力与锚杆锚固效果，使杆体各个部位等强度，杆体尾部有利于施加较大的预应力。螺纹钢锚杆杆体主要有以下三种形式。

普通建筑螺纹钢杆体，普通建筑螺纹钢杆体是应用比较早的一种螺纹钢杆体，由于当时没有锚杆专用钢材，只能采用建筑螺纹钢。这种杆体存在明显缺陷：一是杆体带纵筋，20# 的螺纹钢杆体很难顺利插入 $\phi28mm$ 的钻孔；二是带纵筋螺纹钢在搅拌树脂锚固剂时，增加了搅拌阻力，锚固剂不易充满两纵筋处，降低了锚固剂的密实程度，影响锚固效果；第三是锚杆尾部螺纹加工需要扒皮、滚丝，使杆体出现加工弱面，螺纹段强度明显低于杆体强度，降低锚杆整体的力学性能，鉴于这些弊端，普通建筑螺纹钢锚杆杆体已逐步淘汰。

右旋全螺纹钢杆体，右旋全螺纹钢锚杆杆体表面轧制有全螺纹，螺母可直接安装在杆体上。这种杆体的优点：一是杆体截断后不需要任何加工，没有加工弱面；二是井下安装时，螺母可沿杆体一直拧进，不受螺纹长度的限制。但是，这种杆体存在以下明显缺陷：一是杆体螺纹为右旋，不能压密锚固剂，影响锚固效果；二是杆体精轧螺纹比较高，内径较小，强度也较低；三是由于由于螺纹螺距大，很难施加较大的预应力，现场使用时经常发生退扣现象。

左旋无纵筋螺纹钢杆体，为了克服上述两种杆体的缺点，将杆体形状设计为左旋无纵筋螺纹钢。这种杆体在搅拌树脂锚固剂时，左旋螺纹会产生压紧锚固剂的力，有利于增加锚固剂的密实度，提高锚杆锚固力。杆体尾部螺纹加工采用合理的工艺，可保证强度接近和达到杆体的强度。杆体尾部滚压成型的螺纹，加工精度较高，可施加较大的预应力。

2）杆体几何尺寸

左旋无纵筋螺纹的几何参数包括横肋高度、横肋宽度、横肋间距与螺旋角等。这些参数都影响锚固剂黏结力和搅拌阻力，应对杆体断面形状与螺纹的几何参数进行优化，实现提高黏结力的同时，降低搅拌阻力。根据煤矿巷道条件，确定杆体公称直径一般为 16～25mm，长度为 1.6～3.0m，见表 15-2。

表 15-2　螺纹钢锚杆杆体的几何参数

项目	系列							
杆体直径 /mm	16	18	20	22	25			
杆体长度 /m	1.6	1.8	2.0	2.2	2.4	2.6	2.8	3.0
钻孔直径 /mm	26	28	30	33				

3）杆体尾部结构

高强度锚杆杆尾大多采用螺纹结构，以便用螺母压紧托盘而施加预应力。杆尾螺纹部分受力最复杂、易发生破坏的部位。在杆尾螺纹部分受力状态方面，螺纹部分不仅受拉，而且受到钢带与岩层发生错动时产生的剪应力，受偏载条件下还会出现弯曲变形。螺纹部分直径与杆体不相等，变径会导致局部应力集中，产生 2～3 倍的集中应力，对杆体的承载能力不利。为了保证螺纹强度接近或等于，甚至大于杆体强度，采用以下加工工艺与结构，采用滚圆加工后滚丝，取消剥皮工艺，减少强度损失，杆尾螺纹段进行调质处理，提高螺纹强度，墩粗杆体尾部，再加工螺纹，增加螺纹面积。

4）螺母

螺母是锚杆的重要部件。其作用主要有两方面：一是通过螺母压紧托盘给锚杆施加预应力；二是围岩变形后通过托盘、螺母传递到杆体，杆体工作阻力增大，控制围岩变形。因此，螺母是施加和传递应力的部件。对螺母有以下技术要求，螺母的承载能力应与杆体相匹配，螺母的破坏会导致整个锚杆失效；螺母的结构形状，螺纹的规格与加工精度有利于给锚杆施加较大的预应力；螺母有利于锚杆安装，提高安装速度。

5）托盘

锚杆托盘的作用主要有两方面：一是通过螺母施加扭矩，压紧托盘给锚杆提供预应力，并使预应力扩散，扩大锚杆作用范围；二是围岩变形后载荷作用于托盘，通过托盘将载荷传递到锚杆杆体，增大锚杆工作阻力，进而控制围岩变形。对托盘有以下技术要求，托盘的承载能力应与杆体相匹配，托盘的过大变形与破坏都会导致锚杆支护能力大大降低，甚至整个锚杆失效；托盘应有一定的变形能力，当载荷较大时可压缩、让压，不致脆裂、失效；托盘应有一定的面积，有利于锚杆预应力的扩散；托盘应有一定的调心能力，尽量避免锚杆受偏载而降低支护能力。

6）减摩垫圈

为了减少螺母与托盘之间的摩擦阻力和摩擦扭矩，最大限度地将锚杆安装扭矩转化为预应力，提高支护系统的刚度，应在螺母与托盘之间加减摩垫圈，减少摩擦阻力，而且减摩垫圈的材质起着关键作用。应根据需要选择减摩性能好的减摩垫圈材质，设计合理的垫圈厚度与直径，保证在一定的安装扭矩下，提供较大的预应力。

4. 玻璃钢树脂锚杆

玻璃钢树脂锚杆以不饱和树脂为基本材料，以玻璃纤维为增强材料复合而成。玻璃钢树脂锚杆有质量小，强度与质量比高，玻璃钢树脂锚杆的重量仅是同规格钢锚杆的 1/4 左右，良好的耐腐蚀性能，采煤机可直接切割等优势。

我国玻璃钢树脂锚杆杆体的生产工艺主要有两种：手工模压成型与机械拉挤成型。手工模压成型以手工操作为主，工业化程度低，产品质量不稳定，已被淘汰。杆体的结构主要有两种形式：一种结构杆体为玻璃纤维增强塑料，杆尾螺纹部分为一段螺栓，或是带螺纹的套管及其他金属构件，尾部螺纹与杆体通过一定的形式连接；另一种结构杆体、尾部螺纹均为非金属材料。这种结构又分两种：一种是杆体与尾部螺纹的材质不同，采用一定的工艺复合在一起，如尾部螺纹采用高强度尼龙与玻璃钢杆体复合；第二种杆体与尾部螺纹的材质相同，杆体与尾部螺纹一次模压成型，提高了尾部螺纹的承载能力。这两种结构的杆体配套塑料螺母与托盘，实现了整套锚杆的非金属化。

按玻璃钢树脂锚杆杆体表面形状可分为麻花式、螺纹式和粗糙表面式三类。麻花式杆体端部有左旋麻花形结构；螺纹式杆体表面加工成一定形状的螺纹；粗糙表面式杆体表面加工成凹槽、凸起、布纹等各种粗糙外形，如图 15-2 所示。

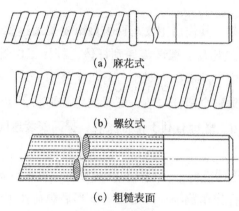

(a) 麻花式

(b) 螺纹式

(c) 粗糙表面

图 15-2 玻璃钢杆体表面形状

我国生产的玻璃钢树脂锚杆，实心杆体直径为 16～24mm，空心杆体外径为 25～30mm，长度一般为 1.6～2.4m。南京所研制的玻璃钢树脂锚杆，其力学性能为：锚杆抗拉强度不小 500MPa、杆体抗剪强度不小于 100MPa，扭矩不小于 45N·m，锚固力不小于 100kN；杆体与螺母抗拉力：钢螺母不小于 100kN，复合材料螺母不小于 80kN。

15.1.2 水泥锚杆

水泥锚杆由水泥卷式锚固剂、杆体、托盘和螺母等组成。杆体由普通圆钢制成，尾部加工成螺纹，端部制成不同形式的锚固结构。杆体直径为 14～22mm，大多在 16～20mm。杆体力学性能见表 15-3。

表 15-3 圆钢锚杆杆体的力学性能

杆体直径 /mm	截面积 /mm²	Q₂₃₅/kN		A₃/kN	
		屈服载荷	破断载荷	屈服载荷	破断载荷
14	153.9	36.9	58.5	43.1	77.0
16	201.1	48.3	76.4	56.3	100.5
18	254.5	61.1	96.7	71.3	127.2
20	314.2	75.4	119.4	88.0	157.1
22	380.1	91.2	144.5	106.4	190.1

圆钢水泥锚杆的锚固部分有三种形式：一种是麻花式，分小麻花式，端部加工成一定规格的左旋 360° 的窄形双麻花式，并焊有挡圈；普通麻花式，端部加工成一定规格的左旋

180°的单拧麻花式，如图 15-3 所示。第二种是弯曲式，端部制成一定规格的弯曲形状。第三种是端盘式，端部加工或焊接一圆盘形盖，并有一活动挡圈。端部弯曲式、小麻花式直接打入安装；普通麻花式旋转搅拌安装；端盘式则采用钢管冲压安装。

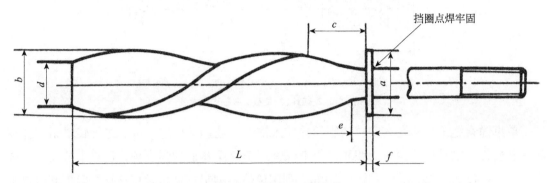

图 15-3　普通麻花式杆体

水泥卷式锚固剂是以普通硅酸盐水泥等为基材掺以外加剂的混合物，或单一特种水泥，按一定规格包上特种透水纸而呈卷状，浸水后经水化作用能迅速产生强力锚固作用的水硬性胶凝材料。水泥药卷有多种形式：按材料划分有混合型和单一型；按结构划分有实心式和空心式。水泥锚杆通过锚杆端部将水泥药卷挤入锚孔，快速黏结锚固端与孔壁并膨胀而提供一定的锚固力。水泥锚杆可端头锚固，也可全长锚固。

15.1.3　矿用预应力锚索

煤矿用预应力锚索由钢绞线、锚具、树脂锚固剂等组成。矿用预应力锚索具有锚固深度大、承载能力强、适应性广等优点。预应力锚索的应用，对加强煤矿巷道的安全性与稳定有重要作用；特别是对复杂围岩条件和严重破损巷道的加固能发挥积极效果。

本部分介绍建井分院所进行矿用预应力锚索的研究，包括矿用预应力锚索基本原理、钢绞线、锚具以及矿用锚索应用实例等。

1. 预应力锚索基本原理

预应力锚索是向岩层传递力的一种支护手段，它可按给定的方向和荷载大小将力从岩体表面传递到岩层深处，从而使加固的岩体受到一个有益的预压应力。锚固总是使岩体产生预应力。在这一过程中，岩体得到加固并使其强度增加，其他力学性能会得到改善。预应力锚索按用途和锚固方式综合划分，有岩巷用锚索和煤巷用锚索。岩巷用分多束砂浆锚固和单束树脂锚固，煤巷用分单束树脂锚固和单束二次锚固。

单束锚索的结构比较简单，通常由单根钢绞线和与之相匹配的单孔锚具和各种附件组成（图 15-4）。长度为 5～10m，也可分为锚固段、自由段和张拉段。根据锚固方式不同，其结构形式略有区别，目前在煤矿多采用树脂端头锚固。

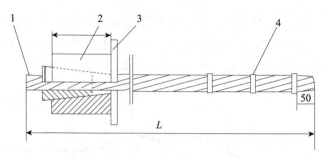

图 15-4　单束锚索结构图
1.钢绞线；2.锚具；3.垫板；4.锚固段卡箍

单束锚索施工，钻孔—安放树脂卷并插入锚索—连接钻机边推进、边旋转锚索搅拌树脂—装垫板、锚具进行预应力张拉。单束锚索用于煤层巷道加强支护，优点十分突出，锚索安装孔径仅 28～32mm，长度 5～10m，利用单体轻型锚杆钻机及接长钻杆等配套机具施工，并且可以方便地采用树脂锚固剂快速锚固。

多束锚索结构见图 15-5，这种锚索在结构上采用了钢结构垫座和可调角度的球铰垫片，可采取单孔锚自由组合或采用群锚方式。多束锚索主要用于岩巷、交叉点、大洞室及破损井巷工程的加固，也可用于露天矿边坡治理。

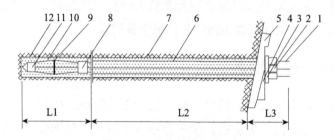

图 15-5　多束锚索结构图
1.钢绞线；2.锚具；3.球铰垫片；4.垫板；5.钢垫墩；6.自由段索体；7，10.水泥砂浆；8.对中支架；
9.架线环；11.导向帽；12.排气管；L1.张拉段；L2.自由段；L3.锚固段

对于预应力锚索锚固效果，采用原状岩样进行模型对比实验，实验条件更接近实际情况。选取两组在同一地质条件下的原状岩样进行锚固效果的对比实验，由于岩样的组成、厚度、含水量、粗糙度等基本相同，并且实验条件也完全一样，从而实验结果能突出反映预应力锚索的锚固效果。实验结果如图 15-6 所示。实验结果表明，在构造破碎带的岩层中施加预应力锚索后，岩体的 c 值、f 值均有不同程度的提高。

锚固巷道收敛量测。预应力锚索的锚固效果也可反映在锚固巷道的收敛变化上。巷道的收敛变化是锚固效果的综合反映。采用现场工程量测的方法，按照可比条件，对巷道在锚固前后的收敛变化进行比较。实测结果如图 15-7 所示。加固效果是显而易见的。加固后的收敛曲线远低于加固前的收敛曲线。也就是说，加固后的收敛值小于加固前的收敛变化值。此外，从曲线的形态上也可明显看出，加固后的收敛曲线平缓（即速率小），加固前的收敛曲线较陡（即速率大）。

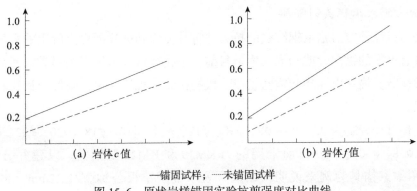

（a）岩体 c 值　　　　　（b）岩体 f 值

——锚固试样；·····未锚固试样

图 15-6　原状岩样锚固实验抗剪强度对比曲线

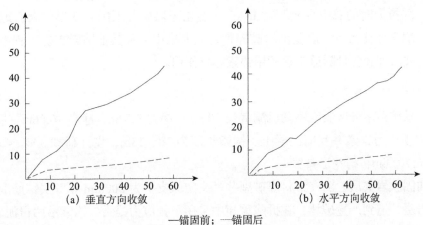

（a）垂直方向收敛　　　　　（b）水平方向收敛

——锚固前；·····锚固后

图 15-7　锚固前后巷道收敛对比曲线

2. 钢绞线

我国目前煤矿预应力锚索用钢绞线力学性能参数如表 15-4 所示。早期矿用预应力锚索采用 1×7 结构、直径为 12.7mm、15.2mm 的钢绞线，承载力较小，随后开发出直径为 17.8mm、18.9mm、21.6mm 的大直径钢绞线，最大达 28.6mm；另一方面，改变了索体结构，开发出 1×19 结构的钢绞线并形成系列，直径分别为 18mm、20mm、22mm 及 28.6mm，破断载荷和延伸率大大提高，其中直径 28.6mm 钢绞线破断力达到了 900kN 以上。

表 15-4　矿用预应力锚索钢绞线力学性能参数

钢绞线结构	公称直径 D_n/mm	抗拉强度 R_m/MPa	破断载荷 /kN	延伸率 /%
1×7	12.7	1860	184	3.5
1×7	15.24	1860	260.7	3.5
1×7	17.8	1860	355	4
1×7	21.6	1860	530	3.5
1×19	17.8	1860	387	6.5
1×19	20.3	1860	504	6.5
1×19	21.6	1860	583	7.0
1×19	28.6	1720	915	7.0

3. 预应力锚索工程实例锚具

锚具是为保证预应力锚索钢绞线的拉力并将其传递到被锚围岩上所用的永久性锚固装置。锚具具有可靠的锚固性能和承载力。目前,小孔径预应力锚索的锚具以瓦片为主,可承受动、静荷载。锚具由锚环和锚塞组成,根据钢绞线规格选取,来保证瓦片和钢绞线有良好的匹配。

锚具规格直径分别为 $\phi5$、$\phi6$、$\phi8$、$\phi10$、$\phi12$、$\phi14$、$\phi16$、$\phi18$、$\phi20$、$\phi22$、$\phi25$、$\phi28$、$\phi32$、$\phi36$、$\phi38$、$\phi40$ 多种,目前常用的为 KM19 和 KM22 型锚具。以建井分院 KM22-1860 型矿用锚索锚具为例来说明,该型号表示锚固单根公称直径 22mm,强度等级为 1860MPa 的预应力钢绞线的锚具,其静载效率系数 $\eta_a \geqslant 0.95$,额定载荷为 526 kN,组装件达到实测极限拉力时的总应变 $\varepsilon_{apu} \geqslant 2.0\%$;主要用于煤矿井下围岩变形较大,地质条件不良的巷道、硐室和交叉点,以及围岩破碎带,应力集中区和其他锚索支护工程中;建筑基坑加固、边坡治理和各种隧道工程所用锚索亦可使用。

4. 大断面硐室锚索支护

阳泉新景矿芦南分区胶带驱动机硐室长 10.3m,净宽 9.72m,净高 10.86m,墙高 6.0m,二次支护为预应力锚索并复喷混凝土。锚索长度为 10~13m,设计荷载 300~450 kN,间排距为 2.1m×2.6m,梅花形布置。

锚索加固软岩夹层。潞安常村煤矿副井马头门原支护为 600mm 厚双层钢筋混凝土,由于横穿泥岩层,遭到严重破坏,在拆除重建中采用了预应力锚索。锚索沿两帮泥岩层布置,间距 2.0~3.0m,锚索长度 10.0m,锚固到硬岩中至少 2.0m,施加预应力 300kN。

露天煤矿边坡治理。在新获哈密露天煤矿东端帮运煤干线,采用预应力锚索治理滑坡并获得成功,锚索长度 30m,施加预应力 1000kN;在内蒙平庄西尽天煤矿非工作帮 464 站场边坡采用预应力锚索加固治理,完成 900kN 级锚索 204 根,加固边坡 110m。

15.1.4 矿用聚合物砂浆

针对传统喷射混凝土工艺喷层厚度较大、脆性大、易开裂和施工作业环境恶劣等问题,建井分院开发了新型聚合物砂浆及其配套的薄喷封闭支护技术。

JCT-534 矿用喷涂聚合物砂浆是由水泥、多种高分子聚合物改性剂和抗裂纤维等组分组成。具有抗压抗折强度高、黏结力强、施工和易性好、抗裂性能好等优点。产品喷涂施工回弹率低,无粉尘污染。使用安全,硬化过程无大量热量产生（≤30℃）,本身不燃,也不会引燃其他易燃物。与传统细石混凝土相比,对围岩的封闭效果更好。JCT-534 矿用喷涂聚合物砂浆物理力学性能参数如表 15-5 所示。

表 15-5　JCT-534 矿用喷涂聚合物砂浆物理力学性能参数

项目	时间 /d	指标
抗压强度 /MPa	3	20
	28	45

续表

项目	时间 /d	指标
抗折强度 /MPa	3	6.5
	28	9.5
拉伸黏结强度 /MPa	3	1.0
	28	2.0
阻燃、抗静电性能	符合煤矿井下用聚合物制品 MT113 技术标准	

JCT-534 矿用喷涂聚合物砂浆具有施工方便，加水搅拌均匀后即可喷涂施工，喷涂回弹率低，无粉尘，无毒副作用，阻燃。主要用于锚喷支护和锚网喷支护时用于加固封闭围岩，防止围岩表面风化剥落和变形松脱，井下煤岩体的表面喷涂，密封瓦斯、防止冒落、表层加固和防渗漏。在现场使用配套的喷涂机具进行施工，将搅拌好的聚合物砂浆通过湿喷机和专用喷嘴进行喷涂，配制砂浆时通过水灰比即可控制砂浆的力学性能。

15.2 锚喷支护施工机具

锚喷支护施工机具在确保锚喷支护工程质量、减轻作业人员劳动强度、保障锚喷支护施工安全方面起着重要作用。本节阐述建井分院等在锚杆钻机、湿式混凝土喷射机、锚索张拉机具与液压剪等方面的主要技术。

15.2.1 锚杆钻机

本部分介绍建井分院对锚杆钻机性能研究的主要技术和南京所开发的 MQT90C 型气动锚杆钻机。

1. 锚杆钻机性能研究

1）锚杆钻机研究概况

为适应锚喷支护技术的需要，煤科总院上海研究院、建井分院和南京所先后开展了锚杆钻机的开发与锚杆钻机性能参数研究（表 15-6），为煤炭行业锚杆钻机发展奠定了基础。

表 15-6 我国锚杆钻机开发与研究情况一览

类别	代表机型	研制时间	主要研制单位	主要技术进展
电动锚杆钻机	FB 系列 EZ-1，2	20 世纪 60 年代	煤科总院上海分院	初步探索了专用电动锚杆钻机
钻车式锚杆钻机	MGJ-1 CGM40 YMJ1 YMR-26	1973～1983 年	煤科总院北京建井分院、南京所	研发锚杆孔钻进与锚杆安装一体化、液压控制的机械化设备，采用液压回转钻机钻进锚杆孔，安装了 1 万多根砂浆锚杆，对锚杆孔钻进过程、钻进参数等进行了试验研究
液压锚杆钻机	MZ 系列 ZYX-100 （MYT 系列）	1981～1997 年 （2000 年以后）	煤科总院南京所、上海分院	研发导轨式与支腿式液压锚杆钻机；回转机构由摆线马达驱动并简化机构。2000 年以后技术扩散，多家企业生产 MYT 系列支腿式液压锚杆钻机

类别	代表机型	研制时间	主要研制单位	主要技术进展
气动锚杆钻机	FMC 系列 MFT-3000 （MQT 系列）	1987～1997 年 （2000 年以后）	石家庄煤矿机械厂、煤科总院上海分院等	对叶片式、齿轮式、活塞式三种气马达的锚杆钻机进行实践。2000 年以后，齿轮马达式气动锚杆钻机技术扩散，多家企业生产齿轮马达式气动锚杆钻机；叶片马达式最先停产，活塞马达式锚杆钻机也未再发展
支腿式电动锚杆钻机	HMD15/22 SDZ22 MDS3	1990～1997 年	煤科总院南京所、上海分院	对不同功率、不同动力支腿进行了试验。2000 年以后各类电动锚杆钻机停止发展
机载锚杆钻机	JMZ22 JZM-A JZM-10/175 （MJH/Z 系列）	1990～1997 年 （2000 年以后）	煤科总院上海分院、太原分院、南京所	对掘进机、装煤机机载锚杆钻机进行研制与试验，采用大转矩液压回转钻。2000 年以后多家企业生产，安装在悬臂式掘进机或装载机上
双级气腿凿岩机	ZY24M	1970～1991 年 （2000 年以后）	衢州煤矿机械厂	硬岩顶板使用双级气腿式凿岩机比传统 YSP45 等向上式凿岩机优越。2000 年以后继续批量生产
锚杆钻机性能参数与试验方法	技术性能与安全性能	1980～2010 年	煤科总院北京建井分院、煤炭工业北京凿岩机具产品质量监督检验中心	在以往研究锚杆孔钻进性能参数基础上，对各种动力、各种钻进方式锚杆钻机进行对比试验，承接《巷道锚杆钻机性能与检测方法的研究》课题研究；进行安全性能与手持安全转矩的研究
锚杆钻机标准	MT/T688 煤矿用锚杆钻机通用技术条件	1997/2010 年	煤矿专用设备标准化技术委员会井巷设备分会、煤科总院建井分院、煤炭工业北京凿岩机具产品质量监督检验中心	2010 年完成的报批稿中增加了安全性能，完善了技术性能，采纳了 2000 年以后的产品发展情况和科研试验成果

2）锚杆钻机基本要求

锚杆钻机的性能与结构应考虑以下因素：

（1）以钻进垂直于顶板锚杆孔为主，又能钻进其他方向的锚杆孔；

（2）对锚杆孔钻进过程产生的岩粉和冲洗水有较强的防尘、防水能力；

（3）顶板锚杆孔钻进时，操作者能方便地观察岩孔状况，以确保完成规定的钻孔深度，并能及时发现冒顶等事故险情；

（4）回转转矩值能适应锚杆（索）安装搅拌树脂锚固剂、拧紧锚杆（索）张紧螺母的要求；

（5）能以高钻孔速度钻进 $\phi27\sim42mm$ 直径的锚杆（索）孔。

锚杆钻机与"通用"钻机在结构上的根本区别在于上述第（1）～（3）条，这三个要求涉及它是否适应锚杆孔钻进（锚杆孔的深度和相对于岩层的角度是否符合设计要求）、是否有利于操作者的人身安全、是否有益于确保锚杆钻机的可靠性。

煤矿锚杆孔钻进设备有液压掘进钻车（钻车的钻臂和推进器、液压凿岩机具有钻凿锚杆孔功能）、气动和液压锚杆钻机（结构性能适应锚杆孔钻进的专用设备）、ZY24M 锚杆孔凿岩机（适于钻凿顶板孔，具有伸缩式气腿和专用操纵手柄）、YSP45/44 型向上式凿岩机

（适于钻凿顶板孔）、锚杆钻车（锚杆孔钻进或另具锚杆安装功能的专用机械化设备）等，都不同程度地考虑了以上因素。

3）回转式锚杆钻机的基本性能

基于煤矿岩层条件，开发、应用回转式锚杆钻机较多，包括电动锚杆钻机、液压锚杆钻机和气动锚杆钻机等。建井分院和煤炭工业北京凿岩机具产品质量监督检验中心通过长期研究、试验（包括井下钻孔过程测试、钻机参数试验室试验、国内外锚杆钻机参数试验与分析等），回转式锚杆钻机的基本性能反映在以下方面：

（1）回转式锚杆钻机的基本参数。锚杆钻机的基本性能参数包括转矩、转速、功率等。试验研究表明，诸参数中，在一定岩石条件下对钻孔速度有根本影响的是转矩，而不是功率。钻机的转矩包括正常钻进的平均转矩（额定转矩）和克服最大钻进阻力矩的最大转矩；转速包括正常钻进的转速（额定转速）和钻进阻力矩加大时变动的转速。转矩和转速确定后，用输出功率表示钻机的综合性能，但它不是评价锚杆钻机基本性能的关键因素，体现锚杆钻机能力的主参数是转矩。

为寻求一定岩石条件下钻孔速度与转矩、转速的关系，国内外学者做了大量模拟试验研究与推理，但主要规律还是靠试验室试验和现场试验确定。建井分院采用模拟煤矿砂岩的岩样（抗压强度、石英砂含量等），改变不同直径钻头，调整转矩、转速值，寻找最佳钻孔速度下转矩与转速范围的研究结果认为：锚杆钻机的最佳额定转速应为 190～300r/min；若钻机转矩较大而又有适宜的钻头与其匹配，转速可适当提高，但不宜超过 350r/min。有的锚杆钻机不提高钻机转矩而提高转速、提高输出功率，不但提高不了锚杆钻机性能，反而加快钻头磨损，使综合钻进效率降低；更有着重加大锚杆钻机功率而降低转矩者，锚杆钻机性能反而大大下降。

（2）回转式锚杆钻机的过载力矩。回转式锚杆钻机在一定转速下钻孔，需要具有一定的破岩力矩，以取得预定的钻进效果。然而，若使钻进过程能够连续，钻机必须具有一定的"超载"能力，以克服因所钻进岩层性质变化或操作不当使钻进阻力加大所造成的无规律"超载"。据建井分院在井下实测锚杆孔钻进过程的测试曲线，一个岩孔的回转钻进阻力呈无规则变化，但最大力矩为平均力矩的 2.5～2.7 倍；经对锚杆钻机进行大量试验室试验研究，证实了这一过载力矩性能具有普遍性，并建议电动锚杆钻机的过载力矩比应大于 2.5；液压锚杆钻机液压系统溢流阀调整压力应高于钻孔平均压力的 2.2～2.5 倍；气动锚杆钻机的最大负荷转矩应高于额定转矩的 2～2.5 倍。

（3）锚杆钻机的转矩—转速特性。锚杆钻机的转矩—转速特性反映转矩、转速间的"协调性"，对克服岩层阻力取得较高钻孔速度有决定作用。转矩—转速特性有"硬特性"与"软特性"之分：钻进阻力矩增大而转速基本不变的特性称"硬特性"；钻进阻力矩增大而转速随之降低的特性称"软特性"。煤矿井下实际钻进的岩石多为节理发达、性质多变的岩层，"卡钻"造成钻机过载，是影响正常钻进的主要原因，据国外学者统计，钻孔"卡钻"事故占停机事故 65% 以上。因此，回转式锚杆钻机应有较高的过载力矩，又应有良好的转矩—转速特性。

电动锚杆钻机的转矩—转速特性受鼠笼式电动机特性影响，属于"硬特性"，其转矩由额定转矩变到最大转矩时，转速基本是恒定的。实际钻孔时，若钻进阻力矩超过额定转矩，只允许短时间在最大转矩值以下运转，这也是电动锚杆钻机电动机容易烧毁的原因。

液压锚杆钻机基本采用摆线式液压马达直接驱动钻杆，实际输出转矩取决于工作压力，转速由工作流量决定。液压锚杆钻机液压系统液流阀工作压力是正常钻进时工作压力的 2.2~2.5 倍，当钻进阻力增大到超过最大转矩时，钻机被卡住而停止运转，液压系统液流阀溢流，液压马达等机件不会受到破坏。液压锚杆钻机的液压回路设有流量调节阀，根据岩石条件可及时调节转速，使钻机转矩—转速特性变为"软特性"。

气动锚杆钻机以压缩空气为动力驱动气动马达，带动回转机构进行锚杆孔钻进，受气动马达特性影响，气动锚杆钻机的转矩、转速、输出功率具有自调节性：转矩因钻进阻力加大时增高，转速随之降低，从而适应钻进岩层的变化。可见，气动锚杆钻机转矩—转速的"软特性"最好。气动锚杆钻机转矩变化曲线上，有启动转矩、额定转矩、最大负荷转矩、动力失速转矩与动态变化的转速（由零转速向空载转速变化）相对应。理论上说，额定转速是空载转速的 1/2，其对应的转矩为额定转矩，对应的功率为最大输出功率。气动锚杆钻机的额定转矩是特定条件下的参数值，并人为确定它为钻机的主参数，一般不低于 200r/min。实际钻孔过程中，钻机的转矩是随着岩层条件变化的，并不固定在额定转矩点。最大负荷转矩是钻机所具有在最大钻进阻力下连续钻进的能力；动力失速转矩体现气动锚杆钻机抵抗"卡钻"的能力，失速转矩时的转速为零；而起动转矩表示锚杆钻机由静止状态开始回转、克服最大阻力的能力。输出功率是转矩、转速确定后"运算"出的参数。有企业为追求气动锚杆钻机高功率数值，将空载转速定高，无助于钻进效果的提高，过高的空载转速易造成伤人安全事故。

（4）不同动力回转式锚杆钻机对比。按锚杆钻机动力不同有电动式、液压式和气动式；气动锚杆钻机中，按气动马达类型不同有齿轮马达式、柱塞马达式和叶片马达式。对不同动力锚杆钻机的"转矩—转速"特性、"岩石钻进"特性的研究结果见表 15-7 和表 15-8。

表 15-7 不同动力锚杆钻机"转矩—转速"特性

类型	转矩—转速相对变化特性	转矩特征	转速特征	过载能力	动力源影响程度
电动锚杆钻机	基本不变的"硬特性"	基本恒定	基本恒定	过载力矩有限，允许过载时间短	基本不受影响
液压锚杆钻机	转速下降转矩不变的"较软特性"	钻进阻力决定实际输出转矩	通过调节流量调整转速	超过额定压力时，液流阀溢流起保护作用	液压系统的冷却系统差时性能下降
气动锚杆钻机	转矩加大转速降低的"软特性"	钻进阻力决定实际输出力矩	转矩增大时转速自动降低	过载能力强	压缩空气系统供气量不足时性能下降

表 15-8 不同动力锚杆钻机"岩石钻进"特性

类型	额定转矩 /（N·m）	转速 /（r/min）	支腿类型	钻进速度 /（m/min）	岩石钻进条件
电动锚杆钻机	60～70	400～500	水力	0.70～0.80	
液压锚杆钻机	70～90	200～250	液压	1.20～2.00	岩石抗压强度 70MPa 的人造岩样；钻头直径 ϕ27mm
	90～150	200～250	液压	1.40～2.40	
气动锚杆钻机	60～80	200～300	气动	1.20～1.30	
	80～130	200～300	气动	1.20～1.80	

4）支腿式锚杆钻机安全转矩

煤炭行业广泛使用的支腿式锚杆钻机，属于手持类钻机——有手持操作手柄，由人力承受回转钻进"反转力"的钻机。随着支腿式锚杆钻机输出转矩值的提高（气动支腿式锚杆钻机额定转矩达 130N·m，动力失速转矩达 300N·m 以上），危及手持作业人员安全问题日益突出。据此，煤炭工业北京凿岩机具产品质量监督检验中心，对支腿式锚杆钻机等手持类钻机的安全转矩问题进行了试验研究，建立了用"转矩安全因数"判断安全转矩的方法，包括转矩安全因数计算、最大输出转矩与操作力臂确定原则、许用安全转矩因数的规定等。

（1）转矩安全因数及判定原则。锚杆钻机手持作业时人力所承受的"反转力"大小，与锚杆钻机的最大转矩和双手操作力臂有关，将锚杆钻机最大输出转矩与操作力臂长度的比值，称为"转矩安全因数" R。为确保手持类锚杆钻机操作安全，所计算的转矩安全因数 R 不应超过"许用转矩安全因数"【R】。

（2）转矩安全因数的计算。计算支腿式锚杆钻机的转矩安全因数，应按不同产品类型确定最大输出转矩与操作力臂长度值：①最大输出转矩。液压锚杆钻机一般以额定转矩为最大输出转矩，当产品标明有最大工作压力和最高转矩时，以产品最高转矩为最大输出转矩；气动锚杆钻机以 0.63MPa 气压的动力失速转矩为最大输出转矩。②操作力臂长度。支腿式帮锚杆钻机的操作力臂长度为操作手柄间距，操作手柄间距的确定原则为：双手平握式手柄为手柄长度减去 100mm；双手立握式手柄为两个立握手柄的中心距离。为确保安全，操作力臂长度不应大于 750mm，亦不应小于 400mm。

支腿式锚杆钻机的操作力臂长度，需考虑锚杆钻机钻进过程操纵臂相对位置的变化（图 15-8）：随着支腿升高操纵臂下摆，操作手柄中心与锚杆钻机中心的距离变小。

参见图 15-8，支腿式锚杆钻机操作力臂长度可用式（15-1）表示

$$L=L_1+L_2=L_1+B \cdot \sin\alpha \qquad (15-1)$$

式中，L 为支腿式锚杆钻机操作力臂长度，mm；L_1 为操纵臂铰接点与钻机主轴间的中心距，mm；L_2 为操纵臂手柄与操纵臂铰接点水平投影中心距，mm；B 为操纵臂长度，mm；α 为操纵臂与钻机支腿中心线间夹角，（°）。

按式（15-1）计算锚杆钻机操作力臂长度时，应遵守以下原则：操纵臂手柄中心的离

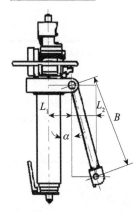

图 15-8 支腿式锚杆钻机操纵臂及相对位置示意图

地高度按 1.5m 计算；锚杆钻机最小工作高度、操纵臂处于水平状态时，操作力臂长度不小于 1m；锚杆钻机工作高度升高后，操纵臂与钻机支腿中心线夹角 45°时的操作力臂长度不小于 1m。

（3）许用安全转矩因数。支腿式锚杆钻机许用转矩安全因数【R】值的确定原则是，确保操作人员的"体力"能承受钻孔过程由最大输出转矩产生的"最大反力矩"。参考波兰科玛格矿山机械研究院试验手持式乳化液钻机安全转矩的数据，考虑支腿式锚杆钻机对人体的影响，经反复试验研究与实际应用，确定了支腿式锚杆钻机的许用安全转矩因数【R】（表 15-9）。

表 15-9　支腿式锚杆钻机许用安全转矩因数值【R】

锚杆钻机类型	额定转矩安全因数	最大转矩安全因数	动力失速转矩安全因数
气动支腿式锚杆钻机			340
气动支腿式帮锚杆钻机			340
液压支腿式锚杆钻机	250	300	
液压支腿式帮锚杆钻机	250	300	

注：1. 电动锚杆钻机已被淘汰未列；

　　2. 气动锚杆钻机安全转矩考核工作气压为 0.63MPa。

2. MQT90C 型气动锚杆钻机

气动支腿式锚杆钻机是以钻进顶板锚杆孔为主、以压缩空气为动力的锚杆孔钻机，是煤矿现阶段使用量最大的锚杆钻机，通常简称为"气动锚杆钻机"。本部分介绍南京所开发的 MQT90C 型气动锚杆钻机。

1）适用条件

MQT90C 型气动锚杆钻机，是在借鉴国内外先进成熟技术，结合我国现场实际使用环境和要求研制的一种机型，可广泛用于岩石硬度 $f8$ 以下的井下巷道和地下工程，特别适应于煤巷顶板锚杆、锚索的钻孔支护作业；也可作为树脂锚杆、锚索搅拌与安装的设备。

2）技术特点

（1）可实现无级调速，切削破岩性能好、工作效率高；通过控制进气阀或排气阀的开启量，可调节压缩空气的流量，从而调节气马达的输出功率和转速，满足不同工况的需求。

（2）转矩大、推进力与转矩匹配合理，钻进效率高。

（3）可实现过载保护，结构简单、操作维护方便；发生过载时，气马达可自动降低转速或停转，过载解除或故障排除后即可重新正常运转。

（4）动力单一，性能稳定，使用寿命长；钻机回转和推进均由压缩空气驱动，齿轮式气马达可长时间满负荷运转，而且温升较小，性能稳定，可靠性高。

3）工作原理

MQT-90C型气动锚杆钻机以压缩空气为动力，分别通过马达控制阀和支腿控制阀控制马达回转和支腿伸缩。操纵马达控制阀，压缩空气经由过滤器、注油器进入气马达，驱动马达旋转，经变速箱后驱动主轴旋转，进而带动钻头旋转切削岩石。操纵支腿控制阀，压缩空气经快速排气阀进入支腿气缸，使支腿伸出推进，与气马达一起共同完成钻孔作业。调节马达控制阀和支腿控制阀的进气量，可以改变主轴的转速和支腿的伸出速度及支腿的推进力。开启水阀，冲洗水通过三通轴、水套和钻杆进入钻头，冲洗钻孔、冷却钻头。钻孔作业完成后，人工用锚杆将树脂锚杆锚固剂药卷推进锚杆孔内，装上搅拌套筒，用锚杆钻机搅拌和安装锚杆。

4）主要结构

MQT-90C型锚杆钻机按功能分为支腿部、回转部、操纵部三大部分；按部件分为回转器、固定套、消声器、阀组、护圈、操纵臂和气缸七大总成，整体结构见图15-9。

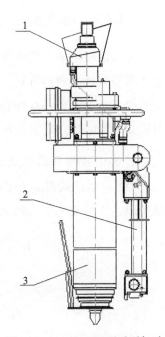

图 15-9 MQT-90C 型系列气动锚杆钻机整体结构
1. 回转部；2. 操纵部；3. 支腿部

回转部分由回转器、消声器、护圈三大总成组成。包括马达分总成、齿轮箱分总成、超越轴承、主轴、水套、消声器等零部件。马达由高压气带动回转，由马达排气口排除的气经消声器排出，反转时由超越轴承逆止制动主轴。主轴前段装有水套，冲洗水经水套、主轴、钎套、钻杆，冷却钻头，并清洗孔底、排出岩屑。

操纵部分由阀组、操作臂两大总成组成。包括油雾器、阀组、顶杆套、顶杆、手把架等零部件，通过长轴组件与固定套相连接。操纵扳手、水、气旋扭，可控制马达阀、水阀、支腿气阀，从而控制整台钻机的工作。

支腿部分由三级气缸组成。通过固定套与回转器连接。气缸下部装有顶锥，作业时顶锥顶住地面。支腿气缸及固定套均由非金属材料制成，强度高、重量轻、耐腐蚀、阻燃抗静电。

5）主要技术参数

MQT-90C型系列气动锚杆钻机主要技术参数见表15-10。

表 15-10 MQT-90C 型气动锚杆钻机主要技术参数

项目	单位	主要技术参数		
		MQT-90CI	MQT-90CII	MQT-90CIII
额定压力	MPa		0.5	
额定转矩	N·m		90	
额定转速	r/min		≥240	

续表

项目	单位	主要技术参数		
		MQT-90CI	MQT-90CII	MQT-90CIII
推进力	kN		≥7.7	
空载转速	r/min		630	
最大输出功率	kW		≥2.1	
耗气量	m³/min		≤3.5	
冲洗水压力	MPa		>1.0	
噪声（声压级）	dB（A）		≤95	
整机最大高度	mm	2625	3105	3740
整机最小高度	mm	1185	1305	1465
质量	kg	47.5	49	51.5

15.2.2　湿式混凝土喷射机

湿式混凝土喷射用的原材料是采用湿拌和料，所需水量在拌和料时一次加入，然后通过压缩空气或泵送的方式，将成品混凝土输送到喷嘴处与液体速凝剂汇合，再一并喷射到受喷表面上，因而具有作业粉尘小、喷层强度高、一次性喷厚大、回弹率低、喷射脉冲小等优点。本部分介绍建井分院研发的两种类型湿式混凝土喷射机及其应用。

1. SPL-6 型湿式混凝土喷射机

SPL-6 型湿式混凝土喷射机主机结构由进、排料系统、传动系统、液压系统及辅助系统组成，见图 15-10。SPL-6 型湿式混凝土喷射机有两个并排的料罐组成，一个喷射，另一

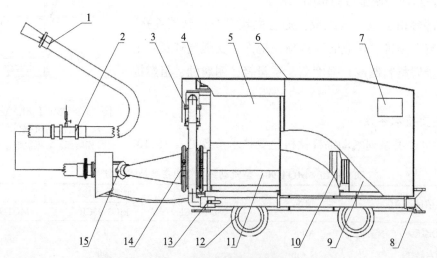

图 15-10　SPL-6 型湿式混凝土喷射机主机结构

1.喷嘴；2.速凝剂加入阀；3.液控进气阀；4.液控进料排气系统；5.料罐；6.防护罩；7.铭牌；8.主机底盘；9.液压系统；10.传动系统；11.排料螺旋；12.轨轮；13.球阀；14.气料混合室；15.液控三通阀

个备料，交替工作。在罐底部各设计一个螺旋推进器，它的长度与料罐相等，可防止湿料堵塞和黏结。湿拌和料经螺旋均匀送至气料混合室，通过气环引入的压缩空气使湿拌和料喷出。液压程控工作方式可达到整机工作可靠、自动化程度高；出料口三通阀采用平面板式滑阀结构，平面密封，自动加压；由液压油缸驱动执行的推进螺旋离合器采用矩形齿咬合方式。SPL-6 型湿式混凝土喷射机技术参数见表 15-11。

表 15-11　SPL-6 型湿喷机技术参数

序号	项目	单位	参数值
1	工作气压	MPa	0.3
2	耗气量	m³/min	10
3	生产能力	m³/h	6
4	最大输送距离（水平/垂直）	m	40/15
5	骨料直径	mm	≤15
6	适用混合料水灰比		0.4~0.5
7	额定电流	A	11.6
8	额定电压	V	660/380
9	额定功率	kW	5.5
10	螺旋机构转速	r/min	40
11	额定压力	MPa	8
12	额定流量	L/min	10
13	油箱有效容积	L	50
14	轨距	mm	600/900
15	外形尺寸	mm	2800×900×1400
16	质量	kg	1500

为达到稀薄流输送，湿式混凝土喷射机气料混合室主进气流设计成多束沿混合室圆周排列并与其轴线构成一定夹角的斜向气流，混合室与三通出料口之间的连接管既是变径又是弯曲的，多束气流在弯管流动中形成螺旋混合气流，可将湿混凝土在弯管内充分吹开、打碎，防止大的团粒形成，影响输送效率，其原理如图 15-11 所示。

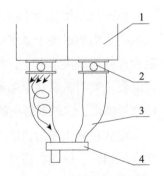

图 15-11　稀薄流形成原理图
1. 料罐；2. 气料混合室；3. 变径弯管；4. 三通出料口

要使气送型湿式混凝土喷射机获得成功，必须设计合理的气料混合机构，实现稀薄流输送。湿混凝土料在管道中的气体力输送过程是一个极其复杂的物理过程，即固体、气体、液体的混合流，又称三相流。针对成分复杂的混凝土流固多相流体的难题，将混凝土中颗粒物（石子与沙砾）近似处理成拟流体相，相间通过压力相、体积系数和液面交换系数耦合，实现了对成分复杂的混凝土多相流体的简易化拟流固两相流场分析。

气体与颗粒相之间的作用力很复杂，在气固相对速度较大的湍流流动下，可以只考虑曳力。通过提高气速减少单位长度管道内的混凝土密度和尽量降低湿混凝土料团粒径两条措施，就可以较好实现湿混凝土料在管道中稀薄流输送。流速度高、均匀稳定、喷头脉冲小，也不容易离析和堵管。

2. JSB5-L 型湿式混凝土喷射机机组

JSB5-L 湿式混凝土喷射机组集湿式混凝土喷射机、搅拌机、自行走装置三位于一体，机组主要由湿式混凝土喷射机（包括喷射系统、分配系统、液压控制系统、底盘架体）、搅拌系统、行走系统及供水系统、压气管路系统、速凝剂控制系统六大部分组成，如图 15-12 所示。

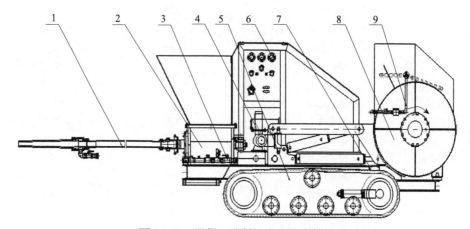

图 15-12　混凝土喷射机主要组成结构

1. 喷射系统；2. 分配系统；3. 压缩空气管路系统；4. 速凝剂控制系统；5. 行走系统；6. 液压控制系统；
7. 底盘架体；8. 搅拌系统；9. 供水系统

JSB5-L 型湿式混凝土喷射机组通过这六部分的密切配合来完成混凝土的喷射工作。湿式混凝土喷射机各个系统的运行通过液压系统来控制实现。通过搅拌机将水泥、沙石和水混合搅拌形成湿混凝土，再经翻转机构将湿混凝土倒入到湿式混凝土喷射机料斗中，由湿式混凝土喷射机泵送至喷枪，在喷枪混合速凝剂和压缩空气，在压缩空气的作用下将熟料经喷枪喷出，实现混凝土的喷射作业。

湿式混凝土喷射机组采用全液压驱动与控制，速凝剂压缩空气自动控制，实现速凝剂泵自动启停，输送、搅拌、移动三合一，更适应于井下狭小空间作业；采用自行走履带底盘，移动方便，大大缩短喷射管长度，堵管率低；混凝土与压缩空气、速凝剂液混合喷枪结构，有效避免气孔堵塞现象。湿式混凝土喷射机组技术参数见表 15-12。

表 15-12　JSB5-L 型湿式混凝土喷射机技术参数

序号	项目	单位	参数值
1	理论输送量	m^3/h	5
2	混凝土最大输送距离	m	50
3	泵送混凝土最大泵送压力	MPa	5

续表

序号	项目	单位	参数值
4	泵送混凝土最大骨料粒径	mm	8
5	上料高度	mm	1230
6	液压系统工作压力	MPa	20
7	外形尺寸（长×宽×高）	mm	3300×1200×1640
8	质量	kg	3000
9	有效搅拌量	L	300
10	行走速度	m/min	6.5
11	爬坡能力	(°)	15
12	生产能力	m³/h	5
13	工作气压	MPa	0.5
14	耗气量	m³/min	6
15	适用混合料水灰比		≥0.4

3. 湿式混凝土喷射机试验及工程应用

SPL 系列湿式混凝土喷射机先后在开滦赵各庄矿及轩岗焦家寨煤矿等多个矿应用，与煤矿现有喷浆设备比较，在喷射粉尘浓度、回弹率和喷层强度等指标有明显改善，喷混凝土的平均强度比干喷高 50% 以上，且强度标准差小，强度保证率高；根据实测回弹率，湿喷最大位置是喷拱部为 11.5%，最小为边墙部位 8.5%，干喷回弹率拱部 30%，边墙部位为 20%，平均回弹率降低 15%；喷和湿喷实测粉尘浓度对比：干喷平均粉尘浓度为 102mg/m³，湿喷平均粉尘浓度为 8.2mg/m³（国家标准为 10mg/m³），平均粉尘浓度降低 93.8mg/m³。

15.2.3 锚索张拉机具

锚索张拉机具是锚索安装专用设备，其体积小、重量轻、结构密封性好，操作简单，可有效降低劳动强度，提高安装效率，适用于在煤矿井下进行矿用预应力锚索安装作业，并可广泛应用于铁路、公路、桥梁、隧道、建筑等领域。建井分院开发的锚索张拉机具有 MS15-180/63 型、MD（Q）19-300/55 型、MD（Q）22-360/58 型张拉机具等。锚索张拉机具由张拉千斤顶（图 15-13）、电动（或气动、手动）液压泵（图 15-14）、高压胶管等组成；由液压油泵供压力油，张拉千斤顶对锚索施加载荷，压力表直接读取读数。不同类型张拉机具技术参数表见 15-13。

表 15-13 不同类型张拉机具技术参数

性能参数	MQ22-360/58	MQ19-300/55	MD19-300/55	MD22-360/58
千斤顶额定压力 /MPa	58	55	55	58
额定张拉力 /kN	360	300	300	360
张拉行程 /mm	150	150	150	150
适应锚索直径 /mm	21.6	18.9	18.9	21.6

性能参数	MQ22-360/58	MQ19-300/55	MD19-300/55	MD22-360/58
张拉力指示表类型	指针	指针	指针	指针
张拉力指示表量程 /kN	0～570	0～470	0～470	0～570
张拉力值满量程准确度偏差	2.5	2.5	2.5	2.5
张拉千斤顶机重 /kg	28	27	27	28
液压系统额定流量 /（L/min）	0.70	0.70	0.75	0.75
工作气压 /MPa	0.4 0.5 0.63	0.4 0.5 0.63	—	—
耗气量 /（m³/min）	1.0 1.2 1.5	1.0 1.2 1.5	—	—
电机额定功率 /kW	—	—	0.75	0.75
额定电压 /V	—	—	380/660	380/660
泵站额定压力 /MPa	59	56	56	59
噪声声功率级 /dB（A）	＜112	＜112	＜106	＜106
噪声声压率级 /dB（A）	＜95	＜95	＜90	＜90
油箱有效容积 /L	32	32	32	32
泵站机重（含工作介质）/kg	52	52	62	62

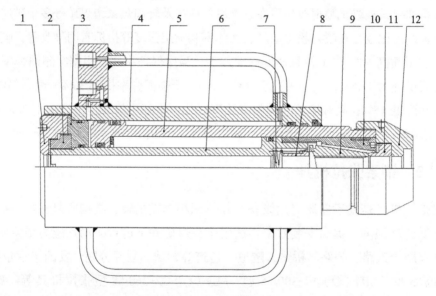

图 15-13　千斤顶结构图

1.端盖；2.穿心套锁紧螺母；3.密封环；4.缸体；5.活塞；6.穿心套；7.弹簧；
8.工具夹片顶；9.夹片；10.工具锚杯；11.退锚座；12.撑套

　　液压系统见图 15-15，工作原理为手动换向阀打在左位时，电动泵通过油路 6 供给千斤顶 5 液压油，使千斤顶往左伸出，压力表 7 显示压力值。完成工作卸载时，调整换向阀 3 使之处于右位，油路换向，千斤顶中的活塞在反向油压下反向移动，液压油回到油箱。

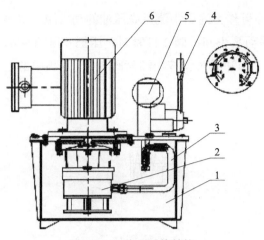

图 15-14　液压系统结构
1.油箱总成；2.轴向柱塞泵；3.回油管总成；4.操作阀；
5.指针表；6.防爆电机

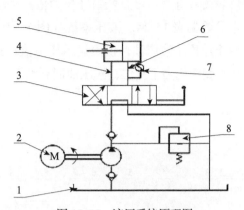

图 15-15　液压系统原理图
1.油箱；2.电动泵；3.手动换向阀；4.卸载进油管（加载
回油管）；5.千斤顶；6.加载进油管（卸载回油管）；7.
指针表；8.溢流阀

15.2.4　钢绞线液压剪

JY-400/55/25 型钢绞线液压剪，是一种切断锚索外露多余钢绞线的专用工具。液压剪工作时液压油由 1 口进入缸体后推动活塞 3，复位弹簧压缩，动刀头在活塞杆带动下产生位移将钢绞线剪断。工作后复位弹簧可将活塞推回，液压油返回至油泵贮筒内（图 15-16）。JY-400/55/25 型钢绞线液压剪最大工作油压 55MPa 时，动刀头推力 400kN，最剪切直径 21.6mm 钢绞线。

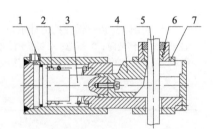

图 15-16　液压剪工作原理图
1.进油；2.复位弹簧；3.活塞；4.动刀；
5.钢绞线；6.定刀；7—外壳

15.3　锚喷支护检测与量测机具

采用检测手段对锚喷支护进行检验，提前发现危及安全隐患，对保证安全生产具有重要作用。本节阐述建井分院在锚杆拉力计、锚（索）杆综合检测仪、喷射混凝土强度检测仪、巷道变形数显收敛计等锚喷支护检测与量测机具方面取得的主要技术。

15.3.1　锚杆拉力计

锚杆拉力计是锚杆锚固力测试工具，它广泛用于现场锚杆安装效果（质量）检测、锚杆生产企业锚杆产品锚固力检测、锚杆工程质量检验以及锚杆支护研究的有关参数试验等。其结构（图 15-17）由手动泵、液压缸、显示仪表及高压胶管等部分组成。力值显示表具有自动清零、峰值保持、数据存储、自动关断等功能。手动泵为高、低压双径柱塞式设计，高压高效。液压缸为中空自复位式，油缸带有提把并可通过快速接头与高压胶管相接。显示仪表读数直观,可直读锚杆拉力值。手动泵亦可作为通用小流量高压油的动力源。主要技术参数见表 15-14。液压系统如图 15-18,手动泵中卸荷阀 3 拧紧时,压把 6 压动泵 4,供给千斤顶 1 液压油,仪表显示压力值;完成工作卸载时,拧松卸荷阀 3,千斤顶中的活塞在弹簧作用力下复位,液压油回到油箱 5。

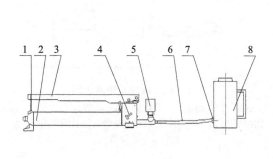

图 15-17 锚杆拉力计示意

1. 注油口;2. 储油筒;3. 压把;4. 卸荷阀;5. 显示仪表;
6. 高压油管;7. 快速接头;8. 液压缸

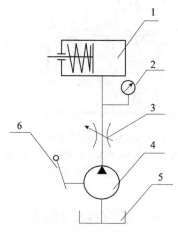

图 15-18 系统原理图

1. 千斤顶;2. 显示仪表;3. 卸荷阀;
4. 手动泵;5. 油箱;6. 压把

表 15-14 主要技术性参数

项目		参数值
整机	额定张拉力 /kN	200
	千斤顶额定压力 /MPa	45
	适应锚索公称直径 /mm	32
	张拉力值满量程准确度 /%	2.5
张拉力显示仪表	型式	数显
	型号	YHY60
	量程	—
	精度等级 /%	2.5
张拉千斤顶	缸径 /mm	90
	行程 /mm	80
	中心孔径 /mm	34
	机重 /kg	12
液压泵站	额定工作压力 /MPa	45
	油箱有效容积 /L	2
	系统额定排量 /(mL/次)	高压 2.7,低压 19.7
	型式	手动
	手摇力 /N	285
	机重 /kg	11

15.3.2　锚（索）杆综合检测仪

ZY-50D 型锚杆检测检测仪可对锚杆的初锚力、不同工作阶段的实际受力和拉拔力等进行检测，由 AK（C）系列应变传感器（压力传感器）、显示仪表等组成。检测仪是一种基于力平衡原理的锚索工况检测仪器，检测时，利用液压千斤顶对锚索施加一定的拉拔力 F_2，当传感器检测到锚具发生位移时停止拉拔，此时千斤顶的拉力大于锚索工作载荷，$F_2 > F_1$。在锚具发生位移的一瞬间，传感器精确的检测到锚具的微小位移，此时压力表的读数接近锚索实际工作载荷。检测仪的配置主要由手动泵、液压缸、圆环压力传感器、位移计和智能数显表等部分组成，见图 15-19。

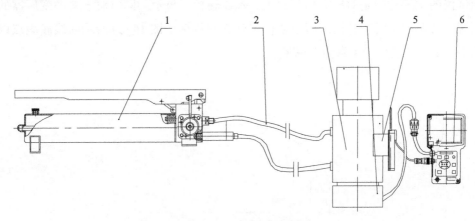

图 15-19　综合参数测试仪

1. 手动泵；2. 应变压力传感器；3. 高压胶管圆；4. 数字表；5. 位移传感器；6. 千斤顶

压力传感器放在油缸与锚杆托盘之间，位移传感器通过磁性座吸附在液压缸的外圆柱面上，压力和位移传感器通过数据传输线与显示仪表相连，可同时检测锚杆的拉力值、位移值。通过对测试拉力、位移的处理，可自动计算出锚杆的初锚力或工作载荷。测定仪主机与压力传感器及位移传感器间的信号电缆型号为 SBPH4×0.35，电缆单芯线分布电感不超过 1.2μH/m，双芯线回路分布电感不超过 0.8μH/m，线间分布电容不超过 0.4μF/m，电缆使用长度不超过 6m，见表 15-15。

表 15-15　测试仪技术参数

项目	指标
测量范围 /kN	0～500
张拉力满量程准确度偏差 /%	±1
测量分辨度 /kN	0.1
最大开路电压 U_0/V	≤DC8.0
额定电压 /V	DC7.2
电池组型号名称	AA1.2V1800mA×6 镍镉电池组
工作电流 /mA	≤55

续表

项目	指标
短路电流 I_0/mA	<692
电池额定电量 /Ah	1.8
适应锚索型式	$\phi15.24$，$\phi17.8$，$\phi18.9$，$\phi22$
张拉千斤顶行程 /mm	60
中心孔径 /mm	24

1. 测试原理

测试仪的主要功能是对压力信号放大，A/D 转换，显示。同时对于差动变压器的信号进行调制、解调以及线性补偿。假设锚杆工作在弹性区，图 15-20 所示曲线屈服点以下部分，则锚杆受力与变形的关系为 $F=KX$。

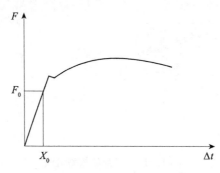

图 15-20　锚杆应力应变曲线

设在加测试拉力前，锚杆的受力为 F_0，锚杆伸长量为 X_0，则得

$$F_0=KX_0 \tag{15-2}$$

施加测试拉力，当测试拉力 F_1 大于 F_0，将产生位移 X_1，此时锚杆的总伸长量为 X_0+X_1，则有 $F_1=K(X_0+X_1)$。

同样，对于外加力 F_2 及其位移值 X_2 有

$$F_2=K(X_0+X_2) \tag{15-3}$$

联立上式可求出：

$$K=\frac{F_2-F_1}{X_2-X_1}, \quad X_0=\frac{F_1X_2-F_2X_1}{F_2-F_1} \tag{15-4}$$

因此，锚杆的受力 F_0 为：

$$F_0=KX_0=\frac{F_1X_2-F_2X_1}{X_2-X_1} \tag{15-5}$$

可见只要测出锚杆的拉力和位移变化值，即可准确测出锚杆受力，且测试精度不受材料 E 值弹性模量离散的影响。由于该方法需要二个位移和力值，因此称为二点力一位移法。

2. 显示仪表

显示仪表是检测仪的主要组成部分，由数据处理、数据采集、数据通信等电路模块组成小型数据采集系统。该仪表是多功能和智能化仪表，通过软件编程技术可对测量数据进行误差修正、线性化处理等，极大提高了仪器的测量精度。电路设计过程中在分析了元器件性能、价格等因素后，最终确定了以第三代单片微处理器 AT89S8252 为核心，配置 16 位高速 A/D 转换器 AD7750 及其他外围器件的主体电路。AD7705 是一种全新的 16 位 $\sum$ - $\triangle$ A/D 转换器，自身带有增益可编程放大器。通过软件编程方式直接测量传感器输入的各种微小信号。器件具有 16 位分辨率和自校准功能。显示仪表电路原理见图 15-21。

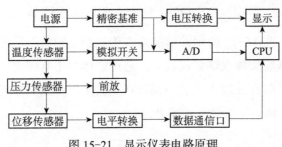

图 15-21　显示仪表电路原理

时漂和温漂是检测仪产生误差的主要因素，其中又以温度漂移影响最大，为此在主机内设置了温度传感器，将温度作为校正系数引入误差修正系统，消除因温度变化造成的影响。主机的另一特点是采用了点阵式大屏幕液晶显示器，并设置了数字图形显示功能。在该方式下测试结果不再是一个简单的最终数据，而是提供一个随试验进程变化的数组和曲线。

3. 位移传感器

位移（变形）量的检测是最新实施的锚杆检测规程中新增加的检测项目。规程规定，用于检测锚杆变形量的计量器具的量程应不小于 50mm，精度不小于 0.02mm。这就要求位移的测量精度不小于 0.04%。目前几乎所有的大量程位移传感器都无法满足这么高的要求，ZY 型位移传感器是为该仪器而研制的数字式位移传感器。

4. 液压油缸

锚杆检测用油缸，图 15-22 中油缸与锚具外壳连接为一体，活塞左侧的活塞杆端面可与圆环型压力传感器相接；而在活塞的右侧也设计了一小段活塞杆，作为顶杆。通过对顶杆长度尺寸优化，使活塞回缩到缸底时，可推动锚具外壳内的夹片。实际使用中，夹片与锚杆间摩擦力很大，检测完毕油缸不容易从锚杆上取下，需一定的敲打震动。为解决此类问题，通过在油缸活塞上设计的顶杆，使其夹片与锚杆体之间发生松动，取出夹片后油缸可轻松的由锚杆上卸下。通过调整夹片尺寸，可满足拉拔各种规格锚杆的需要。ZY-50D 型锚杆综合参数检测仪的油缸具有自动退锚功能。

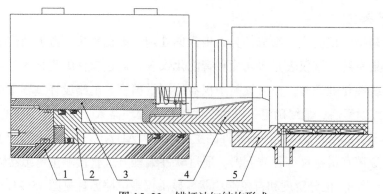

图 15-22　锚杆油缸结构形式
1.缸体；2.活塞杆；3.活塞；4.夹片；5.锚具外壳

　　锚索检测用油缸，图 15-23 所示的油缸是本单位研制的另一种型式的油缸，没有碟簧和顶套。使用中顶压器端头顶在锚索锚具上，通过缸体内工具锚夹片对锚索的夹持力进行拉拔，位移计可直接吸附在油缸上，另一端顶在托盘上。检测结束后，从锚索上取下，活塞回缩，顶压器将工具锚夹片顶松，实现退锚。

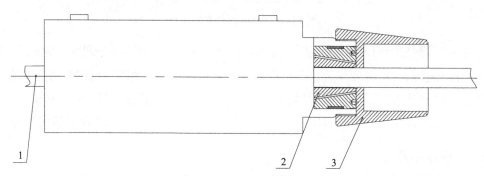

图 15-23　锚索油缸结构形式
1.锚索；2.工具锚夹片；3.顶压器端头

15.3.3　SHJ-30 型混凝土强度检测仪

　　SHJ-30 型喷射混凝土强度检测仪是利用拔出法原理，通过测定拔出置于混凝土内锚固件所需的力来检测混凝土强度的一种微破损测试方法。该方法直接从一定的深度内拔出混凝土碎块，反映了混凝土的力学性质，拔出力与混凝土的抗压强度有着良好的相关性。SHJ-30 型喷射混凝土强度检测仪，拉拔力值可由数字压力表直接读出。胶粘拔出法的测点带有一定锥度，并在锥面上加工几圈凹槽，以增加与胶体的接触面积，提高锚固效果。为在井下使用，仪器配置小型手持风钻和特制的混凝土快速取芯钻，可方便地完成在喷射混凝土上打孔功能。检测设备包括检测仪、辅助钻孔及磨槽机具、小型手持式气动钻机等。检测仪结构见图 15-24 所示。

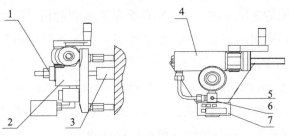

图 15-24 检测仪结构

1.拉杆及螺母；2.千斤顶；3.胀簧；4.手摇泵；5.注油孔；6.四通接头；7.数字压力表

检测仪工作原理如图 15-25 所示：通过转动摇柄，带动蜗轮旋转，推动泵体 2 内活塞 1 移动，泵体内机油经油管 3 后分两路压出，一路进入压力表 4，作为测力显示；另一路进入油缸 5，推动油缸活塞 6 向上移动，带动螺母 7，拉杆 8 与胀簧，对被测混凝土施加拔出力。随着手柄的转动，对混凝土的拔出力逐渐增大，当混凝土达到极限拔出力时，被检处混凝土损坏，此时油压迅速降低回零，及时读出数字压力表在混凝土破坏瞬间油压峰值，通过测强曲线换算，即可得出混凝土强度值。主要技术参数，检测仪最大拔出力 30kN，工作活塞行程 10mm，底盘支点内径 120mm，数显分辨率 0.1kN，示值误差＜2%，外形尺寸 230×140×210mm，质量（主机）4.4kg。

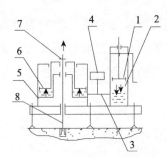

图 15-25 检测仪结构示意图

1.活塞；2.泵体；3.油管；4.压力表；5.油缸；6.大活塞；7.螺母；8.拉杆及胀簧

15.3.4 JSS30A 型数显收敛计

JSS30A 型数显收敛计（简称收敛计），适用于量测隧道、巷道、峒室及其他工程围岩周边任意方向两点间的距离微小变化，达到评定工程稳定性，研究工程围岩及支护的变形发展规律，确定合理支护参数的目的。

收敛计主要由钩、尺架、调节螺母、外壳、塑料盖、显示窗口、张力窗口、联尺架、尺卡、尺孔销、带孔钢尺等部件组成，见图 15-26。使用环境温度 0-40℃，相对湿度 93%±3%，量测范围（规格）：0.5m-10m/15m/20m/30m，分辨率：0.01mm，测量精度：0.06mm，数显示值稳定度：24h 内不大于 0.01mm，电源：1.55V 氧化银纽扣电池 SR44w 1 节，外形尺寸：410mm×100mm×35mm，重量：0.9kg。

收敛计是利用机械传递位移的方法，将两个基准点间的相对位移转变为数显位移计的两次读数差。当用挂钩连接两基准点 A、B 预埋件时，通过调整调节螺母，改变收敛计机体长度可产生对钢尺的恒定张力，从而保证量测的准确性及可比性，机体长度的改变量，由数显电路测出。当 A、B 两点间随时间发生相对位移时，在不同时间内所测读数的不同，其差值就是 A、B 两点间的相对位移值。当两点间的相对位移值超过数显位移计有效量程时，可调整尺孔销所插尺孔，仍能继续用数显位移计读数。

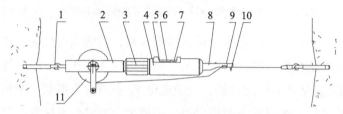

图 15-26　收敛计结构及工作示意图
1. 钩；2. 尺架；3. 调节螺母；4. 外壳；5. 塑料盖；6. 显示窗口；7. 张力窗口；
8. 联尺架；9. 尺卡；10. 尺孔销；11. 带孔钢尺

15.4　巷道与硐室锚喷支护技术

随着井工煤矿的发展，深部高地应力巷道、围岩大变形巷道、西部软弱胶结层巷道及硐室、大截面软岩硐室及硐室群等，支护难度有所加大，需要采用锚喷支护技术等针对性加以解决。本节主要介绍建井分院的大硐室群支护技术、巷道喷涂封闭技术、围岩应力控制技术和锚喷支护专家系统。

15.4.1　大硐室群支护技术

目前，深部和西部地区建设的高产高效矿井有大型化的趋势，开拓井巷与硐室尺寸也在不断增大，地层具有强度低、胶结差、易风化、遇水泥化，自稳时间短、变形大、流变特征明显等特点，对围岩稳定性控制提出了更高的要求。弱胶结围岩的变形机理和支护方式仍然处于探讨阶段，缺少成熟或普遍认可的支护对策。

1. 理论计算

首先进行软岩大硐室地质力学参数测试，即通过现场调研和取样，进行地质力学参数试验，确定软岩大硐室围岩力学性质。据地质勘察资料和试验结果，结合软岩大硐室群设计，通过大型数值软件建立三维数值模型进行理论计算，分析开挖和运行时软岩大硐室群围岩和支护结构的稳定性，得到应力及位移较大区域，找出薄弱点。

2. 监测分析

根据数值计算得到的薄弱点，设置软岩大硐室矿压监测点及监测方案，设计相应的矿压监测内容和硐室失稳准则,对软岩大硐室实施矿压监测,根据实际监测数据可掌握围岩变形及受力规律。

3. 支护对策

通过在矿压监测点埋设矿压监测仪器,监测一次支护锚杆锚索受力和二次支护钢筋混凝土结构受力情况,及时分析矿压监测数据,判定可能存在软岩大硐室的局部失稳问题,及时实施补救支护对策,减少局部失稳对大硐室整体稳定性的影响,保证软岩大硐室在建井期间和运行期间的长期稳定。

4. 效果分析

软岩大硐室支护稳定性分析及判定,优化施工工艺和支护设计,提高施工效率,降低支护成本,有利于软岩大硐室群工程安全高效。建井分院先后在伊泰集团红庆河煤矿主井箕斗装载硐室、副井马头门,红庆梁煤矿井底装载硐室群、机头转载硐室群开展支护技术研究,取得了不错的效果。

红庆河煤矿箕斗装载硐室群,埋深 700m,开挖体积为 4000m³,硐室围岩为Ⅳ软岩,是目前国内较大的深井软岩大硐室群。先后进行一次支护监测和二次支护监测,如图 15-27 所示,通过近一年的稳定性监测可,箕斗装载硐室群安全稳定。

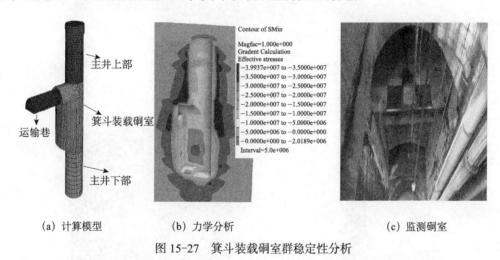

（a）计算模型　　　　（b）力学分析　　　　　　（c）监测硐室

图 15-27　箕斗装载硐室群稳定性分析

红庆河煤矿副井马头门硐室群,埋深 660m,硐室最大断面面积为 147.7m²,最大断面周长为 45.5m,硐室围岩为Ⅳ软岩,硐室结构复杂,施工难度大,支护困难,结合现场进度,先后进行一次支护监测和二次支护监测,通过近一年的稳定性监测可,马头门硐室群安全稳定,如图 15-28 所示。

红庆梁煤矿井底装载硐室群,埋深为 460m,位于煤仓底部,硐室断面较大,硐室围岩为弱胶结中粒砂岩,围岩稳定性差。结合现场进度,先后进行一次支护监测和二次支护监测,如图 15-29 所示,通过近一年的稳定性监测可知,井底装载硐室群安全稳定。

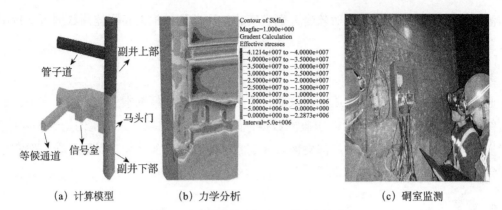

| (a) 计算模型 | (b) 力学分析 | (c) 硐室监测 |

图 15-28 副井马头门硐室群稳定性分析

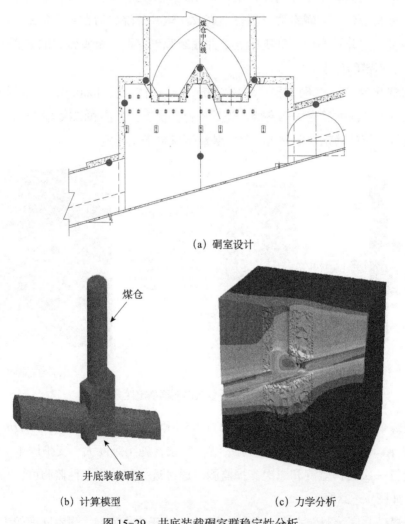

(a) 硐室设计

| (b) 计算模型 | (c) 力学分析 |

图 15-29 井底装载硐室群稳定性分析

红庆梁煤矿机头转载硐室群,埋深为 400m,位于井底煤仓的顶部,顶板深入砾岩层,支护施工困难,围岩稳定性差。结合现场进度,先后进行一次支护监测和二次支护监测,如图 15-30 所示，通过近一年的稳定性监测，井底转载硐室群安全稳定。

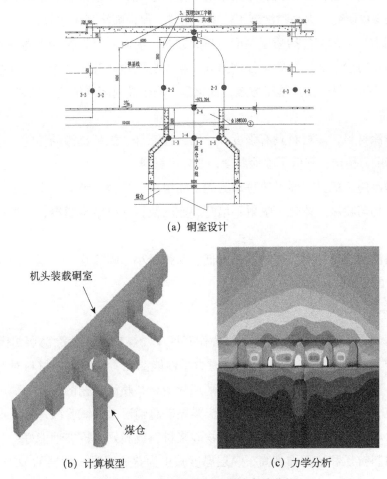

(a) 硐室设计

(b) 计算模型　　　　　　　　　　(c) 力学分析

图 15-30　机头转载硐室群稳定性分析

15.4.2　巷道喷涂封闭技术

1. 软岩巷道快速封闭

近几年，煤炭企业对安全、绿色、高效锚喷支护技术需求强烈，喷射混凝土作为锚喷支护体系中的一项重要组成部分，应用极为广泛，同时锚喷支护在一些地层条件下，也存在不同程度的问题，因人工喷射随意性强，喷厚极不均匀，喷射混凝土水灰比不均一，力学性质差异大，喷层开裂、剥离、片落是经常发生的现象，小冒落、大冒顶也时有发生，给井下工作人员构成严重威胁，喷浆回弹率高，粉尘大。研发聚合物高强砂浆喷涂封闭支护技术，对一些巷道条件，这是一种安全、高效、绿色的封闭支护技术。

1）主要技术内容

聚合物喷涂材料性能，材料的力学性能，包括黏结力、抗变形能力、抗压强度、易燃性、腐蚀性、毒性、溶水性、最大粒径、黏稠度等，满足巷道喷涂支护要求；

高效喷涂机具，包括喷涂机、管路系统、控制系统、制浆设备、上料方式、喷枪和喷射距离等相关参数研究，提高喷涂施工效率，同时，保证喷涂封闭效果；

喷涂封闭支护工艺，包括喷层厚度、喷涂方式、喷涂效率、喷涂步骤、回弹量测定及回弹控制措施、粉尘量测定及粉尘控制措施、喷涂有效距离等相关指标，并结合现场巷道施工条件，设计喷涂封闭支护施工方案，优化聚合物喷涂封闭支护施工工艺。

2）主要特点

聚合物喷涂材料，该材料具有强度高、黏结性能好、抗裂抗渗的性能，能及时封闭巷道围岩，保持围岩稳定，降低了喷涂厚度，节省了材料。

聚合物喷涂施工机具，通过改进动力源、喷射枪、送料系统等，实现了聚合物材料的搅拌、输送、均匀喷涂一体化，喷射不堵管、速度快，整机结构紧凑，占地面积小、机器重量轻。

聚合物喷涂施工工艺，施工劳动强度低、回弹量小、喷涂均匀、施工速度快，满足了巷道喷涂支护的要求。

2. 工程实例

2014年8月与昊华红庆梁矿业公司合作开展了《煤矿巷道喷涂薄层封闭材料及联合支护技术研究》，主要研究内容为软岩巷道力学性能测试、薄层封闭材料对巷道支护体系影响的研究、薄层封闭材料性能的研究、薄层封闭材料喷涂工艺的研究、薄层封闭材料喷涂机具的研究，并于2015年5~6月在红庆梁煤矿总辅运大巷试验段进行工业性试验，如图15-31所示。项目达到预期效果，聚合物砂浆材料成膜好、抗裂性能好，巷道封闭效果明显提高；材料抗压和抗折强度高，喷层厚度减小为普通混凝土喷层的1/2~1/3；材料利用率高，回弹率低至2%以下；喷涂施工噪音小，不产生粉尘，明显改善作业环境，有利于人员防护，可实现与其他作业施工的并行；专用喷涂机具安全可靠、喷涂效率高、易清洗；喷涂工艺简单，使用人力少，劳动强度相比普通喷射混凝土可降低50%。

(a) 喷涂材料　　　　　(b) 喷涂机具　　　　　(c) 现场喷涂工艺

图15-31　聚合物喷涂封闭技术

15.4.3 围岩应力控制技术

采场上覆岩层移动是控制采场应力场分布的主要因素,煤层回采后,顶板岩层破断后形成新的结构,作用在回采巷道上的应力场也重新分布,对于沿空掘巷和机轨分离布置的工作面,巷道受到两次回采扰动应力的影响,往往会造成巷道剧烈变形,严重影响生产的正常开展和人员设备的安全。在提高支护强度的基础上,对回采巷道的围岩应力进行有效控制,才能从根本上解决巷道的变形和破坏问题。切顶卸压技术是通过在聚能爆破提前在实体煤帮(正帮)一侧的直接顶形成切缝结构,切断直接顶与周围岩体的力学联系,工作面回采后在巷道内加强支护和切顶支护的作用下,顶板沿切缝结构断裂,采空区内顶板沿切缝结构垮落,巷道上部顶板形成一端固定的短悬臂结构,采空区内冒落的顶板碎裂膨胀后能够有效支持上覆岩层,对短悬臂结构形成有效支撑,限制其回转和下沉,从根本上减小了巷道的围岩应力。

1. 技术内容

超前预裂爆破,在工作面回采前,在靠近实体煤帮顶板以一定倾角钻孔,放入聚能爆破装置和炸药,通过定向聚能爆破形成沿巷道走向的裂缝,当工作面开始回采后,在工作面超前应力的作用下,采空区侧顶板岩裂缝破断并垮落,从而达到改善上覆顶板结构的目的。

加强支护,为了保证预裂爆破和回采过程中回采巷道的稳定,并且为切顶提供支护阻力,需要对回采巷道的顶板和两帮进行加强支护,具体方法有锚杆支护和单体液压支柱支护。

实时监测,在超前预裂爆破和加强支护完成后,在回采巷道内对实体煤内的矿山压力、锚杆锚索轴力、顶板离层量、巷道变形量、超前支护区支架压力、回采工作面支架压力等进行实时监测,根据监测结过和现场实际情况,评价预先设计方法的效果,并进行反馈设计,不断优化和改进设计方案。

2. 工程实例

延安禾草沟煤矿 50104 工作面回风巷经历过 50102 工作面的采动影响(图 15-32),在本工作面(50104)回采时又承受二次采动影响,巷道超前段变形严重,影响工作面机尾支架推移和上端头的通风行人。为控制巷道围岩变形,改善通风行人条件,提高工作面回采效率,禾草沟煤矿决定实施切顶卸压试验以减小巷道超前段所受的压力。预裂爆破的钻孔及爆破作业于 2015 年 12 月~2016 年 1 月实施,50104 工作面于 2016 年 3 月期间推进通过试验段。

超前预裂爆破工艺设计,在 50104 工作面回风顺槽选在 100m 区域进行切顶爆破,如图 15-33 所示,根据切顶卸压技术原理,在 50102 工作面完成开采后在 50104 工作面回风顺槽进行施工顶板切缝钻孔，成孔后放入聚能管和炸药进行爆破。

矿压监测，为对比切顶施压试验段与普通垮落法条件下的巷道矿压显现规律，巷道内矿压监测设置两个测站。其中 1# 测站位于切顶卸压试验段内，2# 测站位于试验段外前方。根据现场试验段情况，实际矿压监测布置如图 15-34 所示。

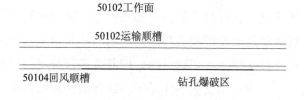

图 15-32　禾草沟煤矿 50102 和 50104 工作面位置示意图

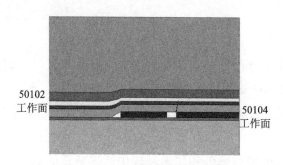

图 15-33　巷道顶板切缝示意图

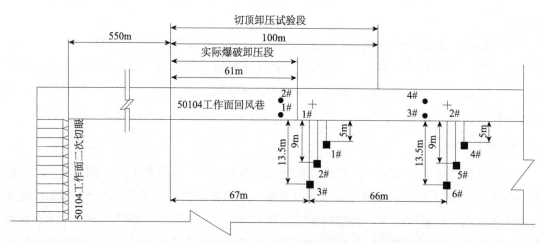

图 15-34　矿业监测布置方案
安装钻孔应力计应用 ϕ50 mm 钻头打孔

超前支承压力监测，采用 GYW25 型钻孔应力计监测实体煤内的超前支承压力。为得到支承压力沿横向的分布规律，安装了不同钻孔深度的应力计，每个测站安装钻孔应力计

3 部, 安装深度分别为 5m、9m 和 13.5m。试验段内和试验段外的超前支承压力监测结果见图 15-35 和图 15-36。

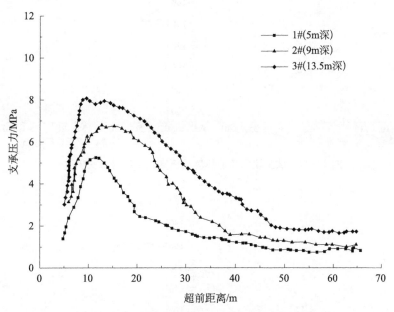

图 15-35　试验段内超前支承压力变化过程

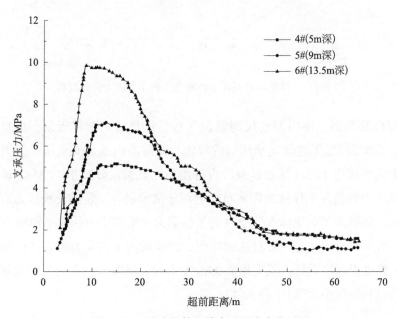

图 15-36　试验段外超前支承压力变化过程

超前单体液压支柱工作阻力监测, 采用 YHY60（C）型单体记录仪监测超前支护的单体液压支柱工作阻力, 作为巷道内超前压力的监测手段。单体记录仪安装在超前支护的远工作面端, 随着工作面推进, 单体记录仪逐渐靠近工作面, 在试验段内与试验段外前方各监测 2 轮。试验段内和试验段外的超前支承压力监测结果见图 15-37 和图 15-38。

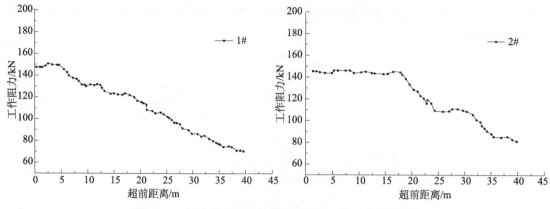

图 15-37　试验段内超前单体液压支柱工作阻力变化过程

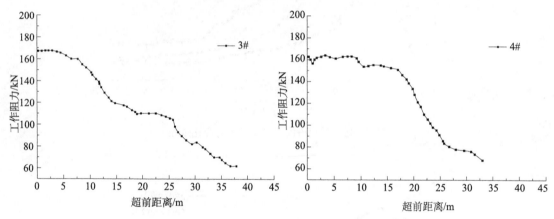

图 15-38　试验段外超前单体液压支柱工作阻力变化过程

　　巷道表面位移监测，使用钢卷尺测量顶底板移近量和两帮移近量，详见表 15-16 和表 15-17。切顶卸压降低了超前支承压力的峰值，试验段内超前支承压力压力峰值小于试验段外，其中实体煤内 13.5m 深处试验段内峰值可比试验段外减小 17.8%。试验段内沿走向的超前支承压力峰值与工作面的距离总体上短于试验段外，超前支承压力沿走向的影响范围约为 40m。降低超了前单体液压支柱的工作阻力。工作阻力从距工作面 30～35m 时开始大幅上升，在距工作面 6m 左右时达到峰值，试验段内工作阻力峰值比试验段外可减小10%。减小了巷道表面移近量。距工作面 23m 左右时，试验段内顶底板移近量和两帮移近量较试验段外可分别减小 35.80% 和 58.12%。

表 15-16　试验段内巷道表面位移情况

超前距离 /m	51	23	5
顶底移近量 /mm	62	104	177
两帮移近量 /mm	32	49	121

表 15-17 试验段外巷道表面位移情况

超前距离 /m	67	24	4
顶底移近量 /mm	55	162	229
两帮移近量 /mm	40	117	186

以上结果表明，切顶卸压可减小工作面和巷道超前压力，对控制巷道超前段的移近量确实起到了效果。超前预裂爆破在实体煤帮一侧形成切缝，从该部位切断了直接顶与周围岩体之间的力学联系，有利于促进工作面推进后直接顶的快速垮落，从而减小了实体煤内的超前支承压力；切缝的存在，还改变了其附近的应力分布，使超前段巷内所需的支承压力减小，这些因素有利于降低巷道围岩压力，使围岩变形更易于控制。在切顶卸压的实际实施过程中，由于没有留巷的需求，并未在巷内顶板补充安设恒阻大变形锚索和普通锚索，也未在帮上补打金属锚杆，但巷道移近量仍得到了控制，说明聚能定向爆破可有效控制爆轰能量的传播方向，在形成切缝的同时能够较好地保持巷内顶板的完整性。切顶卸压所使用的聚能定向爆破可在保持巷内顶板完整性的同时，从切缝部位充分切断直接顶与周围岩体的力学联系，减小实体煤和巷内的超前支承压力，对控制巷道超前段围岩变形具有良好的效果。

15.4.4　锚喷支护专家系统

建立锚喷支护专家系统，改变仅凭设计人员的个人经验与简单的工程类比，正确的支护理论得到应用，专家的经验得到推广应用，支护方案与支护参数难决策正确，提高了锚喷支护设计水平，完善与提高锚喷支护技术，减少人力财力浪费，提高巷道支护质量。

1. 技术内容

巷道矿压显现分级，巷道围岩地质力学测试结果和支护材料力学特性，通过理论研究和数值模拟软件分析煤矿巷道围岩变形破坏规律和锚杆支护作用机理，确定巷道围岩稳定和支护结构可靠的分级指标。进一步结合专家经验和现场调研，对大巷和顺槽矿压显现进行定量化分级：危险（支护强度过低）、安全（支护强度较合理）、过于安全（支护强度过高）。

巷道矿压分级显示，通过收集巷道矿压监测数据，将不同巷道矿压监测数据与其巷道矿压分级指标进行对比，判定监测区域巷道围岩矿压显现级别，将矿压监测区域巷道矿压显现用红色（危险）、绿色（安全）、蓝色（过于安全）表示，显示于整体巷道布置图，让调度室人员和相关负责人对巷道矿压显现情况一目了然。

巷道支护方案改进，根据巷道矿压监测数据和综合巷道矿压显现级别，给出巷道支护设计的建议，工作人员结合现场工作经验，支护方案进行调整，初步形成巷道改进方案，并将改进支护方案显示出来，并提交巷道支护智能分析系统进行预判。

巷道支护智能模拟分析系统开发，通过 C++、FLAC3D 等相关软件相互嵌套开发煤矿巷道支护专家系统，再根据已提交的巷道支护优化方案设计，结合巷道围岩地质力学参数测试结果，确定较为符合红庆梁煤矿工程地质条件的巷道围岩参数和巷道支护参数，进行巷道优化支护方案的稳定性分析，形成 Word 版的巷道稳定性分析报告和建议，并根据建议进一步调整支护方案，直至达到要求。

2. 系统功能

实时进行矿压监测，对于监测数据进行分析，判断监测段巷道围岩的是否稳定，并对支护效果进行评价。对于支护强度过大、围岩变形较小的巷道，红庆梁煤矿现场工作人员通过专家系统可以进行支护数值分析，确定支护参数的权重，降低下一段的支护强度，确定下一段巷道支护方案。对于支护强度不足、围岩变形较大的巷道，红庆梁煤矿现场工作人员通过专家系统可以进行支护优化分析，提高下一阶段的支护强度，确定下一段巷道支护方案，并设计已支护段的返修支护方案。对于下一水平或者地质构造变化较大的地区，红庆梁煤矿现场工作人员可以通过简单围岩力学测试和地应力测试，根据试验结果和测试数据建立该地区的工程地质模型，结合现场经验和初设，分析巷道支护参数的权重，设计和验证该地区的支护方案。

3. 应用实例

专家系统在昊华红庆梁煤矿应用，形成红庆梁煤矿巷道矿压实时监测及支护专家系统（图 15-39），针对红庆梁煤矿工程地质条件，分析巷道矿压显现规律，优化红庆梁煤矿巷道支护方案，有利于红庆梁煤矿的安全高效生产。

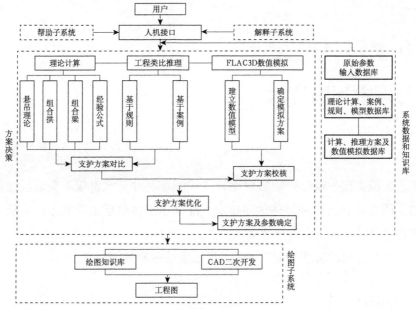

（a）系统结构设计

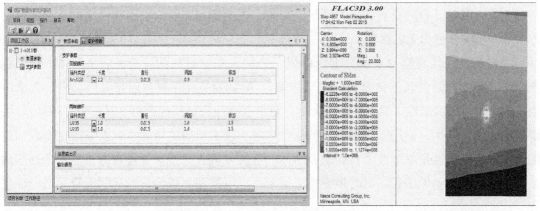

（b）支护参数界面　　　　　　　（c）模拟分析过程

图 15-39　锚喷支护专家系统

（本章主要执笔人：梁智鹏，刘杰，刘洋，王建秋，王媛）

第16章

岩巷与硐室加固技术

针对巷道顶板离层、断层带或破碎围岩支护困难、井下水害等不良地层加固和大硐室加固等难题，研究加固材料和具体加固技术，推动了不良地层加固技术的发展，对确保煤矿安全生产和提高经济效益有重要意义。

本章介绍建井分院的岩巷与硐室不良地层加固技术和加固材料。

16.1 加固材料

本节介绍建井分院研制的各类注浆、加固、充填密、防灭火、闭喷涂堵漏风和聚合物砂浆等有机高分子和无机材料。

聚氨酯类注浆材料由双组分混合而成，分别为多异氰酸酯组分（或预聚体）和固化剂组分（各类含活泼氢的化合物、交联剂等）。聚氨酯类注浆材料若按其性质分，有水溶性（亲水性）和油溶性（疏水性）两大类，通常水溶性聚氨酯注浆材料具有较好的亲水性，浆材的包水量较大，适用于潮湿裂缝的注浆堵漏、动水地层的堵涌水以及潮湿土质表面层的防护等；油溶性聚氨酯注浆材料的固结体一般强度较大，抗渗性能较好，多用于加固地基和防水堵漏兼备的工程。有时根据施工需要，也可把两者按合适的比例混合后进行注浆施工。

聚氨酯注浆材料中异氰酸酯组分中的—NCO 基团具有极高的活性，易与一些带活性氢基团的有机或无机化合物反应，交联固化，释放出大量的热量。异氰酸酯与羟基化合物反应，生成氨基甲酸酯键

$$R-NCO+HO-R' \longrightarrow R-NH-\overset{\displaystyle O}{\underset{\displaystyle \|}{C}}-O-R'$$

异氰酸酯与水反应，生成脲键

$$R-NCO+H_2O \longrightarrow R-NH-\overset{\displaystyle O}{\underset{\displaystyle \|}{C}}-OH \longrightarrow R-NH_2+CO_2\uparrow$$

$$R-NH_2+R-NCO \longrightarrow R-NH-\overset{\displaystyle O}{\underset{\displaystyle \|}{C}}-NH-R$$

过量的异氰酸酯还可以在高温或催化剂存在的条件下，与氨基甲酸酯或脲键反应，生

成脲基甲酸酯键和缩二脲键反应

$$R-NCO+R-NH-\underset{\underset{O}{\|}}{C}-NH-R \longrightarrow R-NH-\underset{\underset{O}{\|}}{C}-\underset{\overset{R}{|}}{N}-\underset{\underset{O}{\|}}{C}-NH-R$$

$$R-NCO+R'-O-\underset{\underset{O}{\|}}{C}-NH-R \longrightarrow R-NH-\underset{\underset{O}{\|}}{C}-\underset{\overset{R}{|}}{N}-\underset{\underset{O}{\|}}{C}-O-R'$$

聚氨酯注浆材料浆液固化后，具有：①填隙补强的作用。通过注浆设备将聚氨酯浆液压入至煤岩体结构中后，在注浆压力的作用下，浆液填充至岩体结构中的各条缝隙内（在潮湿缝隙的表面，浆液遇水后会迅速反应生成 CO_2，产生二次压力将浆液进一步压入更深更为细小的微小裂隙中去），浆液固化后成为煤岩体结构的一部分，使得原本破碎松散的煤岩体结构变得更加密实，由于固结体本身具有较高的力学强度，使得破碎煤岩体的力学强度整体上升。②胶结裂隙面作用。浆液注入煤岩体裂隙后，迅速发生固化反应，生成的固结体分子结构中含有大量的诸如脲键、脂键或醚键等极性基团，与煤岩体结构裂隙面之间具有很强的黏结作用，裂隙面与浆液固结体之间紧密结合，阻止了裂隙的进一步发展。③网络支架作用。聚氨酯浆液被压入至交错连通的煤岩体裂隙结构内，当其固化以后，填充于各条裂隙内的浆材整体类似于一个庞大的网络骨架，将原本松散破碎的煤岩体胶结成了一个完整的结构体，从而提高了其承载能力。④降低裂隙生成率的作用。注浆后，煤岩体裂隙内充满了注浆材料浆液，由于材料对裂隙面的黏结作用，促使生成裂隙的难度加大，裂隙生成率大幅降低，煤岩体破坏机制发生了根本性变化，从而提高了煤岩体抵抗变形破坏的能力。

1. JCT 系列聚氨酯注浆材料

注浆加固技术一般通过注浆设备，将较低黏度的化学浆液注入需要加固的围岩裂隙、松散岩体结构或大的空穴中使其在短时间内实现胶凝、固化，形成三维网状结构的固结体，将原先破碎松散的岩体结构胶结成为一个连续的、完整的受力体，使其结构上的缺陷得以修复，大的空穴得以充填，从而提高了被注浆基体的结构承载力及防渗漏性能。

1）JCT-501 岩体注浆加固材料

JCT-501 注浆岩体加固材料是双组分聚氨酯注浆加固材料，浆液流动性好，能渗透至岩层深部微细裂隙中，可对破碎围岩进行有效加固。用于巷道破碎带超前或后注浆加固、松散围岩体加固、采掘工作面加固、锚索和锚杆的加固以及其他岩层的快速加固，JCT-501 煤矿注浆岩体加固材料物理力学性能参数如表 16-1 所示。

表 16-1　JCT-501 煤矿注浆岩体加固材料物理力学性能参数

项目		指标	
		A 组分	B 组分
浆液性能	外观	淡黄色至无色透明液体	深棕色液体
	黏度 /（mPa·s）	200～350	150～250
	闪点 /℃	不燃烧	>200
	密度 /（kg/m³）	1020±10	1230±10
反应性能	使用体积比	1	1
	最高反应温度 /℃	≤140	
	可流动时间 /s	30～70	
	膨胀倍数	≥1.0	
	抗老化性能（80℃±2℃，168h）	表面无变化，质量无损失	
力学性能	抗压强度 /MPa	≥60	
	抗拉强度 /MPa	≥20	
	抗剪强度 /MPa	≥20	
	黏结强度 /MPa	≥3.0	
	标准砂固结体抗压强度 /MPa	≥30	
阻燃性能		符合 MT-113 标准	

2）JCT-502 煤体注浆加固材料

JCT-502 注浆煤体加固材料是双组分聚氨酯注浆加固材料，浆液流动性好，能渗透至煤层深部微细裂隙中，用于采掘工作面松散煤层、煤壁、煤柱、顶、底板加固；巷道破碎带超前或后注浆加固；断层破碎带预注浆加固。JCT-502 煤矿注浆煤体加固材料物理力学性能参数如表 16-2 所示。

表 16-2　JCT-502 煤矿注浆煤体加固材料物理力学性能参数

项目		指标	
		A 组分	B 组分
浆液性能	外观	淡黄色至无色透明液体	深棕色液体
	黏度 /（mPa·s）	200～350	150～250
	闪点 /℃	不燃烧	>200
	密度 /（kg/m³）	1020±10	1230±10
反应性能	使用体积比	1	1
	最高反应温度 /℃	≤140	
	可流动时间 /s	30～70	
	膨胀倍数	≥1.0	
	抗老化性能（80℃±2℃，168h）	表面无变化，质量无损失	
力学性能	抗压强度 /MPa	≥40	
	抗拉强度 /MPa	≥15	
	抗剪强度 /MPa	≥15	

项目		指标	
		A 组分	B 组分
力学性能	黏结强度 /MPa	≥3.0	
	标准砂固结体抗压强度 /MPa	≥30	
阻燃性能		符合 MT-113 标准	

3）JCT-521 堵水加固材料

堵水加固是将堵水材料注入含水裂隙或结构中去，待浆液遇水胶凝以后，形成不透水的胶凝体并与裂隙表面具有较好的黏结性，阻断水流的流通与渗透，用于封堵煤岩体裂隙渗水、防水煤柱堵水与加固。JCT-521 煤矿堵水加固材料是一种双组分聚氨酯材料，A 组分和 B 组分混合后，能起到防水堵漏及加固补强的作用。JCT-521 煤矿堵水加固材料物理力学性能参数如表 16-3 所示。

表 16-3　JCT-521 堵水加固材料物理力学性能参数

项目		指标	
		A 组分	B 组分
浆液性能	外观	淡黄色至无色透明液体	深棕色液体
	黏度 /（mPa·s）	200～350	150～250
	闪点 /℃	不燃烧	>200
	密度 /（kg/m³）	1020±10	1230±10
反应性能	使用体积比	1	1
	最高反应温度 /℃	≤140	
	膨胀倍数	≥1.0	
	抗老化性能（80℃±2℃,168h）	表面无变化，质量无损失	
	渗透系数 /（cm/s）	≤1×10⁻⁶	
	水质影响	无影响	
力学性能	抗压强度 /MPa	≥50	
	抗拉强度 /MPa	≥20	
	抗剪强度 /MPa	≥20	
	黏结强度 /MPa　干黏结	≥4.5	
	湿黏结	≥2.5	
抗冻融性能（200 次）		无粉化、开裂、剥落、起泡和明显变色	

4）JCT-511 注浆充填密闭材料

煤矿注浆充填技术是将填充类材料浆液注入大的空穴中或松散破碎的物质结构中去，待其反应固化以后，形成具有一定力学强度的不透气的固结体，用于煤矿井下较大空间破碎煤层，巷道或工作面冒落空洞充填、巷道高冒区充填防止瓦斯积聚、工作面承压密闭墙体充填、沿空留巷支护等。JCT-511 煤矿注浆充填密闭材料是双组分聚氨酯发泡材料，A 组分和 B 组分混合后，迅速反应并膨胀。JCT-511 煤矿注浆充填密闭材料物理力学性能参数如表 16-4 所示。

表 16-4　JCT-511 注浆充填密闭材料物理力学性能参数

项目		指标	
		A 组分	B 组分
浆液性能	外观	淡黄色至无色透明液体	深棕色液体
	黏度 /（mPa·s）	150～450	200～250
	闪点 /℃	不燃烧	＞200
	密度 /（kg/m³）	1020±10	1230±10
反应性能	使用体积比	1	1
	膨胀倍数	≥25	
	最高反应温度 /℃	≤95	
	尺寸稳定性（70℃±2℃，48h）/%	≤0.1	
	氧指数 /%	≥35	
抗压强度	压应变 10%/kPa	≥10	
	压应变 30%/kPa	≥10	
	压应变 70%/kPa	≥40	
阻燃性能		符合 MT-113 标准	
表面电阻 /Ω		≤3×10⁸	

5）JCT-532 喷涂堵漏风材料

煤矿喷涂堵漏风技术是将喷涂材料经由喷涂设备喷射到岩体、煤体、巷道或硐室表面，起到密闭瓦斯等有害气体、防止表层风化、脱离或渗水等作用。JCT-532 煤矿喷涂堵漏风材料是一种双组分聚氨酯材料，胶凝固化时间快，涂层固化后拉伸强度高、附着力强、韧性好，喷射到煤岩体表面后，呈明显的塑性。JCT-532 煤矿喷涂堵漏风材料物理力学性能参数如表 16-5 所示。

表 16-5　JCT-532 喷涂堵漏风材料物理力学性能参数

项目		指标	
		A 组分	B 组分
浆液性能	外观	淡黄色至无色透明液体	深棕色液体
	黏度 /（mPa·s）	200～350	150～250
	闪点 /℃	不燃烧	＞200
	密度 /（kg/m³）	1020±10	1230±10
反应性能	使用体积比	1	1
	固化时间 /h　表干时间	≤2	
	固化时间 /h　实干时间	≤6	
力学性能	抗拉强度 /MPa	≥2.0	
	拉断伸长率 /%	≥30	
	附着力 /MPa	≥1.5	
	空气透气率 /［L/（s·m²）］	≤0.05	

续表

项目		指标	
		A 组分	B 组分
阻燃性能	酒精喷灯燃烧试验	有焰燃烧时间 /s	≤3
		无焰燃烧时间 /s	≤10
		火焰扩展长度 /mm	≤280
	酒精灯燃烧试验	有焰燃烧时间 /s	≤6
		无焰燃烧时间 /s	≤20
		火焰扩展长度 /mm	≤250
表面电阻 /Ω		$\leq 3 \times 10^8$	

2. JCT 系列无机材料

1）JCT-513 充填密闭材料

JCT-513 煤矿充填密闭无机材料属于无机发泡充填材料，材料与水混合后，能迅速反应并膨胀，膨胀倍数 3～6 倍可调。本材料无毒副作用，不燃烧也不助燃，反应热低，充填成本远低于高分子泡沫材料，能够有效完成有煤自燃隐患和瓦斯矿井的充填、密封、堵漏等诸多任务，可替代现有的高分子充填加固材料。JCT-513 煤矿充填密闭无机材料物理力学性能参数如表 16-6 所示。

表 16-6 JCT-513 充填密闭无机材料物理力学参数

项目	指标
颜色	土黄色到灰色粉末
水灰比	0.4～0.8
反应温度 /℃	≤55℃
初凝时间 /min	≥10
终凝时间 /min	≤30
发泡倍数	3～6 倍
抗压强度 /MPa	≥0.6
阻燃性	符合 MT-113 标准

2）JCT-531 喷涂堵漏风材料

JCT-531 煤矿喷涂堵漏风无机材料是由水泥、多种高分子聚合物改性剂等组分组成，产品具有抗压抗折强度高、黏结力强、施工和易性好、抗裂性能好等优点；产品喷涂施工回弹率低，无粉尘污染；使用安全，硬化过程无大量热量产生（≤30℃），本身不燃，也不会引燃其他易燃物。JCT-531 煤矿喷涂堵漏风无机材料物理力学性能参数如表 16-7 所示。

表 16-7 JCT-531 煤矿喷涂堵漏风无机材料物理力学性能参数

项目		指标
材料性能	颜色	土黄色到灰色粉末
	表干时间 /min	20～40

续表

项目		指标
材料性能	实干时间 /h	<4
	回弹量 /%	<5%
	最高反应温度 /℃	≤30
	水灰比（质量比）	0.22～0.3
力学性能	3d 抗压强度 /MPa	≥20
	3d 抗折强度 /MPa	≥7.0
	3d 拉伸黏结强度 /MPa	≥1.0
阻燃、抗静电性能		符合煤矿井下用聚合物制品 MT113 技术标准

3. JCT-541 防灭火材料

煤矿防灭火技术是将灭火类材料浆液注入到破碎易燃物质或其燃烧空隙中去，密实填充周围裂隙，堵塞漏风进气管道，并降低燃烧体温度，阻止物质的进一步燃烧，进而起到防火灭火的作用。JCT-541 矿用防灭火剂是一种经特殊工艺加工而成的煤矿用高效复合防灭火材料，应用时直接与水按适当比例混合形成防灭火胶体，胶体失水后具有遇水再生的能力。与常规防灭火材料相比，该材料能实现隔氧、降温、隔热、阻燃等功能，能全面提高阻燃效果和灭火功效。JCT-541 矿用防灭火剂物理力学性能参数如表 16-8 所示。

表 16-8　JCT-541 矿用防灭火剂物理力学性能参数

项目	指标
外观	黄色或灰色粉末
pH	6～9
水溶时间 /min	≤10
水：料（重量比）	（50～150）：1
附壁性	无掉落
胶体耐高温 /℃	≥800

4. 聚氨酯注浆

聚氨酯注浆采用双液注浆系统，主要设备有：注浆泵、吸浆桶、储浆桶、控制阀和三通等。注浆示意图如图 16-1 所示。聚氨酯浆液注浆工序为：

（1）封孔。采用布包封孔法。将长约 1200mm、直径比钻孔直径大 10～20 mm 的布包筒以及 ϕ10mm 塑料充填管，捆扎在长度 1500 mm 的钢制注浆孔口管上（塑料充填管位于孔口管和布包之间），然后将孔口管组件送入注浆钻孔并初步定位，之后将塑料充填管接至注浆泵混合器输出口，开动注浆泵注入聚氨酯浆液，注入量按浆液膨胀 2～3 倍的系数计算确定。注毕后将塑料充填管外露部分反折并用铁丝捆扎牢靠，待浆液反应膨胀后封孔结束。

（2）压注聚氨酯化学浆。封孔完毕需超过 15 min 后方允许注浆。将压注系统的混合器输出口接到钢制孔口管上，开动注浆泵，把聚氨酯注浆材料两组分按 1:1 的体积比压入注浆孔。注浆过程中，要时刻注意观察注浆孔周围的情况，发现跑浆应及时处理。同时密切注意注浆泵的工作状况，发现异常立即处理。一般情况下，随着反应的进行，压力逐渐增高，待压力升至约 6MPa 时即可结束注浆。系统清洗。注浆完毕后，立即将两路吸浆管放入机油桶内改吸机油，对泵腔和管路进行清洗，清洗油量不少于 20L。

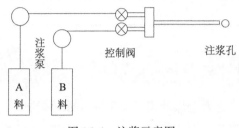

图 16-1　注浆示意图

16.2　巷道顶板离层加固技术

本节主要阐述岩石巷道顶板离层加固工程技术的设计方法、注浆参数选取与现场典型工程实例。

16.2.1　加固工程设计

煤或岩层在未掘进前顶板和围岩都处于平衡状态，受采动的影响应力重新分布，岩层在自重力的作用下，向下产生弯曲，产生层位分离。具有的工程特点主要有：①巷道顶板变形严重，且顶板破碎；②直接顶具有一定的厚度；③巷道的涌水量不大，且以淋水为主；④巷道离层段相对较长。

加固方式，采用分层注浆方式进行加固，第一层以加固为目的的浅孔注浆，第二层是以堵水为目的的深孔注浆，均采用前进跳孔注浆的方式。加固材料为单液水泥浆及水泥水玻璃双液浆。根据受注岩体的体积，确定注浆量计算公式

$$Q = A\beta\eta V \tag{16-1}$$

式中，Q 为浆液总注入量，m^3；A 为浆液超扩散消耗系数，一般取 1.2～1.5；β 为浆液充填系数，取 0.8～0.9；η 为岩层平均裂隙率；V 为需要注浆的岩层体积。

按单孔注浆量进行计算注浆量公式：

$$Q = NA\pi R^2 H\beta\eta/m \tag{16-2}$$

式中，Q 为浆液总注入量，m^3；N 为注浆孔数，个；A 为浆液超扩散消耗系数，一般取 1.2～1.5；R 为扩散半径，一般取 2～4m；H 为注浆段高，m；β 为浆液充填系数，取 0.8～0.9；η 为岩层平均裂隙率；m 为浆液结石率。

岩石平均裂隙率 η 根据岩心实际调查选取。在砂岩、泥质砂岩底层取 1%～3%，断层

破碎带可取 5%～10%，熔岩发育底层可取 5%～10% 及以上。不同水泥单液浆结石率见表 16-9。

表 16-9 不同水灰比单液浆结石率表

水灰比	2:1	1.5:1	1:1	0.75:1	0.5:1
结石率	0.56	0.67	0.85	0.97	0.99

16.2.2 工程实例

某煤矿 3-1 煤回风巷巷道为全煤巷道，顶部有 0.5m 厚的煤层，采用锚喷支护，局部为裸巷，顶板淋水现象较为严重，最大下称量为 1.0m，巷道净宽 5m，净高 4m。鉴于巷道顶板煤层受到巷道变形的影响，变得极为破碎，难以承受一定的注浆压力，所以整体注浆分两步，第一步是对巷道顶板的加固注浆，第二步对顶板含水岩层的堵水注浆。

注浆材料选择采用先单液后双液，水泥使用 P.C32.5 的普通硅酸盐水泥，水玻璃选用模数 M=2.8～3.1，浓度在 38～40°Bé 以上的液体水玻璃。单液水泥浆水灰比主要采用 1:1，调节范围 0.8:1～1.2:1。注浆量为约为 150m³。

注浆孔沿巷道宽均匀布置 4 列，列与列间间距为 1.67m，单列孔间距为 2m，每列 15 孔，共 60 孔。巷道中间两列钻孔为垂直孔，巷道两帮与顶板夹角布置的两列注浆孔外扎，倾角为 75°，可以根据现场实际情况进行适当调整，具体布置见图 16-2 和图 16-3。

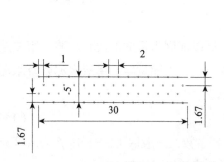

图 16-2 3-1 煤巷道顶板注浆孔布置俯视图

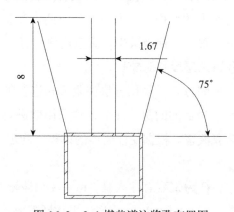

图 16-3 3-1 煤巷道注浆孔布置图

开孔直径 ϕ50mm，孔深 500mm，钻孔终孔直径为 ϕ28mm，风钻（锚杆钻机）打眼，眼深 8m。采用 3 次成孔方式，一次成孔直径 ϕ50mm，下入孔口管固管后，进行 2 次成孔，直径 ϕ28mm，孔深 2m，进行加固注浆，注浆完毕 12h 后，进行 3 次成孔，直径 ϕ28mm，孔深 8m，进行堵水注浆。孔口管选用 ϕ32mm 的钢管，壁厚 5mm，长 550mm，全马牙扣结构，一侧端头带螺纹螺纹有效长度为 50mm，一次成孔后，孔口管缠麻丝打入钻孔，外露 100～200mm，具体结构见图 16-4。

孔口管固定分 2 个步骤，第一步在孔口管下方端头位置缠麻下入钻孔内，第二步注双液浆进行满管固定，第二步结束后，凝固 12h 以上，经打压试验合格后，进行 2 次成孔，固管实施图见图 16-5。

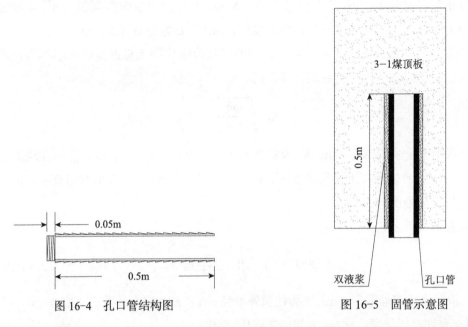

图 16-4　孔口管结构图　　　　　图 16-5　固管示意图

浅部注浆终止压力为 1～2MPa，深部注浆终止压力为 4～6MPa。注浆开始前应进行压水试验，测试系统的密封性和安全性，压水实验的压力值为注浆终压的 1.2～1.5 倍，为 4.8～9MPa，当稳定 15min 无异常时，即可开始正式注浆施工。当注浆压力达到注浆终压值，即 4～6MPa 时，调成 1 档（16L/min），小流量稳压 20min，可结束该孔的注浆工作。3-1 煤经过整体加固及堵水注浆后，顶板下沉量不再发生变化，顶板无成线淋水。

16.3　巷道断层带破碎加固技术

本节主要阐述岩石巷道断层带破碎加固技术的设计方法、注浆参数的选取与现场典型工程实例。

16.3.1　加固工程设计

煤或岩层在未掘进过程中经常遇到断层，由于煤、岩层的断裂使得断层面附近的受力影响较大，造成巷道破碎，支护难度增加，对施工人员的生命安全造成威胁，需要对断层提前进行加固注浆，维持巷道的稳定性。具有的特点主要有：①顶板破碎，容易出现冒顶；②断层前后影响范围出现涌水；③有些地方断层遇水泥化严重，且相对比较比较密实。

为防止注浆过程中受到浆液挤压，造成浆液和水从迎头涌出，以及受注面的冒落，并保证浆液在压力的作用下有效扩散，注浆前需要进行混凝土止浆墙或预留岩帽。预留岩帽，掘进工作面与含水层或断层破碎带之间有隔水层。计算公式

$$B=PS\lambda/[\tau]L \tag{16-3}$$

式中，B 为止浆岩帽厚度，m；P 为注浆终压，MPa；S 为预留岩帽断面积，m²；λ 为过载系数，一般取 1.1～1.2；$[\tau]$ 为岩石允许抗剪强度，MPa；L 为巷道周长，m。

止浆墙设计，巷道掘进工作面与含水层或断层破碎带之间无良好的隔水层作为止浆岩帽，或断层已经揭漏。平面型止浆墙计算公式

$$B=K_0\sqrt{\frac{\omega b}{2h[\sigma]}} \tag{16-4}$$

式中，B 为混凝土止浆墙厚度，m；K_0 为安全系数，一般取 1.4～1.5；ω 为作用在墙上的全荷载，N，$\omega=PF$；F 为混凝土止浆墙面积，m²；b 为巷道宽度，m；h 为巷道高度，m；$[\sigma]$ 为混凝土允许抗压强度。

柱形止浆墙计算公式

$$B=KR\left(1-\sqrt{1-\frac{2p}{[\sigma]}}\right) \tag{16-5}$$

式中，B 为混凝土止浆墙厚度，m；R 为柱面外半径，m；K 为安全系数，一般取 1.03～1.1；$[\sigma]$ 为混凝土允许抗压强度，MPa；p 为注浆终压，MPa。

平面型止浆墙结构设计如图 16-6 所示。柱面型止浆墙结构设计如图 16-7 所示。$\alpha=24°$，$R=2.5b$；$\alpha=30°$，$R=2.0b$，$\alpha=40°$，$R=1.5b$，采用分层注浆的方式进行加固，根据断层大小及破碎程度确定，大断层一般采用分段前进式注浆，小断层采用全段式注浆。大断层破碎岩层，根据钻孔浆液的漏失量和孔壁维护的难易程度的表现形式，具体确定分段长度，具体见表 16-10。

在掘进过断层过程中，巷道容易产生冒落，并在断层区域常伴有涌水现象，故在进入断层时，钻孔在巷道断面顶部或断面的外侧周边为宜，根据断层内岩石的破碎程度一般采用放射性钻孔或扇形钻孔的形式，布置形式见图 16-8 和图 16-9。钻孔数量根据扩散半径确定，扩散半径一般为 2～5m。

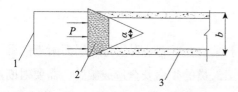

图 16-6　平面混凝土止浆墙结构图
1.巷道掘进面；2.混凝土止浆墙；3.巷道支护层

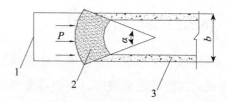

图 16-7　柱面混凝土止浆墙结构图
1.巷道掘进面；2.混凝土止浆墙；3.巷道支护层

表 16-10　掘进工作面破碎大断层注浆分段长度选择表

浆液漏失情况	微弱	小	中	大
漏失量 /（L/min）	30～50	50～80	80～100	>100
分段长度 /m	>5	3～4	2～3	<2

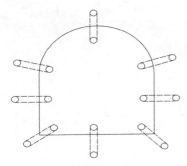

图 16-8　放射状钻孔示意图

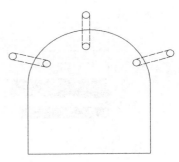

图 16-9　扇形钻孔示意图

16.3.2　工程实例

红庆梁煤矿回风大巷在沿顶掘进过程中遇断层，迎头发生冒顶。所在煤层为 3-1 煤，煤层自然厚度 2.90～6.85m，平均 5.10m。可采厚度 2.86～6.85m，平均 4.87m，从冒落情况看煤层顶板为砂质泥岩，所在巷道冒顶处后部为全煤巷道，冒顶处遇断层进入岩巷。冒顶处后部巷道采用锚网和初喷支护，巷道断面为矩形，实测巷道宽为 5.8m，高 4m。采用掘进机施工，掘进机后部布置带式输送机，输送机上部巷道肩拱处为胶质风筒。

在绕道开口位置，距离巷道顶部 800mm 打钻，15m 见断层，底部掘进到 12m 见断层，掘进 600mm 后见砂岩，推断断层厚度为 600mm。迎头有少量涌水，根据打钻及揭露情况推断断层 DF14，落差 17m，倾角 52°，走向与回风大巷夹角 35°，具体见图 16-10。

前期已经揭漏断层，长时间空置为处理，造成断层冒落严重，出于施工安全考虑，决定从回风巷从新开口，垂直断层进行施工，一次通过断层，具体开口位置见图 16-11。在接近断层位置采用预留岩帽注浆。然道为直角弯，转弯后巷道直长为 15.9m，根据目前掘进巷道情况看，转弯后巷道为全岩砾石巷道，预留岩冒预计留设 4m，根据公式计算注浆终压。

采用水灰比为 0.5:1 塑性早强注浆材料浆液，体积为 115m³，既具有单液水泥浆加固性能又具有黏土水泥浆稳定性和流动性，水泥：P.O 42.5 普通硅酸盐水泥；水玻璃：模数 M=2.8～3.1，浓度 30～35°Bé，双液浆注浆量为 29m³。注浆巷道均为半圆拱形巷道，净高 4.1m，高宽 5.4m，根据钻探情况推测，预计宽度为 0.6m，钻孔深度超过破碎带 5m，则受注浆岩体长度约为 7.4m。单孔浆液扩散半径按 5m 计算，按图中所示布孔方式，形成整体覆盖面的浆液扩散半径为 6.7m，具体受注岩体断面积见图 16-12。

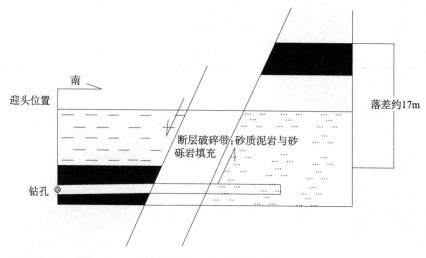

图 16-10　钻孔岩性剖面图

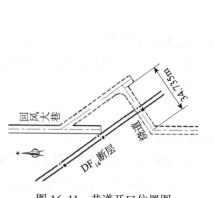

图 16-11　巷道开口位置图

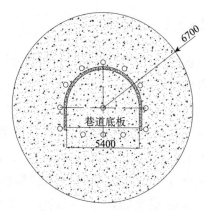

图 16-12　岩体受注断面积

钻孔布置采用扇形孔布置在预留岩帽与断层破碎带界面，为便于钻机操作及施工，开口位置设计断面为高 2m，宽 3.7m，初期布置 5 个钻孔，开口钻孔布置图 16-13 所示，所有钻孔与最终巷道断面外扬成 36° 角，具体布置见图 16-14 所示。钻孔采用 2 次成孔方式，开孔直径为 93mm，孔深 2.5m，终孔直径 65mm，终孔深度根据钻孔钻探结果确定断层厚度，水平钻进长度超过断层最远位置 5m。

孔口管采用 2 寸半焊管，单根长 3m，单侧带高压法兰，一侧带螺纹，法兰侧加焊点。具体结构见图 16-15。孔口管固定分 2 个步骤，第一步在孔口管焊点位置缠麻下入钻孔内，第二步注双液浆进行满管固定，结束后凝固 12h 以上，经打压试验后，进行 2 次成孔，固管图见图 16-16。

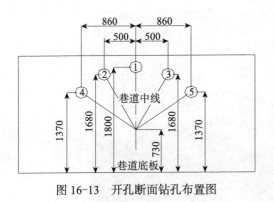

图 16-13 开孔断面钻孔布置图

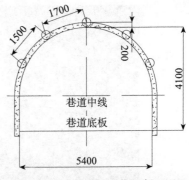

图 16-14 断层揭露位置断面图

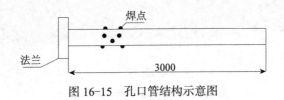

图 16-15 孔口管结构示意图

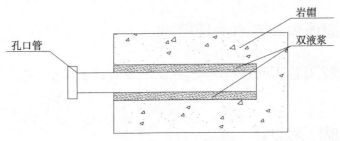

图 16-16 固管示意图

巷道底部断层已经被揭露，重新喷浆成面，为防止喷浆面因压力过大脱落或开裂，进行点注方式、逐渐升压的方式注浆，初期注浆压力不超过 2MPa。如注浆压力无法达到逾期注浆效果，可采用三次成孔注浆，适当调整注浆压力。第一工序浅部注浆施工工序：标孔—钻孔至施工要求深度—安装孔口管、孔口阀门—固管—压水试验—根据压水情况确定注浆压力和浆液配比—注入单液浆（双液浆）—待压力升至终止压力停注—封孔。第二序深部注浆工序：扫孔—钻孔至施工要求深度—压水试验—根据压水情况确定注浆压力和浆液配比—注入单液浆（双液浆）—待压力升至终止压力停注—封孔。初期注浆压力不超过 2MPa，3 次成孔后最大不超过 4MPa。注浆开始前应进行压水试验，测试系统的密封性和安全性，压水实验的压力达到 2MPa，3 次孔后压力达到 4MPa 后，稳定 15min 无异常时，即可开始正式注浆施工。当注浆压力达到注浆终压值，即 2MPa 时，3 次成孔达到 4MPa 时，调成 1 档（16L/min），小流量稳压 20min，可结束该孔的注浆工作。经过加固注浆后，断层内的泥及碎石经过挤压和胶结作用被固化，形成一体，掘进顺利通过断层，注浆后揭漏的断层图见图 16-17。

图 16-17　揭漏断层后注浆效果图

16.4　巷道顶板砂岩水治理技术

本节主要阐述岩石巷道顶板砂岩水治理技术的工程设计方法、注浆参数的选取与现场典型工程实例。

16.4.1　加固工程设计

巷道顶板砂岩水治理工程具有的特点主要有：砂岩含水丰富，具有导水性，并有补给水源；巷道的涌水量大，以淋水和涌水两种形式出现；有可能成片淋水，面积、分布广；岩石相对坚硬；直接顶有可能破碎。

（1）堵漏方式：此类工程采用分层注浆方式封堵漏水，第一层以加固为目的的浅孔注浆，第二层是以堵水为目的的深孔注浆，均采用前进跳孔注浆的方式。

（2）注浆材料确定：主要选择单液水泥浆及水泥水玻璃双液浆。

（3）注浆量确定：注浆量的计算有两种方式，一种是根据受注岩体的体积确定，另一种是按单孔注浆量进行计算，见注浆量计算公式式（16-1）和式（16-2）。

（4）钻孔设计：成片淋水注浆孔数的与顶板的破碎程度、裂隙发育程度、浆液的扩散半径以及巷道断面的大小有直接关系，必须保证扩散半径有交圈，钻孔采用均匀布置。单个出水点，采用在出水点周围布置钻孔。钻孔直径根据经验值确定，深度按加固体的厚度及注浆堵水段的段高确定。

（5）孔口管设计：根据加固段煤、岩层的厚度、岩性确定孔口管的长度，直径一般根据注浆材料、注浆设备、受注岩体的性质及注浆工艺确定。

（6）注浆压力设计：注浆压力根据含水层的静水压力确定，一般为静水压力的 2~2.5 倍。

（7）开始及结束标准：注浆开始前应进行压水试验，测试系统的密封性和安全性，压水实验的压力值为注浆终压的 1.2~1.5 倍，当稳定 15min 无异常时，即可开始正式注浆施工。

当注浆压力达到注浆终压值时，调成小流量，稳压 20min，可结束该孔的注浆工作。

16.4.2　工程实例

华润联盛南山煤业顶板涌水情况严重，井下共有 6 个区域的涌水点需要封堵治理，其中集中涌水点分别位于轨道暗斜井（1 号涌水点）、回风暗斜井（4 号涌水点）、主斜井（5 号、6 号涌水点）；大片淋水点位于西轨道下山（2 号涌水点）、一采区运输上山（3 号涌水点），6 个区域涌水点合计涌水量 120m³/h。整体施工方案分两步，第一步先对单个出水点进行注浆堵水，第二步对成片淋水区进行注浆堵水。

注浆材料选择采用先单液后双液，水泥使用 P.C32.5 的普通硅酸盐水泥，水玻璃选用模数 M=2.8~3.1，浓度在 38~40°Bé 液体水玻璃。单液水泥浆水灰比主要采用 1:1，调节范围 0.8:1~1.2:1。注浆量经计算见表 16-11。成片淋水区域钻孔布置，考虑淋水区域面积大，涌水量相对较小，为保证整体注浆效果，注浆孔沿巷道宽均匀布置 4 列，注浆孔间排距 1.5m（注浆孔布置见图 16-18 和图 16-19）。巷道中间两列钻孔为垂直孔，巷道两帮与顶板夹角布置的两列注浆孔外扎，倾角为 75 度。集中出水点钻孔布置方式：根据涌水点裂隙发育情况及涌水量，在出水裂隙 2.5m 范围内布置钻孔 6~8 个，见图 16-20。

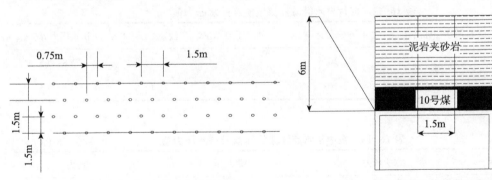

图 16-18　巷道顶板注浆孔布置俯视图　　　　　图 16-19　巷道注浆孔断面布置图

表 16-11　注浆量表　　　　　　　　　　　（单位：m³）

涌水点	单液浆	双液浆
1 号点	70	22
2 号点	260	65
3 号点	208	52
4 号点	80	25

续表

涌水点	单液浆	双液浆
5 号点	45	15
6 号点	90	30

注浆点的巷道顶部为泥岩中部位中砂岩，平均厚度 9.72m，含水岩层为泥岩上部 L1 太原组灰岩，距离巷道顶为 11.8m，为不贯通含水岩层，并能注入泥岩中部的砂岩内，开孔深度为 3m，直径 ϕ50mm，二次成孔 6m，直径为 ϕ28mm。集中涌水点钻孔开孔深度 1.5m，孔径 50mm，二次成孔 8m。第一步在孔口管下方端头位置缠麻下入钻孔内，在第一步固定时，可能出现固定难度大的问题，除了缠麻丝外，还需借力已施工的锚杆协同固定，若孔口周围无可利用锚杆，需施工新的锚杆，保证孔口管的稳定。第二步注双液浆进行满管固定，第二步结束后，凝固 12h 以上，经打压试验合格后，进行 2 次成孔。成片淋水孔口管选用直径 ϕ32mm 的焊管，长 3m，一头焊接长 50mm 的 1 寸扣头，另一头车有 800mm 的马牙扣，孔打好后，注浆管缠麻丝打入，外露 60~100mm。集中出水点孔口管选用直径 ϕ32mm 的焊管，长 1.5m，一头焊接长 50mm 的 1 寸扣头，另一头车有 800mm 的马牙扣，孔打好后，注浆管缠麻丝打入，外露 60~100mm。

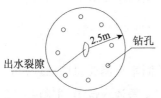

图 16-20　钻孔布置图

根据矿方提供的地质资料，注浆终压值为净水压力的 2~2.5 倍，压水实验的压力值为注浆终压的 1.2~1.5 倍，注浆终压及试水压力值见表 16-12 和表 16-13。

表 16-12　成片淋水区域注终压值及试水压力值

涌水点	含水层水位标高 /m	出水水位标高 /m	静水压力 /MPa	注浆终压 /MPa	试水压力 /MPa
2 号点	1235.36	1036	2	4~5	4.8~7.5
3 号点	1235.36	1037	2	4~5	4.8~7.5

表 16-13　集中出水点注浆终压值及试水压力值　　　　（单位：MPa）

涌水点	水头压力	注浆终压	试水压力
1 号点	1.1	1.65~2.2	2.5~3.3
4 号点	1.58	1.74~3.5	2.6~5.25
5 号点	1.56	1.72~3.12	2.58~4.68

注浆开始前应进行压水试验，测试系统的密封性和安全性，压水实验的压力值为注浆终压的 1.2~1.5 倍，当稳定 15min 无异常时，即可开始正式注浆施工。当注浆压力达到注

浆终压值，调成 1 档（16L/min），小流量稳压 20min，可结束该孔的注浆工作。经过堵水治理，南山矿涌水得到有效封堵，涌水量大大减少，为矿方节省了排水费用，治理前后涌水量对比表 16-14，效果见图 16-21 和图 16-22。

表 16-14 治理点涌水量对比表 （单位：m³）

序号	治理点	治理前涌水量	治理后涌水
1	1 号点	21	2
2	2 号点	18	1.8
3	3 号点	16	1.2
4	4 号点	25	1.9
5	5 号点	18	0.5
6	6 号点	22	0.6
合计		120	8

图 16-21 2 号出水点治理前照片

图 16-22 2 号点出水治理后照片

16.5 破碎煤岩体超前锚注加固技术

本节主要阐述岩石巷道破碎煤岩体超前锚注加固技术的工程特点、注浆参数的选取与现场典型工程实例。

16.5.1 加固工程设计

此类断层带破碎体大多为粉末状煤体，且受大断层影响的伴生小断层特别多，随掘随冒，严重影响掘进速度和支护安全。具有的工程特点主要有：巷道断层多；断层填充物破碎，成粉末状；冒顶严重；巷道成型难度大。

加固方式采用分段式注浆进行加固。

注浆材料：由于破碎带成粉末状，一般注浆材料很难扩散，故选用具有水溶性脲醛树脂作为注浆材料。

注浆量：注浆目的主要是在巷道断面以上位置形成稳定的支护拱，无需远距离扩散，故采用定量注浆。

16.5.2　工程实例

塔山煤矿主采煤层是石炭二叠纪3-5#合并层，平均厚度13m，上部受火成岩侵入影响，煤层受热变质硅化，在垂向上形成煌斑岩、硅化煤、混煤、正常煤等多种成分，构造复杂，断层、地堑、地垒发育，在煌斑岩下方形成的混煤结构较为疏松，性脆易碎。

整体来看一盘区煤层整体性较好，基本上顺槽都可布置在下部较完整的煤体中，对掘进的影响较小。二盘区受断层密集带影响区域掘进比较困难，特别是从8214面起受到断层群严重影响，各面影响范围从盘区巷起：8214面1400～2400m段（8214切巷揭露最大落差29m断层）、8216面800～2000m段、8218面500m至现在掘进的1000m范围。断层带整体为南北向，且受大断层影响的伴生小断层特别多，平均每月揭露10条以上小断层，断层带大多为粉末状煤体，随掘随冒，严重影响掘进速度和支护安全。

采用注分段式前进式注浆方式，注浆材料及注浆量：采用水溶性脲醛树脂作为注浆材料。单孔注浆量为1.5t，单循环总注浆量为25.5t。钻孔间距400mm，布置17个，在巷道两帮1.2m起拱位置开始布置，两每侧先布置2个浅孔，其余深浅结合，浅孔深度2.5m，直径ϕ28mm，深孔深度5m，直径ϕ28mm，布置见图16-23。

由于巷道围岩极为破碎，巷道空顶距小，掘进困难，钻孔设计主要确保顶板支护效果，采用密布钻孔方式，间距300～500mm一个，采用深浅孔结合。注浆管选用中空注浆锚杆，具体结构见图16-24。注浆终压为3～5MPa。注浆开始前应进行压水试验，测试系统的密封性和安全性，压水实验的压力值为注浆终压的1.5～2倍，当稳定15min无异常时，即可开始正式注浆施工。当注浆量达到预计设计值，稳压20min，可结束该孔的注浆工作。

通过超前锚注加固技术对断层破碎带巷道掘进端头围岩进行加固，如图16-25所示，提高掘进端头围岩的力学性能和稳定性，扩大了巷道掘进空顶距，有利于空顶区域顶板围岩稳定，提高巷道掘进进尺，有利于塔山煤矿断层破碎带巷道施工的安全和高效。

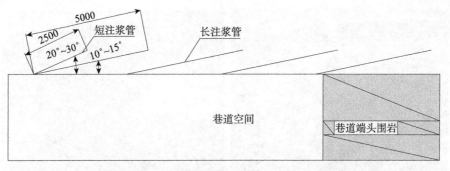

（a）巷道剖面图

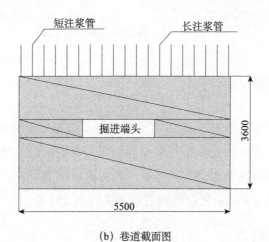

（b）巷道截面图

图 16-23　超前锚杆布置图

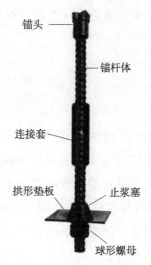

图 16-24　注浆锚杆实物图

（a）现场打孔　　　　　　　　　（b）超前锚杆支护效果

图 16-25　超前注浆锚杆现场施工

16.6　大硐室加固技术

矿井的大型硐室多为开拓井巷中的重要硐室，服务于整个矿井或水平，服务年限长，它们的长期稳定性对矿井的安全高产高效开采极其重要。建井分院通过一系列科研攻关和研发形成一套自己硐室联合加固技术体系，具有机械化程度高、劳动力强度低、见效快点等特点，成为软弱围岩大断面复杂结构硐室加固的主要技术。

16.6.1　工程特点

大断面硐室由于其自身的建筑结构的特点，它受工程扰动的影响更为显著，从而施工与支护的要求也更高。锚注加固技术是最近几年大规模推广的一种新型加固技术，对于修复破损软岩硐室效果比较明显。

16.6.2　工程实例

1. 工程概况

大同煤矿集团麻家梁煤矿为年产量 12Mt 大型矿井，其主立井箕斗装载硐室为目前亚洲最大的箕斗装载硐室。该装载硐室断面为矩形，各水平断面特征如下，见图 16-26。在施工装载硐室过程中发现揭露的岩层容易片帮、遇水软化和遇空气风化严重等情况，采用补充锚网喷支护进行初次支护，后再进行混凝土浇注的永久支护。

麻家梁煤矿主立井箕斗装载硐室上接煤仓下连主井井筒。在主井装载水平平台安装完毕后，发现整个装载硐室混凝土井壁开裂、变形，并有不同程度的渗水现象。在装载水平平台下 12m 段内，混凝土沿钢筋网布置方向开裂，钢筋外露且有严重变形，尤其是在液压站硐室和后期凿梁窝轮廓周边更为严重，见图 16-27。

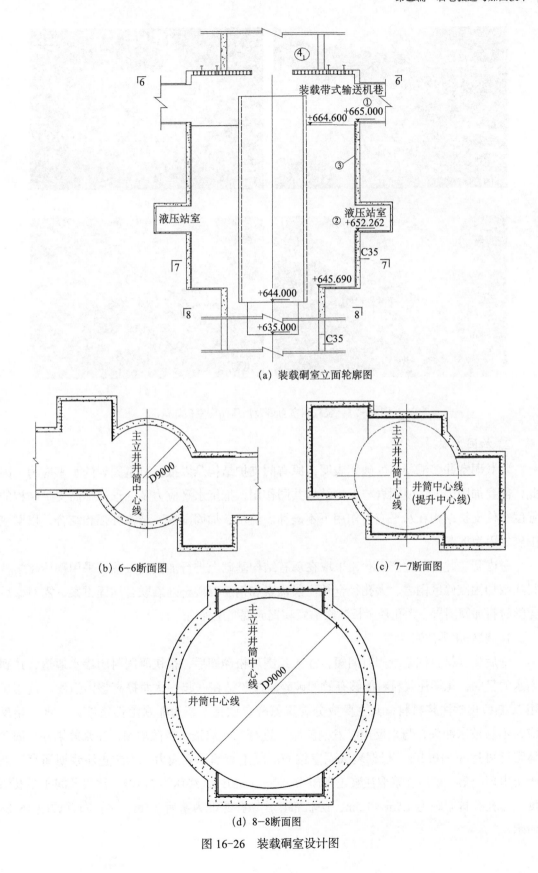

(a) 装载硐室立面轮廓图

(b) 6-6断面图

(c) 7-7断面图

(d) 8-8断面图

图 16-26 装载硐室设计图

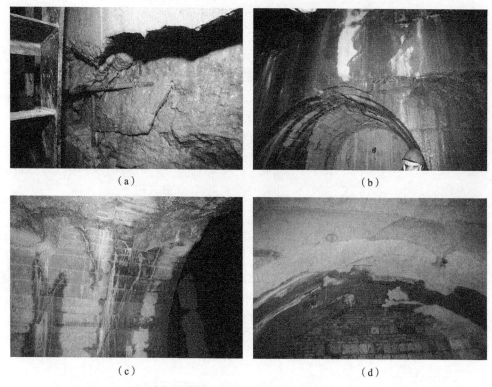

（a）　　　　　　　　　　　　（b）

（c）　　　　　　　　　　　　（d）

图 16-27　装载硐室直墙及液压站硐室破坏情况

2. 加固方案

装载硐室井壁混凝土的破坏表明，原有的支护结构难以抵抗硐室围岩的水平应力。因此，需要加固围岩，使围岩与支护结构共同作用，抵抗水平应力及变形；提高支护结构的强度，使支护结构在水平应力作用下不破坏。治水、加固围岩、结构补强相结合，以硐室围岩加固为重点。

考虑到矿井实际生产现状，采取在现有结构基础上进行加固的方案。采用壁后化学材料注浆加固破碎区围岩、大孔径全长注浆锚索和钢筋混凝土外墙联合加固方案，需对壁后化学材料加固围岩、大孔径全长注浆锚索和钢筋混凝土外墙进行设计。

1）壁后化学注浆

壁后化学材料注浆凝固时间短，注入到围岩松动圈后，很快凝固封闭渗水通道，达到堵水的目的，化学注浆材料能够有效的破碎岩体胶结在一起，从而提高整体强度。选用矿用 JCT 型化学注浆材料，其主要成分为聚氨酯，该化学浆为非水溶性浆液，遇水开始反应，不易被水冲失，与水反应时发泡膨胀，进行二次渗透，扩散均匀，注浆效果好，固砂体强度可达 6～10MPa。根据装载硐室钢筋混凝土直墙承载能力，为防止注浆期间直墙混凝土出现脱落，壁后注浆取注浆正常压力为 1～1.5MPa，终压为 2MPa。注浆孔间排距及深度：布孔孔排间距为 1.5m×1.5m，层状布置，钻孔深度为壁后 2.5m，钻孔布置如图 16-28 所示。

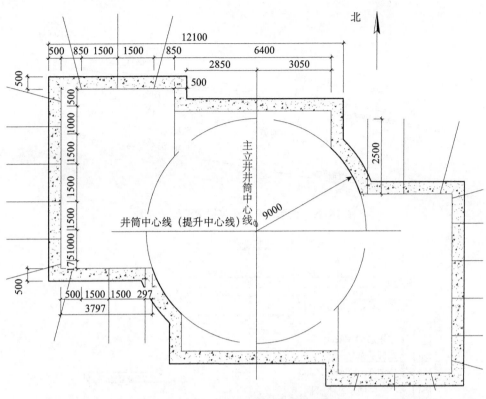

图 16-28　载碉室注浆孔布置断面图

2）大孔径全长注浆锚索

结合箕斗装载碉室的变形特征，采用大孔径全长注浆锚索加固围岩，注浆锚索采用 4 根缠绕绑扎的直径 $\phi15.24mm$ 的钢绞线，向上倾斜 10° 打入井壁，钻孔直径 100mm，长度为 15m，大孔径全长注浆锚索的间距 2500mm×2500m，如图 16-29 所示。通过注浆，可以改变节理裂隙发育软弱围岩的松散结构，提高围岩黏结力和内摩擦角，提高围岩的整体承载能力，使作用在锚索上的荷载降低；注浆加固圈能为锚索提供稳定的着力基础，显著提高锚固力和锚固效果，使锚索对松碎岩层的锚固作用得以发挥，从而能明显地改善破碎围岩稳定性，有效控制围岩变形，防止围岩破坏；锚索采用压力注浆，排除了钻孔内残留的空气，使钢绞线不至于锈蚀。

3）钢筋混凝土外墙加固

原支护结构为 500mm 厚的 C30 混凝土，配单排直径为 $\phi20mm@300mm×300mm$ 的钢筋网，截面配筋率为 0.19%，小于最小配筋率 0.4% 的要求，因此，加固时加厚混凝土井壁，在原井壁外侧浇筑 200mm 厚混凝土，强度等级为 C35，并配置 $\phi20mm@200mm×200mm$ 的双层钢筋网，钢筋网采用植筋的方式与原结构连接，植筋为 $\phi16mm$，钢筋植入原井壁为 15d，如图 16-30 所示，以增加新增混凝土与原结构的拉结。同时在侧墙拐角处设置斜向拉筋，以减轻角部的应力集中，提高角部的抗剪切承载力。

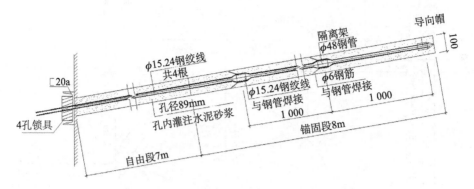

图 16-29 大孔径全长注浆锚索结构示意图

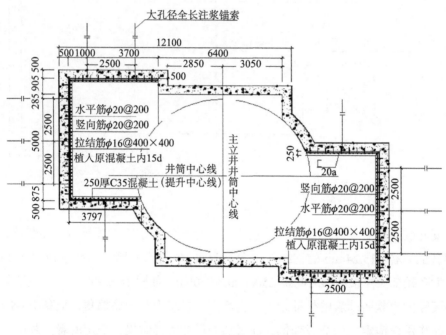

图 16-30 硐室直墙部位加固图

3. 硐室收敛及注浆锚索监测

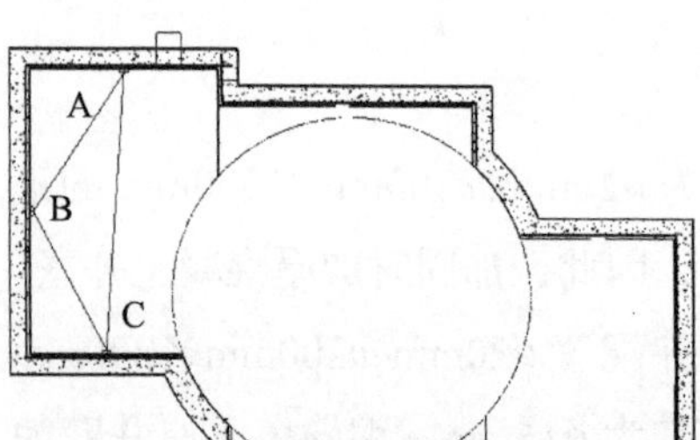

为评价硐室加固后的效果，在较薄弱的硐室区域安设表面位移监测点监测硐室相对位移量，如图 16-31 所示，监测周期为加固后的 5 个月。在井壁中部钻 28mm、深 400mm 的孔，将 25mm、长 400mm 的钢筋植入井壁，钢筋端部安设弯形测钉，用收敛计分别测量 AB、AC、BC 等测点连线的距离，以此绘出各连线的位移曲线以直观表示硐室表面相对位移情况，如图 16-32 所示。

图 16-31 硐室测点布置图

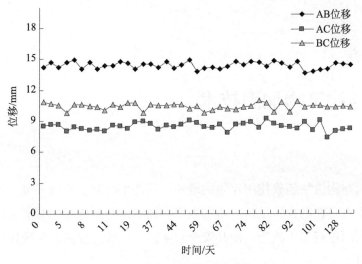

图 16-32　表面位移曲线

从位移曲线图可以看出，加固后 5 个月内，AB、AC、BC 连线位移均基本保持稳定，各连线监测的最大相对位移分别为 1.28mm、1.86mm、1.2mm，抛开测量过程中的误差，可以认为相对位移接近于 0mm。由此可以看出，加固后硐室表面基本保持稳定，有效地维持了箕斗装载硐室的稳定。采用 MC-60 型锚索测力计对四个水平 B 点锚索受力进行监测，经过近 6 个月的监测，大孔径全长注浆锚索最小受力为 76.9kN，最大受力为 131.7kN，锚索受力趋于稳定，硐室支护结构受力达到平衡。

麻家梁装载硐室加固外包混凝土结构提高了原混凝土井壁的强度，锚索支护对混凝土支护体起到减跨作用，也提高了围岩的黏聚力和内摩擦角，为围岩提供了较大的反作用力，减小了应力集中区向内转移导致的围岩损伤和软化范围，抑制了围岩过大的变形。使得支护结构受力得到较为明显的改善，进入稳定状态，保证矿井提煤作业的安全。

（本章主要执笔人：杨春满，程子厚，王苏龙，郭鹏）

第 17 章
建筑物与构筑物加固技术

一些建筑物与构筑物随着使用年限的增加，受使用荷载、自然环境、地质灾害等外界因素影响，加上自身在勘查、设计、施工中存在缺陷，产生破坏并有安全隐患。针对建筑物与构筑物的问题进行加固改造，使其安全、牢固，耐久性提高，对确保或提高其服务年限具有重要作用。

本章主要阐述建井分院开发的建（构）筑物加固材料，以及立井混凝土井壁破损、洗煤厂煤仓、栈桥结构的加固技术。

17.1 加固材料

根据建筑物与构筑物加固的需要，建井分院开发了多种加固、修复材料。本节主要介绍系列结构胶、高强度抗磨料、修补砂浆、高强灌浆料、高铁道砟胶等加固材料。

17.1.1 系列结构胶

建井分院开发的建筑物与构筑物加固系列结构胶，主要有 JCT-1 型植筋胶、JCT-2B 型粘钢胶与 JCT-2G 型灌钢胶、JCT-6 型碳纤维浸润胶、JCT-8 型建筑灌缝胶等。

1. JCT-1 型植筋胶

JCT-1 型植筋胶是根据《工程结构加固材料安全性鉴定技术规范》（GB 50728—2011）的要求研制，用于建筑物加固植筋，括胶体主要性能、黏结能力、热变形温度和不挥发物含量，满足 GB 50728—2011 中 I 类胶 A 级的指标要求，JCT-1 型植筋胶的性能见表 17-1。采用 JCT-1 型植筋胶将钢筋锚固于 1800mm×1800mm×300mm 混凝土试件上，锚固时间 3 天，在钢筋根部与钢板满焊焊接，冷却后进行拉拔试验，试验结果见表 17-2，可以看出，焊接对 JCT-1 型植筋胶锚固强度没有影响。

表 17-1　JCT-1 型植筋胶的基本性能

检测条件	温度：（23±2）℃；湿度：（50±5）%	检测结果
	检验项目	
胶体性能	劈裂抗拉强度 /MPa	14.0
	抗弯强度 /MPa	58.9
	抗压强度 /MPa	80.3

检测条件	温度：（23±2）℃；湿度：（50±5）%			检测结果
	检验项目			
黏结能力	钢对钢拉伸抗剪强度 /MPa	标准值	（23±2）℃	15.7
		平均值	（60±2）℃，10min	16.4
			（−25±2）℃，30min	14.4
	约束拉拔条件下带肋钢筋（完全螺杆）与混凝土黏结强度 /MPa		C30 φ25 l=150mm	13.3
			C60 φ25 l=125mm	19.8
	钢对钢 T 冲击剥离长度 /mm			0（无开裂）
	热变形温度 /℃ （使用 0.45MPa 弯曲应力的 B 法）			66.0
	不挥发物含量 /%			99.3

表 17-2　JCT-1 型植筋胶锚固钢筋焊接后拉拔性能

试件编号	直径 /mm	荷载特征值 /kN	锚固端状态	实际拉拔力 /kN	锚固端破坏状态
1	16	67.3	未见异常	119.8	钢筋拉断
2	16	67.3	未见异常	120.5	钢筋拉断
3	16	67.3	未见异常	118.7	钢筋拉断

2. JCT-2B 型粘钢胶和 JCT-2G 型灌钢胶

施工工艺的不同，结构粘钢加固用胶分为粘钢胶和灌钢胶两种。把胶直接涂布到钢板上，再把整体粘贴到混凝土结构上，达到加固混凝土强度的胶，称为粘钢胶；先把钢板固定在混凝土上，钢板边缘用特殊材料封闭，将胶通过压力罐注入到钢板和混凝土中间缝隙，使钢板粘贴到混凝土上，达到加固效果的胶，称为灌钢胶。粘钢胶和灌钢胶除了施工性能要求不同外，其他性能要求基本一致。为此，研制了适合不同工艺的 JCT-2B 型粘钢胶和 JCT-2G 型灌钢胶，基本性能进行了检测，基本性能包括胶体性能、黏结能力和不挥发物含量，经满足 GB 50728—2011 中 I 类胶 A 级的指标要求。JCT-2B 型粘钢胶基本性能如表 17-3 所示。JCT-2G 型灌钢胶基本性能如表 17-4 所示。

表 17-3　JCT-2B 型粘钢胶基本性能

性能项目		指标
胶体性能	抗拉强度 /MPa	37.3
	受拉弹性模量 /MPa	3232
	伸长率 /%	1.23
	抗弯强度 /MPa	47.6
	抗压强度 /MPa	75.3
黏结能力	钢对钢拉伸抗剪强度标准值 /MPa	18.6
	钢对钢对接黏结抗拉强度 /MPa	36.3
	钢对 C45 混凝土正拉黏结强度 /MPa	2.93
	不挥发物含量 /%	99.5
	总挥发性有机物 /（g/L）	3.8

表 17-4 JCT-2G 型灌钢胶基本性能

	性能项目	指标
胶体性能	抗拉强度 /MPa	36.1
	受拉弹性模量 /MPa	2615
	伸长率 /%	1.28
	抗弯强度 /MPa	48.5
	抗压强度 /MPa	69.9
黏结能力	钢对钢拉伸抗剪强度标准值 /MPa	17.2
	钢对钢对接黏结抗拉强度 /MPa	34.7
	钢对 C45 混凝土正拉黏结强度 /MPa	3.21
	不挥发物含量 /%	99.2
	总挥发性有机物 /（g/L）	16.1

JCT-2B 型粘钢胶和 JCT-2G 型灌钢胶的固化受温度影响较大，温度高固化快，温度低固化慢。温度变化对 JCT-2B 型粘钢胶和 JCT-2G 型灌钢胶的影响基本相同，温度变化对 JCT-2B 型粘钢胶和 JCT-2G 型灌钢胶的胶凝时间、初步固化时间和完全固化时间的影响参见表 17-5。

表 17-5 温度对胶固化时间的影响

温度 /℃	25～30	20～25	15～20	10～15
胶凝时间 /h	1～2	3～4	7～10	大于 24
初步固化时间 /h	大于 48	大于 72	大于 120	大于 7
完全固化时间 /d	大于 5	大于 7	大于 10	大于 15

JCT-2B 型粘钢胶和 JCT-2G 型灌钢胶，强度高，黏结力强，耐老化，弹性模量高，线膨胀系数小，具有一定的弹性，胶本身强度及其黏结强度大于混凝土的强度，适用于钢板、角钢及金属型材与混凝土、岩石等基材的黏结，用于建筑物梁、柱、楼板、新开门洞等结构加固改造施工。

3. JCT-6 型碳纤维浸润胶

碳纤维片材加固混凝土结构技术有许多突出特点，例如强度高、质量轻、施工方便、碳纤维布形状可自由裁剪、容易设计等，因此该项技术被引进我国虽然只有短短十几年时间，就已在混凝土结构加固改造领域得到广泛应用。

碳纤维加固施工中，碳纤维浸润胶（又称粘贴胶）不仅要求有很好的强度和黏接性能，其施工性能也直接影响加固效果。碳纤维加固用浸润胶的施工性能可用黏度和触变指数这 2 个流变参数来衡量，若黏度太低，触变性差，则在进行垂直面、仰面施工涂刷时胶液容易流淌，造成缺胶；而黏度过高则容易引起气泡且不易浸润碳纤维片材。因此，"碳纤维片材加固混凝土结构技术规程""碳纤维片材加固修复结构用黏结树脂"规定：混合后初黏度 4000～20000MPa·s，触变指数 TI≥1.7。JCT-6 型碳纤维浸润胶主要原料包括环氧树脂、改性胺类固化剂、气相二氧化硅、偶联剂、环氧树脂稀释剂、消泡剂、填料等。JCT-6 型碳纤维浸润胶力学性能如表 17-6 所示。

表 17-6　JCT-6 型碳纤维浸润胶力学性能

性能项目		性能要求	试验方法标准
钢 - 钢拉伸抗剪强度标准值 /MPa		16.6	GB/T 7124
胶体性能	抗拉强度 /MPa	45.6	GB/T 2568
	受拉弹性模量 /MPa	2544.8	GB/T 2568
	伸长率 /%	1.73	GB/T 2568
	抗压强度 /MPa	79	GB/T 2569
	抗弯强度 /MPa	63，且不呈脆性（碎裂状）破坏	GB/T 2570
钢对 C45 混凝土正拉黏结强度 /MPa		2.99	GB 50728-2011
不挥发物含量（固体含量）/%		99.3	GB/T 14683

JCT-6 型碳纤维浸润胶强度高，能达到 70MPa，配合碳纤维材料大量用于建筑物、桥梁、市政、地铁等领域的建筑结构补强加固。由于其具有高强度、重量轻、可缠绕、耐久性及优良的施工性能，在桥墩、楼板、梁柱及烟囱等加固方面使用效果良好。对用 JCT-6 型碳纤维浸润胶粘贴碳纤维布加固构件进行正拉黏结强度检测，照片如图 17-1 所示。从图 17-1 可以看出，对施工现场粘贴的碳纤维布进行正拉黏结强度检测，黏结强度达到 3.5MPa，且破坏面都是混凝土基层破坏，可见，JCT-6 型碳纤维浸润胶粘贴碳纤维布加固混凝土结构，强度远大于原基层混凝土的强度，达到了加固补强的效果。

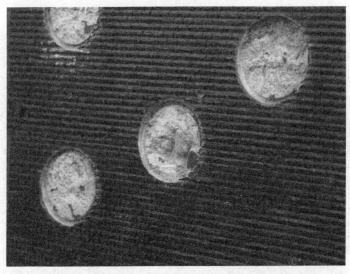

图 17-1　JCT-6 型碳纤维浸润胶补强加固面现场检测

4. JCT-8 型建筑灌缝胶

在建筑工程中，混凝土结构由于施工的原因，或温度变化、干燥收缩及外力作用等，往往会产生不同程度的裂缝。对于影响混凝土结构正常使用的裂缝必须及时进行修补，否则，轻者会减少结构的使用寿命，重者则危及结构的安全。JCT-8 型建筑灌缝胶，以环氧树脂为基材，具有黏合力高、收缩性小、稳定性好、硬化后机械性能高等优点，混凝土为多孔性材料，孔隙的分布和形状无规律，其断裂面比较粗糙；环氧树脂与固化剂等其他组分配合好的胶液具有良好的湿润性和渗透性，能较好的吸附、渗透并扩散到混凝土的微孔隙中，把断裂开的混凝土黏合在一起，达到修复补强的目的。JCT-8 型建筑灌缝胶由环氧树脂、固化剂、稀释剂、增韧剂及偶联剂等组成，分 A、B 两组分，可随时配用。用灌缝胶修补混凝土建筑物裂缝，恢复其整体性，灌缝胶的黏度、黏结强度及抗压强度等指标直接影响补强后整体结构强度。JCT-8 型建筑灌缝胶力学性能如表 17-7 所示。JCT-8 型建筑灌缝胶现场灌注固化取芯如图 17-2 及图 17-3 所示。

表 17-7 JCT-8 型建筑灌缝胶力学性能

	性能项目	力学性能	试验方法标准
胶体性能	钢－钢拉伸抗剪强度标准值 /MPa	15.4	GB/T 7124
	抗拉强度 /MPa	34.6	GB/T 2568
	受拉弹性模量 /MPa	2019	GB/T 2568
	抗压强度 /MPa	57.6	GB/T 2569
	抗弯强度 /MPa	43.0 且不呈脆性（碎裂状）破坏	GB/T 2570
不挥发物含量（固体含量）/%		≥99	GB/T 14683
可灌注性		在产品使用说明书规定的压力下能注入宽度为 0.1mm 的裂缝	现场试灌注固化后取芯样检查

图 17-2 芯样侧面裂缝充满胶体

图 17-3　芯样断面裂缝充满胶体

JCT-8 型建筑灌缝胶力学性能看，其强度不小于基材 C50 混凝土的强度，其黏度适合灌注微细裂缝，用注胶泵在压力下能注入 0.1mm 的裂缝，现场灌注固化后取芯样检查，注入深度达到 1.2m 以上，表明裂缝已经充满胶体，裂开的两部分完全被胶体粘贴，混凝土内部原来的气孔、孔洞也已充满胶体，胶体固化后形成晶体状颗粒，完全达到了对混凝土细微裂缝加固补强的要求。

17.1.2　高强抗磨料

煤炭、电力等行业的混凝土储煤仓、卸煤槽的内部，尤其是漏斗、斜面位置在卸煤时会受到煤炭不断的冲击、磨损，混凝土表面不断承受压应力和拉应力的循环作用和冲击，这种周期性扰动引发微细裂纹等混凝土原生缺陷，最终引起混凝土表层的局部断裂和细骨料的脱落，进而导致混凝土保护层的破坏，露出的钢筋失去保护层容易锈蚀，钢筋的腐蚀会加剧混凝土的破坏，进而会影响筒仓结构的安全，严重情况会导致筒仓报废，造成巨大损失。筒仓内部破坏后的修补难度大、费用高，且耽误生产。

基础混凝土的磨损是一个复杂的物理力学过程，除与材料本身的性能有关外，还与实际的工况条件密切相关。根据受力方式的不同，混凝土的磨损主要有磨粒磨损和疲劳磨损两种。当混凝土表面上有坚硬颗粒相对移动时，产生剪切与犁削作用导致磨粒磨损；而疲劳磨损则指由于接触应力的移动和反复作用，混凝土表面不断承受着压应力和拉应力的循环作用，形成表面混凝土的周期性扰动，微裂缝等原生缺陷则成为磨损时循环扰动力的疲劳裂纹引发源，最终引起表层的局部断裂和细骨料的脱落。

为解决由于冲击、磨损造成混凝土筒仓过早破坏的问题，在新建筒仓、卸煤槽内衬设计时都要考虑设立专门的抗磨层。目前，国内采用的抗磨层主要分为有机类和无机类。有机类抗磨层主要是聚乙烯高分子板，无机类抗磨层包括传统的铁屑砂浆、铸石板和压延微晶板。其中，聚乙烯高分子板的摩擦系数小，但耐磨性、阻燃性较差；铁屑砂浆造价低，但强度低、易脱落；铸石板耐磨性不错，但抗冲击性差，易碎脱落；压延微晶板的抗冲击性和耐磨性都不错，但造价太高，经济性太差。以上几种材料作为煤仓专用抗磨层都不是十分理想。因此，需要研制了适用于储煤筒仓内衬抗磨层的高强抗磨料。

JCT-551 高强抗磨料是新型粉状无机复合耐磨材料。它是由水泥、矿物质掺和料、骨料以及必要的化学添加剂配制而成的具有合理级配的特种干混料。它在施工现场只需加入一定的水，搅拌均匀即可投入使用。具有耐磨损失量小、抗冲击能力好、抗压强度高、施工便捷、容易修补等特点。JCT-551 高强抗磨料抗折强度随时间的变化如图 17-4 所示，抗压强度随时间的变化如图 17-5 所示。JCT-551 高强抗磨料抗冲击强度随时间的变化如图 17-6 所示，抗磨料性能指标见表 17-8。

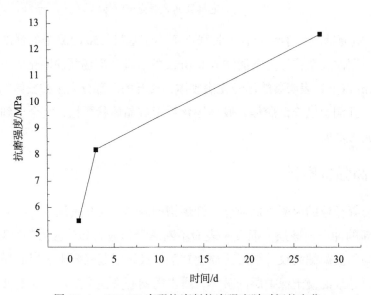

图 17-4　JCT-551 高强抗磨料抗磨强度随时间的变化

17.1.3　修补砂浆

桥梁房屋建筑和构件在使用过程中受到腐蚀而产生破损的现象已经是屡见不鲜，许多在潮湿环境或者工业条件下的混凝土也会出现受腐蚀而破坏的现象。在有色冶金、化学、造纸等工业领域中，20%～70% 的混凝土建筑物受到各种腐蚀性介质的作用而引起结构材料腐蚀。这种腐蚀而引起的重建是耗资巨大的，不但要耗用大量的资金，而且还将因建筑的停用造成生产或生活方面的巨大损失。因此，对混凝土修补及修补技术已越来越引起人们的重视和关注。

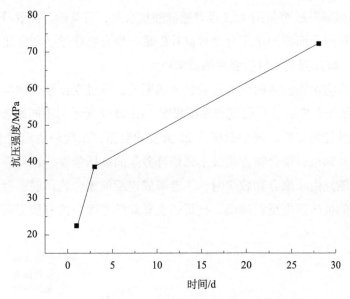

图 17-5　JCT-551 高强抗磨料抗压强度随时间的变化

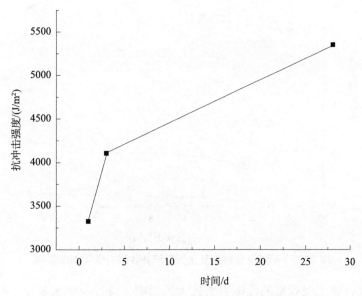

图 17-6　JCT-551 高强抗磨料抗冲击强度随时间的变化

表 17-8　JCT-551 高强抗磨料性能指标

项目	龄期 /d	性能指标
抗压强度 /MPa	28	72.3
抗折强度 /MPa	28	12.1
抗冲击强度 / (J/m²)	28	5236
与混凝土正拉黏结强度 /MPa	28	3.2 且为混凝土内聚破坏
耐磨损失量 / (kg/m²)	28	0.67

JCT-WX1 高强修补砂浆是用 42.5 号普通硅酸盐水泥、石英砂、高效减水剂、增稠保水剂、聚合物等材料混合而成的单组分特种修补砂浆。聚合物掺量、灰砂比、水灰比等对修补砂浆黏结强度、抗压强度及抗折强度的影响较大。

聚灰比对聚合物水泥砂浆的性能有着较大的影响，通过变化聚合物参量比例，检测制成的修补砂浆的抗压强度、抗折强度和黏结强度。图 17-7 所示为不同聚合物参量比例对修补砂浆三种力学性能的影响。图中数据为 28 天实验数据，试验环境温度（20±2）℃，标准养护。通过研究知道，聚合物含量过小则修补砂浆的抗压强度、抗折强度和黏结强度性能都不高，这可能是由于聚合物较少时，不能形成连续的聚合物薄膜；但当聚合物含量过高时，修补砂浆的抗压强度反而降低，抗折强度和黏结强度虽然有所提高，但产品的价格明显增加。

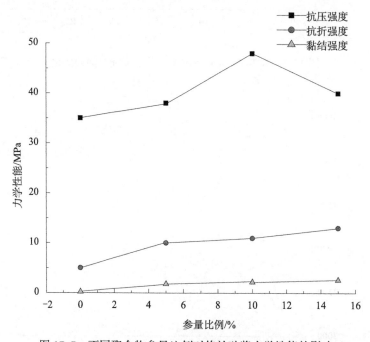

图 17-7　不同聚合物参量比例对修补砂浆力学性能的影响

水灰比对聚合物水泥砂浆的性能有着较大的影响，通过变化水灰比，检测制成的修补砂浆的抗压强度、抗折强度和黏结强度。图 17-8 所示为不同水灰比对修补砂浆三种力学性能的影响。图中数据为 28d 实验数据，试验环境温度（20±2）℃，标准养护。

在聚合物改性修补砂浆的施工过程中，如果水灰比过大，则水泥浆体周围包裹了一层有机膜，阻止了多余水分的泌出及蒸发，多余的水将被包裹在胶结料的孔隙中，既阻止了聚合物的形成，又降低了胶结料的强度，同时也使胶结料的抗冻融、抗渗和耐腐蚀性能降低。所以，在聚合物改性修补砂浆中水灰比必须稍小于临界水灰比。但是如水灰比过小，水泥则不能充分完成水化反应，水泥的无机胶结作用将降低，势必增大聚合物的用量，从而增大改性胶结料的费用，带来应用上的局限性。

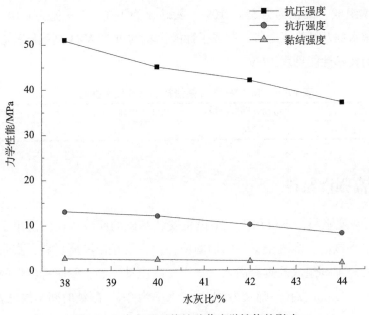

图 17-8 水灰比对修补砂浆力学性能的影响

灰砂比对聚合物水泥砂浆的性能有着较大的影响，通过变化灰砂比，检测制成的修补砂浆的抗压强度、抗折强度和黏结强度。图 17-9 所示为不同灰砂比对修补砂浆三种力学性能的影响。图中数据为 28d 实验数据，试验环境温度（20±2）℃，标准养护。从图中看出，随着灰砂比的减小，聚合物修补砂浆的抗压强度和抗折强度先增大，而后又下降；黏结强度则一直呈下降趋势。

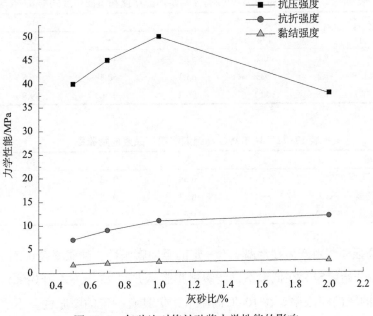

图 17-9 灰砂比对修补砂浆力学性能的影响

砂浆的基本组成，聚合物为 5%～10%，灰砂比为 1∶1，水灰比为 0.19～0.21，在此基础上加入高效减水剂及纤维素醚等，制成了性能优良的 JCT-WX1 高强修补砂浆。JCT-WX1 高强修补砂浆的技术性能见表 17-9。

表 17-9　JCT-WX1 高强修补砂浆的技术性能

稠度 /mm	容重 /（t/m³）	28d 抗压强度 /MPa	28d 抗折强度 /MPa	28d 正拉黏结强度 /MPa
≥75	2.2	≥40	≥10	≥2.5

17.1.4　高强灌浆料

JCT-WG 高强灌浆料，不仅用于大型设备安装基础的灌浆，还广泛用于地铁、隧道等地下工程施工缝的嵌固，混凝土梁柱的加固修补，主要是由胶凝材料、膨胀材料、高强多级配骨料和多种外加剂组成的具有高强、早强、高流动度和微膨胀等特性的复合材料。灌浆料的粒径采用 4.75mm 方孔筛筛余为 0%，泌水率为 0%，凝结时间结果见表 17-10，流动度和抗压强度影响见表 17-11。常温膨胀性、低温膨胀性和高温膨胀性三个状态来讨论，见表 17-12。

表 17-10　JCT-WG 高强灌浆料产品的凝结时间

流动度 /mm	泌水率 /%	凝结时间 /h	
		初凝	终凝
278	0	4.8	6.8

表 17-11　用水量对 JCT-WG 高强灌浆料流动度和抗压强度的影响

性能加水量 /%		11	12	13	14	15
流动度 /mm		176	231	261	285	308
抗压强度 /MPa	R1	60.2	50.4	44.6	38.5	34.8
	R2	71.3	65.3	60.3	56.5	46.3
	R3	100.1	96.2	91.6	79.8	69.9

表 17-12　JCT-WG 高强灌浆料产品竖向膨胀率

龄期 /d		1	3	7	14	28
竖向膨胀率 /%	常温（20℃）	0.18	0.34	0.42	0.46	0.46
	低温（-5℃）	—	0.13	0.22	0.35	0.45
	高温（100℃）	—	—	—	—	0.08

JCT-WG 高强灌浆料产品在常温下有一定的竖向膨胀性，膨胀率在 0.1%～0.5% 范围内，并在 14 天左右开始稳定。在低温下仍能缓慢膨胀，并在 28 天左右开始稳定，并基本达到在常温状态下的竖向膨胀率。在 100℃ 高温下，仍具有一定的膨胀性，不会因高温失水而产生收缩，从而影响其对螺栓与螺栓孔壁，设备与基础之间的紧密结合。JCT-WG 高强灌

浆料产品性能见表 17-13，具有流动性、微膨胀性好，早强、高强，抗水渗透性、低温性、抗冻融性、耐疲劳性好，不泌水、对钢筋不锈蚀等特点。

表 17-13　JCT-WG 高强灌浆料产品性能表

项目		技术指标
4.75 mm 方孔筛筛余 /%		0
初凝结时间 /min		288
泌水率 /%		0
流动度 /mm	初始流动度	268
	30 min 流动度保留值	236
抗压强度 /MPa	1d	43.49
	3d	59.22
	28d	90.83
竖向膨胀率 /%	1d	0.18
钢筋握裹强度 /MPa	28d	6.2
对钢筋锈蚀作用		对钢筋无锈蚀
抗压弹性模量 /MPa		29800
抗水渗透性能 /MPa		1.5
冻融性能	抗压强度的损失率 /%	2.03
疲劳性能	200 万次后的抗压强度 /MPa	78.3

17.1.5　高铁道砟胶

2008 年我国第一条高速铁路京津城际铁路开通以来，截至 2015 年底，我国高速铁路运营里程达到 1.9 万公里，居于世界第一。预计到 2020 年，我国"四纵四横"铁路快速客运通道以及三个城际快速客运系统将全面建成，我国将完全进入高铁时代。无砟轨道与有砟轨道上部结构的刚度存在相当大的差异，刚度的变换必须借助一个过渡段均匀完成，以避免影响行车舒适度和增加保养及维护的费用。国内外高速铁路过渡段的结构设计主要采取在无砟轨道与有砟轨道之间通过黏结道砟的方式加固过渡段。道砟胶就是用于黏结高速铁路道砟的专用胶黏剂。JCT-19 型高铁道砟胶，采用多元醇、二邻氯二苯胺甲烷、二苯甲烷—4，4′—二异氰酸酯、硅微粉等材料经过特殊工艺制成，物理性能见表 17-14，力学性能如表 17-15，有害物质限量型式检验结果汇总见表 17-16，对小鼠急性经口毒性试验结果见表 17-17。

表 17-14　道砟胶物理性能

检验项目	检验结果
密度 / (g/cm^2)	1.13
黏度 / (MPa·s)	约 200±50
混合比例（体积比）	1:1
最低使用温度 /℃	6

表 17-15　道砟胶力学性能

检验项目		检验结果
抗压强度 /MPa	龄期 1d	78.6
	龄期 3d	88.6
	龄期 7d	93.8
抗折强度 /MPa	龄期 1d	14.0
	龄期 3d	14.0
	龄期 7d	14.0
邵氏 D 硬度 HD		约 90

表 17-16　道砟胶力学有害物质限量

检测项目	技术指标	检测结果	单项判定
苯 /（g/kg）	≤5	0.2	合格
甲苯＋二甲苯 /（g/kg）	≤200	未检出	合格
总挥发性有机物 /（g/L）	≤750	5	合格

表 17-17　道砟胶对小鼠急性经口毒性试验型式检验数据

性别	剂量分组 /（mg/kg）	动物数 / 只	体重 /g			死亡动物数 / 只	死亡率 /%
			开始	一周	二周		
雌性	5000	10	19.4±0.6	27.8±1.0	30.2±1.8	0	0
雄性	5000	10	19.4±0.6	31.5±1.3	35.9±1.4	0	0
结论	受试物对雌、雄小白鼠经口 LD50 均大于 5000 mg/kg 体重，属于实际无毒级						

空气湿度对 JCT-19 型高铁道砟胶力学性能有一定影响。由于普通聚氨酯合成反应生成脲键和二氧化碳，因此空气中的水分会影响道砟胶的固化效果，从而影响道砟胶的力学性能。而多元醇又具有亲水性，因此空气湿度大时甚至会大幅度降低聚氨酯材料的力学性能。合成 JCT-19 高铁道砟胶时进行了改性，使异氰酸根基本上不与水反应，固化时材料不产生泡沫。从表 17-18 中可以分析出，空气湿度从 50% 增加到 80%，道砟胶的力学性能基本不变。JCT-19 高铁道砟胶在高湿度环境下施工时力学性能不会降低。温度对 JCT-19 型高铁道砟胶固化时间有一定影响，见表 17-19。由于铁路施工时间紧，而且还有许多施工工作同时进行，要求道砟胶材料在较短的时间内完成固化。从表 17-19 可以看出，随着温度的降低，道砟胶固化时间也相对延长。JCT-19 型高铁道砟胶已经在国内多条高铁线路上使用，性能优良。JCT-19 型高铁道砟胶施工现场及黏结后到道砟的照片如图 17-10 和图 17-11 所示。

表 17-18　空气湿度对道砟胶力学性能的影响

空气湿度 /%	抗压强度 /MPa	断裂伸长率 /%	附着力 /MPa
50	88.6	13.8	4.40
70	87.0	13.3	4.28
80	86.6	13.7	4.15

表 17-19　温度对道砟胶固化时间的影响

固化温度 /℃	固化时间 /h
≥25	≤0.5
15	≤4.0
5~10	≤8.0

图 17-10　JCT-19 高铁道砟胶施工

图 17-11　JCT-19 高铁道砟胶黏结后的道砟

17.2　立井混凝土井壁破损加固技术

有的矿井投产不久，便出现立井井壁裂缝、渗漏水、局部混凝土脱落等问题。本节介绍建井分院的立井混凝土井壁喷射加固技术。

17.2.1　井壁加固技术原理

采用化学注浆方法在井壁渗漏水位置进行压注处理，封堵出水点、降低出水量，为下步加固处理创造条件。对于井壁混凝土出现的裂缝，使用泵注方式将环氧灌缝胶压入裂缝中，起到黏结和充填作用。对于混凝土井壁存在缺陷的部位，采用挖补方法补强。最后在井壁内表面修补的位置粘贴碳纤维布进行井壁加固补强，提高井筒的径向承压能力。井壁加固施工顺序见图 17-12 所示。

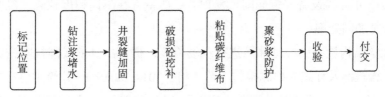

图 17-12　井壁加固施工顺序

17.2.2 井壁加固技术特点

井壁破损加固技术是一种综合工法，采用了新型的施工工艺和加固材料。针对井壁渗漏水处理，使用 JCT-521 煤矿注浆堵水加固材料，其对裂隙的渗透能力极强，遇水可快速反应，固结物具有一定的强度和韧性，封堵明水效果显著。井壁混凝土裂缝加固，使用了便携式高压泵灌注 JCT-8 型环氧胶，可注入裂缝宽度大于 0.005mm 以上的裂隙，胶体固结后抗压强度可达 60MPa，且不收缩。井壁挖补采用 JCT-WG 混凝土高强灌浆料，其 24h 强度可达 25MPa，28 天强度达 65MPa，因其具有自流动、自密实的特点，灌注时无需振捣，极其适合狭小作业空间使用。碳纤维布是近年来用于结构加固的新材料，其抗拉强度是钢材的 10 倍，施工方便并且不改变加固面结构尺寸。碳纤维布表面刮抹 JCT-WX 聚合物防水砂浆，可实现碳布的保护及防止井壁混凝土渗水的双重作用。

本工法所用施工设备简单轻便，便于操作人员携带，适合在井筒内狭小空间作业。加固作业用时少，较传统井壁加固方法（架设钢结构井圈、喷射混凝土）可节省 60% 的工期。加固范围精准，针对性强，综合造价低。

17.2.3 适用条件

本加固技术适用于由于井筒建设过程中，因施工质量不合格所造成的井壁结构缺陷。对于井筒受到采动应力影响、附加应力影响产生的破坏时，还应与其他的加固方法一同使用。

17.2.4 工程实例

国投哈密能源有限公司国投哈密一矿回风立井设计净直径 7.0m，井筒全深 296.0m，共设四个回风水平，分别为绝对标高＋400.0（垂深 146.0m）、绝对标高＋350.0（垂深 196.0m）、绝对标高＋310.0（垂深 236.0m）、绝对标高＋250.0（垂深 296.0m）。防爆门基础顶板到垂深 9.0m 为壁厚 800mm 单层钢筋混凝土井壁，垂深 9.0m 到垂深 50.0m 为壁厚 500mm 单层钢筋混凝土井壁，其余部分除回风水平与井筒连接处上、下 3.5m 段为单层钢筋混凝土井壁外，均为单层素混凝土井壁。混凝土设计强度等级均为 C35。井筒内装备有一个全玻璃钢密闭式梯子间及二趟管路。风井井筒于 2011 年 11 月正式开挖，2012 年 6 月施工完成。2013 年井筒设备安装期间，发现井壁质量存在不同程度缺陷，经全面检查后决定进行局部修复加固处理。

经清华大学结构检测中心对井筒进行现场检测，据其出具的《国投哈密大南湖一矿项目风井筒壁工程检测及评定》检测报告（清（检）2014-02-08），井筒主要存在井壁接茬缝局部宽度大于 30mm，上下模接茬混凝土表面不平整度超过 10mm，且存在红砖填充或空洞现象；井壁局部混凝土中夹杂黄土，范围大于 0.5m²，使井壁有效厚度减小 100mm 以上；

井壁局部存在蜂窝麻面现象，范围大于 0.5m²；井壁表面，特别是接茬处存在局部漏水现象；＋400.0m 处马头门结构混凝土局部破损；井壁混凝土局部强度、厚度不满足设计要求。依据检测报告、建井施工图及现场实际情况，采取多种加固措施，历时 95 天完成回风井加固任务，较计划工期提前 25 天，消除了安全生产的隐患。

（1）针对接茬缝处的质量问题，采取浇筑砂浆充填的方法进行修复。先清除接茬缝处的杂物，刷 JCT-552 型混凝土界面剂，然后浇筑 JCT-WG 混凝土高强灌浆料，最后在修复范围内井壁内表面粘贴单层宽度为 300mm 的碳纤维布，碳纤维布规格为 300g/m²，间距 100mm，呈十字交叉布置。

（2）针对井壁夹杂黄土及蜂窝麻面的质量问题，先采用锚杆支护，在夹杂黄土或蜂窝麻面周边 600mm 的范围内打锚杆固定井壁，锚杆间距为 1500mm，规格为 $\phi20mm\times2200mm$ 左旋等强螺纹钢数值锚杆，托盘为钢制蝶形托盘，大小为 150mm×150mm×8mm，锚固剂采用 Z2335 型树脂药卷，锚固力大于 60kN；然后挖除井壁黄土或蜂窝麻面，露出符合强度要求的新鲜混凝土表面，再支模浇筑 JCT-WG 混凝土高强灌浆料，最后在修复范围内表面粘贴单层宽度为 300mm 的碳纤维布，碳纤维布规格为 300g/m²，间距 100mm，呈十字交叉布置。井壁破损情况见图 17-13、井壁粘贴碳纤维布加固如图 17-14 所示。

图 17-13　井壁破损

图 17-14　井壁粘贴碳纤维布加固

（3）针对井壁漏水的质量问题，采用注浆的方式封堵，注浆材料为水溶性聚氨酯，注浆钻孔孔径为 14mm，深度为 150～300mm，埋设 ϕ14mm 的注浆管和注浆阀门，注浆压力不大于 1.2 倍的静水压力。井壁渗水情况及注浆处理后的效果如图 17-15 和图 17-16 所示。

图 17-15　井壁渗水

图 17-16　注浆堵水效果

（4）针对马头门结构混凝土破损的质量问题，先采用锚杆支护，锚杆共计 7 根，规格为 ϕ20mm×2200mm 左旋等强螺纹钢数值锚杆，托盘为钢制蝶形托盘，大小为 150mm×150mm×8mm，锚固剂采用 Z2335 型树脂药卷，锚固力大于 60kN；然后凿除破损的混凝土，钢筋按原设计要求进行恢复，如无法回复则采用植筋的方法，最后浇筑 JCT-WG 混凝土高强灌浆料，强度为 C45。

（5）针对井壁混凝土强度或厚度不符合设计要求的问题，采用粘贴碳纤维布加固，碳纤维布规格为 300g/m^2，宽 300mm，间距 100mm，呈十字交叉布置，如强度及厚度均不符合设计要求，则采用与第（2）条相同的加固措施。

17.3　洗煤厂煤仓加固技术

煤仓大多为圆形钢筋混凝土筒仓结构，常见破损现象是仓壁出现混凝土裂缝、渗漏水、仓壁混凝土局部脱落、钢筋外露锈蚀、仓体开列变形等，作为洗选煤生产流程的一个环节，煤仓一旦破损将直接影响生产。本节介绍建井分院的洗煤厂煤仓加固技术。

17.3.1　煤仓加固技术原理

煤仓破坏通常是发生在筒仓壁处，故根本解决方法是对筒体混凝土仓壁加固补强。通过在筒仓外壁加设钢板带并施加预应力可以有效地改善筒体的受力状态，提高承载能力。在筒体内壁增设钢筋网及抗磨料形成仓壁叠合层，即可提高物料对混凝土壁的抗磨损能力，又可提高筒体整体结构的强度。煤仓加固原理示意图如图 17-17 和图 17-18 所示。

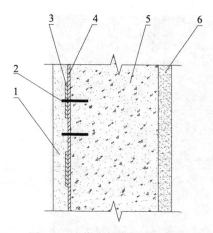

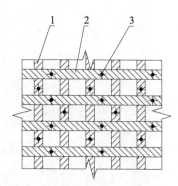

图 17-17 煤仓加固原理示意图
1. 水泥砂浆防护层；2. 化学锚栓；3. 水平环向钢板；
4. 竖向钢板；5. 混凝土仓壁；6. 仓内壁防水抗磨料

图 17-18 煤仓预应力钢板示意图
1. 竖向钢板；2. 水平环向钢板；3. 化学锚栓

17.3.2 加固技术特点

筒仓内壁进行混凝土表面清理，按设计的钢筋间距布置钢筋网，并采用植筋技术将钢筋网与仓壁进行有效的拉接。使用喷射或刮抹方法将抗磨料黏附于仓内壁混凝土面上，形成叠合层。在仓壁外侧用化学锚栓将钢板带按设计要求锚固于混凝土面，待筒仓外全部钢板带安装完成后，依次施加预应力。最后进行钢板带保护层施工。该工法具有加固原理新颖，施工简单易行，综合造价低，施工周期短等特点。

17.3.3 适用条件

本技术适用于加固混凝土筒仓结构的仓体。当筒仓出现仓壁开裂、外凸等情况时，尤为适用。

17.3.4 工程实例

大唐集团刘园子煤矿距甘肃省庆阳市环县县城 56km，其工业广场内的原煤仓东仓在 2012 年建成。筒仓直径 15m，仓顶标高 20.89m，仓壁混凝土厚度为 250mm，上部为框架结构，建筑物总高为 40.80m。在试运行期间，发现东仓漏斗环梁上方 2m 处仓壁变形且外鼓，仓壁混凝土开裂、疏松脱落。经陕西省建筑工程质量检测中心对原煤仓现场检测，鉴定结果为：原煤仓可靠性等级为四级，即原煤仓主体结构可靠性不符合国家现行标准规范要求，已严重影响整体安全，必须立即采取措施。主要存在的问题包括仓壁变形、外凸；仓壁出现混凝土裂缝。仓内壁局部磨损严重并有水向外渗漏。整体结构不可靠。

加固处理措施：对筒仓变形、外凸区域进行局部拆除，拆除部位的钢筋调整位置和补强，采用高强灌浆料修补；针对混凝土裂缝，使用泵注方式将混凝土灌缝胶压入裂隙中，以起充填黏结作用；仓内壁挂设钢筋网，喷射抗磨料，与仓壁形成叠合层结构，可提高结构强度和抗渗性能；仓壁外侧安装钢板带并施加预应力，对筒仓整体结构加固。历时 120d 完成，完成加固的全部工作，解决了发现的影响安全问题。

17.4　栈桥结构加固技术

栈桥支架作为桥式结构的主要受力结构，由于长期使用、过载使用、自然风化、外因破坏等因素，时常出现混凝土结构柱、框架梁破损，如变形偏移、混凝土剥落、钢筋锈蚀、混凝土裂缝等问题。在不停产的情况下，对支架结构进行加固处理是最合理，又有效的方法。本节介绍建井分院的立井混凝土井壁喷射加固技术。

17.4.1　加固技术原理

对于混凝土框架结构的支架，采用粘钢加固方法，其原理是通过结构胶将钢板粘贴在混凝土构件表面，在受力情况下，钢板与原混凝土构件可共同承担载荷，有效地提高原构件的受弯、偏心受压、受拉的能力。

17.4.2　加固技术特点

不改变原结构的受力体系及作用方式，能有效恢复（提高）破损构件的承载能力，对原结构自重增加量小，无须基础加固。施工工期短、综合造价低。

17.4.3　适用条件

混凝土框架结构的栈桥支架，梁、柱结构件破损、变形，混凝土破损剥落、钢筋锈蚀、破断，或混凝土构件受外力冲击破坏。

17.4.4　工程实例

晋华宫煤矿洗煤厂内 2 号转载点为六支柱框架结构，基础为柱下独立基础，该结构设计于 1988 年，1992 年建成并投入使用。由于该选煤厂储煤仓存煤满后，多余煤从溢煤口溢出，致使大量煤堆积，高度最高达 30m 左右。在长期堆煤侧压及冬季煤冻胀压力作用下，2 号转载点框架结构产生严重倾斜，梁柱构件表面混凝土保护层胀裂、钢筋外露且锈蚀，局部位置出现腐蚀等现象。结构破损情况如图 17-19 所示。

根据太原太工天昊土木工程检测有限公司 2014 年的检测报告，及现场踏勘情况，决定采取以下加固方法：

（1）对所有框架柱采取全包钢加固，采用 12mm 厚 Q235 钢板外包原框架柱，钢板采用 M12 化学锚栓固定，并对框架柱与钢板结合面采用灌钢胶二次灌注，表面采用重介抗蚀

图 17-19　栈桥支架破损现状

剂防腐，使钢板与混凝土形成整体构件，共同受力、变形，利用钢板强度与刚度弥补混凝土强度与刚度的不足，同时对梁柱节点区进行加强处理，以大幅提高框架柱的抗压强度及抵抗水平变形的刚度。

（2）对二、三、四、五层框架梁采用加大截面法加固，原梁截面为 300mm×700mm，截面增大为 450mm×900mm，配筋后采用高强灌浆料浇筑；以提高梁抵抗水平作用力及变形的能力。

（3）对六层及六层以上的框架梁及牛腿梁，采用高强修补料修补破损表面，然后采用粘钢加固，钢板为及环形箍均为 4mm 厚，钢板表面采用重介抗蚀剂防腐。

（本章主要执笔人：王群，景惧斌，刘志生，袁帅，滕德强，张杰）

安许良. 2014. L 形钻孔地面预注浆技术在煤矿井下巷道加固工程中的应用 [J]. 煤矿开采, 19(1): 56-59.

安许良, 袁辉, 高岗荣. 2009. 我国煤矿注浆用止浆塞综述 [C]//2009 年全国矿山建设学术会议文集. 合肥: 合肥工业大学出版社, 13-17.

安许良, 袁辉, 高岗荣, 等. 2011. 水力膨胀式止浆塞止浆压力与膨胀压力关系的试验探讨 [J]. 建井技术, (Z1), 87-90.

安许良, 果鸽, 李生生, 等. 2012. 我国煤矿井筒地面预注浆关键装备发展现状 [J]. 安徽理工大学学报（自然科学版）, 32（增刊）: 11-14.

敖松, 韩圣铭. 2015. 浅覆土管棚冻结的冻胀控制技术研究 [D]. 北京: 煤炭科学研究总院, 107-110.

宾斌, 龚高武. 2011. 无机灌浆材料的现状与发展趋势 [J]. 湖南水利水电, 2(1): 40-43.

陈朝晖, 李方政. 2007. 地铁隧道联络通道冻结帷幕形成分析 [J]. 施工技术, 36(s1): 202-204.

陈浩, 邓忠华, 余红梅. 2004. 热电偶测温系统原理及应用 [J]. 制造业自动化, 26(9): 68-70.

陈红蕾, 高伟, 李宁. 2014. 成型井壁保护措施中温控孔系统设计探讨 [J]. 煤炭工程, 09: 20-22.

陈文豹, 汤志斌, 李功洲. 2005. 陈四楼主、副井深厚冲积层冻结凿井技术 [C]// 煤炭科学研究总院北京建井研究所. 矿井建设现代技术理论与实践. 北京: 煤炭工业出版社.

陈湘生. 1998. 深冻结壁时空设计理论 [J]. 岩土工程学报, 20(5): 13-16.

陈迎军, 席鹏, 欧阳广, 等. 2014. 中深孔爆破技术在小断面超深竖井中的应用 [J]. 爆破, (3): 76-79.

崔兵兵. 2014. 盾构进出洞冻结加固 PVC 冻管受力及导热性能试验研究 [D]. 北京: 煤炭科学研究总院, 15-37.

崔兵兵, 李方政. 2013. 聚氯乙烯盐水冻结管在盾构进洞中的工艺性能分析 [J], 城市轨道交通研究, (2): 116-119.

崔兵兵, 李方政. 2015. 塑料冻结管冻土温度形成规律 [J]. 地下空间与工程学报, 11(5): 1235-1240.

崔广心. 2006. 关于深厚表土中钻井法凿井加大钻井直径的几个问题 [J]. 建井技术, 27(2): 31-33.

崔瞳. 2004. 煤矿粉尘防治技术现状及发展趋势 [J]. 大屯煤炭科技, (4): 40-41.

崔增祁, 李树青. 1996. 岩巷施工技术的回顾与展望 [J]. 建井技术, (5-6): 3-4.

戴良发, 谭杰. 2013. 我国煤矿立井特殊凿井技术的应用与发展 [J]. 煤炭工程, (S2): 9-12.

邓昀, 袁辉, 董新旺, 等. 2013. TD2000/600 型液压顶驱式钻机设计及应用 [J]. 煤炭科学技术, 41(S1): 250-253, 256.

杜嘉鸿，谢量瀛．1996．注浆技术在城镇建设和整治中的应用 [J]．探矿工程，(2)．

杜木民，王建平．2016．事故井冻结壁交圈判定依据分析 [J]．建井技术，37(2): 42-43．

段振西．1974．喷射混凝土支护理论的分析 [J]．煤炭科学技术，(5): 43-48, 42．

段振西．1989．锚喷支护在我国煤矿的应用与发展 [J]．建井技术，(4): 19-22, 63．

段振西．1990．岩石锚固技术在我国煤矿的应用与发展 [J]．煤矿设计，(1): 6-10．

段振西．1994．煤矿锚喷支护技术新发展 [C]// 中国土木工程学会隧道及地下工程学会第八届年会论文集，铁道工程学报专刊，1994：693-699．

樊栓保，吕志强，孙树华．2001．锚索复合支护技术加固大断面硐室的实践 [J]．煤炭科学技术，29(10): 26-27．

范世平，孔广亚．2007．建筑物加固改造技术的发展与应用 [J]．煤炭科学技术，(10): 24-27．

范欣荣，李彦涛，杨春满．2001．振冲注浆技术在地铁旁通道软土加固中的应用 [J]．建井技术，22(2): 34-36．

方禹声，朱吕民．1996．聚氨酯泡沫塑料（第二版）[M]．北京：化学工业出版社，1-3．

冯旭海．2014．深井高压地面预注浆水泥基浆材料改性研究 [J]．煤炭科学技术，(9): 91-94．

冯旭海，高岗荣，徐润．2005．综合注浆技术在刘庄进风井"三同时"建井中的应用 [C]// 全国矿山建设学术会议文集．徐州：中国矿业大学出版社，407-410．

冯志强，康红普．2010．新型聚氨酯堵水注浆材料的研究及应用 [J]．岩土工程学报，32(3): 375-380．

付财．2012．盾构出洞液氮冻结加固技术实践研究 [J]．建井技术，(6): 41-44．

甘文鸿，王新．2000．反井钻机在大朝山电站长尾水隧洞通风竖井中的应用 [J]．云南水力发电，16(3): 53-54．

高岗荣．1996．高压旋喷注浆合理提升和旋转速度的理论分析 [J]．煤炭科学技术，(4): 30-32．

高晓耕．2016．地面注浆法在煤矿采空区治理中的应用研究 [J]．煤炭技术，35(6): 211-212．

郭晖，袁辉，陈慧，等．2014．TD2000/600 钻机在煤层气开发中应用的可行性分析 [J]．煤炭工程，46(S2): 59-62．

郭全．2006．夯管法施工在上体场穿越段工程中的应用 [C]// 全国矿山建设学术会议．徐州：中国矿业大学出版社，354-361．

郭孝先．2011．煤矿岩巷掘进机械化发展探讨 [J]．建井技术，32(6): 41-42．

郭孝先．2017．煤矿用钻车与液压凿岩技术发展综述 [J]．建井技术，38(4): 42-49．

郭孝先，黄圆月．1996．液压钻车与液压凿岩机的可靠性 [J]．建井技术，(Z2): 28-31．

郭孝先，张立刚．1999．液压凿岩机性能与试验方法的系统性研究 [J]．凿岩机械气动工具，(4): 42-47．

郭孝先，李耀武．2005．煤矿回转式锚杆钻机的基本特性与发展方向 [C]// 煤炭科学研究总院建井研究所．矿井建设现代技术理论与实践．北京：煤炭工业出版社，515-527．

郭孝先，李耀武．2013．新时期煤矿岩巷掘进机械化的发展方向 [J]．凿岩机械气动工具，(1): 13-24．

郭孝先，王路，狄志勇，等．1992．液压凿岩机基本性能与检验测试 [C]// 岩石破碎理论与实践——全国第五届岩石破碎学术会论文选集. 西安: 陕西科学技术出版社, 153-159.

韩友强, 范世平, 安明亮. 2007. 碳纤维板加固混凝土梁的正截面抗弯试验研究 [J]. 建筑结构, 37(S1): 355-358.

郝熠熠. 2014. 麻家梁矿装载硐室泥质围岩力学特性与加固技术研究 [D]. 北京: 煤炭科学研究总院, 2014:1-91.

郝熠熠, 李方政, 周立, 等. 2014. 富水黄土浅埋段斜井冒顶处理技术 [J]. 建井技术, 35(1): 36-39.

贺超. 2017. 基于二氧化碳深孔致裂增透技术的低透煤层瓦斯治理 [J]. 煤炭科学技术, 45(6): 67-72.

贺超, 龚建宇. 2017. CO_2 气相致裂技术及在煤矿煤仓掘进中的应用 [J]. 煤矿开采, 22(4): 106-108.

贺曼罗. 1999. 建筑胶粘剂 [M]. 北京: 化学工业出版社.

贺文, 周兴旺, 徐润. 2011. 新型水玻璃化学注浆材料的试验研究 [J]. 煤炭学报, 36(11): 1812-1815.

洪伯潜. 2008. 我国煤矿凿井技术现状及展望 [J]. 煤炭学报, 33(2): 121-125.

洪伯潜, 刘志强, 姜浩亮. 2015. 钻井法凿井井筒支护结构研究与实践 [M]. 北京: 煤炭工业出版社, 295.

胡坤伦, 闫大洋, 杨帆, 等. 2014. 潘三矿新西风井冻结基岩段爆破技术研究 [J]. 煤炭技术, 33(6): 122-124.

黄亮高. 1996. 岩巷掘进中的转载技术 [J]. 建井技术, (5-6): 21.

黄亮高, 岳峰. 2004. DTQ6 型抓斗改进设计 [C]. 全国矿山建设学术会议论文集. 徐州: 中国矿业大学出版社, 48-53.

黄亮高, 岳峰. 2004. 无损检测锚杆(索)初锚力、工作载荷的一种新方法 [C]// 第八届全国建设工程无损检测技术学术会议论文集. 桂林, 199-206.

黄乃炯, 范世平. 1995. CK 型速凝树脂锚固剂的锚固机理及性能 [J]. 煤炭科学技术, (12): 29-32.

黄月文, 区晖. 2000. 高分子灌浆材料应用研究进展 [J]. 高分子通报, (4): 71-77.

姜国静, 王建平, 刘晓敏. 2013. 超厚黏土层冻结压力实测研究 [J]. 煤炭科学技术, 41(3): 43-46.

荆国业. 2014. 大直径深反井施工新技术 [J]. 煤炭技术, 33(8): 66-68.

荆国业, 王安山, 韩云龙. 2015. 竖井掘进机电气控制系统设计 [J]. 建井技术, 36(6): 48-53.

康红普, 王金华, 林健. 2010. 煤矿巷道支护技术的研究与应用 [J]. 煤炭学报, 35(11): 1809-1814.

孔祥惠, 朱申庆, 郑金平. 2008. 注浆与锚索联合加固在软岩巷道中的应用 [J]. 煤炭科学技术, 36(6): 25-27.

雷风. 2007. 高掺量粉煤灰浆液的综合试验及其在注浆工程中的实际应用 [C]// 全国矿山建设学术会议论文选集, 449-452.

李长忠, 楼根达, 王建平. 2007. 市政地下工程地层冻结技术现状与前景 [C]// 煤炭科学研究总院. 现代煤炭科学技术理论与实践. 北京: 煤炭工业出版社, 633-639.

李方政. 2005. 冻土帷幕的冻胀和蠕变效应与结构相互作用理论及应用研究 [D]. 南京: 东南大学, 31-43.

李方政．2007．液氮冻结技术在地铁泵房排水管修复工程中的应用 [J]．施工技术，36(7): 31-33．

李方政．2009．土体冻胀与地基梁相互作用的叠加法研究 [J]．岩土力学，30(1): 79-85．

李方政，李栋伟．2013．液氮冻结帷幕水热耦合温度场数值分析及应用 [J]．地下空间与工程学报，9(3): 590-595．

李方政，楼根达，余志松，等．2005．基于蠕变效应的穿越隧道冻结帷幕开挖与支护三维数值模拟 [J]．岩土力学，26(supp): 121-125．

李方政，楼根达，余志松．2005．穿越隧道冻土帷幕蠕变效应的三维数值模拟 [J]．岩土力学，26: 121-125．

李方政，王圣公，王胜利，等．2007. 上海地铁 8 号线隧道区间泵房排水管液氮冻结修复技术 [J]．地下工程施工与风险防范技术，448-454．

李功洲．2016．深厚冲积层冻结法凿井理论与技术 [M]．北京：科学出版社，1-5．

李家鳌，庞俊勇．1983．锚喷支护围岩变形规律及其稳定性的研究 [J]．煤炭科学技术，(8): 38-42．

李家鳌，阎莫明，岳峰．1987．DW 型多点位移计的研制和应用 [J]．煤炭科学技术，(2): 32-34, 61-62．

李家鳌，丁全录，王圣公．1995．快速承载锚索在硐室工程中的应用 [J]．建井技术，(4): 2-6．

李俊良．2005．立井作业方式与机械化配套施工 [C]// 矿井建设现代技术理论与实践，北京：煤炭工业出版社，421-427．

李俊良，龙志阳，杨春满，等．1997．模板固定式凿岩钻架 [J]．煤炭科学技术，(8): 9-11．

李俊良，龙志阳，毛光宁．2005．我国煤矿凿井技术的现状与展望 [C]// 矿井建设现代技术理论与实践．北京：煤炭工业出版社，16-21．

李孔刚．2016．JSB5-L 型湿式混凝土喷射机组速凝剂添加控制系统的试验研究 [J]．中国机械，(10)．

李学彬．2015．大断面煤巷快速掘进二次支护理论研究 [J]．煤矿开采，20(1): 51-55．

李学彬，高延法，黄万朋，等．2012．动压软岩巷道钢管混凝土支架支护围岩稳定性分析 [J]．科技导报，30(16): 42-47．

李学彬，高延法，杨仁树，等．2013．大断面软岩斜井高强度钢管混凝土支架支护技术 [J]．煤炭学报，38(10): 1742-1748．

李学彬，高延法，杨仁树，等．2013．巷道支护钢管混凝土支架力学性能测试与分析 [J]．采矿与安全工程学报，30(6): 817-821．

李学彬，薛华俊，杨仁树，等．2013．深井破碎软岩巷道支护参数设计研究 [J]．中国矿业，22(12): 79-82．

李学彬，杨仁树，高延法，等．2013．深井软岩巷道塑性区承压环的理论分析 [J]．煤矿开采，18(5): 52-55．

李学彬，杨仁树，高延法，等．2015．杨庄矿软岩巷道锚杆与钢管混凝土支架联合支护技术研究 [J]．采矿与安全工程学报，32(2): 285-290．

李彦涛，冯旭海．2004．振冲劈裂注浆在污水管道工程中的应用 [C]．全国矿山建设学术会议论文选集

（下册）.

李英全，刘志强. 2007. 反井钻机在马来西亚巴贡水电站的应用 [C]. 我国煤炭学会煤矿建设与岩土工程
　　专业委员会. 矿山建设工程新进展——2007 全国矿山建设学术会议文集，5.

李永利. 2012. 蒙西矿区超大直径深立井机械化快速施工技术 [J]. 煤炭科学技术，40(4): 26-29.

梁智鹏，范世平，贾怀晓，等. 2016. 主井箕斗装载硐室数值模拟及现场监测分析 [J]. 煤矿安全，(3):
　　198-201.

刘保国. 1995. 矿井井筒围岩流变对井筒稳定性的影响 [J]. 岩土力学，35-42.

刘杰，王志强，邱天德，等. 2013. 液压整体迈步式凿井吊盘设计研究 [J]. 建井技术，34(3): 27-30.

刘俊. 2012. 浅埋隧道的破坏模式研究 [D]. 重庆：重庆交通大学，13-18.

刘俊英，刘志强. 2005. 反井钻机及反井钻井技术发展 [J]. 水利科技与经济，11(10): 68-69.

刘亮平，杨明. 2015. 无线定位技术在立井井筒施工中吊桶监测的应用 [J]. 通讯世界，(8): 43-44.

刘庆云. 1997. 大型箕斗装载硐室的结构支护设计与计算 [J]. 建井技术，18(4): 12-14.

刘泉声，张伟，卢兴利，等. 2010. 断层破碎带大断面巷道的安全监控与稳定性分析 [J]. 岩石力学与工程
　　学报，29(10): 1954-1962.

刘泉声，张伟，卢兴利，等. 2010. 断层破碎带大断面巷道的安全监控与稳定性分析 [J]. 岩石力学与工程
　　学报，29(10): 1954-1962.

刘书杰，张基伟. 2013. 井下巷道围岩加固的地面预注浆工艺研究 [J]. 采矿技术，13(3): 53-54.

刘先观. 2014. 考虑冻结管端部效应的联络通道冻结温度场研究 [D]. 北京：中国矿业大学，26-35.

刘晓阳，周炎涛. 2010. 一线总线结构的 DS18B20 的序列号搜索算法研究 [J]. 计算技术与自动化，29(1):
　　38-42.

刘秀芝，邵虎成. 1996. ZC-3 型侧卸装岩机服役载荷测试 [J]. 建井技术，(Z2): 39-43.

刘洋. 2017. 塑性早强水泥浆在矿井集中涌水防治中的应用 [J]. 山西建筑，43(16): 96-97, 217.

刘志强. 2007. 反井钻井法施工特长公路隧道的通风竖井 [J]. 公路，(4): 208-211.

刘志强. 2013. 大直径反井钻机快速建设采区风井技术 [J]. 采矿与安全工程学报，30(S1): 35-40.

刘志强. 2013. 机械井筒钻进技术发展及展望 [J]. 煤炭学报，38(7): 1116-1122.

刘志强. 2014. 快速建井技术装备现状及发展方向 [J]. 建井技术，35（增刊）：4-11.

刘志强. 2014. 矿山竖井掘进机凿井工艺及技术参数 [J]. 煤炭科学技术，(12): 79-83.

刘志强. 2015. 大直径反井钻机关键技术研究 [D]. 北京：北京科技大学.

刘志强. 2017. 反井钻机 [M]. 北京：科学出版社.

刘志强，程守业. 2006. 溪洛渡电站应用反井钻机钻凿通风斜井偏斜控制技术 [J]. 水利水电施工，(2):
　　42-44.

刘志强，杨春来. 2006. 反井钻机导扩孔技术在水电工程中的应用 [J]. 水利水电施工，(4): 22-26.

刘志强，程守业. 2008. 反井钻机钻凿溪洛渡电站通风斜井偏斜控制技术 [J]. 中国三峡，(1): 38-40.

刘志强，洪伯潜. 2011. 改革开放 30 年煤矿井筒建设技术及装备发展建井技术 [J]. 建井技术，32(z1):

4-7.

刘志强，徐广龙．2011．ZFY5．0/600 型大直径反井钻机研究 [J]．煤炭科学技术，39(5): 87-90.

刘志强，王建平．2013．深井冻结技术应用及发展 [C]// 中国煤炭工业协会．全国煤矿千米深井开采技术．徐州：中国矿业大学出版社，390-396.

刘志强，王新，杨红．1997．LM 系列反井钻机及其应用 [J]．金属矿山，(6): 37-38.

刘志强，甘文鸿，王新，等．2001．反井钻机在水电建设工程中的应用 [J]．水力发电，12: 53-54.

龙志阳．2004．立井凿井设备发展现状与展望 [C]．全国矿山建设学术会议论文集．徐州：中国矿业大学出版社，48-53.

龙志阳．2005．立井快速施工技术的发展与应用 [C]．矿井建设现代技术理论与实践．北京：煤炭工业出版社，454-460.

龙志阳．2005．中国煤矿井巷快速施工技术 [C]．全国矿山建设学术会议论文集．徐州：中国矿业大学出版社，15-22.

龙志阳．2009．千米深井凿井技术现状及发展新动向 [C]．矿山建设工程技术新进展论文集．徐州：中国矿业大学出版社，30-41.

龙志阳．2010．低能耗深井凿井新装备 [C]．煤炭科学新技术．徐州：中国矿业大学出版社，290-296.

龙志阳，桂良玉．2011．千米深井凿井技术研究 [J]．建井技术，32（1-2）：15-20.

龙志阳，王兆顺，杨杰．2005．立井轻型凿岩钻架研究与应用 [C]．矿井建设现代技术理论与实践，北京：煤炭工业出版社，428-433.

楼根达，陈朝晖．2007．上海地铁体育场站穿越 1 号线冻结施工风险控制 [C]// 上海国际隧道工程研讨会，310-316.

楼根达，李长忠，王建平，等．2007．深厚冲积层凿井技术研究进展、问题与对策 [C]// 煤炭科学研究总院．现代煤炭科学技术理论与实践．北京：煤炭工业出版社，94-98.

路万科，邓昀．2011．湿喷机配套用的配料搅拌机研制与应用 [J]．建井技术，(3): 23-26.

马冰，邱显水．2004．JDT-6 型陀螺测斜定向仪的原理及使用 [C]// 全国矿山建设学术会议论文选集．徐州：中国矿业大学出版社，508-512.

马念杰，贾安立，马利，等．2006．深井煤巷煤帮支护技术研究 [J]．建井技术，27(1): 15-19.

马芹永，袁璞，张经双，等．2015．立井冻结基岩段爆破振动信号时频分析 [J]．建井技术，(4): 34-39.

煤科总院建井所注浆室．1978．煤矿注浆技术 [M]．北京：煤炭工业出版社．

煤炭工业北京锚杆产品质量监督检验中心，煤炭科学研究总院建井分院，安徽淮化工股份有限公司．MT146.1 2011．树脂锚杆 第 1 部分：锚固剂 [S]．北京：煤炭工业出版社．

煤炭科学研究院建井所注浆室．1978．煤矿注浆技术 [M]．北京：煤炭工业出版社，413-425.

倪世顺，龙志阳．1999．立井爆破技术研究 [C]．立井井筒施工技术．北京：煤炭工业出版社，144-155.

彭伟，王磊，程子厚，等．2016．红庆梁煤矿机头转载大硐室群支护结构稳定性 [J]．煤矿安全，(2): 220-223.

蒲朝阳，袁辉，安许良．2011．变频调速高压化学注浆泵的研制 [J]．煤矿开采，16 (2): 91-93.

蒲朝阳，袁辉，高岗荣，等．2011．高压变频注浆泵的研制 [J]．建井技术，32 (1/2): 90-92.

蒲朝阳，董新旺，邵公育，等．2012．地面预注浆用几种典型注浆泵的对比分析 [J]．安徽理工大学学报（自然科学版），32（增刊）：105-107.

蒲朝阳，杨雪，袁辉，等．2016．水力坐封止浆塞试验研究及应用 [J]．建井技术，37(2): 38-41.

齐放．1997．建（构）筑物加固设计失误与规范管理 [J]．建筑结构，(11): 10-11,19.

齐善忠，付春梅．2010．信息化技术在深冻结井施工中的应用 [J]．黄河水利职业技术学院学报，22(1): 34-36.

邱天德．2012．湿喷机液控三通结构分析及优化 [C]// 中国煤炭学会成立五十周年系列文集 2012 年全国矿山建设学术会议专刊（下），广州，227-229.

邱天德，邓昀，王子雷，等．2009．SPL-4 型湿喷机性能分析及应用研究 [C]// 矿山建设工程技术新进展——2009 全国矿山建设学术会议文集（下册），厦门，260-268.

邵虎成．1996．履带式装岩机螺栓联接的可靠性 [J]．建井技术，(Z2): 32-36.

邵虎成．1996．岩巷装载技术及其发展 [J]．建井技术，(5-6): 82.

邵虎成，马淦元．1987．岩巷掘进 [J]．煤炭科学技术，(4): 45-49.

邵方源，刘志强．2016．排齿间距对镶齿滚刀破岩效果影响试验研究 [J]．中国煤炭，42(7): 59-62.

深圳市市政工程总公司．2015．全国市政工程行业施工工法推介展示：盾构空推过矿山法隧道施工工法 [J]．市政技术，33(3): 4-5.

宋雪飞．2011．改性脲醛树脂用于地面预注浆的性能研究 [J]．煤炭科学技术，39(12): 6-12.

宋雪飞．2014．粉煤灰改性水泥 - 水玻璃双液注浆性能试验研究 [J]．煤炭科学技术，42(1): 143-145, 150.

宋雪飞，徐润，左永江，等．2011．MTG 技术在地面预注浆中的应用 [C]// 中国煤炭工业协会，第七次煤炭科学技术大会文集（上册）.

孙继平．2011．煤矿物联网特点与关键技术研究 [J]．煤炭学报，36(1): 167-171.

孙建荣．2008．钻井法凿井泥浆再生调制与废弃处理 [J]．煤炭科学技术，36(1): 25-27.

孙林．2011．凿井期间立井提升事故的分析及改进方案 [J]．科技与企业，(9): 152-153.

谭昊，刘志强，王新，等．2013．煤矿反井钻机滚刀破岩模拟试验台设计研究 [J]．煤炭科学技术，41(3): 92-95.

唐建新．1999．底卸式吊桶设计与研究 [C]．立井井筒施工技术．北京：煤炭工业出版社，231-236.

屠丽南．1989．水泥锚杆 [M]．北京：煤炭工业出版社，1-152.

屠丽南．2005．国内外水泥锚杆的研究与发展 [C]// 煤炭科学研究总院北京建井研究所．矿井建设现代技术理论与实践．北京：煤炭工业出版社，479-487.

汪船．2010．煤矿大直径风井反井钻井法施工技术 [J]．煤炭工程，1(10): 25-27.

王芳．2007．热电阻式温度传感器的测温原理与应用 [J]．黑龙江冶金，(1): 33-35.

王海东．2012．深部开采低渗透煤层预裂控制爆破增透机理研究 [D]．哈尔滨：中国地震局工程力学研究所，36-38.

王宏. 2000. 国外巷道掘进施工技术及发展趋势 [J]. 中国煤炭，26(4): 58.

王建平，李长忠. 1994. 冻融对城市冻结施工影响的初步观测 [C]// 第一届全国寒区环境与工程青年学术会议论文集. 兰州：兰州大学出版社，130-134.

王建平，楼根达. 2005. 灰色控制系统理论在冻结施工中温度数据分析与预测的应用 [C]// 煤炭科学研究总院北京建井研究所. 矿井建设现代技术理论与实践. 北京：煤炭工业出版社，199-205.

王建平，韩圣铭，罗小刚，等. 2005. 广州地铁隧道长距离水平冻结施工技术 [C]// 煤炭科学研究总院北京建井研究所. 矿井建设现代技术理论与实践. 北京：煤炭工业出版社，170-177.

王建平，李长忠，许舒荣，等. 2011. 地层冻结技术新进展 [J]. 建井技术，32(1/2): 39-41.

王建平，刘晓敏，陈红蕾. 2012. 深大井筒近千米冻结设计的探讨 [J]. 冰川冻土，34(6): 1358-1363.

王建平，李高，谭玉峰，等. 2012. 西部地区软岩冻结设计比较 [J]. 建井技术，33(2): 37-39.

王建平，叶建民，刘晓敏，等. 2016. 蒙陕矿区白垩系地层冻结壁厚度设计研究 [J]. 建井技术，37(2): 25-28.

王建州，周国庆，赵光思，等. 2011. 非均质厚冻结壁的黏弹性径向分层计算模型 [J]. 建井技术，32(1/2): 42-50.

王鹏越，张小美，龙志阳，等. 2011. 千米深井基岩快速掘砌施工工艺研究 [J]. 建井技术，32(1): 26-28.

王强. 2008. BMC400 型反井钻机在张河湾电站施工中的应用 [J]. 水利科技与经济，14(9): 759-760.

王圣公，李家鳌. 1992. PQJ-1 型混凝土喷层强度检测仪 [J]. 建井技术，(6): 26-28, 48.

王苏龙，张天仓. 2016. 红庆梁煤矿巷道过断层破碎带施工 [J]. 建井技术，37(6): 19-21.

王效宾. 2006. 人工冻土融沉特性及其预报模型研究 [D]. 南京：南京林业大学，41-47.

王新. 2008. 泰安抽水蓄能电站引水竖井反井钻进施工 [J]. 水利水电施工，(3): 35-36.

王雨寒，龙志阳. 2011. 千米深井"三液联动"掘砌新装备的研制 [J]. 建井技术，32(2): 29-31.

王正廷，伍期建，苏立凡，等. 1995. 冻结壁长期不交圈的原因与处理 [C]// 地层冻结工程技术和应用. 北京：煤炭工业出版社，199-205.

王忠恕，荣文生，种建达. 1993. 液压凿岩机设计参数的优化 [J]. 建井技术，(2): 8-12, 47.

王子雷. 2012. 大型液压抓斗研究 [J]. 建井技术，32(3): 27-30.

王子雷，赵文生，Wang Z L，等. 2009. 基于测微原理新型锚索载荷检测方法的研究 [J]. 煤炭工程，(3): 62-64.

吴怀国，魏宏亮，田凤兰. 2012. 矿用高分子注浆加固材料性能特点及研究方向 [J]. 煤炭科学技术，40(5): 27-30.

吴剑平，夏建中，王群. 2014. 麻家梁矿主立井箕斗装载硐室加固对策研究 [J]. 中国矿业，(4): 24-26.

吴远迪，龙志阳，周志鸿. 2010. 抓岩机吊臂动力学分析 [J]. 工程机械，41(7): 19-22.

吴远迪，龙志阳，周志鸿，等. 2011. 液压抓岩机回转运动机液耦合仿真分析 [J]. 工程机械，42(1): 35-38.

武士杰，李恩涛．2008．反井钻井镐形镶齿滚刀破岩试验研究 [J]．煤炭工程，(1): 70-72.

武士杰，李恩涛，程守业，等．2008．水电建设工程中反井钻井硬岩滚刀的试验研究 [J]．水力发电，34 (6): 62-64.

武士杰，王强，何昊，等．2008．破岩滚刀密封失效原因分析与防治 [J]．中国矿业，17(11): 50-51.

肖瑞玲．2015．立井施工技术发展综述 [J]．煤炭科学技术，43(8): 13-17.

徐润，左永江．1996．黏土水泥浆性能及其堵水机理的研究 [J]．煤炭学报，(6): 613-617.

徐润，高岗荣，郑军，等．2003．高掺量粉煤灰注浆材料的研究 [C]// 全国矿山建设学术会议论文选集，80-83.

徐志伟，周国庆，赵晓东．2007．深厚表土静止土压力系数变化规律试验研究 [J]．岩土工程技术，21(2): 64-66.

徐倬琳，施建达，吴彬．2010．板集煤矿主井箕斗装载硐室安全快速施工技术 [J]．煤，19(1): 16-19.

徐子平．2008．深井施工用反井钻机钻具材料的选择和设计 [J]．煤炭科学技术，(6): 17-19, 40.

宣海洋．2011．液氮快速冻结技术在地铁隧道修复工程中应用研究 [D]．淮南：安徽理工大学，21-27.

闫莫明．2004．岩土锚固技术手册 [M]．北京：人民交通出版社，1-833.

闫莫明．2005．矿用锚索支护技术 [C]// 煤炭科学研究总院建井研究所．矿井建设现代技术理论与实践，北京：煤炭工业出版社，493-501.

闫莫明．2007．矿用锚索参数设计与施工 [J]．预应力技术，(5): 14-17.

闫莫明，滕年保，夏建中．1996．煤矿巷道预应力锚索支护技术 [J]．建井技术，(Z2): 141-144.

杨春满，李凤君．2004．软土振冲注浆技术及其应用 [C]．全国矿山建设学术会议论文选集（下册）.

杨春满，左永江，祝树红．2005．软土振冲注浆加固技术的研究 [J]．煤炭科学技术，33(10): 64-66.

杨春满，朱永胜，张红军，等．2008．矿用大直径高强预应力锚索的开发及应用 [J]．煤炭科学技术，36(12): 59-62.

杨春满，程子厚，梁智鹏．2017．井巷支护与加固技术 [J]．建井技术，38(4): 11-15, 41.

杨仁树．2013．我国煤矿岩巷安全高效掘进技术现状与展望 [J]．煤炭科学技术，49(9): 18-19.

杨仁树，陈骏．2015．立井施工装备与技术发展现状和展望 [J]．建井技术，36(2): 1-4.

杨仁树，马鑫民，李清．2013．煤矿巷道支护方案专家系统及应用研究 [J]．采矿与安全工程学报，30(5): 648-652.

杨仁树，马鑫民，李清，等．2013．煤矿巷道掘进爆破智能设计系统及应用 [J]．煤炭学报，38(7): 1130-1135.

杨帅，刘俊杰，李秀玲．2010．煤矿用高分子灌浆材料 [J]．煤矿开采，15(5): 4-7.

杨维好．2012．十年来中国冻结凿井技术的发展与展望 [C]// 中国煤炭学会成立五十周年高层学术会议论坛文集，北京，1-7.

杨伟光，冯旭海，田乐．2014．冻结孔环形空间充填材料密度试验研究 [J]．煤炭科学技术，42(4): 19-23.

叶玉西，李宁．2014．深厚卵砾石层冻结壁出水原因分析及治理 [J]．煤炭工程，(8): 48-50.

于龙先，肖军．2007．新型锚喷支护技术 [J]．煤炭技术，26(4): 129-131．

袁东锋，徐润，郑军．2011．塑性早强浆液研究 [J]．建井技术，32(5): 33-37．

袁辉，邓昀，蒲朝阳，等．2014．深井巷道围岩 L 形钻孔地面预注浆加固技术 [J]．煤炭科学技术，42(7): 10-13, 17．

袁辉，邓昀，蒲朝阳，等．2015．煤矿斜井冻结孔定向钻进关键装备研发 [J]．煤炭科学技术，43(10): 98-102．

岳峰．1993．PMT-1 型锚杆探测仪 [J]．建井技术，(6): 18-21, 48．

岳峰．1996．JSS30/10 型数字显示收敛计 [J]．建井技术，(Z2): 69-71, 108．

岳峰，洪伯潜．1997．微破损拔出法测试喷射混凝土强度 [J]．煤炭科学技术，(2): 7-10, 62．

岳峰，黄亮高，李少强．2004．TJ-10 型碳纤维黏结强度检测仪的研究 [C]// 第八届全国建设工程无损检测技术学术会议论文集．378-385．

岳峰，李少强，黄亮高，等．2004．支护工程质量检测系列仪器 [J]．煤矿支护，(2): 29-31．

翟延忠．2004．地层冻结监测中超长距离一线总线驱动技术的研究 [J]．建井技术，25(6): 20-23．

詹德帅，黄亮高，邱天德．2016．CO_2 爆破增透技术的试验研究 [J]．煤炭技术，35(10): 222-224．

詹德帅，黄亮高，邱天德．2016．高压二氧化碳爆破增透机理及试验研究 [J]．建井技术，37(6): 31-34．

张崇瑞．1994．高压旋喷法注浆技术的应用 [J]．建井技术，(1): 90-91．

张浩，何磊，马维清．2016．大断面立井 5m 深孔控制爆破技术研究 [J]．建井技术，37(1): 27-32．

张俊英，王翰锋，张彬，等．2013．煤矿采空区勘查与安全隐患综合治理技术 [J]．煤炭科学技术，41(10): 76-80．

张亮，范世平．2010．聚氨酯材料在建筑业中的应用 [J]．特种结构，27(2): 111-113．

张文．2012．我国冻结法凿井技术的现状与成就 [J]．建井技术，(6): 4-13．

张文军，王建平，范世平，等．2015．深井冻结施工远程监测与故障诊断物联网的设计 [J]．煤炭科学技术，43(4): 82-87．

张向东，迟殿起，梁智鹏．2016．红庆河副井马头门硐室围岩稳定性分析 [J]．辽宁工程技术大学学报，(5): 479-483．

张鑫，李安起，赵考重．2011．建筑结构鉴定与加固改造技术的进展 [J]．工程力学，(1): 1-11,25．

张永成，史继盛，王占军．2010．钻井施工手册 [M]．北京：煤炭工业出版社．

赵斌，等．1998．注浆堵水加固技术及其应用——中国注浆技术 43 周年论文集 [C]．北京：煤炭工业出版社．

赵斌，赵大奎，左永江．1998．越南冒溪煤矿 FA 断层突水冒落治理的注浆技术 [J]．建井技术，19(5): 1-5．

赵大奎，王国明．1983．井筒地面预注浆止浆塞的应用 [J]．建井技术，(4): 4-7．

赵海军，马凤山，李国庆，等．2008．断层上下盘开挖引起岩移的断层效应 [J]．岩土工程学报，30(9): 1372-1375．

赵玉明. 2013. 李家坝煤矿斜井局部冻结技术 [J]. 建井技术，34(1): 14-15.

赵玉明. 2013. 斜井步进式冻结工法应用研究 [J]. 建井技术，34(6): 33-35.

赵玉明，翟延忠，李长忠. 2011. 一线总线式地层冻结监测系统的设计与应用 [J]. 工矿自动化，(1): 80-83.

郑华荣，景惧斌，范世平. 2011. 慢反应聚脲弹性体材料的研究进展 [J]. 新型建筑材料，38(12): 36-38.

郑重远，黄乃炯. 1983. 树脂锚杆及锚固剂 [M]. 北京：煤炭工业出版社，1-261.

中国煤炭学会矿井建设专业委员会，煤炭科学研究总院北京建井研究所. 1998. 注浆堵水加固技术及其应用 [M]. 北京：煤炭工业出版社，24-35.

周国庆，程锡禄. 1995. 特殊地层中的井壁应力计算问题 [J]. 中国矿业大学学报，(4): 24-30.

周建峰. 2014. 地面注浆充填加固技术在立井穿过多层采空区施工中的应用 [J]. 建井技术，35(1): 8-12.

周兴旺. 1994. 综合注浆法在我国的开发与应用 [J]. 建井技术，(3): 2-6.

周兴旺. 1995. CL-C 型黏土水泥浆及其注浆工艺 [J]. 中国煤炭，(7): 32-35.

周兴旺. 2007. 我国特殊凿井技术的发展与展望 [J]. 煤炭科学技术，38(10): 10-17.

周兴旺，李功洲. 2007. 特殊凿井技术的发展与展望 [C]. 现代煤炭科学技术理论与实践. 北京：煤炭工业出版社，421-427.

周兴旺，高岗荣，薄志丰，等. 2014. 注浆施工手册 [M]. 北京：煤炭工业出版社，247-248.

朱洪波，杨龙祥，朱琦. 2011. 物联网技术进展与应用 [J]. 南京邮电大学学报（自然科学版），31(1): 1-9.

左永江. 2004. 定向钻进技术在"三同时"快速建井施工中的应用 [C]// 全国矿山建设学术会议论文选集. 徐州：中国矿业大学出版社，508-512.

左永江，赵斌，赵大奎. 1998. 注浆技术在处理越南冒溪煤矿 FA 断层涌水冒落事故中的应用 [J]. 煤炭科学技术，26(12): 1-6.

左永江，周兴旺，洪伯潜. 2011. 立井建设中的钻 - 注平行作业施工技术 [J]. 煤炭科学技术，39(1): 33-36.

Liu Z Q, Meng Y P, Ji H G, et al. 2012. Application and development of raise boring machine in pumped storage power plant[C]//New Development in Rock Mechanics & Engineering, The Proceeding of the 4nd International Conference. Shenyang.

Lou GD, Wang ZT, Li CZ, et al. 1997. The deformation freeze pipe[C]. Ground freezing 97. Nacy.

Su L F. 1991. The application of outer concrete lining with a foam-plastic sheet to frozen shaft and its stress analysis[C]. Ground Freezing 91. Beijing.

Wang C S. 1991. Defortion of ice wall in eastern air shaft, PajiNo3. Mine and its analysis[C]. Ground Freezing 91. Beijing.

Wang J P, Yu X, Lou G D, et al. 1997. Effect of intensified freezing process on deformation control of ice wall[C]. Ground freezing 97. Nacy.

Wang J P, Wang Z G, Wu Q J. 1994. Three-Dimension Finite Element Analysis of stress and Deformation of Frozen Walls in Deep Thick Clay layer[C]. Permafroster Sixth International Conference Proceedings. Beijing.

Wu Q J, Wang Z T, Zhou X M. 1991. Ground freezing for driving a slop[C]. Ground Freezing 91. Beijing.

Yu X, Wang Z T, Wu Q J. 1991. The influence of waterflow in centre pressure relief hole on ice wall formation[C]. Ground Freezing 91. Beijing.

Zhang Y. 1991. Influence of soil properties on ice-wall formation[C]. Ground Freezing 91. Beijing.